滇西羊拉大型铜矿床成矿与预测

Metallogenic Theory and Prediction of the Yangla Large-scale Copper Deposit, Western Yunnan Province, China

黄智龙 李 波 邹国富 杜丽娟 等 著

云南铜业（集团）有限公司重点科技（20110103）
国家自然科学基金（41130423、41862007、41402072、41902085）
中国博士后科学基金（2012M510214）
云南省"万人计划"青年拔尖人才（YNWR-QNBJ-2018-093）　联合资助
昆明理工大学重点学科建设（14078384）
矿床地球化学国家重点实验室开放基金（201108、201407、出版专项）

科学出版社

北 京

内 容 简 介

铜矿是我国的紧缺矿种，资源供需矛盾日益突出，严重影响了国家铜资源安全及铜行业可持续发展，创新成矿理论和找矿方法，实现找矿突破，迫在眉睫。羊拉铜矿床是滇西"三江"成矿带内很具代表性的大型铜矿床，所处大地构造位置特殊，矿区构造活动强烈、岩浆活动频繁、成矿条件优越。本书在全面收集已有地质、地球化学资料的基础上，通过系统的地质学、矿物学、成岩成矿年代学、岩石地球化学和矿床地球化学研究，探讨了成矿动力学背景，揭示了成矿过程，建立了成矿模式，总结出成矿规律和找矿标志；结合构造地球化学填图，对矿床深部和外围进行了成矿预测，取得了找矿突破。

本书可供从事矿床学、地球化学和成矿预测等有关的科研、教学、地质勘探人员和研究生参考。

审图号：GS（2022）2244 号

图书在版编目(CIP)数据

滇西羊拉大型铜矿床成矿与预测/黄智龙等著. —北京：科学出版社，
2022.2
ISBN 978-7-03-068282-6

Ⅰ. 滇⋯ Ⅱ. 黄⋯ Ⅲ. 铜矿床–成矿预测–云南 Ⅳ. P618.410.1

中国版本图书馆 CIP 数据核字（2021）第 040470 号

责任编辑：王 运 焦 健 柴良木 / 责任校对：何艳萍
责任印制：吴兆东 / 封面设计：北京图阅盛世

科学出版社 出版
北京东黄城根北街 16 号
邮政编码：100717
http://www.sciencep.com

北京中科印刷有限公司 印刷
科学出版社发行 各地新华书店经销

*

2022 年 2 月第 一 版　开本：787×1092　1/16
2022 年 2 月第一次印刷　印张：28 1/4
字数：750 000

定价：388.00 元
（如有印装质量问题，我社负责调换）

《滇西羊拉大型铜矿床成矿与预测》作者及分工

本书全部作者：

黄智龙　李　波　邹国富　杜丽娟　刘月东　毕献武　唐　果
朱经经　杨喜安　罗　诚　刘家军　李建飞　王新富　周家喜
陈　军　方中有　刘小青　李红飞　刘凤泽　杨一帆　李在早

各章撰写分工：

前　言　黄智龙　李　波　邹国富　杜丽娟

第一章　黄智龙　杜丽娟　李　波　邹国富　毕献武　刘家军　刘月东
　　　　朱经经　杨喜安　周家喜　陈　军　唐　果　罗　诚

第二章　李　波　邹国富　刘月东　黄智龙　朱经经　李建飞　杜丽娟
　　　　杨喜安　毕献武　刘家军　陈　军　方中有

第三章　李　波　刘月东　罗　诚　唐　果　周家喜　方中有　刘凤泽
　　　　刘小青　杨喜安　李红飞　杨一帆　李在早　杜丽娟

第四章　黄智龙　朱经经　李　波　杜丽娟　毕献武　杨喜安　唐　果
　　　　刘家军　王新富　陈　军　刘小青　罗　诚　方中有

第五章　黄智龙　李　波　杜丽娟　杨喜安　周家喜　朱经经　毕献武
　　　　刘家军　陈　军　邹国富　王新富　刘月东　唐　果　李建飞

第六章　李　波　黄智龙　杜丽娟　朱经经　杨喜安　毕献武　刘家军
　　　　刘月东　邹国富　王新富　陈　军　罗　诚　刘凤泽　杨一帆

第七章　李　波　刘月东　邹国富　唐　果　罗　诚　李建飞　刘凤泽
　　　　王新富　方中有　李红飞　刘小青　李在早　黄智龙

第八章　黄智龙　李　波　邹国富　杜丽娟　刘月东　陈　军

统　稿　黄智龙　李　波　邹国富　杜丽娟

前　言

　　铜矿是我国的紧缺矿产，资源供需矛盾日益突出，严重影响了国家铜资源安全及铜行业可持续发展。因此，创新成矿理论和找矿方法，实现找矿突破，迫在眉睫。滇西羊拉铜矿床位于"三江"成矿带中段，大地构造位置属印度洋板块与欧亚板块之间的古特提斯构造域，位于中咱微板块与昌都–思茅地块相夹持的金沙江板块接合带之中，是接合带内目前探明规模最大的大型铜矿床。区内岩浆活动频繁、构造活动强烈且具多期性、赋矿地层多种多样、铜矿床（或矿点）广泛分布，具有十分有利的成矿地质背景，以成矿理论为指导、结合先进的成矿预测方法，在矿区深部及外围有望实现新的找矿突破。

　　虽然国内多家单位和许多学者对羊拉铜矿床进行过研究（杜丽娟，2017），在矿区岩浆岩与构造环境、矿区构造与地层、矿床地质及控矿因素、矿床类型及成因等方面都取得了一系列研究成果，但还存在许多亟待解决的科学问题，主要表现在：①矿床由里农、路农、江边等7个矿段组成，目前只有里农矿段研究程度较高，其他矿段研究程度很低；②缺乏精确可靠的成矿年代学资料，制约了成矿动力学背景的深入探讨；③成矿过程缺乏精细刻画，影响了对矿床类型的厘定和成矿机制的认识；④成矿模型和找矿模型尚需完善，成矿预测有待加强。解决这些重要的科学问题，对深化羊拉铜矿床成矿规律的认识、建立切合实际的成矿模型和找矿模型、指导成矿预测、实现找矿重大突破，均具有重要的科学和实际意义。

　　针对羊拉铜矿床研究存在的科学问题，充分发挥中国科学院地球化学研究所矿床地球化学国家重点实验室在铜矿床成矿理论及先进分析测试技术、昆明理工大学国土资源工程学院在铜矿床成矿条件及预测方法、中国有色金属工业昆明勘察设计研究院有限公司在铜矿床成矿预测及勘查示范、云南迪庆矿业开发有限责任公司在铜矿床生产开发的优势，本着"强强联合、优势互补、理论与实践相结合"的原则，在云南铜业（集团）有限公司重点科技（20110103）、国家自然科学基金（41130423、41862007、41402072、41902085）、中国博士后科学基金（2012M510214）、云南省"万人计划"青年拔尖人才（YNWR-QNBJ-2018-093）、昆明理工大学重点学科建设（14078384）和矿床地球化学国家重点实验室开放基金（201108、201407、出版专项）等科研项目的支持下，围绕创新成矿理论和找矿增储的目标，在前人工作和研究的基础上，对该矿床进行了系统的成矿规律和成矿预测研究，创新了成矿理论，揭示了成矿规律，集成了找矿方法技术体系，实现了找矿突破。

　　全书共分八章。第一章首先介绍了铜矿床的工业分类及全球和我国的铜资源概况，然后综述了块状硫化物型、夕卡岩型和斑岩型3种主要类型铜矿床的研究进展，同时概述了羊拉铜矿床的勘查历史和研究现状，最后介绍了本书的研究背景、主要研究内容和取得的主要成果。第二章从区域地层，区域构造，区域岩浆岩，区域变质岩，区域地球物理、地球化学和遥感及区域矿产等方面介绍了羊拉铜矿床的成矿地质背景。第三章从矿区地质和矿体地质两方面介绍了羊拉铜矿床的地质特征。第四章介绍了羊拉铜矿床玄武岩、花岗闪长岩、辉绿岩、花岗斑岩等 4 种类型岩浆岩岩相学、成岩年代、地球化学及岩石成因、岩浆演化和成岩构造环境等方面的研究成果。第五章首先介绍了羊拉铜矿床流体包裹体岩相学、测温学、化学成分以及成矿物理化学条件、成矿流体性质和演化等方面的研究成果；然后介绍了 S、C-O、H-O、Pb 同位素组成以及示踪成矿物质来源、成矿流体来源及演化等方面的研究成果。第六章首先根据羊拉铜矿床成岩成矿年代学研究成果，结合区域重大地质事件、构造演化和岩浆活动，查明了成矿动力学背景；然后根据矿床地质、地球化学特征，结合矿床学研究，厘定了矿床成因类型；最后综合所有研究成果，刻画了成矿过程，建立了成矿模型，总结了成矿规律。第七章首先根据矿区构造配置、构造力学性质、构造演化等方面剖析了矿田构造和构造控矿模式；然后介绍了构造地球化学填图及异常圈定等方面的研究成果；最后介绍矿床深部和外围成矿预测、靶区圈定、工程验证和找矿效果。第八章为本书获得的主要结论。

研究过程中得到云南铜业（集团）有限公司、中国科学院地球化学研究所、昆明理工大学、中国有色金属工业昆明勘察设计研究院有限公司、云南迪庆矿业开发有限责任公司、贵州大学、中国地质大学（北京）、云南大学和东华理工大学等单位各级领导的大力支持和帮助。除本书作者外，参加野外和室内研究工作的还有各合作单位的科研、教学和地质勘探人员，李波教授的博士后导师顾晓春教授级高级工程师、文书明教授及研究生导师韩润生教授给予了无私帮助和指导，云南铜业（集团）有限公司博士后工作站的曹宇、李恒、邓蕊、陈润中、陆增建、吴昊、李永祥、崔宁、杨光勇、和继圣、胡光龙、姜华、崔霖等亦提供了多方面协助。中国科学院地球化学研究所、中国科学院地质与地球物理研究所、西北大学地质学系、核工业北京地质研究院、中国地质科学院矿产资源研究所和南京大学现代分析中心等单位完成了本次的分析测试工作。中国科学院地球化学研究所胡瑞忠院士、温汉捷研究员、张乾研究员、钟宏研究员、叶霖研究员、张兴春研究员、罗泰义研究员、樊海峰研究员，昆明理工大学王学琨教授、李峰教授、李文昌教授、胡煜昭教授、冉崇英教授，贵州大学杨瑞东教授、何明勤教授，中国地质大学（北京）邓军院士，南京大学倪培教授，云南大学谈树成教授，东华理工大学许德如教授、冷成彪教授，加拿大劳伦森大学 Jeremy Richards 教授，美国印第安纳大学李楚思教授，香港大学周美夫教授，云南省有色地质局崔银亮教授级高级工程师以及贵州省有色金属和核工业地质勘查局金中研究员等以不同方式审阅过全书或部分章节，并提出了宝贵的修改意见。中国科学院地球化学研究所矿床地球化学国家重点实验室资助了部分出版经费。在此一并表示真诚的感谢！

感谢云南铜业（集团）有限公司、国家自然科学基金委员会、中国博士后科学基金会、云南省人力资源和社会保障厅、昆明理工大学和矿床地球化学国家重点实验室资助的科研项目，让中国科学院地球化学研究所、昆明理工大学、贵州大学、中国地质大学（北京）、云南大学、东华理工大学、中国有色金属工业昆明勘察设计研究院有限公司和云南迪庆矿业开发有限责任公司等有机会密切合作，开展对羊拉大型铜矿床的成矿理论和成矿预测研究。

由于水平有限，书中难免有不妥之处，敬请读者批评指正。

黄智龙　李波　邹国富　杜丽娟
2021 年 12 月 30 日

目 录

前言
第一章　绪论 ·· 1
　第一节　铜资源概况 ·· 1
　　一、世界铜资源分布 ·· 3
　　二、中国铜资源分布 ·· 5
　第二节　主要类型铜矿床研究进展 ·· 9
　　一、VMS 型铜矿床 ··· 10
　　二、夕卡岩型铜矿床 ·· 12
　　三、斑岩型铜矿床 ·· 14
　第三节　羊拉铜矿床研究现状 ·· 18
　　一、主要研究进展 ·· 19
　　二、存在主要问题 ·· 21
　第四节　研究背景、内容及成果 ··· 22
　　一、研究背景 ··· 22
　　二、主要研究内容 ·· 23
　　三、取得主要成果 ·· 24
第二章　区域地质 ··· 26
　第一节　区域地层 ··· 27
　　一、基底 ·· 27
　　二、盖层 ·· 27
　　三、关于"嘎金雪山群" ·· 29
　第二节　区域构造 ··· 30
　　一、金沙江构造带 ·· 30
　　二、主要构造特征 ·· 32
　第三节　区域岩浆岩 ·· 33
　　一、火山岩 ·· 34
　　二、侵入岩 ·· 34
　第四节　区域变质岩 ·· 35
　　一、格亚顶变质岩带 ·· 35
　　二、羊拉–奔子栏变质岩带 ·· 36
　第五节　区域地球物理、地球化学和遥感 ·· 36
　　一、地球物理异常 ·· 36
　　二、地球化学异常 ·· 38

三、遥感解译 ·· 38
　第六节　区域矿产 ·· 40
　　一、苏鲁-你龙保金、铬铁矿带 ·· 40
　　二、羊拉-曲隆铜（铅锌银）矿带 ··· 41

第三章　矿床地质 ·· 43
　第一节　矿区地质 ·· 44
　　一、矿区地层 ·· 44
　　二、矿区构造 ·· 48
　　三、矿区岩浆岩 ··· 52
　　四、矿区变质岩 ··· 52
　　五、矿区地球物理 ·· 53
　　六、矿区地球化学 ·· 55
　第二节　矿体地质 ·· 55
　　一、矿体特征 ·· 56
　　二、矿石特征 ·· 66
　　三、围岩蚀变 ·· 74
　　四、成矿期、成矿阶段及矿物生成顺序 ································· 75

第四章　矿区岩浆岩 ·· 78
　第一节　玄武岩 ··· 78
　　一、空间分布及岩相学 ·· 78
　　二、地球化学 ·· 79
　　三、岩石成因及岩浆演化 ··· 92
　　四、成岩构造环境 ·· 96
　第二节　花岗闪长岩 ··· 99
　　一、岩体特征及岩相学 ·· 100
　　二、样品及分析方法 ··· 101
　　三、成岩时代 ·· 103
　　四、地球化学 ·· 106
　　五、岩石成因 ·· 112
　　六、构造环境与成岩过程 ··· 116
　　七、金沙江洋的演化 ··· 117
　第三节　辉绿岩 ··· 118
　　一、地质特征 ·· 119
　　二、成岩年代 ·· 120
　　三、地球化学 ·· 128
　　四、岩石成因 ·· 149
　第四节　石英斑岩 ·· 159
　　一、地质特征 ·· 159

二、成岩时代 ··· 160
　　三、地球化学 ··· 167
　　四、岩石成因及成岩背景 ··· 178
第五章　矿床地球化学 ··· 187
　第一节　流体包裹体 ·· 187
　　一、样品及分析方法 ··· 187
　　二、包裹体岩相学 ··· 189
　　三、分析结果 ··· 192
　　四、讨论 ··· 197
　第二节　硫同位素 ··· 199
　　一、样品及分析方法 ··· 199
　　二、分析结果 ··· 200
　　三、讨论 ··· 201
　第三节　碳、氧同位素 ·· 209
　　一、样品及分析方法 ··· 209
　　二、分析结果 ··· 210
　　三、讨论 ··· 212
　第四节　氢、氧同位素 ·· 223
　　一、样品及分析方法 ··· 223
　　二、分析结果 ··· 224
　　三、成矿流体中水的来源 ··· 225
　第五节　铅同位素 ··· 228
　　一、样品及分析方法 ··· 229
　　二、分析结果 ··· 229
　　三、讨论 ··· 239
第六章　矿床成因 ··· 249
　第一节　成矿年代学及成矿背景 ·· 249
　　一、分析方法 ··· 250
　　二、定年结果 ··· 251
　　三、定年意义 ··· 252
　　四、成矿动力学背景 ··· 255
　第二节　矿床成因信息 ·· 255
　　一、成矿地质条件 ··· 255
　　二、矿床成因类型 ··· 257
　第三节　铜的迁移形式及沉淀过程 ·· 261
　　一、铜的迁移形式 ··· 261
　　二、铜的沉淀机理 ··· 262
　第四节　成矿模式及成矿过程 ··· 263

一、成矿模式 ··· 263
　　二、成矿过程 ··· 263
第七章　矿田构造与成矿预测 ··· 268
　第一节　矿田构造 ·· 268
　　一、断裂特征 ··· 268
　　二、构造体系 ··· 278
　　三、构造控矿特征 ··· 279
　　四、构造控矿模式 ··· 281
　第二节　构造地球化学填图 ··· 282
　　一、原理及方法 ··· 282
　　二、构造地球化学测量 ··· 284
　　三、构造地球化学异常 ··· 290
　第三节　成矿预测 ·· 302
　　一、主要控矿因素 ··· 302
　　二、找矿标志 ··· 303
　　三、找矿方向 ··· 305
　　四、靶区圈定 ··· 309
　　五、预测效果 ··· 310
第八章　主要结论 ··· 315
参考文献 ··· 320
图版与说明 ··· 353
附表 ··· 374

第一章　绪　论

铜是人类最早发现使用的金属之一。早在 7000 多年前，铜就被用于工业生产（Golding and Golding，2017），约在 6000 年前人类进入青铜器时代，铜被用于制造武器、工具和其他器皿（张亮等，2015；王勤等，2017）。铜具有优良的耐腐蚀性、导电和导热性、延展性及耐磨性等物理化学性质和金属属性，被广泛应用于能源、石化、交通运输、机械制造、电子电器及新兴产业等众多领域。铜在用量上仅次于钢铁和铝，不仅是现今国民经济建设中不可或缺的原材料，更是一种关乎国计民生的重要战略矿种（马茁卉和余良晖，2010；周平等，2012；张亮等，2015；王勤等，2017；Golding and Golding，2017）。

第一节　铜资源概况

铜矿床在全球范围内广泛分布，矿床类型繁多。虽然我国许多学者对铜矿床类型进行过研究（孟宪民，1953；郭文魁和付同泰，1958；郭文魁等，1978；王之田和秦克章，1988，1991；宋叔和和韩发，1990；孙海田等，1992；芮宗瑶和王龙生，1994；黄崇轲等，2001；陈毓川等，2010a，2010b），但是没有统一的划分标准。目前常用的划分方案见表 1.1（陈毓川等，2010a；应立娟等，2014），将铜矿床划分为 10 种矿床类型，即斑岩型、夕卡岩型、海相火山岩型、岩浆铜镍硫化物型、海相（火山）-沉积岩型（包括海相杂色岩系型和海相火山沉积型）、陆相火山热液型、砂岩型、自然铜型和表生型，其中斑岩型和夕卡岩型为主要铜矿床类型，海相火山岩型、岩浆铜镍硫化物型、海相（火山）-沉积岩型（包括海相杂色岩系型和海相火山沉积型）为重要铜矿床类型。目前国外铜矿床类型也没有统一的划分标准，根据矿床形成的地质条件和成矿模式，可分为斑岩型、夕卡岩型、火山成因块状硫化物型（volcanogenic massive sulfide，VMS）、岩浆铜镍硫化物型、砂页岩型、铁氧化物铜金型（iron oxide-copper-gold，IOCG）、热液脉型及自然铜型等（聂凤军等，2011；Singer，2017），其中斑岩型、砂页岩型、VMS 型和岩浆铜镍硫化物型是国外最主要的类型，所占有的铜资源储量大、分布广，拥有众多大型-超大型矿床。

表 1.1　中国铜矿类型划分方案（据陈毓川等，2010a；应立娟等，2014）

重要性	矿床类型	矿床式（类型）	典型矿床	主要分布地区
主要	斑岩型	驱龙式斑岩铜矿	西藏驱龙	冈底斯
		玉龙式斑岩铜矿	西藏玉龙	三江地区
		德兴式斑岩铜矿	江西德兴富家坞、铜厂	赣东北
		土屋式斑岩铜矿	新疆土屋、延东	东天山
		多宝山式斑岩铜矿	黑龙江多宝山	东北

续表

重要性	矿床类型		矿床式（类型）	典型矿床	主要分布地区
主要	斑岩型		乌奴格吐山式斑岩铜矿	内蒙古乌奴格吐山	大兴安岭
			铜矿峪式斑岩铜矿	山西铜矿峪	华北
	夕卡岩型		长江中下游式夕卡岩型铜矿	安徽铜官山，湖北铜绿山，江西永平、城门山	长江中下游
			燕山式夕卡岩型铜矿	辽宁华铜，黑龙江弓棚子，河北寿王坟	燕山地区等
			甲玛式夕卡岩型铜矿	西藏甲玛	冈底斯
重要	海相火山岩型		白银厂式火山岩型铜矿	甘肃白银厂、青海红沟	北祁连
			刘山岩式火山岩型铜矿	河南刘山岩	秦岭
			大红山式火山岩型铜矿	云南大红山	扬子陆块西南缘
			阿舍勒式火山岩型铜矿	新疆阿舍勒	阿尔泰及天山
			红透山式火山岩型铜矿	辽宁红透山	辽吉
	岩浆铜镍硫化物型		金川式铜镍矿	甘肃金川	华北陆块西南缘
			红旗岭式铜镍矿	吉林磐石红旗岭	张广才岭
			力马河式铜镍矿	四川力马河	四川攀枝花
			杨柳坪式铜镍矿	四川杨柳坪、云南金平	扬子西缘
			黄山式铜镍矿	新疆东天山黄山东、黄山	东天山
			喀拉通克式铜镍矿	新疆喀拉通克	南阿尔泰
	海相（火山）-沉积岩型	海相杂色岩系型	东川式沉积岩型铜矿	云南东川落雪、汤丹、稀矿山，易门三家厂，禄丰大美厂	云南东川-易门地区
		海相火山沉积型	狼山式海相火山-沉积岩型铜矿	内蒙古霍各乞、炭窑口、东升庙	内蒙古狼山-渣尔泰山
			中条山式海相（火山）沉积岩型铜矿	山西胡家峪、篦子沟、桐木沟、老宝滩	山西中条山
次要	陆相火山热液型		紫金山式火山热液铜矿	福建紫金山	闽西南
			银山式火山热液铜矿	江西银山	赣东北
			小西南岔式火山热液铜矿	吉林小西南岔	辽吉黑东部
			莲花山式火山热液铜矿	内蒙古莲花山、闹牛山、布墩花	大兴安岭
	砂岩型		滇中式砂岩型铜矿	云南大姚六苴、郝家河，湖南车江，四川大铜厂	滇中盆地，湘西沅麻盆地，会理盆地
			风火山式砂岩型铜矿	青海风火山	青藏高原
			西南天山式砂岩型铜矿	新疆伽师、花园	西南天山

续表

重要性	矿床类型	矿床式（类型）	典型矿床	主要分布地区
次要	自然铜型	川滇黔式玄武岩型铜矿	云南威宁铜厂	四川，贵州，云南
		十里坡式玄武岩型铜矿	新疆十里坡	新疆东天山
	表生型	石菉式铜矿	广东阳春石菉铜矿	粤中拗陷

一、世界铜资源分布

世界铜资源广泛分布，但储量高度集中。北美洲、南美洲、亚洲和大洋洲都拥有丰富的铜资源，但储量主要集中于智利、秘鲁、澳大利亚、墨西哥、美国、俄罗斯、中国、赞比亚等国家（周平等，2012；张亮等，2015；United States Geological Survey，2020）。根据美国地质调查局（United States Geological Survey，USGS）统计数据，截至2019年，全球铜储量约为871000万t，其中储量前三的国家为智利（200000万t）、澳大利亚（87000万t）和秘鲁（87000万t），这三个国家的铜资源储量占全球储量的2/5以上；中国的铜资源储量为26000万t，占全球储量的2.99%，排名第九［表1.2；图1.1（a）］。此外，刚果（金）、印度尼西亚、俄罗斯、哈萨克斯坦等国也有着丰富的铜资源。2019年全球铜产量为20310万t，排名前三的国家分别为智利（5600万t）、秘鲁（2400万t）和中国（1600万t）［图1.1（b）］。

表1.2 2019年全球主要国家铜资源储量与产量

国家	储量/万t	储量分布/%	产量/万t	产量分布/%
美国	51000	5.86	1300	6.40
澳大利亚	87000	9.99	960	4.73
哈萨克斯坦	20000	2.30	700	3.45
智利	200000	22.96	5600	27.57
中国	26000	2.99	1600	7.88
印度尼西亚	28000	3.21	340	1.67
刚果（金）	19000	2.18	1300	6.40
墨西哥	53000	6.08	770	3.79
秘鲁	87000	9.99	2400	11.82
俄罗斯	61000	7.00	750	3.69
赞比亚	19000	2.18	790	3.89
其他国家	220000	25.26	3800	18.71
全球	871000		20310	

数据来源：United States Geological Survey，2020。

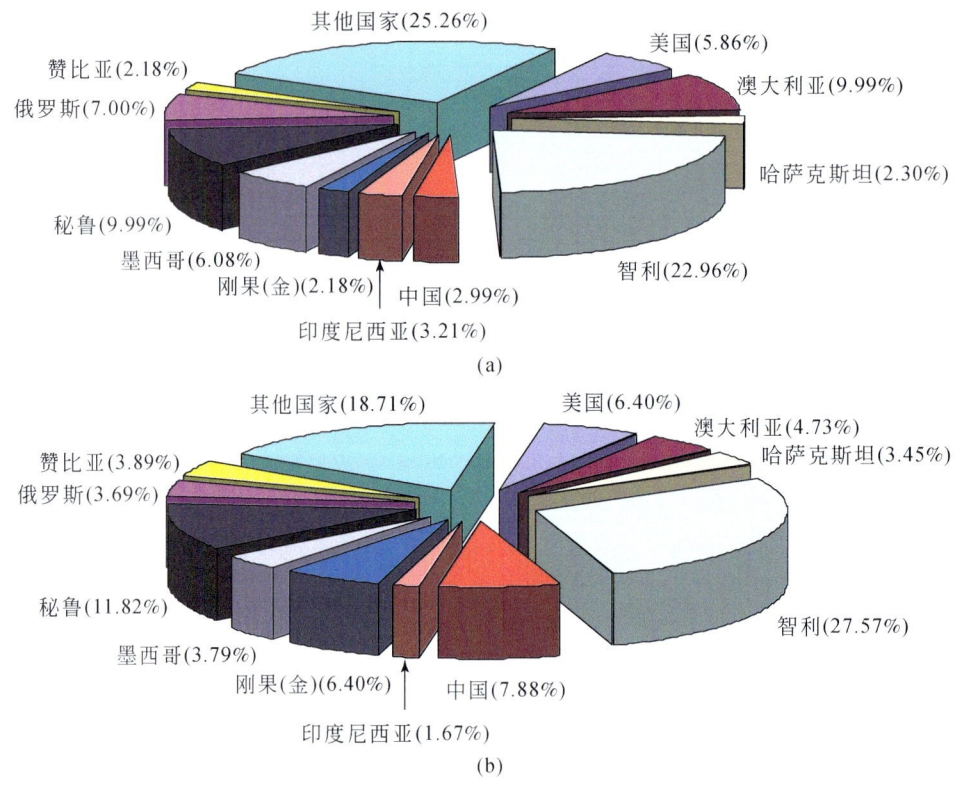

图 1.1 2019 年全球主要铜资源储量分布（a）和产量分布（b）

从矿床类型看，全球铜矿床工业类型多样，但铜资源储量相对集中。全球已发现和探明的铜矿床类型主要为斑岩型、砂页岩型、VMS型、岩浆铜镍硫化物型和 IOCG 型等（图1.2）。Singer（2017）统计了全球 1978 个铜（含铜）矿床，发现约 69%为斑岩型铜矿、12%为砂页岩型铜矿、5.1%为 IOCG 型铜矿、4.9%为 VMS 型铜矿；夕卡岩型铜矿虽然只占约 2.2%，但往往产出高品位矿石。值得注意的是，不同国家和地区的主要铜矿床类型存在明显差别，如智利和秘鲁最主要为斑岩型铜矿，美国、加拿大和俄罗斯主要为岩浆铜镍硫化物型铜矿，赞比亚和刚果（金）则以砂页岩型铜矿为主，澳大利亚主要为 IOCG 型铜矿；我国除斑岩型铜矿外，夕卡岩型铜矿也是一个非常重要的工业类型，占我国铜资源储量的 27%（应立娟等，2014）。

从成矿区带看，全球铜矿资源集中分布在 15 个成矿区带（罗晓玲，2000；元春华等，2012）：①环太平洋中新生代铜金矿带，尤其是东太平洋智利-秘鲁安第斯山、美国西南部、加拿大西南部斑岩铜矿集中区以及西南太平洋地区菲律宾、印度尼西亚、巴布亚新几内亚等斑岩铜金矿集中区；②阿尔卑斯-喜马拉雅中生代斑岩铜矿带，包括前南斯拉夫、伊朗、巴基斯坦和我国西藏等巨大的斑岩铜矿集中区；③中亚-蒙古带的古生代斑岩铜矿带，包括乌兹别克斯坦、哈萨克斯坦、蒙古国和我国华北及东北等巨大铜矿集中区；④中非赞比亚-扎伊尔砂页岩型铜矿带；⑤美国-加拿大五湖地区；⑥加拿大黄铁矿型铜矿集中区；⑦中欧波兰-德国页岩铜矿区；⑧西班牙-葡萄牙黄铁矿型铜矿带；⑨俄罗斯西伯利亚铜镍硫化物矿区；⑩俄罗斯西伯利亚乌多坎砂页岩铜矿区；⑪俄罗斯乌拉尔和哈萨克斯坦阿尔泰黄铁矿铜多金属矿带；⑫印度马兰杰坎德铜矿区；⑬阿富汗艾纳克砂页岩型铜矿区；⑭南澳奥林匹克坝铜-铀-金矿区；⑮巴西卡腊贾斯萨洛博砂页岩型铜矿区。

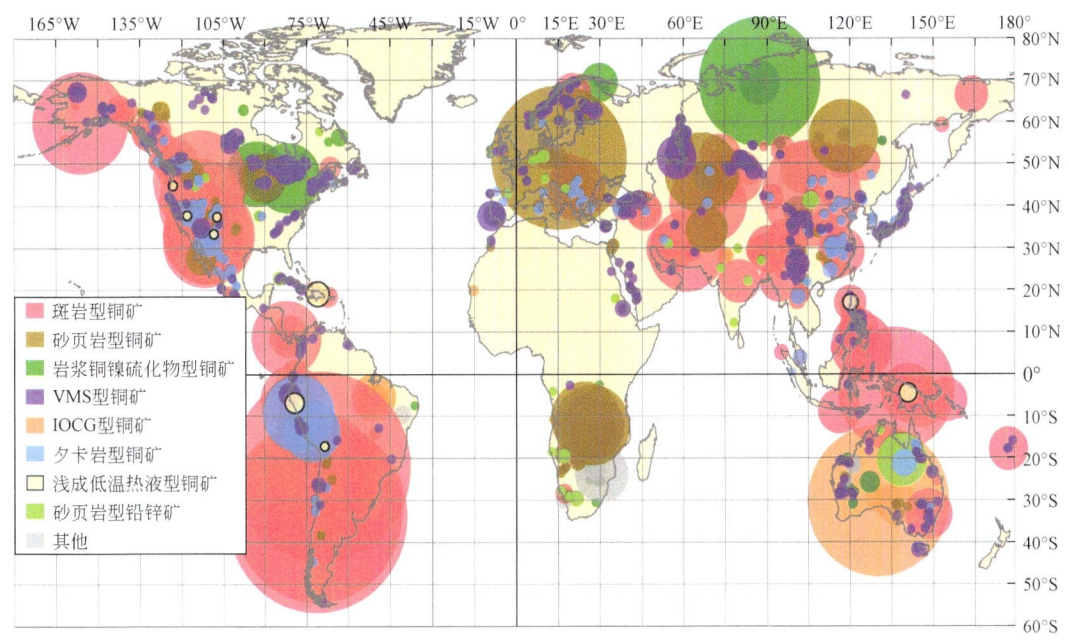

图1.2 全球主要铜矿床类型分布（据 Singer，2017）
圆圈半径代表矿床产出的铜资源储量

二、中国铜资源分布

铜是我国的紧缺矿种，长期依赖进口已成定局（应立娟等，2014；马茜卉，2017）。我国地处全球古亚洲成矿域、环太平洋成矿域和特提斯-喜马拉雅成矿域的交叉部位，铜成矿条件优越、找矿潜力巨大（黄崇轲等，2001；陈毓川等，2010a，2010b）。我国是世界上铜矿资源相对丰富的国家之一，铜矿床广泛分布、矿床类型齐全（黄崇轲等，2001；陈毓川等，2010a，2010b；应立娟等，2014）。据 USGS（2020）统计，2019年中国的铜资源储量为26000万t，占全球储量的2.99%，排名第九［表1.2；图1.1（a）］；据2012年中国矿产储量通报（应立娟等，2014），全国探明铜资源储量9036.9万t。随着成矿理论和勘探技术不断创新，近年来在我国许多成矿区带取得铜矿找矿重大突破，铜资源储量有较快增长，如在冈底斯成矿带探明铜资源储量超1000万t的驱龙铜（钼）矿床（秦克章等，2014）、在班公湖-怒江成矿带探明铜资源储量超1000万t的铁格隆南铜（金银）矿床（唐菊兴等，2016）。

1. 总体特征

（1）铜矿床分布广泛，资源量相对集中。截至2012年，除天津和香港外，全国各省、自治区、直辖市均有数量不等的铜资源储量，探明铜资源储量占全国探明总储量10%以上的有西藏、江西和云南，其中西藏最多，探明储量超过2000万t、占全国总储量的23%；排名第4~7位依次为内蒙古、新疆、安徽和黑龙江。这7个省、自治区探明铜资源储量占全国探明总储量的近74%（应立娟等，2014）。

（2）大型-超大型矿床较少，中-小型矿床居多。应立娟等（2014）的统计结果显示，2013年全国31个省、自治区、直辖市铜矿床814个，其中500万t以上的超大型铜矿床只有3个，50万~500万t的大型铜矿床47个，10万~50万t的中型铜矿床120个，1万~10万t的小型铜矿床644个。可喜的是，近年来在西藏探明2个铜资源储量超1000万t的世界级超大型铜矿床，一个是冈底斯成矿带的驱龙铜（钼）矿床（秦克章等，2014），另一个是班公湖-怒江成矿带的铁格隆南铜（金银）矿床（唐菊兴等，2016）。

（3）矿床类型齐全，重要类型突出。陈毓川等（2010a）将我国铜矿床划分为10种矿床类型（表1.1），指出斑岩型和夕卡岩型为我国主要铜矿床类型，海相火山岩型、岩浆铜镍硫化物型、海相（火山）-沉积岩型（包括海相杂色岩系型和海相火山沉积型）为我国重要铜矿床类型。据应立娟等（2014）的统计，在我国探明的铜资源储量中，斑岩型铜矿约41%、夕卡岩型铜矿约27%、层状型铜矿（包括变质岩中层状铜矿和含铜砂页岩型铜矿）约11%、铜镍硫化物型铜矿约6.4%、火山沉积型铜矿约5.5%、其他类型铜矿小于10%。

（4）成矿时代跨度大，大规模成矿时代相对集中。王登红等（2010，2014a）的统计资料显示，我国铜矿床成矿时代跨度大，从太古宙至第四纪均有产出，以燕山期成矿为主。随着近年冈底斯成矿带驱龙铜（钼）矿床找矿取得重大突破（秦克章等，2014），喜马拉雅期成为我国铜矿另一个重要成矿时代（王登红等，2014b；应立娟和唐菊兴，2015）。应立娟和唐菊兴（2015）的统计结果显示，我国探明喜马拉雅期铜资源量与燕山期铜资源量相近。

2. 空间分布

根据我国铜矿的空间分布情况，可划分为三大铜成矿域（王之田等，1994；黄崇轲等，2001）：北部铜成矿域、东部铜成矿域和西南铜成矿域，它们分别是古亚洲成矿域、环太平洋成矿域和特提斯-喜马拉雅成矿域的重要组成部分。

北部铜成矿域涵盖华北陆块-塔里木陆块及其以北的地区，受古亚洲构造岩浆带和华北陆块-塔里木构造演化的联合控制。铜矿床成矿时代主要为古生代和前寒武纪，铜矿类型主要为斑岩型、岩浆铜镍硫化物型、海相火山岩型；产出有红透山、白银厂等海相火山岩型铜矿床、金川铜镍硫化物矿床、筐子沟海相火山沉积型铜矿床以及多宝山、白乃庙和乌奴格吐山等斑岩型铜矿床。

东部铜成矿域受太平洋构造岩浆带的控制，内带为台湾岛弧褶皱系，外带主要在我国大陆东部。成矿时代主要为燕山期，铜矿类型以斑岩型、夕卡岩型为主，其次为海相火山岩型和陆相火山热液型，分布有长江中下游铜矿带、德兴铜矿带、华北陆块北缘（燕辽）铜矿带以及紫金山铜矿区等。

西南部铜成矿域主要位于云南、西藏、川西、青海南部等地区，包括特提斯-喜马拉雅构造域及其相邻的扬子陆块西缘部分。铜矿床类型主要有斑岩型、海相火山沉积型、海相火山岩型、海相杂色岩系型以及夕卡岩型和岩浆铜镍硫化物型等，以斑岩型、海相火山沉积型和海相火山岩型铜矿为主，其次为海相杂色岩系型。成矿时代相差很大，如拉拉厂、大红山、里伍和东川铜矿等矿床的成矿时代为元古宙，普朗、春都、羊拉等矿床的成矿时代为印支期，玉龙、驱龙、马厂箐等矿床的成矿时代为喜马拉雅期。

3. 成矿系列

成矿系列是指在一定的地质时期和地质环境中，在主导的地质成矿作用下形成的，在时间上、空间上和成因上有密切联系的一组矿床类型的组合（程裕淇等，1979；陈毓川，1994）。应立娟和唐菊兴（2015）根据矿床的物质组成，以全国矿床成矿系列（陈毓川等，2007）为基础，结合青藏高原铜矿成矿系列和成矿预测研究成果（唐菊兴等，2012，2014），厘定出30个以铜为特色的矿床成矿系列（表1.3），同时根据我国铜矿成矿时代（王登红等，2010，2014a），划分出4个大的成矿期：前寒武纪（太古宙、元古宙）、古生代、中生代和新生代。

表1.3 中国以铜矿为主的矿床成矿系列简表

序号	编号	铜矿床成矿系列	矿床式
1	Kz-17	冈底斯-雅鲁藏布江碰撞造山带与新生代构造-岩浆作用有关的 Cu、Mo、Au、Ag、Pb、Zn 矿床成矿系列	驱龙式、甲玛式
2	Kz-16	西南三江与新生代陆内造山过程-岩浆作用有关的 Cu、Mo、Au、Ag、Pb、Zn 矿床成矿系列	玉龙式
3		班公湖-怒江成矿带与早白垩世中酸性岩浆活动有关的 Cu、Au、Ag 矿床成矿系列	多龙式
4		冈底斯成矿带与早侏罗世—中侏罗世中酸性岩浆活动有关的 Cu、Au、Ag 矿床成矿系列	雄村式
5	Mz_2-44	东南沿海与燕山期火山-侵入岩浆活动有关的 Fe、Cu、Pb、Zn、Au、Ag、Hg、W、Sn、Mo、Nb、Ta、萤石、叶蜡石、明矾石、沸石、膨润土矿床成矿系列	紫金山式
6	Mz_2-42	滇东南与燕山期岩浆活动有关的 Sn、W、Ag、Cu、Pb、Zn、Nb、Ta 矿床成矿系列	都龙式
7	Mz_2-41	南岭与燕山期中浅成花岗岩有关的 REE、稀有金属、有色金属及 U 矿床成矿系列	大宝山式、园珠顶式
8	Mz_2-38	赣东北构造带与燕山期壳源花岗岩有关的 Cu、W、Sn、Mo、Hg、Sb、Be、Nb、Ta、Pb、Zn、萤石矿床成矿系列	德兴式
9	Mz_2-37	长江中下游与燕山期壳幔源侵入-喷出岩有关的 Fe、Cu、Mo、Pb、Zn、Au、Ag 多金属矿床成矿系列	铜官山式
10	Mz_2-33	华北地台北缘与燕山期中酸性岩浆侵入-喷发活动有关的 Au、Ag、Pb、Zn、Mo 矿床成矿系列	刁泉式、野狐式
11	Mz_2-29	大兴安岭与燕山期中酸性-碱性侵入岩-喷出岩有关的 Cu、Mo、Ag、Pb、Zn、Sn、W、Fe、S、稀有金属、REE 矿床成矿系列	乌奴格吐山式

续表

序号	编号	铜矿床成矿系列	矿床式
12	Mz_2-25	扬子地台西南缘与侏罗纪—白垩纪陆相沉积作用有关的Cu、芒硝、石盐矿床成矿系列	六苴式
13	Mz_1-9	三江地区与印支期—燕山期火山-沉积-岩浆侵入作用有关的Cu、Fe、Pb、Zn、Ag、Au、石膏矿床成矿系列	羊拉式、普朗式
14	Mz_1-5	吉黑地区与印支期陆相火山喷发-岩浆侵入活动有关的Cu、Ni、Co、Pb、Zn、Ag、Au矿床成矿系列	前撮落式
15	Mz_1-4	华北地台北缘与印支期—燕山期中酸性岩浆侵入-喷发活动有关的Au、Ag、Pb、Zn、Mo、Cu矿床成矿系列	寿王坟式
16	Pz_2-18	滇藏（三江）地区与海相火山岩有关的Fe、Cu、Co、S等矿床成矿系列	大平掌式
17	Pz_2-11	昆仑-阿尔金与晚古生代构造-岩浆-沉积作用有关的Fe、Cu、Pb、Zn、Au、Co、Ni、Y、Ti、S、石棉、石膏、玉石矿床成矿系列	德尔尼式
18	Pz_2-10	小兴安岭-张广才岭-太平岭与海西旋回岩浆-沉积作用有关的Cu、Cr、Fe、Ti、Mo、Au、Ag、Be、水晶、石墨、碳酸盐岩、陶粒页岩、煤矿床成矿系列	多宝山式
19	Pz_2-6	东天山与海西旋回构造-岩浆作用有关的Fe、Cu、Pb、Zn、Mo、W、Sn、Au、Ag、Ni、Co、V、Ti、蛇纹石、滑石矿床成矿系列	土屋式
20	Pz_2-3	准噶尔与海西旋回构造-岩浆作用有关的Cr、Fe、Ni、Cu、Pb、Zn、Au、硫铁矿、石墨、石棉、水晶、宝石矿床成矿系列	包古图式
21	Pz_2-2	新疆北部与晚古生代幔源基性-超基性岩有关的Cu、Ni、Co、PGE矿床成矿系列	黄山式、喀拉通克式
22	Pz_2-1	阿尔泰与海西旋回构造-岩浆作用有关的Cu、Ni、Pb、Zn、Au、Ag、Co、PGE、Be、Li、Nb、Ta、宝石矿床成矿系列	阿舍勒式
23	Pz_1-10	柴北缘-祁连地区与加里东构造旋回岩浆、沉积、变质作用有关的Cr、Fe、Cu、Ni、Pb、Zn、W、Mo、Au、REE矿床成矿系列	白银厂式
24	Pt_2-4	扬子地台中部与中元古代岩浆作用有关的Cu、Ni、Sn、非金属矿床成矿系列	大坡岭式
25	Pt_{2-3}-5	扬子地台东南部与中元古代、新元古代火山-沉积变质改造作用有关的Cu、Au矿床成矿系列	西裘式
26	Pt_2-3	扬子地台西南部与中元古代火山-沉积变质改造作用有关的Fe、Cu、REE矿床成矿系列	东川式
27	Pt_2-2	华北地台西部与中元古代裂陷拉张环境火山-沉积变质改造作用有关的Fe、Cu、Pb、Zn、REE、稀有金属、Au、硫铁矿矿床成矿系列	金川式
28	Pt_1-5	扬子地台西南部与古元古代海相火山-沉积变质作用有关的Fe、Cu矿床成矿系列	大红山式
29	Pt_1-4	华北地台西部与古元古代构造旋回有关的Cu、Co、Au、非金属矿床成矿系列	胡家峪式

续表

序号	编号	铜矿床成矿系列	矿床式
30	Ar₃-1	华北地台中东部（辽吉、冀东、鲁西花岗-绿岩带中）与新太古代前期（2.8~2.7Ga）构造旋回有关的Fe、Cu、Zn、Au多金属矿床成矿系列	红透山式

注：据陈毓川等（2007），表中编号空白为应立娟和唐菊兴（2015）新增的2个铜矿床成矿系列。

前寒武纪：7个铜矿床成矿系列，主要分布在华北地区（表1.3），矿床类型以火山-沉积变质型和岩浆硫化物型为主。其中太古宙陆核形成阶段，以基性火山-沉积和变质成矿作用为主，形成以铁矿床为主，兼有铜、锌、金、石墨、夕线石等矿床，如华北地台中东部的红透山式铜矿；元古宙为陆块发展阶段，发育边缘裂谷-裂陷槽，以海相火山-沉积和变质成矿作用为主，其次为岩浆侵入成矿作用，形成铁、铜、镍、稀土、铅锌、金、锡、菱镁矿、磷、硼、石墨、夕线石、红柱石等矿床，如华北地台西部的胡家峪式铜矿和金川式铜矿，扬子地台西南部的东川式铜矿。

古生代：8个铜矿床成矿系列，主要分布在西部和北部地区（表1.3），以海西期为主，矿床类型主要为海相火山岩型和斑岩型。古生代为板块张合发展阶段，在我国境内加里东构造旋回，特别是海西构造旋回在西部、北部地区发育完整，岩浆成矿作用、沉积成矿作用和变质成矿作用并存，形成以铜、铁矿床为主，兼有铬、镍、铂族、铅锌、金、银、钨、锡、稀有、稀土及宝石等矿床，如柴北缘-祁连地区的白银厂式铜矿，新疆北部的黄山式、喀拉通克式铜矿，阿尔泰、东天山、昆仑-阿尔金和小兴安岭等地区分别发育阿舍勒式、土屋式、德尔尼式和多宝山式等铜矿，西南三江地区的大平掌式铜矿。

中生代：13个铜矿床成矿系列，主要分布在东部和西南地区（表1.3），以燕山期为主，矿床类型主要为斑岩型和夕卡岩型。中国东部中生代为陆内发展阶段，主要为中-酸性岩浆成矿作用，发育斑岩型铜矿、夕卡岩型铁铜矿及与花岗岩有关的钨、锡、铋、钼、稀有、稀土、铅锌、锑、金、银等矿床，如赣东北地区发育德兴式斑岩型铜矿，长江中下游发育铜官山式、铜绿山式、冬瓜山式等夕卡岩型为主的铜矿，南岭地区的大宝山式、园珠顶式斑岩型铜矿，东南沿海发育紫金山式斑岩型铜矿，滇东南地区发育都龙式夕卡岩型铜矿。西南地区受控于特提斯的演化，同样以中-酸性岩浆成矿作用为主，发育斑岩-夕卡岩型铜矿，与之共（伴）的矿化元素主要有钼、金、银、铅锌等，如三江中南段有普朗式斑岩型铜矿，冈底斯发育雄村式斑岩型铜矿床，班公湖-怒江发育多龙式斑岩-夕卡岩型铜矿。

新生代：2个铜矿床成矿系列，均分布在西南地区（表1.3），矿床类型主要为斑岩型和夕卡岩型。中国西南扬子地台西南缘新生代为碰撞造山阶段，主要为斑岩和富碱侵入岩岩浆成矿作用，发育斑岩-夕卡岩型铜矿、铜钼矿和铜金矿，与之共（伴）的矿化元素主要有铁、银、铅锌等，如三江地区有喜马拉雅期的玉龙式斑岩型铜矿，冈底斯-雅鲁藏布江碰撞造山带有喜马拉雅期的驱龙式、甲玛式斑岩-夕卡岩型铜矿。

第二节 主要类型铜矿床研究进展

滇西羊拉铜矿床为三江地区与印支期—燕山期火山-沉积-岩浆侵入作用有关的Cu、

Fe、Pb、Zn、Ag、Au、石膏矿床成矿系列（编号：Mz_1-9）的代表性矿床（表1.3；陈毓川等，2007；应立娟和唐菊兴，2015），目前对其矿床成因类型存在很大争论，如VMS型（路远发等，1998，2002，2004；潘家永等，2000a，2000b；Pan et al.，2001；李文昌等，2010）、夕卡岩型（Zhu et al.，2015；Meng et al.，2016）、VMS-斑岩–夕卡岩复合型（战明国等，1998；Zhan and Lu，1999；魏君奇等，2000；魏君奇和陈开旭，2004；曲晓明等，2004）。本节主要综述VMS型铜矿床、夕卡岩型铜矿床和斑岩型铜矿床研究进展。

一、VMS型铜矿床

块状硫化物矿床，通常产于海相火山岩系和沉积岩系中，主要由Fe、Cu、Zn和Pb的硫化物组成，伴有Au、Ag、Co等多种有益元素，多为块状矿体和网脉状矿体（Franklin et al.，1981；Large，1992；Lydon，1984，1988）。按容矿岩性及矿床成因，块状硫化物矿床分为两大体系：一大体系为沉积喷流型（sedimentary exhalative，SEDEX），容矿岩石是沉积岩类，如细粒碎屑岩、碳酸盐岩及变沉积岩等，矿体周围没有火山岩（Carne and Cathro，1982），矿床成因与火山作用没有直接关系（Leach et al.，2001），成矿元素主要是Pb、Zn。另一大体系为火山喷流型（volcanogenic massive sulfide，VMS），矿区火山岩广泛分布，容矿岩石不一定全是火山岩，但矿床成因与火山作用密切相关（Leach et al.，2001），成矿元素以Cu为主，其次是Pb、Zn。Singer（2017）统计的全球1978个铜（含铜）矿床中4.9%为VMS型铜矿。

1. 矿床分类

根据构造环境和容矿围岩，VMS型矿床还可进一步分类。按构造环境，可划分为塞浦路斯（Cyprus）型、黑矿（Kuroko）型、别子（Besshi）型和诺兰达（Noranada）型（Sangster and Scott，1976；Franklin et al.，1981）。塞浦路斯型矿床形成于增生板块边缘，以中生代大洋中脊拉斑玄武岩为含矿围岩，主要组分为铜矿石；黑矿型矿床形成于汇聚板块边缘，与年轻的火山弧或弧后盆地与硅铝质地壳深熔作用形成的钙碱性、碱性长英质岩浆有关，主要组分为铅、锌、铜矿石；别子型矿床形成于新元古代或显生宙弧前海槽或海沟的火山沉积岩系中，围岩为沉积岩，主要组分为铜、锌矿石；诺兰达型矿床是一种古老的矿床，形成于汇聚板块边缘，产于太古宙—古元古代俯冲岛弧的拉斑系列–钙碱性系列的玄武安山岩–流纹岩中，以锌、铜矿石组分为主。

按容矿围岩，可划分为镁铁质型、硅质碎屑岩–镁铁质型、双峰式–镁铁质型和双峰式–长英质型（Barrie and Hannington，1999；Franklin et al.，2005；Galley et al.，2007；Piercey，2011）。镁铁质型矿床：容矿围岩镁铁质火山岩>75%、长英质火山岩<3%、硅质碎屑岩<10%，大体与塞浦路斯型矿床对应；双峰式–镁铁质型矿床：容矿围岩镁铁质火山岩>50%、长英质火山岩<25%，大体与诺兰达型矿床对应；硅质碎屑岩–镁铁质型矿床：容矿围岩镁铁质火山岩约25%、浊积硅质碎屑岩含量约50%、长英质火山岩不发育，大体与别子型矿床对应；双峰式–长英质型矿床：容矿围岩镁铁质火山岩约25%、长英火山岩35%~70%、硅铝碎屑岩<15%，大体与黑矿型矿床对应。

2. 矿物成分

VMS 型矿床为典型的多金属矿床，富 Cu 矿床多富集 Co、Se、Ni、Bi 等元素，富 Zn、Pb 矿床则伴生 Ag、As、Sb 和 Hg 等元素（Constantinou and Govett, 1973；Large, 1977, 1992；Schwarz-Schampera et al., 2010）。此外，以 Cu 为主的 VMS 型矿床常与铁镁质火山岩有关，而以 Zn、Pb 为主的 VMS 型矿床通常与长英质火山岩和沉积岩层有关。VMS 型矿石与其含矿岩石，特别是与矿床底部岩石的化学成分的亲缘性，指示其成矿金属来源于对流的热液体系或者成矿母岩浆（Pat Shanks Ⅲ and Thurston, 2010）。从矿物成分看，VMS 型矿床中矿石矿物以 Fe 的硫化物（黄铁矿约占75%，磁黄铁矿约占25%）为特征，主要矿物由多到少为黄铁矿、黄铜矿、闪锌矿、磁黄铁矿，还含有少量方铅矿、黝铜矿、砷黝铜矿、毒砂、斑铜矿和磁铁矿等；主要的脉石矿物有石英、白云母、绿泥石、重晶石、石膏和方解石等。值得一提的是，不同时代的 VMS 型矿床显示出不同的成分特征，显生宙的 VMS 矿床中 Fe 的硫化物以黄铁矿为主，而前寒武纪的矿床中黄铁矿和磁黄铁矿含量相当，这一差异可能是太古宙和古元古代还原流体和大洋中低的总硫含量引起的。显生宙 VMS 型矿床中硫酸盐矿物的增加和高的 Pb 含量，反映了当时海水中硫酸盐含量的增加以及地壳物质的加入。

3. 成矿物质

尽管前人对 VMS 型矿床开展了大量研究，甚至直接研究了现代海底活动性成矿流体，但其成矿过程仍不明确。Corliss（1971）注意到海水淋滤枕状玄武岩中不相容元素的可能性。Anderson 等（1977）发现海水循环作用使汇聚板块边缘两侧导热损失并没有预测的高。$\delta^{18}O$ 研究揭示了大洋底板变质作用是海水与洋壳高温相互作用引起的，表示海水循环作用是普遍存在的（Clayton et al., 1972；Muehlenbachs and Clayton, 1976）。海水与玄武岩水-岩实验（200~500℃条件下的）揭示随着水-岩反应形成次生硅酸盐，会释放大量 Mg，并产生运移成矿物质（Fe、Cu、Zn、Pb）的酸性流体（Bischoff and Dickson, 1975；Seyfried and Bischoff, 1977；Mottl and Holland, 1978）。因此，对 VMS 型矿床及现代海底相似矿床的成因模式研究几乎都围绕水-岩交换反应而忽略了岩浆的贡献（Bischoff and Dickson, 1975；Large, 1977；Shanks, 2001；Seyfried and Shanks, 2004）。

随着研究的深入，岩浆去气作用将 He、CO_2、CH_4 和 H_2S 或 SO_2 带入循环热液体系中的认识最终建立（Lilley et al., 1982；Glasby et al., 2008）。许多研究支持岩浆流体是 VMS 型矿床成矿物质的重要来源这一观点（Lydon, 1996；Yang and Scott, 1996, 2002, 2005, 2006）。Yang 和 Scott（2002）对 Manus 盆地的研究发现，玻璃质基质和熔体包裹体气泡中沉淀金属种类随火山岩岩性的变化而变化：玄武岩和玄武质安山岩中为 Ni+Cu+Zn+Fe，安山岩中为 Cu+Zn+Fe，英安岩中为 Cu+Fe，流纹英安岩中为 Fe，流纹岩中为 Fe+Zn+Pb。Williams-Jones 和 Heinrich（2005）进一步通过实验研究和 LA-ICP-MS 分析，揭示岩浆蒸汽中 Cu、Au、As 和 Sb 的含量高于富 Cl 卤水。此外，Manus 盆地东部富 Cu、Au、As 和 Sb 的 VMS 型矿床与流纹岩和流纹英安岩有关。综上所述，长英质环境中岩浆流体的加入对成矿物质的贡献较大，而在铁镁质环境中，水-岩反应则是提供成矿物质的主要方式

(Schwarz-Schampera et al., 2010)。

Cl 和 HS 的络合物是成矿物质运移的重要方式（Johnson et al., 1992；Reed and Palandri, 2006）。热液流体中 Cl 的络合物可以增加 Fe、Cu、Pb、Zn 等成矿金属的溶解度（Helgeson, 1969），而 HS 络合物的存在可以增加 Cu 和 Au 的溶解度（Mountain and Seward, 2003；Stefánnson and Seward, 2004）。成矿金属及硫化物可在温度高于 200℃ 的海水或高盐度流体中运移，因此，成矿流体与冷的流体混合引起温度降低，可能是 VMS 型矿床金属硫化物沉淀的主要机制（Reed, 1982；Janecky and Seyfried, 1984；Janecky and Shanks, 1988；Reed and Palandri, 2006）。

二、夕卡岩型铜矿床

夕卡岩实质是一类由钙质硅酸盐矿物，如石榴子石、辉石等组成的岩石（Einaudi et al., 1981；Meinert, 1992；Meinert et al., 2005），多由区域或接触变质过程中的交代作用形成，主要产于岩浆侵入体与围岩接触带及附近，在走滑断裂带和主剪切带、浅部的地热系统、海底以及下地壳深处深埋的变质地体中也有分布（Meinert et al., 2005）。按照矿化类型，可将夕卡岩型矿床分为 Fe、Au、Cu、Zn、W、Mo 和 Sn 等夕卡岩型矿床（Meinert, 1992；Meinert et al., 2005）。夕卡岩型铜矿床是全球范围内重要的铜矿床之一，主要分布于洋壳俯冲带和造山带（Meinert, 1992；Meinert et al., 2005）。夕卡岩型铜矿虽然只占 Singer（2017）统计全球 1978 个铜（含铜）矿床的 2.2%，但多产出高品位矿石。夕卡岩型铜矿也是我国除斑岩型铜矿外一个非常重要的工业类型，占我国铜资源储量的 27%（应立娟等，2014）。

1. 夕卡岩的分类

夕卡岩有多种分类方法。按照夕卡岩与原岩（沉积岩和火成岩）的空间位置关系可分为外夕卡岩（exoskarn）和内夕卡岩（endoskarn）。按矿物主要成分可分为钙质夕卡岩和镁质夕卡岩，前者主要矿物包括石榴子石、辉石、硅灰石、方柱石、绿帘石和磁铁矿等，是岩浆热液交代灰岩的产物；后者主要矿物包括透辉石、镁橄榄石、磁铁矿和滑石等，是岩浆热液交代白云岩的产物（Meinert et al., 2005）。在此基础上，赵一鸣等（2012）又划分出锰质夕卡岩和碱质夕卡岩，前者为钙锰（铁）质硅酸盐矿物组合，以锰铝榴石、锰钙辉石、锰钙铁辉石等为特征；后者为一套特殊的 Na（K、Ca、Mg、Fe 和 Al）硅酸盐交代矿物组合，伴生 REE（Fe、Nb、U、Th）等矿化为特征。姚凤良和孙丰月（2006）则按照岩石类型和交代岩石成分等分为类夕卡岩、复夕卡岩、自反应夕卡岩、旁夕卡岩、内夕卡岩及外夕卡岩等。此外，按照夕卡岩矿化类型可分为 Cu 夕卡岩、Fe 夕卡岩、Au 夕卡岩、W 夕卡岩、Mo 夕卡岩、Pb-Zn 夕卡岩和 Sn 夕卡岩等（Meinert et al., 2005）。

2. 夕卡岩的分带

按照夕卡岩化与相关侵入体和围岩的空间位置，一般可分为内接触带和外接触带。由内带至外带，主要夕卡岩矿物呈现由石榴子石类向辉石类、符山石类过渡特征（Meinert et al., 2005)。这种矿化分带受岩浆的化学性质、围岩性质、氧逸度及成矿深度等多重因素的控制（Chang and Meinert, 2004, 2008）。值得一提的是，近源（靠近火成岩体）石榴子石通常为暗红棕色，而在靠近围岩一侧的石榴子石多呈浅绿色（Atkinson and Einaudi, 1978）。由内带至外带，辉石的颜色变化虽不明显，但其Fe、Mn含量呈逐渐递增趋势（Harris and Einaudi, 1982）；成矿元素则从贱金属→贵金属→Pb-Zn-Ag脉体逐渐变化（Theodore and Blake, 1975）。对于多数夕卡岩型矿床，这种矿化分带特征不仅体现在较小范围及单矿体尺度内，甚至可跨越千米级的范围，因此可作为找矿勘探的有效标志（Meinert, 1987; Meinert et al., 1997, 2003; Chang and Meinert, 2008）。

3. 矿物成分

夕卡岩矿物学特征是界定不同类型夕卡岩（如钙质夕卡岩和镁质夕卡岩）的主要依据，同时也是探索夕卡岩成因和探讨相关矿床成矿机制的信息窗口。尽管许多夕卡岩矿物是常见的造岩矿物，如石英和方解石在所有类型夕卡岩中均有发育，但有些矿物如硅镁石、方镁石、金云母和水镁石等矿物仅出现在镁质夕卡岩中（Meinert et al., 2005）。夕卡岩矿物在形成过程中，因岩体性质、围岩岩性及流体物理化学条件的改变会引起元素成分分异，这为研究夕卡岩的形成环境提供了物质基础（Meinert et al., 2005）。例如，石榴子石作为夕卡岩型矿床中热液接触交代作用的产物，经常发育完整的结晶环带，这些环带中主量元素、微量元素及同位素的分布与其形成环境密切相关。同时，这些环带记录了热液流体的演化过程，为示踪成矿流体、性质来源和演化提供了重要信息（Jamtveit et al., 1993; Jamtveit and Hervig, 1994; Smith et al., 2004; Gaspar et al., 2008; Stowell et al., 2011）。电子探针（EPMA）和激光剥蚀电感耦合等离子体质谱仪（LA-ICP-MS）等分析技术的发展，使夕卡岩矿物（如石榴子石和辉石）成分的原位微区分析成为可能。

Meinert（1992）和Meinert等（2005）总结统计了全球夕卡岩型矿床中典型夕卡岩矿物特征，认为不同矿化类型的夕卡岩型矿床中的主要矿物成分不同。夕卡岩型Cu、Fe、Au、Mo等矿床中石榴子石均以钙铁榴石为主，其中夕卡岩型Cu-Mo矿床的钙铁榴石比例最大；夕卡岩型Zn、Sn矿床中石榴子石端元组分以钙铁榴石-钙铝榴石系列为主；夕卡岩型W矿床中石榴子石端元组分复杂，钙铁榴石、钙铝榴石等均有发育；夕卡岩型Cu矿床的辉石以透辉石为主；夕卡岩型Au、Mo和Sn矿床为透辉石-钙铁辉石固溶体系列；夕卡岩型Fe、W、Zn矿床发育钙铁辉石、透辉石和钙锰辉石。Nakano等（1994）认为，辉石Mn/Fe值和Zn含量可用于划分夕卡岩型矿床类型，如夕卡岩型Cu、Fe矿床的辉石Mn/Fe值小于0.1，Zn小于200×10^{-6}；夕卡岩型W、Sn矿床中辉石Mn/Fe值约0.15，而Zn含量较高；夕卡岩型Pb-Zn矿床的辉石Mn/Fe值大于0.2，Zn含量大于200×10^{-6}。夕卡岩型Au、W和Sn矿床中的闪石以富Al阳起石-绿钠闪石-角闪石系列为主，而夕卡岩型Cu、Mo和Fe矿床则以富Fe的透闪石-阳起石系列为主。此外，夕卡岩矿床中发育的副矿物，如符山石、钙蔷薇辉石和橄榄石的成分变化，亦可为剖析夕卡岩分带及区域变质作用提供重要信息（Silva and Siriwardena, 1988; Franchini, 2002）。

大多数夕卡岩型Cu矿床与钙碱性深成侵入体有关，同时伴随浅成环境下的脆性剪切作用、角砾岩化作用和强烈的热液蚀变作用，这些角砾岩和断裂的发育大大提高了岩体和地层的渗透性。同时，上述特征指示大多数夕卡岩型 Cu 矿床都形成于近地表的浅成环境（Meinert et al.，2005）。夕卡岩型 Cu 矿床的矿物学研究显示，在夕卡岩内接触带，石榴子石以钙铁榴石为主，反映偏氧化的流体环境，其他矿物主要包括透辉石、符山石、硅灰石、阳起石和绿帘石等。从靠近侵入体到远离侵入体，可能具有石榴子石含量减少而辉石含量增加趋势（Meinert et al.，2005）。Einaudi 等（1981）详细描述了含铜夕卡岩的矿化分带，块状石榴子石夕卡岩主要位于靠近岩体的内接触带，而在靠近（含）钙质围岩的外接触带则变为符山石-硅灰石矿物相。在夕卡岩型 Cu 矿床中，黄铁矿和黄铜矿最为丰富，赤铁矿和磁铁矿次之，其中黄铜矿主要分布于内接触带与钙铁榴石共生，斑铜矿分布于外接触带与硅灰石等共生。在富含钙镁橄榄石的夕卡岩型铜矿床中，斑铜矿和辉铜矿是主要的含铜硫化物，如印度尼西亚的 Erstiberg 和 Irian Jaya 夕卡岩型铜矿床（Mertig et al.，1994）。Meinert 等（2005）对全球夕卡岩型矿床的总结认为，夕卡岩型铜矿与斑岩型铜矿在地质特征上存在相似性，二者共同构成了全球最为主要的铜矿床类型。Heinrich（2005）和 Klemm 等（2007）研究认为在斑岩型铜矿中，Cu 不仅来自于斑岩体，深部的岩浆房也可能有重要的贡献。

三、斑岩型铜矿床

"斑岩铜矿"一词最早用于描述美国西部亚利桑那州 Bisbee "浸染状铜矿"，其原意是指产于强烈绢云母和石英化中酸性斑岩里的细脉浸染型铜矿。1918 年，Emmons 正式将这种与斑岩体有关的"浸染状铜矿"定名为斑岩铜矿（杨志明和侯增谦，2009）。因此，斑岩型矿床过去又被称为细脉浸染型矿床（芮宗瑶等，1984；毛景文等，2012）。现在，斑岩型铜矿床通常指规模很大、中低品位、矿化与中酸性斑岩侵入体（如花岗闪长斑岩、石英二长斑岩、石英斑岩等）有密切成因联系的网脉（细脉）铜矿床（毛景文等，2012）。据统计，全球约 75% 的 Cu、约 50% 的 Mo、约 20% 的 Au、大部分的 Re 及少量的 Ag、Pd、Te、Se、Bi、Zn 和 Pb 等均产自于斑岩型矿床（Sillitoe，2010）。Cooke（2005）总结超大型斑岩型铜矿床时指出，全球共有 25 个铜资源储量超过 1000 万 t 的斑岩型铜矿床，主要分布于智利（10 个）、美国（6 个）和秘鲁（2 个）。全球 500 万 t 以上的 94 个巨型铜矿床中斑岩型铜矿床是最重要的类型，个数和储量分别占 67.7% 和 77.6%（毛景文等，2012），斑岩型铜矿床已成为全球铜的主要来源。

1. 蚀变分带

蚀变具明显的分带特征，是斑岩型铜矿床中最重要和最引人注目的成果之一。在各种蚀变分带模式中，以"二长岩"模式最具有代表性（Lowell and Guilbert，1970）。"二长岩"模式是指石英二长斑岩侵位到硅镁质围岩中而形成的同心环状蚀变分带现象。Sillitoe（2010）在总结前人成果和详细的野外勘探基础上提出了斑岩型铜矿床新的蚀变分带模型（图 1.3），以斑岩体为中心向外蚀变带分别为钾化带、绢英岩化带、泥化带和青磐岩化带，且各蚀变带均具有特定的矿物及矿物共生组合。

钾化即碱质硅酸盐交代，常产于斑岩体中心或附近，以钾长石-黑云母-石英等蚀变矿

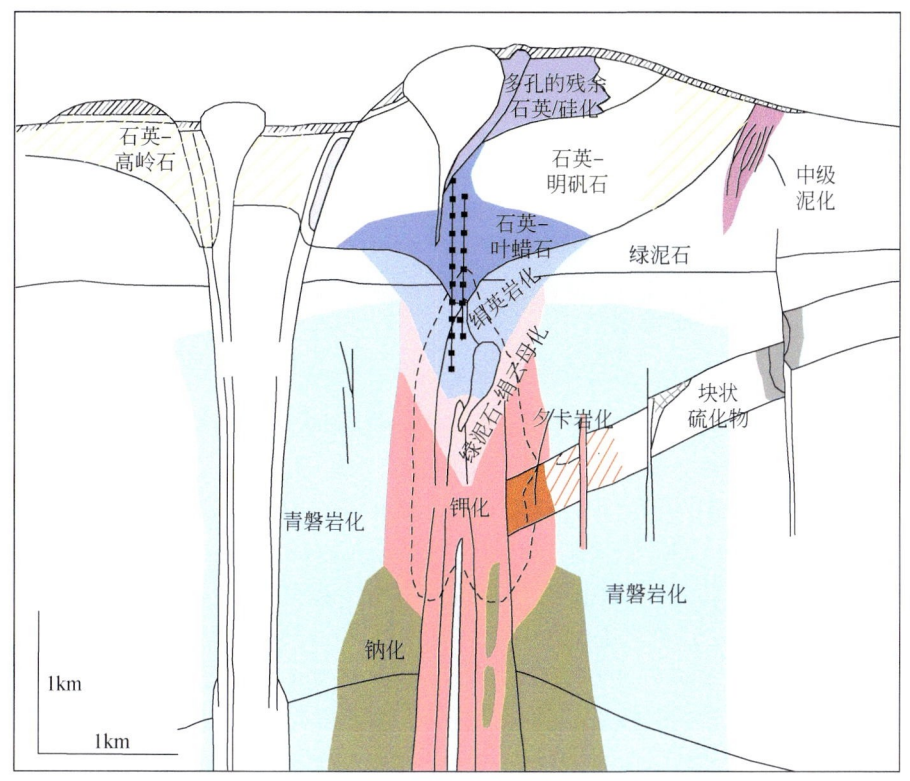

图 1.3 斑岩型铜矿床蚀变分带（Sillitoe，2010）

物组合发育为特征，即形成一系列高钾矿物，但有时也出现钠长石化以及形成一系列富钠矿物，如钠闪石、钠柱石等。钾长石和石英既可形成于成岩过程之中，也可作为脉体的充填组分，其中钾长石亦可因斜长石蚀变而成。次生黑云母常为岩浆黑云母、角闪石等矿物蚀变而成，蚀变过程中常释放少量的铁而形成磁铁矿、黄铁矿及黄铜矿等含铁矿物。如果斑岩体顶部附近围岩为碳酸盐岩，则产生夕卡岩，又称为钙、镁和镁硅酸盐交代作用，典型交代矿物包括石榴子石、透辉石、镁橄榄石和蔷薇辉石等。

绢英岩化蚀变常常叠加在钾化蚀变的顶部，以绢云母-石英-黄铁矿等蚀变矿物组合发育为特征，蚀变过程中，原岩遭受强烈的淋滤，Na、Ca、Mg 等元素被大量带出，有时铝硅酸盐矿物被绢云母、石英等矿物完全替代。先存的铁镁质矿物，在蚀变过程常释放大量的铁而形成黄铁矿等硫化物。

泥化常可依据成因类型分为泥化和高级泥化，前者以黏土类矿物（如高岭土、伊利石）蚀变为特征，黄铁矿是该蚀变阶段的主要硫化物类型；后者以红柱石-明矾石蚀变矿物组合发育为特征，硫化物除黄铁矿外，还常伴生有少量的黄铜矿、斑铜矿、硫砷铜矿及砷铜矿等，通常这类蚀变只发生于构造破碎和渗透性较强的地带，如构造破碎带和接触带等。

青磐岩化常与钾硅酸盐化蚀变呈同心环状分布，但远离斑岩中心产出，以绿泥石-绿帘石-方解石等蚀变矿物组合发育为特征，有时还有钠长石等矿物叠加。这种蚀变是斑岩型铜矿床在蚀变和矿化过程中，因岩体中大量 Fe、Ca、Mg、Na 等被带出后在最外带沉淀形成。

与蚀变分带相对应，斑岩型铜矿床矿化特征也存在分带性（Lowell and Guilbert, 1970；Sillitoe, 2010）。在钾化带中常出现黄铜矿化、黄铁矿化和辉钼矿化；绢英岩化带中则以黄铜矿化和黄铁矿化为主，辉钼矿化较少；钾化带及绢英岩化带中铜的硫化物矿化强烈，形成了矿床的主要矿体；在绢英岩化带外侧及泥化带中，主要出现黄铁矿化，而铜、钼矿化较弱；在青磐岩化带中则常发生金、银和黄铁矿化或铅、锌硫化物等矿化。

2. 时空分布及地质构造环境

斑岩铜（钼）矿床在成矿时代上集中于新生代，约占 59.5%，其次是中生代，约占 35%，而且新生代成矿强度明显高于中生代。这些中-新生代的斑岩铜（钼）矿床主要分布于环太平洋成矿域和特提斯-喜马拉雅成矿域（芮宗瑶等，2004；毛景文等，2012）。中生代之前的超大型斑岩铜（钼）矿床主要分布于中亚-蒙古的古生代造山带，在克拉通造山带中发现有前寒武纪巨型斑岩铜矿床，如印度 Malanjkhand 矿床、加拿大 Troilus Laket 矿床、纳米比亚 Haib River 矿床和中国铜矿峪铜矿床等（毛景文等，2012）。

Sillitoe（1972，1976）首先提出斑岩铜矿床主要形成于俯冲消减环境中。由于板块的俯冲作用，板块发生脱水熔融并交代软流圈地幔楔而形成的岛弧岩浆，经过后期的结晶分异或同化混染作用演化为钙碱性长英质含矿岩浆。前人研究表明，全球 90% 的斑岩矿床形成于汇聚板块边缘与俯冲相关的岩浆弧，包括陆缘弧和岛弧环境（侯增谦等，2007）。其中，陆缘弧环境的经典成矿省主要分布于太平洋东岸，如美国西南部的亚利桑那成矿省、墨西哥北部成矿省、智利北部成矿省和智利中部成矿省等（Cooke, 2005；Singer et al., 2005）；岛弧环境的经典成矿省则主要环绕西太平洋分布，如印度尼西亚和菲律宾岛弧（Hedenquist et al., 1998；Cooke, 2005）。

前人研究认为，斑岩铜矿床并非典型弧火山作用的产物，构造体制的转换是斑岩铜矿床形成的重要诱因（Solomon, 1990；Sillitoe, 1997；Kerrich et al., 2000）。Sillitoe（1998）提出挤压环境有利于斑岩铜矿床形成的5个关键因素：①挤压环境有效地阻止了岩浆直接穿过上地壳上升到地表产生火山作用；②挤压环境可形成比伸展环境更大的浅部岩浆房；③挤压背景下浅部的岩浆房很难喷发，大大促进了岩浆房的结晶分异，导致挥发分的饱和以及大规模岩浆热液的形成；④挤压条件下陡立的张性断裂很难发育，有效地限制了在岩浆房顶部形成岩株（枝）的数量，有利于岩浆热液向单个岩株（枝）的聚集；⑤挤压背景下常发生快速抬升与剥蚀，产生的突然减压作用可有效促进岩浆热液的出溶和运移。相比之下，强烈的拉张背景则不利于斑岩铜矿的形成，如日本岛弧迄今尚未发现斑岩铜矿床（Ishihara, 1981；Qin and Ishihara, 1998）。

虽然大部分斑岩铜矿床的形成与大洋俯冲产生的岩浆弧密切相关，但近年来的研究成果表明，大陆碰撞带同样也是大型-巨型斑岩铜矿床的重要产出环境，典型代表为西藏冈底斯斑岩铜矿带和藏东玉龙斑岩铜矿带（侯增谦，2004，2010；侯增谦等，2007，2012）。与典型岩浆弧环境斑岩铜矿床相比，产于大陆碰撞环境的斑岩铜矿床在蚀变类型和分带、矿化特征方面存在普遍的相似性，但二者在地球动力学背景、深部作用过程、含矿岩浆起源演化、流体与金属来源、成矿物质富集与沉淀机制等方面存在显著差异（侯增谦，2004；侯增谦等，2007，2012）。通过对冈底斯斑岩铜矿成矿带和藏东玉龙斑岩铜矿带的研究，已初步建立了大陆碰撞构造环境斑岩铜矿床的地球动力学模型（杨志明等，2008a；杨志明和侯增谦，2009；侯增谦，2010）。

3. 有关岩浆的性质、起源和演化

Sillitoe（1972）提出，与岩浆弧（岛弧和陆缘弧）环境斑岩铜矿床有成因联系的岩浆源是俯冲的大洋板块直接熔融形成的钙碱性中酸性火成岩。近年来，通过研究原始岛弧岩浆岩的源区特征，认为岛弧岩浆是由大洋板块俯冲到约100km处（蓝片岩相向榴辉岩相过渡）发生大规模脱水作用（Peacock，1993）而释放的富挥发分、S、Si 及 LILE（大离子亲石元素，如 K、Rb、Cs、Ba、Sr）（Tatsumi et al.，1986；Davidson et al.，1994；Hoog et al.，2001），亏损 HFSE（高场强元素，如 Ti、Nb、Ta）的流体，交代上覆地幔楔并诱发其部分熔融而产生的岩浆。这种玄武质岩浆的密度大于地壳岩石，其自身浮力并不能推动其运移到近地表，而是聚集于地壳底部并经历熔融（melting）、同化（assimilation）、存储（storage）和均一（homogenized）等过程（Hildreth and Moorbath，1988；Richards，2003），形成富含挥发分、S 和不相容组分的氧化性（FMQ+2，即氧逸度高于铁橄榄石-磁铁矿-石英缓冲线2个单位）弧岩浆（Brandon and Draper，1996）。值得注意的是：①由于地壳物质的混染作用，这种岩浆具有某些壳源特征（Richards，2003）；②这种氧化性弧岩浆中 S 以 SO_4^{2-} 形式存在，结晶过程中无金属硫化物结晶分离。因而，Cu、Au 等亲铜元素以不相容元素形式继续存留在岩浆中形成含矿岩浆（Hildreth and Moorbath，1988；Richards，2003；Sun et al.，2015）。这种含矿岩浆的密度较低，向上运移至上地壳并在浅部形成岩浆房，使金属元素得以富集，随着其上升侵位最终形成斑岩矿床（Richards，2003）。

已有研究表明，与斑岩铜矿有关的斑岩体通常是 I 型、偏铝-中铝钙碱性系列（Seedorff et al.，2005），其岩性跨度较大，主要为钙碱性闪长岩-石英闪长岩-花岗闪长岩-石英二长岩（二长花岗岩）系列，次为碱性闪长岩-二长岩-正长岩（不常出现）（Sillitoe，2010）。此外，大多数斑岩矿床与氧化性岩浆有着密切的成因联系，通常是氧化性的磁铁矿系列岩浆（Candela，1992；Hedenquist and Lowenstern，1994；Mungall，2002；Sun et al.，2004，2007，2015；Sillitoe，2010）。Mungall（2002）提出岩浆的氧逸度大于 FMQ+2 更利于斑岩矿床的形成。Richards（2011）则认为在板块俯冲过程中，岛弧岩浆的氧逸度 $\Delta FMQ=0\sim2$，故氧逸度不是影响斑岩矿床形成的主要因素（Richards，2011）。Sun 等（2015）认为与斑岩矿床形成相关的岩浆的氧逸度范围为 FMQ+2～FMQ+4。随着对斑岩铜矿研究的深入，人们认识到斑岩铜矿化可以形成于相对还原的岩浆环境中（Rowins，2000；Shen et al.，2009；Smith et al.，2012；Cao et al.，2015）。这类斑岩铜矿相对于氧化性斑岩铜矿具有以下不同的特征（Rowins，2000）：①矿化与含钛铁矿的还原性岩体相关；②矿区内没有磁铁矿、赤铁矿以及石膏等高氧逸度矿物却发育大量的原生磁黄铁矿；③成矿流体的氧逸度较低，常常富含还原性气体 CH_4；④蚀变较弱矿床规模较小，相对富 Au。此外，岩浆的含水量不但会影响流体形成，过低对矿化不利（Cline and

Bodnar，1991），而且还可影响斑岩铜矿伴生金属组分的含量（Robb，2005）。近年来，很多学者提出埃达克岩可能与斑岩铜矿化有成因联系（Thiéblemont et al.，1997；Sajona and Maury，1998；Oyarzun et al.，2001；张旗等，2002，2004a；冷成彪等，2007a，2007b；Wang et al.，2007；Sun et al.，2011）。然而，在南美安第斯、西南太平洋等重要斑岩成矿带中，都存在大量没有斑岩矿化的埃达克岩组合，这使得埃达克岩是否为斑岩铜矿化的重要条件存在很大疑问（Richards，2011；陈华勇和肖兵，2014）。

斑岩型铜矿床的形成与深部巨大的岩浆房密切相关。随着富水富矿的氧化熔体的减压（初次沸腾）和在岩浆房中不断地冷凝结晶（二次沸腾），岩浆熔体持续产生气泡并不断释放出含矿流体（Burnham，1979；Shinohara and Hedenquist，1997；Sillitoe，2010）。成矿流体直接从硅酸盐岩浆出溶的证据主要表现在：①相关岩浆演化中的流体出溶，如斑岩中石英斑晶发育与硅酸盐熔体包裹体共存的流体包裹体（Shinohara and Hedenquist，1997；Halter and Webster，2004；Landtwing et al.，2005）；②石英层的单向固结结构（uniditectional solidification texture，UST）（Hedenquist and Lowenstern，1994；杨志明等，2008b）；③眼球状和蠕虫状石英斑晶（Chang and Meinert，2004；Harris et al.，2004；彭惠娟等，2012）；④显微晶洞（或空腔）构造（Candela and Blevin，1995；Lowenstern and Sinclair，1996）等。在早期岩浆房的顶部，中低盐度的超临界流体从岩浆中分离出来，在上升过程中发生不混溶作用形成高盐度液相流体和气相流体（Harris et al.，2003；Harris et al.，2004）。岩浆挥发分作为主要的流体相，在侵位岩体的顶部聚集，随着挥发组分的增多，使气体压力大于束缚压力，导致侵位岩体和邻近围岩发生破裂，产生网脉状破裂并形成爆破角砾岩筒，为热液成矿提供了对流循环场所，并为矿石沉淀提供了良好的空间。由于斑岩体顶部强烈爆破，使体系由封闭转为开放，引发流体减压沸腾，流体沿着围岩裂隙流出并以热液形式交代围岩（Richards，2003；Sillitoe，2010）。出溶后的挥发分常聚集在岩体的顶部，沿韧性条件下形成的不规则裂隙进入弱固结或已固结的斑岩体及相邻的围岩之中，形成早期的 A 脉，并引起围岩最早期的钾硅酸盐化（钾化）蚀变（杨志明等，2008b；Sillitoe，2010）。

第三节 羊拉铜矿床研究现状

羊拉铜矿床位于云南省迪庆藏族自治州德钦县羊拉乡，处于滇、川、藏三省区交界处，距离昆明约1000km。该矿床最早由云南省地质矿产局第18地质队于1965~1967年首次发现；1977年四川省地质矿产局第3地质队、云南省地质矿产局第7地质队分别对里农矿段进行了踏勘；1992年，武汉地质学院、云南省地质矿产勘查开发局第三地质大队对羊拉里农铜矿考察，认为其远景规模达中-大型，矿床类型为夕卡岩型；1993年，云南省地质矿产勘查开发局第三地质大队在该区开展扶贫地勘项目，估算铜金属资源量42万t；2004年，云南省地质调查院探获里农首采区（331+332+333）铜金属资源量32.23万t，估算羊拉矿区铜金属远景资源量在130万~150万t。

一、主要研究进展

羊拉铜矿床位于"三江"成矿带中段,大地构造位置属中咱微板块与昌都-思茅地块相夹持的金沙江板块结合带。矿床包括里农、路农、江边、贝吾、尼吕、通吉格、加仁等7个矿段,赋矿地层为泥盆系江边组和里农组火山-沉积岩,区内构造发育、岩浆活动强烈、变质作用普遍。该矿床自20世纪60年代被发现以来,大批地勘单位和科研院所对其进行了地质勘探和科研工作,在矿区岩浆岩与构造环境、矿区构造与地层、矿床地质及控矿因素、矿床类型及成因等方面都取得一些研究成果。

1. 地层划分

矿床赋矿地层复杂,目前对矿区地层的划分仍有较大争议。原1:20万得荣幅区调报告(1977年)将这套岩石时代定为二叠纪,并将地层定名为嘎金雪山群,分上、下两个亚群:上亚群为一套碎屑岩、灰岩、硅质岩、火山岩成的不等厚火山-沉积岩系,火山岩以基性岩为主;下亚群以变质石英砂岩为主,变质程度普遍较深。战明国等(1998)和何龙清等(1998)认为嘎金雪山群为一套巨厚的洋盆沉积物,时代跨度较大,将原称嘎金雪山群下亚群定名为加仁岩组,上亚群分为羊拉和里农两个岩组。通过对羊拉岩组和里农岩组中的玄武岩锆石进行U-Pb定年,认为里农岩组形成于晚石炭世—早二叠世(196.1±7.0Ma),羊拉岩组形成于晚泥盆世—早石炭世(361.6±8.5Ma;战明国等,1998;路远发等,2000)。曲晓明等(2004)则认为嘎金雪山群具有显著的混杂堆积的特点,实际上为蛇绿混杂堆积体。随着羊拉铜矿床研究程度的深入,云南省地质调查院(2004)将矿区出露地层划分为志留系(S)、下泥盆统江边组(D_1j)、中-上泥盆统里农组($D_{2+3}l$)和下石炭统贝吾组(C_1b)。朱俊等(2009)以实测地层剖面及其牙形石作为依据,对地层岩性进行了重新划分,将矿区地层划分为下泥盆统江边组岩块、中泥盆统—石炭系岩块和二叠系岩块。

2. 岩浆岩及成岩背景

矿区岩浆活动强烈,与成矿关系密切。侵入岩由北向南分布有贝吾、江边、里农、路农和加仁等花岗闪长岩体,成岩时代为印支期(约230Ma前)(战明国等,1998;高睿等,2010;杨喜安等,2011;Zhu et al.,2011),岩石成因类型多认为是I型花岗岩,具有"壳幔"混合来源(魏君奇等,1997;战明国等,1998;高睿等,2010;朱经经等,2011;Zhu et al.,2011)。在成岩构造环境方面分歧较大,魏君奇等(1997)、战明国等(1998)及王彦斌等(2010)认为其形成于俯冲背景,而高睿等(2010)、朱经经等(2011)和Zhu等(2011)通过详细的区域对比及地球化学分析,认为形成于碰撞后拉张背景。除花岗闪长岩体之外,部分学者发现矿区有石英斑岩分布,但研究程度很低,其全岩Rb-Sr等时线年龄为202Ma(陈开旭等,1999),但林仕良和雍永源(1999)对同一斑岩体的测年值为122Ma。

矿区基性岩的研究程度相对较低。战明国等(1998)、魏君奇等(1999a,1999b)通过野外地质、主微量元素研究认为矿区存在块状和层状两种火山岩,其中块状玄武岩形成于大洋中脊环境,而层状玄武岩(含少量角闪安山岩)具有洋岛玄武岩的特点。战明国等(1998)和路远发等(2000)通过对玄武岩锆石 U-Pb 定年,认为层状玄武岩形成于晚石炭世—早二叠世(196.1±7.0Ma),块状玄武岩形成于晚泥盆世—早石炭世(361.6±8.5Ma)。朱俊等(2010)则认为矿区大面积分布的玄武岩为大洋扩张的产物,而未发现层状产出的玄武岩。此外,部分学者对矿区内基性脉岩进行了研究,如王彦斌等(2010)研究了穿插在里农花岗闪长岩体内的辉绿岩脉,SHRIMP 锆石 U-Pb 定年结果为 222.0±1.0Ma;通过主微量元素分析,朱俊等(2010)认为矿区泥盆系地层中的辉绿岩脉具有大陆边缘弧的特征。

3. 成矿物质和成矿流体来源

矿床成矿物质和成矿流体来源研究相对薄弱,现有的矿床地球化学数据集中在里农矿段。前人或多或少分析了矿床 C、H、O、S、Pb 等同位素组成(战明国等,1998;潘家永等,2000a;路远发等,2002;徐强等,2003;云南省地质调查院,2004;李文昌等,2010;董涛,2009;朱俊,2011;杨喜安,2012;赵江南,2012;朱经经,2012),硫化物的 $\delta^{34}S$ 主要分布在 $-3.15‰ \sim +1.2‰$ 之间,接近陨石硫,指示成矿流体中的硫以幔源为主;矿石铅同位素组成均一,其 $^{206}Pb/^{204}Pb$、$^{207}Pb/^{204}Pb$ 和 $^{208}Pb/^{204}Pb$ 分别集中在 18.273~18.369、15.627~15.680 和 38.445~38.611 之间,在铅构造模式图上所有点均落入上地壳及造山带演化铅附近,与本区花岗岩和斑岩体反映的构造背景相一致,表明矿石铅主要来自上地壳,兼有少量地幔铅的混入;赋矿碳酸盐岩与矿石中脉石矿物方解石的 C、O 同位素组成具有明显差别,其中脉石矿物方解石的 C、O 同位素组成与地幔流体相近,表现出成矿流体深源特征。但是,对该区成矿物质和成矿流体来源也有不同认识,如徐强等(2003)认为成矿流体主要为海水和地层层间水的混合,而成矿物质主要来自火山岩;杨喜安(2012)认为海西期、印支期成矿物质均来源于壳幔混源,印支期有岩浆流体加入;赵江南(2012)认为成矿物质主要为地壳来源,也有少量地幔组分加入,成矿流体除岩浆水外还有大气降水参与;朱经经(2012)认为成矿物质和成矿流体均来自中酸性岩浆。

4. 矿床成因

矿床矿石组构复杂,对其成因类型争议较大。总体而言,争议的焦点在于成矿早期是否存在喷流-沉积矿化,以及喷流-沉积型矿化和夕卡岩型矿化何为主成矿期。云南省地质矿产勘查开发局第三地质大队认为本区矿床为夕卡岩型矿床;路远发等(1998,2002,2004)从矿物流体包裹体、矿床元素地球化学及 C、O 同位素的角度论证了本区层状夕卡岩矿体属喷流沉积成因;潘家永等(2000a)和 Pan 等(2001)通过矿床地球化学和硅质岩成因的研究,指出海底喷流热水沉积作用在羊拉铜矿床的形成中起了主导作用;陈开旭等(1999)通过蚀变、矿化分带研究,认为矿床存在燕山早期斑岩型矿化;李文昌等(2010)认为羊拉铜矿床为与洋内弧火山活动有关的火山块状硫化物矿床(VHMS);赵江南(2012)和朱经经(2012)认为羊拉铜矿床为典型的夕卡岩型铜矿床。

多数学者认为羊拉铜矿床为多因复合类型。战明国等(1998)、Zhan 和 Lu(1999)

从成矿地质背景和控矿条件出发，认为羊拉铜矿床由三种类型矿化叠加而成：海西期喷流-热水沉积型、印支期接触交代型及燕山期—喜马拉雅期破碎带网脉型；魏君奇等（2000）、魏君奇和陈开旭（2004）通过矿区岩浆-构造分析，认为羊拉铜矿床存在海底喷流-沉积型、夕卡岩型及斑岩型三期成矿；云南省地质调查院（2004）认为羊拉铜矿床经历了火山沉积盆地热水沉积初始成矿→斑岩→夕卡岩主导成矿→后期构造热液叠加成矿的复杂而漫长的成矿过程，而主成矿类型为斑岩-夕卡岩型铜矿床；徐强等（2003）认为羊拉矿区成矿总体表现为以海西期喷流沉积成矿为主，夕卡岩型、斑岩型及热液型铜矿床等多种类型复合并存的格局；曲晓明等（2004）研究认为本区矿化特征与海底喷流-沉积形成的 VHMS 型矿床明显不同，成矿作用发生在赋矿岩系沉积-成岩-变质作用之后，说明它是与接触交代有关的斑岩-夕卡岩型矿床；朱俊等（2011）通过岩石矿物及稀土元素地球化学研究，认为矿床为具层控特征的叠加矿床，即早期存在沉积-喷流型原生硫化物矿化，印支期花岗闪长岩体对原生矿体进行了叠加改造；杨喜安（2012）认为羊拉铜矿床经历了火山喷流沉积成矿作用和热液叠加成矿作用，为叠加成因矿床。

5. 矿床时代

矿床成矿时代研究程度很低，严重制约了成矿背景的认识。目前多根据矿床地质、矿床与围岩或侵入岩的接触关系、Pb 同位素模式年龄和赋矿围岩的年龄推测成矿时代，战明国等（1998）通过赋矿地层中基性火山岩及矿区花岗闪长岩定年结果，认为本区矿床形成于海西期、印支期和燕山期—喜马拉雅期三个时期。杨喜安等（2011）给出了本区 1 件与铜矿化密切相关的辉钼矿样品的 Re-Os 年龄为 $230.9\pm3.2Ma$，结果显示与 2 个花岗闪长岩体成岩年龄（$234.1\pm1.2Ma$ 和 $235.6\pm1.2Ma$）基本一致，由于矿床成因的争议焦点在于早期是否存在喷流-沉积型矿化，而该年龄只能确认夕卡岩型矿化与花岗闪长岩体具有密切成因联系，但无法排除存在更早期的矿化。

成矿动力学背景方面，持复合成因观点的学者认为成矿早期处于洋盆扩张背景（战明国等，1998；路远发等，1999；魏君奇等，2000；Pan et al.，2001；云南省地质调查院，2004；李文昌等，2010；朱俊等，2011），但缺乏精确可靠的成矿年代学证据；晚期热液交代矿化同样因成矿时代不详而无法探讨成矿背景。杨喜安等（2011）虽然给出了本区辉钼矿 Re-Os 年龄（$230.9\pm3.2Ma$）与花岗闪长岩体成岩年龄（2 个样品分别为 $234.1\pm1.2Ma$ 和 $235.6\pm1.2Ma$）基本一致，以此认为矿床形成于晚三叠世早期构造背景由挤压环境到伸展环境的转折期，但杨喜安等（2011）只有 1 件样品的分析数据，可信度较低。此外，由于对印支期花岗闪长岩体的成岩环境存在争议，这也导致印支期夕卡岩型成矿背景研究存在"俯冲型"和"碰撞后"之争议。

二、存在主要问题

虽然国内多家单位和学者对羊拉铜矿床进行过研究，在矿区岩浆岩与构造环境、矿区构造与地层、矿床地质及控矿因素、矿床类型及成因等方面都取得一些研究成果，但还存在许多亟待解决的科学问题，主要表现如下。

1. 成矿规律

前人对羊拉铜矿床的研究主要集中在里农矿段，对其他矿段的研究工作很少，无法全面总结整个矿床的地质特征、主要控矿因素和矿床地球化学，严重影响了对成矿作用过程及矿床成因类型的认识，同时缺少与区域内其他大型–超大型铜矿床（如普朗、春都、玉龙铜矿床等）对比研究，制约了成矿规律的总结。

2. 成矿年代及背景

前人已获得羊拉铜矿床岩浆岩精确可靠的成岩年龄，但对成矿时代多以间接方法确定，杨喜安等（2011）给出的辉钼矿 Re-Os 年龄也只有 1 个样品。由于缺乏精确可靠的成矿时代，前人划分的成矿期次、确定的矿床成因类型、揭示的岩浆岩与成矿的关系以及成矿物质来源等，都缺乏强有力的证据，同时严重影响了成矿动力学背景探讨。

3. 成矿模型

前人对羊拉铜矿床研究范围局限、缺乏精确可靠的成矿时代以及对 Cu 等成矿元素活化—迁移—富集—沉淀机理的精细刻画、对矿区基性火山岩和斑岩与成矿的关系研究相对薄弱、对广泛发育的围岩蚀变与成矿的关系研究有待加强、成矿动力学背景研究有待深入探讨，制约了对成矿过程认识和成矿规律的全面总结，无法建立切合实际的成矿模型。

4. 找矿模型

前人对羊拉铜矿床多注重理论研究，研究过程中多笼统总结出控矿因素和找矿标志、理论与实践相结合的研究薄弱、关键控矿因素和找矿标志需要提炼、找矿方法研究尚待加强、成矿预测综合信息有待深入挖掘，无法建立有效的找矿模型，影响了成矿远景区的确定和找矿靶区的圈定。

第四节 研究背景、内容及成果

一、研究背景

铜是我国极为紧缺的战略性金属矿产资源，如果不加紧寻找新的资源，将严重制约我国的经济发展和社会稳定，发展创新性铜成矿理论和找矿技术、实现找矿重大突破，是我国一项迫在眉睫的重大任务。云南铜业（集团）有限公司（简称云铜集团）是以铜金属的地质勘探、采矿选矿、冶炼加工、科技研发、进出口贸易为主的有色金属企业，在中国铜工业中占有重要地位。随着企业的不断壮大和快速发展，原有主力矿山（如东川、易门、牟定等）大都面临资源危机。面对这一严酷的现实，提高企业的经济效益，稳定企业职工的正常生产和生活，就必须利用新理论、新技术、新方法寻找新的资源，取得找矿的新突破。

滇西北羊拉铜矿床为近年来云铜集团新开发的大型铜多金属矿床。该矿床位于"三江"成矿带中段，大地构造位置属印度洋板块与欧亚板块之间的古特提斯构造域，位于中咱微板块与昌都-思茅地块相夹持的金沙江板块结合带之中。区内岩浆活动频繁、构造活动强烈且具多期性、赋矿地层多种多样、铜矿床（或矿点）广泛分布，具有十分有利的成矿地质背景。以创新成矿理论为指导、结合先进的成矿预测方法，在矿区深部及外围有望找到新的资源。

虽然关于羊拉铜矿床的已有研究在矿区岩浆岩及其构造环境、矿区构造、地层、矿床地质特征及成因和类型等方面取得了一些成果，但依然存在许多亟待解决的科学问题，如：①除里农矿段外的其他矿段研究程度很低；②缺乏精确可靠的成矿年代学研究；③缺乏对成矿过程的精细刻画；④成矿模型和找矿模型尚需完善。以上科学问题的存在，很大程度上限制了对羊拉铜矿床矿床类型的确定和成矿机制的全面认识，也限制了进一步的找矿勘查工作。

羊拉铜矿床成矿理论和成矿预测研究的重要意义体现在：①羊拉铜矿床地处滇西金沙江中段，成矿地质条件优越、找矿前景巨大，对其成矿条件、成矿规律和矿床类型的深入研究，可以带动整个金沙江铜成矿带的找矿突破；②对于矿床类型的认识分歧较大，主要有海底喷流-热水沉积型、夕卡岩型、斑岩型和热液充填交代型等，可见其矿床类型相当复杂，究其原因是前人对矿床的研究程度不够；③矿体产状不稳定，矿山开采所揭露的矿体特征与勘查阶段所圈定的矿体差别较大，因此矿体的产出特征、空间变化规律及构造控矿规律，已成为矿山生产和找矿勘探面临的一大难题；④随着已有老矿山资源储量的日益减少，滇西北地区的羊拉、普朗等新建矿山将成为云铜集团发展的中坚力量，加强对该地区典型矿床成矿规律的研究也是建设滇西北铜矿基地的需要。

二、主要研究内容

针对羊拉铜矿床研究存在的科学问题，充分发挥中国科学院地球化学研究所矿床地球化学国家重点实验室在铜矿床成矿理论及先进分析测试技术、昆明理工大学国土资源工程学院在铜矿床成矿条件及预测方法、中国有色金属工业昆明勘察设计研究院有限公司在铜矿床成矿预测及示范、云南迪庆矿业开发有限责任公司在铜矿床生产开发的优势，本着"强强联合、优势互补、理论与实践相结合"的原则，在云南铜业（集团）有限公司重点科技（20110103）和国家自然科学基金（41130423、41862007、41402072、41902085）等科研项目的支持下，围绕创新成矿理论和找矿增储的目标，在前人工作和研究的基础上，对该矿床进行了系统的成矿规律和成矿预测研究，主要研究内容如下。

1. 成矿时代与背景

这是羊拉铜矿床成矿规律和成矿预测的关键。根据矿床矿物组合，主要采用辉钼矿 Re-Os 和黄铜矿、黄铁矿 Re-Os 同位素定年，辅以石英 Ar-Ar 定年，共同确定成矿时代。结合区域构造演化、矿区岩浆岩成岩时代、成岩环境研究成果，查明成矿背景。

2. 成矿过程和成矿模型

这是羊拉铜矿床成矿预测的理论基础。以矿床 3 个揭露较好的矿段为重点，以构造-流体-成矿为主线，通过区域构造地质、矿床地质、矿床地球化学和流体包裹体研究，查明成矿条件和主要控矿因素，揭示矿区地层、构造和岩浆岩与成矿作用的关系，精细刻画成矿作用过程；开展控矿构造配置、矿床形成深度、矿物-元素-蚀变垂直分带、成矿物理化学界面等方面的研究，结合对矿床成矿过程等方面的研究成果及比较矿床学研究，揭示矿体深部精细结构与空间分布的耦合关系，建立可以反映深部矿化规律的立体式矿床成矿模型。

3. 找矿模型和成矿预测

这是羊拉铜矿床成矿规律和成矿预测的目的。以路农和里农-路农接合部位为研究对象，进行矿田构造体系、构造-蚀变-岩相大比例尺填图、构造-蚀变地球化学异常测量，查明矿化元素异常分布特征，结合成矿理论研究提炼的关键控矿因素和找矿标志，确定致矿异常，对矿区深部及外围进行成矿预测，将深部矿致异常与矿床地质、控矿条件和成矿规律加以综合分析，集成找矿方法体系，建立找矿模型，在矿区深部和外围圈定找矿靶区，对靶区进行工程验证，力争实现找矿突破。

三、取得主要成果

（1）厘定矿床成因类型、揭示成矿动力学背景：厘定的矿床成因类型为与矿区（和区域）花岗闪长岩有密切成因联系的夕卡岩型铜矿床；获得辉钼矿 Re-Os 年龄与矿区花岗闪长岩、石英斑岩和辉绿岩锆石 U-Pb 年龄均为 230Ma 左右，揭示成矿动力学背景为碰撞晚期-碰撞后的伸展背景。

（2）查明成矿物理化学条件及成矿流体演化过程：矿床成矿前期流体具高温、高盐度特征，发生过沸腾作用；早期成矿阶段流体具中高温、中低盐度特征，发生过流体不混溶作用；晚期成矿阶段流体具低温、低盐度特征，发生过流体混合作用。

（3）揭示成矿物质和成矿流体来源：揭示成矿物质具有"多源性"，主要来源于矿区花岗闪长岩，矿区玄武岩、石英斑岩以及砂板岩、大理岩地层等均可能提供部分成矿物质；通过与区域普朗铜矿床、雪鸡坪铜矿床和北衙金矿床铅同位素组分对比，发现羊拉铜矿床成矿物质来源的最大差别是矿区地层提供了部分成矿物质。示踪成矿流体中的 S 主要来自地幔或深部地壳，CO_2 具有幔源或岩浆来源特征，成矿前期和早期成矿阶段成矿流体中的 H_2O 主要为岩浆水，晚期成矿阶段有大气水加入。

（4）精细刻画成矿过程、建立成矿模式：成矿前期，流体沸腾引起夕卡岩化蚀变，形成石榴子石和辉石等干夕卡岩矿物；早期成矿阶段，流体交代前期夕卡岩矿物，形成湿夕卡岩矿物组合，流体不混溶作用引起 SO_2、HCl、CO_2 等挥发分的分离及水-岩反应，导致成矿作用的发生；成矿晚期阶段，流体与大气水（有机流体）混合，导致部分成矿物质和脉石矿物的沉淀。

（5）查明构造控矿规律、厘定构造控矿模式：查明构造是矿床主要控矿因素之一，其控矿规律表现为区域构造控制成矿带的展布、矿区 NE 向断裂控制着矿段的分布、岩体接触构造和层间断裂控制矿体的形态、岩体内裂隙构造控制脉状矿体的产状、后期构造控制矿体的空间定位；厘定印支期"岩浆接触构造+层间断裂"和燕山期—喜马拉雅期"'入'字形构造+阶梯状构造"两套构造控矿模式。

（6）圈定找矿方向和找矿靶区、实现找矿突破：典型中段构造地球化学测量获得多个成矿元素组合异常，根据主要控矿因素、成矿规模和其他地-物-化-遥找矿标志，圈定了 3 个找矿方向和 3 个找矿靶区；代表性找矿靶区工程验证，实现找矿重大突破，探获 Cu 资源储量（331+332+333）101572t、平均品位 1.15%，333 类伴生 Au 金属量 0.2594t、平均品位 0.39g/t，Ag 金属量 119.17t、平均品位 13.45g/t。

第二章 区域地质

羊拉铜矿床大地构造位于印度洋板块与欧亚板块之间的古特提斯构造域，中咱微板块与昌都-思茅地块相夹持的金沙江板块结合带（图2.1）。该区大地构造位置特殊，地壳结构复杂、构造活动强烈、岩浆活动频繁，具有十分有利的成矿地质背景。

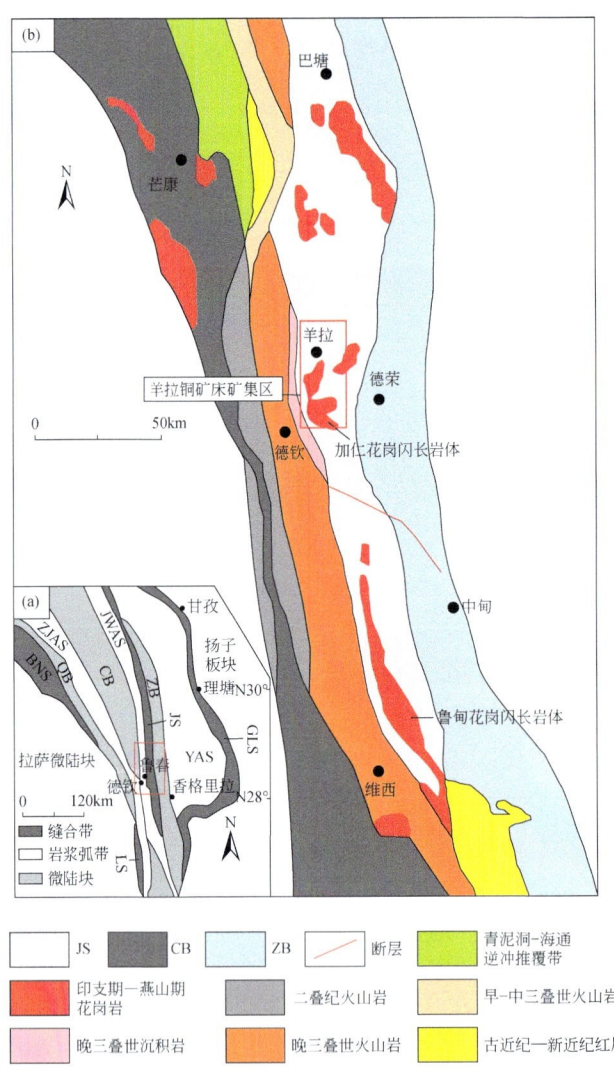

图2.1 西南"三江"地区构造单元（a）（据莫宣学等，1993）和金沙江构造带及其邻区地质简图（b）（据朱经经，2012）

JS. 金沙江缝合带；GLS. 甘孜-理塘缝合带；LS. 澜沧江缝合带；BNS. 班公湖-怒江缝合带；YAS. 义敦岛弧带；JWAS. 江达-维西火山弧带；ZJAS. 杂多-景洪火山弧带；ZB. 中咱微陆块；CB. 昌都-思茅微陆块；QB. 羌塘微陆块

第一节 区域地层

一、基底

迄今为止，在西南"三江"地区尚未发现基底地层的出露（Roger et al., 2004），前人多认为本区可能与扬子板块西缘具有类似的基底特征。一方面，金沙江大洋可能是晚泥盆世—早石炭世伴随昌都-思茅微陆块从扬子板块西缘裂解形成（莫宣学等，1993；Wang et al., 2000；Metcalfe, 2002），因而推测二者应具有统一的基底；另一方面，众多金沙江构造带和扬子板块印支期中酸性侵入体具有相似的 Pb 同位素组成，而这些侵入体很有可能主要来自深部地壳物质的部分熔融（高睿等，2010；张万平等，2011；Zhu et al., 2011），反映二者可能具有相似的基底特征。此外，Zhang 等（2006）根据金沙江构造带以东松潘-甘孜地区出露的三叠纪花岗岩同样具有类似的 Pb 同位素特征，认为该区可能与扬子板块西缘亦具有统一的基底。

早期研究认为，康定杂岩形成时代为古元古代，可能为扬子板块西缘的变质基底（丛柏林和张儒瑗，1987；张云湘等，1988），然而最近的年代学研究表明，该套杂岩的 SHRIMP 锆石 U-Pb 年龄仅为 750~850Ma（Chen and Yang, 2000；Zhou et al., 2002, 2006；耿元生等，2008），岩性主要为片麻岩和角闪岩，远未达到基底物质常具有的麻粒岩相变质。扬子板块西缘多处出露古-中元古代变质岩群，如昆阳群和会理群，昆阳群的锆石 U-Pb 年龄为 1032±15Ma（Zhang C H et al., 2007），会理群的年龄为 1028±9Ma（耿元生等，2008）。此外昆阳群中发现大量年龄值为 1938±26Ma 的继承锆石，川西与滇西地区的花岗质岩石中也常含有老于 1800Ma 的继承锆石（简平等，2003；王全伟等，2008）。这些数据表明，扬子板块西缘基底的时代可能以中元古代为主，但不排除存在古元古代基底的可能性。金沙江构造带、松潘-甘孜地区和义敦岛弧等地的花岗岩类的两阶段 Nd 同位素模式年龄进一步证实了上述推测，这些花岗质侵入体的 T_{DM2} 值为 0.9~1.9Ga（Roger et al., 2004；Reid et al., 2005；Zhang H F et al., 2006, 2007, 2008；Xiao et al., 2007；王全伟等，2008；Zhu et al., 2011）。

二、盖层

区域上早古生代在扬子板块基底上发育稳定的台地相碳酸盐岩、碎屑岩沉积；晚古生代金沙江洋开始发育，在其东侧被动大陆边缘环境经历了拉张、裂陷，发育一套斜坡相碎屑岩、碳酸盐岩沉积和过渡壳型钙碱性中-基性火山岩，伴随西侧金沙江洋的逐渐形成；晚古生代末—中生代早期随着金沙江洋向西俯冲消减、碰撞造山，形成了本区弧盆构造体系基本格局；晚三叠世为一套滨、浅海沉积，呈角度不整合超覆于古生界之上。受不同时期地质事件的影响，金沙江构造带沉积地层较为复杂（图 2.2），羊拉铜矿床所在区域内主要出露元古宇、古生界、中生界、新生界地层。

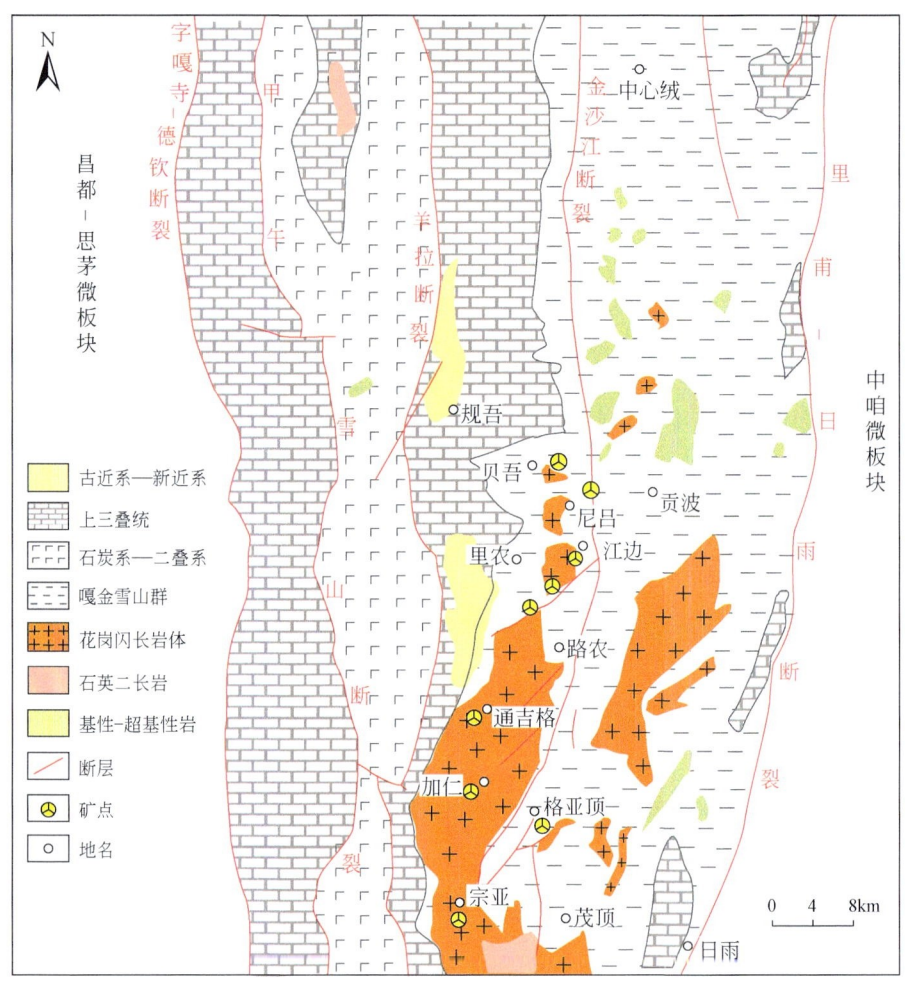

图 2.2 羊拉地区区域地质简图（据朱经经，2012）

1. 元古宇

元古宇（PT）以基底形式分布于金沙江断裂旁侧，格亚顶—茂顶一带，相当于区域上的石鼓群，与古生界呈断层接触。岩性为石英岩、白云母石英片岩、斜长角闪片岩、绿帘方解石化钠长绿泥片岩、云母石英片岩、角闪黑云片岩、绢云片岩、灰色变质石英砂岩、绢云微晶片岩、结晶灰岩。在格亚顶矿区赋存铅银矿化体。

2. 古生界

古生界地层有志留系（S）、泥盆系（D）、石炭系（C）和二叠系（P）。S—D 主要分布于金沙江河谷区，为一套含火山物质的盆地边缘台地相变质碳酸盐岩-陆缘碎屑岩。其中泥盆系（D）是羊拉铜矿床主要赋存层位，与印支—燕山期中酸性岩体接触部位及其附近碎屑岩具角岩化、碳酸盐化和夕卡岩化，伴随强度不等的铜、铅、锌、金、银、锡等金属矿化。C—P 分布于贝吾、怪力顶—甲午雪山一带，为一套火山沉积盆地相的玄武岩-碎屑岩-碳酸盐岩组合。

3. 中生界

中生界仅出露上三叠统（T_3），超覆于古生界之上，与下伏古生界之间呈角度不整合接触，为一套含中酸性火山岩（安山岩、流纹岩）的滨、浅海相碎屑岩-碳酸盐岩-火山沉积岩组合，为邻区鲁春多金属矿的含矿层位。

4. 新生界

新生界零星分布，出露有古近系—新近系（E—N）陆相红色岩系和第四系（Q）洪积、残坡积、冲积、冰碛的松散沉积物。

三、关于"嘎金雪山群"

区域地层研究程度较低且已遭受强烈的构造破坏，因而对地层时代归属争议较大。Wang等（2000）认为金沙江构造带的地层单元可划分为蛇绿混杂岩带、额阿钦混杂岩、嘎金雪山群和中心绒群等。就羊拉矿区而言，尚未确认存在蛇绿混杂岩及中心绒群，尽管部分学者认为嘎金雪山群本身就是一套蛇绿混杂岩堆积（潘桂棠等，2003；曲晓明等，2004）。目前，对嘎金雪山群的时代和分布范围存在多种认识。

嘎金雪山群由四川省地质矿产局第三区域地质调查队1977年开展1:20万得荣幅区域地质调查时命名，代表在金沙江洋盆闭合之前沉积的一套地层。尽管在该套地层灰岩中发现大量志留纪—二叠纪珊瑚化石，如 *Lithostrotionella* sp.、*Cystotylus* sp.、*Wentzelella* sp. 及 *Clisiophyllid* sp. 等，但因化石主要来自二叠系，故将该套地层划归为二叠系。随后1:20万古学幅（1982年）将这套地层解体为石炭系和二叠系，其中石炭系仅见上统，依据是发现牙形刺的两个种 *Deolinognathodus noduliferus* 和 *D. lateralis*。

战明国等（1998）和路远发等（2000）在前人研究的基础上，重新系统地检查并核对各化石的采样地点、层位、岩性特点和岩性组合，认为嘎金雪山群的时代跨度较大，大致应为石炭纪—三叠纪，并将该套地层划分为三个岩组：①加仁岩组，深海-次深海相沉积，以陆源碎屑岩为主，时代可能为前泥盆纪；②里农岩组，代表昌都-思茅微板块东缘活动大陆边缘沉积，以碳酸盐岩为主夹碎屑岩和火山岩，时代为晚石炭世—早三叠世，主要证据为该岩组玄武岩夹层的锆石U-Pb年龄为296.1Ma；③羊拉岩组，以火山岩为主，锆石U-Pb年龄为361.6Ma，属早石炭世，可能形成于金沙江洋裂解之初。

嘎金雪山群主要分布在里甫-日雨断裂和甲午雪山断裂带之间，并呈南北长条状展布，宽25~30km，由蛇绿岩和构造混杂岩组成，具体包括：①泥盆纪砂泥质-硅质复理石、火山岩建造；②早石炭世硅质条带灰岩、放射虫硅质岩及洋脊型拉斑玄武岩、蛇绿岩等海相沉积；③早二叠世中晚期洋内弧环境的砂泥质板岩、硅质板岩、玄武安山岩等砂、硅泥质夹中基性火山岩建造（潘桂棠等，2003）。

云南省地质调查院（2004）认为嘎金雪山群可能为一套泥盆系—下石炭统碳酸盐岩、变质沉积岩及基性火山岩构成的岩层，其间可能夹有二叠系岩块，并将该套地层重新划分为志留系江边组（D_1j）、里农组（$D_{2+3}l$）和石炭系贝吾组（C_1b）。朱俊等（2010）以实测地层剖面及其牙形石作为依据，从构造地层学的角度对羊拉矿区地层进行了重新划分：下泥盆统江边组岩块、中泥盆统—石炭系岩块和二叠系岩块。为保证研究工作的延续性，本书采用云南省地质调查院（2004）的地层划分方案。

第二节 区域构造

羊拉铜矿床位于昌都-兰坪陆块与中甸-中咱陆块之间的金沙江构造带中部（图2.2），该构造带是金沙江-哀牢山结合带的重要组成部分，为洋盆消减、弧陆碰撞结合带，经历了洋盆的发生、发展到萎缩、消亡。金沙江构造带的形成、演化造就了多期成矿作用，众多铜、金、铅、锌等金属矿产的空间展布受构造带的控制，形成了著名的金沙江-哀牢山铜金多金属成矿带。

一、金沙江构造带

1. 空间分布

金沙江构造带位于金沙江-哀牢山构造带的北段，构造带经历了泥盆纪—石炭纪洋盆的形成、石炭纪—二叠纪洋盆的消减、三叠纪的弧陆碰撞，自东向西分为中咱-中甸陆块西缘褶皱-冲断带和金沙江蛇绿混杂岩带两大构造单元（潘桂棠等，2003）。

（1）中咱-中甸陆块西缘褶皱-冲断带：位于中咱-中甸陆块西部边缘，北起德格洞普，向南经巴塘、中咱、得荣延至中甸尼西、拖顶及石鼓，主体沿金沙江东岸南北延伸。带内逆冲推覆-伸展滑脱构造作用强烈，发育叠瓦式逆冲推覆及伸展滑脱断裂、飞来峰。多期次的构造作用，表现为不同时代地层逆冲构造岩片呈叠瓦状分布，并伴随强烈的构造糜棱岩化、流变褶曲、流劈理及动力变质作用，镁铁、超镁铁岩、碳酸盐岩、板岩、硅质岩等构造混杂岩块到处可见，岩石时代为泥盆纪—二叠纪。

（2）金沙江蛇绿混杂岩带：蛇绿混杂岩构成了金沙江构造带的主体，该带夹持于金沙江断裂带和羊拉断裂带之间，属金沙江结合构造带及其西侧的西渠河-奔子栏-羊拉洋内弧所在地，主要包括：①洋盆形成时的洋脊/准脊型火山岩-蛇绿岩，分布在吉义独、霞若、中心绒一带，洋脊火山岩的岩性为拉斑玄武岩，准洋脊火山岩岩性具有大陆溢流玄武岩或洋岛玄武岩的特征，洋脊/准脊型火山岩-蛇绿岩为深水浊流沉积物共同组成蛇绿混杂岩带；②洋盆向西俯冲时期形成洋内弧火山岩，主要为安山岩、玄武岩、安山玄武岩、玄武安山岩、英安岩组合；③印支晚期—喜马拉雅期碰撞推覆阶段形成的中酸性花岗岩和走滑阶段出现的富碱性斑岩侵入体。

2. 形成演化

潘桂棠等（2003）根据区域地层分布、构造演化及岩浆活动规律，结合前人研究成果，总结了金沙江构造带形成与演化模式（图2.3）。

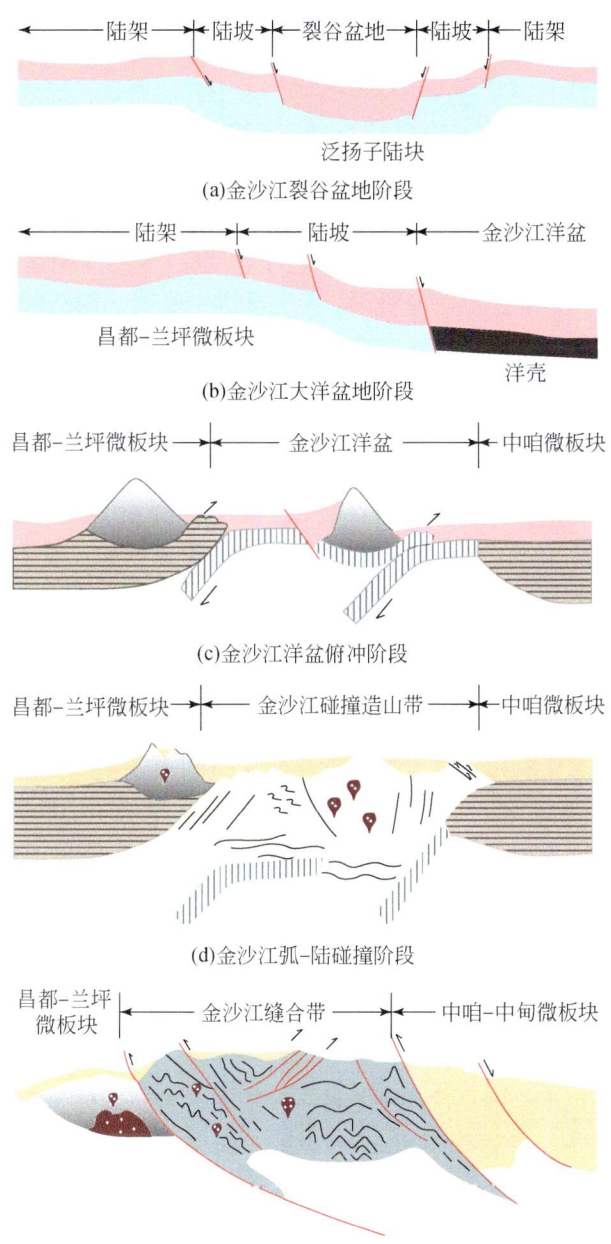

图 2.3　金沙江构造带形成与演化模式图（据潘桂棠等，2003）

（1）洋盆阶段 [图 2.3（a）~（b）]：海西初期，在羊拉奔子栏—霞若一带出现局部拉张、裂陷，在裂陷盆地中沉积浅海相-次深海相的碳酸盐岩、硅质岩、砂泥质复理石建造，伴有中基性火山岩喷发，形成时间为早泥盆世。晚泥盆世，盆地进一步拉张、裂陷，出现金沙江洋盆，沉积了深海相的放射虫硅质岩、粉砂岩、黑色碳质页岩组合的硅泥质-砂泥质复理石建造和洋脊型、洋岛型玄武岩组合。

(2) 消减阶段 [图 2.3 (c)]：海西末期，洋壳发生向西的大幅度俯冲消减，分别形成朱巴龙-羊拉-东竹林洋内弧及其火山弧西侧的西渠河-雪压央口吉义独-工农弧后盆地（洋壳基底），发育基性→中基性→中性火山岩、火山碎屑岩系，形成时间为二叠世早期—晚二叠世。中三叠世洋盆闭合发生弧-陆碰撞，金沙江残留海盆形成。同时，由于地壳因弧-陆碰撞作用隆升，区内大部分地区缺失中三叠世地层。在随后的陆内造山过程中，出现强烈的由东向西的推覆作用和左行走滑剪切作用。

(3) 碰撞阶段 [图 2.3 (d)]：印支期末—燕山期，金沙江构造带发生陆内碰撞推覆事件。晚三叠世早期，金沙江残留海消亡；晚三叠世中晚期，构造带进入全面的陆内造山阶段，带内及其后缘的边缘前陆盆地中堆积形成碎屑磨拉石和含煤建造，不整合在金沙江构造混杂岩之上。同时形成花岗闪长岩、二长花岗岩、斜长花岗岩、二长花岗斑岩、正长斑岩、钠长斑岩等中酸性-酸性侵入岩体，形成时间为晚三叠世—早白垩世。

(4) 碰撞、推覆-剪切阶段 [图 2.3 (e)]：喜马拉雅期金沙江构造带发生逆冲-推覆、走滑-剪切-滑脱构造作用，导致岩石圈分层和滑脱，一方面形成断陷、走滑、拉分盆地，另一方面诱发异常强烈的区域性岩浆作用，早期形成的矿床受到叠加改造而复杂化，表现出成矿时代多期次、成矿类型多样化的特点。

二、主要构造特征

金沙江构造带以发育南北向深大断裂带及线性褶皱为主要特征，羊拉-奔子栏地区自东向西分布有里甫-日雨断裂、金沙江断裂、羊拉断裂、甲午雪山断裂和字嘎寺-德钦断裂带等五条深大断裂（图 2.2）。这些断裂控制着区域内的沉积建造、变质作用、岩浆活动及成矿作用，而次级同向断裂及派生之"人"字形断层则为控矿构造，晚期发育规模较小的北西、北东向断层，切错了早期断裂及褶皱，构成了本区总体呈南北向展布的构造格局。

1. 主要褶皱

(1) 鱼波背斜：位于金沙江两岸中心绒—叶里果一带，总体呈北北东向，轴线呈舒缓的反"S"形蜿蜒展布，主褶皱轴北起中心绒，向南经鱼波延向茂顶东侧，延长大于 60km。轴部地层被金沙江断裂切割而出露不全。背斜内次一级褶曲、挠曲发育。

(2) 羊拉向斜：位于羊拉一带，轴线近南北向，主褶皱轴北起贝吾，经羊拉，南至达久拉卡，延长 22km。地层产状轴部平缓，翼部逐渐变陡，明显向内倾斜，西翼地层被羊拉断裂所错失。羊拉铜矿床地处鱼波背斜与羊拉向斜之间的转换部位，由于岩浆侵位等因素造成的构造作用，不同岩性层之间的接触界面产生层间断裂、破碎带，为成矿流体提供了运移和储矿空间。

2. 主要断裂

(1) 金沙江断裂带：金沙江断裂带实际上是金沙江巨型韧性平移剪切带的主应变界面，也是西南"三江"地区重要的深断裂之一。金沙江断裂带控制着区域变质岩带、海西期基性-超基性岩体及新生代富碱侵入岩的空间产出（战明国等，1998；王登红等，2006），与南部红河断裂在延伸走向上大体一致。金沙江断裂带是一条古老又年轻的断裂带，可能形成于早古生代，晚古生代开始强烈拉张产生金沙江洋，早二叠世末期向西俯冲，印支期碰撞闭合且变形具左行平移剪切，至燕山期为断裂、岩浆活动并伴随右行走滑作用的一条复合构造带。进入新生代，金沙江断裂性质由挤压俯冲型转变为左旋走滑及推覆型（战明国等，1998；潘桂棠等，2003）。

（2）里甫-日雨断裂带：里甫-日雨断裂带为金沙江缝合带与中咱微陆块的界线。断裂带位于金沙江东侧，北起白玉，呈南北向与金沙江近平行延伸。该断裂带断面主要向东倾斜，东盘向西逆冲，倾角70°~80°或直立，切断了寒武系至三叠系各时代地层。沿断裂带有巨大的挤压透镜体，其长轴方向与断裂带走向一致。断裂带对两侧地层和岩浆活动的控制作用明显，西侧为海西期和印支早期超基性岩、花岗岩和海底火山喷发岩浆岩，东侧主要是印支期晚期火山喷发岩浆岩、花岗岩并发育燕山期花岗岩。该断裂可能在早古生代就已经出现，晚古生代由于受到强烈拉张作用而产生裂陷海槽，这一过程造成基性火山岩喷发，会同大量围岩块体混杂在一起构成"蛇绿混杂岩"。二叠纪末，该套混杂岩带西向俯冲消减，直至晚三叠世海槽完全关闭（战明国等，1998）。

（3）羊拉断裂带：羊拉断裂带北起西邓柯，向南经岗拖，沿洛麦花岗闪长岩体东缘延伸至朱巴龙，直至羊拉以南，总体走向为近南北向。断裂两侧地层比较复杂，岗拖以北两侧均为上三叠统；岗拖至朱巴龙间，西侧为中-上泥盆统，东侧主要为二叠系；朱巴龙以南，西盘主要是石炭系—二叠系，东盘主要为三叠系。断裂两侧地层的变质程度差异较大，西侧变质程度较浅，一般仅具有板劈理化，东侧变质程度可达片岩相。从断裂控制两侧中-上泥盆统中酸性火山岩-碎屑岩及志留系和下泥盆统地层分布来看，断裂最早发生于早古生代；从其控制晚古生代中酸性岩体的分布来看，可能三叠纪末期仍在活动（战明国等，1998）。其与金沙江断裂将羊拉铜矿床限制在南北向的狭长区域（图2.2）。

（4）甲午雪山断裂带：甲午雪山断裂带为金沙江缝合带与江达-德钦-维西陆缘火山岩带之间的分界，呈近南北向波状延伸，向两端延伸出图2.2。北起跟古，过甲午雪山、鲁春，中段被奔子栏-德钦断裂错移至白马雪山垭口附近后，沿白马雪山东缘向南延伸，长达90km以上。断裂面呈舒缓波状，断面倾向东，倾角较缓，为压扭逆断层。该断裂为导矿断裂，其次级断层破碎带及层间裂隙带有明显的铜或铜铅锌矿化，形成时间可能为古生代，燕山期有明显活动，具长期继承性活动特征。

第三节 区域岩浆岩

区内岩浆岩发育，侵入岩、火山岩均有出露，面积约占该区总面积的二分之一[图2.1（b）]。侵入岩主要沿区域性深大断裂带旁侧分布，火山岩则分布于羊拉断裂与金沙江断裂之间的羊拉—奔子栏一带，其余地段仅有少量出露。岩浆活动时期从晋宁期到喜马拉雅期，岩石类型从超基性到中酸性岩构成一条南北向的构造-岩浆岩带，控制着本区铜多金属矿床（点）的形成和分布。莫宣学等（1993）将该带火山岩划分为两个带：金沙江洋脊/准洋脊型火山岩–蛇绿岩带和江达–维西弧火山岩带，后者按火山活动时代和地区分布又划分为三个亚带，即朱巴龙–贡卡二叠系火山岩亚带、几家顶–石钟山三叠系弧火山岩亚带和江达三叠系弧火山岩亚带。云南省地质调查院（2004）将区域上岩浆岩的分布划分为 5 个岩带，即金沙江基性–超基性岩带、加仁–贝吾花岗岩带、浅成–超浅成酸性斑岩带、羊拉–奔子栏火山岩带和拱卡蛇绿混杂岩带。

一、火山岩

1. 蛇绿混杂岩带

蛇绿混杂岩带位于羊拉断裂以西，呈南北向狭长带状展布，属金沙江洋脊/准洋脊型火山岩–蛇绿岩带，以之用、雪堆、书松、贡卡等地不连续出露蛇绿岩为代表。岩性以洋脊–准洋脊型玄武岩为主，其中洋脊型玄武岩仅出露于吉义独一带，具平坦型 REE 配分型式的拉斑玄武岩；准洋脊玄武岩分布更广，与大陆溢流型玄武岩或洋岛玄武岩的特征相近（莫宣学等，1993）。

2. 弧火山岩带

弧火山岩带以贡卡和东竹林大寺地区出露最为典型，属朱巴龙–贡卡二叠系火山岩亚带。岩性主要为蚀变玄武岩、蚀变玄武安山岩、钠化英安岩等，其间夹蛇绿混杂岩、放射虫硅质岩、杂砂岩、杂粉砂岩及灰岩、页岩等。莫宣学等（1993）将该火山岩带划分为 3 个火山–沉积旋回，总厚度约 745.6m。多位学者认为该套火山岩是早二叠世金沙江洋向西俯冲产生的弧火山岩（莫宣学等，1993；王立全等，1999；潘桂棠等，2003）。

二、侵入岩

1. 海西期侵入岩

海西期侵入岩以超基性岩为主，其次为基性岩，沿金沙江超壳断裂分布，属金沙江基性–超基性岩带，主要分布在格亚顶—曲隆—奔子栏一带，侵位于新元古界及下二叠统。岩体成群分布，单个岩体长可达百米，宽数十米，以苏鲁超基性岩体规模最大，断续延长大于 2km，露头段之间为第四系坡积物掩盖。各岩体分异明显，苏鲁岩体从西向东岩相为斜辉橄榄岩–含辉纯橄岩–斜辉橄榄岩，其中含辉纯橄岩含稀疏浸染状铬铁矿、斜辉橄榄岩含致密块状铬铁矿透镜体。战明国等（1998）获得羊拉矿区志留系—泥盆系地层中顺层产出的玄武岩锆石 U-Pb 年龄为 296.1±7.0Ma。

2. 印支期侵入岩

印支期侵入岩以中酸性岩为主，含少量基性脉岩。岩石类型繁多，包括花岗闪长岩、石英闪长岩、二长花岗岩、斜长花岗岩、花岗斑岩、闪长玢岩等。这些中酸性岩体与矿化关系密切，已知矿床、点、异常区大部分围绕其分布（云南省地质调查院，2004；王彦斌等，2010）。羊拉矿区中酸性岩均属加仁-贝吾花岗岩带，沿金沙江断裂西侧呈近北北东向展布，长约35km、宽1~9km不等，由加仁、格亚顶等10个岩体组成，面积约269km^2。其中加仁岩体规模最大，出露面积150km^2（吕伯西，1993；战明国等，1998；云南省地质调查院，2004；王全伟等，2008）；格亚顶岩体位于金沙江东岸，加仁岩体东侧，呈北东向延伸的长条状岩基产出，面积达100km^2。岩体侵入于泥盆系—二叠系变砂岩、板岩、大理岩和玄武岩中，锆石 U-Pb 定年均在230Ma左右（王彦斌等，2010；朱经经等，2011；杨喜安等，2011；Zhu et al., 2011，曾普胜等，2018）。

印支期基性岩多以岩脉状产出，在矿区及外围断裂带两侧地层时有分布，主要为辉绿岩和辉绿辉长岩，脉宽一般0.5~5m不等。脉岩一般侵位于晚古生代地层中，少量侵位于花岗岩基中，如羊拉矿区内，存在多条宽约0.5m的辉绿岩脉，大多切穿里农花岗闪长岩岩体。锆石 U-Pb 定年结果显示，这些辉绿岩脉侵位时代约为222Ma（王彦斌等，2010）。

3. 其他时代侵入岩

云南省地质调查院（2004）认为加仁-贝吾花岗岩带中存在燕山期中酸性岩，但未给出具体岩体分布及岩石特征，也未给出准确的成岩年代学资料。林仕良和雍永源（1999）得出羊拉矿区斑岩 K-Ar 年龄为122Ma，林仕良和雍永源（1999）获得同一斑岩的 Rb-Sr 等时线年龄为202Ma，可见该区是否存在燕山期侵入岩还未有定论。

云南省地质调查院（2004）将区内浅成-超浅成酸性斑岩视为喜马拉雅期成岩产物，但没有定年数据。岩体规模小，单个岩体长0.5~2km、宽0.2~0.4km，面积0.15~0.65km^2，呈岩株、岩枝产出，岩石类型主要为石英二长斑岩、花岗斑岩等。该区此类岩石有可能为金沙江-哀牢山富碱侵入岩的组成部分，但研究程度很低，对其岩石学、地球化学和成岩年代学的深入研究将有助于揭示区域构造演化及成岩成矿作用。

第四节 区域变质岩

金沙江构造带变质岩出露广泛，主要分布于金沙江断裂两侧，出露面积约300km^2。区内构造活动强烈，以区域变质作用为主，局部有接触变质作用和动力变质作用。在岩体附近，由于受岩浆侵入影响发育不同程度接触变质岩。变质带的展布方向与区域构造线一致。根据变质程度的差异和分布位置，以金沙江断裂为界分为格亚顶变质岩带、羊拉-奔子栏变质岩带。

一、格亚顶变质岩带

格亚顶变质岩带出露于金沙江断裂带西侧格亚顶—茂顶一带，面积约100km^2，受变质地层为元古宇，变质程度较深，在区域变质基础上，叠加了混合岩化作用，形成片岩、片麻岩、混合岩、石英岩和大理岩等。定向构造、劈理、片理发育，新生矿物主要有角闪石、单斜辉石、斜长石、黑云母、白云母、石英等。变质带发育片麻状、眼球状、糜棱面理及流（褶）劈理构造，相似褶皱、流动构造、S-C组构、布丁构造、δ碎斑、云母鱼构造、石英拖尾等脆韧性构造。根据特征矿物及矿物组合，该变质带的变质程度为角闪岩相，属区域动力热流变质作用的结果，推测变质时期为加里东期及更早。

二、羊拉–奔子栏变质岩带

羊拉–奔子栏变质岩带出露于羊拉—曲隆—奔子栏一带，金沙江断裂与羊拉断裂之间，面积约200km^2。变质带出露地层最老为志留系，依次为泥盆系、石炭系、二叠系，上三叠统不整合覆盖其上。变质带呈近南北向展布，明显受金沙江深断裂控制。由东向西，变质程度有由强减弱的趋势。岩石类型有片岩、板岩、变砂岩和大理岩等。片岩类出现于S、P_1中，板岩类、浅变质的碎屑岩类、大理岩类等出现于D、C、P_1、P_2中。常见矿物组合为石英–绢云母、方解石–绢云母、绢云母–钠长石、绿泥石–绿帘石、阳起石–钠长石–石英等，属低绿片岩相绢云母–绿泥石带，为区域低温动力变质作用形成的变质岩。变质岩带中发育等厚褶皱、褶劈理、碎裂等脆性构造。

变质岩中保存较多的原岩成分和结构构造特征，原岩应是一套含泥质成分较多的碎屑岩夹灰岩、中–基性火山岩等。根据变质地层被未变质的上三叠统角度不整合覆盖的现象，推断变质作用时期为海西期末—印支期。各时代的变质地层与加仁–贝吾花岗岩带各岩体的接触部位，产生热蚀变或接触热液交代，形成各种角岩和夕卡岩及其矿化，对原来矿源层、贫矿体和矿体进行叠加改造。

第五节　区域地球物理、地球化学和遥感

一、地球物理异常

在西南三江1∶100万区域重力图中，羊拉铜矿区总体位于近南北向重力异常高低转换带，两侧地块具不同的布格重力异常特征，矿区位于近南北向梯级带内，断裂带沿重力异常转换带展布。东侧为绒得贡—拖顶强度高、范围大的重力高值带，西侧为盐井—云岭重力低值带，反映矿区近南北向深大断裂，即金沙江断裂，南东可与红河断裂相接，北西由玉龙东侧通过。德荣—拖顶南北向重力高带西侧，重力异常全为负值，场值-400×10^{-5}～-375×10^{-5}m/s^{2}变化（图2.4）。在1∶100万剩余重力图上，该区处于德钦剩余重力急降区（中心-400×10^{-5}m/s^2）的北部边缘，属明显的重力异常变异区。

矿区所在区域缺少1∶20万航磁成果。在1∶100万航磁中，羊拉向北西至贡觉一线，其东侧表现一个北西向正磁异常带，即得荣、纳交系、拉妥等磁力正异常，串珠状展布，与绒得贡—拖顶重力高相一致，此界线以西航磁资料不全。在1∶200万航磁化极上延异常平面图上，矿区表现为规模不一的串珠状正异常近南北向分布。

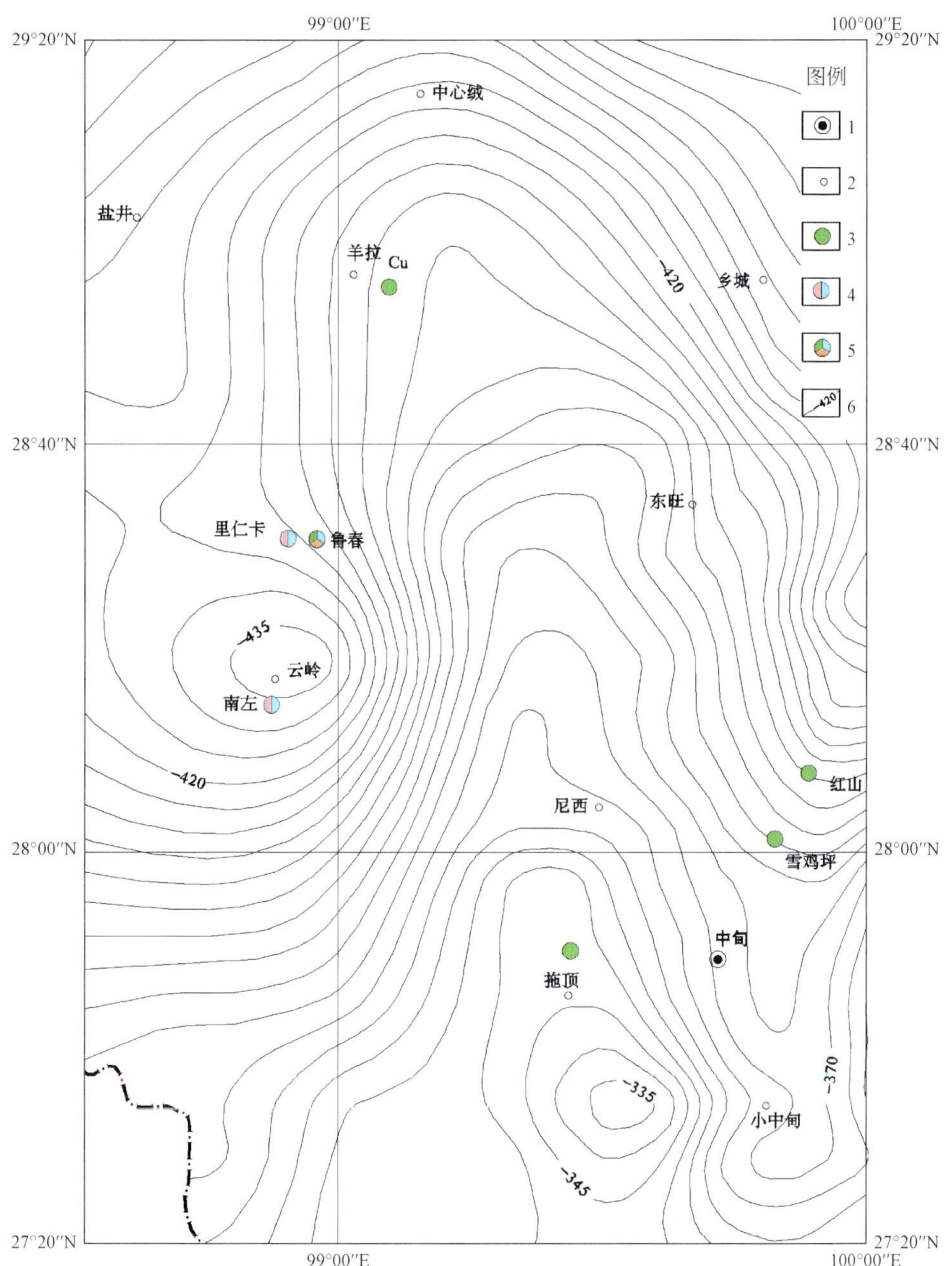

图 2.4 羊拉铜矿床及邻区布格重力异常图（据云南省地质调查院，2004）
1. 县城；2. 乡政府所在地；3. 铜矿；4. 铅锌矿；5. 铜铅锌矿；6. 异常等值线（mGal）

二、地球化学异常

羊拉矿区及其邻区表现为主要围绕加仁花岗岩形成近南北向 Cu、Pb、Zn、Au、Ag 等多元素综合异常带（图 2.5）。北段在羊拉—曲隆一带区域化探异常以 Cu 为主，Pb、Zn、Ag、Au 等次之，与 As、Sb、Hg、Sn、W 等相伴。在加仁、里农、江边、尼吕、贝吾、茂顶等印支期—燕山期中酸性岩体接触带及与金沙江断裂呈"入"字形相交的北东向断裂或断裂带形成环状和带状浓集；南段在苏鲁、东水、奔子栏一带围绕一些小的中酸岩株、岩枝形成以 Au 为主，伴 Cu、Pb、Zn、Ag、Hg、Sb、As 等的串珠状异常；围绕海西期基性-超基性岩群（带），有规模小、含量较高的 Cr、Ni、Co 等与基性-超基性岩有关的元素异常出现。

1:20 万区域化探水系沉积物测量中，在曲隆—贝吾一带，圈出了多个 Cu、Pb、Zn、Ag、Au 异常，异常以 Cu 为主，Pb、Zn、Ag、Au 等次之。东水、关用一带围绕海西期基性-超基性岩群有小规模、较高含量的 Cr、Ni、Co、Au 等亲基性岩元素异常出现。Cu、Pb、Zn、Ag、Au、Sb 等元素组合异常于德钦羊拉一带形成明显异常带，近南北向展布。由北而南有：绒得贡多元素异常，甲功（羊拉乡）Au、Sb、Hg 异常，羊拉多元素异常，格亚顶 Cu、Pb、Zn 异常和曲隆多元素异常等五个综合异常。其中在贝吾-里农一线异常规模大，浓度高，元素多，Cu、Pb、Zn、Ag、Au 相互重叠较好，中心以里农浓集区最为强大，Cu 含量 $>80\times10^{-6}$，面积 $15km^2$，Cu 异常围绕里农复式岩体呈环状产出，最高值 398×10^{-6}，与其重叠的有 Pb（$Pb>100\times10^{-6}$，面积 $60km^2$）、Zn、Ag、Au 等，最高 Pb 含量 1000×10^{-6}，Zn 含量 480×10^{-6}，Ag 含量 17.2×10^{-9}，具明显矿致异常化探特征。羊拉铜矿床、格亚顶铅锌矿床位于异常内，绒得贡、曲隆异常内也新发现铜多金属矿点。

三、遥感解译

据羊拉铜矿床及邻区 1:25 万遥感解译结果（图 2.6），羊拉矿区线性构造及环状构造影像特征明显。其中线性构造格架与矿区构造格架基本吻合，总体可归纳为北北西、北西、北东及东西向四个方向组。北北西向组线性构造，多为束带状，延伸长而规模大，常纵贯全区，是区内的主体构造影像，与已知的一、二级构造即金沙江断裂、羊拉断裂、甲午雪山断裂相吻合。北西、北东向组构造，是形成时间较晚的构造，对区域影响不大，表现为断续相连，时隐时现、时疏时密。东西向组多为断裂状线性体群，叠置于上述方向组之上，主要有羊拉等隐伏断裂。环状构造基本与分布的岩基、岩株状中酸性岩体相符合，规模较大的有里农、通吉格、曲隆等环状构造，一般呈同心多层环、"卫星"式套叠环。北北西向线性构造密集带与东西向线性构造束带交汇部位，以及线性构造与环状构造交汇部位，控制了区内矿床（点）的产出，前者如羊拉等矿床，后者如通吉格、曲隆等矿床（点）。

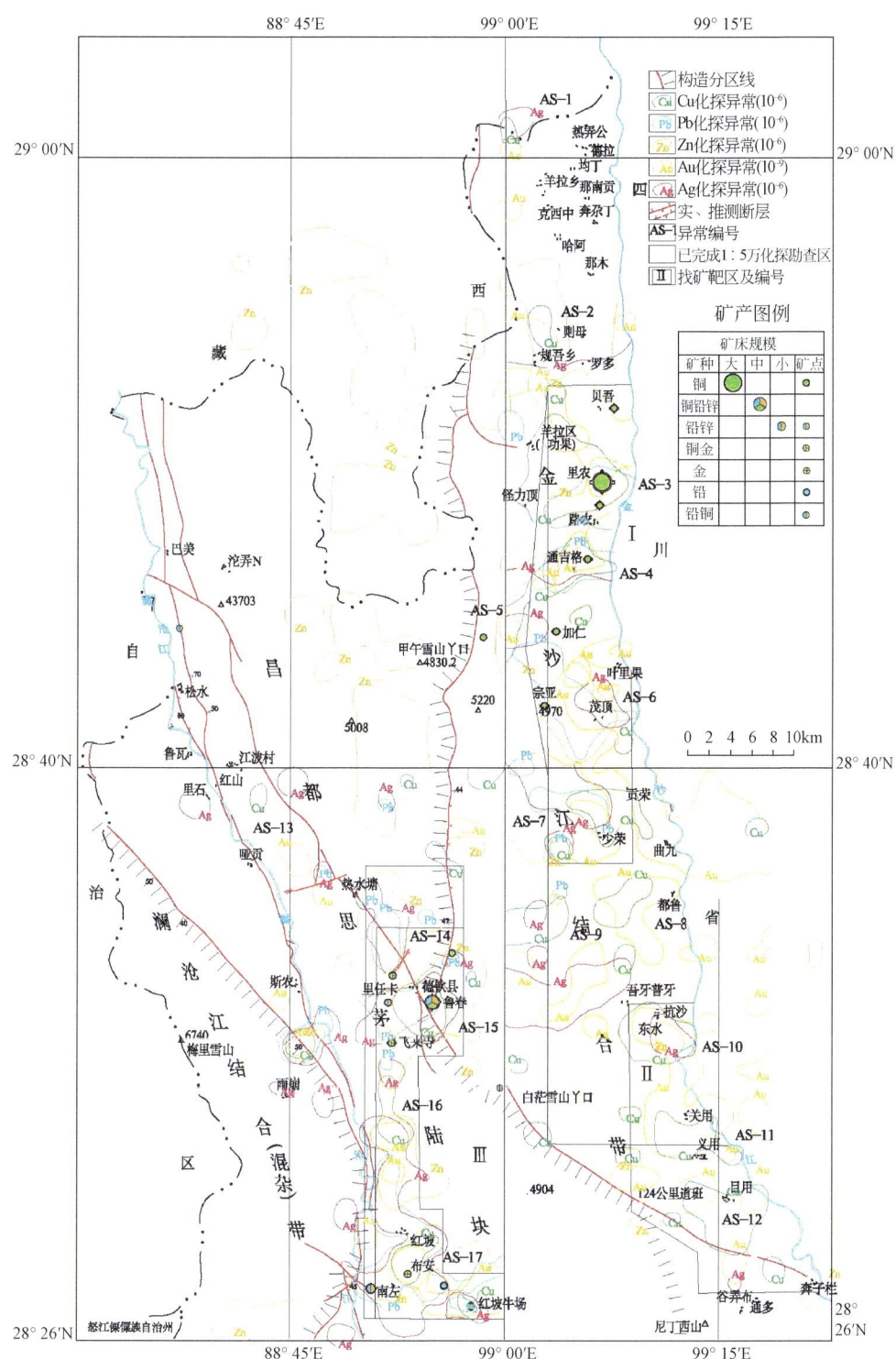

图 2.5 区域 1∶20 万铜、铅、锌、银化探异常图（据云南省地质调查院，2004）

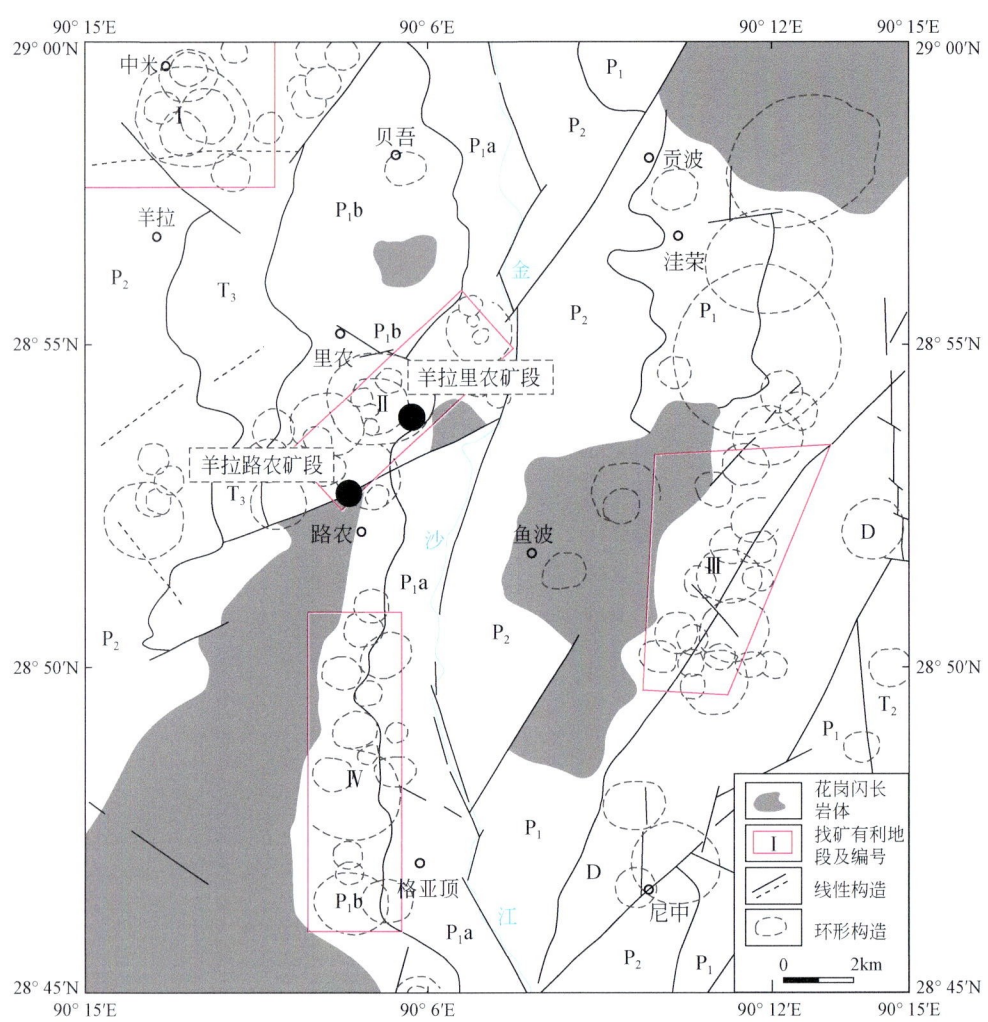

图 2.6 羊拉铜矿床及邻区 1∶25 万遥感解译略图（据朱俊，2011）

第六节 区域矿产

羊拉铜矿床地处西南"三江"成矿带中南段，区内内生矿产以有色金属为主，黑色金属、贵金属等次之。计有铜（或铜铅锌）矿床（点）7个，铜（金）矿床（点）2个，铅锌（或铅银）矿床（点）2个，铅锑矿点1个，铬铁矿点7个，共19个矿床（点）（表2.1），根据矿床（点）构造位置及成矿类型，可大体分为两个矿带。

一、苏鲁-你龙保金、铬铁矿带

铬铁矿受格亚顶-曲隆基性-超基性岩带控制，产于超基性岩体内，呈浸染状、小透镜状，属岩浆型矿床。金受岩株、岩枝产出的印支期中酸性岩体控制，金矿化体沿岩体旁侧构造蚀变带分布，属热液型矿床。关用金矿点、吾牙普牙金矿点、苏鲁铬铁矿点、贡达铬铁矿点、曲隆铬铁矿点、关用铬铁矿点、东竹林铬铁矿点、尼丁西铬铁矿点等产于此带中。

表 2.1　羊拉-奔子栏地区主要矿床（点）及相关岩体一览表

矿床（点）		规模	矿床类型	相关岩体	同位素年龄/Ma	工作程度	文献
尼丁西铬铁矿		矿点	岩浆分异型	格亚顶-曲隆基性-超基性岩体	无	踏勘	a
贡达铬铁矿							
曲隆铬铁矿							
关用铬铁矿							
苏鲁铬铁矿							
东竹林铬铁矿							
羊拉铜矿区	里农矿段	大型	夕卡岩型？VMS 型？叠加型？	里农岩体	233.1±1.4	勘探	b
	江边矿段	中型		江边岩体	227.9±5.1	详查	c
	路农矿段	中型		路农岩体	231.0±1.6	勘探	b
	贝吾矿段	矿点	夕卡岩型	贝吾岩体	233.9±1.4	预查	b
	尼吕矿段	矿点	热液型	尼吕岩体	无	预查	d
	加仁矿段	小型	热液型	加仁岩体	230	预查	d
	通吉格矿段	小型	夕卡岩型	加仁岩体	230	详查	d、e
宗亚铜矿		矿点	斑岩型	加仁岩体	230	踏勘	a、d
格亚顶铅银矿		小型	热液型	格亚顶岩体	235	预查	e、f
曲隆铜铅矿		矿点	热液型	曲隆岩体	230	预查	d
吾牙普牙铅锌金矿		矿点	热液型	未知	无	踏勘	a
车松铜矿							
关用金矿							

注：年龄均为锆石 U-Pb 年龄。文献：a. 云南省地质调查院，2004；b. Zhu et al.，2011；c. 王彦斌等，2010；d. 冷成彪，私人通信；e、f. 朱经经，2012。

二、羊拉-曲隆铜（铅锌银）矿带

分布于金沙江断裂与羊拉断裂之间，受加仁花岗岩带控制，图 2.2 显示羊拉铜矿床、格亚顶铅银矿床和宗亚铜矿点等产于此带中；自图区向南，曲隆铜铅矿点、吾牙普牙铅锌银矿点及车松铜矿化点亦隶属于此矿带。除羊拉铜矿床所属 7 个矿段外，带中代表性矿床（点）如下。

宗亚铜矿点：位于加仁岩体东部。矿化见于钾化的黑云母花岗闪长岩中，黄铜矿、孔雀石等呈团块状、均匀浸染状，少数呈细脉状，受断层（产状 320°∠55°）控制。可见露头宽 2.6m，长度不明，Cu 含量 0.92%，在岩体的边缘见围岩具较强的绿帘石化。初步认为属斑岩型铜矿化。

格亚顶铅银矿床：位于加仁岩体东侧，矿体产于新元古界（Pt_3）层间破碎带中。有7个矿体，目前已获预测资源量（334）铅为11762.7t，银为89754.47t。矿床规模达小型。矿床类型为热液型。

曲隆铜铅矿点：位于加仁岩体南倾伏端，矿化特征与里农矿段类似。踏勘发现铜矿体2个，铅矿体1个。该矿点与吾牙普牙铅锌银矿点、车松铜矿化点有相连之势，具有较好的找矿远景。

第三章 矿床地质

羊拉铜矿床大地构造位置上处于金沙江构造带中段（图 3.1），是目前构造带内探明

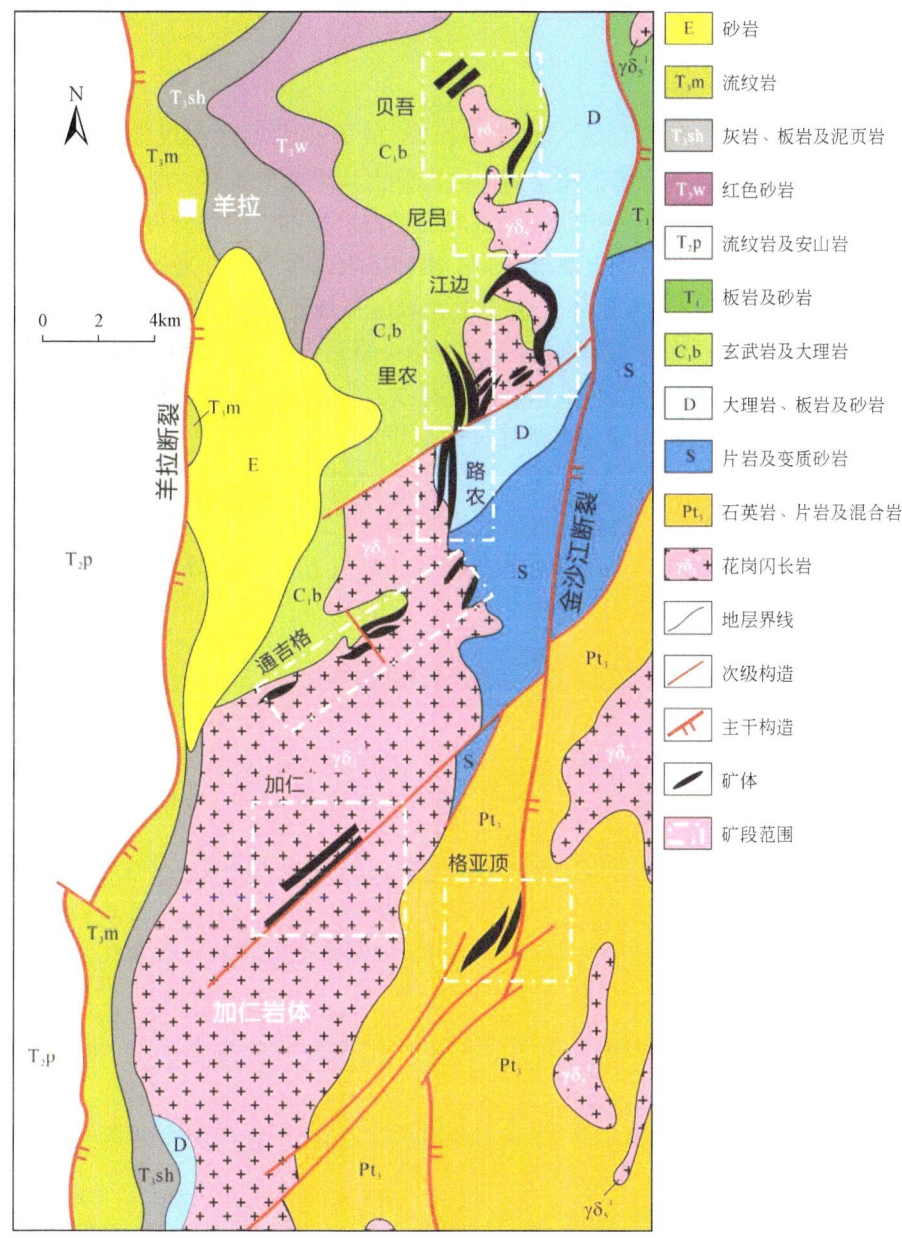

图 3.1 羊拉铜矿床矿区地质简图（据朱经经，2012 略修改）

的最大铜矿床,在空间上被羊拉断裂和金沙江断裂限制在一个南北向狭长区域内,自北向南由贝吾、尼吕、江边、里农、路农、通吉格、加仁等七个矿段组成(图3.1),其中里农(图版Ⅰ-A)、路农(图版Ⅰ-B)、江边(图版Ⅰ-C)为主要矿段,面积约12.40km²。

第一节 矿区地质

一、矿区地层

目前对矿区地层的划分仍有较大争议。原1:20万得荣幅区调报告(1977年)将这套岩石时代定为二叠纪,并定名为嘎金雪山群,分上、下两个亚群。战明国等(1998)和何龙清等(1998)认为嘎金雪山群为一套巨厚的洋盆沉积物,时代跨度较大,将原称嘎金雪山群下亚群定名为加仁岩组,上亚群分为羊拉和里农两个岩组。通过对羊拉岩组和里农岩组中的玄武岩锆石进行U-Pb定年,认为里农岩组形成于晚石炭世—早二叠世,羊拉岩组形成于晚泥盆世—早石炭世(战明国等,1998;路远发等,2000)。曲晓明等(2004)则认为嘎金雪山群具有显著的混杂堆积特点,实际上为蛇绿混杂堆积体。云南省地质调查院(2004)将矿区出露地层划分为志留系(S)、下泥盆统江边组(D_1j)、中-上泥盆统里农组($D_{2+3}l$)和下石炭统贝吾组(C_1b)。朱俊等(2009)以实测地层剖面及其牙形石为依据,对地层岩性进行了重新划分,将矿区地层分为下泥盆统江边组岩块、中泥盆统—石炭系岩块和二叠系岩块。本书采用云南省地质调查院(2004)的分类方案(表3.1),图3.2为主矿区各地层分布。

表3.1 羊拉铜矿床地层简表

界	系	统	组	段	代号	厚度/m	岩性特征
新生界	第四系				Q	0~90	以坡残积物堆积为主,为砂岩、大理岩、板岩、夕卡岩、花岗闪长岩等碎块,与砂土松散堆积,碎块呈次棱角-次圆状
	古近系—新近系				E	737	分布于矿区西南部,呈零星出露,与下伏贝吾组(C_1b)呈角度不整合接触。岩性为紫红、灰紫色厚层状砾岩、含砾砂岩、中粗粒岩屑石英砂岩、钙质粉砂岩。砾石成分复杂,由砂岩、粉砂岩、石英等组成,具磨圆度,分选差,胶结松散。为陆相山麓堆积的磨拉石建造
中生界	石炭系	下统	贝吾组		C_1b	740	分布于矿区西部,与下伏里农组($D_{2+3}l$)整合接触。岩性主要为致密块状玄武岩、杏仁状玄武岩、凝灰岩夹砂质绢云板岩、大理岩透镜体。夹层与中酸性岩体接触附近具夕卡岩化,铜矿化
	泥盆系	中-上统	里农组	三段	$D_{2+3}l^3$	450	上部变质石英砂岩夹砂质绢云板岩,中部灰白色厚层-块状细晶大理岩,下部为砂质绢云板岩、变质石英砂岩夹浅灰白色细晶大理岩透镜体,底部为夕卡岩化大理岩,是里农矿段KT1、KT1-1矿体的赋矿层位

续表

界	系	统	组	段	代号	厚度/m	岩性特征
中生界	泥盆系	中-上统	里农组	二段	$D_{2+3}l^2$	170	分布于矿区中西部，为灰白色厚层状细-中晶大理岩，沿裂隙见零星铜矿化，并在局部见有层间褶皱及闪长玢岩脉侵入；含牙形刺化石 *Pdygnathus Varcus Stauffer*，为里农矿段矿化带和KT2（上）-1矿体的顶板标志层
				一段	$D_{2+3}l^1$	224	顶部为绢云砂质板岩夹中层状变质细粒石英砂岩，上部为中厚层状绿帘透辉石夕卡岩及石榴子石夕卡岩，夹夕卡岩化变质砂岩、砂质绢云板岩、薄-中层状细晶大理岩，是里农KT2（上）-1、KT2（上）-2和路农KT1、KT5矿体的赋矿层位。中部为浅灰、灰绿色变质细粒石英砂岩夹砂质绢云板岩，岩石具角岩化，常见透辉石、石英、绢云母、绿泥石、（斜）长石等接触变质矿物，偶见夕卡岩化，是里农KT2（下）、KT2-7、KT3、KT4-1和路农KT2、KT3等矿体的赋矿层位。下部为砂质绢云板岩，夹变质细粒石英砂岩及大理岩透镜体，底部夕卡岩化，是里农KT4-1、KT4和路农KT4矿体的赋矿层位
		下统	江边组	三段	D_1j^3	73	呈条带状近南北向分布，岩性以大理岩为主，局部夹绢云砂质板岩、变质石英砂岩。顶、底部为层状-似层状石榴子石、透辉石、透闪石夕卡岩，为里农KT4、KT5矿体与江边KT1、KT2矿体的赋矿层位
				二段	D_1j^2	348	分布于F4断层南北两侧，中部有里农岩体侵入。以浅灰色变质绢云石英砂岩、绢云砂质板岩、绢云石英片岩为主，夹绢云绿泥片岩、角闪安山岩及大理岩透镜体；与中酸性岩体接触附近具硅化、角岩化。是变质石英砂岩型矿体的主要赋存层位，大脉状矿体KT6～KT15等赋存于其中的顺层破碎带中
				一段	D_1j^1	991	呈带状分布于矿区南东侧，F4断层以南。上部为浅灰白色薄层状、块状大理岩，夹斜长绿泥片岩、角闪安山岩；下部为浅灰白色中厚层状细晶大理岩、斜长绿泥片岩、绢云石英片岩
下古生界	志留系				S	757	分布于矿区东南角，区域上与新元古界（Pt_3）呈断层接触。岩性为深灰色石英片岩、黑云石英片岩，夹灰色厚层变质石英砂岩、绢云板岩、局部夹大理岩

注：据云南省地质调查局（2004）资料整理。

1. 志留系（S）

分布于矿区东南角，区域上与新元古界（Pt_3）呈断层接触（图3.2）。地层走向北东，倾角30°～52°；岩性为深灰色石英片岩、黑云石英片岩，夹灰色厚层变质石英砂岩、绢云板岩、大理岩等，见石英斑岩脉（$\gamma\pi$）、辉绿辉长岩脉（υ）侵入。其原岩以石英砂岩为主，夹浅灰绿色变中基性火山岩，系浅水环境下沉积形成。厚757m。

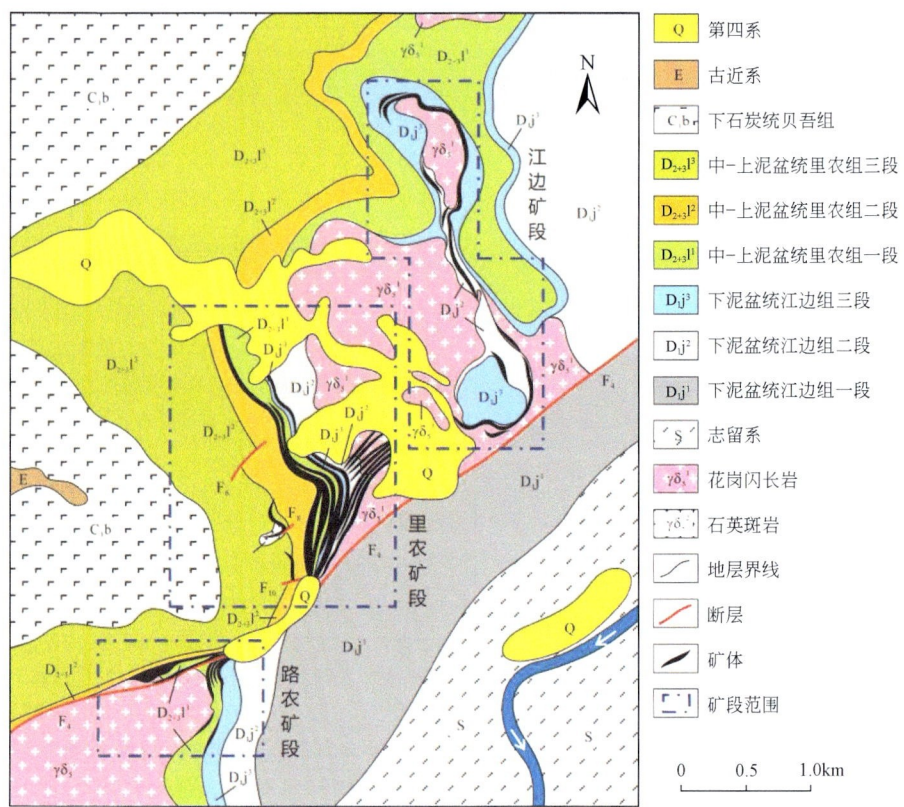

图 3.2 羊拉铜矿床主要矿段地质图（据云南省地质调查院，2004；略修改）

2. 泥盆系（D）

为矿区主要含矿地层，呈北北东向纵贯全区，向北被金沙江断裂错失，向南被加仁花岗岩体侵位、破坏而出露不全。与下伏志留系（S）整合接触，局部假整合接触。岩性为一套碎屑岩、大理岩夹火山岩，呈不等厚互层沉积，产牙形刺化石 *Pdygnathus Varcus Stauffer*，具浅海台地-斜坡沉积特征。厚 2025m，分为江边组（D_1j）和里农组（$D_{2+3}l$）。

1）下泥盆统江边组（D_1j）

分布于矿区中、东部及南东角，北部被花岗闪长岩体侵位和第四系覆盖而出露不全。按岩性组合特点，自下而上划分为三个岩性段。

江边组一段（D_1j^1）：呈带状分布于矿区南东侧，F4 断层以南，走向北东，倾角 29°~52°。上部为浅灰白色薄层状、块状大理岩，夹斜长绿泥片岩、角闪安山岩；下部为浅灰白色中厚层状细晶大理岩、斜长绿泥片岩、绢云石英片岩。该段地表未见矿化现象，但物探磁异常反应较强，推断为变中-基性火山岩夹层所引起。厚 991m。

江边组二段（D_1j^2）：分布于 F4 断层以北，走向近南北，中部有里农岩体侵入。岩性以浅灰色变质绢云石英砂岩、绢云砂质板岩、绢云石英片岩为主，夹绢云绿泥片岩、角闪安山岩及大理岩透镜体；与中酸性岩体接触附近具硅化、角岩化，形成透辉石、绿泥石、黑云母、石英等新生矿物。北东向节理、裂隙发育，是矿区的主要含矿层位之一，本区的大脉状矿体 KT6~KT15 等赋存于其中的顺层破碎带。厚 348m。

江边组三段（D_1j^3）：呈条带状近南北向展布。岩性单一，为浅灰-浅灰白色中-厚层状细-中晶大理岩，局部夹绢云砂质板岩、变质石英砂岩。顶、底部为层状、似层状夕卡岩，形成石榴子石、透辉石、透闪石夕卡岩，为矿区的主要含矿标志层位之一，是里农 KT4、KT5 矿体与江边 KT1、KT2 矿体的赋矿层位。局部地段大理岩呈透镜状、串珠状，有尖灭再现现象，与砂岩、板岩呈渐变关系，向南被 F4 断失，向北被第四系掩盖。与下伏地层（D_1j^2）呈渐变关系。厚 0~73m。

2）中、上泥盆统里农组（$D_{2+3}l$）

分布于矿区中西部，向南被 F4 断失，偶见闪长玢岩、细晶岩、石英斑岩脉顺层侵入，是羊拉铜矿床最主要的含矿层位。与下伏江边组（D_1j）呈整合接触。根据岩性特征、岩相组合及叠置关系又划分出三个岩性段，各段之间均为整合接触。由下至上分别介绍如下。

里农组一段（$D_{2+3}l^1$）：顶部为浅灰绿色含碳质绢云砂质板岩，夹浅灰色中层状变质细粒石英砂岩，走向上呈条纹条带状、长透镜状，与大理岩和层状-似层状、透镜状夕卡岩交替出现，走向上不稳定。上部为深灰色中厚层状绿帘透辉石夕卡岩（图版Ⅰ-D），以石榴子石、阳起石夕卡岩为主（图版Ⅰ-E），夹浅灰色夕卡岩化变质砂岩、砂质绢云板岩、薄-中层状细晶大理岩（图版Ⅰ-F），岩石夕卡岩化强，局部大理岩交代不完全而呈透镜体分布（上部夕卡岩化带），是里农 KT2（上）-1、KT2（上）-2 和路农 KT1、KT5 矿体的赋矿层位。中部为浅灰、灰绿色变质细粒石英砂岩夹砂质绢云板岩，岩石具角岩化（上部角岩化带），常见透辉石、石英、绢云母、绿泥石、（斜）长石等接触变质矿物，偶见夕卡岩化，是里农 KT2（下）、KT2-7、KT3、KT4-1 和路农 KT2、KT3 等矿体的赋矿层位。下部为浅灰色中层状砂质绢云板岩夹浅灰色中层状变质细粒石英砂岩及大理岩透镜体，底部夕卡岩化强，与 D_1j^3 合称为下部夕卡岩化带，形成绿帘透辉石、石榴子石夕卡岩，是里农 KT4-1、KT4 和路农 KT4 矿体的赋矿层位。该岩性段总体显示上、下较细，中间较粗的沉积韵律。厚 224m。

里农组二段（$D_{2+3}l^2$）：分布于矿区中西部，向南被 F4 断失。岩性单一，为灰白色厚层状细-中晶大理岩（图版Ⅰ-G），并在局部见有层间褶皱及闪长玢岩脉侵入，含牙形刺化石 *Pdygnathus Varcus Stauffer*，局部发育网脉状铜矿化（图版Ⅰ-H），是里农矿段矿化带和 KT2（上）-1 矿体的顶板标志层。该段厚度变化较大，在里农矿段 0~3 号勘探线之间最厚，达 170m，向北、向南逐渐变薄，厚度变化与下伏地层接触带上夕卡岩化、铜矿化呈正相关。

里农组三段（$D_{2+3}l^3$）：上部浅灰色变质石英砂岩（图版Ⅱ-A，B），夹薄层状深灰色绢云砂质板岩，具揉皱现象（图版Ⅱ-C，D）；中部灰白色厚层-块状细晶大理岩，其厚度在走向上变化大，向北较为稳定，向南急剧变薄，局部呈透镜体；下部为浅灰色绢云砂质板岩、浅灰色中层状变质石英砂岩，夹浅灰白色细晶大理岩透镜体，底部为夕卡岩化大理岩。该段是里农矿段 KT1、KT1-1 矿体的赋矿层位。厚 450m。

由于分布在印支期花岗岩体的外接触带，矿区泥盆系岩石普遍具夕卡岩化和角岩化。其主要的岩石类型在化学组成上，夕卡岩以富 Ca、Fe，含 Al、Mg 为特征，为钙铁质夕卡岩；角岩类岩石以富 Si、含 Ca、Fe 为特征，石英质角岩占多数，并显示有一定程度的夕卡岩化。

3. 石炭系（C）

出露地层为下石炭统贝吾组（C_1b），分布于矿区西北部，向北被金沙江断裂错失，与下伏里农组（$D_{2+3}l$）呈整合接触。岩性主要为致密块状玄武岩、杏仁状玄武岩、凝灰岩，夹砂质绢云板岩、大理岩透镜体。夹层与中酸性岩体接触带附近具夕卡岩化、铜矿化。厚 740m。

4. 古近系—新近系（E—N）

分布于矿区西南部，呈零星出露，与下伏贝吾组（C_1b）呈角度不整合接触。岩性为紫红、灰紫色厚层状砾岩、含砾砂岩、中粗粒岩屑石英砂岩、钙质粉砂岩，夹中–基性火山岩；砾石成分复杂，由砂岩、粉砂岩、脉石英等组成，具磨圆度，分选差，胶结松散。为陆相山麓堆积的磨拉石建造，厚 737m。

5. 第四系（Q）

矿区第四系沉积较为复杂，有坡积、坡残积、河床堆积及冰川堆积。总体以坡残积物堆积为主，其成分复杂，为砂岩、大理岩、板岩、夕卡岩、花岗闪长岩等碎块，与砂土松散堆积，碎块呈次棱角—次圆状。

二、矿区构造

羊拉铜矿床夹持于金沙江断裂与羊拉断裂两条近南北向断裂之间（图 3.1），矿区构造发育，主要表现为褶皱、断裂（层间断裂）和节理等。

1. 褶皱

矿区背斜、向斜褶皱及层间褶曲发育，向北倾伏，向南被 F4 断裂破坏（图 3.1），规模较大者有里农背斜、江边向斜（图 3.3）。

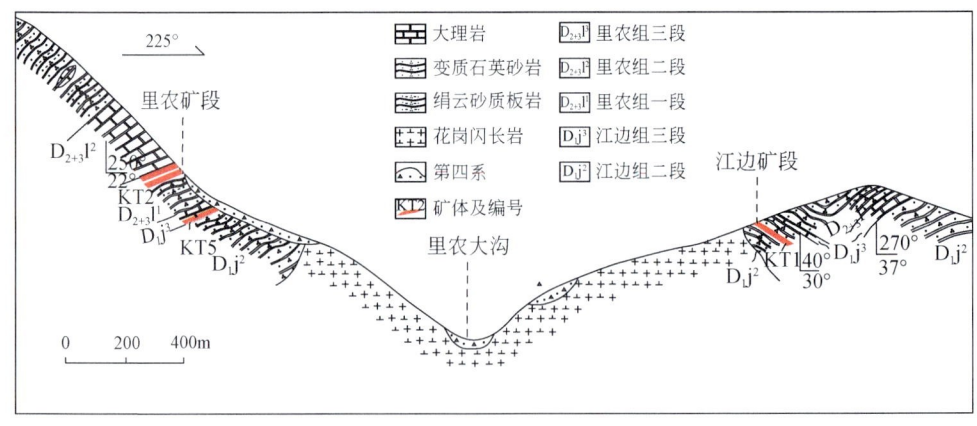

图 3.3　羊拉铜矿区地质剖面图（据云南省地质调查院，2004）

1) 里农背斜

总体呈构造穹隆。轴向近南北，南延被 F4 断层切断；核部为 D_1j^2 地层，有里农、江边复式中酸性岩体侵入，出露长 1200m，最宽为 300m，南部被第四系覆盖及岩体破坏未出露。里农矿段位于背斜西翼，出露地层有江边组三段（D_1j^3）、里农组（$D_{2+3}l$）、贝吾组（C_1b）；东翼为江边组三段（D_1j^3）、里农组一段（$D_{2+3}l^1$）；西翼地层向西倾，倾角较缓为 22°～29°；东翼倾向北东、南东，倾角偏陡在 50°以上；轴面倾向北西，倾角 30°～50°；核部枢纽向北西倾伏，倾伏角 38°，向 330°倾伏，两翼地层在转折端有较明显的揉褶现象。

2) 江边向斜

位于与里农背斜毗邻的东翼，轴向为北北西，南延被 F4 破坏。核部地层为里农组一段（$D_{2+3}l^1$）；两翼为江边组二段（D_1j^2）、三段（D_1j^3）；西翼倾角较陡在 50°以上，东翼倾角较缓为 25°～37°，呈狭长的倾斜紧密线状褶曲；向斜宽 100～450m，延长大于 2.5km。

2. 断裂

矿区断层较发育，除区域性的金沙江断裂、羊拉断裂外（图 3.1），主要有斜穿矿区中部的北东向断层 F4（图版Ⅰ-A），近北东向平移断层 F6、F8 和 F10（图 3.2）。F4 断层位于矿区中部，是矿区规模最大的断层，为金沙江断裂印支期—燕山期挤压推覆过程中形成的次级断裂。断层走向北东，向东与金沙江断裂带相交，形成"入"字形分支断层，向西延出矿区外，矿区内长近 6km，断面北倾，倾向 280°～340°，倾角 42°～80°，断面起伏。断层两盘地层错位，北盘地层东移、南盘西移。沿断裂见 2～4m 宽破碎带（图版Ⅱ-E，F），最宽达 50m，角砾成分与相邻两旁岩石有关，有砂岩、板岩、片岩、大理岩，局部为花岗闪长岩等，大小不等，最大约 25cm，一般 5～10cm，呈透镜状、碎裂状分布，具定向排列。断面上有 5～10cm 灰黑色断层泥，发育擦痕和阶步，擦痕显示具右旋特征，阶步显示上盘下降、下盘上升，具正断层特点。片理化发育，胶结物与角砾组成定向排列，形成片理化带，其走向与断面呈小角度相交，显示上盘下降的特点（图 3.4）。附近岩石

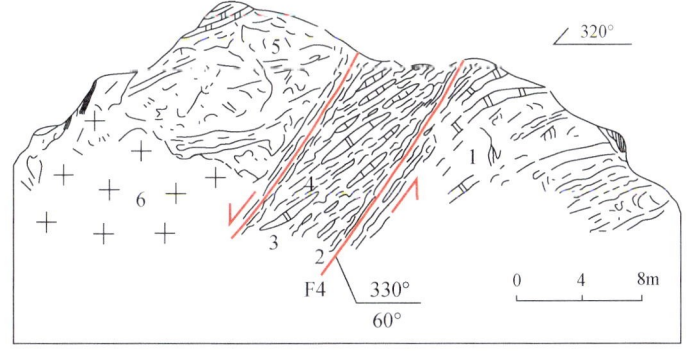

图 3.4 F4 断层破碎带素描图（据云南省地质调查院，2004）

1. 大理岩；2. 断层泥；3. 构造角砾岩；4. 片理化带；5. 绢云板岩；6. 花岗闪长岩

具较强的碎裂岩化、糜棱岩化，偶见牵引褶曲，破碎带上无矿化。断层北盘的花岗闪长岩对其南盘地层（D_1j^1）的大理岩没有烘烤、蚀变现象，二者为断层接触。该断层地表出露较差，多数地段被掩盖，但地貌上多形成沟谷及负地形，平面上显示顺时针扭动。综合上述特征，F4 断层可能早期为挤压推覆，控制岩体、地层的分布；晚期破坏矿体的南延部分，属张扭性破矿正断层。

F6、F8 和 F10 断层位于矿段中西部，为近北东向展布的一组平移断层（图3.2），3 条断层具有相似的规模和性质：走向 45°~65°，断面倾向 NW，两盘均为里农组（$D_{2+3}l$），被平行错开 25~115m 不等。

3. 层间破碎带

层间断裂较发育，呈狭长带状断续分布于里农组各段之间以及不同的岩性界面附近（图版 II-G，H），ZK3904 钻孔揭露的 $D_{2+3}l^1$ 和 $D_{2+3}l^2$、$D_{2+3}l^2$ 和 $D_{2+3}l^3$ 之间均为层间断裂接触关系（图版 III-A，B）。断裂规模中等，厚十厘米至十几米，为矿区内主要的容矿和含矿构造，KT1、KT2、KT4 和 KT5 等矿体均产于该类破碎带中。层间断裂带内组分复杂，由碎裂状大理岩、板岩、变质石英砂岩及断层泥组成，胶结物为碳质、泥质；构造岩石、构造块体或构造透镜体中，劈理和片理发育，形成断层泥（图3.5）。战明国等（1998）和甘金木等（1998）结合区域构造分析，认为层间断裂的形成与印支期的挤压推覆构造活动及加仁、里农等中酸性岩体的向上侵入活动密切相关。本书认为层间断裂在印支期前已经存在，伴随着印支期中酸性岩体的上侵，成矿热液沿薄弱的层间断裂运移，与围岩发生交代作用，形成 KT2 和 KT5 等层状夕卡岩矿体。

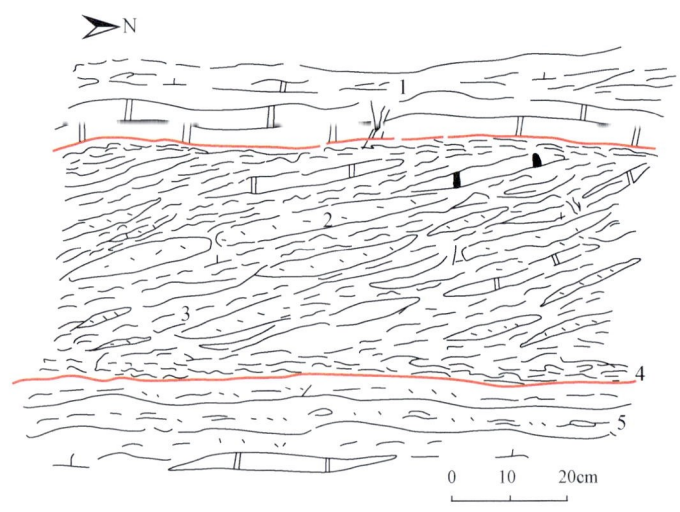

图 3.5　层间破碎带素描图（据云南省地质调查院，2004）
1. 大理岩；2. 构造角砾岩；3. 片理化带；4. 碳泥质岩；5. 绢云砂质板岩

4. 节理

受多期构造活动的影响，矿区岩体及周围地层中发育密集的节理（图版 III-C，D），这些密集节理组成的裂隙带为含矿热液提供了良好的储矿和导矿空间，为 KT6～KT15 矿体的主要控矿构造。云南省地质调查院（2004）通过实测矿区矿化地段节理产状，将其分为三组，即 NNE—NE、NEE 和 NW 向（图3.6），其中 NW 向节理发育较好，NEE 向节理发育较差。

NNE—NE 向节理面平直，倾向 NW、NWW，倾角 50°～70°，单条节理延伸较远，沿裂面充填金属硫化物、石英、碳酸盐脉。NEE、NW 向节理组构成共轭剪节理，常配套出现，其中 NW 向节理发育程度较好于 NEE 向节理。NW 向节理倾向 NE，倾角 50°～72°，单条节理延伸较短，迅速尖灭，具尖灭再现、尖灭侧现的现象，具张节理的特点。NEE 向节理具波状弯曲，节理面光滑，可见擦痕、摩擦镜面等，倾向 NW，倾角 50°～68°，具张节理的特点。这两组节理受岩性的影响，在不同岩石中的发育程度存在差异，在岩浆岩中发育的节理较窄，在板岩、变质石英砂岩、大理岩等岩石中发育的节理较宽，沿节理面充填有金属硫化物、石英、方解石等。

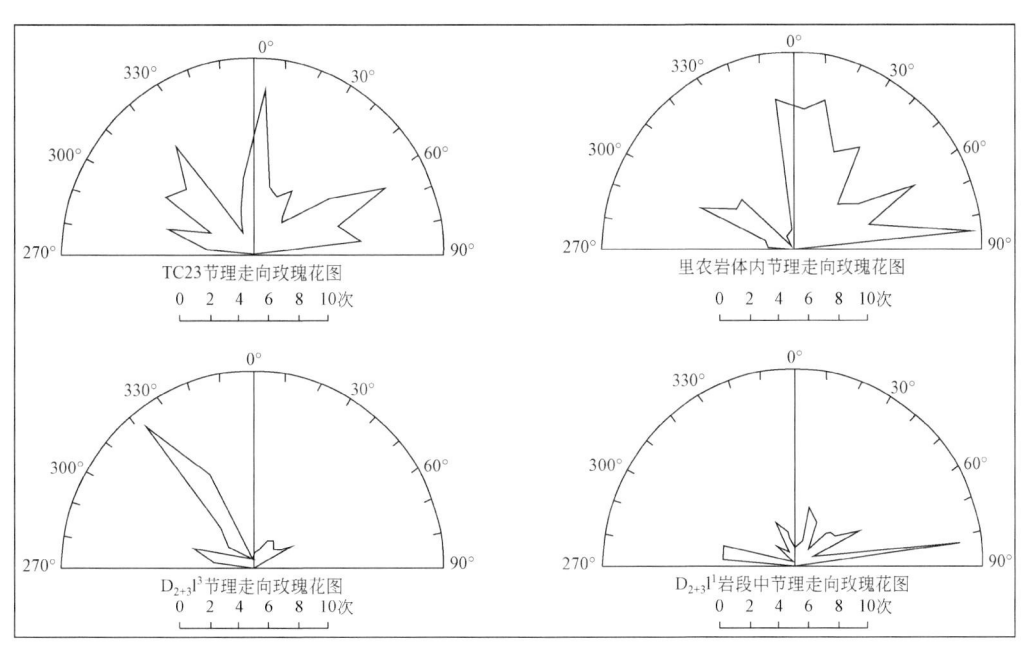

图3.6　节理走向玫瑰花图（据云南省地质调查院，2004）

图中 0°方向为 N，90°方向为 E，270°方向为 W

上述几组节理密度变化较大，里农岩体西侧内、外接触带，主要发育 NNE—NE 向节理，密度每米几条至几十条，局部达到每米几十条至几百条，NW、NEE 向节理密度仅为每米几条至十几条；里农岩体东侧内、外接触带 NW、NEE 向节理发育，密度达每米几十条，而 NNE—NE 组节理仅达每米几条。杨喜安（2012）认为，矿区节理的发育程度与中咱地块和昌都–思茅地块陆陆碰撞的挤压方向、岩体与围岩的接触位置有关。

5. 构造演化

根据矿区主要构造的野外地质特征，结合区域构造演化，初步判断羊拉铜矿床经历了四期构造活动：海西期、印支期、燕山期和喜马拉雅期。海西期，金沙江洋盆开始由东向西俯冲削减，这一时期的构造主要表现为顺层剪切褶皱和逆冲推覆构造。印支期，主要为挤压碰撞引起的左行平移剪切作用，矿区主要表现为层间滑脱构造。燕山期，金沙江构造带以断裂-岩浆活动为主，矿区走滑断裂主要表现为右行走滑以及断裂岩浆作用。喜马拉雅期，矿区主要形成NWW向左行走滑及推覆构造。

三、矿区岩浆岩

羊拉矿区岩浆岩广泛分布，火山岩、侵入岩和脉岩均有出露（图3.1），火山岩以玄武安山岩、玄武岩为主，侵入岩以花岗闪长岩为主，脉岩常见闪长玢岩及辉绿岩。此外，矿区地表和坑道内还可见到浅成-超浅成相花岗斑岩、石英二长斑岩。本书对这些岩浆岩进行了较为系统的岩相学、年代学和地球化学研究，后文有章节详细介绍，以下仅简单介绍火山岩和侵入岩的地质特征。

1. 火山岩

矿区火山岩以玄武岩为主，少量安山玄武岩和安山岩，为贝吾组的主要组成部分。该套玄武岩大面积分布于矿区西部（图3.1），块状构造，岩层内含砂质板岩夹层及大理岩透镜体，厚约700m（云南省地质调查院，2004）。路远发等（2000）获得其锆石U-Pb年龄为362±8.0Ma。除块状玄武岩之外，矿区江边组和里农组中可能含有少量玄武安山岩夹层（战明国等，1998；路远发等，2000）。朱经经（2012）在里农组大理岩中亦发现一处玄武安山岩夹层，厚2~3m，与大理岩整合接触，呈灰绿-灰黑色中细粒结构、块状构造。朱俊等（2009）在该段大理岩中发现了石炭纪—二叠纪牙形刺化石 *Ellisonia excavata* Behnken 和 *Ozarkodina* sp.，认为该段地层可能是因构造错动而混杂于里农组中的二叠系岩块。路远发等（2000）获得其锆石U-Pb年龄为296.1±7.0Ma，也支持上述论断。

2. 侵入岩

羊拉铜矿床由北向南分布七个矿段，每个矿段均有花岗闪长岩侵入体出露，即贝吾岩体、尼吕岩体、江边岩体、里农岩体、路农岩体、通吉格岩体和加仁岩体（图3.1）。这些岩体均侵入上覆泥盆系大理岩、变质石英砂岩及砂质板岩地层中，矿体则主要产出于岩体与围岩的外接触带（图3.2）。加仁岩体呈岩基产出，出露面积约150km^2，其余岩体均呈岩株产出，出露面积很小，如贝吾岩体约0.5km^2、里农岩体约2.6km^2、江边岩体约0.067km^2。这些岩体的主体岩性一致，属中-粗粒花岗闪长岩，边缘为中-细粒二长花岗岩，常有细晶岩脉及闪长玢岩脉侵入。

四、矿区变质岩

羊拉铜矿床位于区域变质低绿片岩相的浅变质岩系中，矿区构造活动频繁、岩浆活动强烈，海西期和印支期岩浆岩广泛分布。因此，本区变质作用与构造-岩浆-热液活动紧密伴生，区域变质作用、动力变质作用和接触变质作用并存，对应的变质岩也多种多样。

1. 区域变质岩

矿区江边组和里农组地层中的变质石英砂岩、板岩、片岩、大理岩等，变质程度达低绿片岩相，原岩成分、结构、构造基本保留（图版Ⅲ-E~H），新生矿物有石英、绢云母、黑云母（雏晶）、阳起石等。

2. 动力变质岩

在构造动力作用下，矿区脆、韧性岩石之间或附近产生了层间破碎带，使岩石遭受不均匀变形、变质，主要表现为碎裂岩化，局部为糜棱岩化，这种动力变质岩是主要的容矿和含矿岩石。

3. 接触变质岩

矿区接触变质岩主要分布在岩体的内、外接触带中，沿断裂不发育，岩石类型以角岩和夕卡岩为主。其中角岩为中酸性岩体与砂岩和板岩接触形成的黑云母石英角岩带，主要由石英、黑云母和钠长石组成，岩石中常见方解石、石英、金属硫化物及碳酸岩脉，局部弱矿化。

中酸性岩体与大理岩或含钙质碎屑岩的外接触带，形成夕卡岩。矿区主要的夕卡岩层位有 D_1j^3—$D_{2+3}l^1$ 底部（下夕卡岩化带）和 $D_{2+3}l^1$ 上部（上夕卡岩化带），构成该区独特的层状夕卡岩带。岩石类型主要有透辉石石榴子石夕卡岩、阳起石透辉石夕卡岩等，是本区重要的含矿岩石。

五、矿区地球物理

1. 激电异常

云南省地质调查院（2004）对矿区里农、路农和江边矿段进行视充电率（M_s）激电测量，获得了多个激电异常。异常总体围绕里农复式岩体以及沿中-上泥盆统（$D_{2+3}l^1$、$D_{2+3}l^2$）大理岩和变质石英砂岩分布，异常规模不等、强度各异，呈不规则团块、零星状异常群（图3.7）。

里农岩体西侧外接触带层状夕卡岩中的激电异常，规模大、峰值高，呈带状展布，如D15、D16异常，里农矿段KT2~KT5矿体群分布在带状异常之内。里农岩体西侧中-上泥盆统绢云板岩中的激电异常，规模大、幅度高、峰值不突出、连续好，北西西向串珠状、宽带状线性排列，如D7、D8、D11~D14异常，推测与隐伏酸性斑岩体引起的多金属硫化物矿化体有关。里农岩体西侧中-上泥盆统变质石英砂岩中的激电异常，规模大、中等强度，由多个不同形态的极值区组成，如D20异常，复杂的异常群与顺层夕卡岩矿化体（带）关系密切。里农岩体东侧激电异常，分布低值极化区，多呈不规则宽带状、块状、条带状围绕岩体形成断续环带异常群，如D19、D22~D23异常。里农岩体与地层内接触带激电异常，分布低值极化区，规模小、中-低强度，多呈零星、弧立状异常分布，如 D17、D18、D21 异常，矿体多在由低值向低缓异常升高的异常内。

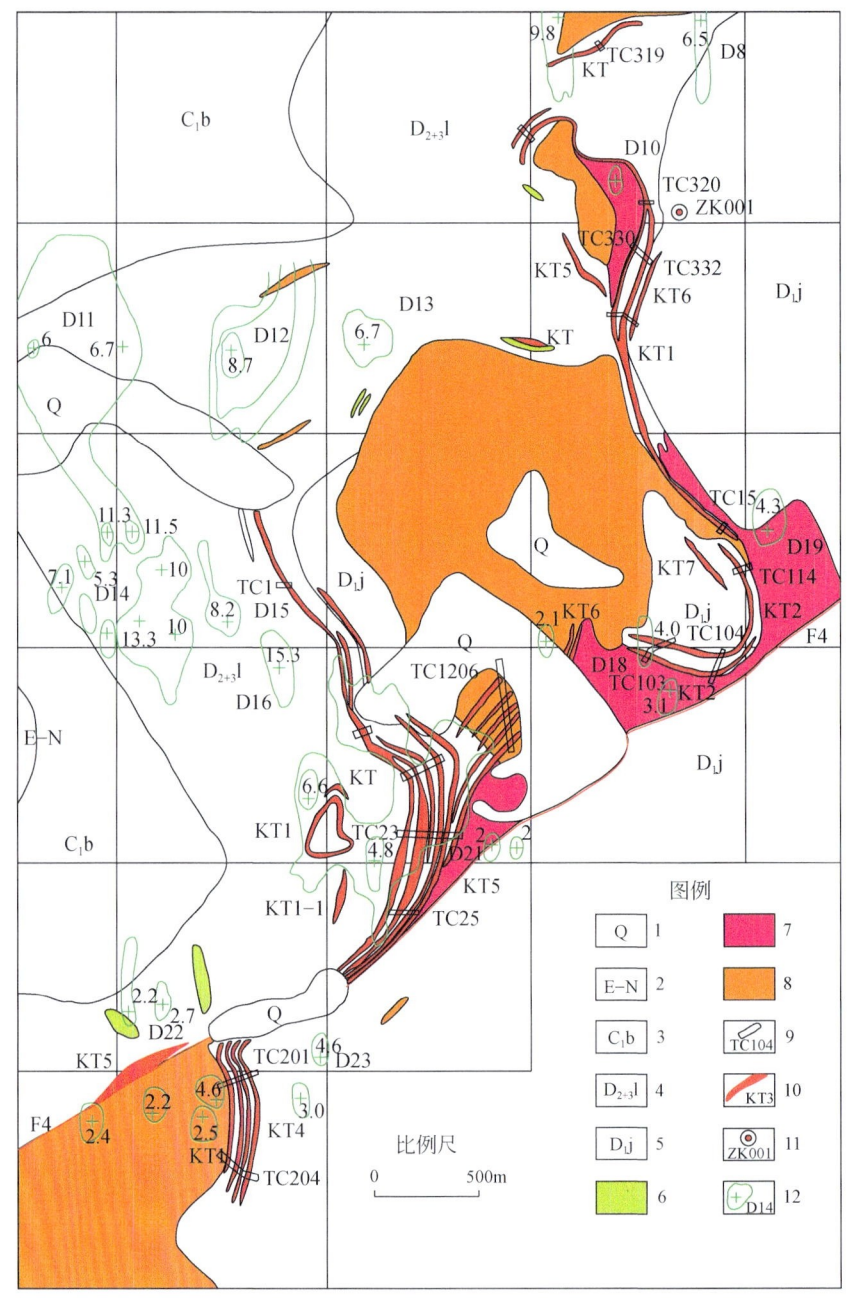

图 3.7　羊拉矿区里农、路农和江边矿段激电异常分布图（据云南省地质调查院，2004）

1. 第四系残坡积层、冰碛层；2. 古近系—新近系砂岩、砂砾岩；3. 贝吾组玄武岩夹绢云板岩、大理岩；4. 里农组绢云砂质板岩、变质石英砂岩、大理岩；5. 江边组大理岩、绢云板岩、石英砂岩；6. 辉绿岩；7. 斜长花岗岩；8. 花岗闪长岩；9. 探槽及编号；10. 表内铜矿体及编号；11. 见矿钻孔及编号；12. 激电异常及编号

2. 磁异常

云南省地质调查院（2004）对矿区进行了磁化测量，获得多个磁异常。异常主要出现在里农岩体周边接触带的矿化蚀变带、铜矿化夕卡岩带，特别是含磁铁矿、磁黄铁矿、阳起石、透辉石夕卡岩的里农矿段 KT2~KT4 矿体群，磁异常更为显著，具有走向明显、正负紧密伴生、强度高、梯度大、延伸长等特征。正异常强度（ΔT）一般 50~100nT，主要分布在主矿体群倾斜侧上方；负异常强度（ΔT）一般 -200~-20nT，主要分布在矿体出露或矿体倾斜的下方。

夕卡岩化不强或缺少阳起石、透辉石、石榴子石等夕卡岩矿物，磁异常往往不显著，多呈强度中-低、规模小、极值分散、走向不明显、负异常为主的异常群。北东向断裂蚀变带呈脉状产出的铜矿（化）体，一般无磁异常反映，分布在 F4 断层南盘，紧靠里农岩体一侧的江边组灰绿色绢云板岩、变基性角闪安山岩地层，磁异常相对规模大、强度高、梯度相对平缓，以正异常为主，单个异常多呈面状分布的异常群，其正异常强度（ΔT）多在 100~300nT 之间。

六、矿区地球化学

云南省地质调查院（2004）对矿区进行了 1:1 万土壤地球化学测量，获得以下重要成果：① Cu 异常规模大、浓度高、分布广，单 Cu 异常面积一般在 0.7~4.8km^2，Cu 含量>100×10^{-6}，一般 200×10^{-6}~700×10^{-6}，最高 1.0%，显示 Cu 是区内最具工业意义的找矿元素；② 在夕卡岩型铜矿（床）体上的异常元素达 10 余种之多，计有 Cu、Pb、Zn、Au、Sb、As、W、Sn、Bi、Mo 等，具高、中、低温成矿元素组合，反映区内成矿活动为多期多阶段的叠加，具有富集元素越多、规模越大，对应的矿体（床）规模也越大的特征；③ Cu、Pb、Zn、Ag 等成矿元素，主要围绕以岩株（或岩枝）状产出的花岗闪长岩与富含碳酸岩物质及火山物质的泥盆系浅变质岩接触带形成浓集，其中 Pb、Zn、Ag 等元素主要沿北东向断裂带形成宽带状综合异常。

第二节 矿体地质

羊拉铜矿床由北向南由贝吾、尼吕、江边、里农、路农、通吉格及加仁等七个矿段组成（图 3.1），其中里农矿段规模最大。江边矿段与里农矿段以里农大沟为界，里农矿段在江边矿段南西侧；路农矿段位于里农矿段以南，近期深部工程揭露里农矿段和路农矿段在深部相连。里农、路农和江边矿段目前控制 Cu 金属量分别约 60 万 t、14 万 t 和 6 万 t，远景储量超过 130 万 t（云南省地质调查院，2004），矿床达大型规模。矿床矿石类型复杂，从赋矿围岩看，主要为夕卡岩型矿石，其次是变质石英砂岩型、大理岩型、构造角砾岩型、角岩型和花岗闪长岩型等矿石；从氧化程度看，可分为氧化矿、混合矿和硫化矿；从矿体形态上看，包括脉状矿、层状矿和浸染状矿等；从矿种看，以 Cu 为主，伴生 Au、Ag、Pb、Zn、Bi 等多金属矿。

一、矿体特征

按矿体在矿化带中产出的层位段、与标志性层位段的相互关系、赋矿岩石组合、赋矿构造类型划分矿体带,根据矿体产出的空间位置、控矿构造特点、矿化岩石和顶底板岩性特点、矿体(层)的间距和矿体层的内部结构、矿石结构构造等划分单个矿体。

1. 里农矿段

里农矿段矿体分布于里农复式岩体西侧的泥盆系浅变质岩系内或岩体中,北自里农大沟,南到 F4 断层(图 3.1,图版Ⅰ-A)。该矿段在羊拉铜矿床中规模最大,工作程度相对较高,矿床控制范围北起 46 线、南至 31 线,控制长 2030m,已知矿体在地表的工程控制间距为 30~50m。地表矿体出露最高标高 3660m,见矿最低标高 2870m,控制最大斜深 298m。矿体长一般为 170~1860m,厚度为 1.08~22.96m,Cu 品位 0.40%~2.22%。可划分出 3 个矿化带,即层状-似层状夕卡岩型铜矿化带、北东向构造裂隙铜矿化带和斑岩-爆破角砾岩型铜矿化带(图 3.8),已圈定工业矿体 20 个(表 3.2),其中 KT2(上)-1、KT2(上)-2、KT5 为主矿体。

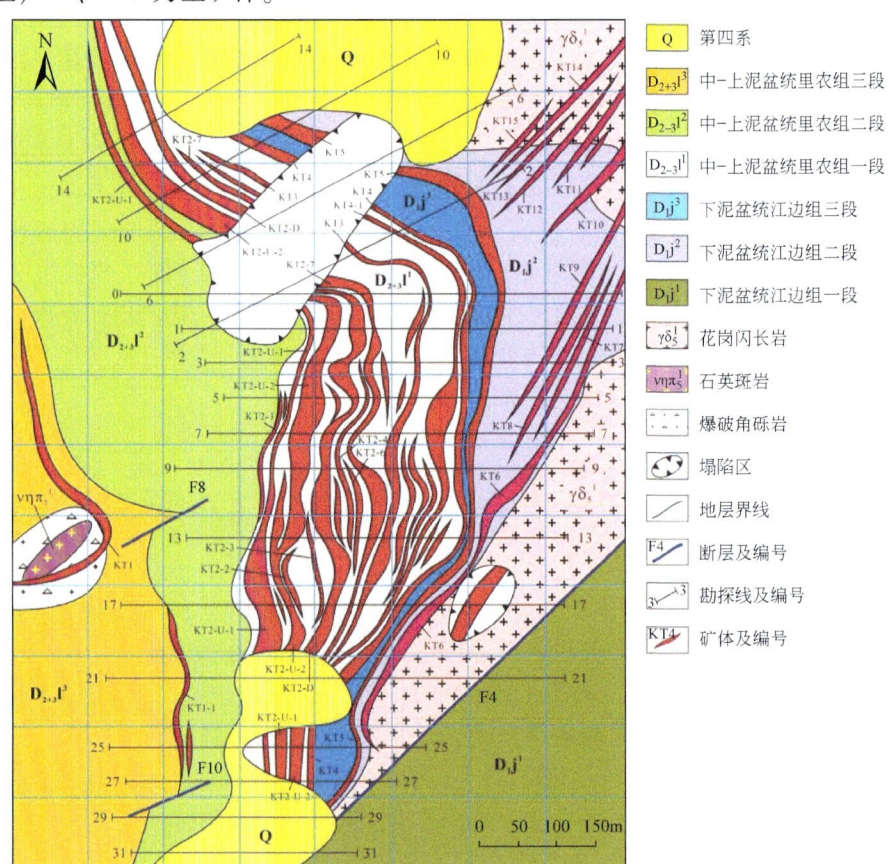

图 3.8 羊拉铜矿床里农矿段矿体平面分布图(据云南省地质调查院,2004)
图中 KT2-U-1、KT2-U-2 即 KT2(上)-1、KT2(上)-2,KT2-D 即 KT2-(下)

表3.2 羊拉铜矿床工业矿体统计表

矿段	矿体编号	赋矿层位	形态	产状	矿体规模 长/m	矿体规模 厚/m	Cu/%	主要矿石类型
里农矿段	KT1	隐爆角砾岩	透镜状	W∠32°~80°	600	3.97	1.47	角砾岩、夕卡岩型
	KT1-1	$D_{2+3}l^3$	脉状	W∠10°~30°	210	4.89	0.40	变质石英砂岩、板岩型
	KT2（上）-1	$D_{2+3}l^1$顶部	似层状	W∠10°~35°	1100	9.11	1.03	夕卡岩型
	KT2（上）-2	$D_{2+3}l^1$上部	似层状	W∠10°~30°	2200	10.54	1.02	夕卡岩型
	KT2（下）	$D_{2+3}l^1$中部	似层状	W∠15°~45°	1300	8.12	0.83	角岩、角岩化变质石英砂岩、板岩型
	KT2-7				900	6.41	0.97	
	KT3				900	5.92	0.76	
	KT4-1	$D_{2+3}l^1$下部	似层状	W∠10°~25°	680	6.02	0.88	夕卡岩、角岩、角岩化变质石英砂岩型
	KT4	$D_{2+3}l^1$底部	似层状	W∠10°~30°	1200	7.06	1.47	
	KT5	D_1j^3底部	似层状	W∠15°~35°	1900	9.87	0.98	夕卡岩型
	KT6	北东向构造裂隙带	脉状	NW∠35°~85°	1150	11.45	1.07	花岗闪长岩、构造角砾岩及角岩型
	KT7				200	0.87	1.16	
	KT8				400	1.43	1.06	
	KT9				500	4.14	0.54	
	KT10				350	6.41	0.84	
	KT11				200	2.27	0.82	
	KT12				250	2.04	0.87	
	KT13				150	1.17	2.22	
	KT14				300	1.74	0.97	
	KT15				150	0.86	1.63	
路农矿段	LKT1	D_1j^3	似层状	NW∠58°~85°	>350	9.80	0.91	夕卡岩、角岩化变质石英砂岩型
	LKT2				150	3.62	0.70	
	LKT3				150	2.02	0.73	
	LKT4				>460	16.54	1.68	
	LKT5	$D_{2+3}l$	似层状	NW∠30°~65°	>450	28.37	1.15	夕卡岩型
江边矿段	JKT1	D_1j^3、岩体	似层状	NE∠45°~65°	1800	6.12	0.97	花岗闪长岩、夕卡岩型
	JKT2	岩体	脉状	NE∠50°~65°	530	3.72	0.77	花岗闪长岩型
	JKT3	D_1		NE∠20°~45°	225	5.38	0.84	夕卡岩、花岗闪长岩型
	JKT4				910	10.03	1.05	
	JKT5				280	1125	0.89	

注：据羊拉铜矿床勘探报告（未发表）整理。

1）层状-似层状夕卡岩型铜矿化带

分布于里农矿段中部，里农复式岩体西外接触带中-上泥盆统里农组一段（$D_{2+3}l^1$）及下泥盆统江边组（D_1j）中（图3.9），为羊拉铜矿床的主矿化带，长大于2500m，宽100~1000m。矿化带内矿体距里农岩体数十米至200余米不等。矿体总体倾向W或NW，倾角较缓，一般为18°~35°。矿化带内矿体呈层状、似层状及透镜状（图版Ⅳ-A，B），共有工业矿体8个，包括KT2（上）-1、KT2（上）-2、KT4、KT5等羊拉铜矿床主矿体（图3.9）。含矿岩石主要为透辉石-钙铁辉石石榴子石夕卡岩、角岩化变质石英砂岩，其次为绢云砂质板岩、大理岩等。此外，由于遭受石英-碳酸盐化蚀变，里农组一段（$D_{2+3}l^1$）夕卡岩型矿体KT2（上）-2之下发育厚层石英-金属硫化物型矿体。其中夕卡岩型矿体Cu品位相对较高，提供了里农矿段约80%的铜金属（云南省地质调查院，2004）。

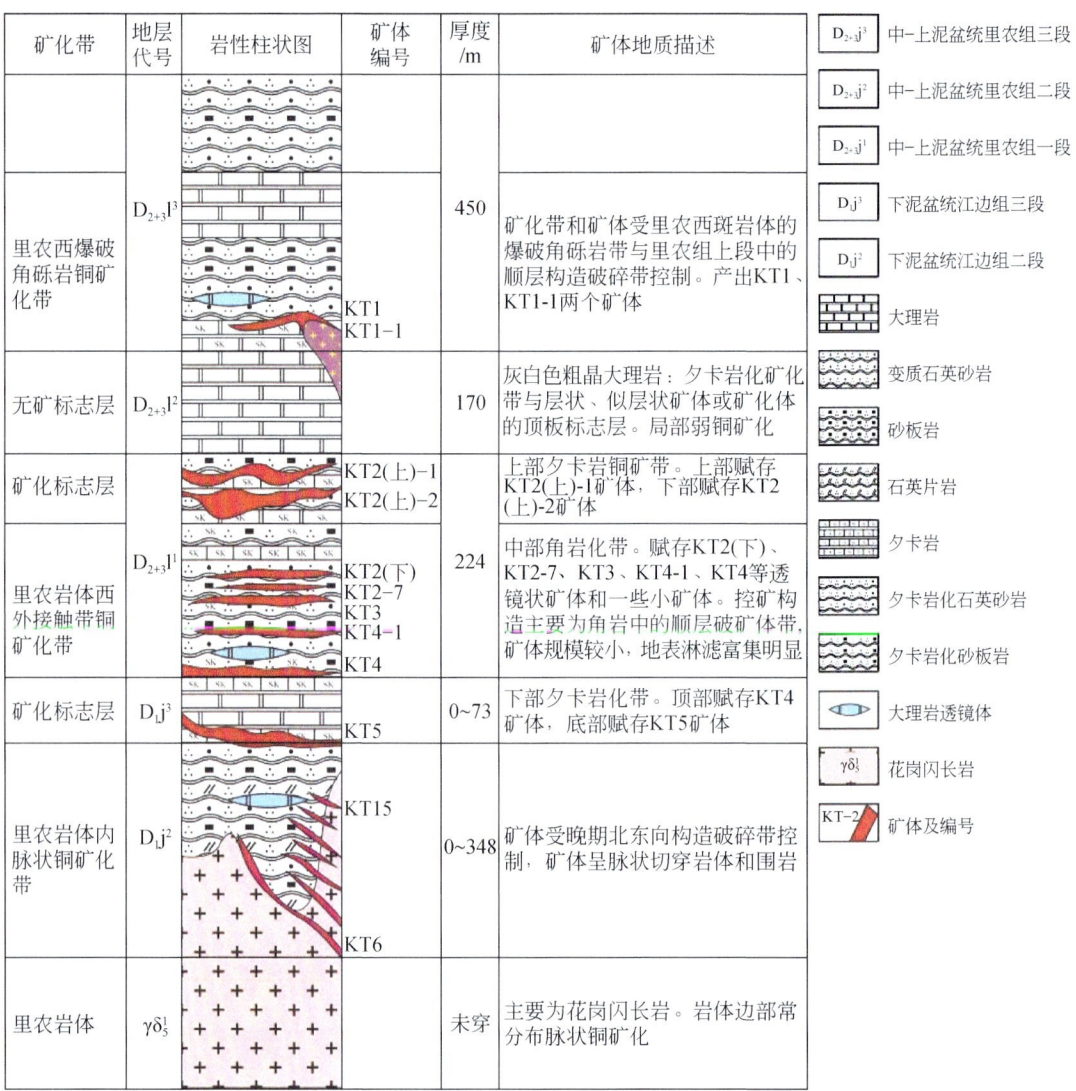

图3.9 羊拉铜矿床里农矿段矿体垂向分布图（据云南省地质调查院，2004修编）

矿体严格受层间破碎带或滑脱带控制，大理岩与变质石英砂岩地层层间发育夕卡岩型矿体，如江边组二段（D_1j^2）变质石英砂岩与三段（D_1j^3）大理岩间赋存KT5矿体，而里农组一段（$D_{2+3}l^1$）中部变质砂岩与上部大理岩层间产出 KT2（上）矿体；变质石英砂岩与绢云砂质板岩层间发育规模较小的角岩化变质石英砂岩型矿体，如 KT2（下）、KT4-1 及 KT4 矿体（图 3.10）。以 KT2（上）、KT2（下）、KT4 和 KT5 矿体为例，详细介绍该矿化带的矿体特征。

KT2（上）矿体：分为上部 KT2（上）-1 及下部 KT2（上）-2 两个分矿体，两者间距 2~30m 不等（图 3.10、图 3.11）。上部矿体呈层状–似层状产出，倾向 NW，倾角整体较缓，且由上至下倾角显著变大，可达 40°。矿体顶板以大理岩为主，角岩化变质石英砂岩次之，底板为透辉石–钙铁辉石石榴子石夕卡岩，矿体与围岩为渐变关系，含矿岩石主要为透辉石–钙铁辉石石榴子石夕卡岩及少量角岩化变质石英砂岩。地表强褐铁矿化，形成铁帽，混合矿及硫化矿中具强黄铁矿化、磁铁矿化、黄铜矿化和绿泥石化，矿石构造以块状为主。矿体延伸约 1100m，厚度平均为 9m，最厚 44m；Cu 品位 0.30%~8.38%，平均为 1.04%。KT2（上）-2 矿体特征与 KT2（上）-1 相似，延伸可达 2200m，最大厚度 41m，平均 10.54m；Cu 品位 0.30%~6.24%，平均为 1.02%。除 Cu 金属外，该矿体还伴生 Au、Ag、Sn、Pb、Zn 等有益元素。铜资源量占里农矿段总资源量的 57% 左右（云南省地质调查院，2004）。

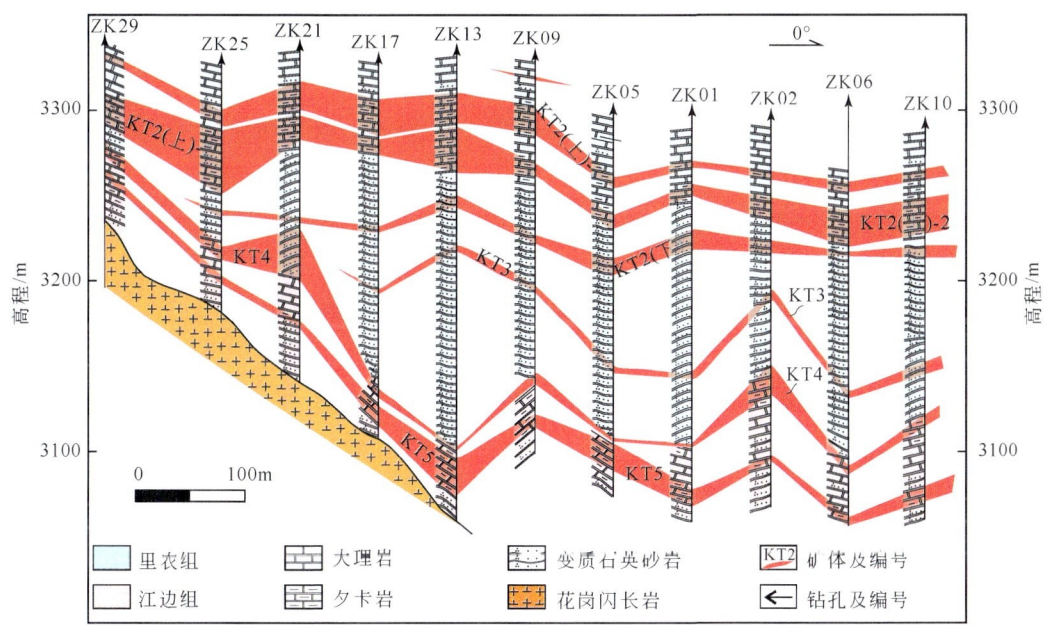

图 3.10 羊拉铜矿床里农矿段主矿体矿层对比图（据云南省地质调查院，2004 修编）

KT2（下）矿体：产出于里农组一段（$D_{2+3}l^1$）变质石英砂岩及绢云板岩层间（图 3.9、图 3.10）。矿体及顶板、底板均为角岩化变质石英砂岩、砂质板岩，矿体以角岩化变质石英砂岩型为主，与围岩为渐变关系（图版Ⅳ-C）。矿体长约 1300m，倾向以向西为主，倾角较小；矿体厚 0.66~25.39m，平均 8.12m；Cu 品位 0.32%~3.05%，平均为 0.83%。铜资源量占里农矿段总资源量的 5% 左右（云南省地质调查院，2004）。

KT4 矿体：产出于里农组一段（$D_{2+3}l^1$）变质石英砂岩与江边组三段（D_1j^3）大理岩

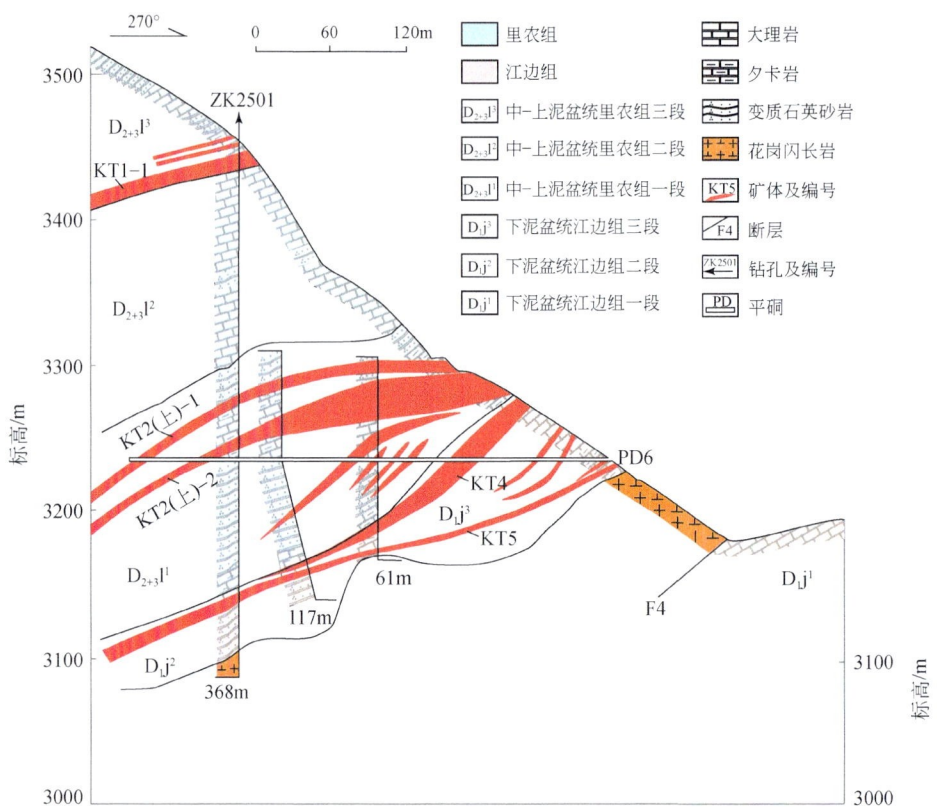

图3.11 羊拉铜矿床里农矿段25号勘探线剖面图（据云南省地质调查院，2004修编）

地层的接合部位，呈层状–似层状产出（图3.9～图3.11）。矿体底部为透辉石–钙铁辉石石榴子石夕卡岩型，上部为角岩化变质石英砂岩、砂质板岩型。矿体长1200m，厚1.06～21.51m，平均7.06m；Cu品位0.30%～7.17%，平均1.42%。铜资源量占里农矿段总资源量的13%左右，伴生Au、Ag、Sn、Pb、Zn等元素，Au含量0.05～0.89g/t、平均0.19g/t，Ag含量2.45～43.4g/t、平均20.42g/t，Sn含量0.006%～0.19%、平均0.07%，Pb含量0.011%～0.065%、平均0.03%，Zn含量0.041%～0.10%、平均0.19%（云南省地质调查院，2004）。

KT5矿体：产出于沿江边组二段（D_1j^2）与三段（D_1j^3）层间，呈层状–似层状顺层产出（图3.9～图3.11）。矿体倾向北西，倾角较缓，一般为8°～18°，矿体顶板以大理岩为主，角岩化变质石英砂岩次之，底板为透辉石–钙铁辉石石榴子石夕卡岩，矿体与围岩为渐变关系。含矿岩石主要为透辉石–钙铁辉石石榴子石夕卡岩及少量角岩化变质石英砂岩。浅部矿体强褐铁矿化，形成铁帽（图版Ⅳ-D），深部矿体具强黄铁矿化、黄铜矿化、绿泥石化和绿帘石化。矿体最大厚度29.09m，平均9.87m；Cu品位为0.30%～3.90%。铜资源量占里农矿段总资源量的20%左右，同样伴生Au、Ag、Sn、Co、Pb、Zn等元素，Au含量0.12～13.2g/t、平均0.39g/t，Ag含量4.1～79.2g/t、平均14.18g/t，Sn含量0.014%～0.20%、平均0.05%，Co含量0.003%～0.016%、平均0.008%，Pb含量0.005%～0.46%、平均0.05%，Zn含量0.02%～2.99%、平均0.25%（云南省地质调

2) 北东向构造裂隙铜矿化带

分布于里农岩体西外接触铜矿化带北东侧，矿体切穿岩体及江边组二段（D_1j^2）（图3.8~图3.10，图3.12）。矿化带长大于1200m，宽250m，共有铜矿体10个（KT6~KT15矿体），受北东向构造裂隙带控制，呈平行脉状、大脉状产出，倾向NW，倾角为45°~80°。带内硅化、绿泥石化、黄铁矿化较发育，含矿岩石以花岗闪长岩为主，部分为石英岩、角岩化（夕卡岩化）变质石英砂岩等（云南省地质调查院，2004）。以KT6和KT9为例，总结该矿化带矿体特征。

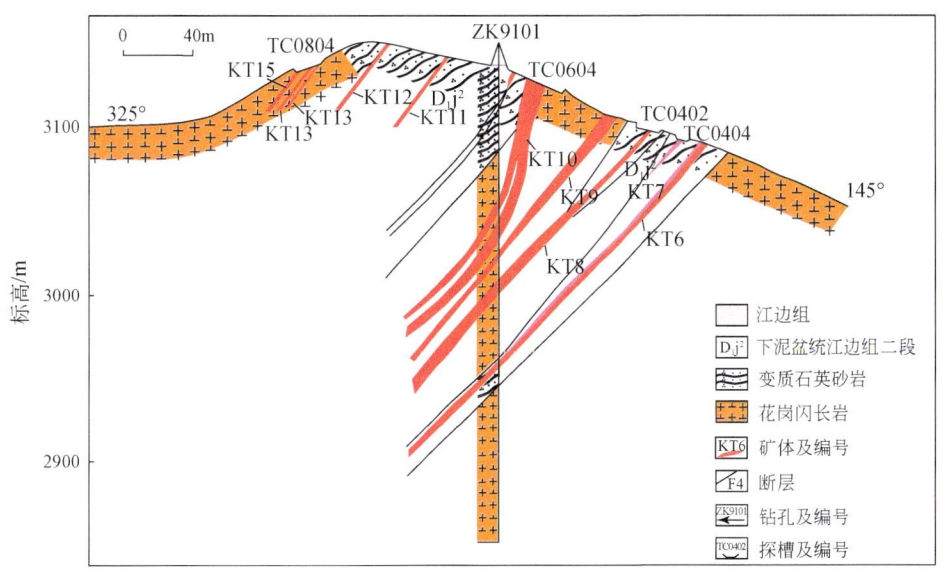

图3.12 羊拉铜矿床里农矿段91号勘探线剖面图（据云南省地质调查院，2004修编）

KT6矿体：产出于矿区东部的北东向构造破碎带中，主要分布于里农岩体南部内部构造裂隙带，往西穿插江边组（D_1j^2）围岩，含矿岩性以花岗闪长岩为主，次为石英岩。矿体呈脉状产出，出露标高2855~3220m，控制矿体长1150m，倾向NW，倾角一般60°~80°。矿体厚1.76~22.53m，平均11.45m，Cu品位0.30%~11.90%、平均1.07%，伴生Au 0.10~0.26g/t、Ag 3.0~7.61g/t、Mo 0.00%~0.09%，334铜金属量109152.04t。

KT9矿体：位于KT6之上并与之近平行产出，特征与KT6相似，产出于矿区东部的北东向构造破碎带中，主要分布于里农岩体南部内部构造裂隙带，含矿岩性以花岗闪长岩为主，次为石英岩。矿体呈脉状产出，出露标高2850~3060m，控制矿体长530m，厚1.47~8.33m、平均4.14m，Cu品位平均0.54%，334?铜金属量3758.60t。

3) 斑岩-爆破角砾岩型铜矿化带

分布于矿段西部里农斑岩株接触带及里农组三段（$D_{2+3}l^3$）中。矿化带长700m，宽100m，呈SN向延伸，倾向W、倾角68°。含矿岩石由爆破角砾岩、石英斑岩及角岩化变质石英砂岩等组成（云南省地质调查院，2004）。据陈开旭等（1999）研究，由斑岩向围岩，矿化强度逐渐增强。该矿化带包括 KT1 和 KT1-1 两个矿体（图 3.8），由于矿体中 As 含量较高，至今尚未开采。

KT1 矿体：产于围绕斑岩株的隐爆角砾岩区，地表出露长约 300m、宽 5~20m，大多数硫化物呈细脉状和浸染状分布于角砾岩胶结物中，局部见粗粒方铅矿与毒砂、黄铜矿等组成的团块状矿石，角砾几乎无矿化，矿石矿物为黄铜矿、方铅矿、黄铁矿、毒砂、闪锌矿及孔雀石。矿体呈透镜状产出，走向近 EW，倾向 W、倾角 32°~80°，长约 600m、厚 3.97m。Cu 平均品位 1.47%，伴生 Pb 0.04%~1.42%、Zn 0.03%~0.78%、Ag 11.4~33g/t，As 含量变化大，为 0.01%~29.69%。

KT1-1 矿体：产于斑岩和围岩或者角砾岩与围岩之接触带附近，矿化主要发育于外接触带的围岩中。矿化带呈不规则状，带宽变化大，出露长约 500m。矿体一般呈大脉状或细网脉状沿北西向破碎带产出，脉宽几厘米到 2m 不等。围岩蚀变较强，硅化、绿帘石化、绿泥石化、绢云母化、方解石化均很发育。毒砂是原生矿石的主要金属矿物，其他常见硫化物有方铅矿、闪锌矿、黄铜矿、黝铜矿、辉铜矿、斑铜矿、黄铁矿、辉秘矿及少量辉锑矿，氧化矿物主要为孔雀石。矿体多呈块状、团块状及脉状，少数为浸染状，常见致密块状的毒砂矿石以及自形程度很高的方铅矿构成的脉状和团块状的矿石。初步控制矿体长 210m、厚 4.89m，成矿元素种类多，主要为 Cu 0.38%~4.52%、Pb 0.26%~20.14%、Zn 0.01%~2.25%、As 11.51%~31.12%、Ag 66.3~295g/t，伴生 Au、Bi、Sb、Sn 等。

2. 路农矿段

路农矿段位于里农矿段之南（图 3.1），矿体分布于路农岩体的北侧和东侧内、外接触带中（图 3.13）。矿体出露范围自 F4 断层北侧的路农矿段垭口，到 F4 断层南侧的路农

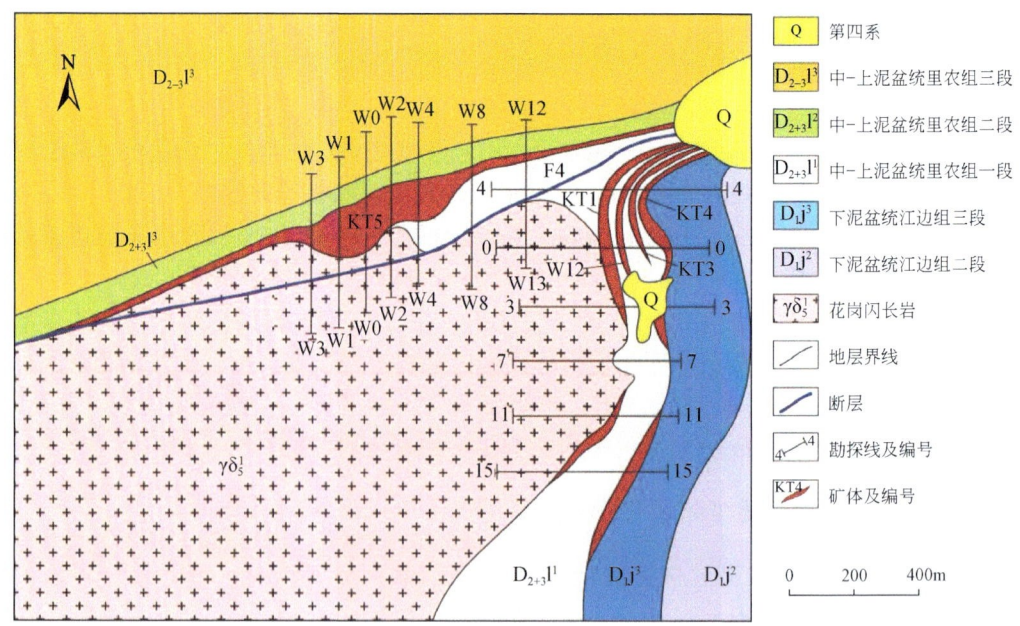

图 3.13 羊拉铜矿床里农矿段矿体平面分布图（据云南省地质调查院，2004）

大沟（图版Ⅰ-B）。矿体控制长度在 F4 断层以北 W7～W12 线为 450m、宽 50～150m，在 F4 断层以南 4～19 线为 660m、宽 150～200m；矿体出露标高为 3350～3706m，最大斜深为 120m。该矿段目前已圈定 6 个工业矿体，其中 KT5-1、KT5-2、KT1 和 KT4 等矿体为主矿体，共获得铜金属量约 14.3 万 t，达到中型规模。根据矿体在地层中产出部位及与岩体的空间位置、矿体特征，可划分为上部夕卡岩矿化层、下部夕卡岩矿化层，由于上、下夕卡岩矿化层分别处于路农岩体的西、东两侧，故又称西矿化带和东矿化带，其产出层位与里农矿段的里农岩体西接触带夕卡岩矿化层位相当（图 3.14）。

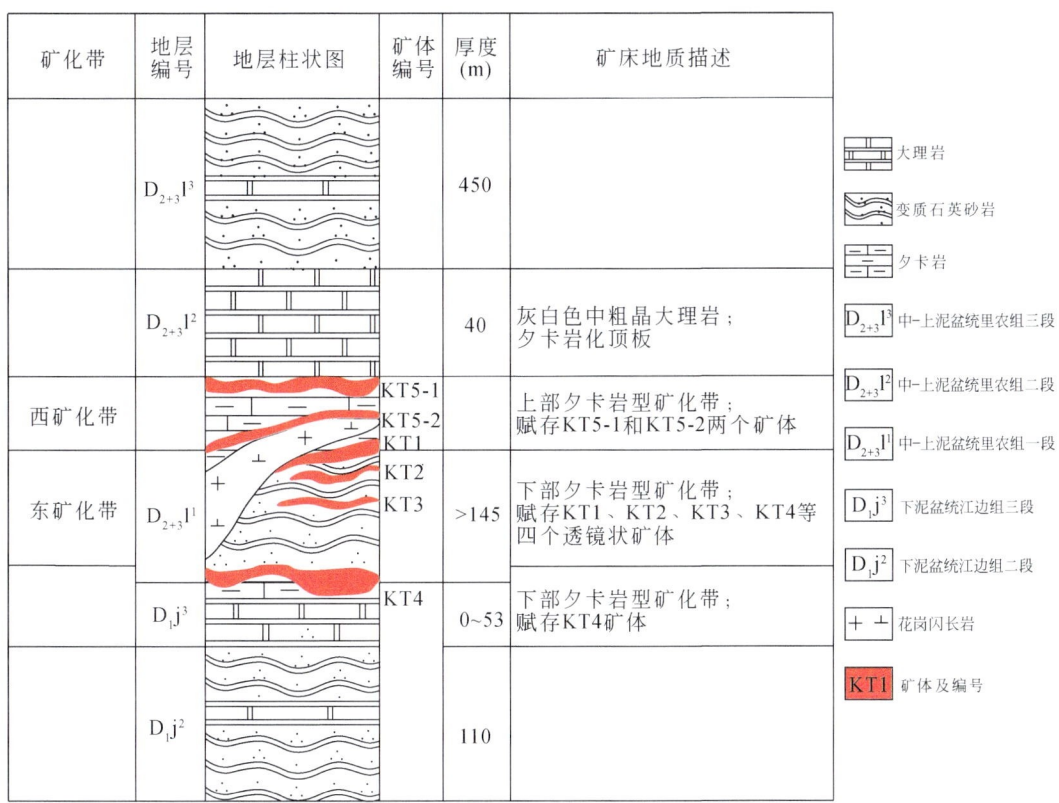

图 3.14　羊拉铜矿床路农矿段矿体垂向分布图（据云南省地质调查院，2004 修编）

1）上部夕卡岩型铜矿化层（西矿化带）

位于矿化带之西部路农岩体北侧外接触带之里农组一段（$D_{2+3}l^1$）与二段（$D_{2+3}l^2$）的层间破碎带及 $D_{2+3}l^1$ 与岩体接触带中，F4 断层之上盘，相当于里农矿段 KT2（上）-1、KT2（上）-2 的产出层位。矿体顶板为 $D_{2+3}l^2$ 大理岩，局部有 $D_{2+3}l^1$ 变质石英砂岩透镜体；底板以花岗闪长岩为主，其次为大理岩及绢云砂质板岩。含矿岩石以夕卡岩为主，少量为角岩化变质石英砂岩、绢云砂质板岩、花岗闪长岩等。矿体呈 NE—NEE 向展布，向北陡倾，出露长大于 550m，宽 54～170m，厚 8.62～78m，平均为 52m。矿体呈似层状、透镜状、扁豆状，KT5-1 和 KT5-2 矿体赋存于此矿化层（图 3.15），主要为氧化矿（图版Ⅳ-E），普遍发育孔雀石化（图版Ⅳ-F）。

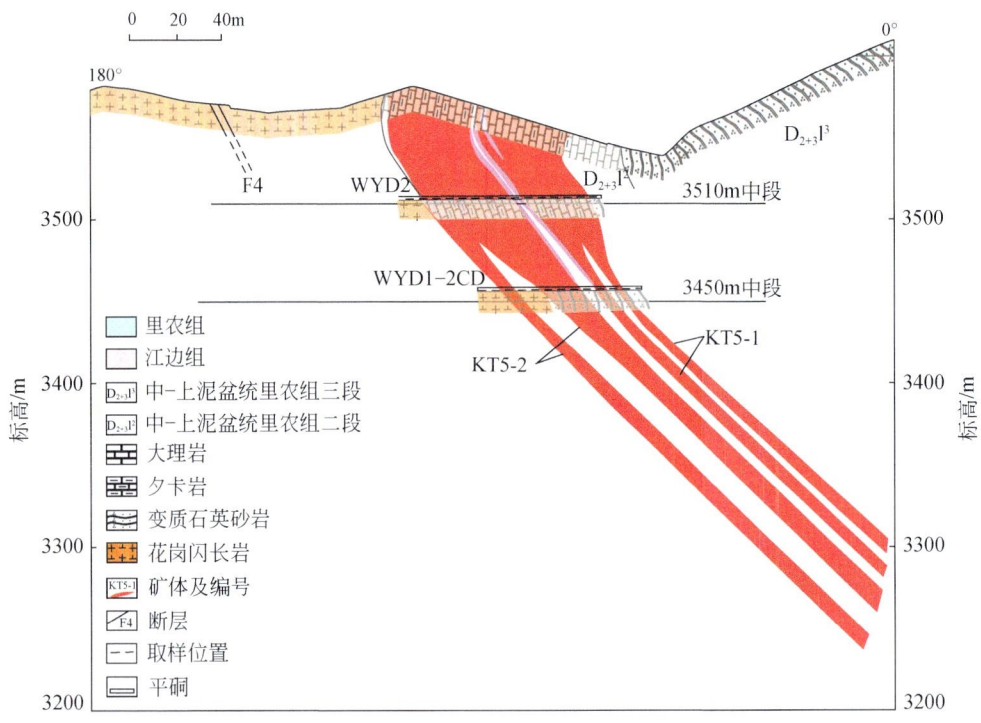

图 3.15　羊拉铜矿床路农矿段 W2 号勘探线剖面图（据云南省地质调查院，2004）

KT5-1 矿体：赋存于里农组一段（$D_{2+3}l^1$）与二段（$D_{2+3}l^2$）的层间破碎带中，矿化类型以角岩化变质石英砂岩和夕卡岩型为主，矿体厚 1.2~52m，平均约 15m，Cu 品位 0.5%~2.3%，均值为 1.2%，伴生 Au、Ag 等元素。

KT5-2 矿体：位于 KT5-1 之下，赋存于里农组一段（$D_{2+3}l^1$）与花岗闪长岩接触带，矿化类型以夕卡岩型和花岗闪长岩型为主，产状受控于路农岩体与围岩接触带的产状，矿体厚 1.1~30.5m，平均约 13.9m，Cu 品位 0.60%~1.68%，平均约 1.2%，Au、Ag 等元素可综合利用。

2）下部夕卡岩型铜矿化层（东矿化带）

位于 F4 断层以南，路农岩体东侧内、外接触带之下部及里农组一段（$D_{2+3}l^1$）与江边组三段（D_1j^3）层间破碎带中，相当于里农矿段 KT4-1、KT4 矿体的产出层位。岩石具夕卡岩化、角岩化，顶板以夕卡岩为主，次为花岗闪长岩；底板以夕卡岩、变质石英砂岩为主；容矿岩石以夕卡岩为主，少量为变质石英砂岩、构造角砾岩。矿体为脉状、透镜状、似层状的夕卡岩矿体（图版Ⅳ-G），偶见少量黄铜矿（图版Ⅳ-H），矿体呈 NNE 向展布，长度大于 680m，宽 100~200m，北部被 F4 断层切错，厚 54~120m，平均 80m，Cu 平均品位 1.2%。主矿体 LKT1~LKT4 赋存于此矿化层（图 3.16）。

LKT1 矿体：局部为透镜状产于路农岩体西侧，围岩为里农组一段的浅变质岩系

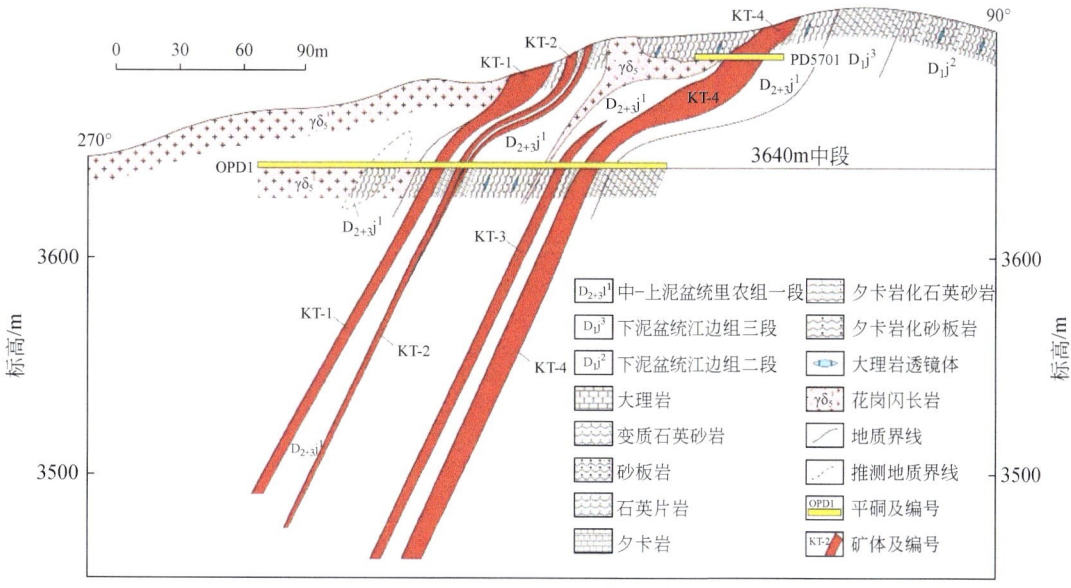

图 3.16 羊拉铜矿床路农矿段 0 号勘探线剖面图（据云南省地质调查院，2004）

（图 3.16）。矿体在地表分布于 TC1～TC201 之间，2 线以北被第四系覆盖，剖面上在 3640m 标高处控制到 4 线，北部被 F4 断层错断。矿体长度为 250m，出露标高 3480～3698m，控制最大斜深 70m，向下未圈闭。矿体顶板为绢云母砂质板岩、大理岩、变质石英砂岩，底板为绢云母砂质板岩、变质石英砂岩。矿体呈脉状，走向为 NNW 向，倾向 W，0 线以北地表倾向 E，倾角较陡 50°～87°，平均厚度 6.76m，Cu 平均品位 1.03%。

LKT4 矿体：赋存于断层破碎带中，呈脉状产出，围岩为江边组三段和里农组一段（图 3.16）。矿体在地表分布于 TC201～TC208 之间，北部被第四系覆盖，长度为 804m，控制标高 3275～3706m，控制最大斜深 120m，厚度 0.98～20.80m 之间，向下未圈闭。矿体顶板为绢云母砂质板岩、大理岩、变质石英砂岩，底板为变质石英砂岩、大理岩及构造角砾岩。矿体走向为北北东向，倾向西或北西，倾角较陡，为 45°～78°。矿石具变余砂状结构，浸染状、细网脉状、斑杂状、角砾状等构造。金属矿物以孔雀石、铜蓝、褐铁矿、蓝铜矿等氧化矿为主，少量原生矿为黄铜矿、磁黄铁矿、黄铁矿、方铅矿等。Cu 品位 0.61%～6.15%，平均 1.77%，伴生 Au 0.06～0.7g/t，平均 0.10g/t 和 Ag 5.20～28.30g/t，平均 16.8g/t。

3. 江边矿段

位于羊拉矿区里农矿段的北部（图版 I-C），控制范围南北长 2660m，东西宽 580m，控制标高 2568～3268m，最大斜深 120m，深部未圈闭。圈定工业矿体 8 个，主矿体为 JKT1 和 JKT4。

JKT1 矿体：地表出露于 N36～N23 线之间，控制标高 2970～3268m。矿体长 1620m，沿倾斜方向深 40～115m。矿体走向近 SN，倾向 E，倾角为 50°～60°（图 3.17）。在 N15 线以南及 N16 线以北，矿体厚度较大，沿倾斜方向，矿体厚度逐渐变薄，铜品位变低。矿体有分支复合现象。矿体的顶底板南、北段为角岩化变质石英砂岩、大理岩，中段为花岗闪长岩。矿体氧化带深在 50～100m 之间，矿石以氧化矿为主，主要为蓝铜矿、孔雀石，含少量的硫化矿和混合矿。矿体厚度在 0.69～5.10m 之间，平均 4.93m。Cu 品位 0.53%～2.03%、平均 0.98%，伴生 Au 0.07～0.22g/t、平均 0.15g/t，Ag 7.81～31.20g/t、平均 14.27g/t，Co 0.008%～0.05%、平均 0.023%，Pb 0.015%～0.21%、平均 0.09%，Zn 为 0.08%～0.66%、平均 0.16%。

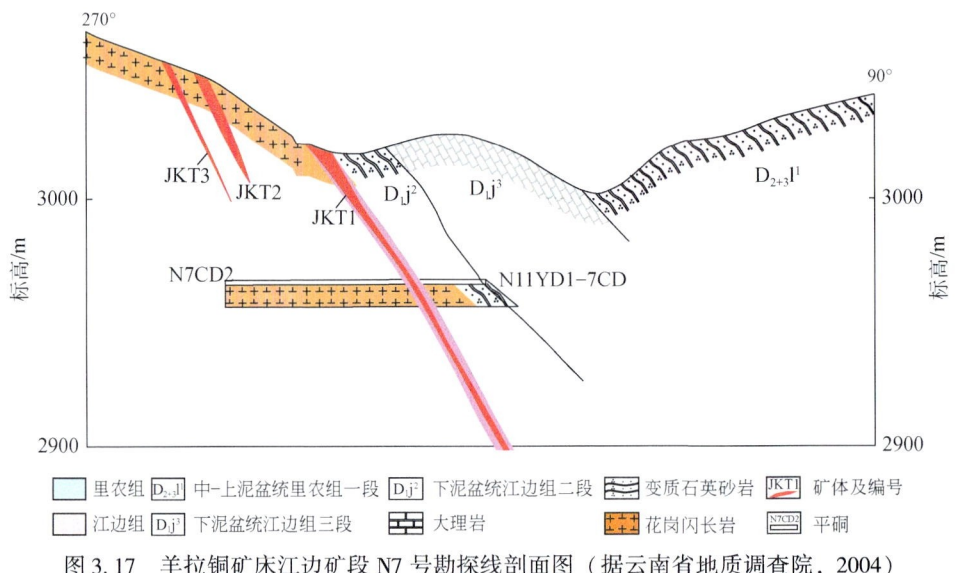

图 3.17　羊拉铜矿床江边矿段 N7 号勘探线剖面图（据云南省地质调查院，2004）

JKT4 矿体：赋存于断层破碎带中，呈脉状产出，围岩为花岗闪长岩、江边组石英砂岩（图 3.18）。矿体长 520m，地表分布于 S2～S19 勘探线之间，控制标高 2570～2730m，最大斜深 150m，平均厚度 11.54m，深部未圈闭。矿体顶板为大理岩、变质石英砂岩，底板为二长花岗岩。含矿岩石为绢云砂质板岩、夕卡岩及变质石英砂岩。矿体呈脉状、局部透镜状，具分支复合特点，走向近 EW 向，倾向 N、倾角在 4°～55° 之间。Cu 平均品位 0.89%。

二、矿石特征

羊拉铜矿床由里农、路农、江边等 7 个矿段组成，其中里农矿段规模最大、工作程度最高。从上述矿体特征看，里农、路农和江边 3 个矿段的许多矿体特征相似。相比之下，里农矿段矿体特征相对更复杂，在矿区更具代表性。本书以里农矿段为重点，介绍羊拉铜矿床的矿石特征。

1. 矿石类型

1）矿石自然类型

根据铜矿床矿石自然类型划分标准：氧化率 ≥30% 为氧化矿、氧化率 10%～30% 为混

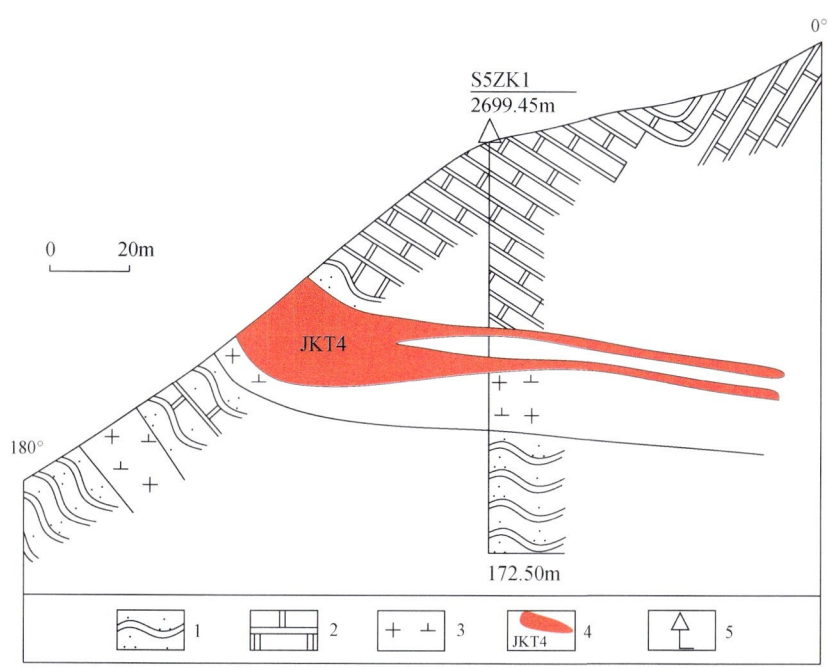

图 3.18 羊拉铜矿床江边矿段 S5 号勘探线剖面图（据云南省地质调查院，2004）
1. 变质石英砂岩；2. 大理岩；3. 花岗闪长岩；4. 矿体及编号；5. 钻孔

合矿、氧化率≤10% 为硫化矿，结合里农矿段矿石铜物相分析成果（云南省地质调查院，2004），矿床矿石自然类型也可划分为氧化矿、混合矿及原生矿（硫化矿）三类，其中氧化矿界线容易确定，混合矿和硫化矿不存在明显界线。

氧化矿：分布于地表及浅部，最高标高 3330m，最低标高 3000m，垂深 10~60m，倾斜方向 10~135m，与混合矿和硫化矿的界线极不规则。地表氧化率最高达 100%，一般 60%~80%，局部存在残余混合矿。矿石呈褐黄色，强褐铁矿化，具土状、斑杂状、蜂巢状构造，较松散（图版 V-A）。含铜矿物为孔雀石 [$Cu_2CO_3(OH)_2$]、蓝铜矿 [$Cu_3(CO_3)_2(OH)_2$]，偶见自然铜。深部工程常在裂隙和断层中及其附近见到次生碳酸盐铜矿物，说明氧化矿形成过程中有 Cu 淋失。

混合矿和硫化矿：为里农矿段的主要自然矿石类型，占总储量的 66.3%（云南省地质调查院，2004），分布于地表以下垂深 10~60m 地段，其中混合矿最高标高 3310m。矿石呈灰黑色，块状构造（图版 V-B），矿石矿物主要为黄铜矿、黄铁矿、白铁矿和磁铁矿等。矿体中节理、裂隙发育及构造破碎地段，局部存在氧化矿，含少量氧化铜矿物孔雀石和蓝铜矿。

2）矿石工业类型

羊拉铜矿床赋矿围岩岩性多种多样，矿化元素除 Cu 外，伴生 Au、Ag、Pb、Zn 等，矿石工业类型极为复杂。按含矿岩石类型，可分为夕卡岩型铜矿石、角岩型铜矿石、花岗闪长岩型铜矿石、构造角砾岩型铜矿石、大理岩型铜矿石和爆破角砾岩型铜多金属矿石等

6 种工业类型；按矿化元素，可分为铜矿石、铜铅锌型矿石和铜锌矿石 3 种工业类型。以下介绍按含矿岩石类型划分的矿石工业类型。

夕卡岩型铜矿石（图版 V-C）：羊拉铜矿床各矿段最主要的矿石类型，路农矿段 KT1～KT3 矿体，江边矿段 KT1～KT4 矿体，贝吾矿段 KT1 和 KT2 矿体，里农矿段 KT2（上）-1、KT2（上）-2、KT4 和 KT5 矿体，均以这种矿石类型为主。该类型矿石在里农矿段中占矿段总矿石量的 77.55%（云南省地质调查院，2004）。矿石具强黄铜矿化、黄铁矿化和磁铁矿化（图版 V-D），细-微粒状黄铜矿、黄铁矿、磁铁矿呈稠密浸染状分布于钙铁榴石-透辉石夕卡岩中，黄铜矿含量达 3%～10%。脉石矿物以含石榴子石、透辉石（图版 V-E）、透闪石、阳起石等夕卡岩矿物为特征；矿石构造有致密块状、细脉浸染状、斑杂状、星散浸染状等，结构有他形细-微粒状结构、自形-半自形粒状结构、包含结构、交代充填结构。矿石 Cu 品位一般 0.5%～3%，伴生 Au、Ag、Sn、Co、Pb、Zn 等元素。

角岩型铜矿石：泛指角岩化变质石英砂岩、板岩型铜矿石，是羊拉铜矿床的重要矿石类型之一，也是江边矿段 KT1 矿体、里农矿段 KT3～KT15 矿体、路农矿段 KT1～KT2 矿体的主要矿石类型。在里农矿段，该类型矿石占 KT2（上）-1、KT2（上）-2、KT4 和 KT5 矿体总矿石量的 21.08%（云南省地质调查院，2004）。矿石多为氧化矿，氧化程度高，主要铜矿物为孔雀石、蓝铜矿和黄铜矿，脉石矿物主要有石英、绢云母、绿泥石等。原生矿石结构主要为自形-半自形粒状结构，构造以细脉浸染状为主。Cu 品位比夕卡岩型铜矿石低，一般 0.3%～1.0%，伴生有益元素很少。

花岗闪长岩型铜矿石：成矿热液进入花岗闪长岩断层破碎带中形成的矿石，是江边矿段 KT1 矿体、路农矿段 KT5-2 矿体、里农矿段 KT6～KT15 矿体、通吉格矿段 KT3～KT5 矿体、加仁矿段 KT1～KT2 矿体的主要矿石类型。脉石矿物有长石、石英、角闪石、黑云母、绿泥石、绢云母、碳酸盐等矿物。矿石结构为自形-半自形粒状结构，构造以细脉浸染状（网脉状）为主。Cu 品位 0.3%～1.0%，伴生 Au、Ag、Mo 等有益元素。

构造角砾岩型铜矿石：羊拉铜矿床的次要工业矿石类型，所占比例较小，是成矿热液进入断层破碎带中形成的矿石类型，在江边矿段 KT2～KT3 矿体，通吉格矿段 KT5 矿体，里农矿段 KT2（上）及 KT4、KT5、KT6 矿体中可见到这种矿石类型。矿石结构为碎裂结构，构造以细脉浸染状为主。Cu 品位 0.5%～3%，伴生有益元素很少。

大理岩型铜矿石：羊拉铜矿床中较少见的工业矿石类型，是成矿热液进入大理岩裂隙而形成的矿石类型（图版 V-F），里农矿段 KT2（上）-1 矿体中局部见有少量这种矿石类型。赋矿岩石主要是弱夕卡岩化大理岩，黄铜矿呈不规则团块状分布于大理岩中，或呈细脉状分布于大理岩裂隙中，脉石矿物基本全由方解石组成。矿石结构主要为自形-半自形粒状结构，构造以细脉浸染状（网脉状）为主。Cu 品位 0.5%～1.0%。

爆破角砾岩型铜多金属矿石：羊拉铜矿床中较少见的工业矿石类型，是成矿热液进入爆破角砾岩筒形成的矿石类型，里农矿段 KT1 矿体矿石主要属于这种类型。含矿岩石为由变砂岩、板岩、火山岩组成的角砾岩，金属硫化物呈细脉状和浸染状分布于胶结物中。矿石结构主要为自形-半自形粒状结构，构造以细脉状、浸染状为主，Cu 品位 0.30%～2.52%、Pb 品位 0.61%、Zn 品位 1.27%，As 含量高达 11.51%～31.12%，伴生 Au、Ag、Sb、Bi 等有益元素。

2. 矿物成分

羊拉铜矿床的矿石类型复杂，与之对应的矿物种类繁多（表 3.3）。已查明的金属矿物有 31 种，主要为硫化物类矿物，其次为氧化物类和碳酸盐类矿物，同时含少量自然元素类、砷化物类、钨酸盐类、硫酸盐和硅酸盐类矿物，主要金属矿物为黄铜矿（$CuFeS_2$）和孔雀石[$Cu_2CO_3(OH)_2$]，少量赤铜矿（Cu_2O）、黑铜矿（CuO）、蓝铜矿[$Cu_3(CO_3)_2(OH)_2$]、斑铜矿（Cu_5FeS_4）、铜蓝（CuS）和自然铜（Cu）。脉石矿物有 21 种，主要为硅酸盐类矿物，其次为碳酸盐类和氧化物类矿物，主要脉石矿物为石英、方解石、铁白云石和夕卡岩矿物。

表 3.3 羊拉铜矿床矿物成分

矿物	矿物类型	数量	矿物种类
金属矿物	硫化物类	15	黄铜矿（$CuFeS_2$）、斑铜矿（Cu_5FeS_4）、铜蓝（CuS）、磁黄铁矿（$Fe_5S_6 \sim Fe_{16}S_{17}$）、黄铁矿（$FeS_2$）、白铁矿（$FeS_2$）、方铅矿（$PbS$）、闪锌矿（$ZnS$）、辉铋矿（$Bi_2S_3$）、辉锑矿（$Sb_2S_3$）、辉铜矿（$Cu_2S$）、辉钼矿（$MoS_2$）、硫铋银矿（$AgBiS_2$）、硫铋碲矿（$Bi_4TeS_2$）、硫铋铅矿（$Pb_7Bi_4S_{13}$）
	碳酸盐类	3	蓝铜矿[$Cu_3(CO_3)_2(OH)_2$]、孔雀石[$Cu_2CO_3(OH)_2$]、菱铁矿（$FeCO_3$）
	氧化物类	7	磁铁矿（Fe_3O_4）、褐铁矿（$Fe_2O_3 \cdot nH_2O$）、赤铜矿（Cu_2O）、黑铜矿（CuO）、钛铁矿（$FeO \cdot TiO_2$）、锡石（SnO_2）、赤铁矿（Fe_2O_3）
	自然元素类	3	自然金（Au）、自然铜（Cu）、自然铋（Bi）
	砷化物类	1	毒砂（$FeAsS$）
	钨酸盐类	1	白钨矿（$CaWO_4$）
	硫酸盐类	1	水胆矾[$CuSO_4 \cdot 3Cu(OH)_2$]
	硅酸盐类	1	硅孔雀石（$CuSiO_3 \cdot 2H_2O$）
脉石矿物	硅酸盐类	16	透辉石、钙铁榴石、角闪石、阳起石、纤闪石、透闪石、斜长石、钾长石、钠长石、绿泥石、绿帘石、绢云母、黑云母、高岭石、伊利石、蒙脱石
	碳酸盐类	3	方解石、白云石、铁白云石
	氧化物类	2	石英、锆石

资料来源：云南省地质调查院（2004）和朱经经（2012）。

1）主要金属矿物

黄铜矿（$CuFeS_2$）：矿区原生矿最重要的铜矿物，铜黄色，呈浸染状、脉状、团块状产出（图版Ⅴ-G）。在夕卡岩型矿石中，黄铜矿与石英、黄铁矿、毒砂等共生，有的呈脉状穿插黄铁矿，大部分以他形粒状充填于早期夕卡岩矿物晶隙中或交代早期矿物（图版Ⅴ-H），粒径一般小于 0.5mm，其次与其他金属硫化物构成脉状交代夕卡岩矿物；在角岩型及大理岩型矿石中，黄铜矿常与黄铁矿、磁黄铁矿共同组成硫化物脉切穿岩层层理（图版Ⅵ-A），其粒径为 0.05~0.5mm；另有部分黄铜矿呈乳滴状或斑点状产出于闪锌矿内部，粒径一般为数微米（图版Ⅵ-B）。

斑铜矿（Cu_5FeS_4）：主要赋存于夕卡岩型、角岩型和大理岩型矿石中，暗红色，常以他形粒状与黄铜矿、方铅矿、闪锌矿共生，粒径较小，多在 0.01～0.1mm 之间。与黄铜矿相比，斑铜矿较少。

孔雀石［$Cu_2CO_3(OH)_2$］：矿区氧化矿和混合矿主要的铜矿物，在原生矿节理、裂隙面也有分布（图版Ⅵ-C）。翠绿色，他形粒状，粒径在 0.02～0.3mm 之间，常与蓝铜矿共生，以纤维状、皮壳状、薄膜状充填于岩石或矿物的表生裂隙（图版Ⅵ-D）。与之共生的脉石矿物主要为石英、方解石和白云石等。

蓝铜矿［$2CuCO_3 \cdot Cu(OH)$］：矿区氧化矿和混合矿的主要铜矿物，在原生矿节理、裂隙面也有分布（图版Ⅵ-E）。蓝色，他形粒状，粒径在 0.01～0.5mm 之间，常与孔雀石、方解石和白云石等矿物共生。

黄铁矿（FeS_2）：矿区原生矿石中最主要的金属矿物，分布范围较广，呈浅黄色或黄白色，各种类型矿石中均可见，具多个世代，贯穿整个成矿过程。在大理岩型矿石中，黄铁矿晶形较好，常为自形的立方体、五角十二面体或半自形粒状（图版Ⅵ-F），粒径普遍为 0.1～0.5mm，大者可达 1cm，常与黄铜矿、斑铜矿、方解石、白云石等矿物共生（图版Ⅵ-G）；在其他矿石类型中，主要以他形粒状充填于早期矿物晶隙间，以脉状（图版Ⅵ-H）和浸染状交代其他矿物，常与黄铜矿、斑铜矿、毒砂、石英等共生，粒径一般小于 0.1mm。

磁黄铁矿（Fe_5S_6～$Fe_{16}S_{17}$）：是矿区原生矿石中的重要金属矿物，除大理岩型矿石外，其他类型矿石均可见，浅黄白色至铜黄色，多呈他形-半自形粒状和浸染状产出（图版Ⅶ-A），部分以集合体形式呈面状分布。常与黄铁矿、黄铜矿、毒砂、磁铁矿等矿物共生（图版Ⅶ-B），偶见磁黄铁矿包裹黄铜矿，与之共生的脉石矿物主要为钙铁辉石、透辉石、纤闪石、钙铁榴石和石英等，粒径多在 0.01～0.05mm 之间。

毒砂（FeAsS）：矿区爆破角砾岩型铜多金属矿石的主要金属矿物，其他类型矿石也常见，相比之下，大理岩型矿石含量较少。钢灰色，呈他形-半自形-自形粒状产出，有时沿岩石裂隙充填构成细脉状，常与石英、方解石、黄铁矿、黄铜矿等矿物共生。粒径较大，0.2～0.5mm。

方铅矿（PbS）：矿区常见金属矿物，在各种类型矿石中均可见，但含量较少，在爆破角砾岩型铜多金属矿石中相对较多。常以他形-半自形细粒状与闪锌矿、黄铜矿、斑铜矿、毒砂、白云石、方解石及夕卡岩矿物共生（图版Ⅶ-C～E），部分方铅矿呈斑点状或星散状分布在黄铁矿裂隙中，偶见方铅矿构成黄铁矿的反应边。粒径小于 0.05mm。

闪锌矿（ZnS）：也是矿区的常见金属矿物，在各种类型矿石中均可见，但含量较少，同样在爆破角砾岩型铜多金属矿石中相对较多。他形-半自形细粒状，与方铅矿紧密共生（图版Ⅶ-C、E）。粒径一般为 0.01～0.05mm。

磁铁矿（Fe_3O_4）：矿区主要金属矿物之一，含量较少。铁黑色，他形粒状，集合体呈致密块状。主要分布于夕卡岩型矿石中，多分布于钙铁榴石晶隙间，与黄铁矿、磁黄铁矿、黄铜矿共生，常见黄铁矿、黄铜矿呈脉状穿插交代磁铁矿（图版Ⅶ-F）。粒径一般为 0.01～0.5mm。

辉钼矿（MoS_2）：矿区分布较少，通常以片状或鳞片状产出，常见呈星散状分布于夕卡岩矿物及石英脉中（图版Ⅶ-G~H），多与石英和辉铋矿共生。粒径一般为0.1~0.5mm，鳞片状集合体可达0.5~1cm。

2）主要脉石矿物

钙铁榴石[$Ca_3Fe_2(SiO_4)_3$]：为夕卡岩矿物的主要组成之一，矿区多种类型矿石中均可见。手标本上呈浅红褐色，晶形普遍较好（图版Ⅷ-A~E），常被后期矿物交代溶蚀，如在夕卡岩型矿石中，多被交代后仅余下少量不规则残留体。粒径大小不一，一般为0.1~0.5mm，部分可达1cm。常与钙铁辉石、透辉石等共生，晶隙间常充填黄铜矿、黄铁矿等金属硫化物（图版Ⅷ-B、F），或被后期矿物交代。此外，其核部常被绿帘石等交代溶蚀。

透辉石[$CaMg(SiO_3)_2$]：为夕卡岩矿物的重要组成部分，常以粒状充填于钙铁榴石晶隙间或包裹钙铁榴石（图版Ⅷ-B、G），部分透辉石蚀变为阳起石。

钙铁辉石[$CaFe(SiO_3)_2$]：也是一种重要的夕卡岩矿物（图版Ⅷ-C），其产出存在两种形式，其一与钙铁榴石共生，并对钙铁榴石进行交代，使钙铁榴石成为不规则残留体；其二为单独构成夕卡岩，晶形较好，且常被金属硫化物交代溶蚀（图版Ⅷ-D、H）。

阳起石[$Ca_2(Mg,Fe)_5Si_8O_{22}(OH)_2$]和铁闪石[$Fe_7Si_8O_{22}(OH)_2$]：这两种含水矿物是湿夕卡岩矿物组合的重要组成部分，作为早期夕卡岩矿物蚀变后的产物，常呈放射状-纤维状集合体。在夕卡岩矿石类型中，与黄铜矿、黄铁矿、磁黄铁矿等金属硫化物共生，其他矿石类型中也较常见。

石英（SiO_2）：矿区最主要的脉石矿物，在各种类型矿石中都有分布，呈他形、不规则粒状，粒径为0.01~0.05mm。在硫化物石英脉中，常见黄铁矿、黄铜矿、磁黄铁矿等硫化物呈细脉状、星点状、浸染状分布于石英中（图版Ⅶ-G、H）。

方解石（$CaCO_3$）和铁白云石[$Ca(Fe,Mg,Mn)(CO_3)_2$]：矿区最常见的脉石矿物，各种类型矿石中都有分布（图版Ⅸ-A、B），是夕卡岩型和大理岩型矿石的主要脉石矿物。铁白云石呈自形、半自形、他形粒状，粒径为0.2~2mm。方解石为他形粒状，粒径为隐晶，约0.2mm。两种矿物与黄铜矿、蓝铜矿、孔雀石、磁黄铁矿、黄铁矿、毒砂等矿物伴生。

3. 矿物共生组合

矿物共生组合与围岩蚀变及矿化类型密切相关，通过野外及室内镜下观察，初步确定羊拉铜矿床存在8种矿物组合：

1）黄铜矿-黄铁矿-钙铁榴石-透辉石组合

是矿区各矿段夕卡岩型和角岩型矿石的主要矿物组合，主要金属硫化物为黄铁矿，次为黄铜矿；脉石矿物主要为钙铁榴石、透辉石和钙铁辉石，其次为透闪石、阳起石等。

2）黄铜矿-磁黄铁矿-黄铁矿-透辉石（或石英）组合

是矿区各矿段夕卡岩型和角岩型矿石的常见矿物组合，但金属硫化物以含磁黄铁矿为特征，当矿石中含磁铁矿较多时则黄铁矿相对减少或没有。金属矿物除黄铜矿之外，含少量锡石、方铅矿、闪锌矿、毒砂、辉锑矿、辉钼矿等，脉石矿物以透辉石为主，少量石英。

3）黄铜矿–黄铁矿–石英–方解石–铁白云石组合

主要见于夕卡岩型和角岩型矿石中，黄铜矿、黄铁矿等金属硫化物以浸染状分布，且结晶较好，大部分黄铁矿呈自形–半自形立方体或五角十二面体，粒径大者可达1cm，偶尔可见早期夕卡岩矿物被交代后的残余。除上述矿物外，镜下还可见辉铋矿、铁闪石等矿物。

4）黄铜矿–黄铁矿–绢云母–绿泥石–石英组合

是矿区角岩型矿石中的主要矿物组合，靠近中酸性岩体的围岩，原岩为细砂–粉砂岩及泥质岩石，经角岩化重结晶变为石英及绢云母。金属矿物主要为黄铜矿、黄铁矿，常呈脉状切穿岩石层理。

5）黄铜矿–黄铁矿–方解石组合

是大理岩型矿石中的主要矿物组合，矿物成分相对简单。金属矿物黄铜矿和黄铁矿常呈网脉状分布，脉石矿物主要为方解石。

6）黄铜矿–黄铁矿–黑云母–石英–斜长石组合

是矿区花岗闪长岩型矿石中的主要矿物组合，金属硫化物除黄铜矿、黄铁矿外，有时可见辉钼矿。脉石矿物主要为黑云母、石英和斜长石，其中黑云母多已绿泥石化、斜长石已绢云母化。

7）黄铜矿–黄铁矿–方铅矿–毒砂–石英–透辉石组合

是矿区多种类型矿石中的常见矿物组合，爆破角砾岩型铜多金属矿石中的主要矿物组合。金属矿物有黄铜矿、黄铁矿、方铅矿、毒砂、闪锌矿、辉锑矿、辉铋矿等，脉石矿物以透辉石、石英为主，有时有绿泥石、绿帘石。

8）蓝铜矿–孔雀石–褐铁矿–黏土–石英组合

是矿区氧化矿中的主要矿物组合，其中蓝铜矿、孔雀石为黄铜矿、斑铜矿的氧化产物，褐铁矿则由黄铁矿、磁铁矿氧化而成。

4. 矿石结构构造

1）矿石结构

羊拉铜矿床的矿石结构也相对复杂，不仅广泛发育多种热液交代结构、充填结构和粒状结构，同时还可见到包含结构、压碎结构、细（网）脉状结构、似斑状结构、同心环结构、凝胶结构、纤维状变晶结构等。以下重点介绍热液交代结构、充填结构和粒状结构。

他形粒状结构：黄铜矿、磁黄铁矿和黄铁矿等金属矿物呈他形、细-微粒状均匀或不均匀分布于矿石之中（图版Ⅴ-H，图版Ⅵ-A、G），金属矿物粒径一般小于0.3mm。

半自形-自形粒状结构：黄铜矿、磁黄铁矿和黄铁矿等金属矿物呈半自形-自形粒状分布于脉石矿物中，常见立方体和五角十二面体黄铁矿（图版Ⅵ-F），金属矿物粒径一般大于0.3mm。

交代残余结构：指被交代矿物在交代矿物中仅残余岛屿状或不规则状残留体，见于各种类型矿石中（图版Ⅸ-C、D）。脉石矿物中常见钙铁榴石被钙铁辉石交代而呈岛屿状分布，矿石矿物黄铜矿交代黄铁矿后常形成交代残余结构（图版Ⅸ-E）。

溶蚀结构：表现为一种矿物被交代后接触面参差不齐，呈港湾状或锯齿状（图版Ⅶ-F），金属硫化物交代夕卡岩矿物后常形成这种结构。

充填结构（填隙结构）：常见两种，一为金属硫化物或磁铁矿充填于钙铁榴石晶隙间（图版Ⅷ-G、H）；二为黄铁矿以脉状穿插充填于磁铁矿之中。

脉状穿插结构：表现为黄铜矿呈脉状交代穿插黄铁矿、碳酸盐岩脉穿插黄铁矿等（图版Ⅵ-A）。

假象结构：交代矿物将被交代矿物完全溶蚀，但保留被交代矿物的晶形。常见的有黄铜矿交代黄铁矿后平面上呈长方形，以及金属硫化物交代石榴子石后在平面上呈近六边形。

"黄铜矿病毒"结构：主要表现为黄铜矿呈乳滴状或斑点状赋存于闪锌矿之中，黄铜矿一般为数微米的小颗粒（图版Ⅵ-B）。对于这种结构，早期普遍看法是"黄铜矿病毒""感染"闪锌矿，而胡文宣等（2000）在研究浙江建德铜矿中的这种结构后，认为其是由闪锌矿交代黄铜矿而形成。

镶边结构：常见方铅矿、黄铜矿沿黄铁矿边部或闪锌矿沿磁黄铁矿边部交代，构成被交代矿物的反应边。

2）矿石构造

羊拉铜矿床的矿石构造也多种多样，氧化矿主要包括以下几种矿石构造。

蜂巢状构造：含钙夕卡岩矿石在地表风化的情况下，由于钙质的流失形成空洞而呈蜂巢状（图版Ⅵ-C）。

土状构造：主要由粉末状褐铁矿、黏土构成（图版Ⅵ-E、图版Ⅸ-F），见于地表氧化带及路农岩体与围岩接触带。

团块状构造：蓝铜矿、孔雀石（绿色）等次生矿物在硫化矿床氧化带、断裂破碎带中经重结晶形成团块状。

依据矿化类型，矿区原生矿的矿石构造包括如下几种。

浸染状构造：黄铜矿、黄铁矿呈浸染状均匀分布于矿石中，矿区夕卡岩型、角岩型、花岗闪长岩型和大理岩型矿石可见这种矿石构造。

网脉状构造：含铜金属硫化物与黄铁矿、磁黄铁矿呈细网脉分布于岩石破碎裂隙带或裂隙面之中（图版Ⅴ-F），矿区各种类型矿石发育这种矿石构造。

块状构造：矿区夕卡岩型矿石的主要矿石构造，黄铜矿、黄铁矿、磁铁矿等呈稠密浸染状充填于钙铁榴石、透辉石夕卡岩中，金属矿物含量占较大比例（图版Ⅴ-C、图版Ⅸ-G）。

斑杂状构造：在星散–稀疏浸染的矿石中含有一些致密块状的斑块或团块（图版Ⅸ-H），二者间呈逐渐过渡关系，夕卡岩型矿石中常见这种矿石构造。

角砾状结构：矿区构造角砾岩型和爆破角砾岩型矿石的主要矿石结构，矿石含大量围岩角砾，金属硫化物呈细脉状和浸染状分布于胶结物中。

三、围岩蚀变

羊拉铜矿区经历了多期构造–岩浆–热液活动事件，围岩蚀变发育，类型众多且相互叠加。在岩体与围岩的接触带，围岩蚀变作用不仅相对强烈，而且蚀变分带明显。矿区主要发育夕卡岩化、钾化、硅化、碳酸盐化、绢云母化、泥化和绿泥石化，这些蚀变与成矿关系密切。夕卡岩化是矿区最重要的围岩蚀变，与矿化关系紧密，广泛发育于岩体外接触带碳酸盐岩与钙质变质碎屑岩的接触部位，形成层状–似层状石榴子石–透辉石–钙铁辉石夕卡岩型矿体。硅化是矿区内最常见的一种蚀变，表现为石英斑晶的溶蚀和再生长、石英重结晶和石英脉（云南省地质调查院，2004）。钾化主要发育于岩体中，表现为钾长石斑晶的再生长、钾长石交代斜长石以及钾长石的单矿物脉和钾长石+石英+金属硫化物脉（云南省地质调查院，2004）。绢云母化也是矿区常见的蚀变类型，表现为岩体中斜长石的绢云母化、绢云母+石英+金属硫化物脉以及绢英岩的发育。绿泥石化普遍发育，强度不大，叠加在夕卡岩化、绢云母化及硅化蚀变带中。碳酸盐化广泛发育于岩体及其围岩中。

矿区与花岗闪长岩体有关的蚀变控制着主矿体的产出空间和规模，从岩体中心→接触带→围岩，都具有较明显的蚀变分带（图3.19）。岩体的蚀变由内向外大致划分为三带。① 钾化–硅化带（KSi）：以强硅化、弱钾长石化为特征，该带与岩体内或边部大脉状铜矿体相对应，如里农矿段KT6矿体。② 绢云母–碳酸盐化带（SeC）：以中等绢云母化、碳酸盐化为特征，伴随弱绿泥石化、硅化，局部具泥化，蚀变带分布于钾化–硅化带外侧，该蚀变带铜矿化弱，偶见铜矿物细脉分布。③ 绢云母–绿泥石化带（SeCh）：主要表现为花岗闪长岩中斜长石绢云母化，个别黑云母绿泥石化，总体蚀变程度低，该蚀变带基本无矿化。

围岩分布有宽广的蚀变晕，从内向外（由东向西）可分为四类主要蚀变带。① 角岩化带（Hs）：发育中等透辉石化、弱钾化、硅化、绢云母化、绿泥石化、泥化，该带产出北东走向大脉状铜矿体，如里农矿段 KT6~KT15 矿体。② 夕卡岩化带（SK）：分布于近岩体的大理岩与变质碎屑岩的接触部位，近大理岩一侧，一般厚2~50m，延伸较长；岩性为透辉石石榴子石夕卡岩、阳起透辉石岩、透闪石石榴子石夕卡岩等；夕卡岩的蚀变与矿化表现为绿泥石、绿帘石、透闪石、阳起石等含水夕卡岩矿物和黄铁矿、磁铁矿、黄铜矿等金属矿物形成稠密浸染状至块状矿石；矿区主要铜矿体多产于此带，如里农矿段 KT2（上）-1、KT2（上）-2 矿体。③ 石英–绢云母化带（SiSe）：分布于岩体西侧外接触带里农组一段（$D_{2+3}l^1$）及三段（$D_{2+3}l^3$）底部；以硅化、绢云母化为主，弱-中等透辉石化、绿泥石化、泥化次之；该带含矿性不如角岩化带和夕卡岩化带，铜品位偏贫，如里农矿段 KT2（下）、KT4、KT5 等。④青磐岩化带（ChEp）：位于远离岩体的分布区，蚀变以青磐岩化、碳酸盐化等中、低温蚀变为主；该带没有明显的金属矿化。

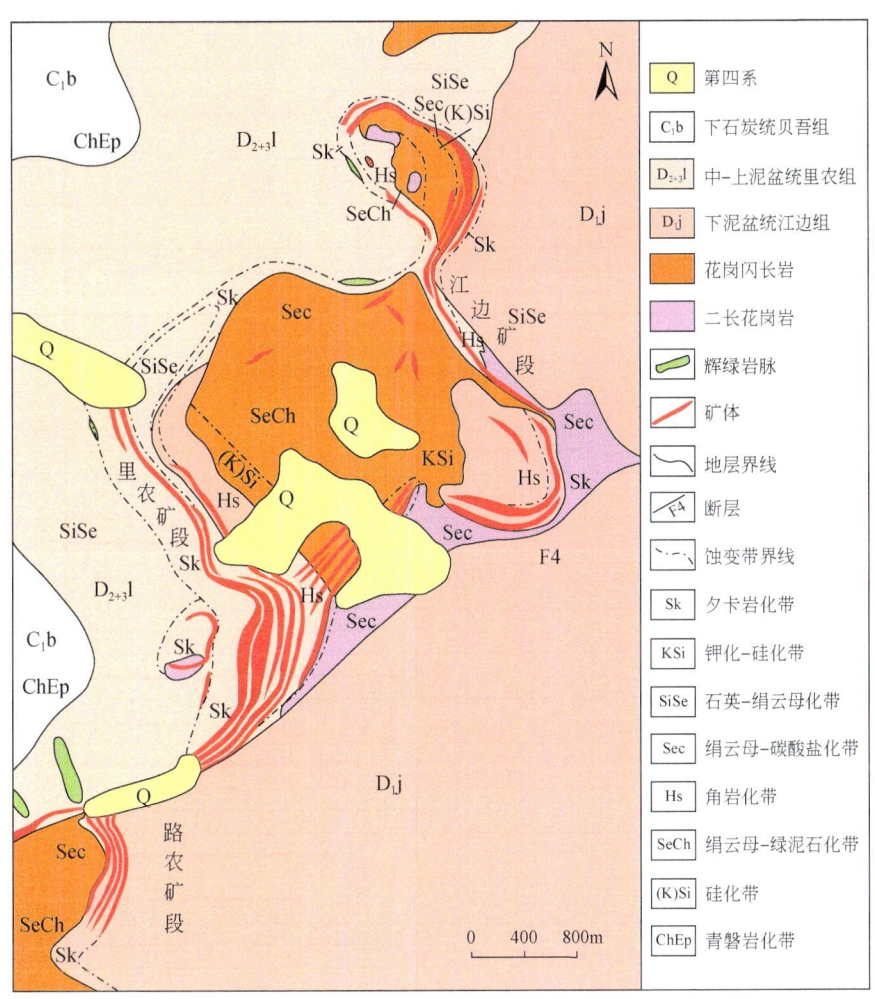

图 3.19　羊拉铜矿床蚀变分带图（据云南省地质调查院，2004）

四、成矿期、成矿阶段及矿物生成顺序

羊拉铜矿床矿石类型繁多，矿物成分复杂。在野外观察基础上，根据矿体产出特征、矿物共生组合、矿石结构构造及围岩蚀变，将成矿过程划分为三期（表 3.4）。

表 3.4 羊拉铜矿床成矿期、成矿阶段和矿物生成顺序

矿物名称	夕卡岩期		成矿期		表生期
	干夕卡岩阶段	湿夕卡岩阶段	早期硫化物阶段	晚期硫化物阶段	
钙铁榴石	———				
钙铁辉石	———				
透辉石	———				
透闪石		———————			
阳起石		————			
绿泥石		————————			
绿帘石		————————			
黄铜矿		————————————————			
黄铁矿		————————————————————————			
磁铁矿		————————————			
磁黄铁矿		————			
白钨矿		———————————			
白铁矿		————			
毒砂			————————————		
辉钼矿			———————		
方铅矿			———————		
闪锌矿			———————————		
辉锑矿				———	
辉铜矿				————	
石英			————————————————		
绢云母			———————————		
方解石			———————————		
铁白云石			———————————		
褐铁矿					—
孔雀石					———
蓝铜矿					———
铜蓝					———
胆矾					—
黏土					—

第一期：夕卡岩期。岩体上侵，围岩中大理岩受热交代变质作用，主要形成 Ca、Mg、Fe、Al 的硅酸盐矿物，没有石英的出现，包含如下两个阶段。

干夕卡岩阶段：这一阶段在羊拉矿区主要生成透辉石、钙铁辉石、钙铁榴石，以岛状和链状的无水硅酸盐为特征，形成于相对高温条件下。

湿夕卡岩阶段：这一阶段表现为对早期夕卡岩的交代作用，矿区形成阳起石、透闪石、普通角闪石、绿帘石、绿泥石等，主要为带状或复杂链状构造的含水硅酸盐类矿物。整体上羊拉矿区干夕卡岩相对湿夕卡岩发育程度较高，以钙铁石榴子石夕卡岩和透辉石、钙铁辉石夕卡岩最为多见，湿夕卡岩阶段所形成的矿物主要叠加在干夕卡岩矿物之上，形成绿帘石透辉石岩、透闪透辉石岩、阳起石石榴子石夕卡岩等，几乎没有湿夕卡岩分带。

第二期：成矿期。生成的矿物明显不同于夕卡岩成矿期，Si 不和 Ca、Mg、Fe、Al 一起组成夕卡岩矿物，独立形成石英，并发育一些典型的热液矿物如绿泥石、方解石等。同时热液中含有大量金属组分，为矿区主成矿期，包含如下两个阶段。

早期硫化物阶段：即高-中温热液阶段，石英含量增加，这一阶段矿区主要形成黄铜矿、磁黄铁矿、黄铁矿、辉钼矿、辉铜矿、磁铁矿等金属矿物。

晚期硫化物阶段：富含矿质的后期构造热液伴随构造活动，沿裂隙带、破碎带充填交代早期硅酸盐矿物，形成石英、绿帘石、绿泥石、方解石等脉石矿物及黄铜矿、黄铁矿、白铁矿、方铅矿、闪锌矿、毒砂、辉锑矿等金属矿物。

第三期：表生期。矿区表生作用强烈，致使金属矿物黄铜矿、黄铁矿、磁黄铁矿等金属矿物氧化成褐铁矿、孔雀石、蓝铜矿。地表形成铁帽，在氧化过程中所形成的硫酸铜溶液部分被带走，在其下部遇到碳酸盐介质时，形成稳定的碳酸盐铜矿物，如胆矾。

第四章 矿区岩浆岩

第一节 玄 武 岩

金沙江构造-岩浆带是特提斯构造域的重要组成部分，其形成与演化是国内外地学界极为关注的热门课题。羊拉铜矿床位于金沙江构造带中段（图2.1），矿区广泛分布的玄武岩为区域构造-岩浆带的组成部分（莫宣学等，1993），对探讨构造-岩浆带形成与演化具有重要意义。另外，关于羊拉铜矿床成因存在夕卡岩型和沉积-喷流型的争议（战明国等，1998；路远发等，1999，2002，2004；潘家永等，2000a；潘桂棠等，2003；曲晓明等，2004；李文昌等，2010；朱俊等，2011），持沉积-喷流型观点的主要证据是矿区广泛分布的玄武岩形成构造环境与成矿动力学背景息息相关（战明国等，1998；魏君奇等，1999；潘家永等，2000a；路远发等，2002；潘桂棠等，2003；李文昌等，2010；朱俊等，2011）。因此，对矿区玄武岩的深入研究，对探讨成矿动力学背景及与玄武岩之间的成因联系也有重要意义。

前人对羊拉铜矿床玄武岩进行过或多或少的研究，但在岩石成因、成岩构造环境等方面的认识存在很大争论。莫宣学等（1993）认为其与发育于朱巴龙-贡卡-东竹林大寺的玄武岩类似，同属岛弧火山岩；而王立全等（1999）则认为其为洋内岛弧型玄武岩；魏君奇等（1999）的研究表明其属于大洋中脊玄武岩。战明国等（1998）首次在矿区发现层状玄武安山岩，并认为其产出于大陆边缘斜坡环境，同时认为块状玄武岩产出于裂谷洋盆环境；魏君奇等（1999）认为层状玄武安山岩具有洋岛玄武岩（OIB）的特征。朱绖绖（2012）系统研究了矿区玄武岩地球化学，深入探讨了岩石的源区特征、岩浆演化及构造意义。本次工作也分析了部分玄武岩的地球化学，结合前人研究成果，重点探讨了岩石成因和成岩构造背景。

一、空间分布及岩相学

羊拉铜矿床分布两套玄武岩（战明国等，1998），其一为块状玄武岩，其二为层状玄武安山岩。块状玄武岩大面积分布于矿区西侧，为矿区石炭系贝吾组（C_1b）的主要组成部分，岩层内含砂质板岩夹层及大理岩透镜体，厚约700m（云南省地质调查院，2004）（图版X-A）。岩石呈灰绿色致密块状，常见气孔及杏仁构造，杏仁体多为方解石，裂隙常有石英-方解石充填（图版X-B）。镜下观察岩石主要具斑状结构，少量为玻璃质结构（图版X-C、D），斑晶主要为斜长石和辉石，含量分别约为20%和10%，其中斜长石斑晶呈板状，粒径0.5～1mm，辉石呈粒状，粒径多小于0.5mm；基质具填间结构（图版X-C、D），主要由斜长石、辉石微晶（约40%）和玻璃质（约20%）组成。岩石经历了不同程度的蚀变作用，常见绿泥石化、碳酸盐化和黏土化（图版X-E）。路远发等（2000）

获得该套玄武岩锆石 U-Pb 定年结果为 362±8.0Ma。

除块状玄武岩之外，战明国等（1998）和路远发等（2000）在矿区泥盆系江边组和里农组中发现少量玄武安山岩夹层。朱经经（2012）在里农组大理岩中亦发现玄武安山岩夹层，该岩层厚 2~3m，与大理岩整合接触，呈灰绿–灰黑色，岩石具中细粒结构，块状构造。主要造岩矿物为斜长石（50%~60%）、辉石（20%~30%）及角闪石（5%~10%），其中斜长石晶形较好，粒径 1mm 左右；辉石蚀变较重，粒径约 0.5mm；角闪石多发生绿泥石化（图版 X-F）。朱俊等（2009）在该区大理岩中发现牙形刺化石 *Ellisonia excavata Behnken*（形成时代为早二叠世）和 *Ozarkodina* sp.（形成时代为石炭纪—二叠纪），认为可能是因构造错动混杂于里农组中的二叠系岩块。路远发等（2000）获得玄武安山岩夹层的锆石 U-Pb 年龄为 296.1±7.0Ma，证实了上述论断。

二、地球化学

本次工作在矿区只找到块状玄武岩，未发现层状玄武岩，附表 1 为路农矿段露天采场至喇嘛寺简易公路揭露的块状玄武岩的主量和微量元素分析结果。附表 2 为朱俊等（2011）、朱经经（2012）及本次工作有关块状玄武岩和层状玄武岩分析数据的统计结果。由于矿区两种产状玄武岩都经历了不同程度的蚀变作用，烧失量（LOI）较高，其中块状玄武岩 LOI 为 2.14%~8.51%、层状玄武岩为 1.54%~4.45%。岩石蚀变作用过程中，主量元素和微量元素都有可能受到不同程度的影响，稀土元素（REE）和高场强元素（HFSE）一般受蚀变影响较小，而较活泼元素如 Ba、Rb、Sr 等可能受蚀变影响较大（Ludden and Thompson，1978；Bienvenu et al.，1990；Pearce et al.，1995）。基性岩浆岩中的 Zr 在中–低级热液蚀变过程中相对稳定（Gibson et al.，1982；Wood and Blundy，1997）。朱经经（2012）的研究结果表明，矿区块状和层状玄武岩的 La、Sm、Nd、Y、U、Nb 及 Th 等元素的含量与 Zr 含量均存在较好的相关性，表明这些元素基本未受蚀变的影响；Ba、Sr 和 Rb 与 LOI 之间存在较明显相关性，反映出蚀变对样品的 Ba、Sr 和 Rb 含量有较大的影响。

1. 主量元素

朱俊等（2011）和朱经经（2012）均评价了蚀变作用对矿区玄武岩主量元素的影响。从图 4.1 中可见，矿区蚀变作用对玄武岩主要氧化物 SiO_2、Al_2O_3 和 K_2O 等含量均有不同程度的影响，对次要氧化物 TiO_2 等含量影响很小。从 LOI 与主要氧化物略呈正相关来看（图 4.1），分析数据去除 LOI 相对更接近未蚀变岩石的主量元素。

矿区块状玄武岩和层状玄武岩调整后的主量元素存在较大差别，前者各种氧化物含量变化范围较宽、后者相对稳定，如 SiO_2 分别为 49.10%~59.35% 和 53.27%~56.63%、ALK（Na_2O+K_2O）分别为 1.91%~7.79% 和 3.80%~5.75%。在 SiO_2-ALK 图（图 4.2）中，前者主要位于玄武岩区，少量位于玄武安山岩区，大部分样品位于 MacDonald 和 Eaton（1964）确定的钙碱性系列岩石区域；后者全部位于玄武安山岩区和 MacDonald 和 Eaton（1964）确定的钙碱性系列岩石区域。

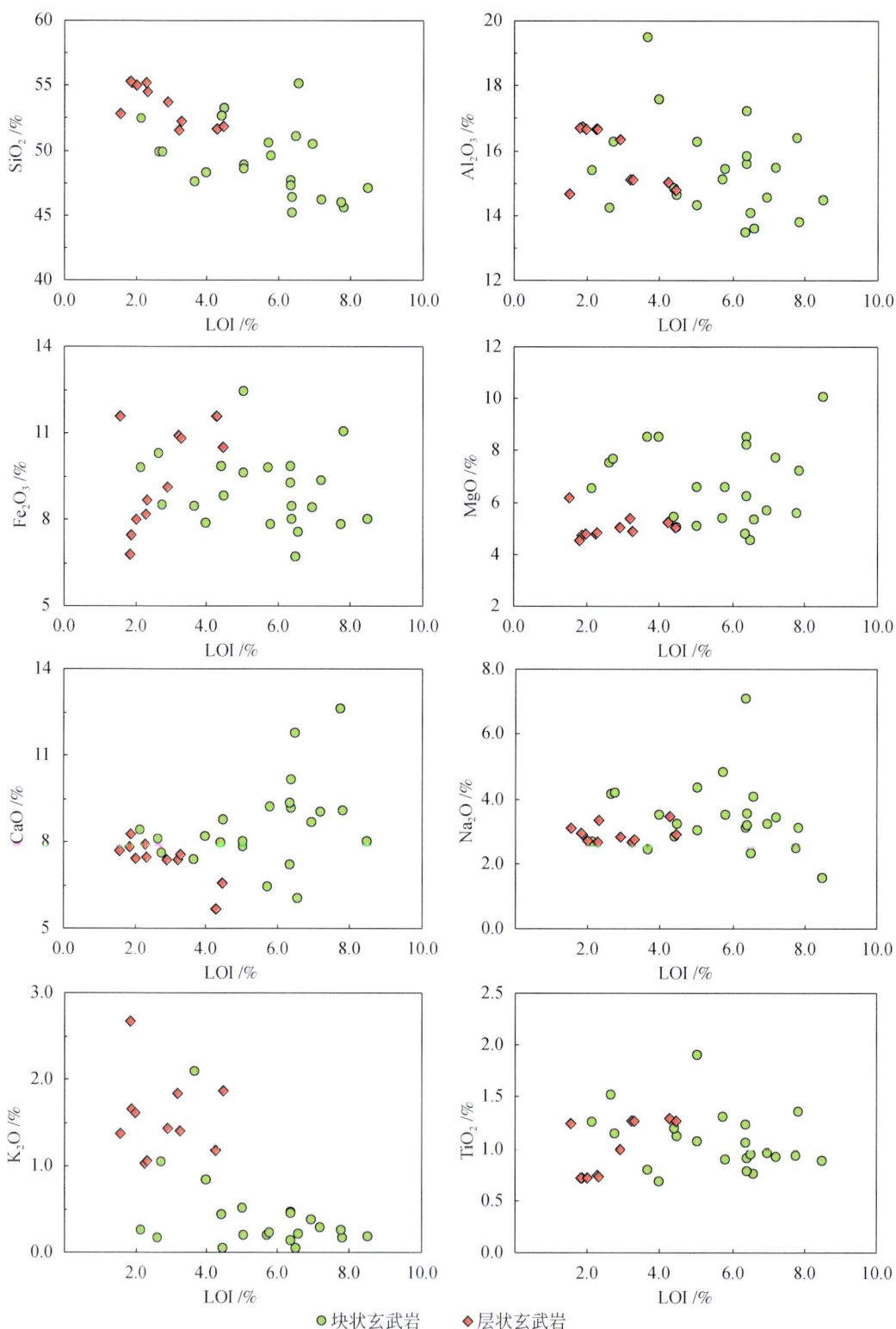

图 4.1　羊拉铜矿床玄武岩烧失量（LOI）与氧化物含量相关图

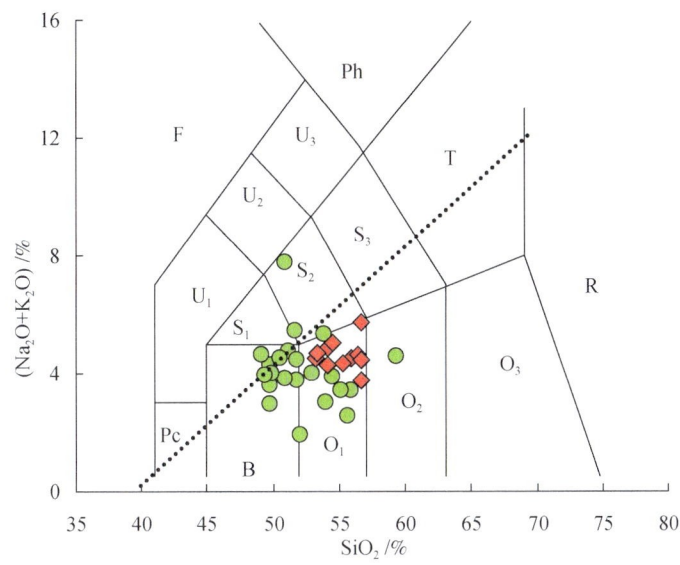

图 4.2 羊拉铜矿床玄武岩 SiO₂-ALK 图（据 Le Bas et al., 1986）

Pc. 苦橄玄武岩；B. 玄武岩；O_1. 玄武安山岩；O_2. 安山岩；O_3. 英安岩；S_1. 粗面玄武岩；S_2. 玄武质粗面安山岩；S_3. 粗面安山岩；T. 粗面岩（粗面英安岩）；R. 流纹岩；U_1. 碱玄岩（碧玄岩）；U_2. 响岩质碱玄岩；U_3. 碱玄质响岩；Ph. 响岩；F. 副长石岩。点线为 MacDonald 和 Eaton（1964）确定的碱性系列和钙碱性系列界线。绿色圆圈为块状玄武岩，原始数据据朱俊等（2011）、朱经经（2012）和本次工作，按去 LOI 法调整；红色菱形为层状玄武岩，原始数据据朱经经（2012），按去 LOI 法调整

矿区块状玄武岩的组合指数（σ）除朱俊等（2011）分析的 1 件样品（LN1-2）为 7.70 外，其余样品在 1.29~2.67 之间。块状玄武岩为钙碱性系列岩石（$\sigma<4$）；层状玄武岩的 σ 为 1.06~2.43，也为钙碱性系列岩石。在碱度率（A.R.）-SiO₂ 图（图 4.3）中，块状玄武岩位于钙碱性系列和碱性系列交界区域，层状玄武岩位于钙碱性系列区域。块状玄武岩的 Na_2O 明显高于 K_2O，K_2O/Na_2O 除朱经经（2012）分析的 1 件样品（N-2）为 0.86 外，其余样品为 0.01~0.25。虽然层状玄武岩的 Na_2O 也高于 K_2O，但其 K_2O 相对较高，K_2O/Na_2O 为 0.32~0.91。在 K_2O-Na_2O 图（图 4.4）中块状玄武岩除样品 N-2 外，全部位于邱家骧（1991）确定的钠质型岩石区，层状玄武岩位于钠质型和钾质型岩石交界区。在 A（Na_2O+K_2O）-F（FeOt）-M（MgO）图（图 4.5）中，块状和层状玄武岩分布集中，均位于钙碱性系列岩石区域。

在 $Mg^\#$ 值[MgO/(MgO+FeOt)（原子数）]与氧化物含量的相关图中（图 4.6），块状玄武岩除 $Mg^\#$ 与 TiO_2 和 P_2O_5 具有较好的负相关外，与其他氧化物相关不明显，表明岩浆演化过程中除存在金红石、磷灰石等副矿物的结晶分异作用外，其他矿物的结晶分异作用较弱；层状玄武岩与块状玄武岩分布有明显差异，除 $Mg^\#$ 与 K_2O 之间相关性不明显外，与其他氧化物均存在一定相关性，反映岩浆演化过程中存在富 Mg、Fe 矿物及磷灰石、金红石

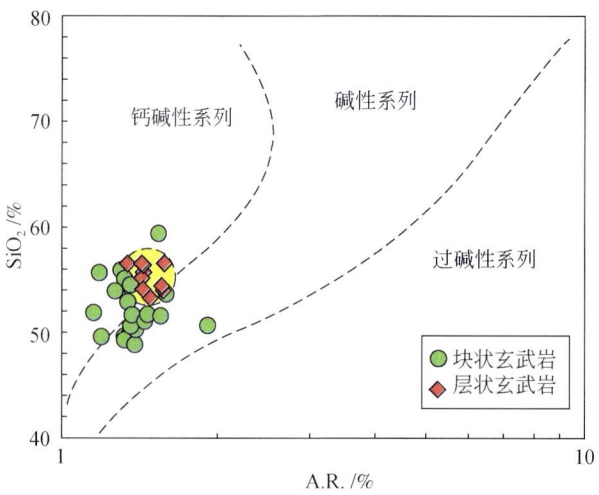

图 4.3　羊拉铜矿床玄武岩的 A.R.-SiO_2 图

A.R. = (Al_2O_3+CaO+ALK) / (Al_2O_3+CaO-ALK)；数据来源同图 4.2

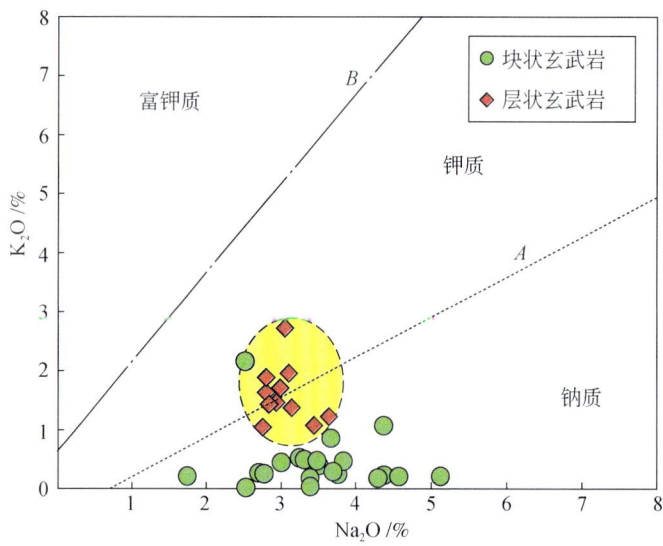

图 4.4　羊拉铜矿床玄武岩 K_2O-Na_2O 图（数据来源同图 4.2；底图据邱家骧，1991）

等矿物的分离结晶作用。在 CaO/Al_2O_3-CaO 图（图 4.7）中，两种产状玄武岩均呈正相关线性分布，反映岩石演化过程中存在单斜辉石结晶分异作用（黄智龙等，2004）。值得一提的是，两种产状玄武岩 $Mg^\#$ 与 TiO_2 和 P_2O_5 具较好的负相关性，TiO_2 与 P_2O_5 具好的正相关性（图 4.6），岩石 TiO_2 和 P_2O_5 含量较低，块状玄武岩分别为 0.72%~2.02% 和 0.05%~0.20%，层状玄武岩分别为 0.73%~1.35% 和 0.13%~0.30%，表明本区两种产状玄武岩岩浆源区均相对贫 Ti 和 P。

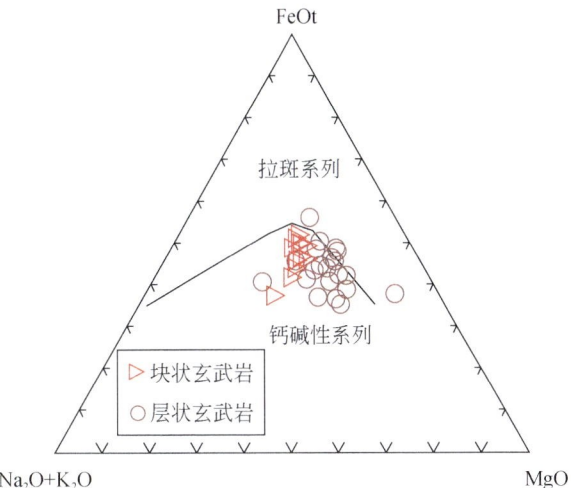

图 4.5 羊拉铜矿床玄武岩 A（Na_2O+K_2O）-F（FeOt）-M（MgO）图（数据来源同图 4.2）

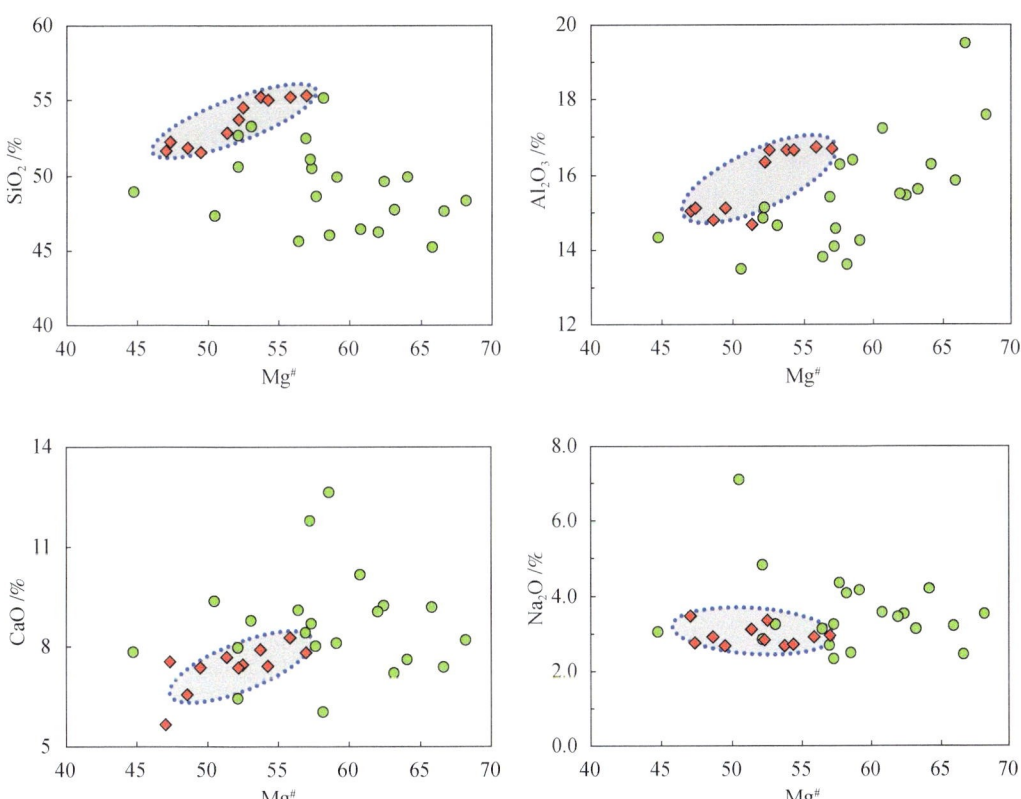

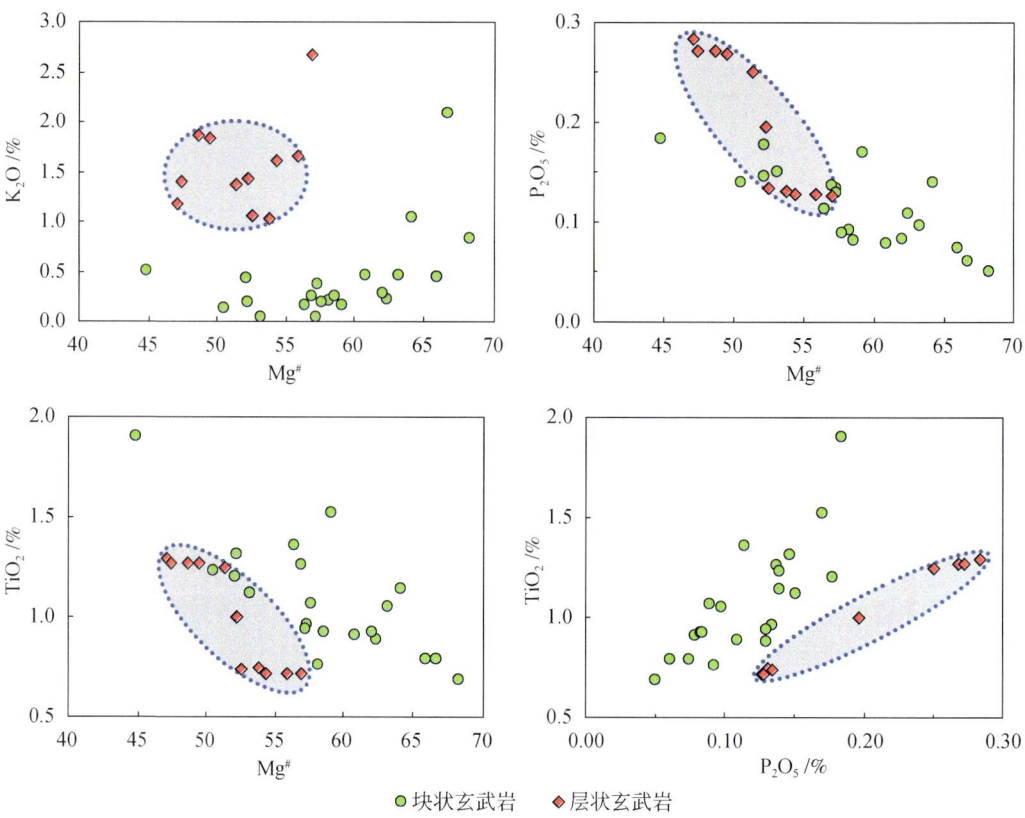

图 4.6 羊拉铜矿床玄武岩 $Mg^\#$ 值与氧化物含量相关图（数据来源同图 4.2）

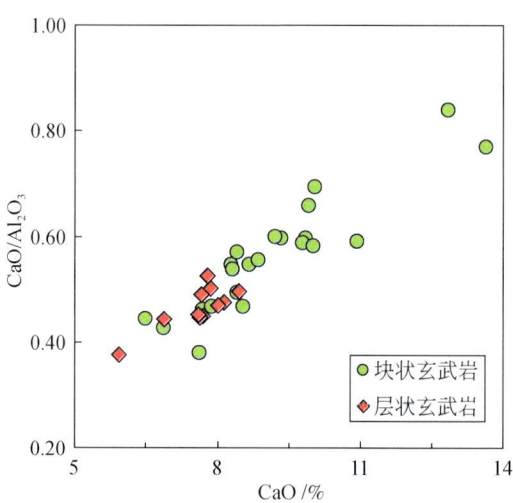

图 4.7 羊拉铜矿床玄武岩 CaO/Al_2O_3-CaO 图（数据来源同图 4.2）

2. 微量元素

从附表2中可见，羊拉铜矿床块状玄武岩和层状玄武岩过渡元素（TME）、大离子亲石元素（LILE）、高场强元素（HFSE）和稀土元素（REE）含量均存在较明显的差别，主要表现在如下方面。

（1）块状玄武岩TME含量范围很宽，层状玄武岩TME含量相对较低、变化范围较小，且与块状玄武岩TME低值区重叠，如Cr分别为$34.2×10^{-6}$~$549×10^{-6}$和$40.0×10^{-6}$~$208×10^{-6}$、Ni分别为$24.5×10^{-6}$~$311×10^{-6}$和$14×10^{-6}$~$60×10^{-6}$。在图4.8中，块状玄武岩$Mg^{\#}$与Cr、Ni以及Cr与Ni均呈正相关，而$Mg^{\#}$与V、Co以及Ni与V呈负相关，从基性-超基性岩Cr和Ni主要赋存于橄榄石和斜方辉石、V和Co主要赋存于单斜辉石来看（刘英俊，1984），这类岩石岩浆演化过程中存在以橄榄石、斜方辉石为主的结晶分异作用；层状玄武岩分布范围与块状玄武岩存在明显的差别，且$Mg^{\#}$与Cr、Ni、V呈负相关、与Co呈正相关，Ni与Cr、V相关性不明显，表明岩浆演化过程中存在以单斜辉石为主的结晶分异作用。

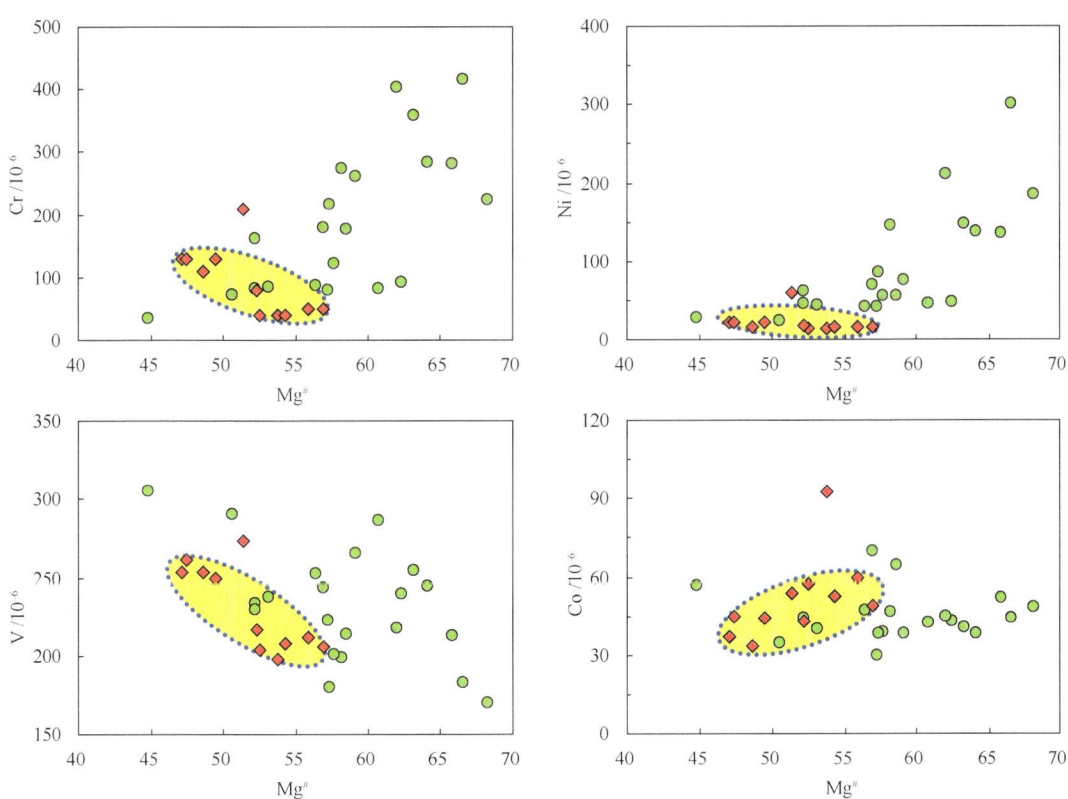

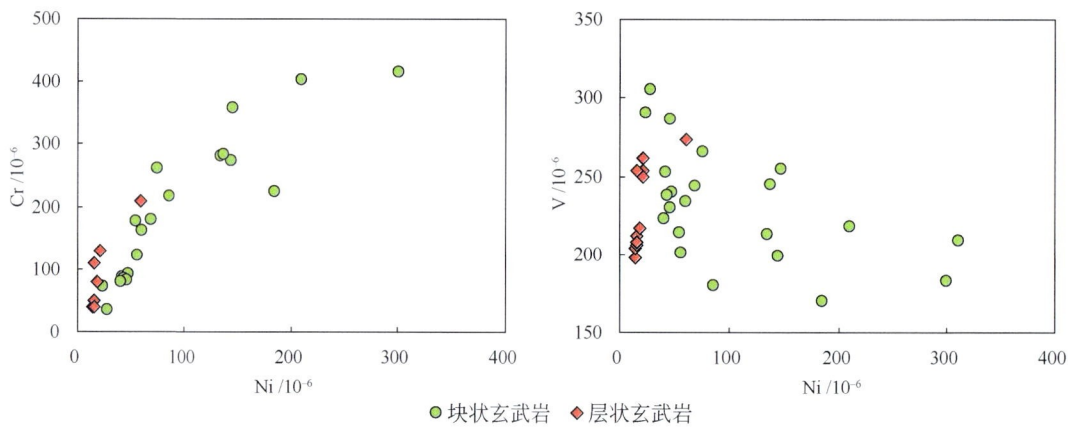

图 4.8　羊拉铜矿床玄武岩 Mg# 值与过渡元素相关图（数据来源同图 4.2）

（2）块状玄武岩 LILE 含量范围很宽，层状玄武岩 LILE 含量相对较高、变化范围相对较小，且与块状玄武岩 LILE 高值区重叠，如 Rb 分别为 $0.45×10^{-6} \sim 79.3×10^{-6}$ 和 $42.8×10^{-6} \sim 95.9×10^{-6}$，Sr 分别为 $55.5×10^{-6} \sim 342×10^{-6}$ 和 $268×10^{-6} \sim 394×10^{-6}$、Ba 分别为 $15.2×10^{-6} \sim 307×10^{-6}$ 和 $184×10^{-6} \sim 490×10^{-6}$。这类元素活动性较强，岩石中的含量易受到蚀变作用的影响。从图 4.9 中可见，两种产状玄武岩的 Mg# 与 Ba、Rb 以及 P_2O_5 与 Sr 相关性不明显，表明岩浆作用过程中橄榄石、辉石及磷灰岩等矿物的结晶作用对 LILE 影响较小。K_2O 与 Ba、Rb 呈正相关，反映岩石中 LILE 含量主要受含 K 矿物（如云母、长石等）控制，与刘英俊（1984）的研究结果"基性–超基性岩中 LILE 主要赋存于含 K 矿物中，常与 K 发生类质同象置换"一致。

（3）羊拉矿区块状玄武岩 HFSE 含量也有较宽的变化范围，其中 Zr 和 Hf 相对高于层状玄武岩，Zr、Hf 在块状玄武岩中分别为 $64×10^{-6} \sim 191×10^{-6}$ 和 $1.85×10^{-6} \sim 5.1×10^{-6}$，在层状玄武岩中分别为 $79×10^{-6} \sim 94×10^{-6}$ 和 $2.27×10^{-6} \sim 2.7×10^{-6}$；Nb、Ta、Th 和 U 含量明显低于层状玄武岩，如 Nb 分别为 $1.93×10^{-6} \sim 4.57×10^{-6}$ 和 $5.3×10^{-6} \sim 6.3×10^{-6}$，Th 分别为 $0.338×10^{-6} \sim 1.08×10^{-6}$ 和 $2.97×10^{-6} \sim 5.38×10^{-6}$。HFSE 活动性较弱，在岩浆岩中主要赋存于锆石、金红石等抗风化蚀变能力很强的副矿物中，在较强的风化蚀变条件下能保留岩石的地球化学特征。此外，HFSE 地球化学性质相近，在岩浆作用过程中具有相似的变化规律。在图 4.10 中，块状玄武岩 TiO_2 与 HFSE 之间呈正相关，表明岩石中 HFSE 的含量受金红石等副矿物的影响，且 HFSE 具有相似的变化规律；层状玄武岩除 Zr-Hf、Nb-Ta 和 Th-U 具有正相关外，TiO_2 与 HFSE 以及 Zr、Nb、Th 之间均不存在相关性，反映岩石中 HFSE 的含量不受金红石等副矿物的控制，且 Zr（Hf）、Nb（Ta）、Th（U）具有不同的变化规律。在图 4.11 中，两种产状玄武岩的 Zr/Hf、Nb/Ta、Th/U 值均具有较宽的变化范围，跨越原始地幔（PM）、正常洋中脊玄武岩（N-MORB）、富集洋中脊玄武岩（E-MORB）、洋岛玄武岩（OIB）、上地壳（UC）和下地壳（LC），表明岩浆上升过程中遭受过地壳物质混染作用。

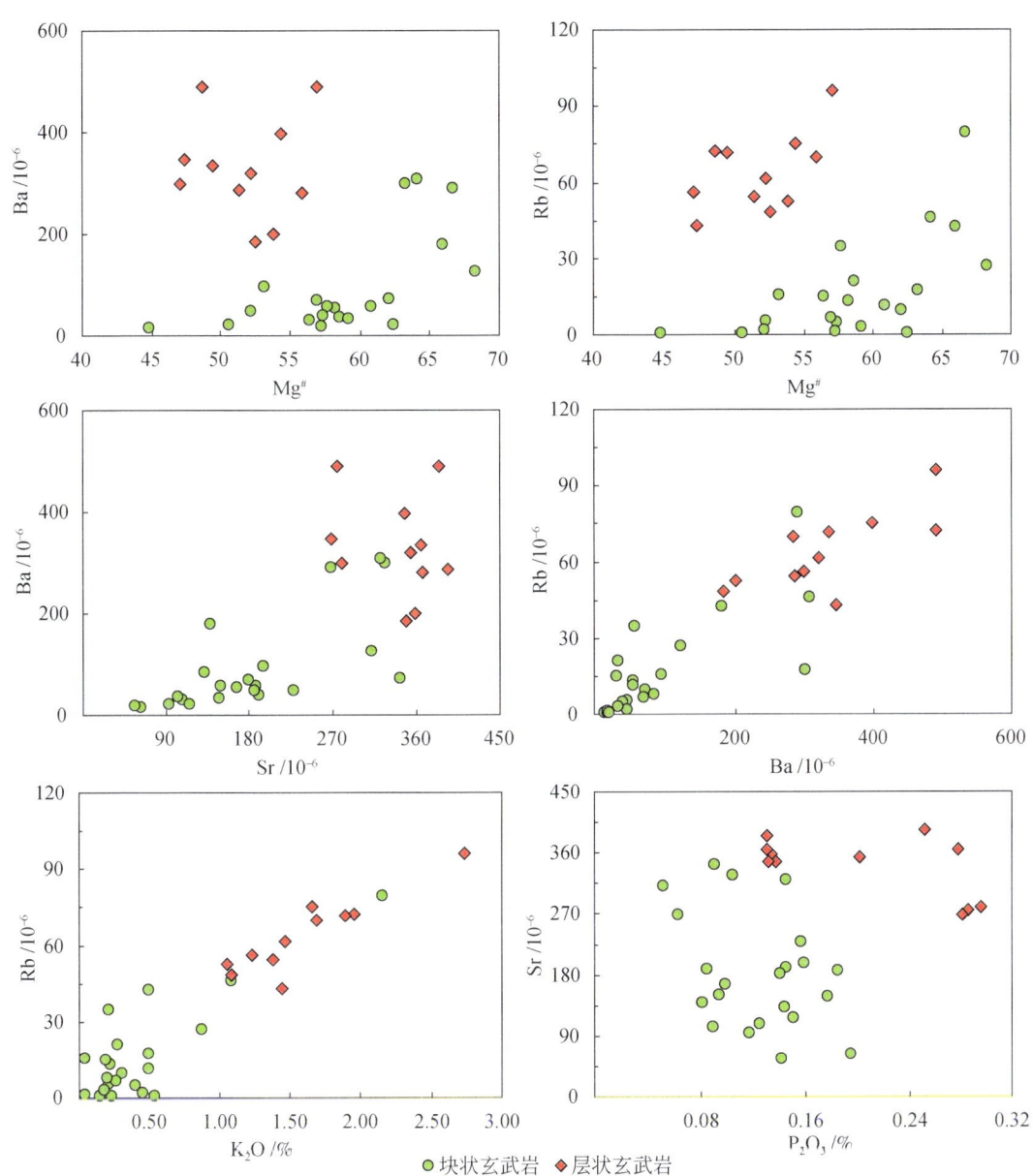

图 4.9 羊拉铜矿床玄武岩 $Mg^\#$ 值、K_2O 和 P_2O_5 与大离子亲石元素相关图

（4）羊拉矿区两种产状玄武岩 REE 含量也存在明显差别，块状玄武岩与层状玄武岩 ΣREE 分别在 $32.79\times10^{-6} \sim 70.4\times10^{-6}$ 和 $74.98\times10^{-6} \sim 83.75\times10^{-6}$ 之间，其中块状玄武岩 LREE 明显低于层状玄武岩，分别为 $21.68\times10^{-6} \sim 45.55\times10^{-6}$ 和 $60.62\times10^{-6} \sim 67.18\times10^{-6}$，HREE 相对高于层状玄武岩，分别为 $11.11\times10^{-6} \sim 24.85\times10^{-6}$ 和 $11.56\times10^{-6} \sim 16.57\times10^{-6}$，相应的 LREE/HREE 值分别为 $1.57 \sim 2.51$ 和 $3.9 \sim 5.55$。在图 4.10 中，块状玄武岩 REE（以 La 为例）与 HFSE 呈较好的正相关，表明岩石中 REE 和 HFSE 具有相似的变化规律；层状玄武岩 La 与 Zr、Th、Nb 相关性不明显，反映岩石中 REE 与 HFSE 变化规律有一定差

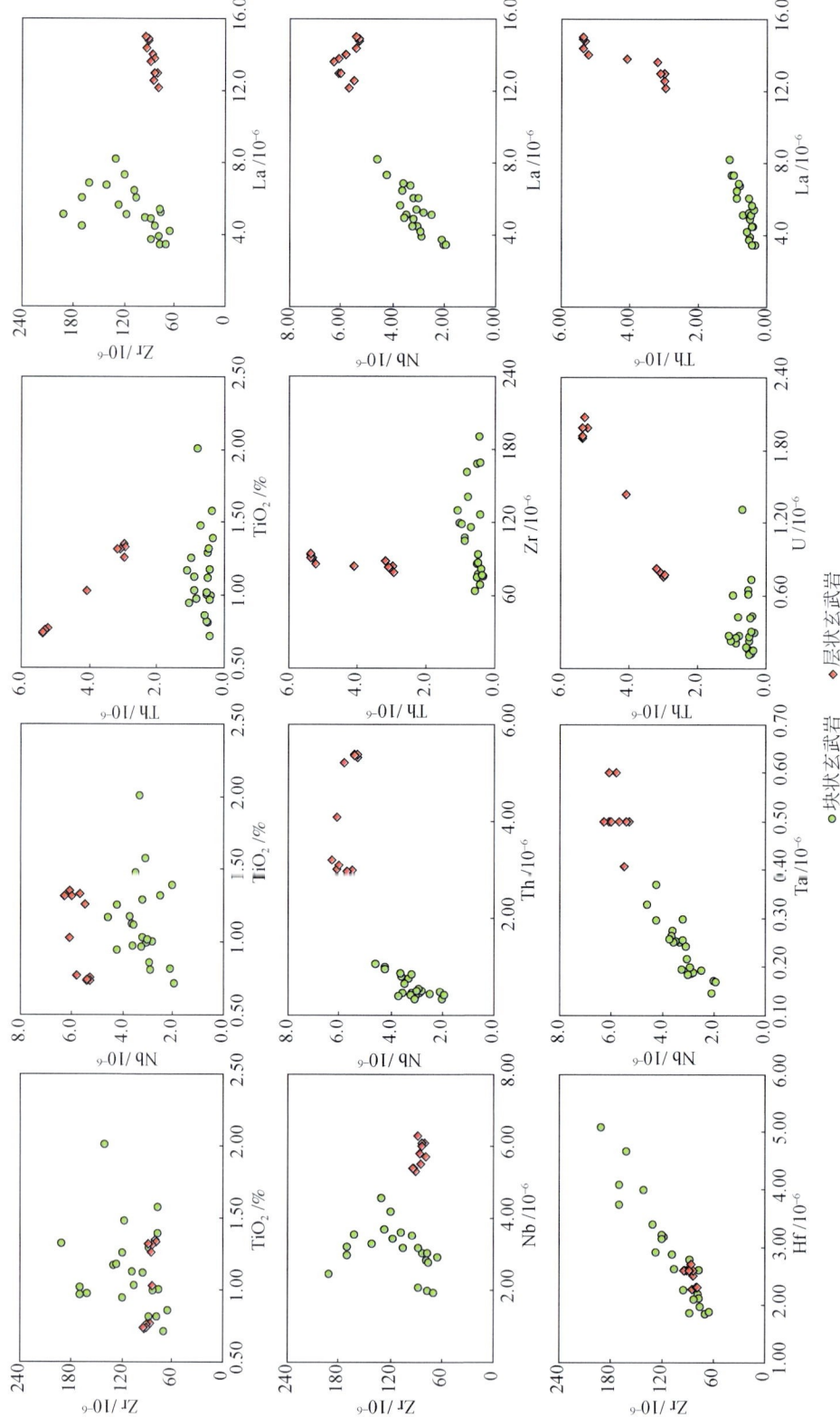

图4.10 羊拉铜矿床玄武岩TiO₂与高场强元素相关图（数据来源同图4.2）

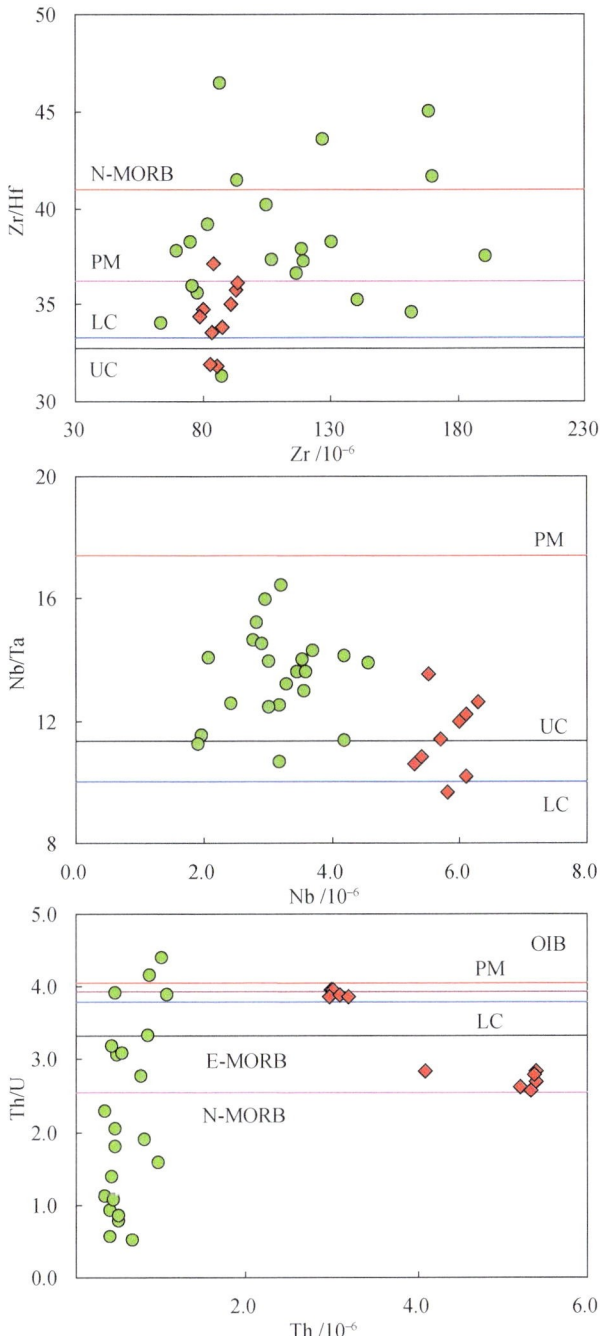

图 4.11 羊拉铜矿床玄武岩 Zr-Zr/Hf、Nb-Nb/Ta 和 Th-Th/U 相关图（数据来源同图 4.2）
原始地幔（PM）、正常洋中脊玄武岩（N-MORB）、富集洋中脊玄武岩（E-MORB）、洋岛玄武岩（OIB）据 Sun 和 McDonough（1989）；上地壳（UC）和下地壳（LC）据 Taylor 和 McLennan（1985）；绿色圆圈为块状玄武岩，红色菱形为层状玄武岩

别。在岩浆过程 REE 判别图中（图4.12），块状玄武岩既有倾斜分布的样品也有近水平分布的样品，表明岩浆过程中部分熔融作用和结晶分异作用同时存在；层状玄武岩主要为倾斜分布，反映岩浆过程中主要为部分熔融作用。

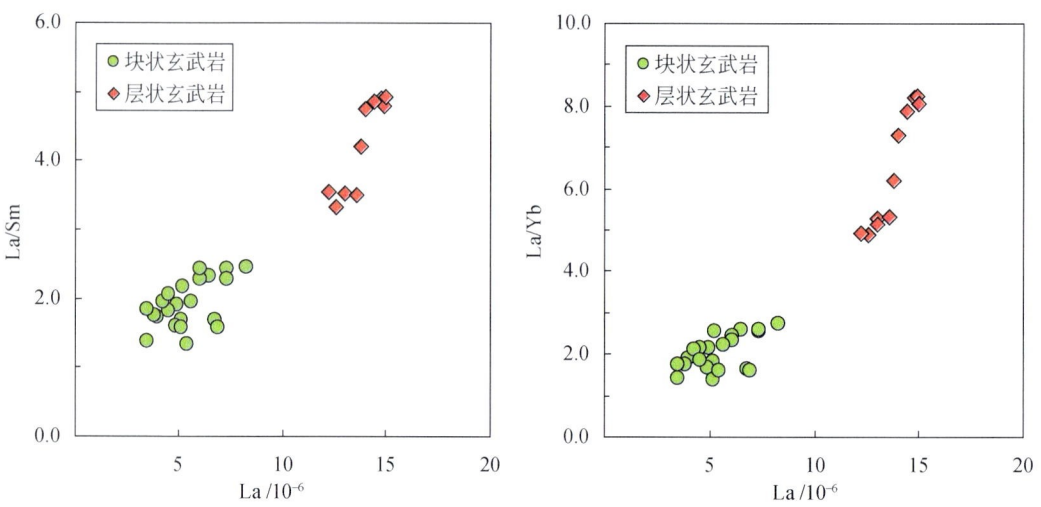

图 4.12 羊拉铜矿床玄武岩岩浆过程 REE 判别图（数据来源同图4.2）

块状玄武岩各种微量元素含量有较宽变化范围（附表2），与 Sun 和 McDonough (1989) 的原始地幔标准化不相容元素配分模式相似 [图4.13 (a-1)]、[图4.13 (b-1)]，与 N-MORB 和 OIB 配分模式明显不同，考虑到岩石遭受不同程度的蚀变作用，LILE 活动性强，蚀变过程中发生迁移而减少，岩石除相对贫 Nb、Ta，富 Zr、Hf 外，配分模式与 E-MORB 相似，同时也与 Xu 和 Castillo (2004) 分析的金沙江 MORB 配分模式相似。层状玄武岩的配分模式明显不同于块状玄武岩 [图4.13 (c-1)]，与 N-MORB、E-MORB、OIB 和金沙江 MORB 的配分模式也存在明显差别，与 N-MORB、E-MORB 和金沙江 MORB 相比，明显富集 LILE 和 LREE，HFSE 中 Th、U 明显富集，Nb、Ta 明显亏损。除 LILE 中的 Rb、Ba、K，HFSE 中的 Th、U，REE 中的 LREE 与 OIB 相近外，其他元素均低于 OIB。

块状玄武岩以球粒陨石（Boynton, 1984）标准化的 REE 配分模式为相似的 LREE 平坦型，同样与 N-MORB 和 OIB 配分模式不同，与 E-MORB、金沙江 MORB 配分模式相近 [图4.13 (a-2)]、[图4.13 (b-2)]。岩石的 LREE 和 HREE 分馏均不明显，(La/Yb)$_N$、(La/Sm)$_N$ 和 (Gd/Yb)$_N$ 分别为 0.93~1.84、0.83~1.55 和 0.77~1.28。部分样品出现弱到中等 Eu 异常，δEu 为 0.82~1.46，可能与岩浆演化过程中斜长石的结晶分异作用有关；无明显 Ce 异常，δCe 为 0.92~1.03。层状玄武岩的 REE 配分模式也明显不同于块状玄武岩，为 LREE 富集型 [图4.13 (c-2)]，与 N-MORB、E-MORB、OIB 和金沙江 MORB 的 REE 配分模式也存在明显的差别。岩石的 LREE 和 HREE 分馏明显，(La/Yb)$_N$、(La/Sm)$_N$ 和 (Gd/Yb)$_N$ 分别为 3.29~5.55、2.1~3.1 和 1.14~1.45。无明显的 Eu 和 Ce 异常，δEu 和 δCe 分别为 0.81~1.02 和 0.95~1.01。

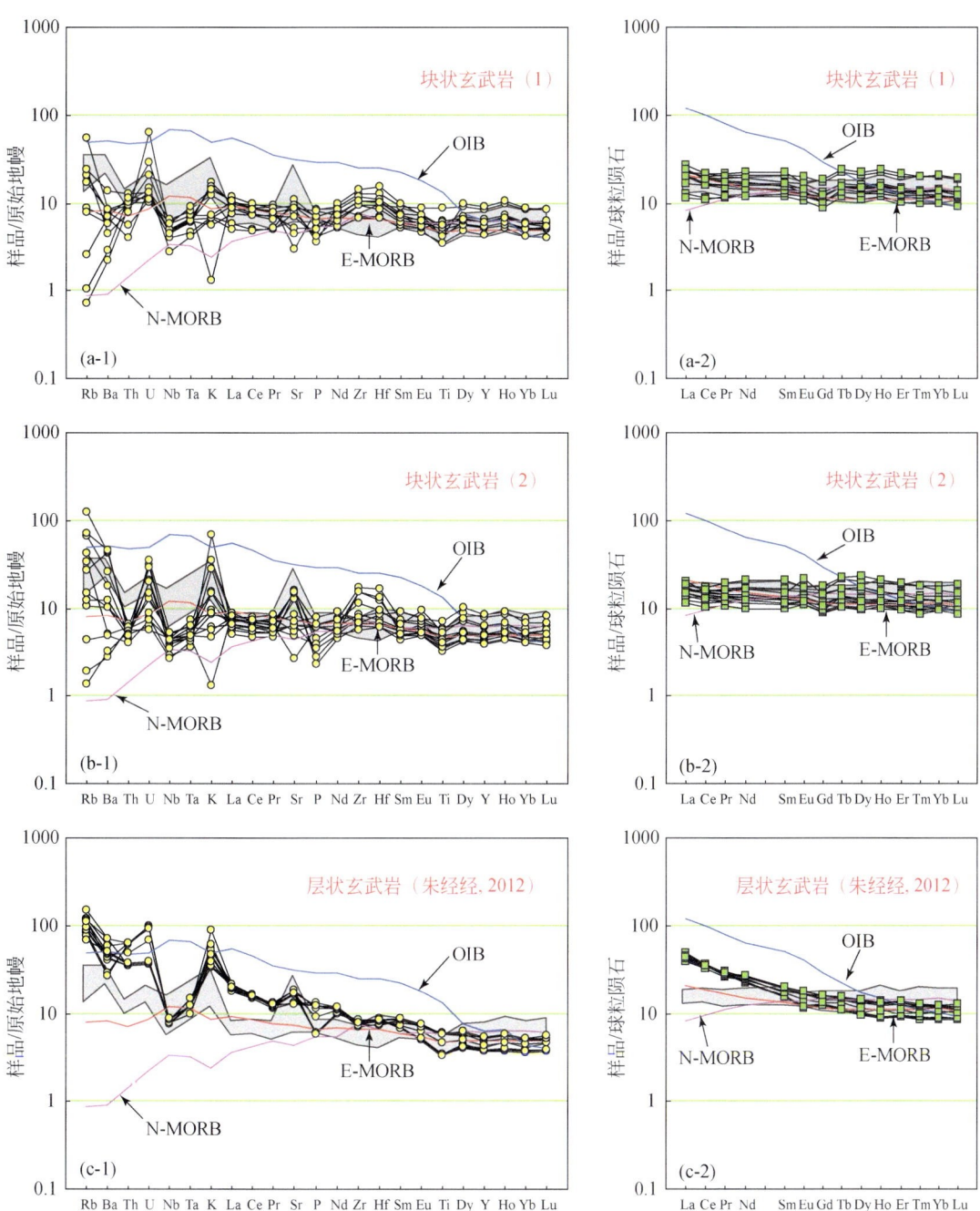

图 4.13 羊拉铜矿床玄武岩 REE 配分模式

球粒陨石据 Boynton (1984); N-MORB、E-MORB 和 OIB 据 Sun 和 McDonough (1989); 阴影区金沙江 MORB 据 Xu 和 Castillo (2004); 块状玄武岩 (1) 为本次工作分析样品; 块状玄武岩 (2) 原始数据据朱俊等 (2011) 和朱经经 (2012); 层状玄武岩原始数据据朱经经 (2012)

三、岩石成因及岩浆演化

1. 地幔源区特征

矿区块状玄武岩及层状玄武岩均具有较低含量的 SiO_2 和较高含量的 MgO（附表2），同时具有较高的 $\varepsilon_{Nd}(t)$ 值（朱经经，2012），这些特征与金沙江 MORB 类似（Xu and Castillo，2004）。块状玄武岩的 $(La/Yb)_N$ 为 0.93～1.84，LREE 和 HREE 分馏程度较低；层状玄武岩的 $(La/Yb)_N$ 为 3.29～5.55，LREE 和 HREE 分馏程度较高。石榴子石的轻重稀土分馏程度很大（$Kd_{La}/Kd_{Yb} \approx 7000$；Irvine and Frey，1978），尖晶石则相对很小（$Kd_{La}/Kd_{Yb} \approx 1$；Irvine and Frey，1978）。可见，两种玄武岩的岩浆源区可能是尖晶石相的地幔橄榄岩。$(Tb/Yb)_N$-$(La/Sm)_N$ 图（图 4.14）中，样品全部位于尖晶石二辉橄榄岩区，进一步证实了其源区为尖晶石相的地幔橄榄岩。在图 4.15 中，两种产状玄武岩集中分布于尖晶石二辉橄榄岩模式及熔体模式曲线上，大致估算块状玄武岩原始岩浆的部分熔融程度为 10%～30%、层状玄武岩为 10%～20%。

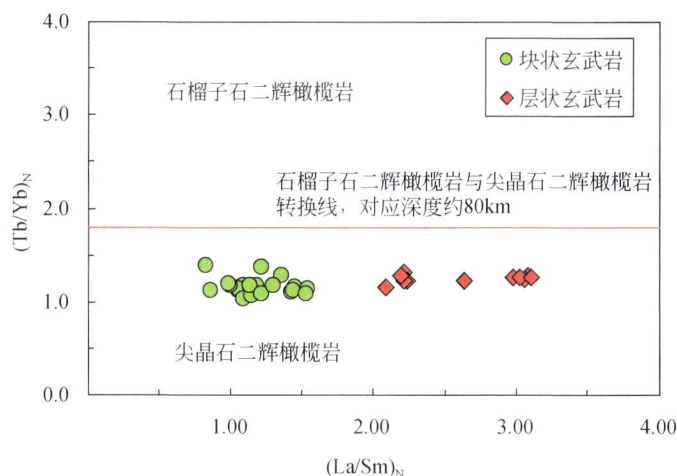

图 4.14　羊拉铜矿床玄武岩 $(Tb/Yb)_N$-$(La/Sm)_N$ 图
底图转引自王涛等（2012）；粒陨石据 Boynton（1984）；原始数据来源同图 4.2

在羊拉铜矿床玄武岩 REE 配分模式图上（图 4.13），块状玄武岩和层状玄武岩差别明显，前者与金沙江 MORB 类似（Xu and Castillo，2004），同时块状玄武岩具有与 Marian 弧后盆地相似的特征；层状玄武安山岩与 Mriana 岛弧特征相似（朱经经，2012）。两种产状玄武岩具有明显的 Nb、Ta 负异常。这些特征表明，岩浆源区可能：①经历了俯冲流体的交代作用（Turner et al.，1992；Gertisser and Keller，2003）；②存在俯冲沉积物质的加入（Plank and Langmuir，1998）。

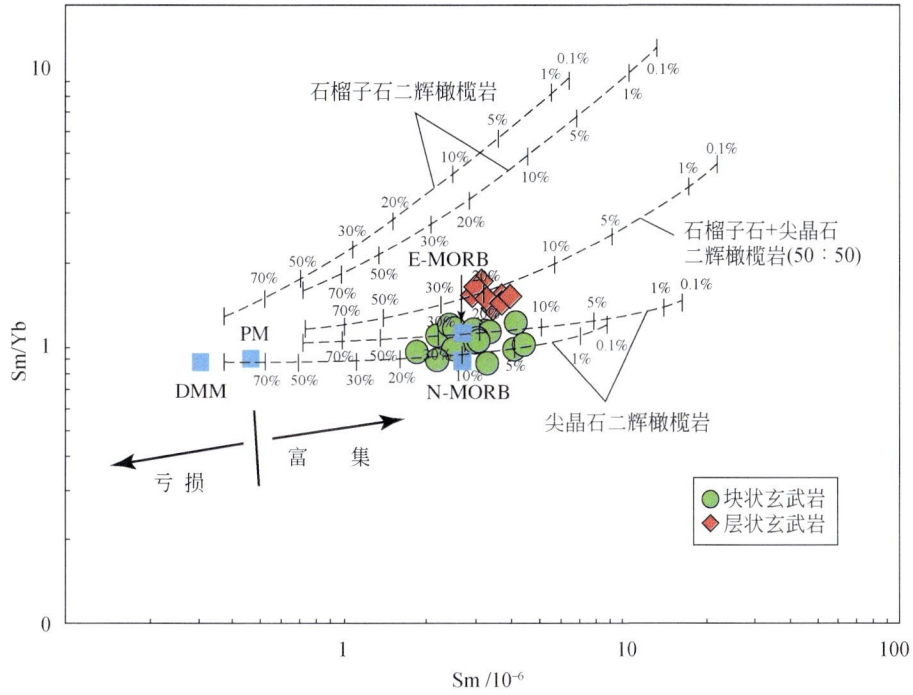

图 4.15 羊拉铜矿床玄武岩 Sm-Sm/Yb 图（原始数据来源同图 4.2）

熔融曲线为尖晶石二辉橄榄岩（模式及熔体模式：$Ol_{0.530}+Opx_{0.270}+Cpx_{0.170}+Sp_{0.030}$，$Ol_{0.060}+Opx_{0.280}+Cpx_{0.670}+Sp_{0.110}$）（Kinzler，1994）；石榴子石二辉橄榄岩（模式及熔体模式：$Ol_{0.600}+Opx_{0.200}+Cpx_{0.100}+Sp_{0.130}$，$Ol_{0.030}+Opx_{0.160}+Cpx_{0.880}+Sp_{0.090}$）（Walter，1998）；矿物/基质分配系数以及亏损地幔（DMM）据 McKenzie 和 O'Nions（1991）；原始地幔（PM）、正常洋中脊玄武岩（N-MORB）和富集洋中脊玄武岩（E-MORB）据 Sun 和 McDonough（1989）

岩石的 Ba、U 等元素对流体交代比较敏感，而 Th 等元素则对沉积物较为敏感（Hawkesworht et al.，1997；Pearce et al.，2005），因而 Ba、U、Th 与其他元素比值可以区分流体交代和沉积物加入这两种过程。由表 4.1 可见，块状玄武岩和层状玄武岩的各种元素比值均存在较明显的差别，且前者具有很宽的变化范围、后者相对稳定，如 Zr/Nb 分别为 21.9~78 和 13.1~17.4，Ba/Nb 分别为 4.59~139 和 34.7~92.5，Th/Zr 分别为 0.0024~0.0087 和 0.035~0.061，Th/Yb 分别为 0.103~0.358 和 1.16~2.97。在 Th/Yb-Ba/La、Ba/Zr-Th/Zr 图（图 4.16）中，块状玄武岩和层状玄武岩位于不同区域，前者具有遭受流体交代的演化趋势，后者受到地壳混染和流体交代双重控制，且地壳混染的贡献可能更大。与各端元相比（表 4.1），块状玄武岩各种元素比值大体与 E-MORB 相近，而层状玄武岩总体在 OIB 和 UC 之间，可见两种产状地幔端元存在明显差别。另外，与金沙江 MORB 相比，块状玄武岩具有相似的 Sr-Nd-Pb 同位素组成，而层状玄武岩的 Sr 和 Pb 同位素比值较高（朱经经，2012），表明沉积物对层状玄武岩岩浆源区的贡献。

2. 结晶分异作用

块状玄武岩及层状玄武岩均具有显著高的 Al 和较低的 Mg（附表 1、附表 2）。对于玄武岩富 Al 的成因机制，前人提出了四种模式（Wang et al., 2010）：①俯冲洋壳部分熔融；②熔体与难熔地幔物质的大规模交换；③斜长石的堆晶作用；④橄榄石和辉石的分离结晶。

表 4.1 矿区玄武岩与不同地幔端元不相容元素比值对比

比值	E-MORB	N-MORB	OIB	PM	UC	LC	EM1	EM2	块状玄武岩	层状玄武岩
Zr/Nb	8.8	31.8	5.83	15.7	7.6	18.33	5.3~11.5	4.5~7.3	21.9~78	13.1~17.4
La/Nb	0.759	1.07	0.771	0.964	1.2	1.83	0.86~1.19	0.89~1.09	1.39~2.11	2.13~2.81
Ba/Nb	6.87	2.7	7.29	9.8	22	25	11.4~17.8	7.3~11	4.59~139	34.7~92.5
Ba/Th	95	52.5	87.5	82.2	51.4	142	103~154	67~84	19.8~743	34.6~165
Rb/Nb	0.607	0.24	0.646	0.891	4.48	0.883	0.88~1.17	0.59~0.85	0.137~38.1	6.79~18.1
Th/Nb	0.072	0.052	0.083	0.119	0.428	0.177	0.105~0.122	0.111~0.157	0.111~0.267	0.492~1.02
Th/La	0.095	0.048	0.108	0.124	0.357	0.096	0.107~0.128	0.122~0.163	0.063~0.14	0.231~0.374
Ba/La	9.05	2.52	9.46	10.2	18.3	13.6	13.2~16.9	8.3~11.3	2.24~76.3	12.4~40.1
Ba/Zr	0.781	0.085	1.25	0.624	2.895	1.364			0.108~3.33	2.02~6.19
Th/Zr	0.008	0.002	0.014	0.008	0.056	0.01			0.0024~0.0087	0.035~0.061
Th/Yb	0.197	0.051	1.852	0.173	4.864	0.482			0.103~0.358	1.16~2.97

注：原始地幔（PM）、富集的洋中脊玄武岩（E-MORB）、正常洋中脊玄武岩（N-MORB）和洋岛玄武岩（OIB）不相容元素含量据 Sun 和 McDonough（1989）；上地壳（UC）和下地壳（LC）不相容元素含量据 Taylor 和 McLennan（1985）；富集地幔端元（EM1 和 EM2）据 Weaver（1991a，1991b）。

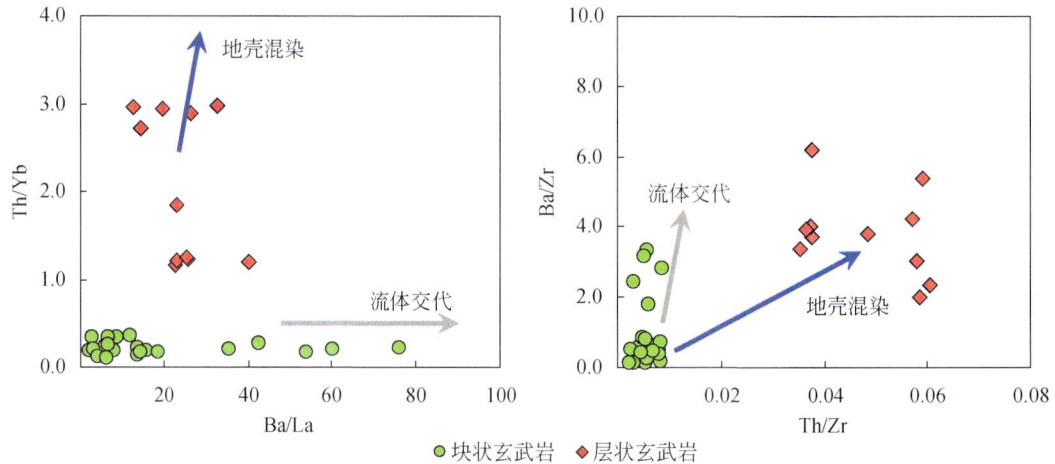

图 4.16 羊拉铜矿床玄武岩 Th/Yb-Ba/La、Ba/Zr-Th/Zr 图（数据来源同图 4.2）

俯冲洋壳的部分熔融常常形成埃达克质岩浆，具有较高的 Sr/Y 值（>20）及较低的 Y（$<18\times10^{-6}$）和 Yb（$<1.9\times10^{-6}$）（Defant and Drummond，1990）。本区块状玄武岩具有较低的 Sr/Y（1.59~17.1）、较高的 Y（17.9×10^{-6}~41.6×10^{-6}）和 Yb（1.98×10^{-6}~4.29×10^{-6}）含量，明显不同于俯冲洋壳部分熔融形成的埃达克质岩浆；层状玄武岩具有相对较

高的 Sr/Y（10.9~22.9）、较低的 Y（$16.8×10^{-6}$~$24.5×10^{-6}$）和 Yb（$1.8×10^{-6}$~$2.58×10^{-6}$）含量，与俯冲洋壳部分熔融形成的埃达克质岩浆也存在较大差别。故模式①不能解释样品富铝的特征。

若熔体与难熔地幔物质发生了大规模交换，那么岩石应当同时具有较高的 MgO 含量及 $Mg^{\#}$，本区块状玄武岩除个别样品外，MgO 为 4.55%~10.05%、$Mg^{\#}$ 为 0.45~0.71，总体较低；层状玄武岩具有更低的 MgO（4.54%~6.18%）和 $Mg^{\#}$（0.47~0.57）（附表2），因而模式②也不能解释这两套岩石的成因。斜长石的堆晶作用被认为是形成高铝玄武质岩石的重要方式之一，然而若发生斜长石的堆晶作用，那么样品应该同时具有 Eu 的正异常，从附表2和图4.13中可见，本区块状玄武岩和层状玄武岩都不具有明显的 Eu 异常，因而模式③同样无法解释岩石富铝的特征。

本书认为，橄榄石和辉石的结晶分异可能是导致矿区两种产状玄武岩富铝的机制。在 CaO/Al_2O_3-CaO 图（图4.7）中，两种产状玄武岩均呈正相关线性分布，反映岩石演化过程中存在单斜辉石结晶分异作用（黄智龙等，2004）。在图4.8中，块状玄武岩 $Mg^{\#}$ 与 Cr、Ni 以及 Cr 与 Ni 均呈正相关，而 $Mg^{\#}$ 与 V、Co 以及 Ni 与 V 呈负相关，表明岩浆演化过程中存在以橄榄石、斜方辉石为主的结晶分异作用；层状玄武岩 $Mg^{\#}$ 与 Cr、Ni、V 呈负相关、与 Co 呈正相关，Ni 与 Cr、V 相关性不明显，表明岩浆演化过程中存在以单斜辉石为主的结晶分异作用；两种产状玄武岩 $Mg^{\#}$ 与 TiO_2 和 P_2O_5 具较好的负相关性，TiO_2 与 P_2O_5 具好的正相关性（图4.6），表明岩石演化过程中存在磷灰石、金红石等矿物的分离结晶作用。

3. 地壳混染作用

羊拉矿区块状玄武岩和层状玄武岩的 HFSE 含量及 Zr/Hf、Nb/Ta、Th/U 值均具有较宽变化范围，在 Zr-Zr/Hf、Nb-Nb/Ta 和 Th-Th/U 图（图4.11）中，跨越 PM、N-MORB、E-MORB、OIB、UC 和 LC，对此常认为是地壳流体加入地幔源区引起的地幔交代作用、岩浆上升过程中遭受过地壳物质混染作用和成岩期后热液流体引起的蚀变作用的结果。

本区玄武岩经历了不同程度的蚀变作用，块状玄武岩蚀变程度相对较高。虽然 HFSE 活动性较弱，加之在岩浆岩中主要赋存于锆石、金红石等抗风化蚀变能力很强的副矿物中，在较强的风化蚀变条件能保留岩石的地球化学特征，但蚀变作用由相对富或贫某些 HFSE 的热液流体引起，也会改变岩石中 HFSE 的含量及相应比值，对此有待更深入研究。

前文已从多方面论证该区两种产状玄武岩的地幔源区均有地壳流体加入，壳源流体通过俯冲作用进入地幔引起地幔交代作用形成富集地幔，是一种常见的地质现象（Wass et al.，1980；Bailey，1982；Holm et al.，1982；Menzies et al.，1987；Ujike，1988；Vidal et al.，1989），图4.15也显示，岩石的源区可能为富集的尖晶石二辉橄榄岩。这种过程将会改变地幔源区 HFSE 的含量及相应比值，相应的部分熔融形成岩浆中 HFSE 的含量及相应比值也会出现"波动"性变化（Brenan et al.，1994；Münker，1998；Weyer et al.，2003；Schmidt et al.，2004）。

朱经经（2012）认为本区块状玄武岩岩浆上升过程中未遭受过地壳物质混染作用，主要证据：① 岩石的地球化学及 Sr-Nd-Pb 同位素组成与金沙江 MORB 相似，Xu 和 Castillo（2004）认为金沙江 MORB 在形成演化过程中未经受地壳混染作用；② SiO_2 与 Nb/La 和 $\varepsilon_{Nd}(t)$ 值之间不存在明显的相关性。本次工作赞成朱经经（2012）的观点，但认为层状玄武岩岩浆上升过程中遭受过地壳物质混染作用，主要证据如下：

（1）通常认为，地壳物质具有低 Nb、高 Th 的特点，因而遭受地壳物质混染作用的岩石其 Nb-Th 之间呈负相关。在图 4.10 中，矿区块状玄武岩 Nb-Th 之间呈正相关，层状玄武岩 Nb-Th 之间呈负相关，表明层状玄武岩为遭受过地壳物质混染作用岩浆结晶产物。

（2）Münker（1998）研究表明，受地壳物质混染作用的玄武岩 Nb/Ta 与 La/Yb 之间具负相关。在矿区玄武岩 Nb/Ta-La/Yb 图（图 4.17）中，块状玄武岩 Nb/Ta 与 La/Yb 之间略呈正相关，层状玄武岩 Nb/Ta 与 La/Yb 之间呈负相关，也表明层状玄武岩岩浆上升过程中遭受过地壳物质混染作用；层状玄武岩 SiO_2 与 Nb/La 之间存在明显的负相关（图 4.17），也支持该观点。

（3）朱经经（2012）分析 1 件层状玄武岩的 $(^{87}Sr/^{86}Sr)_i$ 明显高于块状玄武岩，为 0.7083，初始 Nd 同位素比值与块状玄武岩相近，ε_{Nd}（300Ma）为 6.3；在 ε_{Nd}-$(^{87}Sr/^{86}Sr)_i$ 图中，样品位于偏离地幔演化趋势的第一象限，同时也偏离金沙江 MORB（Xu and Castillo，2004）。对岩石这种 Sr、Nd 同位素组成，多认为是地壳物质混染作用的结果。

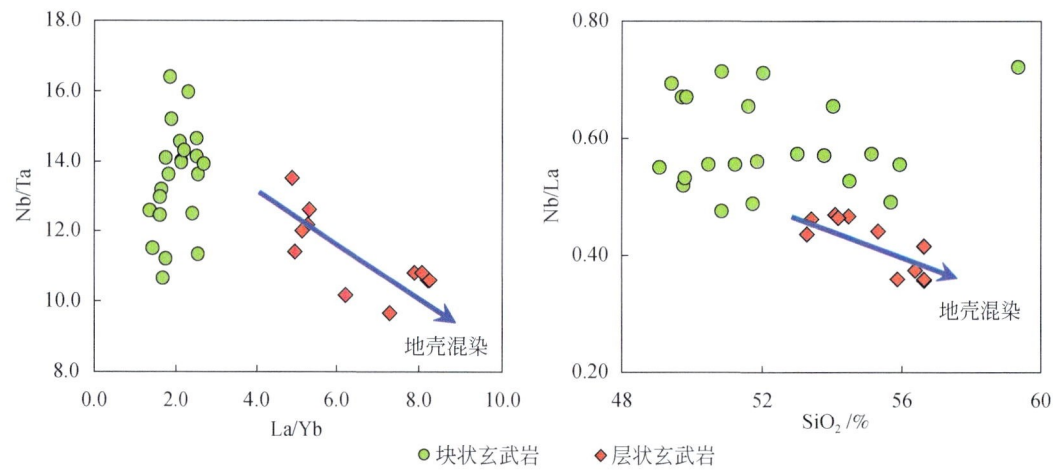

图 4.17　羊拉铜矿床玄武岩地壳物质混染作用判别图（数据来源同图 4.2）

四、成岩构造环境

羊拉矿区块状玄武岩富集 LILE、亏损 HFSE，这些特征与岛弧玄武岩类似（Pearce et al.，1995；Luhr and Haldar，2006），同时较低的 $(La/Yb)_N$ 值及近平坦的稀土元素配分模式又显示出 MORB 的特征（图 4.13），这种双重特征可能代表了弧后盆地构造环境（Xu et al.，2002）。在 Th/Yb-Ta/Yb 图（图 4.18）中，样品落在大洋岛弧玄武岩边缘，该区域正好在 Mariana 海沟（弧后盆地）玄武岩范围内（朱经经，2012）；在 Hf/3-Th-Ta（图 4.19）和 TiO_2-MnO-P_2O_5 图中（图 4.20），样品均落在 MORB 与岛弧拉斑玄武岩交界区域；在 2Nb-Zr/4-Y 图中（图 4.21），岩石全部位于火山弧玄武岩区域；结合基性岩浆在区域上具有大面积喷发的特征（类似于 MORB；Pearce et al., 2005），认为块状玄武岩可能形成于弧后盆地的大地构造环境。

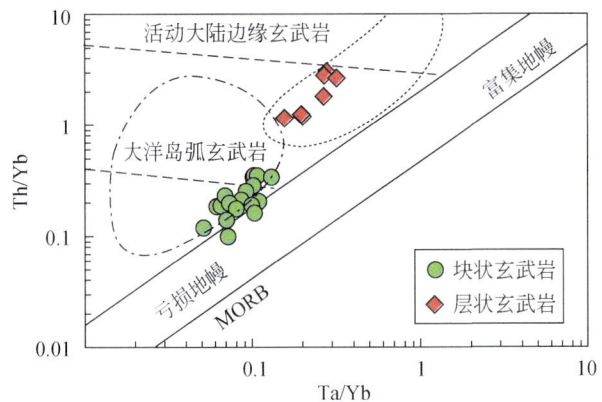

图 4.18　羊拉铜矿床玄武岩 Th/Yb-Ta/Yb 图（数据来源同图 4.2）

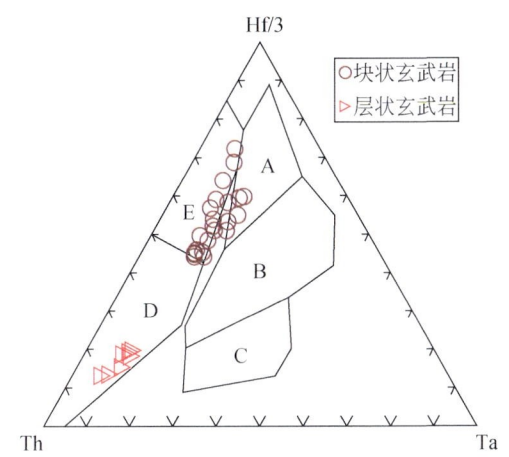

图 4.19　羊拉铜矿床玄武岩 Hf/3-Th-Ta 图（原图据 Wood，1980）
数据来源同图 4.2；A. 正常洋中脊玄武岩，B. 地幔柱型洋中脊玄武岩，C. 板内玄武岩，
D. 破坏性板块边缘玄武岩，E. 岛弧拉斑玄武岩

层状玄武岩同样富集 LILE、亏损 HFSE，但 LREE 相对富集、LREE 和 HREE 分馏明显，REE 配分模式为 LREE 富集型，与岛弧玄武岩的特征类似（Pearce et al., 1995；Luhr and Haldar, 2006）。Th/Yb-Ta/Yb 图（图 4.18）中，样品位于大陆边缘弧环境；在 Hf/3-Th-Ta 图（图 4.19）中，岩石位于破坏性板块边缘玄武岩区域；在 TiO_2-MnO-P_2O_5 图（图 4.20）中，样品落在岛弧拉斑玄武岩交界区域；在 2Nb-Zr/4-Y 图（图 4.21）中，岩石全部位于火山弧玄武岩区域。因此，认为层状玄武岩形成于大陆边缘弧环境。可见，羊拉铜矿床两种产状玄武岩不仅成岩时代不同，而且其地幔源区特征、岩浆演化过程以及成岩构造环境也存在明显差异。

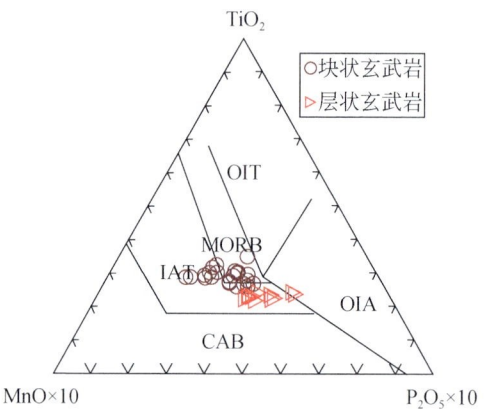

图 4.20 羊拉铜矿床玄武岩 TiO_2-$MnO \times 10$-$P_2O_5 \times 10$ 图（原图据 Mullen，1983）

数据来源同图 4.2；OIT. 洋岛拉斑玄武岩，OIA. 洋岛碱性玄武岩，MORB. 洋中脊玄武岩，
IAT. 岛弧拉斑玄武岩，CAB. 钙碱性玄武岩

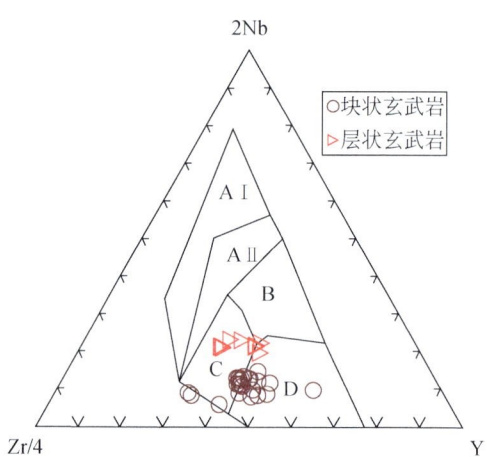

图 4.21 羊拉铜矿床玄武岩 2Nd-Zr/4-Y 图（原图据 Meschede，1986）

数据来源同图 4.2；AⅠ+AⅡ为板内碱性玄武岩，AⅡ+C 为板内拉斑玄武岩，
B 为 P-MORB，C+D 为火山弧玄武岩，D 为 N-MORB

以往研究认为，金沙江 MORB 具有 E-MORB 的属性（Xu and Castillo，2004；Jian et al.，2009a，2009b），主要依据是其具略右倾的 REE 配分模式、LILE 富集及 HFSE 亏损不明显。然而，朱经经（2012）和本次工作发现金沙江 MORB 与羊拉铜矿床块状玄武岩具有相似的主量、微量元素及 Sr-Nd-Pb 同位素组成，表明其岩浆源区同样遭受过俯冲流体交代作用，各种判别图（朱经经，2012）显示金沙江 MORB 并非典型的大洋中脊玄武岩。

矿区块状玄武岩形成时代为 362±9Ma（路远发等，2000），与金沙江古特提斯洋形成时代较吻合，如 Jian 等（2009b）获得产出于书松、之用两地的蛇绿岩套中的辉长岩锆石 U-Pb 年龄分别为 343.5±2.7Ma 和 328±8Ma，与 Wang 等（2000）的分析结果一致（340±3Ma），被解释为代表金沙江洋早期扩张的时代。此外，Metcalfe（2002，2006）的研究结果表明，在中泥盆世之前，昌都-思茅微板块具有与扬子板块一致的地层单元。这些特征共同表明，金沙江洋可能形成于晚泥盆世或晚石炭世，而块状玄武岩可能为发育于金沙江古特提斯洋形成早期的玄武岩。金沙江 MORB 所反映出的流体交代特征，以及与块状玄武岩地球化学方面的相似性，反映两者形成于相似的构造背景，即弧后盆地环境，而二者 HFSE 含量上的差别，可能受控于流体交代作用的程度。一般认为，金沙江古特提斯洋是由昌都-思茅微板块在晚泥盆世—早石炭世从扬子板块裂离形成（Metcalfe，2002，2006），这种裂离过程很可能是弧后扩张过程。

矿区层状玄武岩具有岛弧火山岩的特征，其形成时代为 296±7Ma（路远发等，2000），表明金沙江古特提斯洋可能在早二叠世即开始向西俯冲消减，这与前人的结论一致，如与大洋俯冲事件相关的娘九山斜长花岗岩及吉义独花岗闪长岩分别侵位于 285±6Ma 和 263±6Ma（莫宣学等，1993；Jian et al.，2008）；王立全等（1999）在江达-维西陆缘弧带发现早、晚二叠世的化石，进一步表明金沙江洋壳俯冲事件主要发生在二叠纪。

第二节　花岗闪长岩

通常认为，花岗岩主要来自壳源物质的部分熔融（Wyllie，1977；吴福元等，2007；张旗等，2008），如大部分 I 型花岗岩岩浆来自壳内火成岩的熔融，而 S 型花岗岩岩浆则由上地壳沉积岩熔融而成（White and Chappell，1977；Li et al.，2009a）。然而，最近诸多研究表明多数花岗岩的岩浆源区可能存在幔源物质的加入，甚至有的强过铝质的 S 型花岗岩也存在少量幔源信息（Clemens，2003；Kemp et al.，2007；Li et al.，2009a；Sylvester，1998）。如此看来，将混合岩浆中的各组分识别出来是十分重要的。常量和微量元素及 Sr-Nd-Pb 同位素数据常常被用以识别壳-幔岩浆组分。然而，由于地球化学数据的多解性，这些方法往往并不能给出令人满意的答案（Chappell et al.，1987；Chappell and White，1992；Kemp，et al.，2007；Li et al.，2009a）。上地壳、下地壳及地幔岩浆的氧同位素具有较大的差异，幔源岩浆的氧同位素比值一般为 5.3‰±0.3‰（King et al.，1998；Valley et al.，1994），麻粒岩相下地壳为 7‰左右（Kempton and Harmon，1992），而上地壳熔融物质的 $\delta^{18}O$ 值一般为 10‰~30‰（Valley et al.，2005）。此外，锆石具有较高的氧同位素封闭温度，即使发生麻粒岩相蚀变（十体系），该比值依然可以保持恒定（King et al.，1998；Valley et al.，1994），且锆石与岩浆之间的分馏很小，因而，锆石氧同位素比值基本可以反映岩浆源区的氧同位素特征。锆石 Hf 同位素是识别岩浆性质的另一有效手段。由于锆石具有较高的 Hf 含量（约 1%）和较低的 Lu/Hf 值（<0.01），同时锆石 Hf 同位素很难遭受改造（Goodge and Vervoort，2006），因而可以较好地记录岩浆混合过程中的同位素变化（Griffin et al.，2002；Li et al.，2009a）。若将上述各种测试手段联合起来，相信能有效约束花岗岩的岩浆源区特征。

西南"三江"地区地处冈瓦纳大陆与欧亚大陆结合带，是古特提斯构造域的东延部分（莫宣学等，1993；莫宣学和潘桂棠，2006；李兴振等，1999；Hou et al.，2003；Jian et al.，2009a，2009b），伴随古特提斯洋的闭合，区域内自西向东形成了澜沧江缝合带、昌宁-孟连缝合带、金沙江缝合带及甘孜-理塘缝合带，其中昌宁-孟连缝合带被认为是古特提斯洋主洋盆闭合后的残余（图 2.1；莫宣学等，1993；莫宣学和潘桂棠，2006；潘桂棠等，2002，2003；沈上越等，2002；Metcalfe，2006；尹福光等，2006；Xiao et al.，2007；Jian et al.，2009a，2009b；Fan et al.，2010）。西南"三江"地区的花岗岩分布十分广泛，其中尤以印支期出露最为可观（图 2.1；Peng et al.，2006；Reid et al.，2005，2007；Roger et al.，2004；Xiao et al.，2007；Zhang H F et al.，2006，2007，2008；侯增谦等，2001；王立全等，1999；王全伟等，2008）。近年来，产出于甘孜-理塘带义敦岛弧带和松潘-甘孜带的花岗岩研究程度较高（侯增谦等，2001；Reid et al.，2005，2007；Roger et al.，2004；Xiao et al.，2007；Zhang H F et al.，2006，2007，2008），而对于金沙江带花岗岩的分布及其特征，前人关注较少。金沙江缝合带为南北向狭长地带，以西为江达-维西火山弧带，以东为中咱微板块（Hou et al.，2003），带内花岗岩分布亦较多，如鲁甸二长花岗岩体、白茫雪山花岗闪长岩体及加仁花岗闪长岩体等。白茫雪山花岗岩基位于德钦县白茫雪山西坡，出露面积 135km^2，其锆石 U-Pb 年龄为 239±6Ma；鲁甸岩体位于滇西北维西县以东，呈南北向狭长带状沿秋多-鲁甸断裂西侧分布，长 100 余千米，最宽 10 多千米，出露面积约 532km^2，其锆石 U-Pb 年龄为 214±6Ma（简平等，2003）。此外，区内矿床常与花岗岩体具有成因联系，如赵卡隆铁矿床（Hou et al.，2003）、红坡-牛场铜铅锌矿床（王立全等，2002a，2002b）及本书研究的羊拉铜矿床等。目前对羊拉矿区花岗岩研究程度依然较低，其岩浆源区及成岩过程依然未得到有效约束。本次工作系统分析了羊拉矿区贝吾（BW）、里农（LiN）和路农（LuN）三个花岗岩体的 SIMS 锆石 U-Pb 年龄、锆石 Hf-O 同位素以及全岩地球化学和 Sr-Nd-Pb 同位素组成，以期探讨：①三岩体的成因机制及岩浆源区；②与铜成矿的联系；③构造意义。

一、岩体特征及岩相学

前已述及，羊拉铜矿床每个矿段均有花岗闪长岩侵入体出露，由北向南依次为贝吾、尼吕、江边、里农、路农和加仁等岩体（图 3.1），矿体主要产出于岩体与围岩的外接触带。在这些岩体中，前人对尼吕岩体的研究资料较少，本次工作也未采集到该岩体样品，暂不做讨论。

1. 贝吾岩体

呈椭圆状岩株产出，分布于矿区最北端（图 3.1），侵入上覆泥盆系大理岩、变质石英砂岩及砂质板岩地层之中，出露面积约 0.5km^2。岩性主要为花岗闪长岩，灰白色，中粗粒结构，块状构造，主要造岩矿物为斜长石（约 40%）、石英（约 20%）、钾长石（约 20%）、角闪石（约 15%）及黑云母（<5%）。其中钾长石晶形较差，部分为条纹长石；斜长石较自形，聚片双晶发育，粒径变化较大，长 0.5~5mm；石英粒径为 2mm 左右，自形程度较低；角闪石解理发育，呈长柱状，长度可达 5mm；副矿物主要有锆石、磷灰石、榍石和磁铁矿。

2. 里农岩体和江边岩体

里农岩体夹持着江边岩体，以岩株形式呈椭圆状出露于贝吾岩体南侧（图 3.1）（图版XI-B），南北长 2km，东西宽约 1.5km，出露面积约 2.6km²，围岩为里农组（$D_{2+3}l$）和江边组（D_1j）；江边岩体夹持于里农岩体之间（图3.1）（图版X-G、H，图版XI-A），侵入于里农背形穹隆构造核部，呈岩株产出，出露面积约 0.067km²，为长椭圆形，北西侧围岩为里农组（$D_{2+3}l$），东侧为江边组（D_1j）。战明国等（1998）和王彦斌等（2010）认为，江边岩体可能为里农岩体的组成部分，其中江边岩体与里农岩体之间被江边组（D_1j）覆盖。本书认同该观点，将江边岩体划归里农岩体。

岩体大致划分出中心相、边缘相。中心相约占 3/5，为中粗粒花岗闪长岩，含少量闪长岩异离体；边缘相占 2/5，为中细粒二长花岗岩，局部含少量钾长石斑晶。两相之间表现为渐变的接触关系，从中心相到边缘相呈现出中粗粒-中细粒的结构变化。岩体内部发育北东向的花岗岩、细晶岩脉及闪长玢岩脉。两种岩石的造岩矿物均主要为斜长石、石英、钾长石、角闪石和黑云母（图版XI-D），副矿物以锆石、磷灰石、榍石和磁铁矿为主，其中花岗闪长岩中斜长石含量约35%、石英约25%、钾长石约20%、角闪石约15%、黑云母约5%；二长花岗岩中斜长石含量约30%、石英约25%、钾长石约30%、角闪石约10%、黑云母约5%。岩石中斜长石自形程度均较高，发育聚片双晶，粒径变化较大，长 0.5~5mm；石英自形程度较差，粒径均大小不一，多为 2mm 左右；角闪石呈长柱状，长度一般较大，为 5mm 左右，解理发育良好；钾长石晶形较差，常呈等粒状产出。

3. 路农岩体

岩体北侧与里农岩体南侧以北东向 F4 断层为界，南侧与加仁岩体相连，属于加仁岩体的北段（图3.1；战明国等，1998；王彦斌等，2010）。加仁岩体呈岩基产出（图版XI-C），同样侵入泥盆系大理岩、变质石英砂岩及砂质板岩地层之中，出露面积约 150km²，大部分在主矿区之外，本书将矿区内出露的加仁岩体北段称为路农岩体，其面积与里农岩体相当。岩体的岩性特征和造岩矿物组合与里农岩体基本一致，但普遍遭受蚀变矿化作用。

上述岩体中的磷灰石、榍石和磁铁矿等副矿物，颗粒一般小于 50μm，且常包裹于角闪石中间，晶形发育较差，可能均属于次生热液蚀变矿物。此外，里农岩体中可见少量暗色微粒包体，颜色为深灰色-灰黑色，成分为闪长质，矿物组成与寄主岩石基本一致，以斜长石、石英、钾长石、角闪石和黑云母为主，粒径明显小于寄主岩石，副矿物以针状磷灰石为主。包体大小变化很大，在 2~15cm 之间，形状多样，与寄主岩石之间接触界线清晰且呈锯齿状，未见明显的烘烤边和冷凝边。

二、样品及分析方法

对贝吾（BW）、里农（LiN）和路农（LuN）等 3 个岩体进行了较为系统的年代学、主量元素、微量元素和同位素地球化学分析测试，其中主量-微量元素和 Sr-Nb-Pb 同位素组成有成熟的技术，以下介绍锆石原位 U-Pb 定年和 Hf-O 同位素组成分析方法。

1. 锆石原位 O 同位素

用常规的重选和磁选技术分选出锆石。将锆石样品颗粒和锆石标样粘贴在环氧树脂靶上，然后抛光使其暴露一半晶面。对锆石进行透射光和反射光显微照相以及阴极发光图像分析，以检查锆石的内部结构、帮助选择适宜的测试点位。样品靶在真空下镀金以备分析。

锆石原位 O 同位素分析在中国科学院地质与地球物理研究所离子探针实验室的 CAMECA IMS-1280 型双离子源多接收器二次离子质谱仪（SIMS）上进行。用强度为约 2nA 一次 $^{133}Cs^+$ 离子束通过 10kV 加速电压轰击样品表面，采用高斯照明方式聚焦于约 10μm 大小，以光栅扫描方式扫描 10μm 范围，样品表面信号采集大小约为 20μm。以垂直入射的电子枪均匀覆盖于 100μm 范围来中和样品的表面荷电效应。经过 -10kV 加速电压提取负二次离子，经过 30eV 能量窗过滤，质量分辨率为 2500，以两个法拉第杯同时接收 ^{16}O 和 ^{18}O。采用核磁共振技术来控制磁场稳定性，可达到 $<3×10^{-6}/16h$。在这样的条件下锆石的 ^{16}O 信号一般为 $1×10^9$ cps①，每个样品点分析采集 20 组数据，单组积分时间 4s，单点测量时间约 3min。单组 $^{18}O/^{16}O$ 数据内精度一般优于 0.2‰~0.3‰（1σ）。仪器质量分馏校正采用 91500 锆石标准，其 $\delta^{18}O = 9.9‰$（Wiedenbeck et al.，2004），测量的 $^{18}O/^{16}O$ 值通过 V-SMOW 值（$^{18}O/^{16}O = 0.0020052$）校正后，加上仪器质量分馏校正因子 IMF 即为该点的 $\delta^{18}O$ 值：$(\delta^{18}O)_M = [(^{18}O/^{16}O)_M/0.0020052 - 1]×1000(‰)$，$IMF = (\delta^{18}O)_{M(standard)} - (\delta^{18}O)_{V-SMOW}$，$\delta^{18}O_{Sample} = (\delta^{18}O)_M + IMF$。数据结果处理采用 ISOPLOT 软件（Ludwig，2001）。

2. 锆石原位 Hf 同位素

锆石分选及制靶过程同前。锆石原位 Hf 同位素分析是在中国科学院地球化学研究所环境地球化学国家重点实验室的 MC-ICPMS 上完成。该仪器由 Nu Instruments Ltd 生产，配备有 12 个法拉第杯和 3 个离子计数器。锆石熔样用 New Wave Research 生产的 UP-213 型（$\lambda = 213nm$）Nd：YAG 激光器，以 He 气为载气。分析过程中激光束斑直径选择 60μm，激光频率为 10Hz，激光束能量密度为 5.27~6.15J/cm²。采用指数法进行 Hf 的质量歧视校正，计算 Hf 的质量歧视因子时 $^{179}Hf/^{177}Hf = 0.7325$。具体测试过程中本底积分时间为 30s，样品测定时间为 60s。由于样品为进行过锆石 O 同位素测试的锆石，因而测试之前需进行轻微抛光，打点位置大部分与 O 同位素一致。使用国际标准样品 91500 检测仪器稳定性，全过程 91500 测定值为：$^{176}Hf/^{177}Hf = 0.282303±0.000026$（$2\sigma$；$n = 16$），与推荐值在误差范围内一致（Woodhead et al.，2004）。采用 ISOPLOT 软件进行数据处理（Ludwig，2001），详细的分析流程请参阅唐红峰等（2008）。

3. 锆石原位 U-Pb 定年

锆石分选及制靶过程同前。U、Th、Pb 同位素测定在中国科学院地质与地球物理研究所离子探针实验室的 CAMECA IMS-1280 型双离子源多接收器二次离子质谱仪（SIMS）上进行，详细分析方法见 Li 等（2009b）。锆石标样与锆石样品以 1∶3 比例交替测定。U-

---

① counts per second，单位时间测得的光电子数目。

Th-Pb 同位素比值用标准锆石 Plésovice（337Ma；Sláma et al.，2008）校正获得，U 含量采用标准锆石 91500（81×10^{-6}；Wiedenbeck et al.，1995）校正获得，以长期监测标准样品获得的标准偏差（1SD = 1.5%；Li et al.，2010）和单点测试内部精度共同传递得到样品单点误差，以标准样品 Qinghu（159.5Ma；Li et al.，2009a）作为未知样监测数据的精确度。普通 Pb 校正采用实测 ^{204}Pb 值。由于测得的普通 Pb 含量非常低，假定普通 Pb 主要来源于制样过程中带入的表面 Pb 污染，以现代地壳的平均 Pb 同位素组成（Stacey and Kramers，1975）作为普通 Pb 组成进行校正。同位素比值及年龄误差均为 1σ。数据结果处理采用 ISOPLOT 软件（Ludwig，2001）。

三、成岩时代

选择 6 个样品挑选锆石，编号分别为 BW-1、BW-6、LiN-1、LiN-2、LuN-1、LuN-2，分析结果列于附表 3，分析点为锆石阴极发光图像中较大的白色椭圆圈（图 4.22）。阴极发光实验在中国科学院地质与地球物理研究所完成，使用仪器为电子扫描显微镜（型号：LEO1450VP）。大部分锆石具有自形结构，少量为粒状，其长 100~350μm，长宽比多为 2∶1 或 3∶1，发育良好的振荡环带，为典型岩浆锆石（图 4.22）。从里农、贝吾和路农岩体的锆石中分别选取 30 个测试点，单点循环分析 5 次。由于样品靶制作过程中可能存在 Pb 污染，或者锆石本身含裂隙，致使有的样品具有较高的普通 Pb，以参数 f_{206} 表示。由于理论上锆石中不含有普通 Pb，且该类样品的 ^{207}Pb/^{235}U 年龄和 ^{206}Pb/^{238}U 年龄极不谐和，因而当 f_{206}>0.5% 时，该点数据即不参与计算。

贝吾岩体的锆石的 U、Th 含量变化均较大，含量分别为 239×10^{-6}~1696×10^{-6} 和 65×10^{-6}~634×10^{-6}。剔除普通 Pb 过高的锆石，余下的 25 个分析点给出的谐和年龄为 233.9±1.4Ma（2σ），^{206}Pb/^{238}U 年龄为 226.9~236.5Ma，加权平均年龄为 233.9±1.4Ma（2σ；MSWD=0.72；95% 置信区间；图 4.23）。该年龄应代表贝吾岩体的结晶年龄。里农岩体的锆石的 U 含量较高（429×10^{-6}~1561×10^{-6}），Th 含量变化较大（101×10^{-6}~1024×10^{-6}），Th/U 值为 0.229~0.615。剔除普通 Pb 较高的测试点，余下的 22 个分析点给出的谐和年龄为 233.0±1.5Ma（2σ），^{206}Pb/^{238}U 年龄为 226.9~237.2Ma，加权平均年龄为 233.1±1.4Ma（2σ；MSWD=0.71；95% 置信区间；图 4.23）。该年龄应为里农岩体侵位年龄。路农岩体的锆石特征与贝吾和里农岩体相似，同样具有变化范围较大的 U、Th 含量（U=665×10^{-6}~1443×10^{-6}；Th=169×10^{-6}~700×10^{-6}），Th/U 值为 0.241~0.564。测试点 LuN01@14 具有较低的 ^{206}Pb/^{238}U 年龄，该锆石可能发生了 Pb 丢失。剩余的 20 个分析点获得了 231.0±1.6Ma（2σ）的谐和年龄，^{206}Pb/^{238}U 年龄为 227.2~234.1Ma，加权平均年龄与谐和年龄一致，为 231.0±1.6Ma（2σ；MSWD=0.23；95% 置信区间；图 4.23）。简而言之，贝吾、里农和路农岩体在误差范围内具有一致的侵位年龄，表明三岩体可能具有相似的岩浆源区。贝吾、里农和路农岩体的锆石氧同位素柱状图见图 4.24。

(a) LuN-1

(b) LuN-2

(c) BW-1

(d) BW-6

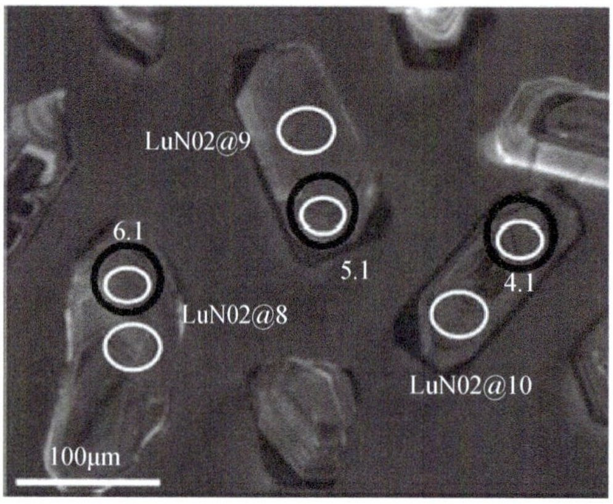

图 4.22　贝吾、里农和路农岩体中代表性锆石的阴极发光图像

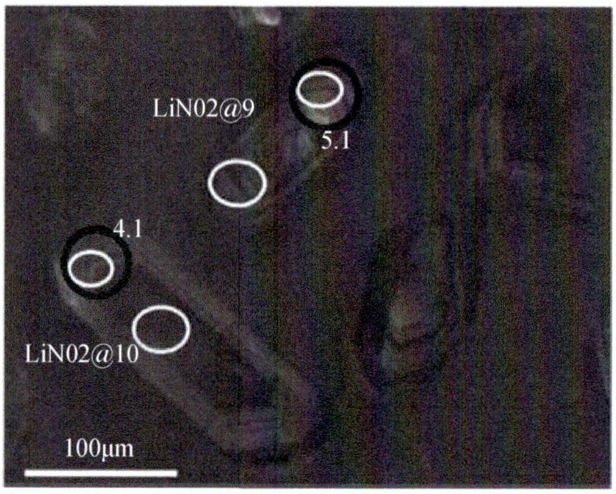

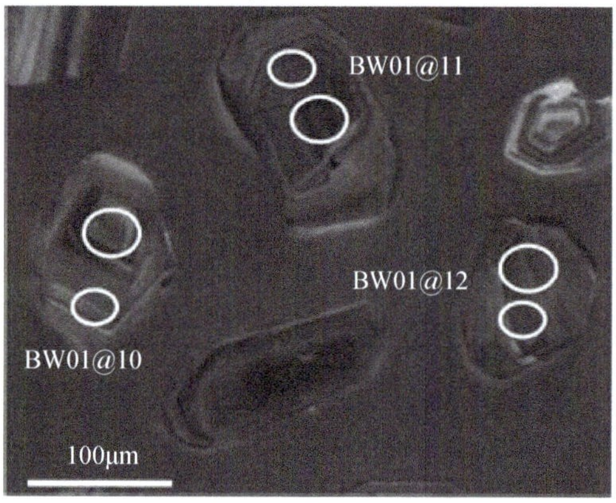

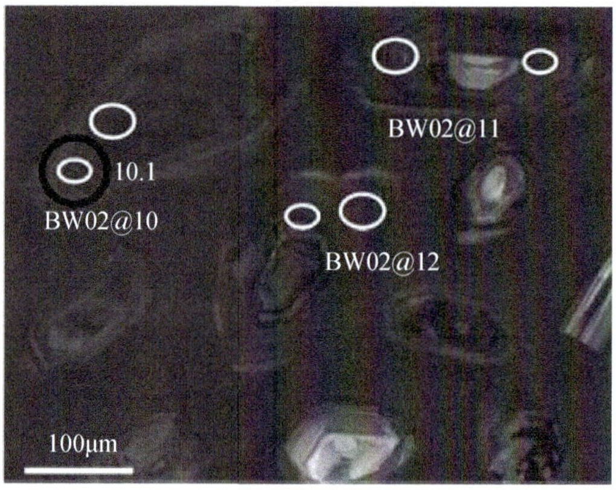

白色椭圆中较大的为 U-Pb 年龄测试点，较小的为 O 同位素测试点，黑色椭圆为 Hf 同位素测试点。分析点编号为两类，诸如 LuN02@9 为 U-Pb 年龄和 O 同位素编号，与附表 3～4 对应；而 5.1 等为 Hf 同位素编号，与附表 5 对应

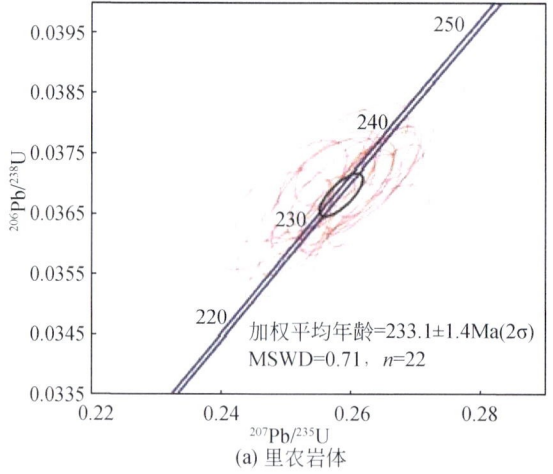

(a) 里农岩体

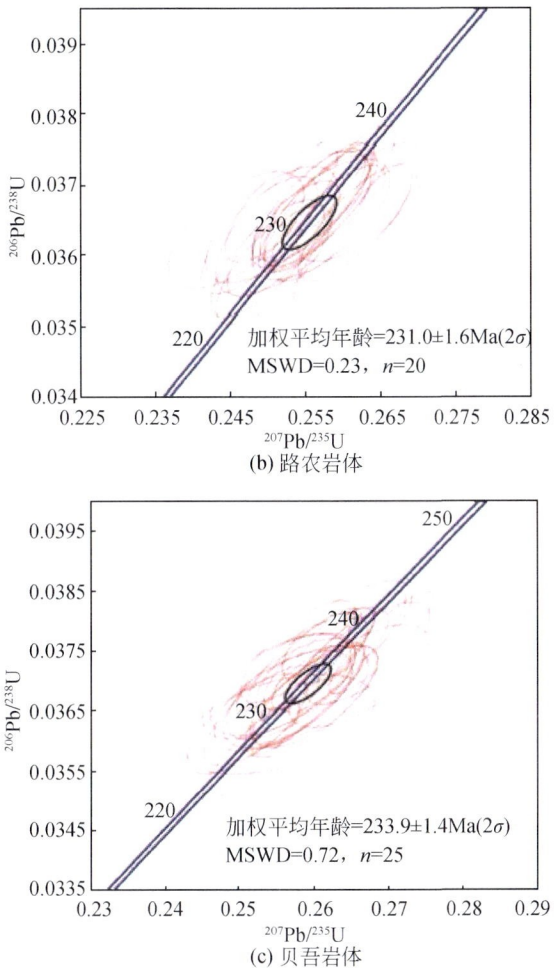

图 4.23　贝吾、里农和路农岩体的锆石 U-Pb 年龄谐和图

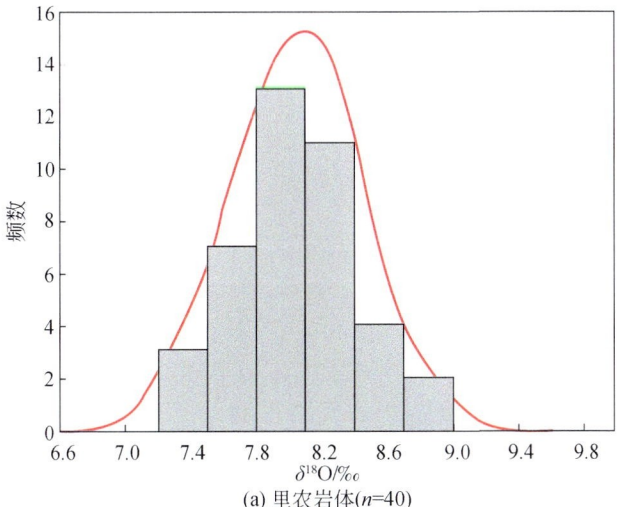

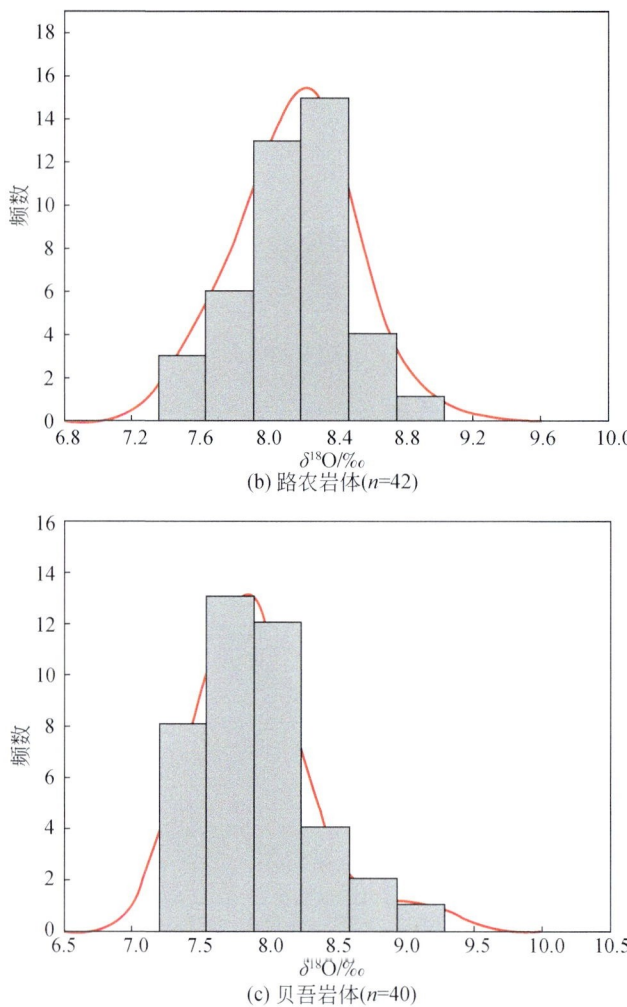

图 4.24 贝吾、里农和路农岩体的锆石 O 同位素柱状图

四、地球化学

1. 主量元素

贝吾、里农和路农岩体全岩主量、微量元素分析结果列于附表6。贝吾岩体（SiO_2 = 64.53%~67.00%）和路农岩体（SiO_2 = 66.03%~69.00%）的 SiO_2 含量相对均一，而里农岩体的分布范围较宽（SiO_2 = 65.20%~73.49%）。其他主量元素方面，里农岩体具有较高的全碱含量（K_2O+Na_2O = 5.82%~7.02%），Na_2O 和 K_2O 含量分别为 2.69%~3.93% 和 1.89%~4.29%，而 K_2O/Na_2O 值变化较大（0.48~1.58），CaO 含量中等（1.90%~5.21%），而 Fe_2O_3（1.93%~4.39%；全铁）、MgO（0.52%~1.81%）、TiO_2（0.17%~0.47%）、MnO（0.02%~0.07%）和 P_2O_5（0.041%~0.113%）含量均较低，Al_2O_3 的含

量为13.56%~16.35%。路农岩体的主量元素特征与里农岩体基本一致。贝吾岩体具有较窄的主量元素分布范围：$Na_2O=3.01\%\sim4.65\%$，$K_2O=2.87\%\sim3.91\%$，$Al_2O_3=14.9\%\sim16.0\%$，$CaO=1.89\%\sim3.27\%$，$Fe_2O_3=3.42\%\sim4.42\%$（全铁），$MgO=1.24\%\sim1.61\%$，$TiO_2=0.34\%\sim0.43\%$，$MnO=0.04\%\sim0.07\%$，$P_2O_5=0.08\%\sim0.10\%$。其全碱含量为6.45%~7.52%，K_2O/Na_2O值介于0.62~1.18。在SiO_2-(Na_2O+K_2O)图解[图4.25(b)]中，除了里农岩体的7个样品属于花岗岩外，大部分数据都投在花岗闪长岩的分布范围。铝饱和指数方面[图4.25(a)]，里农岩体的A/CNK[摩尔$Al_2O_3/(CaO+Na_2O+K_2O)$]值为0.92~1.08；路农岩体稍低，为0.83~1.04；贝吾岩体稍高，但绝大多数样品A/CNK值低于1.1。因而，贝吾、里农和路农岩体以准铝质–弱过铝质为主。一些代表性主量元素与SiO_2的相关性图解见图4.26，随着SiO_2含量的升高，MgO、Fe_2O_3、Al_2O_3、TiO_2、P_2O_5及MnO的含量逐渐降低，而CaO含量早阶段不断升高，但晚阶段却逐渐降低。

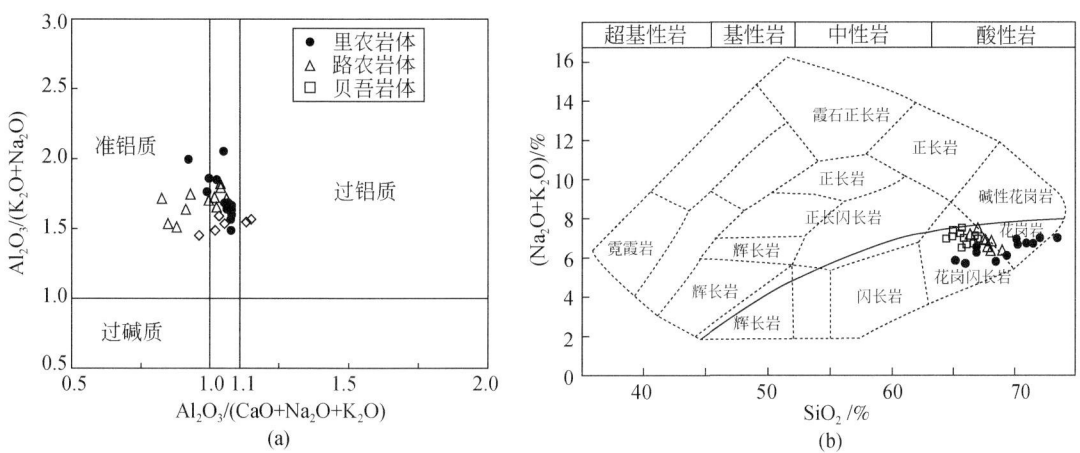

图4.25 贝吾、里农和路农岩体的铝饱和度图解（a）及岩石分类图解（b）（Middlemost，1994）

2. 微量元素

贝吾岩体的代表性元素含量为：$Rb=103\times10^{-6}\sim150\times10^{-6}$，$Sr=174\times10^{-6}\sim332\times10^{-6}$，$Nb=7.00\times10^{-6}\sim10.0\times10^{-6}$，$Y=13.3\times10^{-6}\sim16.7\times10^{-6}$，$Ta=0.77\times10^{-6}\sim0.90\times10^{-6}$。相对而言，里农岩体上述各元素含量较为均一（$Rb=73\times10^{-6}\sim181\times10^{-6}$，$Sr=146\times10^{-6}\sim491\times10^{-6}$，$Nb=6.9\times10^{-6}\sim11.8\times10^{-6}$，$Y=10.3\times10^{-6}\sim20.2\times10^{-6}$，$Ta=0.81\times10^{-6}\sim1.50\times10^{-6}$）。路农花岗闪长岩体Rb含量为$102\times10^{-6}\sim154\times10^{-6}$，Sr为$248\times10^{-6}\sim413\times10^{-6}$，Nb为$7.00\times10^{-6}\sim9.70\times10^{-6}$，Y为$12.1\times10^{-6}\sim16.4\times10^{-6}$，Ta为$0.90\times10^{-6}\sim1.20\times10^{-6}$。Sr含量与$SiO_2$在早阶段呈正相关，而至晚阶段则表现为负相关（图4.26）。在微量元素原始地幔标准化蛛网图中[图4.27(a)]，所有样品具有相似的微量元素配分模式，表现为显著亏损高场强元素（HFSE，如Nb、Ta、Ti、Zr和Hf等）和P元素，强烈富集大离子亲石元素（LILE，如Rb、Th、Ba和U等）。此外，与Rb和Th相比，Ba元素相对亏损。

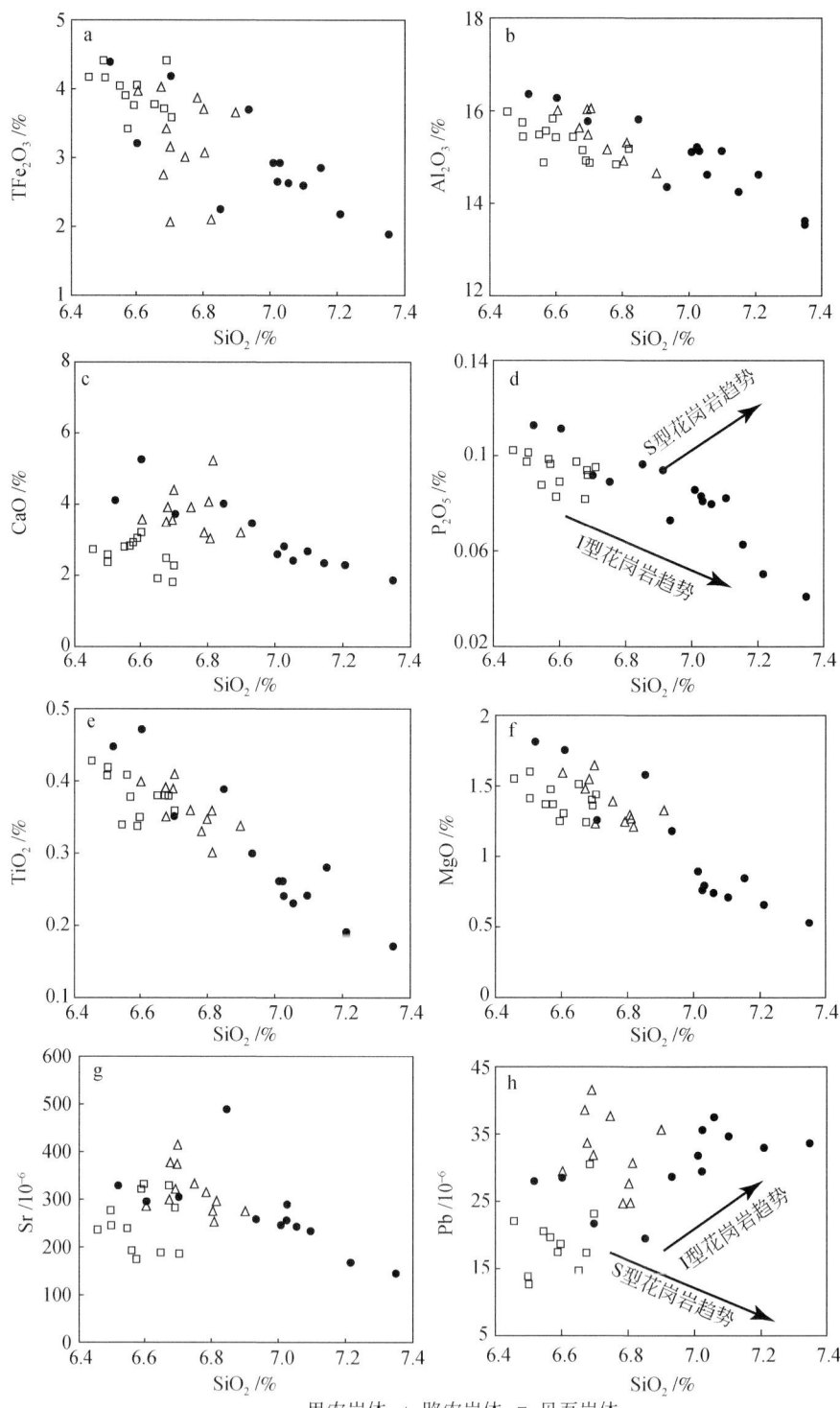

图 4.26 贝吾、里农和路农岩体的 SiO₂ 含量与代表性主量和微量元素丰度相关性图解

I 型和 S 型花岗岩的演化趋势据 Chappell 和 White (1992) 及 Chappell (1999)

贝吾、里农和路农岩体亦具有相似的球粒陨石标准化稀土元素配分模式图 [图 4.27 (b)],所有样品具有较高的稀土元素总量 ($92.7×10^{-6} \sim 328×10^{-6}$),并显著富集轻稀土 [REE,$(La/Yb)_N = 7.92 \sim 40.3$],而重稀土(HREE)自身分异不明显 [$(Gd/Yb)_N = 1.26 \sim 2.49$]。此外,样品均具有轻微的负 Eu 异常($Eu/Eu^* = 0.65 \sim 0.93$)。较高的 $(La/Yb)_N$ 值和较低的 Yb_N 相对值($5.82 \sim 11.2$)表明岩浆源区可能存在石榴子石的残留。

贝吾、里农和路农岩体的 $1000Ga/Al$ 值为 $1.7 \sim 2.2$,FeO_T/MgO 值为 $1.3 \sim 3.3$,这些均低于典型 A 型花岗岩的相对值。在 $10000\ Ga/Al$ 值与 K_2O+Na_2O 和 Zr 含量的相关图解中(图 4.28;Whalen et al.,1987),所有样品都落在 I 型和 S 型花岗岩的分布区域内。

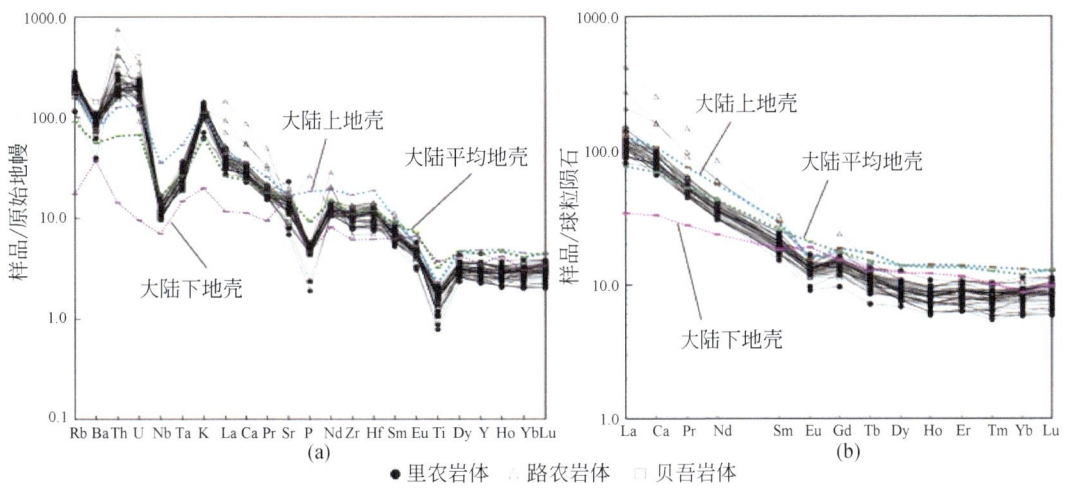

图 4.27 贝吾、里农和路农岩体的微量元素原始地幔标准化图解(a)及稀土元素球粒陨石配分模式图(b)
标准化数据及大陆上地壳、大陆下地壳和大陆平均地壳微量元素含量均来自 Sun 和 McDonough(1989)

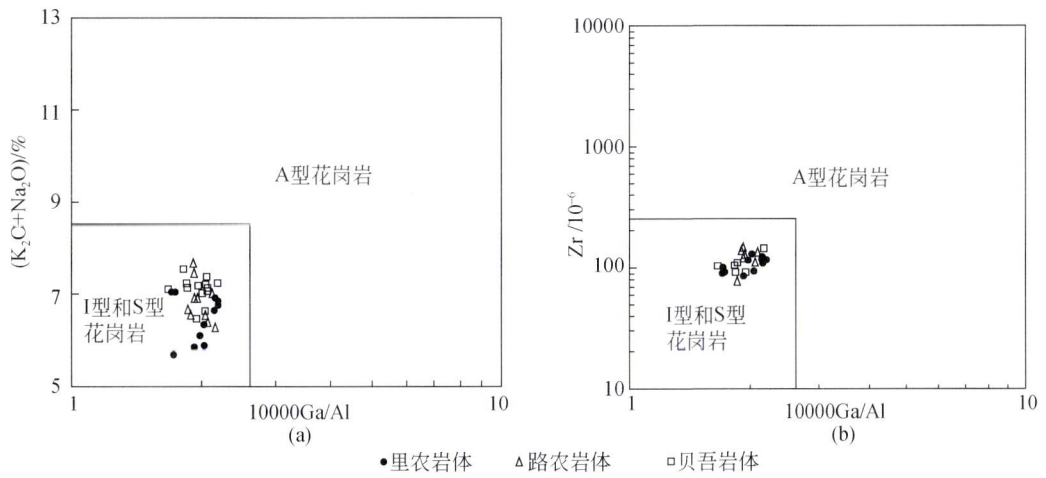

图 4.28 贝吾、里农和路农岩体(K_2O+Na_2O)(a)和 Zr(b)与 $10000Ga/Al$ 相关图解(Whalen et al.,1987)

此外,上述三岩体均具有较低含量的 P_2O_5(0.06~0.11),同时,P_2O_5 含量与 SiO_2 具有负相关性[图 4.26(d)],而 Pb 元素则与 SiO_2 呈正相关[图 4.26(h)],这些与 I 型花岗岩特征一致(Chappell and White,1992;Wu et al.,2003)。结合 CIPW 标准矿物计算,三岩体中刚玉含量均小于 1%,且显微镜下白云母和堇青石分布均较少等特征,认为贝吾、里农和路农岩体均为 I 型花岗岩。

3. Sr-Nd-Pb 同位素

全岩 Sr-Nd 同位素分析结果列于附表 7,Pb 同位素组成见附表 8。Sr 同位素初始比值($^{87}Sr/^{86}Sr)_i$、$\varepsilon_{Nd}(t)$、Nd 同位素两阶段模式年龄(T_{DM2})及初始 Pb 同位素比值计算过程中 $t=230$ Ma。贝吾岩体(6 件样品)的($^{87}Sr/^{86}Sr)_i$ 值为 0.7087~0.7095,$\varepsilon_{Nd}(t)$ 值为 -5.9~-6.2[图 4.29(a)],$T_{DM2}=1487$~1513 Ma。里农岩体(5 件样品)的($^{87}Sr/^{86}Sr)_i$ 值为 0.7078~0.7148,$\varepsilon_{Nd}(t)$ 值为 -6.1~-6.7,而 T_{DM2} 为 1501~1551 Ma。相对而言,路农岩体的 Sr 同位素初始比值较高[($^{87}Sr/^{86}Sr)_i=0.7097$~0.7105],而 $\varepsilon_{Nd}(t)$ 值(-5.1~-5.4)和 T_{DM2}(1420~1443 Ma)均较低。上述结果表明,贝吾、里农和路农岩体具有相似的 Sr-Nd 同位素组成,表明三者具有一致的岩浆源区。

上述三个岩体同样具有相似的 Pb 同位素组成(附表 8)。所有样品均具有较高的 Pb 同位素比值($^{206}Pb/^{204}Pb=18.45431$~19.19566,$^{207}Pb/^{204}Pb=15.66253$~15.74818,$^{208}Pb/^{204}Pb=38.79326$~39.41141)。初始 Pb 同位素比值计算过程所用的 U、Th、Pb 元素含量来自附表 6,结果为:($^{206}Pb/^{204}Pb)_t=18.213$~18.598,($^{207}Pb/^{204}Pb)_t=15.637$~15.730,($^{208}Pb/^{204}Pb)_t=38.323$~38.791,由于三岩体的侵位年龄相对较年轻,因而 Pb 同位素初始比值与样品测试结果差别较小(附表 8)。

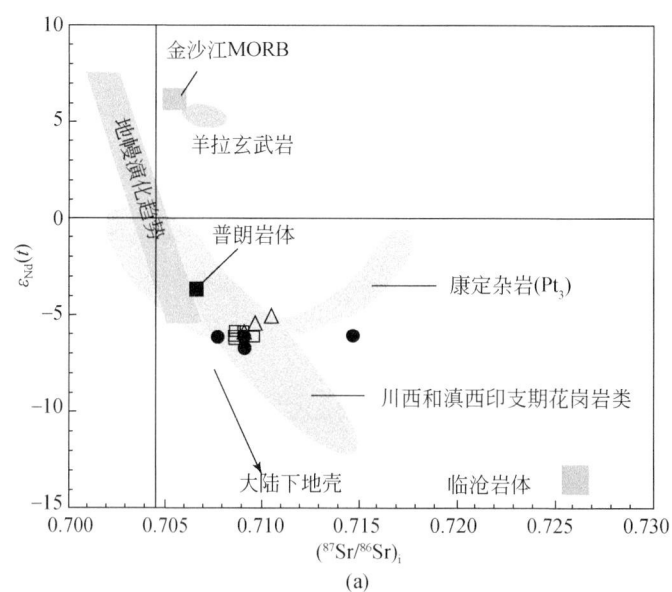
(a)

第四章 矿区岩浆岩

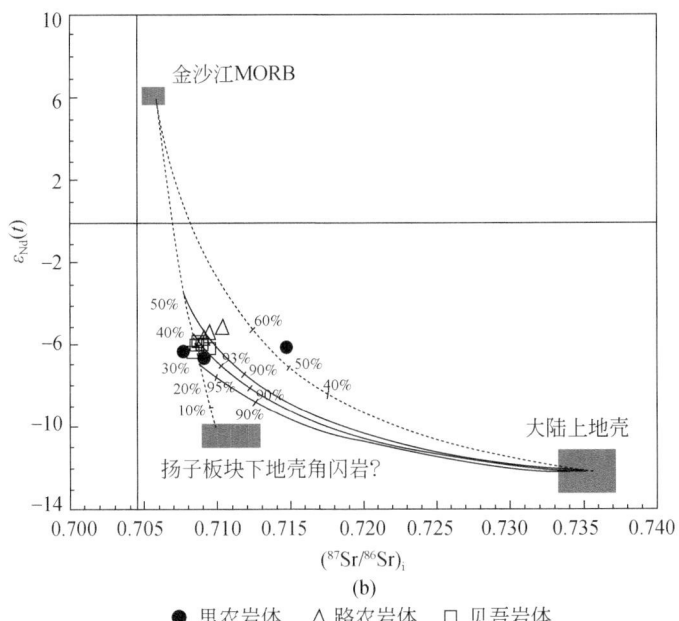

图 4.29 贝吾、里农和路农岩体 $\varepsilon_{Nd}(t)$ 与 $(^{87}Sr/^{86}Sr)_i$ 相关图解（a）及 Sr-Nd 同位素数值模拟图解（b）

大陆下地壳趋势线引自 Jahn 等（1999）；所有初始同位素比值被返算至 230Ma。羊拉玄武岩数据见表 4.2；金沙江 MORB 数据引自 Xu 和 Castillo（2004）；川西和滇西印支期花岗岩类 Sr-Nd 同位素数据引自 Zhang 等（2006，2007，2008）、Xiao 等（2007）和王全伟等（2008）；普朗岩体数据引自庞振山等（2009）；康定杂岩及临沧岩体数据分别来自刘昌实和朱金初（1989）。端元模拟计算过程中，金沙江 MORB 代表幔源岩浆，其各参数值为 $\varepsilon_{Nd}(t)=6.1$，Nd=7.2×10^{-6}，$(^{87}Sr/^{86}Sr)_i=0.7054$，Sr=260×$10^{-6}$。雄松群作为上地壳的代表，其各项参数值为：$\varepsilon_{Nd}(t)=-12.2$，Nd=27.6×$10^{-6}$，$(^{87}Sr/^{86}Sr)_i=0.7357$，Sr=168×$10^{-6}$。扬子板块下地壳角闪岩的 Sr-Nd 同位素组成是通过前人资料估计的：$\varepsilon_{Nd}(t)=-10$，Nd=12×10^{-6}，$(^{87}Sr/^{86}Sr)_i=0.710$，Sr=260×$10^{-6}$（Gao et al., 1999, Ma et al., 2000, Zhao et al., 2010）

4. 锆石 Hf-O 同位素

分别选取贝吾、里农和路农岩体中的 40 个锆石测试点进行氧同位素原位分析，其中每个岩体的约 30 个锆石颗粒做过 U-Pb 年龄分析，分析结果列于附表 4。测试点在图 4.22 中为较小的白色椭圆。贝吾岩体的锆石氧同位素组成分布范围较宽，$\delta^{18}O$ 值为 7.3‰ ~ 9.3‰，平均值为 7.9‰，数据具有高斯分布特征（图 4.24）。里农岩体锆石的氧同位素比值相对均一，$\delta^{18}O=7.4‰ ~ 8.9‰$，平均为 8.1‰，数据呈正态分布。路农岩体同样具有较窄的 $\delta^{18}O$ 值分布范围（$\delta^{18}O=7.6‰ ~ 8.9‰$），40 个分析点的平均值为 8.1‰。总体而言，上述三个岩体具有相似的锆石氧同位素组成，表明三者可能具有统一的源区。

从 6 个样品中挑选出的锆石选出三组用以 Lu-Hf 同位素原位测试（样品编号：BW-6、LiN-2 和 LuN-2），大部分锆石颗粒已做过 U-Pb 定年和氧同位素测试（图 4.22），测试点为较大的黑色椭圆。分析结果列于附表 5，$\varepsilon_{Hf}(t)$ 及 Hf 同位素两阶段模式年龄计算过程中 $t=230Ma$。贝吾岩体中锆石的 $\varepsilon_{Hf}(t)$ 为 -3.1 ~ 2.8，两阶段模式年龄 T_{DM2} 为 1083 ~ 1453Ma；里农岩体中 $\varepsilon_{Hf}(t)$ 均为负值，并介于 -8.6 ~ -2.3，$T_{DM2}=1404 ~ 1800Ma$；路农岩体的 $\varepsilon_{Hf}(t)$ 和 T_{DM2}（1301 ~ 1518Ma）皆相对均一。

五、岩石成因

1. 分离结晶过程

各岩体的 MgO、Fe_2O_3、Al_2O_3、TiO_2 和 P_2O_5 的含量随 SiO_2 含量的升高而降低,表明在岩浆演化过程中可能存在镁铁质矿物(如角闪石、辉石等)、Fe-Ti 氧化物、长石和磷灰石等的分离结晶(Wu et al., 2003; Zhong et al., 2009)。Nb、Ta、Ti 等高场强元素的负异常可能反映了含 Ti 矿物相的分离,如金红石、钛铁矿等,较低的 MgO 含量(0.52%~1.18%)则反映了富镁矿物的分异(如角闪石、辉石等)。此外,上述各岩体均具有弱的 Eu 负异常($Eu/Eu^* = 0.65 \sim 0.93$),而 Sr 元素负异常不明显,表明斜长石的分离结晶作用较弱;Ba 元素的亏损一般与斜长石或钾长石的分异有关。Ba 和 Sr 元素与 Eu/Eu^* 值的相关图解(图 4.30)进一步揭示 Ba 的负异常主要与钾长石的分离结晶有关,而 Sr 元素特征受控于斜长石的轻度分离结晶。

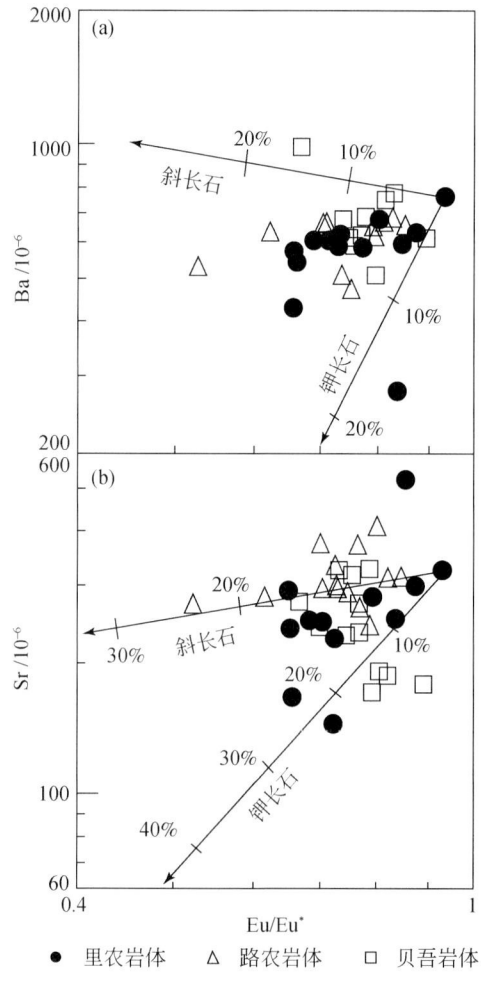

图 4.30 贝吾、里农和路农岩体的 Eu/Eu^*-Ba(a)和 Eu/Eu^*-Sr(b)相关图解
计算过程中用到的元素分配系数引自 Arth(1976),岩浆初始值以分异程度最低的样品代表

2. 岩浆源区

前已述及，I 型和 S 型花岗岩分别主要来自大陆地壳内火成岩及上地壳沉积岩的部分熔融（Wyllie，1977；Kemp et al.，2007；吴福元等，2007；张旗等，2008）。近年来，锆石 U-Pb 年龄和 Hf-O 同位素研究表明，经过幔源岩浆改造的沉积物质熔融也可能形成 I 型花岗岩（Kemp et al.，2007；Li et al.，2009a）。此外，在研究产自澳大利亚 Lachlan 褶皱带的花岗岩过程中，多位学者提出了"三端元混合模式"，即花岗岩岩浆为上地壳、下地壳和地幔来源的混合（Keay et al.，1997；Collins and Richards，2008）。

1）壳源属性

贝吾、里农和路农岩体具有 Nb、Ta、Ti 等元素的负异常，并强烈富集 LILE（图 4.27），这些特征与大陆地壳的组成基本一致（Rudnick and Fountain，1995）。同时，这些样品均具有较高的 $(^{87}Sr/^{86}Sr)_i$ 值、锆石 $\delta^{18}O$ 值和 Pb 同位素初始比值，并具负的 $\varepsilon_{Nd}(t)$ 值，结合其 Hf-Nd 同位素的两阶段模式年龄均较古老，认为上述三岩体的岩浆可能主要源于古老大陆地壳物质的重熔。地幔橄榄岩类的低程度部分熔融可以产生安山质岩浆，但由于本区花岗岩分布广泛，且可能具有相似的地球化学特征和岩浆源区（图 3.1）。质量平衡计算结果表明，单纯通过地幔物质的熔融很难形成如此巨量的花岗质熔体（Mo et al.，2007）。区域上，产自义敦岛弧的花岗岩类与上述三岩体具有相似的地球化学特征，前人的研究表明，该花岗岩类均来源于地壳物质的熔融（Reid et al.，2007），由此进一步表明贝吾、里农和路农岩体具有壳源成因。

2）上地壳-下地壳-地幔三端元岩浆混合

Nb/Ta 值是鉴别岩浆源区的有效参数（Eby，1998）。贝吾、里农和路农岩体的 Nb/Ta 值介于 6.1~13.3 之间，平均值（8.6）与大陆下地壳（Nb/Ta = 8.3；Sun and McDonough，1989）接近，表明这些岩体可能主要与大陆下地壳物质的熔融有关。前文已述，锆石 Hf 同位素比值分布范围较大，$\varepsilon_{Hf}(t)$ 值为 -8.6~2.8（附表 5；图 4.31），这与王彦斌等（2010）的研究结果相似 [$\varepsilon_{Hf}(t) = -4.3$~$2.4$]。Hf 同位素在部分熔融和分离结晶过程中分馏较小（Bolhar et al.，2008），因而锆石 Hf 同位素组成可以代表岩浆源区的特征。图 4.31（a）显示，贝吾、里农和路农岩体的 $\varepsilon_{Hf}(t)$ 值具有宽广的分布范围，负的 $\varepsilon_{Hf}(t)$ 值可能代表壳源熔体的特征，而正值则可能反映幔源岩浆或新生地壳物质的特征（Yang et al.，2007；Kemp et al.，2007；Li et al.，2009a）。古老的 Nd 同位素模式年龄表明区域可能并不存在新生地壳物质。而在锆石 Hf-O 同位素相关图中，$\varepsilon_{Hf}(t)$ 值与 $\delta^{18}O$ 值具有显著的负相关性，表明岩浆源区存在不同程度的幔源物质加入（Kemp et al.，2007；Li et al.，2009a）。里农岩体中的暗色微粒包体（MMEs）特征进一步证实了上述论断。这些包体的大小不一，一般为 2~15cm，包体与寄主岩的接触边呈锯齿状，镜下可见典型的岩浆结构，如部分矿物晶体的振荡环带及具自形粒状结构，同时常见黑云母呈嵌晶状包裹于钾长石中，这些特征表明该包体结晶于岩浆熔体中（Keay et al.，1997）。地球化学特征方面，这些暗色微粒包体的 SiO_2 含量（53.2%~59.9%）介于典型幔源岩石（如玄武岩）和寄主岩之间；年代学方面，激光锆石 U-Pb 年龄为 235.9±3.3Ma，与寄主里农岩体在误差范围内一致（图 4.32）。上述地质、地球化学证据一致表明这些暗色微粒包体形成于壳-幔岩浆混合过程中（Vernon，1984）。此外，该岩浆混合过程很可能发生于地壳深部（下地壳），因为地壳深部温度较高，且岩浆对流强烈，有利于壳-幔岩浆的充分混合（Wiebe et al.，1997；Chen et al.，2009）。

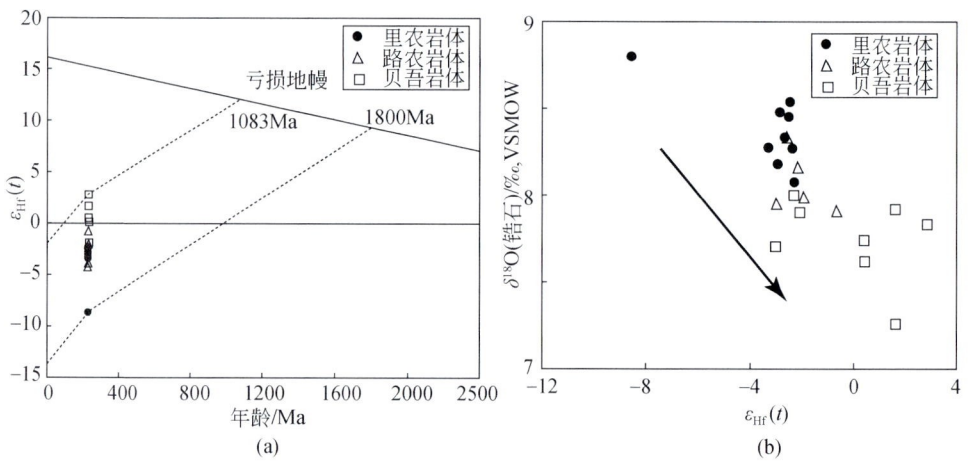

图 4.31　贝吾、里农和路农岩体的锆石 Hf 同位素（a）及 Hf-O 同位素（b）图解

亏损地幔演化线计算方法：假定 $t=0$ 时 $\varepsilon_{Hf}(t)$ 值为 16（Nowell et al.，1998），

而 $t=2.7Ga$ 时 $\varepsilon_{Hf}(t)=6$（Vervoort and Blichert-Toft，1999）

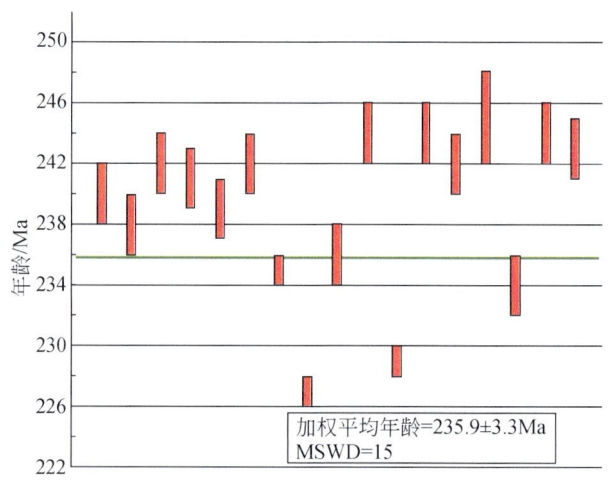

图 4.32　里农岩体中的包体锆石 $^{206}Pb/^{238}U$ 加权平均年龄

若贝吾、里农和路农岩体的岩浆来自壳-幔两端元的混合成因，那么，较高的 Pb 同位素初始比值及 $\delta^{18}O$ 值表明岩浆源区可能存在更成熟的组分加入。图 4.33 显示，三岩体的 Pb 同位素初始比值均较高，且落点均位于北半球参考线之下（NHRL）线上方。一般认为，亏损地幔及下地壳均具有较低的 Pb 同位素组成 [$(^{206}Pb/^{204}Pb)_0<18.0$，$(^{207}Pb/^{204}Pb)_0<15.5$，$(^{208}Pb/^{204}Pb)_0<37.5$]，但上地壳沉积物组分显著富集放射性成因铅

(Rollinson, 1993)。因而, 三岩体的岩浆源区可能存在沉积物质的加入 (Zhang et al., 2006)。锆石氧同位素对上地壳沉积组分的加入更为敏感, 贝吾、里农和路农岩体的 $\delta^{18}O$ 为 7.3‰ ~ 9.3‰ (图 4.24; 附表 4), 比幔源岩浆 ($\delta^{18}O = 5.3‰ \pm 0.3‰$) 和全球平均下地壳 ($\delta^{18}O = 7.0‰$; Kempton and Harmon, 1992) 的氧同位素比值都要高, 并显著低于沉积物组分 ($\delta^{18}O = 10.0‰ ~ 30.0‰$), 因而上地壳沉积物质的加入是不可避免的。

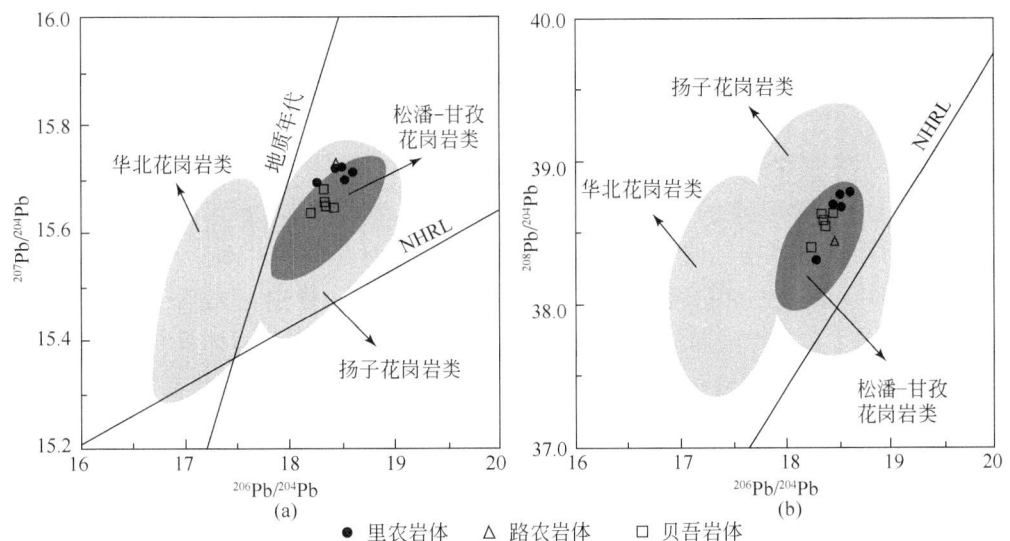

图 4.33 贝吾、里农和路农岩体 $^{207}Pb/^{204}Pb$ 与 $^{206}Pb/^{204}Pb$ (a) 及 $^{208}Pb/^{204}Pb$ 与 $^{206}Pb/^{204}Pb$ (b) 相关图解
华北板块和扬子板块中生代花岗岩的 Pb 同位素分布范围据张理刚 (1995); 松潘-甘孜花岗岩类 Pb 同位素组成引自 Zhang 等 (2006, 2007) 和 Xiao 等 (2007)

图 4.29 (b) 展示了两种 Sr-Nd 同位素两端元混合模式。Wang 等 (2000) 提出中元古代额阿钦群应为金沙江缝合带的变质基底, 但目前尚无相关 Sr-Nd 同位素数据发表。前文已多次阐述, 金沙江洋盆是在晚泥盆世或早石炭世期间, 昌都-思茅微板块从扬子板块发生弧后裂解而形成 (Wang et al., 2000; Metcalfe, 2002), 因而, 昌都-思茅微板块应与扬子板块具有统一的基底。此外, 贝吾、里农和路农岩体与扬子板块特别是松潘-甘孜地区花岗岩类具有相似的 Pb 同位素组成 (图 4.33; Zhang et al., 2006; 张理刚, 1995), 进一步表明金沙江带的基底物质应与扬子板块一致, 故在同位素模拟过程中, 选择扬子下地壳角闪岩作为下地壳端元。亏损地幔端元为金沙江 MORB 型玄武岩 [$(^{87}Sr/^{86}Sr)_i = 0.7054, \varepsilon_{Nd}(t) = 6.1$] (Xu and Castillo, 2004), 上地壳端元为来自川西巴塘县的雄松群, 其 Sr-Nd 同位素组成为: $(^{87}Sr/^{86}Sr)_i = 0.7357, \varepsilon_{Nd}(t) = -12.2$ (郝太平等, 1993)。模拟结果表明, 单纯的两端元混合 (上地壳-地幔和下地壳-地幔混合) 均无法形成三岩体的 Sr-Nd 同位素组成 [图 4.29 (b)]。同时, 联合 60% ~ 70% 的下地壳组分、25% ~ 35% 的亏损地幔组分及 5% ~ 10% 的上地壳变质沉积物可以形成并解释目前的 Sr-Nd 微量元素和同位素特征。此外, 川西和滇西印支期花岗岩类与贝吾、里农和路农岩体具有相似的 Sr-Nd 特征 [图 4.29 (a)], 表明它们可能具有相似的岩浆源区, 但目前证据仍较少, 亟待进一步的研究工作。

六、构造环境与成岩过程

金沙江洋是东古特提斯洋的重要组成部分,关于其早期演化,前文已详细论述,但对于金沙江洋何时闭合,目前依然没有统一的认识。Wang 等(2000)获得的雪堆同碰撞花岗岩 Rb-Sr 年龄为 255~238Ma,Jian 等(2008)测得雪堆奥长花岗岩脉的锆石 U-Pb 年龄为 238±10Ma,并认为该岩脉形成于同碰撞阶段,表明金沙江洋可能于早三叠世以前已经闭合。区域内,在中三叠统与上三叠统之间广泛发育一条不整合面,不整合面上覆磨拉石建造,表明碰撞可能于晚三叠世之前已经结束(莫宣学等,1993;莫宣学和潘桂棠,2006)。贝吾、里农和路农岩体的成岩年龄分别为 233.9±1.4Ma(2σ)、233.1±1.4Ma(2σ)和 231.0±1.6Ma(2σ),依照区域演化,初步认为三岩体应形成于碰撞晚期-碰撞后构造背景。此外,区域内同时代的攀天阁组中酸性岩石 [$(^{87}Sr/^{86}Sr)_i = 0.7072$;兰坪盆地;牟传龙和余谦,2002] 及鲁春—红坡牛场一带的三叠纪火山岩 [$(^{87}Sr/^{86}Sr)_i = 0.7065~0.7199$](王立全等,2002b)与本书所研究的花岗闪长岩体具有相似的 Sr 同位素组成,而攀天阁组及鲁春—红坡牛场均形成于裂谷环境并发育"双峰式"火山岩,这表明其可能均形成于碰撞后的伸展背景。Peng 等(2006)研究了区内临沧二长花岗岩体及上三叠统芒怀组中的火山岩,它们与贝吾、里农和路农岩体具有相近的成岩时代及地球化学特征,亦被解释为形成于碰撞晚期—碰撞后构造背景。基性脉岩一般形成于区域拉张环境,羊拉铜矿区内发育多条辉绿岩细脉,其年龄与上述花岗闪长岩体相近(王彦斌等,2010),进一步证实三岩体形成于碰撞晚期—碰撞后的伸展背景。而在构造判别图解中(图4.34),三岩体的大部分样品点落在碰撞晚期—碰撞后的分布区域内。综合上述讨论,认为贝吾、里农和路农岩体产出于碰撞晚期—碰撞后背景。

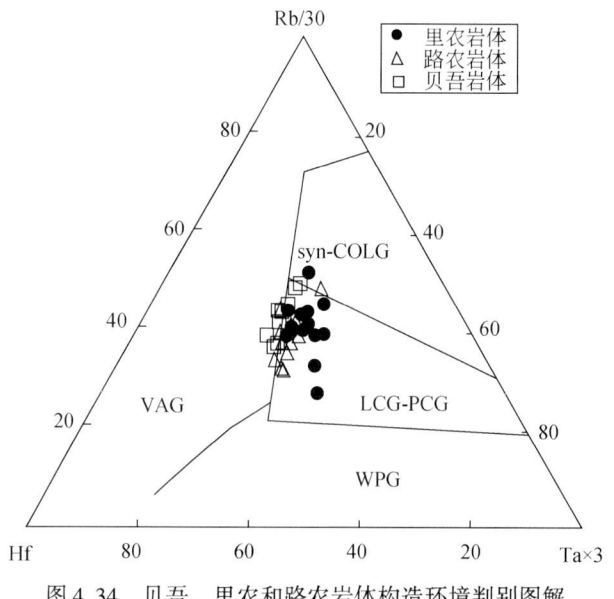

图 4.34 贝吾、里农和路农岩体构造环境判别图解

syn-COLG. 同碰撞花岗岩;LCG-PCG. 碰撞晚期或后碰撞花岗岩;VAG. 岛弧花岗岩;WPG. 板内花岗岩

在碰撞晚期—碰撞后伸展背景，幔源岩浆底侵作用（Bergantz，1989；Peressini et al.，2007）和榴辉岩相下地壳拆沉作用（Gao et al.，2008）是造成壳-幔岩浆混合的重要机制。拆沉作用形成的熔体常具有较低的 SiO_2 含量和较高的 MgO 含量（Martin et al.，2005；Moyen，2009；Yuan et al.，2010），然而本书所研究的岩体具有较高的 SiO_2（64.53%~73.49%），相当低的 MgO 丰度（0.52%~1.81%；附表6），暗示拆沉作用可能并不是造成壳-幔岩浆混合的机制。因此，贝吾、里农和路农岩体的成岩过程可以简述如下：在碰撞晚期—碰撞后环境，区域性拉张导致软流圈上涌并底侵于下地壳底部，下地壳在高温和减压条件下发生重熔并与幔源岩浆发生混合，所产生的混合岩浆在上升过程中混染少量上地壳易熔组分（沉积物质），由此产生三端元混合的岩浆（上地壳+下地壳+地幔）。伴随分离结晶和混合岩浆上侵就位，最终形成了贝吾、里农和路农花岗闪长岩体（图4.35）。

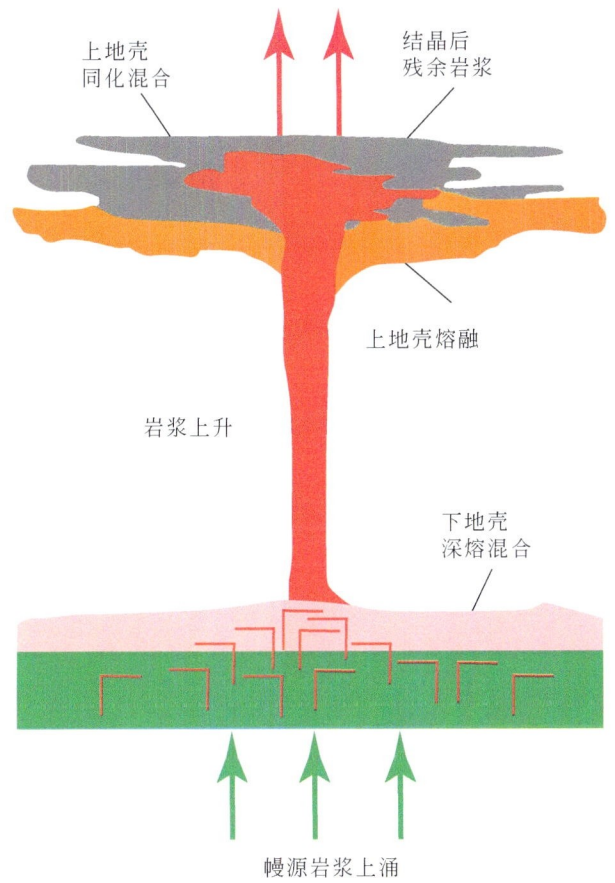

图 4.35　贝吾、里农和路农岩体成岩过程模式图（据 Kemp et al.，2007 修改）

七、金沙江洋的演化

通过对矿区玄武岩及花岗闪长岩体的研究，结合前人研究资料，认为金沙江的演化可能主要经历如下几个过程：

(1) 晚泥盆世或早石炭世早期（约 360Ma 前），伴随昌都-思茅微板块从扬子板块裂离，金沙江洋盆逐渐打开，形成一系列蛇绿岩混杂岩带 [图 4.36（a）、(b)]；

(2) 早二叠世早期（360~300Ma 前），金沙江洋开始向西俯冲于昌都-思茅微板块之下，形成羊拉大陆边缘弧带和江达-维西陆缘弧带 [图 4.36（c）]；

(3) 晚二叠世晚期（300~255Ma 前）—中三叠世（~238Ma），金沙江洋基本闭合，但闭合过程可能持续时间较长，中咱微板块与江达-维西陆缘弧发生碰撞 [图 4.36（d）]；

(4) 中三叠世之后（距今 238Ma 以来），区域可能已进入碰撞晚期—碰撞后演化阶段，伴随着大规模花岗岩类的产出，如白茫雪山花岗闪长岩、加仁花岗闪长岩及鲁甸花岗闪长岩等 [图 4.36（e）]。羊拉铜矿床与本阶段产出的贝吾、里农和路农岩体具成因联系。

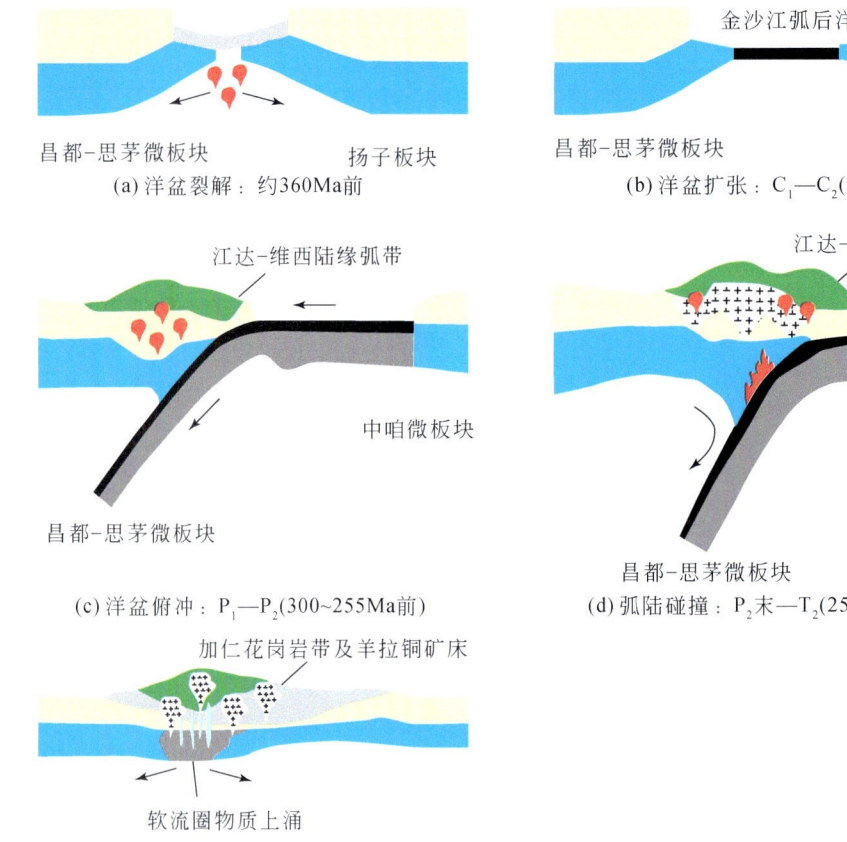

图 4.36 金沙江洋演化模式图

第三节 辉 绿 岩

辉绿岩是羊拉铜矿床常见的基性脉岩，在地表、坑道和钻孔中均能见到，主要呈脉状侵位于除第四系之外的各时代地层，在矿区花岗闪长岩体边部也偶见这类脉岩侵入。前人在矿床勘探和研究过程中,对矿区辉绿岩主要是简单的地质描述,研究工作极少。目前只有王彦斌等(2010)报道了1组辉绿岩的锆石U-Pb年龄为222.0±1Ma、MSWD=1.05;朱俊等(2011)分析了4件侵位于江边组、贝吾组中辉绿岩脉的主量和微量元素组成,初步认为辉绿岩具大陆边缘岛弧性质,可能形成于三叠纪金沙江带陆缘岛弧岩浆活动阶段。本次工作对矿区辉绿岩进行了较为系统的岩相学、年代学和地球化学研究,以此确定了这类脉岩的成岩时代、地幔源区特征、岩石成因及演化、成矿构造背景以及与花岗闪长岩(和石英斑岩)之间的成因联系。

一、地质特征

矿区辉绿岩主要呈脉状、少量呈岩株状侵位于除第四系之外的各时代地层,在矿区花岗闪长岩体边部也偶见这类脉岩侵入,地表、坑道和钻孔中均能见到。朱俊等(2011)通过对里农矿段东西向路线考察和剖面测量,在泥盆系江边组、里农组和石炭系贝吾组中可见辉绿岩脉岩,脉宽通常小于0.8m,与围岩岩层面斜交,两侧见白色大理岩化烘烤边,侵位时代明显晚于围岩时代。本次工作在地表及多个钻孔中见到这类岩石,主要侵位于泥盆系江边组、里农组,与朱俊等(2011)描述的地质特征一致,同时在里农村头发现辉绿岩呈岩株产出,在矿区花岗闪长岩体边部发现有辉绿岩脉侵入。

辉绿岩株侵位于泥盆系里农组(图版XI-E),岩株宽约5m、长约20m,沿接触带围岩严重破碎,有10~50cm不等的烘烤边。岩石新鲜,呈灰绿色,边部见绿泥石化和碳酸盐化等蚀变,中心矿物粒度相对较粗、边部较细。岩石具典型的辉绿结构和辉长结构(图版XI-F、G),主要矿物为斜长石和单斜辉石,含量分别在40%~60%(体积百分比,下同)和20%~40%不等,次要矿物为橄榄石(小于5%)、斜方辉石(小于2%)和云母(小于5%),副矿物常见的有磷灰石(小于1%)和金属矿物磁铁矿(小于2%)等。镜下观察岩石中斜长石、辉石、橄榄石和云母等矿物也有不同程度蚀变,主要为绿泥石化、绢云母化和黏土化。部分样品还具斑状结构(图版XI-H),斑晶主要为橄榄石、斜方辉石和单斜辉石,这些矿物蚀变相对较强,粒径一般大于2mm,含量小于10%;基质主要由长石和单斜辉石组成,蚀变相对较弱,粒径一般小于0.5mm。

在花岗闪长岩体边部呈脉状侵入的辉绿岩(图版XII-A)沿岩体与围岩接触带侵入,脉宽50cm左右,走向不规则,向上延伸约10m即尖灭,向下变宽,延伸未见底。辉绿岩与花岗闪长岩接触界线清晰、蚀变微弱,沿与围岩接触带的围岩较破碎,有小于20cm的烘烤边。新鲜岩石呈灰绿色,边部见弱绿泥石化和碳酸盐化,矿物粒度相对较细。岩石同样具典型的辉绿结构和辉长结构(图版XII-B、C),偶见斑状结构(图版XII-D),矿物成分与呈岩株产出的辉绿岩相近,同样遭受不同程度的蚀变作用,常见绿泥石化、绢云母化和黏土化。

在里农矿段钻孔4903和江边矿段钻孔N13ZK2均见到辉绿岩岩脉,前者侵位于泥盆系里农组,钻孔揭露脉厚5m左右;后者侵位于泥盆系江边组地层,钻孔揭露脉厚3m左右。两处辉绿岩均遭受较强烈蚀变,常见绿泥石化、绿帘石化、碳酸盐化、绢云母化和黏土化。岩石主要由斜长石和辉石组成,由于蚀变作用,这些矿物均只存在晶体外形或少量蚀变残余，因而辉绿结构和辉长结构均不明显（图版Ⅻ-E），但斑状结构明显（图版Ⅻ-F、G），斑晶为蚀变斜长石和辉石，基质粒度较细，也多为斜长石和辉石，偶见后期方解石脉（图版Ⅻ-H）。

二、成岩年代

目前只有王彦斌等（2010）对采自羊拉铜矿床里农大沟、侵位于里农花岗闪长岩中的辉绿岩墙进行了锆石U-Pb定年，获得16个点的谐和年龄为222.0±1.0Ma、MSWD=1.05，以此认为岩石为伴随矿区花岗质岩浆多次涌动侵入形成花岗闪长岩过程中幔源基性岩浆活动产物。本次工作对矿区多条辉绿岩脉进行了锆石原位U-Pb定年，获得了精确可靠的成岩时代，为深入讨论矿床成岩成矿动力学、揭示岩浆活动与成矿的关系提供了年代学证据。

1. 样品

样品Y001：采自路农采场至喇嘛寺方向简易公路边，辉绿岩呈岩墙侵位于大面积辉绿色致密块状玄武岩（图版ⅩⅢ-A）。岩墙裂隙发育，常见石英、方解石细脉充填，细脉中有黄铁矿零星分布。岩石呈灰绿色，发育斑状结构，斑晶主要为斜长石、辉石，粒径小于1mm。基质主要由斜长石和辉石组成，含量分别为50%~55%和45%~50%，具有辉绿结构（图版ⅩⅢ-B）。岩石蚀变较强，常见绿帘石化、碳酸盐化、硅化和黏土化。镜下定名为碎裂蚀变辉长辉绿玢岩。

样品Y014：位于路农采场至喇嘛寺的公路旁，岩石中局部风化呈灰白色，沿裂隙面具黄铁矿化。岩体内发育后期构造，两断裂面产状分别为：NE76°∠54°NW（西侧）、NE74°∠73°SE（东侧）（图版ⅩⅢ-C）。断裂宽约6m，带内为灰白-微黄色辉绿岩，岩体破碎，矿物结晶粒度较粗。断裂两侧岩体呈微绿色致密块状，结晶粒度较细。岩石标本呈灰绿色块状构造，沿后期破碎裂隙内混杂充填有后期碳酸盐（方解石）及硅化石英等（图版ⅩⅢ-D）。矿石具典型的辉绿结构，矿物成分主要为斜长石和辉石，斜长石呈细粒半自形板状、柱状，趋于成格架状组合，辉石分布其间，副矿物为少量不透明的金属矿物。斜长石钠黝帘石化、蚀变较强，辉石蚀变不强，少部分具有绿泥石化。镜下定名为硅化碳酸盐化碎裂状辉长辉绿岩。

样品Y034：位于路农采场南侧，为灰绿色致密块状辉绿岩，呈岩株状侵位于花岗闪长岩旁侧（图版ⅩⅢ-E、F）。样品D034与样品Y034相同，为验证分析结果的可靠性，将样品Y034挑选的锆石分为2份，编号分别为Y034和D034，前者送南京大学内生金属矿床成矿机制研究国家重点实验室分析，后者由中国科学院地球化学研究所矿床地球化学国家重点实验室分析。

样品LN12-06：采自喇嘛寺附近的简易公路边，辉绿岩呈岩脉侵入辉绿色致密块状玄武岩（图版ⅩⅢ-G）。岩石相对新鲜，呈灰绿色斑状结构（图版ⅩⅢ-H），矿物粒度相对较细；斑晶主要为橄榄石、单斜辉石和斜长石，粒径一般小于2mm，含量小于10%，具强蛇纹石化、绿泥石化等蚀变；基质主要由斜长石和单斜辉石组成，含量分别为45%~

55%和40%~50%，具弱绿泥石化、绢云母化和高岭石化等。镜下定名为辉绿玢岩。

2. 分析方法

在野外地质观察的基础上，采集辉绿岩样品4件，样品重5~10kg，送至河北省廊坊市诚信地质服务有限公司用常规的重选和磁选技术挑选锆石，纯度在99%以上。将锆石样品颗粒和锆石标样粘贴在环氧树脂靶上，然后抛光使其暴露一半晶面；对锆石进行透射光和反射光显微照相以及阴极发光图像分析，以检查锆石的内部结构、帮助选择适宜的测试点位。

锆石 LA-ICPMS U-Pb 定年分别在中国科学院地球化学研究所矿床地球化学国家重点实验室和南京大学内生金属矿床成矿机制研究国家重点实验室完成，矿床地球化学国家重点实验室锆石 U-Pb 定年在激光剥蚀电感耦合等离子体质谱仪（LA-ICP-MS）上完成，激光剥蚀系统是配备有 193nm ArF-excimer 激光器的 Geolas200M（Microlas Gottingen Germany），分析采用激光剥蚀孔径 30μm，剥蚀深度 20~40μm，激光脉冲为 10Hz，能量为 32~36mJ，同位素组成用锆石 91500 进行外标校正。南京大学内生金属矿床成矿机制研究国家重点实验室完成的分析仪器型号有一定差别，但均沿用西北大学大陆动力学国家重点实验室开放的分析流程和方法（袁洪林等，2003），U-Th-Pb 含量分析见高山等（2002）的方法。

3. 锆石特征

在南京大学内生金属矿床成矿机制研究国家重点实验室完成的锆石 U-Pb 定年使用靶纸挑选定年锆石，没有阴极发光（CL）照片；在中国科学院地球化学研究所矿床地球化学国家重点实验室完成的锆石 U-Pb 定年使用 CL 挑选定年锆石。从样品 D034 和 LN-06 锆石的 CL 照片可见（图4.37、图4.38），本区辉绿岩中的锆石主要为长柱状、短柱状，四方双锥发育，晶面平直，CL 图像显示锆石具清晰的岩浆振荡环带，有的锆石颗粒边缘有圆化现象，为典型的岩浆锆石。

4. 定年结果

附表9~附表13为羊拉铜矿床4件采自不同位置的辉绿岩锆石 LA-ICPMS U-Pb 定年数据，其中 D034 和 Y034 为同一样品，分别由中国科学院地球化学研究所矿床地球化学国家重点实验室和南京大学内生金属矿床成矿机制研究国家重点实验室完成，表4.2为分析数据的统计结果。

（1）样品 LN12-06：从附表9和附表10中可见，锆石的 U、Th 和 Pb 含量均有较宽的变化范围，分别为 252×10^{-6}~1413×10^{-6}、72×10^{-6}~448×10^{-6} 和 10×10^{-6}~533×10^{-6}；但 Th/U 相对稳定，在 0.24~0.39 之间，U-Th 和 U-Pb 之间具有明显的正相关线性关系（图4.39），具岩浆锆石的地球化学特征（Williams and Claesson，1987）。24个测点的谐和度在 97%~110% 之间，$^{207}Pb/^{206}Pb$ 年龄变化范围较宽，为 135~479Ma；$^{207}Pb/^{235}U$、$^{206}Pb/^{238}U$ 和 $^{208}Pb/^{232}Th$ 年龄均相对稳定，分别为 226~258Ma、222~234Ma 和 221~283Ma；剔除部分 Pb 异常样品，23个测点的 $^{206}Pb/^{238}U$ 年龄值加权平均为 232.5±0.49Ma、MSWD=1.09Ma（图4.40），在 $^{207}Pb/^{235}U$-$^{206}Pb/^{238}U$ 谐和图中（图4.40），16个测点成群分布，

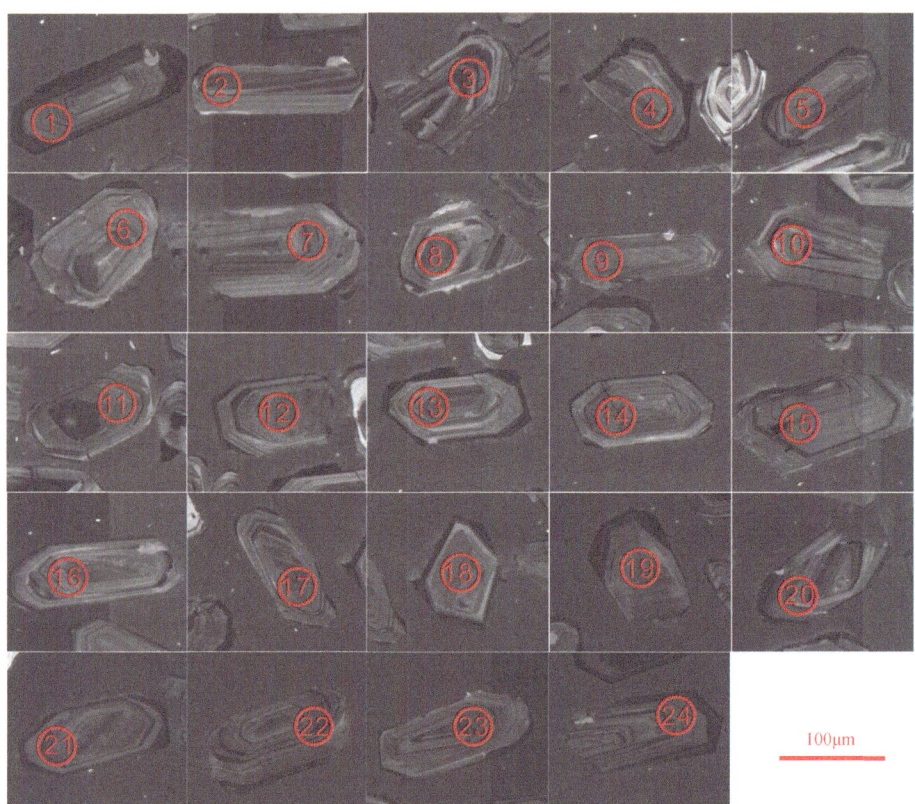

图 4.37　辉绿岩样品 D034 锆石阴极发光（CL）照片及定年打点位置

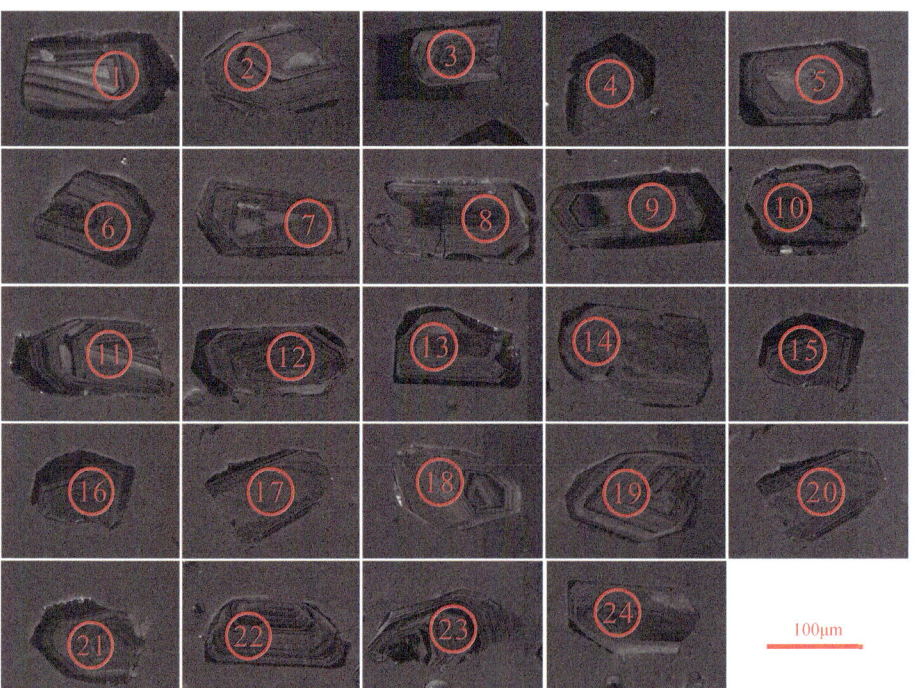

图 4.38　辉绿岩样品 LN12-06 锆石阴极发光（CL）照片及定年打点位置

第四章 矿区岩浆岩

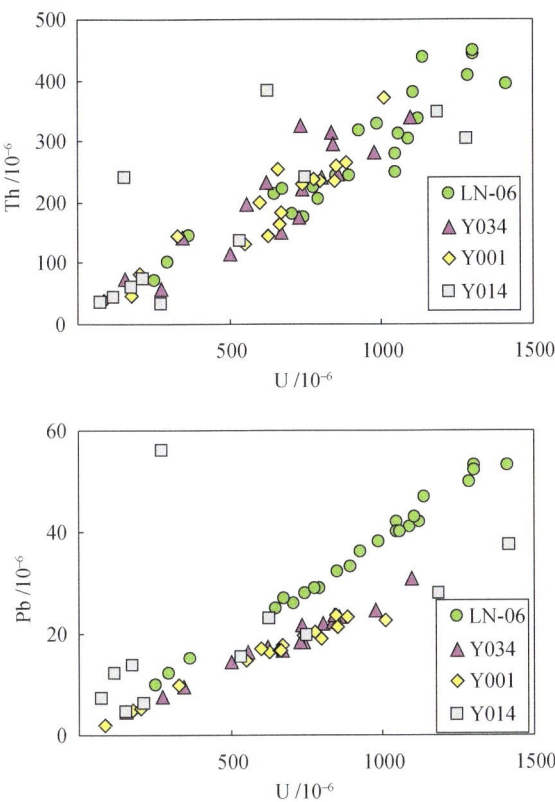

图 4.39 辉绿岩锆石 U-Th 和 U-Pb 相关图（原始数据据附表 9～附表 13）

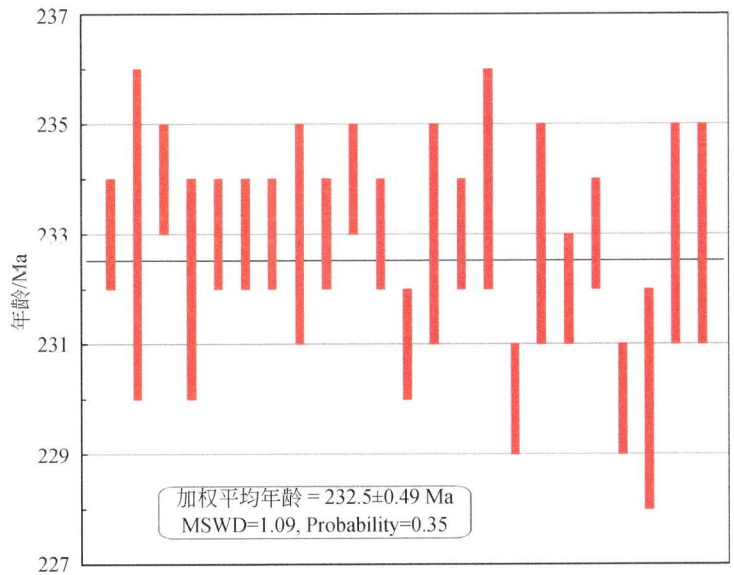

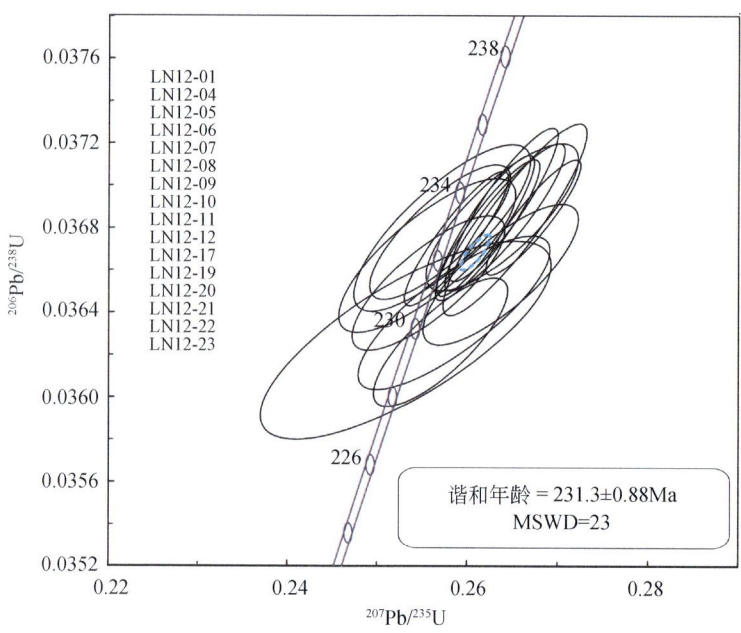

图 4.40 辉绿岩样品 LN12-06 锆石 LA-ICP-MS U-Pb 定年分析结果

谐和年龄为 231.3±0.88Ma、MSWD=23，与加权平均年龄一致，应为岩石成岩年龄。

（2）样品 D034 和 Y034：为同一标本的 2 个锆石编号，附表 10（样品 D034）为中国科学院地球化学研究所矿床地球化学国家重点实验室的分析结果。锆石的 U、Th 和 Pb 含量很高，且有很宽的变化范围，分别为 $7828×10^{-6}$~$51472×10^{-6}$、$3129×10^{-6}$~$15724×10^{-6}$ 和 $71×10^{-6}$~$434×10^{-6}$；但 Th/U 相对稳定，在 0.21~0.47 之间，具岩浆锆石的地球化学特征（Williams and Claesson，1987）。24 个测点中 23 个的谐和度在 90%~110% 之间，$^{207}Pb/^{206}Pb$ 年龄变化范围较宽，为 56~416Ma；$^{207}Pb/^{235}U$、$^{206}Pb/^{238}U$ 和 $^{208}Pb/^{232}Th$ 年龄均相对稳定，分别为 215~249Ma、224~234Ma 和 209~305Ma；23 个测点的 $^{206}Pb/^{238}U$ 年龄值加权平均为 229.3±1.1Ma、MSWD=1.4（图 4.41）；在 $^{207}Pb/^{235}U$-$^{206}Pb/^{238}U$ 谐和图中（图 4.41），15 个测点成群分布，谐和年龄为 229.46±1.4Ma、MSWD=0.00，与加权平均年龄一致，应为岩石成岩年龄。

附表 11（样品 Y034）为南京大学内生金属矿床成矿机制研究国家重点实验室的分析结果。锆石的 U、Th 和 Pb 含量明显不同于 D034，与 LN12-06 相近，分别为 $156162×10^{-6}$~$10933345×10^{-6}$、$58041×10^{-6}$~$339392×10^{-6}$ 和 $4718×10^{-6}$~$30827×10^{-6}$；但 Th/U 与 D034 相近，也在 0.21~0.47 之间，U-Th 和 U-Pb 之间具有明显的正相关线性关系（图 4.39），具岩浆锆石的地球化学特征（Williams and Claesson，1987）。20 个测点中 16 个的谐和度在 90%~110% 之间，$^{207}Pb/^{206}Pb$ 和 $^{208}Pb/^{232}Th$ 年龄变化范围较宽，分别为 155~484Ma 和 78~255Ma；$^{207}Pb/^{235}U$ 和 $^{206}Pb/^{238}U$ 年龄均相对稳定，分别为 214~265Ma 和 230~241Ma；剔除部分 Pb 异常样品，12 个测点的 $^{206}Pb/^{238}U$ 年龄值加权平均为 234.0±1.8Ma、MSWD=0.89（图 4.42），在 $^{207}Pb/^{235}U$-$^{206}Pb/^{238}U$ 谐和图（图 4.42）中，这 12 个测点成群分布，谐和年龄为 235.2±0.9Ma、MSWD=9.0，与加权平均年龄一致，应为岩石成岩年龄。同时可见，

该年龄值与中国科学院地球化学研究所矿床地球化学国家重点实验室测试相同样品 D034 获得的年龄值基本一致,说明两个单位获得的分析数据具有很高的可信度,获得年龄值具有很高的可靠性。

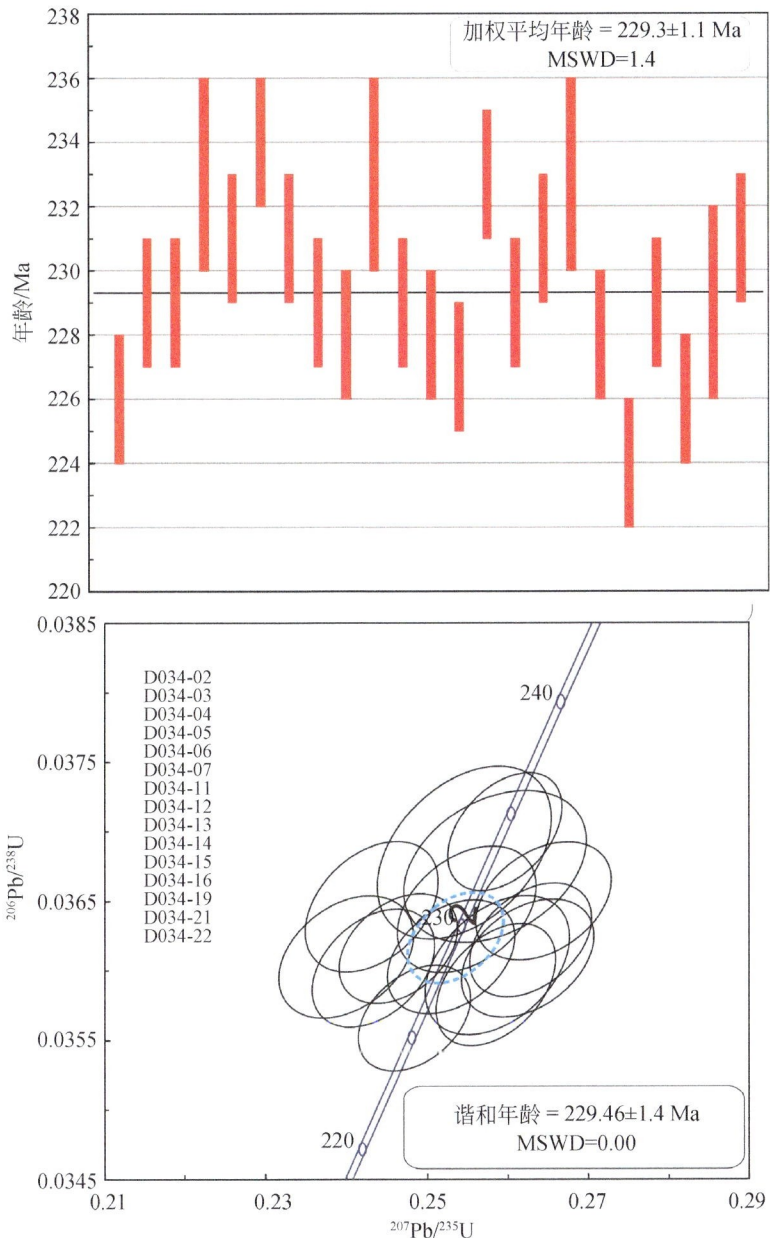

图 4.41 辉绿岩样品 D034 锆石 LA-ICP-MS U-Pb 定年分析结果

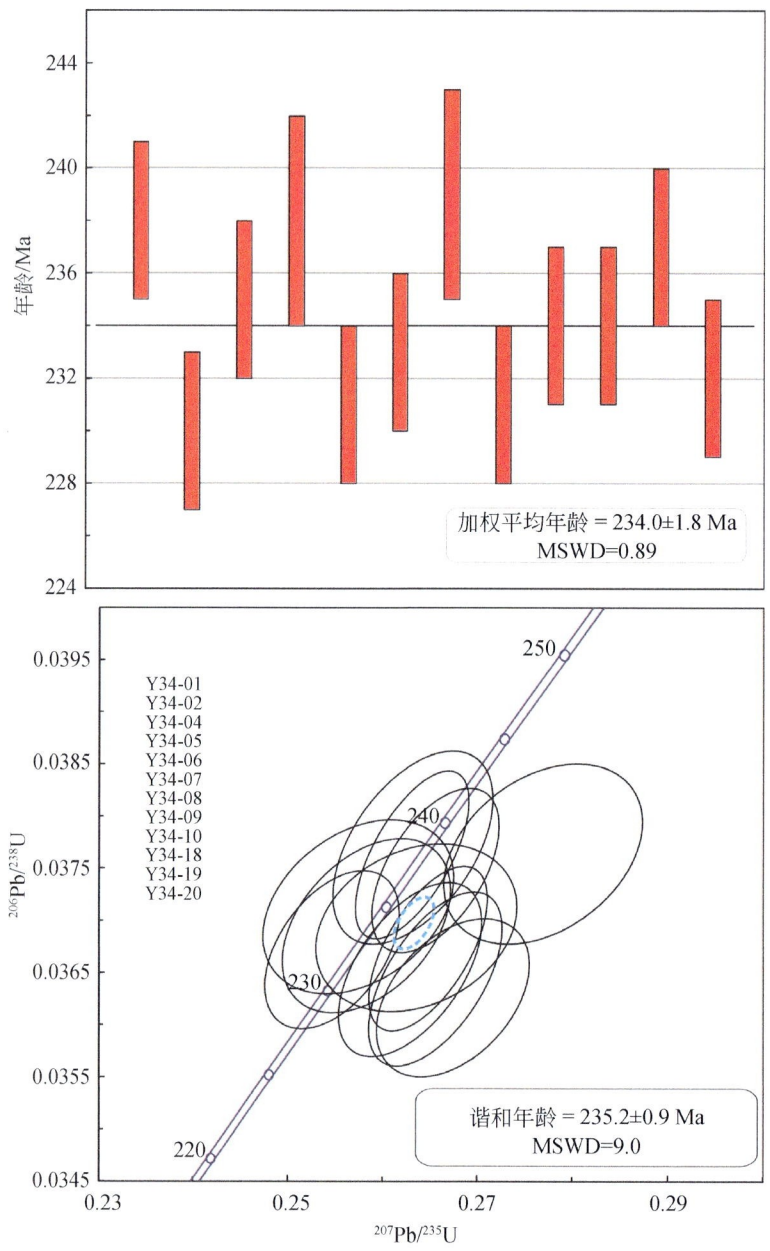

图 4.42 辉绿岩样品 Y034 锆石 LA-ICP-MS U-Pb 定年分析结果

(3) 样品 Y001：锆石的 U、Th 和 Pb 含量变化范围很宽，分别为 84308×10^{-6} ~ 1009145×10^{-6}、38549×10^{-6} ~ 372920×10^{-6} 和 1838×10^{-6} ~ 23473×10^{-6}（附表 12），U-Th 和 U-Pb 之间具有明显的正相关线性关系（图 4.39），Th/U 相对稳定，在 0.23 ~ 0.46 之间（表 4.2），具岩浆锆石的地球化学特征（Williams and Claesson，1987）。22 个测点中 17 个的谐和度在 90% ~ 110% 之间，$^{207}Pb/^{206}Pb$ 年龄变化范围较宽，为 144 ~ 358Ma；$^{207}Pb/^{235}U$ 和 $^{206}Pb/^{238}U$ 年龄均相对稳定，分别为 222 ~ 273Ma 和 226 ~ 267Ma；$^{208}Pb/^{232}Th$ 年龄也变化

很大，在 22~235Ma 之间；剔除部分 Pb 异常样品，14 个测点的 ^{206}Pb/^{238}U 年龄值加权平均为 228.4±1.7Ma、MSWD=0.18（图 4.43），在 ^{207}Pb/^{235}U-^{206}Pb/^{238}U 谐和图（图 4.43）中，15 个测点成群分布，谐和年龄为 228.7±0.85Ma、MSWD=0.90，与加权平均年龄一致，应为岩石成岩年龄。

表 4.2　辉绿岩锆石 U、Th、Pb 含量及年龄统计结果

样品编号		LN12-06	D034	Y034	Y001	Y014
有效测点数/个		24	23	16	17	12
U/10^{-6}		252~1413	7828~51472	156162~1093345	84308~1009145	73276~1420214
Th/10^{-6}		72~448	3129~15724	58041~339392	38549~372920	32217~1015378
Pb/10^{-6}		10~53	71~434	4718~30827	1838~23473	4608~71999
Th/U		0.24~0.39	0.21~0.47	0.21~0.47	0.23~0.46	0.12~1.54
年龄/Ma	^{207}Pb/^{206}Pb	135~479	56~416	155~484	144~358	222~1452
	^{207}Pb/^{235}U	226~258	215~249	214~265	222~273	219~1522
	^{206}Pb/^{238}U	222~234	224~234	230~241	226~267	215~1572
	^{208}Pb/^{232}Th	221~283	209~305	78~255	22~235	85~967
加权年龄/Ma		232.5±0.49	229.3±1.1	234.0±1.8	228.4±1.7	219.4±4.2
谐和年龄/Ma		231.3±0.88	229.46±1.4	235.2±0.9	228.7±0.85	220.3±1.3

注：由本次工作实测资料整理。

（4）样品 Y014：锆石的 U、Th 和 Pb 含量变化范围很宽，分别为 73276×10^{-6}~1420214×10^{-6}、32217×10^{-6}~1015378×10^{-6} 和 4608×10^{-6}~71999×10^{-6}（附表 13），U-Th 和 U-Pb 之间也大体呈正相关线性关系（图 4.39），但 Th/U 变化较大，在 0.12~1.54 之间（表 4.2），部分测点不具岩浆锆石的地球化学特征（Williams and Claesson, 1987）。21 个测点中只有 12 个的谐和度在 90%~110% 之间，各种年龄的变化范围均很宽，^{207}Pb/^{206}Pb 为 222~1452Ma、^{207}Pb/^{235}U 为 219~1522Ma、^{206}Pb/^{238}U 为 215~1572Ma、^{208}Pb/^{232}Th 为 85~967Ma；剔除部分 Pb 异常样品，只有 5 个测点的 ^{206}Pb/^{238}U 年龄值加权平均为 219.4±4.2Ma、MSWD=1.3（图 4.44）；在 ^{207}Pb/^{235}U-^{206}Pb/^{238}U 谐和图（图 4.44）中，5 个测点成群分布，谐和年龄为 220.3±1.3Ma、MSWD=5.1，与加权平均年龄一致。虽然该年龄值与王彦斌等（2010）报道的矿区辉绿岩锆石 U-Pb 年龄 222.0±1.0Ma 相近，但从锆石 Th/U 变化较大、各种年龄变化范围宽、构成谐和图的测点少等方面来看，该年龄可信度较差，可能不是岩石成岩年龄。

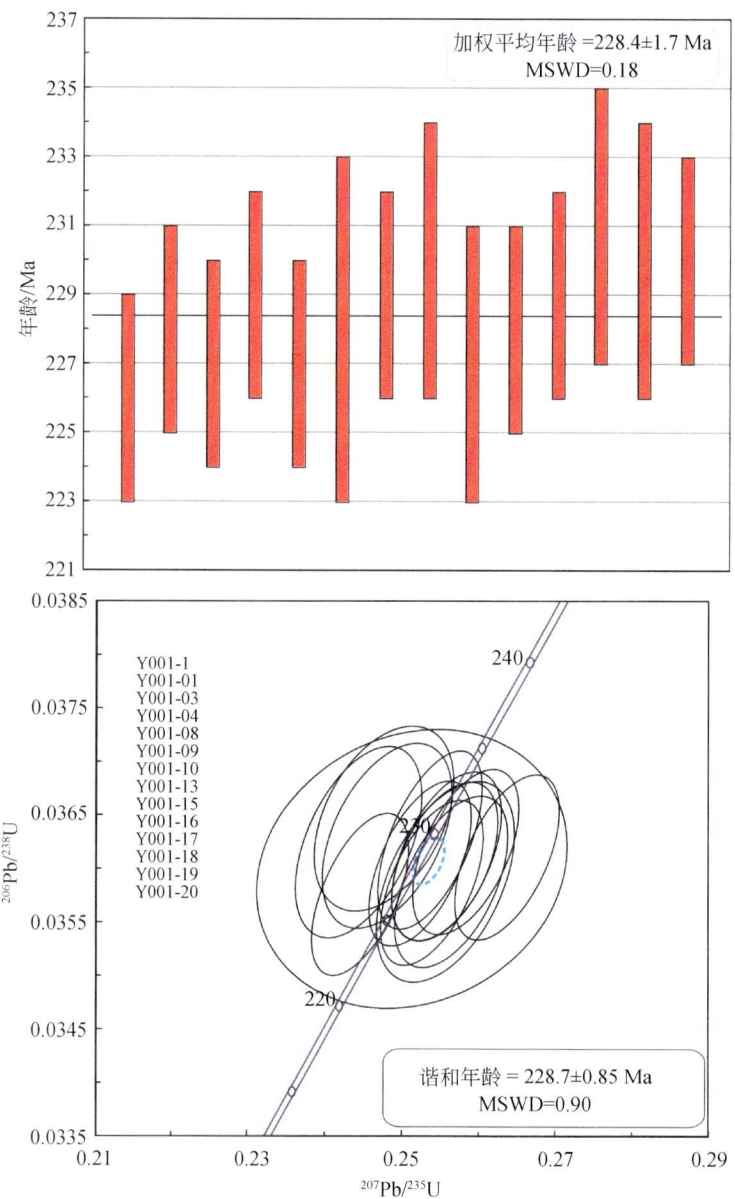

图 4.43　辉绿岩样品 Y001 锆石 LA-ICP-MS U-Pb 定年分析结果

三、地球化学

本次工作对产于矿区不同位置、侵入不同时代地层的辉绿岩进行了较为系统的主量和微量元素分析，附表 14 为分析结果。其中，样品 4903-24 ~ 30 采自里农矿段 ZK4903 钻孔，辉绿岩呈脉状侵位于泥盆系里农组地层，简称 ZK4903 辉绿岩；样品 N13ZK2-02 ~ 05 采自江边矿段 N13ZK2 钻孔，辉绿岩呈脉状侵位于泥盆系江边组，简称 N13ZK2 辉绿岩；

样品 LIN-01~08 采自里农村头地表，辉绿岩呈岩株状侵位于泥盆系里农组，简称 LIN-S 辉绿岩；样品 LIN-09~12 采自二选场上方公路旁地表，辉绿岩呈脉状侵位于花岗闪长岩边缘，简称 LIN-V 辉绿岩。附表 14 中同时列出朱俊等（2011）4 件辉绿岩样品的分析数据，其中样品 BW-9 采自地表，辉绿岩呈脉状侵位于石炭系贝吾组，简称 BW 辉绿岩；LP1-25~27 采自地表，辉绿岩呈脉状侵位于泥盆系江边组，简称 LP 辉绿岩。附表 15 为这些辉绿岩脉（株）主量和微量元素地球化学成分统计结果。

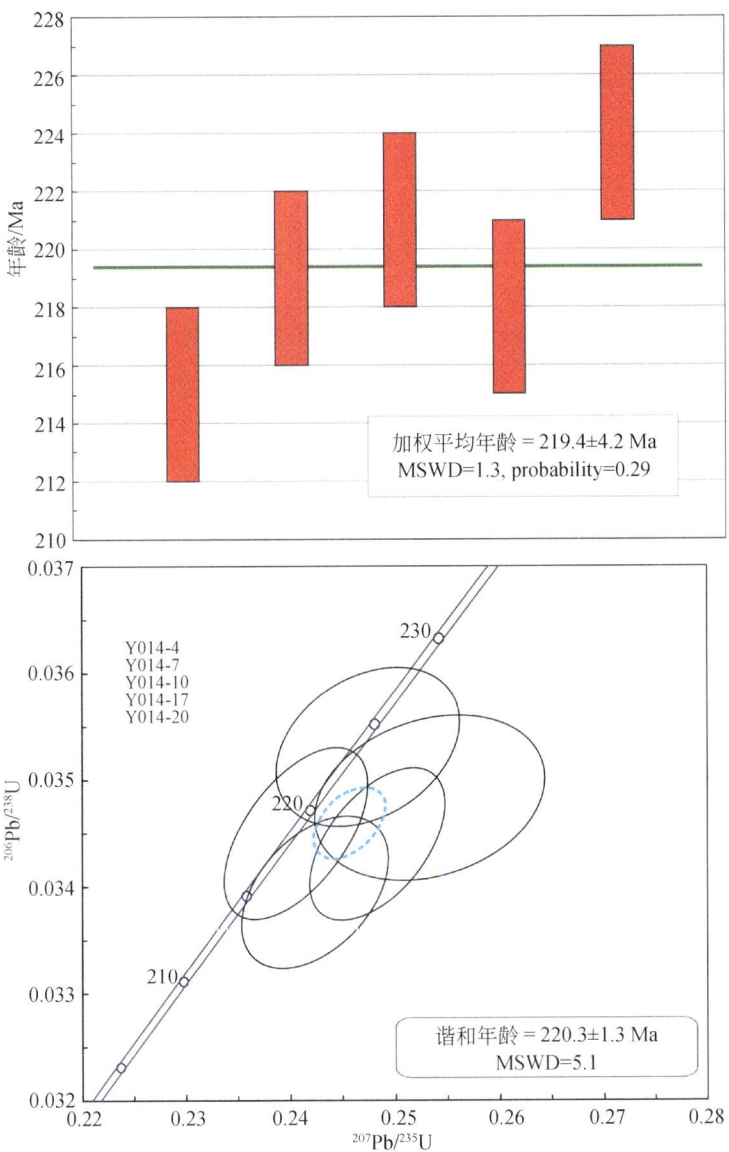

图 4.44 辉绿岩样品 Y014 锆石 LA-ICP-MS U-Pb 定年分析结果

1. 主量元素

矿区辉绿岩遭受不同程度的蚀变作用，LIN-S、LIN-V 和 BW 辉绿岩蚀变相对较弱，烧失量（LOI）在 1.50%~2.57% 之间；ZK4903 辉绿岩蚀变程度最强，LOI 为 8.38%~12.30%；N13ZK2 和 LP 辉绿岩蚀变也相对较强，LOI 大于 6.00%。图 4.45 显示，LOI 除与 TiO_2、MnO 和 P_2O_5 不具相关性外，与其他氧化物都存在或多或少的相关性，表明本区辉绿岩的后期蚀变作用对其主量元素有较大影响。根据 LOI 含量，将岩石分为新鲜（LOI 小于 3.00%）和蚀变（LOI 大于 6.00%）样品，这部分主要利用新鲜样品介绍矿区辉绿岩主量元素地球化学特征。

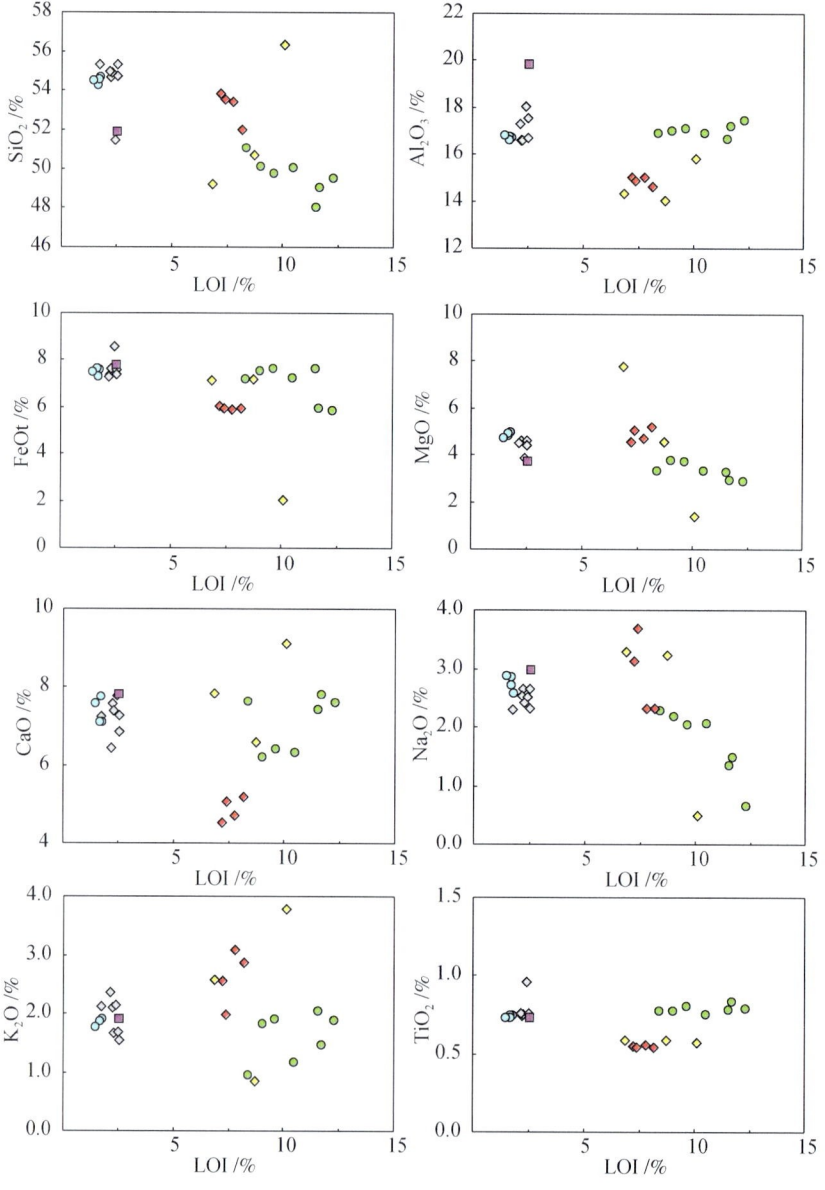

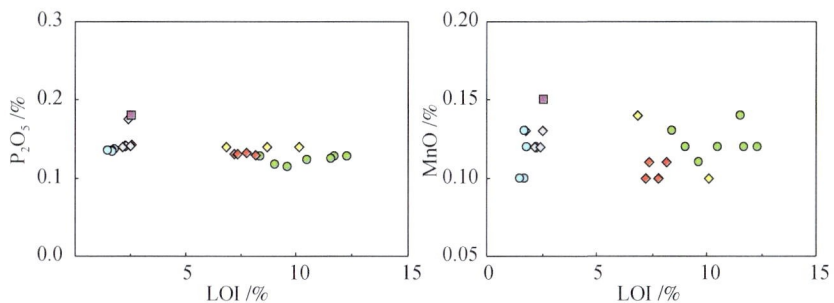

图 4.45 辉绿岩烧失量（LOI）与氧化物含量相关图

辉绿岩（除特别注明外，均指新鲜样品）的各种样品含量相对稳定，其中 SiO_2 为 51.46%~55.32%、ALK（Na_2O+K_2O）为 3.99%~4.89%；在 SiO_2-ALK 图中（图 4.46），样品主要位于玄武安山岩区域，少量位于玄武岩区域，且全部样品位于 MacDonald 和 Eaton（1964）确定的亚碱性系列岩石区域。蚀变辉绿岩由于受 LOI 含量影响，SiO_2 含量相对低于新鲜样品，在图 4.46 中分布分散，其中 ZK4903 辉绿岩位于玄武岩区，N13ZK2 辉绿岩位于玄武安山岩与玄武质粗面安山岩交界区域，LP 辉绿岩在粗面玄武岩、玄武岩和玄武安山岩均有分布，绝大部分蚀变岩石同样也位于亚碱性系列岩石区域。

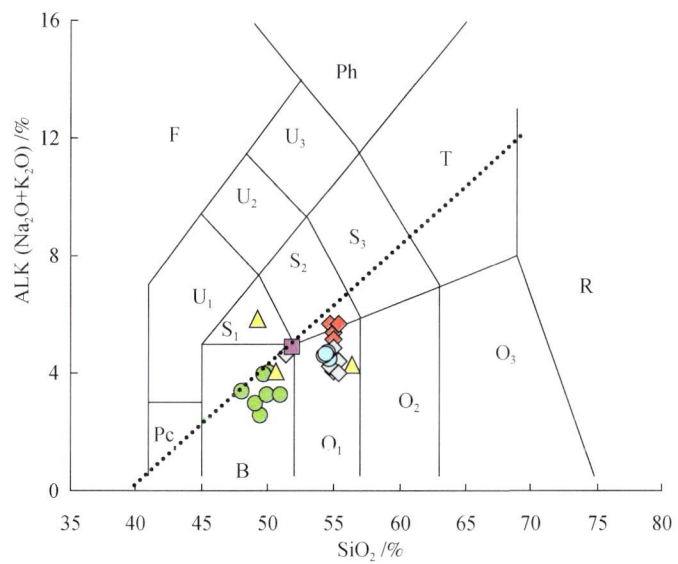

图 4.46 辉绿岩 SiO_2-ALK 图（据 Le Bas et al.，1986）

Pc. 苦橄玄武岩，B. 玄武岩，O_1. 玄武安山岩，O_2. 安山岩，O_3. 英安岩，S_1. 粗面玄武岩，S_2. 玄武质粗面安山岩，S_3. 粗面安山岩，T. 粗面岩（粗面英安岩），R. 流纹岩，U_1. 碱玄岩（碧玄岩），U_2. 响岩质碱玄岩，U_3. 碱玄质响岩，Ph. 响岩，F. 副长石岩；点线为 MacDonald 和 Eaton（1964）确定的碱性系列和钙碱性系列界线。蚀变辉绿岩：绿色圆圈为 ZK4903 辉绿岩，红色菱形为 N13ZK2 辉绿岩，黄色三角为 LP 辉绿岩；新鲜辉绿岩：灰色菱形为 LIN-S 辉绿岩，蓝色圆圈为 LIN-V 辉绿岩，粉红色方块为 BW 辉绿岩岩石的组合指数（σ）在 1.29~2.67 之间，也为钙碱性岩石系列岩石（$\sigma<4$）；虽然蚀变作用对矿区辉绿岩氧化物含量有影响，但除个别样品外，样品的 σ 也小于 4，为钙碱性岩石系列岩石。在碱度率（A. R.）-SiO_2 图（图 4.47）中，羊拉矿区新鲜辉绿岩绝大部分样品投于钙碱性系列区域；蚀变样品却主要位于碱性系列区域，这可能与岩石遭受蚀变、SiO_2 含量减少有关。新鲜岩石的 Na_2O 和 K_2O 分别为 2.29%~2.97% 和 1.55%~2.35%，样品的 $Na_2O>K_2O$，K_2O/Na_2O 在 0.58~0.93 之间，可见岩石为钠质系列岩石；蚀变岩石的 Na_2O 和 K_2O 均具有较大变化范围，K_2O/Na_2O 为 0.27~7.58，可能与岩石遭受不同程度的钠长石化、绢云母化蚀变有关。在 A（Na_2O+K_2O）-F（FeOt）-M（MgO）图（图 4.48）中，新鲜和蚀变岩石分布集中，均位于钙碱性系列岩石区域。

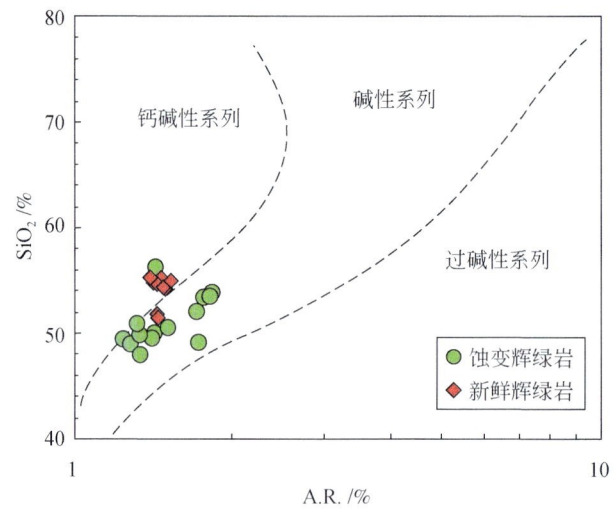

图 4.47　羊拉铜矿床辉绿岩的 A. R. -SiO_2 图

A. R. =（Al_2O_3+CaO+ALK）/（Al_2O_3+CaO-ALK）；蚀变辉绿岩包括：ZK4903 辉绿岩、N13ZK2 辉绿岩和 LP 辉绿岩；新鲜辉绿岩包括：LIN-S 辉绿岩、LIN-V 辉绿岩和 BW 辉绿岩

前已述及，矿区辉绿岩氧化物含量相对稳定，其 $Mg^\#$ 值 [Mg/(Mg+Fe^{2+})] 在 0.45~0.55 之间，同类岩石的 $Mg^\#$ 值（或 MgO 含量）从大到小或 SiO_2 含量从小到大，反映结晶分异的先后顺序。在 SiO_2 与氧化物含量变异图（图 4.49）上，随 SiO_2 含量增加，新鲜岩石的各种氧化物含量变化不明显，表明岩浆演化过程中结晶分异作用不明显；蚀变岩石各种氧化物含量变化范围较大，样品分散、规律性较差。在 CaO/Al_2O_3-CaO 图（图 4.50）中，样品呈正相关线性分布，表明岩浆演化过程中存在单斜辉石结晶分异作用（黄智龙等，2004）。

2. 微量元素

众多研究表明，岩石蚀变作用不仅改变其主量元素成分，而且对微量元素也有影响；在 LOI-微量元素含量相关图（图 4.51）中，矿区新鲜辉绿岩分布相对集中，而蚀变辉绿岩分布分散，且大离子亲石元素 Ba、Sr 与 LOI 呈负相关，Rb 与 LOI 呈正相关，其他元素相关性不明显，表明相对较弱蚀变作用对岩石中各种微量元素含量影响较小，较强蚀变作用对岩石中过渡元素和大离子亲石元素含量有较大影响，对其他元素影响相对较小。

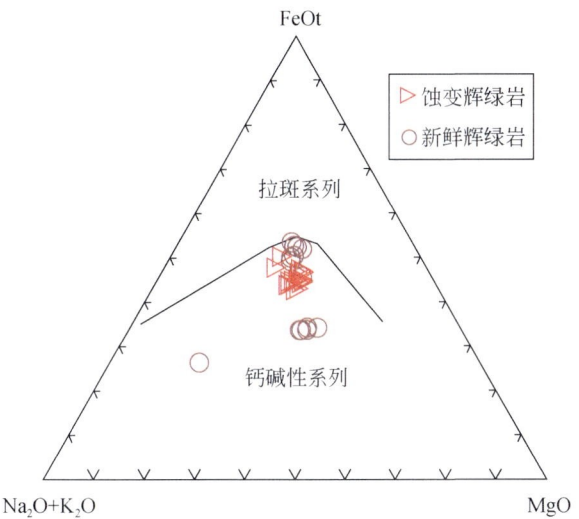

图 4.48　辉绿岩 A（Na_2O+K_2O）-F（FeOt）-M（MgO）图

蚀变辉绿岩包括：ZK4903 辉绿岩、N13ZK2 辉绿岩和 LP 辉绿岩；新鲜辉绿岩包括：LIN-S 辉绿岩、LIN-V 辉绿岩和 BW 辉绿岩

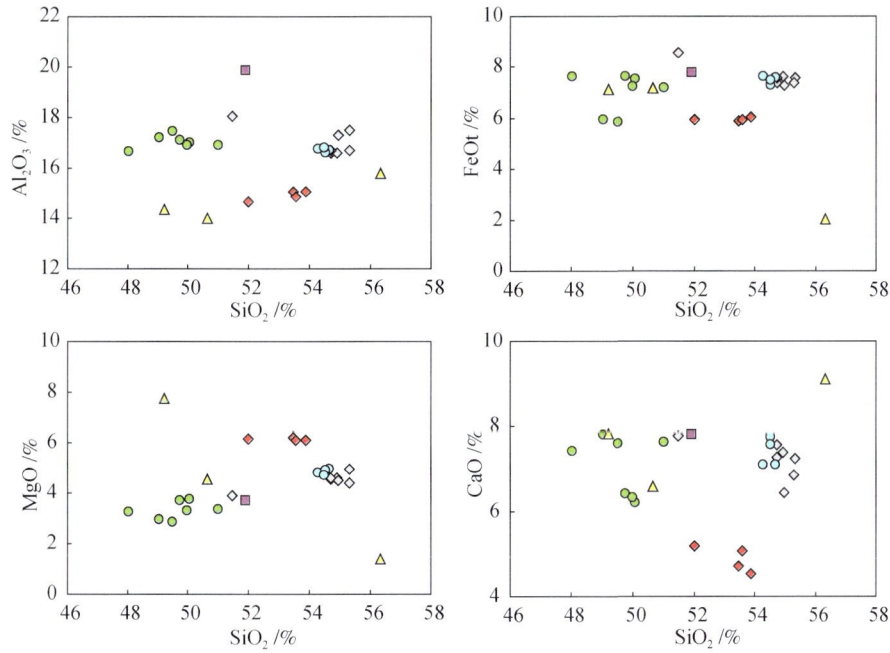

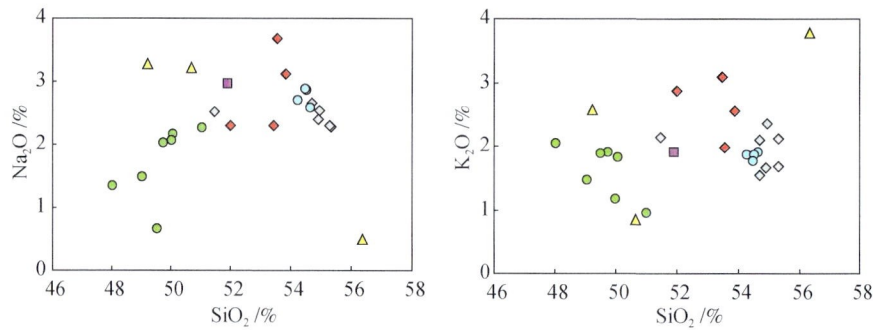

图 4.49 辉绿岩 SiO_2 与其他氧化物含量相关图

蚀变辉绿岩：绿色圆圈为 ZK4903 辉绿岩，红色菱形为 N13ZK2 辉绿岩，黄色三角为 LP 辉绿岩；新鲜辉绿岩：灰色菱形为 LIN-S 辉绿岩，蓝色圆圈为 LIN-V 辉绿岩，粉红色方块为 BW 辉绿岩

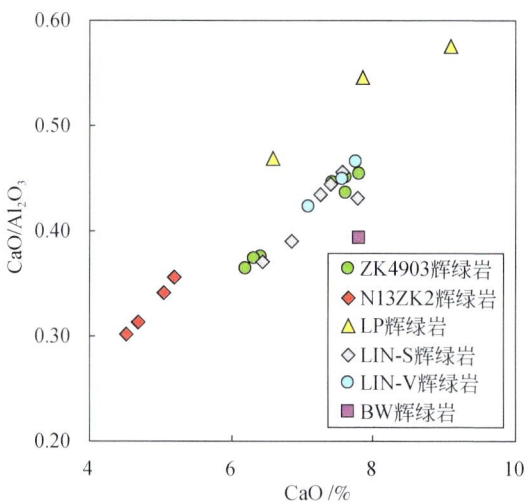

图 4.50 羊拉铜矿床辉绿岩 CaO/Al_2O_3-CaO 图

1) 过渡元素 (TME)

这类元素包括 Sc、Ti、V、Cr、Mn、Fe、Co、Ni、Cu 和 Zn，因其在地幔部分熔融过程中固相（矿物相）与液相（熔体）间分配系数相对较大，亦称之为相容元素。从附表14 和附表 15 中可见，矿区不仅新鲜和蚀变辉绿岩的 TME 含量存在较大差别，而且不同位置辉绿岩的 TME 含量也明显不同，但除个别样品外，相同辉绿岩脉（株）的 TME 含量相近。例如，Cr 和 Ni，在 LP 辉绿岩中含量最高，Cr：$514 \times 10^{-6} \sim 649 \times 10^{-6}$、Ni：$99.9 \times 10^{-6} \sim 111 \times 10^{-6}$；其次为 N13ZK2 辉绿岩，Cr：$294 \times 10^{-6} \sim 339 \times 10^{-6}$、Ni：$75.0 \times 10^{-6} \sim 80.1 \times 10^{-6}$（样品 N13ZK2-02 例外）；在 BW 辉绿岩中含量最低，Cr：12.3×10^{-6}、Ni：4.4×10^{-6}；除样品 LIN-08 外，LIN-S 和 LIN-V 辉绿岩含量相近，前者 Cr：$29.7 \times 10^{-6} \sim 40.6 \times 10^{-6}$、Ni：$14.0 \times 10^{-6} \sim 16.8 \times 10^{-6}$，后者 Cr：$36.9 \times 10^{-6} \sim 42.0 \times 10^{-6}$、Ni：$16.4 \times 10^{-6} \sim 17.0 \times 10^{-6}$；

ZK4903 辉绿岩也相对较低，Cr：$10.6×10^{-6} \sim 15.2×10^{-6}$、Ni：$12.4×10^{-6} \sim 15.5×10^{-6}$。在 Cr-Ni 相关图（图 4.52）中，不同辉绿岩脉（株）分布范围存在较明显差异。

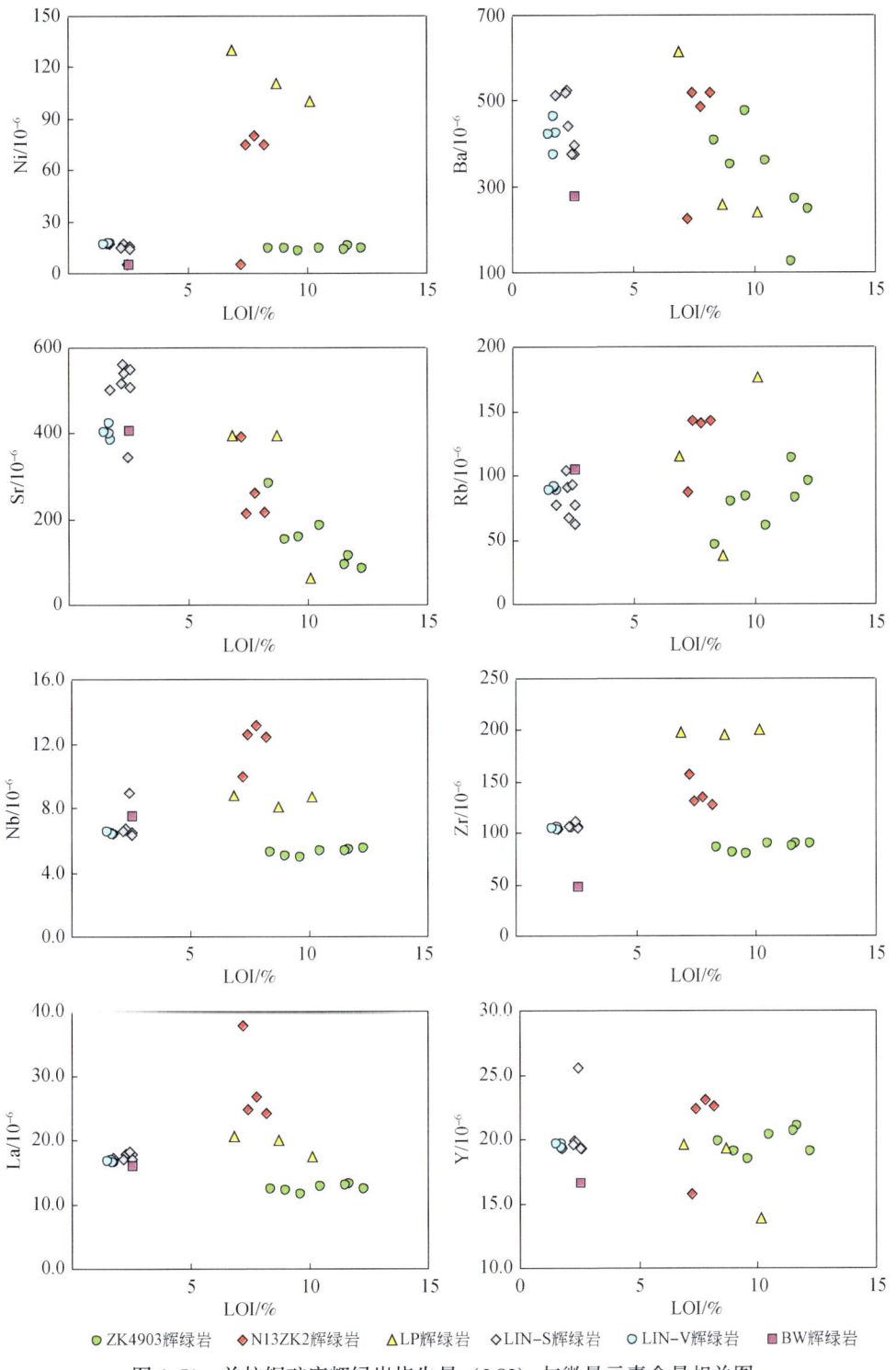

图 4.51 羊拉铜矿床辉绿岩烧失量（LOI）与微量元素含量相关图

矿区辉绿岩 Sc、V、Co 含量特征与 Cr、Ni 有明显差异，其中 V、Co 在 LIN-S 和 LIN-V 辉绿岩中含量明显相对较高且相对稳定，除样品 LIN-08 外，分别为 $181\times10^{-6}\sim194\times10^{-6}$ 和 $42.9\times10^{-6}\sim65.9\times10^{-6}$；在 BW 辉绿岩中含量最低，分别为 114×10^{-6} 和 20×10^{-6}；在 3 条蚀变相对较强的辉绿岩脉中（ZK4903、N13ZK2 和 LP），V、Co 含量差别不太明显，分别为 $128\times10^{-6}\sim176\times10^{-6}$ 和 $25.1\times10^{-6}\sim75.9\times10^{-6}$。在 V-Co 相关图（图4.52）中，不同辉绿岩脉（株）分布范围也存在一定差异。朱俊等（2011）分析的 LP 和 BW 辉绿岩中 Sc 含量很低，分别为 $2.95\times10^{-6}\sim3.27\times10^{-6}$ 和 2.26×10^{-6}；其他辉绿岩 Sc 含量相对稳定，为 $21.8\times10^{-6}\sim29.4\times10^{-6}$，其中新鲜岩石的含量相对高于蚀变岩石，分别为 $28.3\times10^{-6}\sim29.4\times10^{-6}$（样品 LIN-08 为 24.4×10^{-6} 例外）和 $21.8\times10^{-6}\sim26.4\times10^{-6}$。

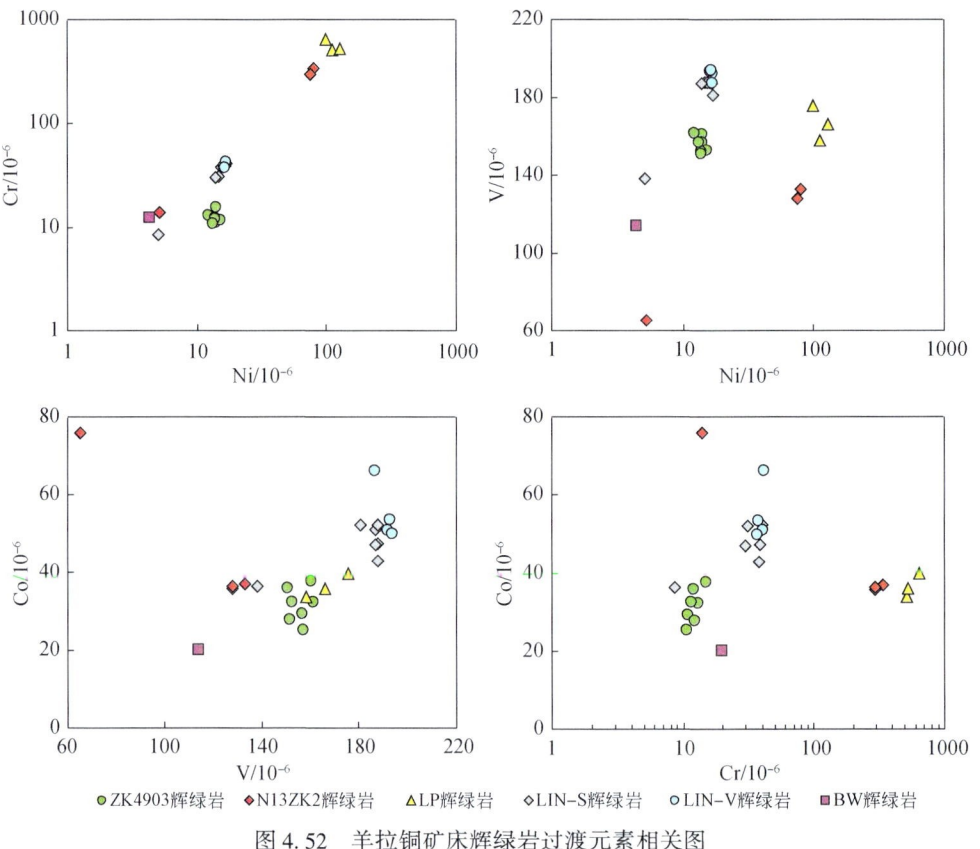

图 4.52 羊拉铜矿床辉绿岩过渡元素相关图

矿区辉绿岩中 Cu 含量较低，新鲜岩石中除样品 LIN-03 为 63.9×10^{-6} 外，其余为 $8.0\times10^{-6}\sim29.7\times10^{-6}$；蚀变岩石中 N13ZK2 辉绿岩 Cu 含量较高，除样品 N13ZK2-02 为 6.25×10^{-6} 外，其余样品为 $45.1\times10^{-6}\sim48.0\times10^{-6}$；ZK4903 辉绿岩为 $6.40\times10^{-6}\sim29.9\times10^{-6}$。可见，本区辉绿岩 Cu 含量低于克拉克值（$63\times10^{-6}$；黎彤和倪守斌，1997）和中国东部新生代玄武岩（平均 48×10^{-6}；池际尚，1988）。岩石中 Zn 含量相对稳定，新鲜和蚀变样品分别集中在 $77.0\times10^{-6}\sim147.0\times10^{-6}$ 之间，与克拉克值（94×10^{-6}；黎彤和倪守斌，1997）和中国东部新生代玄武岩（平均 120×10^{-6}；鄢明才等，1997）相近。

业已证实，基性-超基性岩中 Cr、Ni、V、Co 等元素主要赋存于橄榄石、斜方辉石和单斜辉石中，其含量随岩石中这些矿物的减少而减少，图 4.52 显示本区辉绿岩 Cr-Ni、V-Co、Ni-V 和 Cr-Co 之间均大体呈正相关分布，也支持该推论。在 Ni-V 和 Cr-Co 相关图（图 4.52）中，N13ZK2 和 LP 辉绿岩偏离其他辉绿岩演化趋势，表明岩石 Cr、Ni 和 V、Co 赋存矿物存在一定差别。岩石中橄榄石、斜方辉石和单斜辉石等矿物抗风化蚀变能力较弱，随风化蚀变作用程度加强 Cr、Ni、V、Co 等元素含量将减少。图 4.53 也表明，本区新鲜和蚀变辉绿岩 Cr、Ni、V、Co 含量均有随 LOI 增加而减少的变化特征。图 4.53 同时显示，本区新鲜辉绿岩 Cr、Ni、V、Co 与 MgO 呈相关分布，表明岩浆演化过程中存在橄榄石、斜方辉石和单斜辉石等矿物的结晶分异作用。因此，本区辉绿岩 TME 含量变化与岩浆结晶分异作用和蚀变作用程度密切相关。

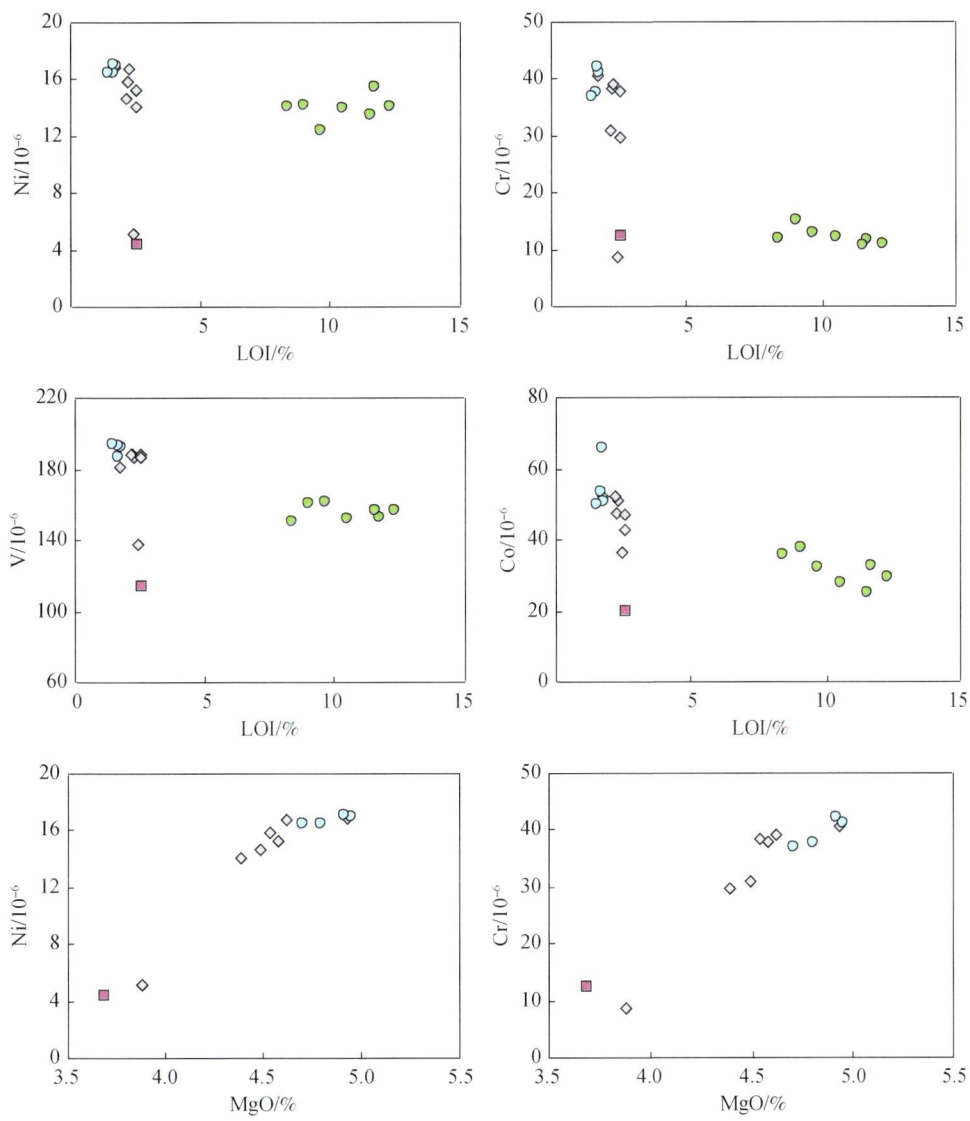

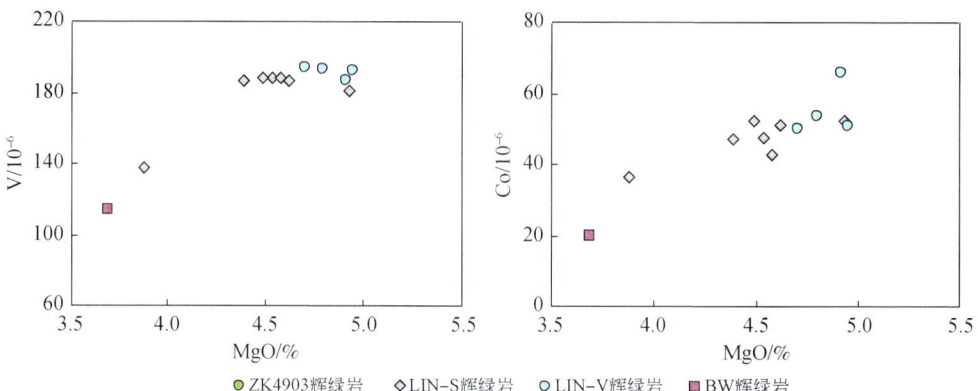

图 4.53 羊拉铜矿床辉绿岩 LOI 和 MgO 与过渡元素含量相关图

N13ZK2 和 LP 辉绿岩 Cr、Ni 含量太高，在 LOI 与过渡元素相关图中未示出；蚀变作用对 MgO 含量有影响，在 MgO 与过渡元素相关图中仅示出相对新鲜辉绿岩

矿区新鲜辉绿岩过渡元素以球粒陨石（Mason，1977）标准化的配分模式相似，除 BW 辉绿岩 Sc 含量较低外，均为相似的"W"形（图 4.54），与 Jagoutz 等（1979）估算的原始地幔过渡元素含量相比，相对富集 Ti、V（分配系数 $D<0.2$），略高或大致相等的为 Sc、Mn、Fe、Cu、Zn（$D≈1$），明显亏损 Cr、Ni（$D>1$），这与许多幔源基性-超基性岩的过渡元素配分模式一致。本区蚀变辉绿岩过渡元素配分模式总体与新鲜岩石相似，也为"W"形（图 4.54），其中 N13ZK2 和 LP 辉绿岩明显富集 Cr 和 Ni，别的元素其他样品对应元素含量相近，表明这 6 件样品橄榄石、辉石含量相对较多。值得一提的是，样品 N13ZK2-02 采自 N13ZK2 钻孔内辉绿岩脉，除 Co 外，其他 TME 含量均小于该岩脉其他相

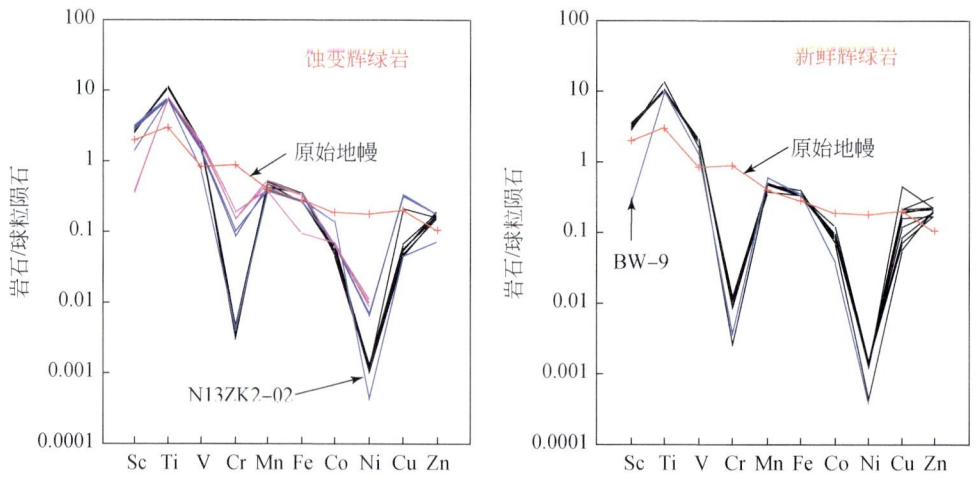

图 4.54 羊拉铜矿床辉绿岩过渡元素配分模式

球粒陨石据 Mason（1977）；原始地幔据 Jagoutz 等（1979）；蚀变辉绿岩中黑线为 ZK4903 辉绿岩，蓝线为 N13ZK2 辉绿岩，粉红线为 LP 辉绿岩

应元素,而与 ZK4903 辉绿岩相近,配分模式也与 ZK4903 辉绿岩相近,表明矿区高 Cr、Ni 辉绿岩演化过程中可以形成低 Cr、Ni 辉绿岩。因此,虽然羊拉矿区辉绿岩产在不同位置,不同岩脉(株)TME 含量也存在一定差别,但成岩时代一致(前文)、TME 之间具有相似的变化规律、成岩过程中存在橄榄石等暗色矿物的结晶分异作用、TME 配分模式相似,说明本区辉绿岩为同源不同演化阶段的产物。

2)大离子亲石元素(LILE)

这类元素包括 Sr、Rb、Ba、K 和 P,在地幔物质部分熔融作用过程中,其固相(矿物相)与液相(熔体)间的分配系数均较小,故又称为不相容元素。此外,这类元素活动性较强,易于受到蚀变作用的影响,因而蚀变岩石的 LILE 含量仅供参考。矿区新鲜辉绿岩 Sr、Rb 和 Ba 含量有较宽变化范围,分别为 $346×10^{-6} \sim 560×10^{-6}$、$61.9×10^{-6} \sim 104×10^{-6}$ 和 $274×10^{-6} \sim 525×10^{-6}$,均明显高于 Sun 和 McDonough(1989)中原始地幔(PM)和正常洋中脊玄武岩(N-MORB)相应元素的含量,Rb、Ba 含量也相对高于 Sun 和 McDonough(1989)中岛弧玄武岩(OIB)的 Rb、Ba 含量,但 Sr 含量相对低于 OIB 的 Sr 含量。

研究结果表明,基性-超基性岩中 LILE 主要赋存于含 K 矿物(如云母、长石等)中,常与 K 发生类质同象置换(刘英俊,1984)。图 4.55 显示,本区辉绿岩 Sr 与 Ba 呈正相关、Sr 与 Rb 呈负相关、K_2O 与 Rb 和 Sr 呈正相关,表明岩石中的含 K 矿物(如云母、长石等)为 LILE 的主要寄主矿物,同时也表明岩石中 LILE 含量变化受云母、长石等含钾矿物的控制。图 4.55 也显示,本区新鲜和蚀变辉绿岩的 P_2O_5 与 Sr 均略具正相关,表明岩石中副矿物磷灰石对 Sr 含量也有一定的控制作用。

LILE 为不相容元素,地幔部分熔融过程中相对富集于熔体中,在岩浆结晶分异过程相对富集于残余岩浆中,因此一套与结晶分异作用有关的岩石,其 LILE 含量随 MgO 含量减少而增加。在图 4.55 中,矿区新鲜辉绿岩 MgO 与 Sr 相关性不明显,表明岩浆结晶分异程度较低,含钾矿物(如云母、长石等)在岩浆演化过程中的变化不明显;蚀变辉绿岩 MgO 与 Sr 呈正相关,与基性岩浆演化过程中 LILE 变化规律相矛盾,这可能与岩石中部分 Sr 赋存于磷灰石中,而磷灰石受蚀变影响很小有关。

在以 Sun 和 McDonough(1989)的原始地幔为标准的不相容元素配分模式图(图 4.56)中,除个别样品外,矿区新鲜辉绿岩具有相似的 LILE 配分模式,与 Sun 和 McDonough(1989)的 N-MORB、E-MORB 和 OIB 配分模式均存在明显差别,Rb、K、Sr 显示明显的正异常、P 负异常、Ba 异常不明显。与 N-MORB 和 E-MORB 相比,本区辉绿岩明显富集 Rb、Ba、K 和 Sr;与 OIB 相比,岩石富集 Rb、贫 Sr 和 P,而 Ba、K 总体与 OIB 相近[图 4.56(a)]。这些特征表明,矿区辉绿岩成岩环境明显不同于 N-MORB、E-MORB 和 OIB。

虽然本区蚀变辉绿岩的 LILE 变化范围较大,Sr、Ba 含量相对低于新鲜辉绿岩,但 LILE 配分模式总体与新鲜辉绿岩相似[图 4.56(a)],Rb、K 显示明显的正异常、P 负异常,受蚀变作用影响,Ba 出现负异常,Sr 出现正异常→负异常。与 N-MORB 和 E-MORB 相比,富集 Rb、Ba、K 和 Sr;与 OIB 相比,富集 Rb、贫 Sr 和 P,而 Ba、K 总体与 OIB 相近。因此,LILE 地球化学同样证实羊拉矿区不同位置辉绿岩为同源不同演化阶段的产物。

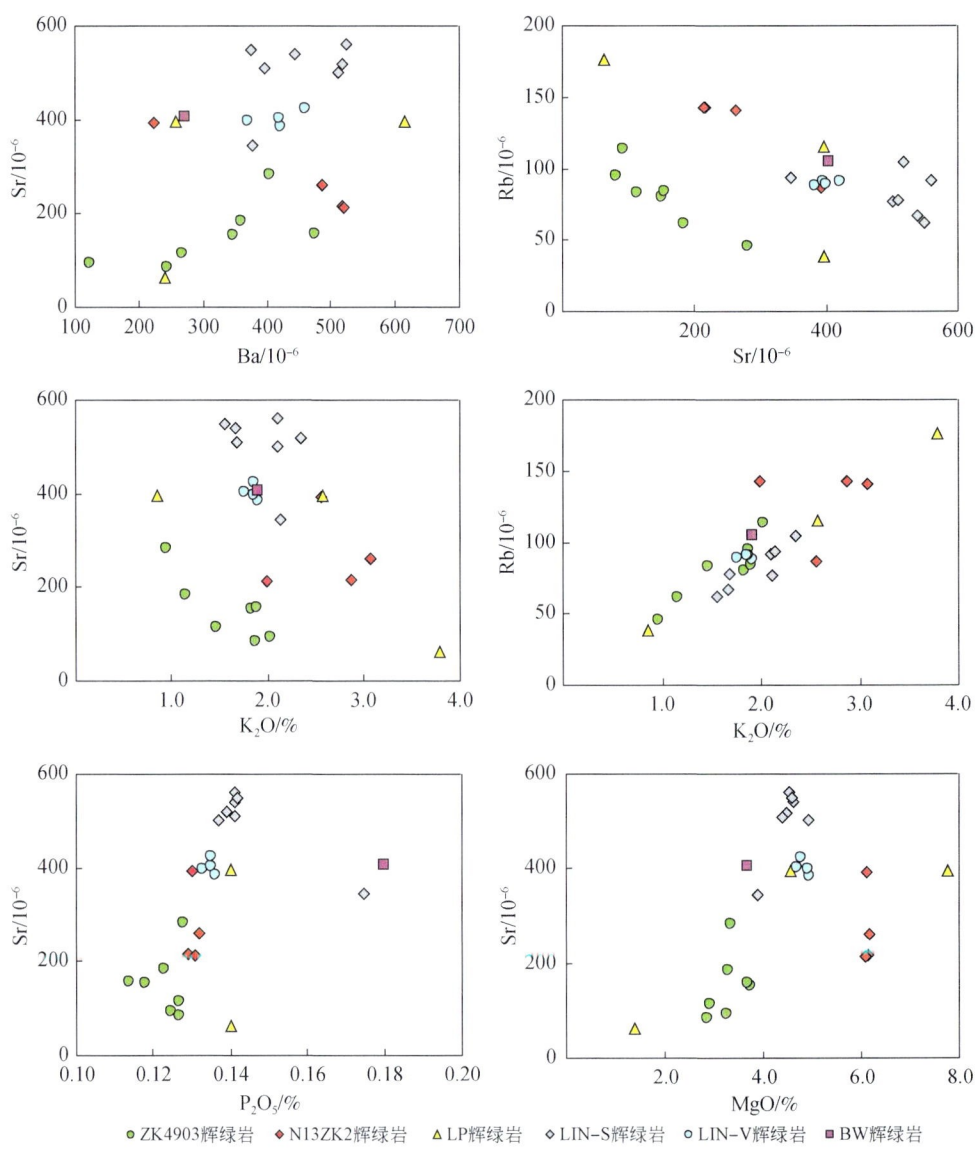

图 4.55　辉绿岩 K_2O、P_2O_5、MgO 与 LILE 及 LILE 之间的相关图

3）高场强元素（HFSE）

高场强元素包括 U、Th、Ta、Nb、Zr 和 Hf 等，因其具有较高的电离势，称之为高场强元素（HFSE）。从在地幔物质部分熔融作用过程中其固相（矿物相）与液相（熔体）间的分配系数看，这组元素也是不相容元素。这类元素活动性较弱，在岩浆岩中主要赋存于锆石、金红石等抗风化蚀变能力很强的副矿物中，即便在较强的风化蚀变条件也能保留岩石的地球化学特征，因而其含量及相应比值是探讨蚀变相对较强岩浆岩成因、岩浆演化、地壳混染和构造环境的理想元素。图 4.51 显示，辉绿岩 LOI 与 HFSE 之间不具相关

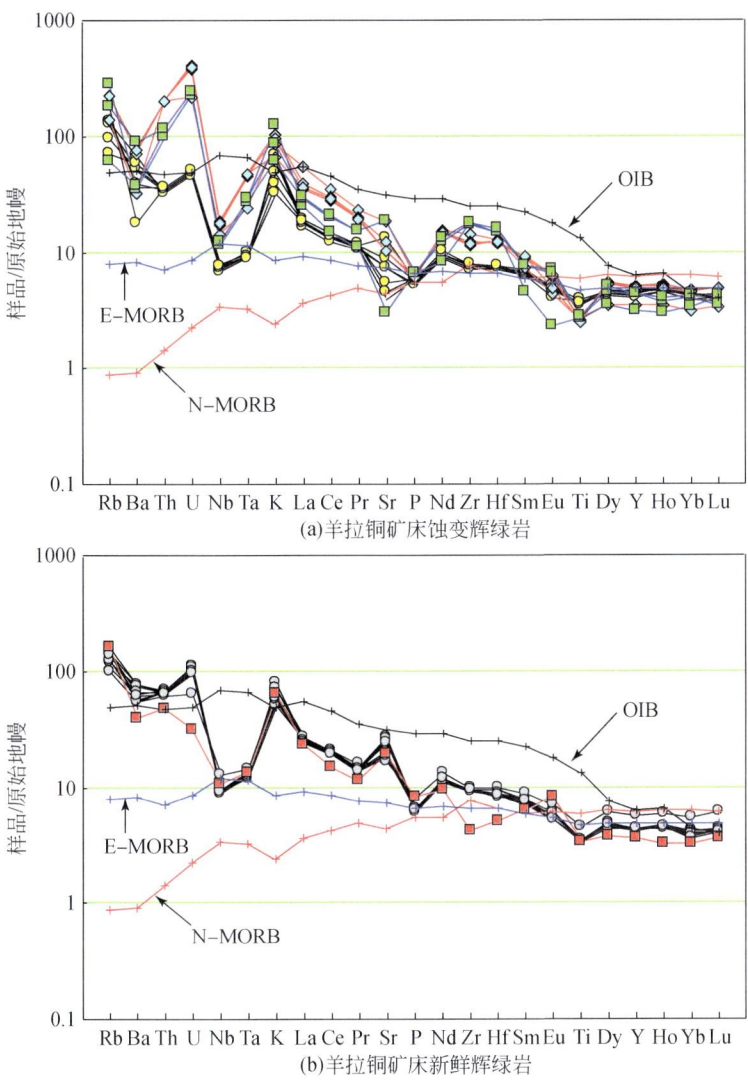

图 4.56 羊拉铜矿床辉绿岩不相容元素配分模式图

原始地幔、N-MORB、E-MORB 和 OIB 据 Sun 和 McDonough(1989);蚀变辉绿岩中,黑线带黄色圆圈为 ZK4903 辉绿岩、蓝线带绿色方块为 N13ZK2 辉绿岩、红线带浅蓝色圆圈为 LP 辉绿岩;新鲜辉绿岩中,黑线带灰色圆圈为 LIN-S 和 LIN-V 辉绿岩、红线带红色方块为 BW 辉绿岩

性,表明本区蚀变作用对岩石中 HFSE 影响很小。值得一提的是,因 Y 的地球化学性质与 HFSE 相似,有学者将这个元素也视为 HFSE,本书将 Y 并入稀土元素介绍。

从表 4.2 和附表 14 中可见,采自矿区相同辉绿岩脉(株)的各种 HFSE 含量相近,而不同位置的辉绿岩脉(株)的 HFSE 含量有较明显的差别。新鲜辉绿岩中,LIN-S 和 LIN-V 辉绿岩样品中各种 HFSE 含量范围、均值都基本一致,如 Zr 分别为 $104×10^{-6} \sim 112×10^{-6}$ 和 $103×10^{-6} \sim 105×10^{-6}$,Nb 分别为 $6.35×10^{-6} \sim 8.96×10^{-6}$ 和 $6.32×10^{-6} \sim 6.51×10^{-6}$,Th 分别为 $5.11×10^{-6} \sim 5.88×10^{-6}$ 和 $5.37×10^{-6} \sim 5.54×10^{-6}$;BW 辉绿岩 Zr、Hf、Th 和 U

均明显低于 LIN-S 和 LIN-V 辉绿岩，如 Zr 和 Th 分别为 $47.4×10^{-6}$ 和 $3.98×10^{-6}$，Nb、Ta 相对高于 LIN-S 和 LIN-V 辉绿岩，其中 Nb 为 $7.44×10^{-6}$；蚀变辉绿岩中，ZK4903 辉绿岩中各种 HFSE 含量均低于 N13ZK2 和 LP 辉绿岩，Zr、Hf 在 LP 辉绿岩中含量最高，从 LP→N13ZK2→ZK4093，Zr 从 $195×10^{-6}\sim200×10^{-6}\to128×10^{-6}\sim157×10^{-6}\to79.4×10^{-6}\sim89.1×10^{-6}$，Nb、Ta、Th 和 U 在 N13ZK2 辉绿岩中含量最高，从 N13ZK2→LP→ZK4093，Nb 从 $12.4×10^{-6}\sim13.1×10^{-6}\to8.11×10^{-6}\sim8.80×10^{-6}\to4.88×10^{-6}\sim5.50×10^{-6}$，Th 从 $17.0×10^{-6}\sim17.4×10^{-6}\to8.47×10^{-6}\sim9.81×10^{-6}\to2.76×10^{-6}\sim3.09×10^{-6}$。与 Sun 和 McDonough（1989）报道的原始地幔（PM）、正常洋中脊玄武岩（N-MORB）、异常洋中脊玄武岩（E-MORB）和岛弧玄武岩（OIB）HFSE 含量相比，本区辉绿岩各种 HFSE 含量均明显高于 PM，Zr、Hf 含量与 N-MORB 和 E-MORB 相近，低于 OIB；Nb、Ta 含量与 E-MORB 相近，明显高于 N-MORB，低于 OIB；Th、U 含量明显高于 N-MORB 和 E-MORB，与 OIB 相近。

大量研究结果表明，HFSE 在基性-超基性岩中主要赋存于锆石、磷灰岩、金红石等副矿物中，其地球化学性质相对稳定，岩浆演化过程中具有相似的变化规律。在图 4.57 中，矿区辉绿岩 HFSE 之间具有较好的正相关关系（个别样品例外），也表明这些元素在辉绿岩中赋存矿物相似，在岩浆活动过程中具有统一的变化规律。图 4.57 同时显示，辉绿岩的 HFSE 与 LILE 不存在线性关系，表明两类元素在本区辉绿岩中的赋存矿物存在差异，在岩浆活动过程中变化规律也不一致。本区新鲜辉绿岩的 HFSE 与 TiO_2 和 P_2O_5 具正相关，与 MgO 之间具负相关（图 4.58），表明岩石中 HFSE 含量受金红石、磷灰岩等副矿物控制，岩浆演化过程中有增加趋势。

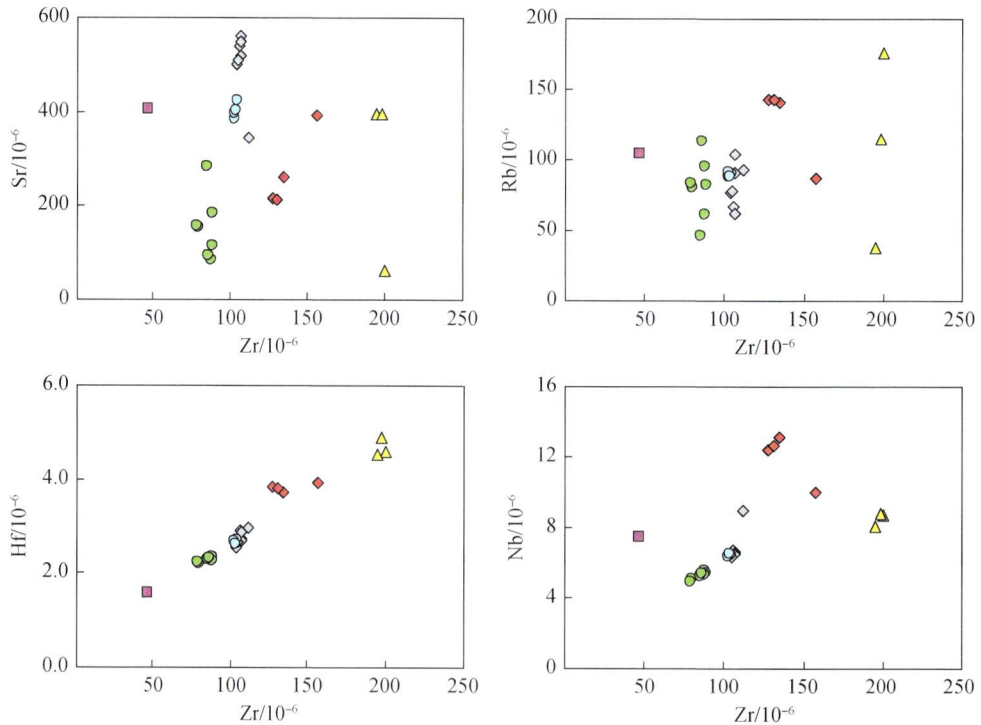

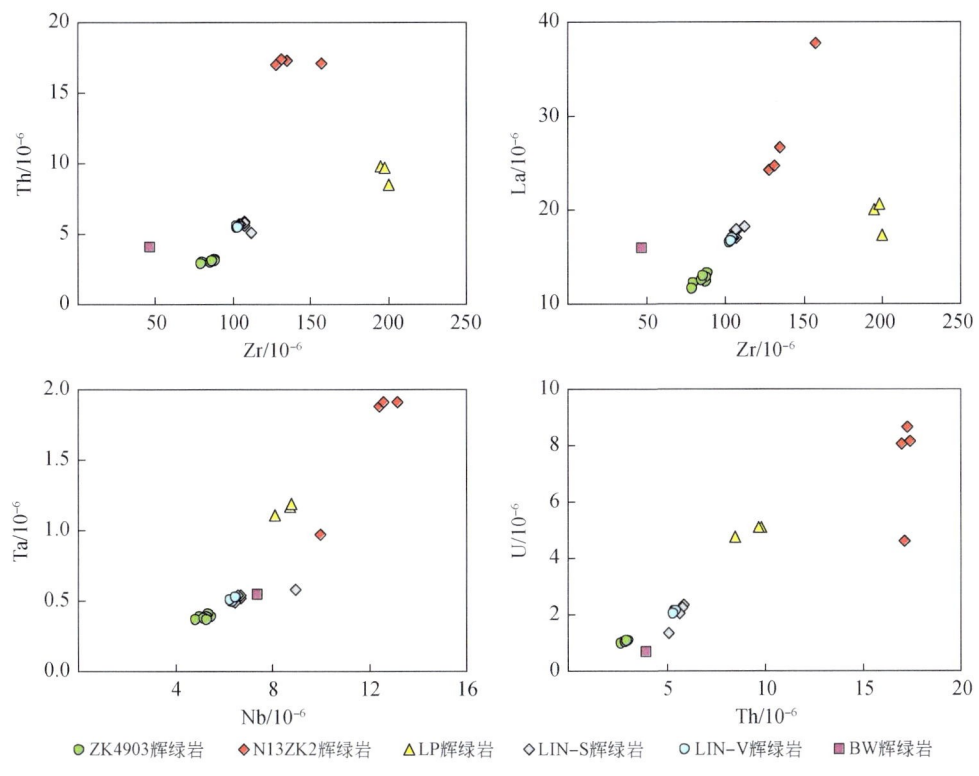

图 4.57 羊拉铜矿床辉绿岩 HFSE 与 LILE 和不同 HFSE 相关图

从 Zr/Hf、Nb/Ta 和 Th/U 值看，矿区不同辉绿岩脉（株）也存在较明显差别。在新鲜辉绿岩中，除样品 LIN-08 具有较高的 Nb/Ta（15.45）和 Th/U（3.81）外，LIN-S 和 LIN-V 辉绿岩的 Nb/Ta 和 Th/U 均相对稳定、变化范围相近，Nb/Ta 分别为 12.96～15.45 和 12.51～12.90，Th/U 分别为 2.50～2.73 和 2.63～2.66；LIN-V 辉绿岩的 Zr/Hf 也相对稳定，为 38.89～39.46，而 LIN-S 辉绿岩的 Zr/Hf 范围较宽，在 37.58～40.78 之间；BW 辉绿岩的 Zr/Hf、Nb/Ta 和 Th/U 均与 LIN-S 和 LIN-V 辉绿岩存在差别，分别为 30.38、13.83 和 5.99。在蚀变辉绿岩中，3 条辉绿岩脉的 Zr/Hf、Nb/Ta 和 Th/U 区别明显，但同一辉绿岩脉的各种比值相对稳定，ZK4903 辉绿岩的 Zr/Hf、Nb/Ta 和 Th/U 分别为 35.95～39.59、13.33～14.81 和 2.83～2.92；N13ZK2 辉绿岩除样品 N13ZK2-02 外具有较高的 Zr/Hf（40.5）、Nb/Ta（10.34）和 Th/U（3.70）外，其余样品分别为 33.42～36.39、6.59～6.87 和 2.00～2.14；LP 辉绿岩的 Zr/Hf、Nb/Ta 和 Th/U 分别为 40.49～43.67、7.31～7.44 和 1.78～1.92。图 4.59 显示，矿区辉绿岩的 HFSE 与 PM、N-MORB、E-MORB 以及上地壳（UC）和下地壳（LC）均存在较明显差异，ZK4903、LIN-S 和 LIN-V 辉绿岩主要分布在 PM 与 LC 之间，N13ZK2 和 LP 辉绿岩的 Nb/Ta 和 Th/U 较低，在 Nb-Nb/Ta 图中主要位于 LC 之下 [图 4.59（b）]，在 Th-Th/U 图中主要位于 N-MORB 之下 [图 4.59（c）]；前者的 Zr/Hf 较低、后者的 Zr/Hf 较高，在 Zr-Zr/Hf 图中主要分布在 PM 之下和 N-MORB 之上 [图 4.59（a）]；BW 辉绿岩具有最低的 Zr/Hf 和最高的

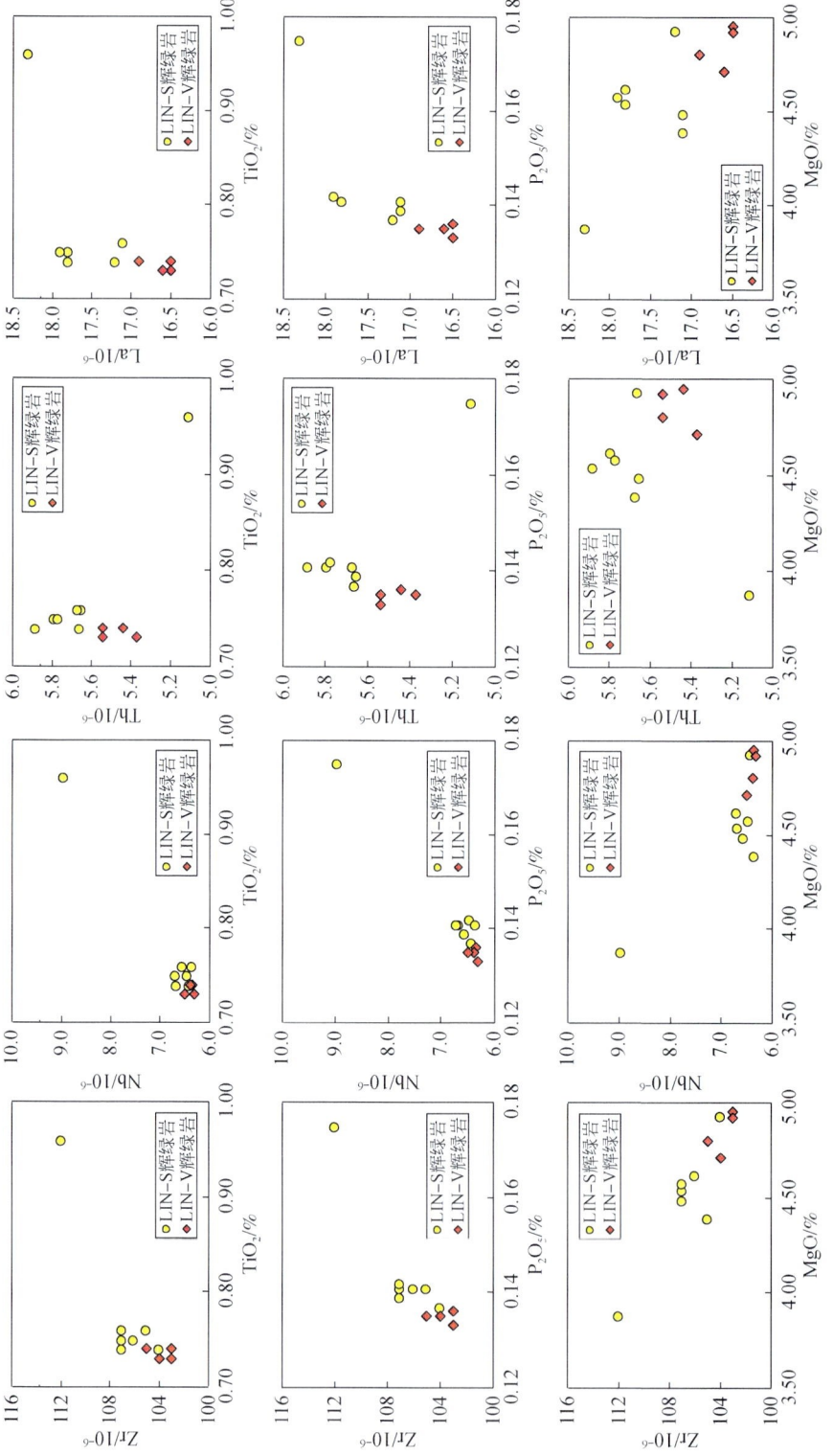

图4.58 羊拉铜矿床辉绿岩TiO_2、P_2O_5和MgO与HFSE相关图

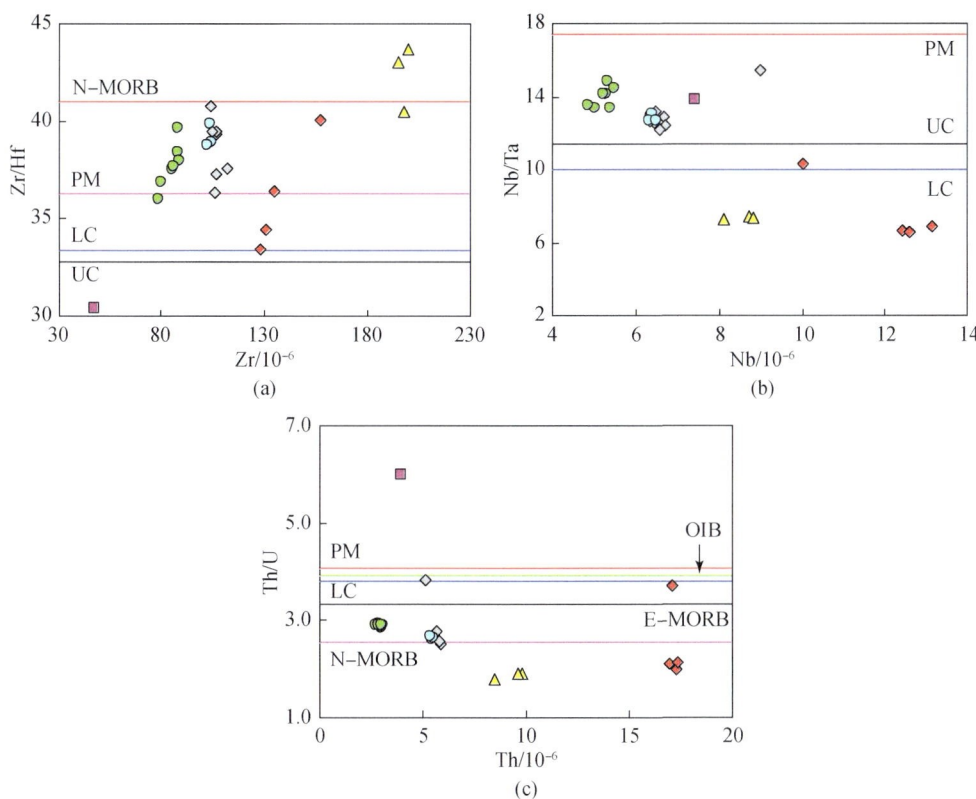

图 4.59 羊拉铜矿床辉绿岩 Zr-Zr/Hf、Nb-Nb/Ta 和 Th-Th/U 相关图

PM、N-MORB、E-MORB 和 OIB 据 Sun 和 McDonough (1989); UC 和 LC 据 Taylor 和 McLennan (1985); 蚀变辉绿岩, 绿色圆圈为 ZK4903 辉绿岩, 红色菱形为 N13ZK2 辉绿岩, 黄色三角为 LP 辉绿岩; 新鲜辉绿岩: 灰色菱形为 LIN-S, 蓝色圆圈为 LIN-V 辉绿岩, 粉红色方块为 BW 辉绿岩

Th/U, 在 Zr-Zr/Hf 和 Th-Th/U 图中分布位于 UC 之下和 PM 之上 [图 4.59 (a)、(c)]。矿区辉绿岩复杂的 HFSE 地球化学特征, 可能与源区特征、部分熔融程度、岩浆结晶分异和地壳混染等岩浆作用过程有关, 后文将详细讨论。

在以 Sun 和 McDonough (1989) 的原始地幔为标准的不相容元素配分模式上 [图 4.56 (b)], 除 BW 辉绿岩外, 矿区新鲜辉绿岩具有相似的 HFSE 配分模式, 与 Sun 和 McDonough (1989) 的 N-MORB、E-MORB 和 OIB 配分模式均存在明显差别, 具有明显 Nb、Ta、Ti 负异常; BW 辉绿岩 HFSE 配分模式总体与 LIN-S 和 LIN-V 辉绿岩相似, 除具有明显 Na、Ta、Ti 负异常外, 还有弱的 Th 正异常和 Zr、Hf 负异常。与 PM 相比, 岩石明显富集 HFSE; 与 N-MORB 相比, 岩石明显富集 Th、U、Nb 和 Ta, Zr、Hf 也相对富集; 与 E-MORB 相比, 岩石除明显富集 Th、U 外, 其他 HFSE 相近; 与 OIB 相比, 岩石 Th、U 相近, 其他 HFSE 亏损。这些特征也表明, 矿区辉绿岩成岩环境明显不同于 N-MORB、E-MORB 和 OIB。

矿区蚀变辉绿岩 HFSE 配分模式也明显不同于 N-MORB、E-MORB 和 OIB [图 4.56 (a)], 其中 ZK4903 辉绿岩 HFSE 配分模式与新鲜辉绿岩基本一致, 具有明显 Na、Ta、Ti

负异常；N13ZK2 和 LP 辉绿岩 HFSE 配分模式也总体与新鲜辉绿岩相似，但其 Ta 负异常不明显，同时出现 Th、U 和 Zr、Hf 正异常。前已述及，这些差异可能与源区特征、部分熔融程度、岩浆结晶分异和地壳混染等岩浆作用过程有关。

3. 稀土元素

稀土元素包括 La~Lu 和 Y 共 15 个元素，从在地幔物质部分熔融作用过程中其固相（矿物相）与液相（熔体）间的分配系数看，这组元素也是不相容元素。这类元素与 HFSE 地球化学性质相近，活动性较弱（Grauch，1989），在较强的风化蚀变条件能保留岩石的地球化学特征，其含量及相应比值也常用于探讨蚀变相对较强岩浆岩的成因及演化过程。图 4.51 也显示，矿区辉绿岩 LOI 与 REE（以 La 为例）之间不具相关性，表明本区蚀变作用对岩石中 REE 影响较小。

从附表 14 和附表 15 中可见，不同辉绿岩脉（株）的 REE 含量差别明显。新鲜辉绿岩中，LIN-S 和 LIN-V 各种 REE 含量相近、变化范围较小（除样品 LIN-08 外），两者的稀土总量（ΣREE，不含 Y）、轻稀土元素（LREE）和重稀土元素（HREE，不含 Y）含量分别为 88.01×10^{-6} ~ 91.31×10^{-6} 和 85.75×10^{-6} ~ 88.21×10^{-6}、75.49×10^{-6} ~ 78.18×10^{-6}、73.49×10^{-6} ~ 75.49×10^{-6}、12.48×10^{-6} ~ 13.13×10^{-6} 和 12.25×10^{-6} ~ 12.72×10^{-6}；LREE/HREE 分别为 5.96~6.07 和 5.94~6.04。样品 LIN-08 的 REE 含量相对较高，尤其是 HREE 明显高于其他样品，其 ΣREE、LREE 和 HREE 分别为 99.43、82.72 和 16.72，LREE/HREE 为 4.95。BW 辉绿岩 REE 含量相对较低，其 ΣREE、LREE 和 HREE 分别为 72.08、62.48 和 9.60，LREE/HREE 为 6.51。

矿区 3 条蚀变辉绿岩脉的 REE 含量具有明显差别，同一岩脉的 REE 含量也有较宽的变化范围。从 N13ZK2→LP→ZK4903 辉绿岩，REE 含量减少，ΣREE 分别为 119.08×10^{-6} ~ 140.06×10^{-6}、70.10×10^{-6} ~ 96.37×10^{-6} 和 62.59×10^{-6} ~ 72.21×10^{-6}；LREE 分别为 104.58×10^{-6} ~ 129.95×10^{-6}、60.45×10^{-6} ~ 83.28×10^{-6} 和 51.70×10^{-6} ~ 60.25×10^{-6}；HREE 分别为 14.50×10^{-6} ~ 14.71×10^{-6}、9.65×10^{-6} ~ 13.09×10^{-6} 和 10.89×10^{-6} ~ 12.01×10^{-6}。N13ZK2 的 LREE/HREE 范围较宽，为 7.18~12.85，LP 和 ZK4903 辉绿岩的 LREE/HREE 相对稳定，分别为 6.26~6.71 和 4.75~5.04。

从矿区辉绿岩 REE（以 La 为例）与主量元素和微量元素相关图（图 4.60）看，REE 与 MgO、K_2O、Sr、Zr、Nb、Th，以及 REE 之间（如 La-Ce、La-Y 等）均呈正相关分布，尤其是与 HFSE（Zr、Nb、Th 等）相关性更明显，表明岩石中 REE 兼具 LILE 和 HFSE 的变化规律。图 4.58 也表明，矿区辉绿岩 REE 和 HFSE 变化规律相近，与 TiO_2 和 P_2O_5 具正相关、与 MgO 之间具负相关，表明岩石中 REE 含量既受金红石、磷灰岩等副矿物控制，也受岩浆演化过程影响。

值得一提的是，REE 为不相容元素，在岩浆演化过程中随 MgO 增加而减少，图 4.60 显示矿区不同辉绿岩 REE 含量随 MgO 增加而增加，相同辉绿岩不具上述特征，而是随 MgO 增加而减少（图 4.58），表明本区不同辉绿岩脉（株）是同源岩浆结晶分异作用的产物。在岩浆过程 REE 判别图上（图 4.61），矿区不同辉绿岩呈倾斜分布，表明部分熔融程度是形成本区不同辉绿岩脉（株）的重要因素；图中同时显示同一辉绿岩脉（株）分布

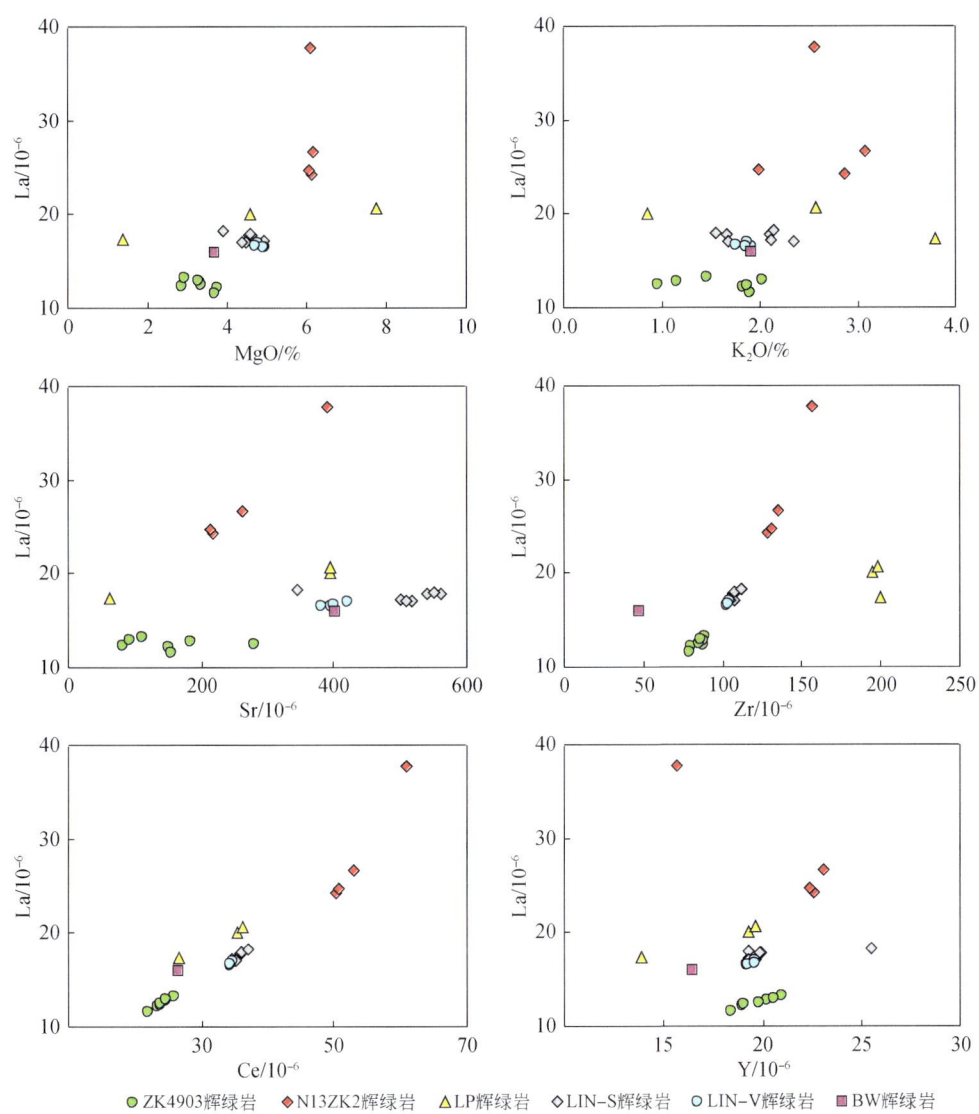

图 4.60 羊拉铜矿床辉绿岩 REE 与主量元素、微量元素及 REE 之间的相关图

集中或略呈水平分布（样品 N13ZK2-02 例外），表明成岩过程中存在少量结晶分异作用，与主量元素和其他微量元素地球化学研究成果一致。

矿区辉绿岩以球粒陨石（Boynton，1984）标准化的 REE 配分模式为相似的 LREE 富集型，与 N-MORB、E-MORB 和 OIB 的 REE 配分模式存在明显差别（图 4.62）。在新鲜辉绿岩中，除样品 LIN-08 外，LIN-S 和 LIN-V 辉绿岩的配分模式基本一致，各种 REE 参数也不具明显差别，$(La/Yb)_N$ 分别为 5.80～6.20 和 5.65～6.22，LREE 分馏相对明显，$(La/Sm)_N$ 分别为 3.14～3.44 和 3.12～3.37，$(Gd/Yb)_N$ 分别为 1.33～1.47 和 1.32～1.48，弱的 Eu 负异常，δEu 分别为 0.83～0.95 和 0.80～0.85，Ce 异常不明显，δCe 分别为 1.02～1.04 和 1.03～1.04；样品 LIN-08 的 HREE 相对富集，其 $(La/Yb)_N$、$(La/Sm)_N$

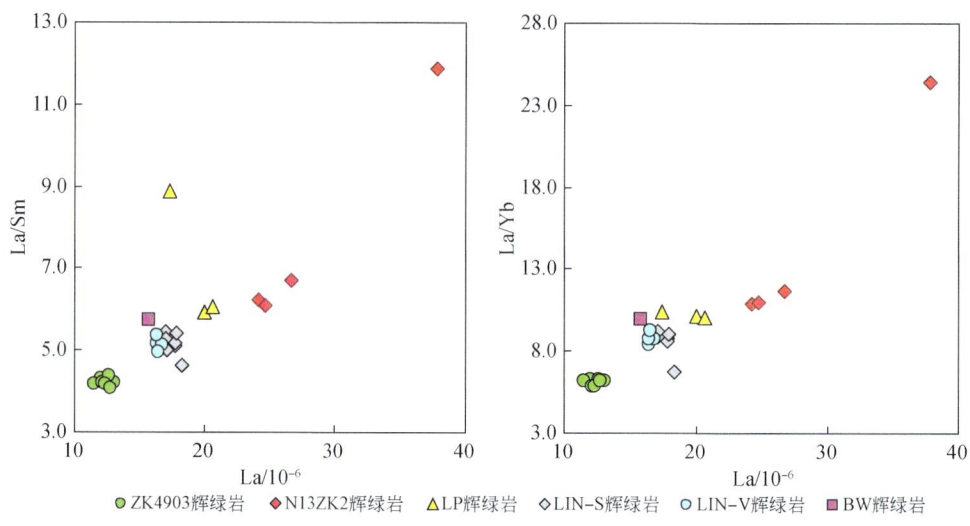

图 4.61 羊拉铜矿床辉绿岩岩浆过程 REE 判别图

和 (Gd/Yb)$_N$ 分别为 4.55、2.92 和 1.28,同样有弱的 Eu 负异常,δEu 为 0.88,Ce 异常不明显,δCe 为 0.99。BW 辉绿岩的 REE 出现明显 Eu 正异常和弱 Ce 负异常,δEu 和 δCe 分别为 1.65 和 0.90;其他参数与 LIN-S 和 LIN-V 相近(附表 15)。

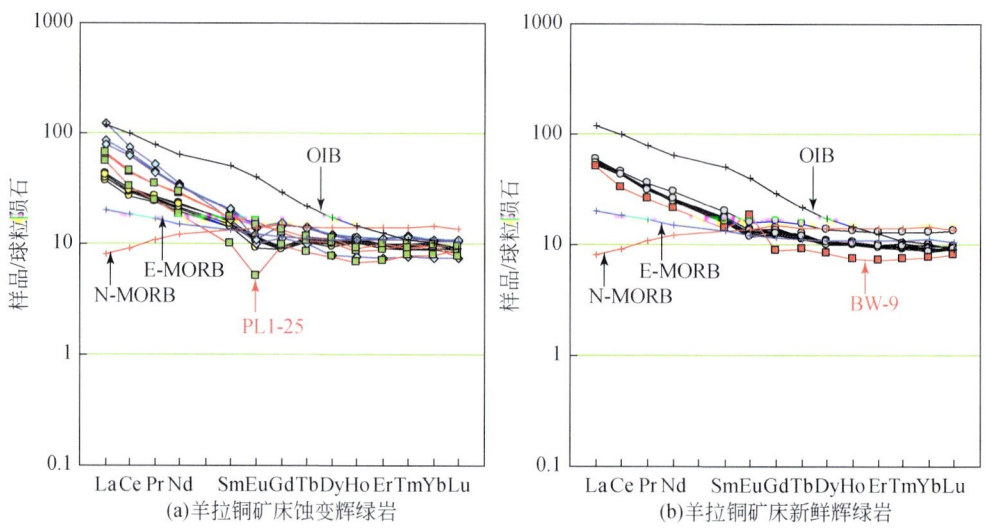

图 4.62 羊拉铜矿床辉绿岩 REE 配分模式图

球粒陨石据 Boynton (1984),N-MORB、E-MORB 和 OIB 据 Sun 和 McDonough (1989);蚀变辉绿岩中,黑线带黄色圆圈为 ZK4903 辉绿岩,蓝线带绿色方块为 N13ZK2 辉绿岩,红线带浅绿色圆圈为 LP 辉绿岩;新鲜辉绿岩中,黑线带灰色圆圈为 LIN-S 和 LIN-V 辉绿岩,红线带红色方块为 BW 辉绿岩

在矿区蚀变辉绿岩中,ZK4093 辉绿岩 REE 含量相对较低,配分模式相对平坦,各 REE 参数相对稳定,HREE 分馏不明显,其 (La/Yb)$_N$、(La/Sm)$_N$ 和 (Gd/Yb)$_N$ 分别在 3.92~4.22、2.55~2.73 和 0.88~0.98 之间,为弱的 Eu、Ce 负异常,δEu 和 δCe 分别为

0.82~0.99和0.91~0.95。N13ZK2辉绿岩REE含量较高，各REE参数变化范围较宽，LREE分馏明显，其(La/Yb)$_N$、(La/Sm)$_N$和(Gd/Yb)$_N$分别为7.35~16.44、3.83~7.48和1.31~1.51，明显Eu负异常、弱Ce负异常，δEu和δCe分别为0.63~0.80和1.04~1.06。LP辉绿岩REE含量变化范围较宽，各REE参数同样有较宽的变化范围，LREE分馏明显，其(La/Yb)$_N$、(La/Sm)$_N$和(Gd/Yb)$_N$分别为6.77~7.02、3.72~5.58和1.23~1.36之间，从明显Eu负异常到弱Eu正异常，δEu为0.52~1.08，Ce负异常，δCe为0.88~0.93。这些特征均表明，羊拉矿区新鲜和蚀变辉绿岩REE地球化学总体相近，应为相同地幔源区不同程度部分熔融形成的岩浆，经历了不同结晶分异作用、不同围岩混染作用、不同期后蚀变作用演化过程的产物。

四、岩石成因

这部分将在矿区辉绿岩岩相学、年代学和地球化学等方面提供的成因信息基础上，从辉绿岩原始岩浆、地幔源区特征、岩浆演化、成岩构造环境及与花岗闪长岩的成因联系等方面来讨论其成因及动力学背景。

1. 原始岩浆

上述分析表明，虽然分布于羊拉铜矿床不同位置的辉绿岩脉（株）在矿物含量、蚀变程度、主量元素、过渡元素（TME）、大离子亲石元素（LILE）、高场强元素（HFSE）和稀土元素（REE）含量等方面有一定区别，但岩石具有相同的构造环境（同一地区）、成岩时代（230Ma左右）和相似的矿物组合（主要矿物为单斜辉石和斜长石，次要矿物为橄榄石、斜方辉石、云母、钾长石等，副矿物主要为钛铁矿和磷灰石），而且其TME、LILE、HFSE和REE有规律的变化，对应的配分模式图解一致。这些特征表明羊拉矿区辉绿岩为相同地幔源区的产物。

原始岩浆（primary magma）是指在源区部分熔融形成未经变异（分异、同化、混染、岩浆混合等作用）的岩浆。许多学者曾提出过识别原始岩浆的准则（莫宣学，1988），综合起来有：岩石的Mg$^\#$值为68~75，固结指数（SI）约为40，MgO含量为12%左右，橄榄石的Fo为90左右，Ni为290×10^{-6}左右，含有幔源包体等。本区新鲜辉绿岩的MgO为3.69%~4.95%，Mg$^\#$值为45~55，Ni为4.40×10^{-6}~17.0×10^{-6}（附表15），均明显低于原始岩浆的标准，为原始岩浆演化产物；蚀变辉绿岩大部分样品的MgO、Mg$^\#$和Ni含量低于原始岩浆的标准（附表14），也主要为原始岩浆演化产物，但有少量样品的MgO和Ni含量相对较高，如N13ZK2辉绿岩的MgO为6.08%~6.18%，Mg$^\#$值为64~65，Ni为75.0×10^{-6}~80.1×10^{-6}；LP辉绿岩中的样品LP1-27的MgO为7.77%，Mg$^\#$值为66，Ni为130×10^{-6}，考虑到岩石经历了较强的蚀变作用，新鲜样品的MgO、Mg$^\#$值和Ni含量可能接近原始岩浆的标准。

2. 岩浆演化

矿区同一辉绿岩脉（株）的TME、LILE、HFSE和REE含量变化范围较小，但CaO

与 CaO/Al_2O_3 之间具有很好的相关关系（图 4.50），MgO 与 TME、LILE、HFSE 和 REE 之间均存在不同程度相关性（图 4.53、图 4.55、图 4.58），这些特征表明本区岩浆演化过程中存在结晶分异作用。但相同辉绿岩脉（株）中没有出现与之伴生的中-酸性岩、样品在 REE 判别图上集中分布（图 4.61），表明岩浆演化过程中结晶分异作用程度较低。

矿区不同辉绿岩脉（株）的 TME、LILE、HFSE 和 REE 含量有较大差别，前文已证实岩浆结晶分异作用形成这种特征的程度有限，表明地幔不同程度部分熔融和岩浆上升过程中地壳物质混染作用在岩浆演化过程中具有重要地位。在 REE 判别图上样品大体沿斜线分布也证实岩石为不同程度部分熔融的产物（图 4.61）。夏林圻等（2007）通过对比发现，受到地壳混染的软流圈（或地幔柱）源大陆玄武质岩石具有以下特征：$(Th/Nb)_N>1$、$La/Nb>1$、高 $(^{87}Sr/^{86}Sr)_t$ 值、低 $\varepsilon_{Nd}(t)$ 值、La/Nb 和 La/Ba 值与洋岛玄武岩相似、微量元素地幔标准化配分模式具有 Nb、Ta、Ti 负异常。虽然本次工作未分析辉绿岩 Sr、Nd 同位素组成，但岩石 $(Th/Nb)_N$ 为 4.49～14.34，La/Nb 为 1.95～3.78、微量元素地幔标准化配分模式具有明显 Nb、Ta、Ti 负异常（图 4.56），均与受到地壳混染的软流圈（或地幔柱）源大陆玄武质岩石特征一致，表明本区辉绿岩在岩浆上升过程中受到了地壳物质混染作用。

因此，羊拉铜矿床不同位置辉绿岩脉（株）具有不同的 TME、LILE、HFSE 和 REE 含量特征，应为相同地幔源区经不同程度部分熔融的原始岩浆，在岩浆上升过程中经历地壳物质混染和岩浆期后热液蚀变等综合作用的结果。

3. 地幔交代作用

地幔交代作用是一种相当普遍的现象，已为大多数学者所公认（Wass et al., 1980；Bailey, 1982；Holm et al., 1982；Menzies et al., 1987；Ujike, 1988；Vidal et al., 1989）。虽然羊拉矿区辉绿岩中没有找到幔源包体，但从本书地球化学资料可推测其源区地幔经历了交代作用，主要证据如下。

（1）本区辉绿岩与原始地幔、N-MORB、E-MORB 相比富集 LILE、HFSE，球粒陨石标准化稀土配分模式为 LREE 富集型，微量元素配分模式为不相容元素强烈富集型，这些特征均是源于交代地幔岩浆的具体表现。

微量元素尤其是地球化学性质相似的不相容元素之间的比值对比及相关图件常用来确定地幔端元组分（Weaver, 1991a, 1991b；石林等, 1998）。从表 4.3 中可见，本区辉绿岩不相容元素之间的比值明显不同于原始地幔（PM）、异常和正常洋中脊玄武岩（E-MORB 和 N-MORB）、大陆地壳（CC）、上地壳（UCC）和下地壳（LCC），与具有亏损地幔（DMM）和 EM1 端元混合特征的洋岛玄武岩（OIB）、富集地幔端元（EM1 和 EM2）之间也存在一定差异，在 Th/Yb-Ta/Yb 图中本区全部辉绿岩样品位于富集地幔端元的活动大陆边缘玄武岩区域（图 4.63），表明地幔源区经历了地壳流体的交代富集作用。

表 4.3 本矿区辉绿岩与不同地幔端元不相容元素比值对比

元素比值	E-MORB	N-MORB	OIB	PM	CC	UCC	LCC	EM1	EM2	本矿区辉绿岩
Zr/Nb	8.80	31.8	5.83	15.7	9.09	7.60	18.33	5.3~11.5	4.5~7.3	22.96~16.46
La/Nb	0.759	1.07	0.771	0.964	1.45	1.20	1.83	0.86~1.19	0.89~1.09	2.77~2.61
Ba/Nb	6.87	2.70	7.29	9.80	22.7	22.0	25.0	11.4~17.8	7.3~11.0	78.96~67.80
Ba/Th	95.0	52.5	87.5	82.2	71.4	51.4	142	103~154	67~84	138.70~83.21
Rb/Nb	0.607	0.240	0.646	0.891	2.91	4.48	0.883	0.88~1.17	0.59~0.85	20.21~14.37
K/Nb	253	258	25.0	351				213~432	248~378	3230.73~2491.97
Th/Nb	0.072	0.052	0.083	0.119	0.318	0.428	0.177	0.105~0.122	0.111~0.157	1.38~0.89
Th/La	0.095	0.048	0.108	0.124	0.219	0.357	0.096	0.107~0.128	0.122~0.163	0.70~0.34
Ba/La	9.05	2.52	9.46	10.2	15.6	18.3	13.6	13.2~16.9	8.3~11.3	41.16~5.92

注：原始地幔（PM）、异常洋中脊玄武岩（E-MORB）、正常洋中脊玄武岩（N-MORB）和洋岛玄武岩（OIB）不相容元素含量据 Sun 和 McDonough（1989）；大陆地壳（CC）、上地壳（UCC）和下地壳（LCC）不相容元素含量据 Taylor 和 McLennan（1985）；富集地幔端元（EM1 和 EM2）据 Weaver（1991a，1991b）。

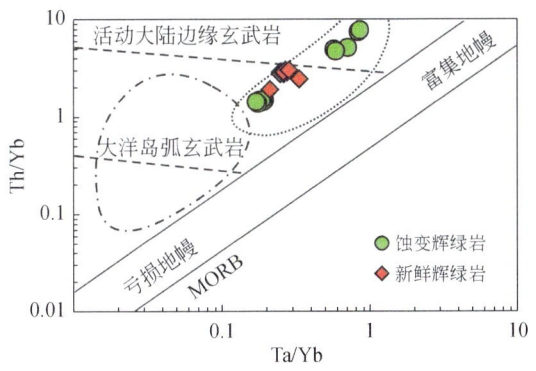

图 4.63 羊拉铜矿床辉绿岩 Th/Yb-Ta/Yb 图

（2）岩石本身成分也可以较好地反映其源区物质组成特点。本区辉绿岩 LILE 和 REE 地球化学特征表明，其源区地幔含有少量金云母和石榴子石。设其地幔源岩为金云母石榴子石二辉橄榄岩，成分为 $Ol_{60}Opx_{20}Cpx_{10}Phl_5Gar_5$（Ol 为橄榄石，Opx 为斜方辉石，Cpx 为单斜辉石，Phl 为金云母，Gar 为石榴子石），选取表 4.4 中的固/液分配系数，采用非实比批式熔融方程（Shaw，1970）：

$$C_L = \frac{C_O}{[D+F(1-P)]}$$

式中，C_L 为某元素在部分熔融形成熔体中的浓度；C_O 为某元素在部分熔融原始固相中的浓度；D 为某元素在部分熔融原始固相与熔体之间的总分配系数；P 为某元素在部分熔融进入熔体那部分固相与熔体之间的总分配系数；F 为部分熔融程度。

表 4.4 计算过程中选用的分配系数

矿物	橄榄石	斜方辉石	单斜辉石	尖晶石	石榴子石	角闪石	金云母	磷灰石
Sr	0.01	0.02	0.1	0	0	0.2		
Ba	0.005	0.01	0.02	0.001	0.01	0.71		
Th	0.001	0.001	0.001	0.001	0.001	0.038		
Nb	0.01	0.01	0.02	0.4	0.1	0.8		
La	0.01	0.01	0.13	0.01	0.004	0.2	0.06	16.9
Ce	0.01	0.015	0.15	0.02	0.009	0.32	0.034	21.4
Nd	0.01	0.03	0.22	0.035	0.09	0.44	0.032	26.8
Sm	0.01	0.067	0.5	0.05	0.3	0.8	0.031	29.7
Eu	0.007	0.02	0.54	0.05	0.32	1.2	0.03	30.2
Gd	0.008	0.033	0.50	0.07	0.50	0.86	0.03	33.4
Tb	0.01	0.05	0.30	0.09	1.27	1.3	0.03	32.9
Dy	0.01	0.06	0.30	0.10	3.17	0.78	0.03	15.9
Ho	0.02	0.05	0.45	0.10	3.60	1.1	0.032	10.3
Er	0.01	0.04	0.41	0.11	6.56	1.05	0.034	8.0
Tm	0.04	0.054	0.262	0.1	6.29	1.0	0.035	7.0
Yb	0.01	0.05	0.60	0.02	6.6	0.8	0.042	9.1
Lu	0.016	0.04	0.53	0.09	7.0	0.51	0.042	5.3

注：① 橄榄石、斜方辉石、单斜辉石、尖晶石、石榴子石、角闪石分配系数由下列文献综合：Arth (1976)；Bender 等 (1984)；Dostal 等 (1983)；Irvine 和 Frey (1978)；Philpotts 和 Schnetzler (1970)；Schnetzler 和 Philpotts (1970)。② 金云母、磷灰石引自干国梁 (1993)。

假定进入熔体中矿物的比例为 $Ol_0Opx_{10}Cpx_{40}Phl_{25}Gar_{25}$，实际上，这些矿物在不同熔融程度进入熔体的比例是可变的，不过相对较小的变化对计算结果影响不大，而且这种假定进入熔体的矿物比例计算结果应是最可能富集稀土元素的（邱家骧，1991）。

不同部分熔融程度计算结果（表 4.5，图 4.64）表明，只有部分熔融程度低于 3% 时，所产生熔体的 REE 含量（主要指 LREE）及其配分模式才接近羊拉矿区辉绿岩 REE 低值区。然而，实验岩石学研究表明，如果部分熔融程度小于 3% 时，熔体就很难与源岩分离。因此，推测本区辉绿岩的源区岩石是相对富集 REE（特别是 LREE）的石榴子石二辉橄榄岩，导致 LREE 富集的地幔事件是交代作用。

表 4.5 金云母石榴子石二辉橄榄岩部分熔融模拟计算结果

元素	原始地幔	$D_i/\times 10^6$	$P_i/\times 10^6$	$F=0.1\%$	$F=0.5\%$	$F=1\%$	$F=3\%$	$F=5\%$	$F=10\%$
La	0.687	0.0242	0.0690	27.337	23.809	20.501	13.179	9.710	5.857
Ce	1.775	0.0262	0.0723	65.552	57.651	50.102	32.881	24.470	14.925
Nd	1.354	0.0401	0.1215	33.042	30.432	27.698	20.375	16.114	10.582
Sm	0.444	0.0859	0.2895	5.123	4.961	4.771	4.139	3.655	2.828
Eu	0.168	0.0797	0.3055	2.090	2.020	1.939	1.671	1.468	1.126

续表

元素	原始地幔	$D_i/\times 10^6$	$P_i/\times 10^6$	$F=0.1\%$	$F=0.5\%$	$F=1\%$	$F=3\%$	$F=5\%$	$F=10\%$
Gd	0.596	0.0879	0.3358	6.730	6.534	6.304	5.527	4.921	3.862
Tb	0.108	0.1110	0.4500	0.968	0.949	0.927	0.847	0.780	0.651
Dy	0.737	0.2080	0.9260	3.542	3.537	3.531	3.506	3.481	3.422
Ho	0.164	0.2486	1.0930	0.660	0.661	0.662	0.667	0.672	0.685
Er	0.480	0.3847	1.8165	1.250	1.261	1.275	1.333	1.396	1.584
Tm	0.074	0.3772	1.6915	0.197	0.198	0.200	0.208	0.216	0.240
Yb	0.493	0.4081	1.9055	1.211	1.222	1.235	1.294	1.359	1.553
Lu	0.074	0.4227	1.9765	0.175	0.177	0.179	0.188	0.198	0.228

注：原始地幔据 Sun 和 McDonough（1989）；D_i 为微量元素（i）在原始固相和熔体间的总分配系数；P_i 为微量元素（i）在进入熔体的那部分固相和熔体间的总分配系数。

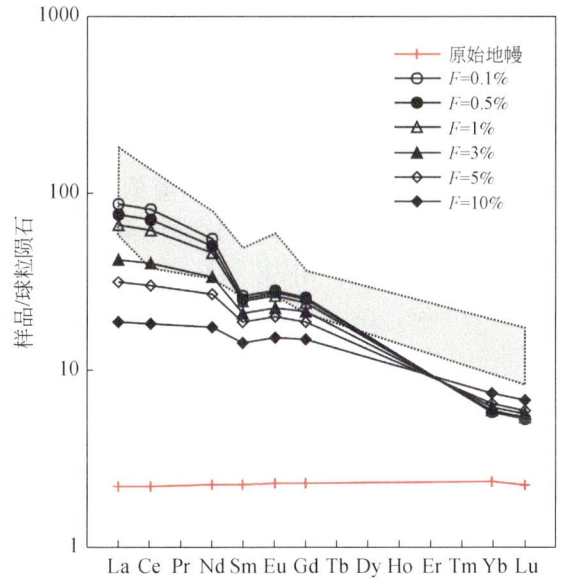

图 4.64　地幔岩（金云母石榴子石二辉橄榄岩）不同部分熔融程度模拟计算结果的稀土配分模式
球粒陨石据 Boynton（1984）；阴影区为本区辉绿岩所在范围

4. 成岩构造环境

成岩动力学分析是成因岩石学研究的重要组成部分，而利用岩浆岩地球化学判别成岩构造环境则是成岩动力学分析最重要的方法之一。自 20 世纪 70 年代以来，许多学者致力于岩石地球化学与构造环境关系研究，提出了各种各样的构造环境地球化学判别原理及相应的判别图解（Pearce et al.，1984；Wood，1980；Holm et al.，1982；Mullen，1983；Meschede，1986；Condie，1990；李曙光，1994；汪云亮等，2001；武莉娜等，2003；孙书勤等，2003），也有不少学者对这些判别的适用条件、范围及优缺点进行了评述（Pearce et al.，1984；Wang and Glover，1992；朱弟成等，2001）。本书该部分主要利用所获矿区辉绿岩地球化学资料对其成岩构造环境进行判别。

前人提出的各种地球化学构造判别图解在探讨成岩动力学背景方面发挥了巨大作用，但是不同学者提出的判别图在使用过程中往往存在以下问题：① 图解的准确性，如 Pearce 等（1984）认为 Ti-Zr-Y 图解的有效率达 95% 以上，而 Holm 等（1982）收集了世界各地资料研究后指出，大陆拉斑玄武岩无法使用这个图解进行判别；② 图解的多解性，表现在不同构造环境常常相互重叠，或者一个图区可能包含了两种不同的构造环境；③ 图解的矛盾性，表现在同一个样品的数据在不同判别图解中可能得到不同的判别结果。因此正确选择地球化学构造判别图解是获得切合实际构造环境的关键。考虑到以上因素，本书主要利用 HFSE 和 REE 构造判别图解判别研究区辉绿岩成岩构造环境。

（1）本区辉绿岩岩浆过程复杂，地幔交代富集作用、不同程度部分熔融作用、岩浆结晶分异作用、地壳物质混染作用都有表现，岩浆期后经历过不同程度的蚀变作用，因而其主要元素、活动性较强的 LILE 都不能代表原岩特征，用来判别构造环境无疑会给出不切合实际的结果。

（2）HFSE 和 REE 在岩浆过程中相对稳定，岩浆期后弱蚀变作用对其影响较小，能代表原岩特征。虽然本区辉绿岩 HFSE 和 REE 有较宽的含量变化范围，但前文已指出，岩石中这两类元素具有统一变化规律，共同受磷灰石控制，因而其元素比值及元素三角图解适合用来判别成岩构造环境。

（3）近年来不少学者对 HFSE 判别成岩构造环境的原理进行了分析（汪云亮等，2001；武莉娜等，2003；孙书勤等，2003），认为这类元素尤其是元素比值是成岩构造环境的理想对象。朱弟成等（2001）指出，HFSE 和 REE（尤其是 HREE）一般不受热液蚀变和低于角闪岩相变质作用的影响，在地壳和地幔的不同结构层的岩浆与固相源岩之间具有很强的分异能力，具有良好判别意义，适合应用于大陆岩石受变质作用影响条件下的构造环境判别。

在 Th/Hf-Ta/Hf 和 Th/Zr-Nb/Zr 图（图 4.65）中，羊拉矿区辉绿岩明显集中投影于大陆板内的陆–陆碰撞带玄武岩区域，少量位于大陆拉张玄武岩与陆–陆碰撞带玄武岩接触界线处，反映岩石形成于陆内陆–陆碰撞的成岩动力学背景。在 TiO_2-MnO-P_2O_5 图解（图 4.66）中，样品投影于岛弧拉斑玄武岩区域，说明羊拉矿区辉绿岩具岛弧玄武岩特征；构造环境微量元素判别图（图 4.67）中，样品也明显集中分布于岛弧玄武岩区域，亦说明羊拉矿区辉绿岩具岛弧玄武岩特征。羊拉矿区辉绿岩的成岩年龄为 228.7±0.85Ma～235.2±0.9Ma，与花岗闪长岩、石英斑岩的成岩年代一致，三者应具有统一的成岩背景。印支期末—燕山期，金沙江构造带已进入陆内碰撞推覆阶段（潘桂棠等，2003）。因此，羊拉矿区辉绿岩具岛弧玄武岩特征，成岩背景为印支期末—燕山期的陆内陆–陆碰撞。

5. 辉绿岩与花岗闪长岩成因联系

羊拉铜矿床花岗闪长岩广泛分布，辉绿岩在矿区泥盆系、石炭系及大面积块状玄武岩中均有分布，在花岗闪长岩体边缘及岩体内部也可见到。王彦斌等（2010）获得矿区里农大沟、侵位于里农花岗闪长岩中的辉绿岩墙锆石 U-Pb 年龄为 222.0±1.0Ma、MSWD = 1.05，结合他们获得的本区花岗闪长岩锆石 U-Pb 年龄，里农和路农岩体为 238～239Ma、

第四章 矿区岩浆岩

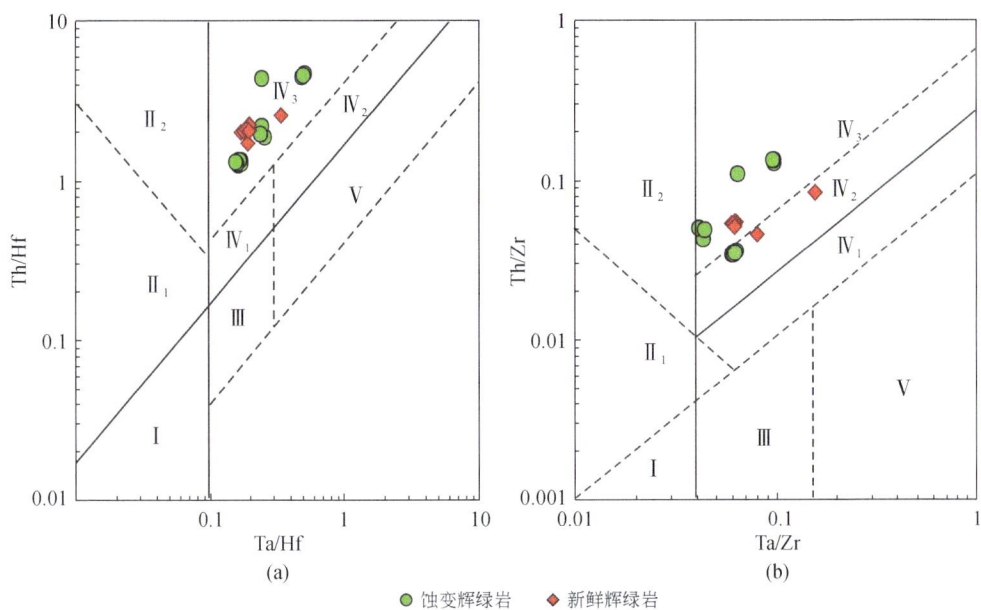

图 4.65 辉绿岩 Th/Hf-Ta/Hf 和 Th/Zr-Nb/Zr 图

（a）据汪云亮等（2001），（b）据孙书勤等（2003）；Ⅰ. 大洋板块发散边缘 N-MORB 区，Ⅱ. 板块汇聚边缘（Ⅱ$_1$. 大洋岛弧玄武岩区，Ⅱ$_2$. 陆缘岛弧及陆缘火山弧玄武岩区），Ⅲ. 大洋板内（洋岛、海山玄武岩区、T-MORB、E-MORB 区），Ⅳ. 大陆板内（Ⅳ$_1$. 陆内裂谷及陆缘裂谷拉斑玄武岩区，Ⅳ$_2$. 大陆拉张带（或初始裂谷）玄武岩区，Ⅳ$_3$. 陆-陆碰撞带玄武岩区），Ⅴ. 地幔热柱玄武岩区

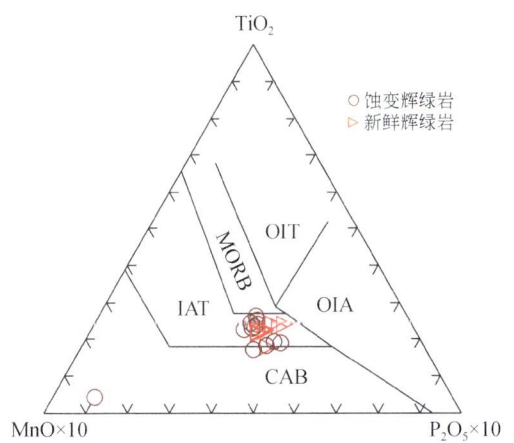

图 4.66 辉绿岩 TiO_2-MnO-P_2O_5（原图据 Mullen，1983）

OIT. 洋岛拉斑玄武岩；OIA. 洋岛碱性玄武岩；MORB. 洋中脊玄武岩；IAT. 岛弧拉斑玄武岩；CAB. 钙碱性玄武岩

江边岩体为 228Ma、贝吾岩体为 214Ma，认为矿区该期岩浆活动持续时间约 15Ma，辉绿岩为伴随矿区花岗质岩浆多次涌动侵入形成花岗闪长岩过程中幔源基性岩浆活动产物，对两类岩石的成因联系未进行深入讨论。

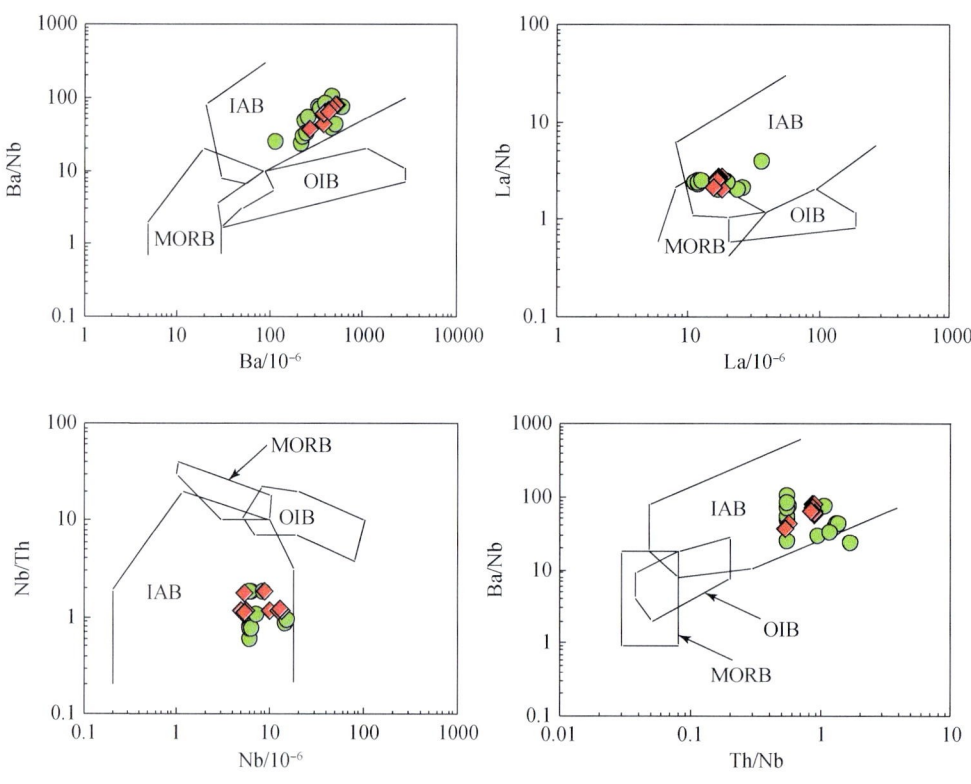

图 4.67 辉绿岩构造环境微量元素判别图

MORB. 洋中脊玄武岩，OIB. 洋岛玄武，IAB. 岛弧玄武岩；原图据李曙光，1994

中-基性脉岩与花岗岩时空上密切共生是常见的地质现象，两者的成因联系是一个长期争论、至今尚未解决的问题。在众多争论中，岩浆结晶分异作用、岩浆不混溶作用和岩浆混合作用等成因模式特别引人注目。羊拉铜矿床辉绿岩与花岗闪长岩不仅空间上密切共生，而且本次工作获得矿区多条辉绿岩脉锆石 U-Pb 年龄为 228.7±0.85Ma～235.2±0.9Ma，越来越多的锆石 U-Pb 定年结果表明，本区花岗闪长岩成岩时代为 214～239Ma（本书获得的花岗闪长岩锆石 U-Pb 年龄为 238.9±0.87Ma、232.85±1.2Ma），表明两类岩石可能为异源岩浆同期同位侵入的产物。根据矿区两类岩石的规模、相互共生关系及地球化学特征，岩浆结晶分异作用和岩浆不混溶作用观点都不能合理解释其成因联系，可能为岩浆混合作用的结果。

1）岩浆结晶分异作用

Rock（1987，1988）提出，苏格兰南部加里东晚期火成岩区分布的花岗岩是由煌斑岩母岩浆通过结晶分异作用的残余岩浆形成，主要依据有：该区花岗岩是幔源基性岩浆演化产物，而煌斑岩是区内与加里东晚期花岗岩伴生的唯一基性岩；煌斑岩具备花岗岩富 K、Sr、Ba、LREE 的特征；两种岩石的 $^{87}Sr/^{86}Sr$ 初始值相近。虽然辉绿岩是羊拉矿区印支期（230Ma 左右）花岗闪长岩伴生的唯一基性岩，两类岩石均具有花岗岩富 K、Sr、Ba、

LREE 的特征，以下证据不支持两者时空密切共生为结晶分异作用的结果。

（1）本区辉绿岩较为系统的地球化学研究结果表明，岩石为交代富集地幔部分熔融的熔体上升过程中遭受地壳物质混染作用的产物；Zhu 等（2011）和本次工作研究结果均显示，本区花岗闪长岩主要为下地壳物质部分熔融的熔体+少量幔源熔体上升过程中遭受地壳物质混染作用的产物。可见，羊拉矿区辉绿岩和花岗闪长岩形成于不同源区。

（2）从规模上看，矿区花岗闪长岩广泛分布，面积约 5km²；这类岩石的分布规律、年代学、地球化学显示，可能为区域加仁花岗岩基的组成部分，面积近 100km²；虽然矿区和区域都有辉绿岩分布，但主要是岩脉（墙），少量以岩株形式产出，其规模远远小于花岗闪长岩。因此，规模有限的辉绿岩母岩浆不可能结晶分异出规模很大的花岗闪长岩。另外，基性岩浆结晶分异作用形成的岩石组合从基性岩→中性岩→酸性岩，矿区及区域酸性岩发育，到目前为止也未见报道有中性岩分布。

（3）REE 常用来判别岩浆形成和演化过程，在 La/Sm-La 和 La/Yb-La 图（图 4.68）中矿区辉绿岩和花岗闪长岩均呈倾斜分布，表明两类岩石岩浆过程以部分熔融作用为主；两者不存在水平分布，同样表明岩石不是岩浆结晶分异作用的产物。

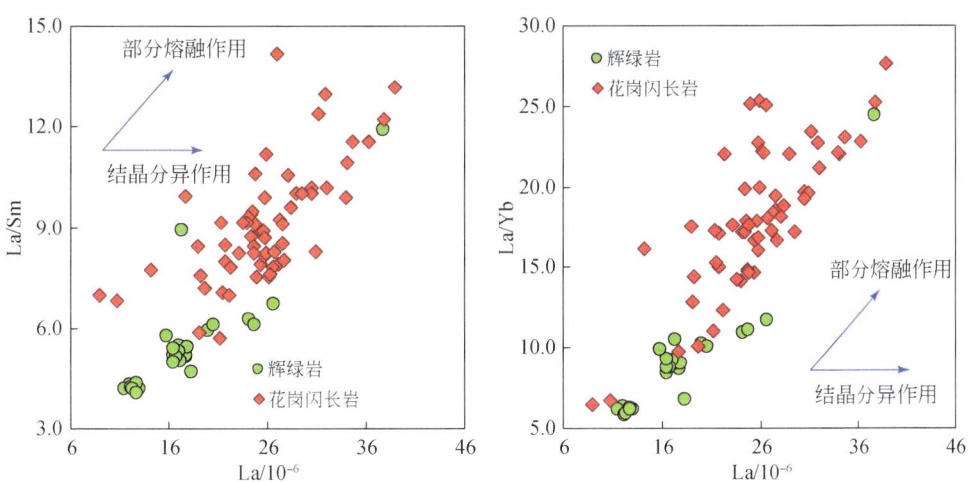

图 4.68　羊拉铜矿床辉绿岩和花岗闪长岩岩浆过程 REE 判别图

2）岩浆不混溶作用

岩浆液态不混溶作用作为一种重要的岩浆演化机理已被众多岩石学研究和高温高压实验资料所证实，针对这种现象最直接的证据是一种成分的岩浆在另一种成分的岩浆中呈球粒出现（Philpotts，1976）。矿区辉绿岩和花岗闪长岩均未发现球粒，表明岩浆演化过程中可能不存在液态不混溶作用。以下证据也支持本区辉绿岩和花岗闪长岩时空密切共生可能不是岩浆液态不混溶作用的产物。

（1）实际工作中，岩浆液态不混溶作用多用来解释具"双峰"式岩石组合杂岩体的成因（侯增谦，1987，1988，1990；沈发奎，1986；黄智龙，1992），不过，"双峰"式岩石组合杂岩体一般以相对基性成分为主体岩石，相对酸性成分出露较少，后者多以岩墙

（或岩脉）形式穿切主体岩石。羊拉铜矿床正好相反，辉绿岩（相对基性成分）呈岩脉形式穿切石英斑岩（相对酸性成分），前者出露规模明显小于后者。

（2）实验岩石学研究和理论模拟均已表明，在一定的温度压力和成分条件下，均匀的岩浆发生液态不混溶作用产生两个不同成分的岩浆（Roedder，1951，1979；王联魁等，1983，1987）。不混溶的两液相成分虽然取决于混溶前的均一岩浆成分、岩浆碱度及熔体聚合程度 NBO/T（侯增谦，1988）、不混溶作用发生的温压条件及不混溶程度（Freestone，1978）等因素，但岩浆液态不混溶作用通常使强聚合程度元素 Si、Al、Na、K 进入长英质熔体中，而弱聚合程度元素 Fe、Mg、Ca、Ti、P 则急剧地进入基性熔体。因此，形成一个富 Si、Al、Na、K 熔体和一个富 Fe、Mg、Ca、Ti、P 熔体，并且两液相具有限定的成分范围。矿区辉绿岩与石英斑岩化学成分相比，前者的 Si 低，Fe、Mg、Ca、Ti、P 高，但两者的 Al、Na 相当，与岩浆液态不混溶作用形成的基性熔体和长英质熔体成分不吻合。

（3）在岩浆液态不混溶过程中，微量元素行为及其在不混溶两熔体间的分配，严格地受其离子特征和熔体结构所控制（Ryerson and Hess，1978），高价阳离子具较高的场强，往往强烈富集于不混溶的富铁相中；低价阳离子具较低的场强，则多在富硅相中富集。微量元素上述配分模式不仅得到 Ryerson 和 Hess（1978）实验资料的支持，而且被众多实验资料所证实（Philpotts，1976；Bender，1982；侯增谦，1988）。因此，微量元素特别是稀土元素这种分配规律无疑可作为岩浆液态不混溶作用的判别标志。矿区辉绿岩 REE 含量相对低于花岗闪长岩，如 La 分别为 $11.54 \times 10^{-6} \sim 24.70 \times 10^{-6}$（大部分样品小于 20×10^{-6}）和 $17.63 \times 10^{-6} \sim 38.97 \times 10^{-6}$（大部分样品大于 20×10^{-6}），与岩浆液态不混溶作用的微量元素判别标志不符。

3）岩浆混合作用

岩浆混合作用广泛存在，尤其是玄武岩岩浆和花岗岩岩浆之间的混合作用（Oldenburg et al.，1989）。越来越多的证据表明，活动的大陆边缘板块俯冲带及大陆内部的上地幔隆起带是发生上述混合作用的主要大地构造环境（Vernon，1984）。因此基性岩与花岗岩共生组合另一种解释是岩浆混合模式，该模式承认熔体的混溶性，但由于熔体的黏度高和相对快速的结晶速度阻止了两种熔体进一步均一化。羊拉铜矿床辉绿岩与花岗闪长岩密切共生，地球化学性质和高温高压实验结果均证实可能存在岩浆混合作用。

前已述及，矿区花岗闪长岩中广泛分布暗色微粒包体（MMEs），是壳-幔岩浆混合作用的有力证据（Vernon，1984）。这些 MMEs 的大小一般为 2~20cm，与寄主岩的接触边呈锯齿状，镜下可见典型的岩浆结构，如部分矿物晶体的振荡环带及具自形粒状结构，同时常见黑云母呈嵌晶状包裹于钾长石中，为岩浆熔体结晶产物（Keay et al.，1997）。MMEs 的许多主量元素和微量元素介于本区辉绿岩与寄主的花岗闪长岩之间。Zhu 等（2011）获得 MMEs 锆石 U-Pb 年龄为 235.9 ± 3.3Ma，与寄主花岗闪长岩和辉绿岩成岩时代在误差范围内一致。这些特征表明，本区 MMEs 是岩浆混合作用最直接的证据（Vernon，1984；Zhu et al.，2011）。

有关相混合的两种熔体的来源目前主要存在三种观点，其一，从两个独立的岩浆房中演化出来的、成因上互不相关但同时侵位的两种熔体；其二，基性岩浆侵入于地壳（或花岗岩）中，造成地壳（或花岗岩）重熔形成酸性岩浆；其三，通过同一母体源区分异熔融作用形成的，低温不变点上形成酸性熔体，高温不变点上形成基性熔体。从本区辉绿岩和花岗闪长岩的地质、地球化学及源区特征存在明显差异看，相互混合的两种熔体应为两个独立的岩浆房中演化出来的、成因上互不相关但同时侵位的两种熔体。

第四节 石 英 斑 岩

里农斑岩体出露面积很小，其 Rb-Sr 成岩年龄为 202Ma（陈开旭等，1999），但林仕良和雍永源（1999）对同一斑岩体的 K-Ar 测年值为 122.3±1.5Ma，在岩石学、地球化学、年代学及其成矿作用等方面的研究更少（陈开旭等，1999；魏君奇等，2000），因而对该斑岩体地球化学和年代学的研究有待于加强。随着矿山开发程度的不断深入，在深部 3275m 中段和 3250m 中段均已揭露到不同规模的石英二长斑岩脉，反映出深部有寻找斑岩铜矿的重要信息。本章系统介绍羊拉矿区石英二长斑岩的地质特征、成岩年代、地球化学、岩石成因及成岩构造背景等。

一、地质特征

1. 地表斑岩

目前，矿区地表仅在里农矿段西部发现斑岩，呈岩株状侵位于里农组三段。侵位地层岩性为浅灰色中–厚层状细–中粒大理岩，局部夹砂质板岩、变质石英砂岩（图版XIV-A）。岩株在平面上为一不规则椭圆形，长轴方向 NE—SW，出露面积为 $0.01km^2$。岩石为灰白色，斑状结构、块状构造（图版XIV-B）。斑晶主要由溶蚀粒状石英（10%）、板状斜长石（15%）、钾长石（7%）和片状黑云母（6%）组成（图版XIV-C），偶见柱状角闪石；基质为隐晶–微晶质结构，成分与斑晶相近（图版XIV-C），镜下鉴定为石英二长斑岩。岩石遭受不同程度蚀变，内接触带常见硅化、绢云母化和高岭石化；外接触带常见硅化、绢云母化、碳酸盐化和绿泥石化。内外接触带均有少量黄铁矿、方铅矿、磁铁矿、钛铁矿等金属矿物呈星点状分布。陈开旭等（1999）报道其全岩 Rb-Sr 等时线年龄为 202Ma，李定谋等（2002）获得该斑岩全岩 K-Ar 年龄为 122Ma。陈开旭等（1999）还认为该斑岩与里农矿段 KT1 矿体有成因联系，以此推测矿区存在斑岩型铜矿床。

陈开旭等（1999）发现在该斑岩株北、东外缘发育一隐爆角砾岩筒，呈不规则的筒状分布，岩筒倾向北东，倾角 60°～80°，弯曲长 250m，宽 10～80m。角砾主要成分为石英（黑云母）二长花岗斑岩，夹杂于其中的围岩角砾主要为大理岩、板岩、砂岩等，角砾大小混杂，最大者为大理岩角砾，可达 5m 以上，细者至岩屑、岩粉，一般为 1～50cm，角砾形态不规则，多呈棱角状，少数为次棱角状，微显定向排列。角砾岩的胶结物为长英质，为后期热液交代。蚀变强烈，常见硅化、方解石化、绿泥石化、绢云母化及 Cu、Pb、Zn、Ag 多金属硫化物矿化。从角砾组成及胶结物类型可看出其具有隐爆角砾岩的特征。

2. 深部斑岩

近年在羊拉铜矿床里农矿段多个开采（拓）中段发现零星出露的斑岩，其中3250m中段和3275m中段斑岩出露相对较好。斑岩以岩枝状侵位于里农组浅灰色中–厚层状大理岩中，岩枝最宽约4m，长约20m，与围岩界线不规则（图版XIV-D）。岩石为灰白色，斑状结构（图版XIV-E），内外接触带均有强烈蚀变，常见硅化、绢云母化、高岭石化、碳酸盐化和泥化。斑晶主要为石英（约20%）和长石（约10%），少量云母（小于2%）。其中石英斑晶粒径最大近20mm，一般为1~5mm，多为六边形和四边形，少量为不规则状，常见溶蚀边（图版XIV-F~H，图版XV-A~E）；长石斑晶多已蚀变，仅残余晶体外形，已被绢云母和高岭石替代（图版XIV-G），粒径最大近20mm，一般为1~3mm；云母斑晶也只有外形，被绢云母等矿物替代（图版XIV-H），粒径一般小于2mm。基质为隐晶–微晶质结构、霏细结构，也主要由石英和长石组成，少量云母，其中长石和云母遭受不同程度的绢云母化、高岭石化和碳酸盐化。岩石中常见后期石英脉和碳酸盐脉（图版XIV-F，图版XV-A~D）。从矿物组合看，岩石应定名为花岗斑岩。

二、成岩时代

陈开旭等（1999）报道矿区里农西侧斑岩的全岩Rb-Sr等时线年龄为202Ma，林仕良和雍永源（1999）对同一斑岩体的测年值为122Ma。该年龄值与矿区花岗闪长岩成岩年龄（230Ma左右）相差甚远，因而认为斑岩是燕山期岩浆活动产物，与花岗闪长岩没有直接成因联系。另外，近年来矿床辉钼矿Re-Os等时线定年结果显示，成矿时代与矿区花岗闪长岩成岩年龄相近，也为230Ma左右（杨喜安等，2012；朱经经，2012），为花岗闪长岩与成矿存在成因联系提供了年代学证据。因此，矿区斑岩的成因、成岩构造环境、与花岗闪长岩是否有成因联系以及是否存在斑岩型铜矿床，都需要最直接的精确年代学证据。本次工作首次对矿区斑岩进行了锆石U-Pb定年，获得了岩石精确可靠的成岩时代，为深入讨论矿床成岩成矿动力学、揭示演化过程及其与成矿的关系提供了年代学证据。

1. 样品

本次工作进行了4件斑岩样品的锆石U-Pb定年，3件采自里农西侧斑岩、1件采自里农矿段3275m中段。前文已对里农西侧斑岩和3275m斑岩地质特征和岩相学进行了较详细的介绍，锆石样品3275m采样位置、手标本及矿物组合见图版XIV-D~H和图版XV-A~E，样品D027采样位置、手标本及矿物组合见图版XIV-A~C。样品Y032和Y033均采自地表（图版XV-F、H），其中Y032为一悬崖上出露的斑岩体，岩石灰白色，相对新鲜，肉眼可见石英斑晶（图版XV-G）；Y033为地表大面积出露的石英斑岩，岩石灰白色，蚀变较强，肉眼可见石英和长石斑晶（图版XVI-A）。

2. 分析方法

在野外采集斑岩样品5~10kg，送到河北省廊坊诚信地质服务有限公司用常规的重选和磁选技术挑选锆石,纯度在99%以上。将锆石样品颗粒和锆石标样粘贴在环氧树脂靶上,然后抛光使其暴露一半晶面。对锆石进行透射光和反射光显微照相以及阴极发光图像分析,以检查锆石的内部结构、帮助选择适宜的测试点位。

锆石 LA-ICP-MS U-Pb 定年在中国科学院地球化学研究所矿床地球化学国家重点实验室完成。电感耦合等离子体质谱仪为日本安捷伦公司制造,型号为 Agilent 7700x,激光剥蚀系统为德国 Lamda Physik 公司制造,型号为 GeoLasPro。ArF 准分子激光发生器产生 193nm 深紫外光光束,经匀化光路聚焦于锆石表面,激光束斑直径为 32μm,能量密度为 $10J/cm^2$,剥蚀频率为 5Hz,共计 40s,剥蚀颗粒物被氦气送入质谱仪中完成测试。测试过程中以标准锆石 91500 为外标校正元素分馏,以标准锆石 GJ-1 与 Plesovice 为盲样监控数据质量,以 NIST SEM 610 为外标,以 Si 为内标测定锆石中 Pb 含量,以 Zr 为内标测定其余微量元素含量(Liu et al.,2010a)。测试数据经过 ICPMS DataCal 软件离线处理完成(Liu et al.,2010a,2010b)。

3. 锆石特征

从锆石的阴极发光(CL)可见(图4.69~图4.72),羊拉矿区4件斑岩样品中的锆石存在一定差异,其中 Y032 和 Y033 主要为长柱状、短柱状,四方双锥发育、晶面平直,CL 图像显示锆石具清晰的岩浆振荡环带,少量颗粒边缘有圆化现象(图4.71、图4.72),为典型的岩浆锆石;3275 锆石主要为短柱状、少量长柱状,四方双锥不太发育,晶面平直,CL 图像显示锆石具清晰的岩浆振荡环带,少量颗粒边缘有圆化现象(图4.69),主要为岩浆锆石,少量可能为其他成因锆石;Y027 锆石颗粒较粗,主要为短柱状、少量长柱状,四方双锥不发育,晶面平直,CL 图像显示部分锆石具岩浆振荡环带,大部分颗粒边缘有圆化现象(图4.70),主要为碎屑锆石,少量为岩浆锆石,可能与样品中含有大量构造围岩角砾有关(图版XIV-A),其中碎屑锆石主要来源于围岩。

4. 定年结果

附表16~附表19为羊拉铜矿床4件采自不同位置斑岩锆石 LA-ICP-MS U-Pb 定年数据,表4.6为分析数据的统计结果。

表4.6 斑岩锆石 U、Th、Pb 含量及年龄统计结果

样品号	3275	Y027	Y032	Y033
有效测点数	13	20	14	18
$U/10^{-6}$	113~2099	2877~39369	94792~8486434	10419~61839
$Th/10^{-6}$	70~472	1628~17225	51445~4166017	5151~28633
$Pb/10^{-6}$	15~153	122~1116	8368~30583	293~1376
Th/U	0.17~0.44	0.11~1.54	0.13~0.54	0.14~0.49

续表

样品号		3275	Y027	Y032	Y033
年龄/Ma	$^{207}Pb/^{206}Pb$	218~2196	106~2673	40~2477	171~2450
	$^{207}Pb/^{235}U$	205~2149	229~2777	56~2438	180~2473
	$^{206}Pb/^{238}U$	204~2100	223~2894	51~2373	163~2467
	$^{208}Pb/^{232}U$	204~2089	211~2352	51~2356	127~2466
加权年龄/Ma		234.7±0.28		233.4±1.5	231.1±2.2
谐和年龄/Ma		234.0±2.9		232.2±0.77	228.8±0.69

注：由本次工作实测资料整理，异常数据未参与统计。

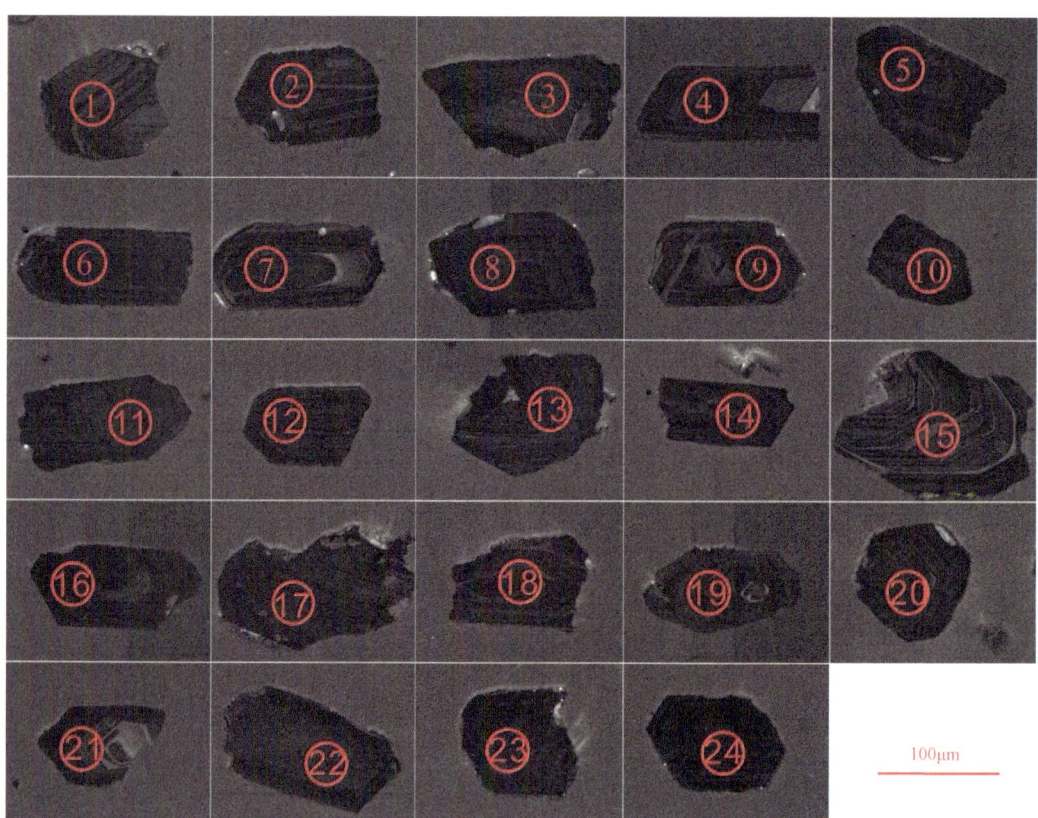

图4.69 斑岩样品3275锆石阴极发光（CL）照片及定年打点位置

第四章 矿区岩浆岩

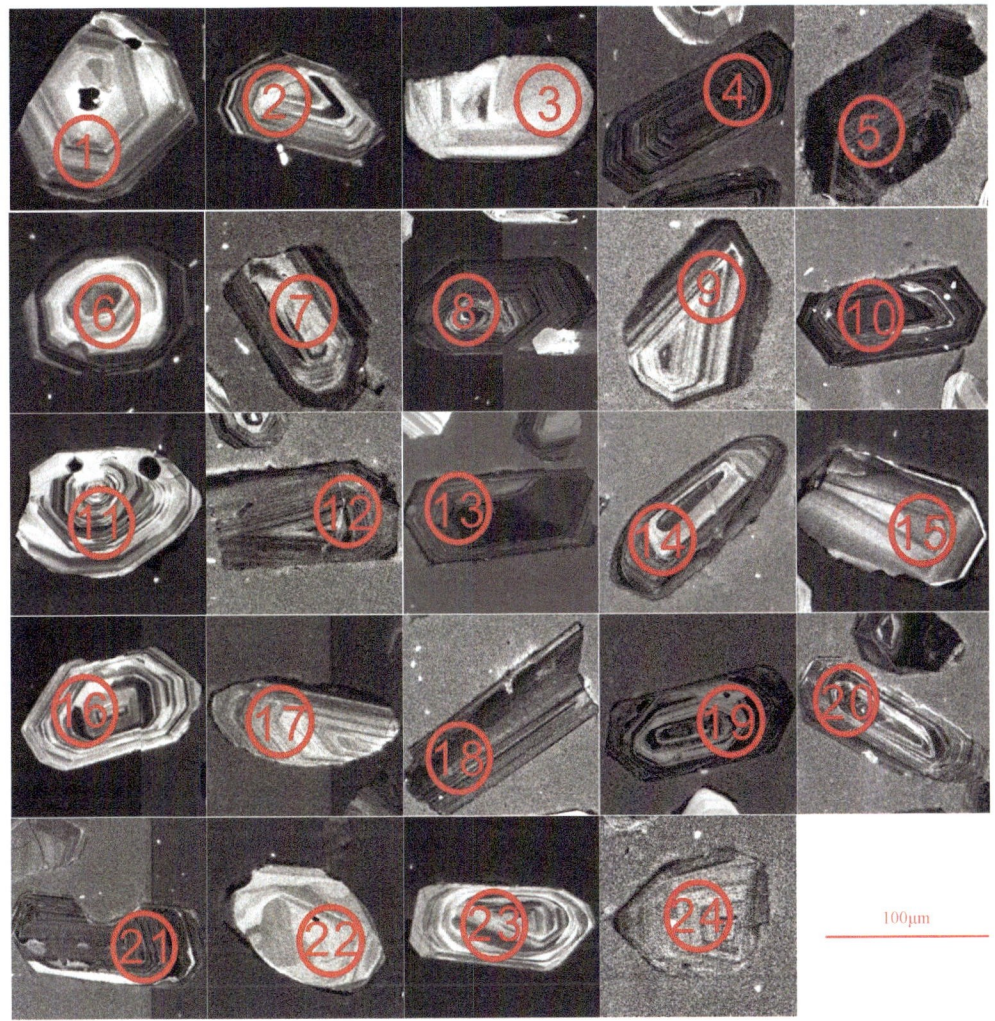

图 4.70 斑岩样品 Y027 锆石阴极发光 (CL) 照片及定年打点位置

(1) 样品 3275：从附表 16 和表 4.6 中可见，锆石的 U、Th 和 Pb 含量均有较宽的变化范围，分别为 $113×10^{-6} \sim 2099×10^{-6}$、$70×10^{-6} \sim 472×10^{-6}$ 和 $15×10^{-6} \sim 153×10^{-6}$，但 Th/U 相对稳定，除个别样品外，在 0.17~0.44 之间，大部分测点 U-Th 和 U-Pb 之间具正相关关系（图 4.73），具岩浆锆石的地球化学特征（Williams and Claesson, 1987）。24 个测点只有 13 个的谐和度在 90%~110% 之间，其中 4 个测点的各种年龄值大于 1500Ma，其余测点 $^{207}Pb/^{206}Pb$ 年龄变化范围较宽，为 218~2196Ma，$^{207}Pb/^{235}U$、$^{206}Pb/^{238}U$ 和 $^{208}Pb/^{232}Th$ 年龄均相对稳定，分别为 205~2149Ma、204~2100Ma 和 204~2089Ma；剔除部分 Pb 异常样品，4 个测点的 $^{206}Pb/^{238}U$ 年龄值加权平均为 234.7±0.28Ma、MSWD=0.75（图 4.74），在 $^{207}Pb/^{235}U$-$^{206}Pb/^{238}U$ 谐和图（图 4.74）中，3 个测点成群分布，谐和年龄为 234.0±2.9Ma、MSWD=3.9。虽然谐和年龄与加权平均年龄一致，但测点较少，推测应为岩石成岩年龄。

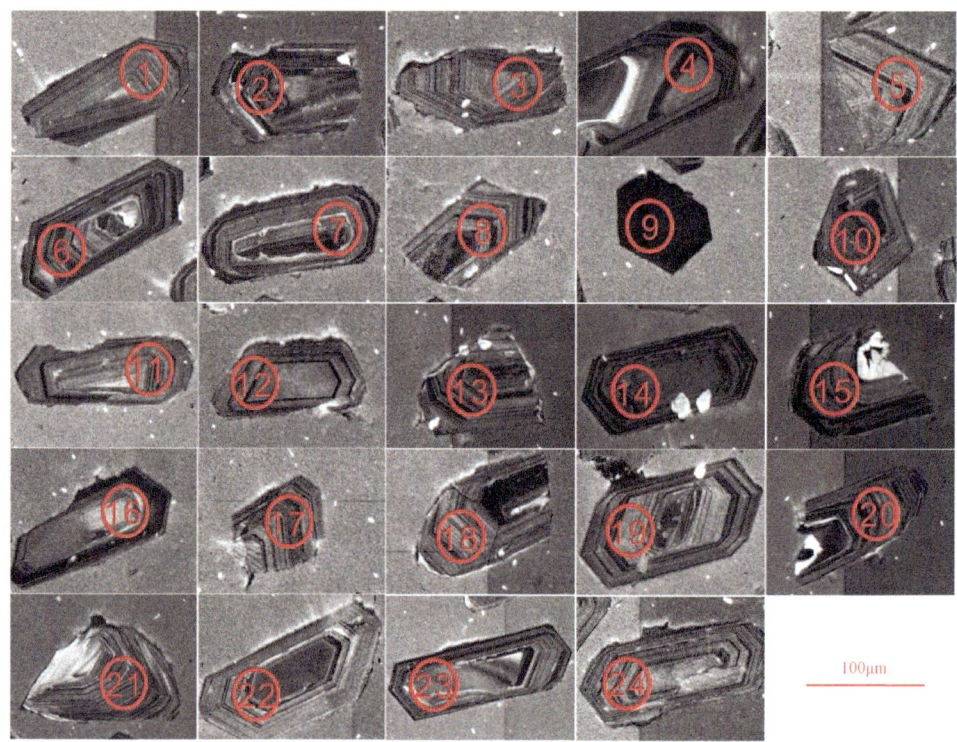

图 4.71 斑岩样品 Y032 锆石阴极发光（CL）照片及定年打点位置

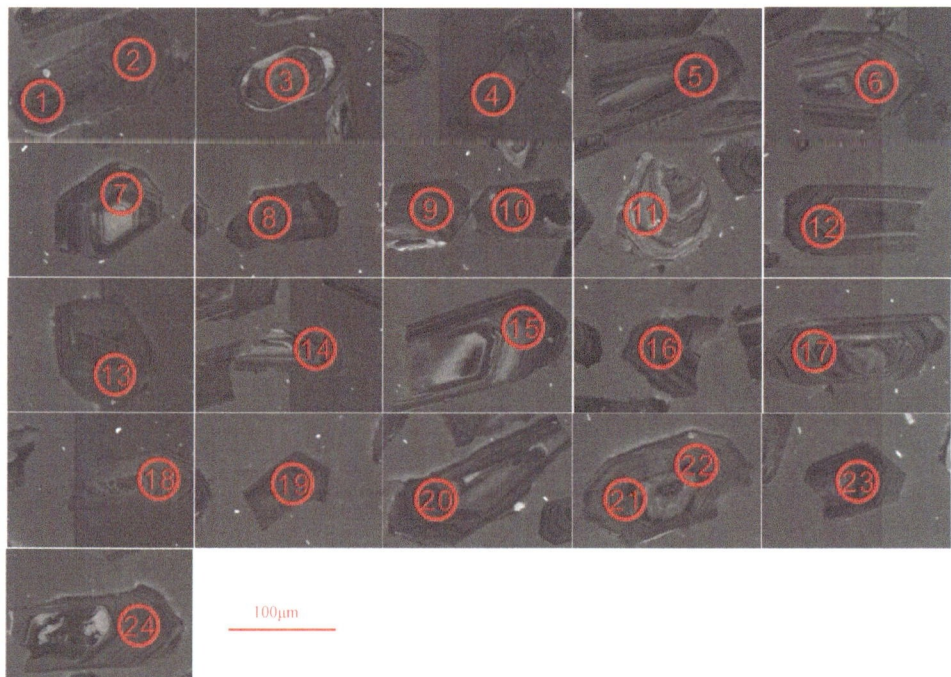

图 4.72 斑岩样品 Y033 锆石阴极发光（CL）照片及定年打点位置

第四章 矿区岩浆岩

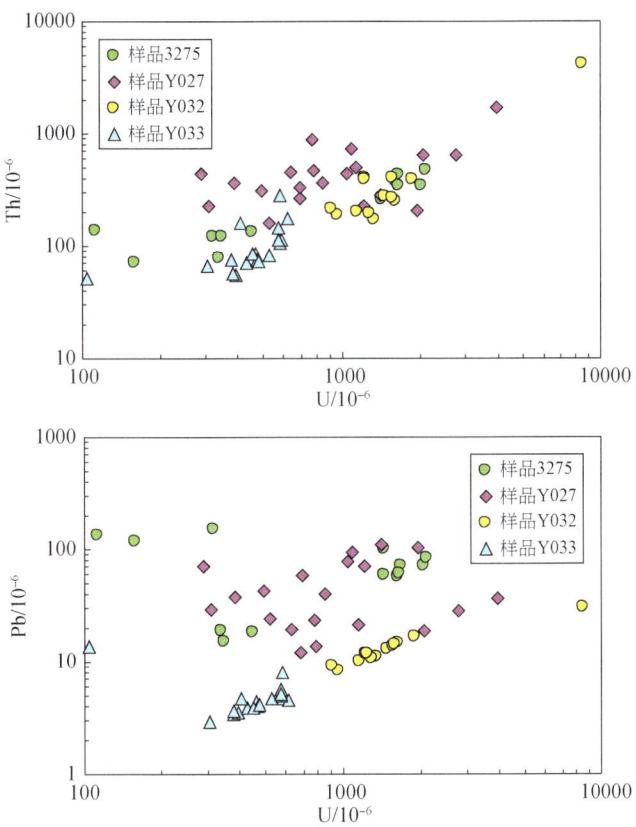

图 4.73 花岗斑岩锆石 U-Th 和 U-Pb 相关图（原始数据见附表 16～附表 19）

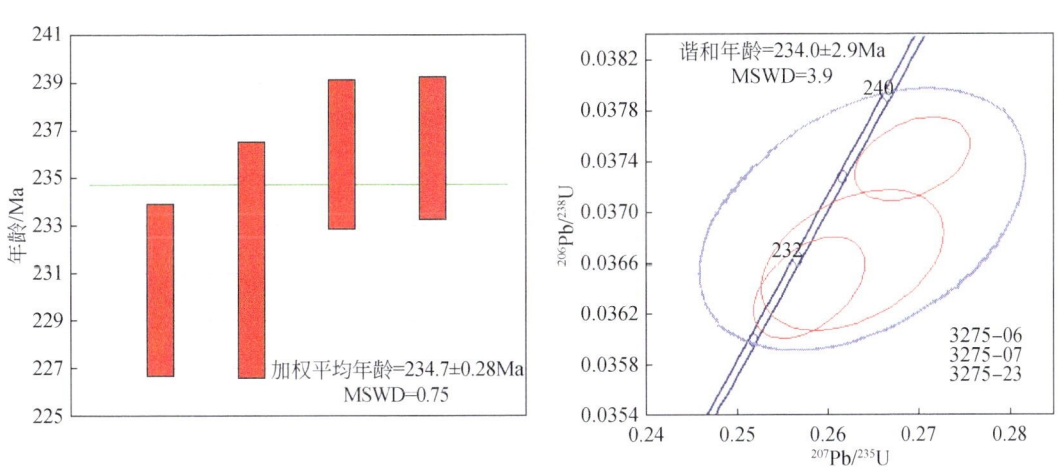

图 4.74 斑岩样品 3275 锆石 LA-ICP-MS U-Pb 定年分析结果

（2）样品 Y027：从附表 17 和表 4.6 中可见，锆石的 U、Th 和 Pb 含量也有较宽的变化范围，分别为 2887×10^{-6} ～ 39369×10^{-6}、1628×10^{-6} ～ 17225×10^{-6} 和 122×10^{-6} ～ $1116 \times$

10^{-6},Th/U 不稳定,在 0.11~1.54 之间,U-Th 和 U-Pb 之间略呈正相关关系(图 4.73),表现出碎屑锆石的地球化学特征(Williams and Claesson,1987)。24 个测点有 20 个的谐和度在 90%~110% 之间,各种年龄值均具有很宽的变化范围,$^{207}Pb/^{206}Pb$ 为 106~2673Ma,$^{207}Pb/^{235}U$ 为 229~2777Ma,$^{206}Pb/^{238}U$ 为 223~2894Ma,$^{208}Pb/^{232}Th$ 为 211~2352Ma;在年龄频谱图(图 4.75)上,存在多个年龄峰值,分别为 231Ma、299Ma、384Ma、599Ma、1133Ma、1415Ma、2670Ma,其中 231Ma 与矿区花岗闪长岩、辉绿岩成岩时代和成矿时代一致,同时也与本次获得的斑岩成岩年龄一致,应代表斑岩成岩年龄;299Ma 和 384Ma 分别与路远发等(2000)获得的羊拉矿区层状玄武岩和块状玄武岩成岩年龄相近(分别为 296.1±7.0Ma 和 362±8.0Ma),可能为这两次岩浆事件的记录;其他峰值年龄的地质意义有待深入研究。

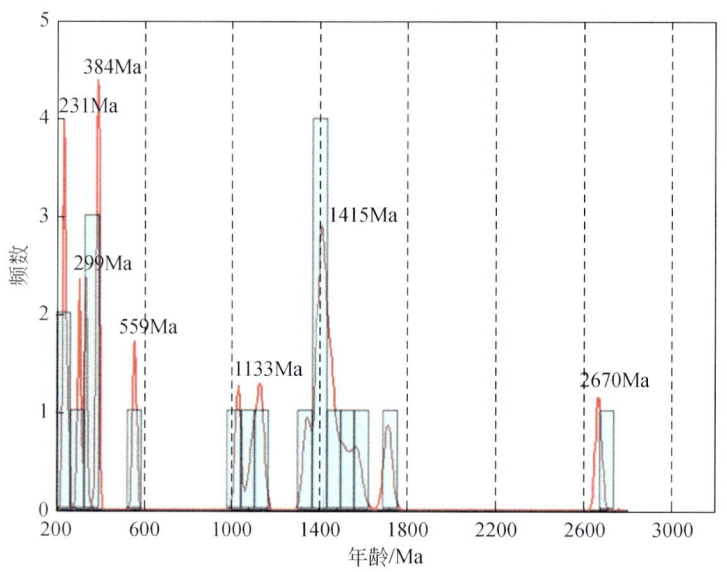

图 4.75 斑岩样品 Y027 锆石 LA-ICP-MS U-Pb 定年频谱图

(3)样品 Y032:从附表 18 和表 4.6 中可见,锆石的 U、Th 和 Pb 含量同样有较宽的变化范围,分别为 $94792×10^{-6}$~$8486434×10^{-6}$、$51445×10^{-6}$~$4166017×10^{-6}$ 和 $8368×10^{-6}$~$30583×10^{-6}$,Th/U 相对稳定,在 0.13~0.54 之间,测点 U-Th 和 U-Pb 之间具正相关关系(图 4.73),具岩浆锆石的地球化学特征(Williams and Claesson,1987)。24 个测点只有 14 个的谐和度在 90%~110% 之间,有 1 个测点的各种年龄值大于 2300Ma,其余测点 $^{207}Pb/^{206}Pb$ 为 40~443Ma,$^{207}Pb/^{235}U$ 为 56~255Ma,$^{206}Pb/^{238}U$ 为 51~238Ma,$^{208}Pb/^{232}Th$ 为 51~236Ma;剔除部分 Pb 异常样品,9 个测点的 $^{206}Pb/^{238}U$ 年龄值加权平均为 233.4±1.5Ma、MSWD=0.34(图 4.76),在 $^{207}Pb/^{235}U$-$^{206}Pb/^{238}U$ 谐和图中(图 4.76),6 个测点成群分布,谐和年龄为 232.2±0.77Ma、MSWD=0.27,与加权平均年龄一致,应为岩石成岩年龄。

(4)样品 Y033:从附表 19 和表 4.6 中可见,锆石的 U、Th 和 Pb 含量分别为 $10419×10^{-6}$~$61839×10^{-6}$、$5151×10^{-6}$~$28633×10^{-6}$ 和 $293×10^{-6}$~$1376×10^{-6}$,Th/U 在 0.14~0.49

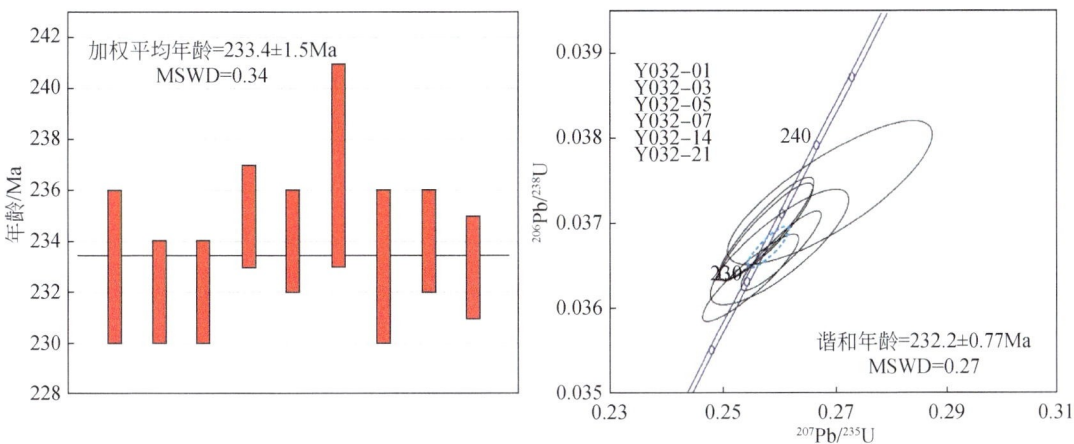

图 4.76 斑岩样品 Y032 锆石 LA-ICP-MS U-Pb 定年分析结果

之间，测点 U-Th 和 U-Pb 之间具正相关关系（图 4.77），具岩浆锆石的地球化学特征（Williams and Claesson, 1987）。24 个测点只有 18 个的谐和度在 90%~110% 之间，有 1 个测点的各种年龄值大于 2400Ma，其余测点 $^{207}Pb/^{206}Pb$ 为 171~401Ma，$^{207}Pb/^{235}U$ 为 180~250Ma，$^{206}Pb/^{238}U$ 为 163~237Ma，$^{208}Pb/^{232}Th$ 为 127~296Ma；剔除部分 Pb 异常样品，12 个测点的 $^{206}Pb/^{238}U$ 年龄值加权平均为 231.1±2.2Ma、MSWD=2.7（图 4.77），在 $^{207}Pb/^{235}U$-$^{206}Pb/^{238}U$ 谐和图（图 4.77）中，6 个测点成群分布，谐和年龄为 228.8±0.69Ma、MSWD=0.21，与加权平均年龄一致，应为岩石成岩年龄。

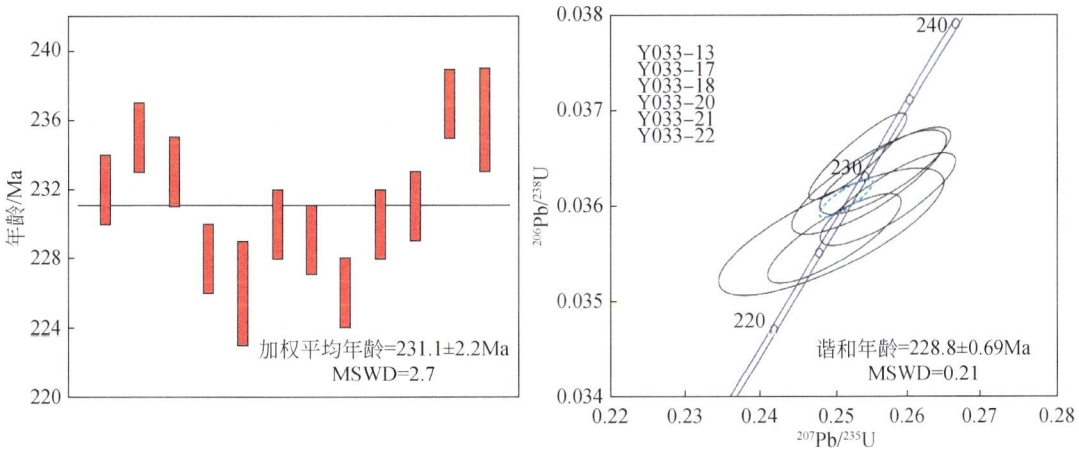

图 4.77 斑岩样品 Y033 锆石 LA-ICP-MS U-Pb 定年分析结果

三、地球化学

前人只有陈开旭等（1999）分析了 2 件里农西侧斑岩的主量元素。本次工作除分析了 4 件里农西侧斑岩的主量元素、微量元素和稀土元素外，还分析了 3 件里农矿段 3275 中段斑岩的主量元素、微量元素和稀土元素（附表20和附表21）。为便于对比，收集了三江成矿带普朗铜矿床矿化和非矿化斑岩、玉龙铜矿床斑岩（未分矿化和非矿化）以及羊拉铜矿床花岗闪长岩（包括本次工作分析资料）的主量元素、微量元素和稀土元素数据。附表22和附表23为这些斑岩的主量元素、微量元素和稀土元素的统计结果。

1. 主量元素

本次工作分析的斑岩遭受不同程度的蚀变作用，原始数据烧失量（LOI）较高，为1.16%~10.65%，里农矿段3275中段斑岩蚀变相对更强，LOI更高，为7.56%~10.65%（附表20）。从调整后（调整方法：去LOI再换算成100%）数据看（附表20），除CaO、Na_2O和K_2O含量范围较宽外（分别为1.74%~9.61%、0.05%~3.24%和2.50%~9.85%），其余氧化物含量变化相对较小，明显特征为相对富SiO_2（68.25%~73.12%）、Al_2O_3（12.79%~14.86%），贫FeOt（0.93%~2.10%）、MgO（0.58%~1.53%）。从氧化物含量范围看，羊拉矿区斑岩与花岗闪长岩和三江成矿带普朗铜矿矿化斑岩、普朗铜矿非矿化斑岩、玉龙铜矿斑岩（未分矿化和非矿化）差别较小（附表21），但在下文的一系列图解上，本区斑岩与这些岩石均存在较明显的差别。

在SiO_2-氧化物相关图（图4.78）上，羊拉矿区斑岩SiO_2与其他氧化物不存在线性相关关系，表明成岩过程中结晶分异作用不明显。图中同时可见，该区斑岩除总体位于羊拉铜矿花岗闪长岩区域外，与其他用于对比的岩石（普朗铜矿矿化斑岩、普朗铜矿非矿化斑岩、玉龙铜矿斑岩和羊拉铜矿花岗闪长岩，下同）分布存在较大差别。与普朗铜矿矿化和非矿化斑岩对比，岩石相对富SiO_2、K_2O，贫Al_2O_3、FeOt、MgO和Na_2O；与玉龙铜矿斑岩对比，岩石相对富SiO_2、CaO，贫Al_2O_3、FeOt和Na_2O；虽然本区斑岩总体位于矿区花岗闪长岩区域，但花岗闪长岩SiO_2与其他氧化物线性关系明显，斑岩不存在这样的特征。

在SiO_2-ALK图（图4.79）中，羊拉铜矿斑岩主要位于流纹岩区，与用于对比的岩石相比，明显特征是相对富SiO_2，Na_2O+K_2O变化范围大。本区斑岩的ALK（Na_2O+K_2O）在2.54%~10.31%之间，在A.R.（碱度率）-SiO_2图（图4.80）中，样品分布跨越钙碱性系列和碱性系列，分布区域与普朗铜矿矿化斑岩、普朗铜矿非矿化斑岩和玉龙铜矿斑岩存在较明显差别；羊拉铜矿花岗闪长岩主要位于钙碱性系列，只有演化后期的岩石（SiO_2约75%）位于碱性系列，也与本区斑岩有一定差别。

羊拉矿区斑岩的$K_2O>Na_2O$、K_2O/Na_2O值范围很宽，在1.90~55.00之间，在K_2O-Na_2O图（图4.81）中，样品位于高钾质岩石区域，该特征明显不同于用于对比的岩石，这些岩石的K_2O均具有较宽的变化，但在图4.81中主要分布于钾质岩石区域。在SiO_2-K_2O图（图4.82）中，矿区斑岩主要分布在钾玄岩系列，也有少量样品分布在高钾钙碱性系列和钙碱性系列，该特征与普朗铜矿矿化和非矿化斑岩相似，玉龙铜矿斑岩绝大部分分布于钾玄岩系列、羊拉铜矿花岗闪长岩主要分布于高钾钙碱性系列，均与羊拉矿区斑岩存在差别。

羊拉铜矿斑岩遭受不同程度的蚀变作用，包括硅化、绢云母化、高岭石化、碳酸盐化等。在这些蚀变作用过程中，岩石的CaO、Na_2O、K_2O等氧化物的含量都将受到影响，因而A/CNK［Al_2O_3/($CaO+Na_2O+K_2O$)（原子数）］和A/NK［Al_2O_3/(Na_2O+

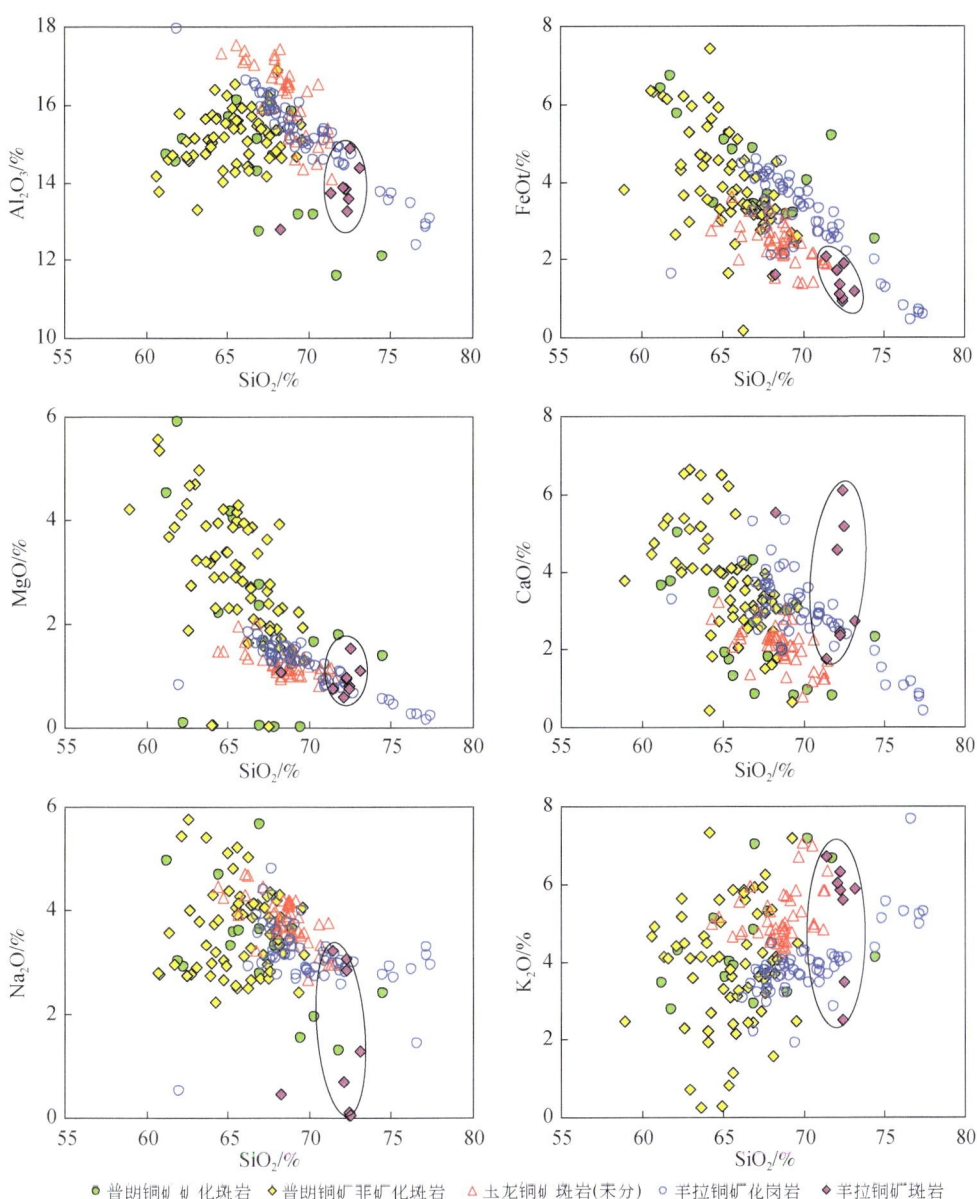

图 4.78 羊拉铜矿斑岩 SiO_2-氧化物相关图

K_2O)（原子数）]变化范围较宽，在 A/CNK-A/NK 图中分布相对分散，但主要在准铝质岩区域（图 4.83）。该特征与用于对比的岩石也有区别，如普朗铜矿矿化斑岩在图 4.83 中也相对分散，但在准铝质岩和过铝质岩区域均有分布，还有个别样品位于过碱性岩区域；普朗铜矿非矿化斑岩和玉龙铜矿斑岩相对集中分布在准铝质岩和过铝质岩的过渡区域；羊拉铜矿花岗闪长岩相对集中分布在过铝质岩的过渡区域。

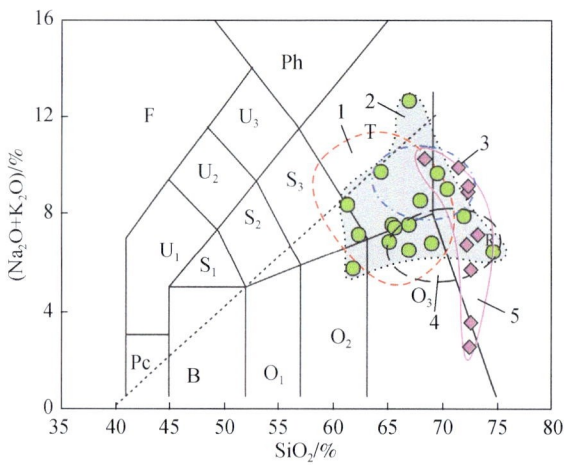

图 4.79 羊拉铜矿斑岩 SiO$_2$-Na$_2$O+K$_2$O 图（原图据 Le Bas et al., 1986）

Pc. 苦橄玄武岩，B. 玄武岩，O$_1$. 玄武安山岩，O$_2$. 安山岩，O$_3$. 英安岩，S$_1$. 粗面玄武岩，S$_2$. 玄武质粗面安山岩，S$_3$. 粗面安山岩，T. 粗面岩（粗面英安岩），R. 流纹岩，U$_1$. 碱玄岩（碧玄岩），U$_2$. 响岩质碱玄岩，U$_3$. 碱玄质响岩，Ph. 响岩，F. 副长石岩；1. 普朗铜矿非矿化斑岩，2. 普朗铜矿矿化斑岩，3. 玉龙铜矿斑岩，4. 羊拉铜矿花岗岩，5. 羊拉铜矿斑岩

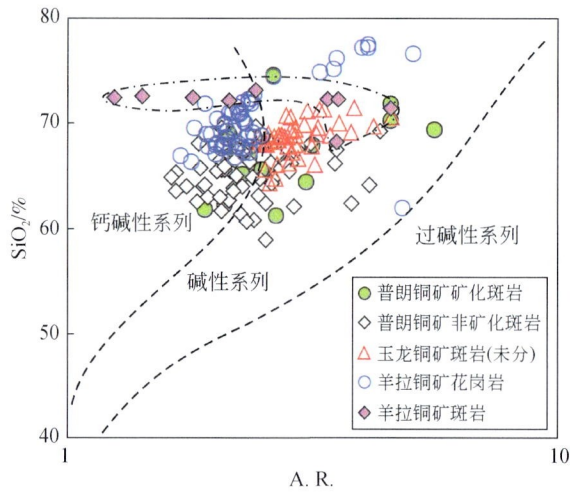

图 4.80 羊拉铜矿斑岩 A.R.-SiO$_2$ 图

2. 微量元素

从附表 22 中可见，羊拉铜矿斑岩过渡元素（Sc、V、Cr、Co 和 Ni）含量较低，如 Cr 和 Ni 含量分别为 $5.33\times10^{-6} \sim 20\times10^{-6}$ 和 $10\times10^{-6} \sim 15.1\times10^{-6}$；大离子亲石元素（LILE，Sr、Rb 和 Ba）含量变化范围较宽，其中 Sr 为 $47.0\times10^{-6} \sim 349\times10^{-6}$，Rb 为 $110\times10^{-6} \sim 281\times10^{-6}$，Ba 为 $62.1\times10^{-6} \sim 909\times10^{-6}$；高场强元素（HFSE，Nb、Ta、Zr、Hf、Th 和 U）含量相对稳定，其中 Nb 为 $8.26\times10^{-6} \sim 10.1\times10^{-6}$，Zr 为 $81.7\times10^{-6} \sim 125\times10^{-6}$，Th 为

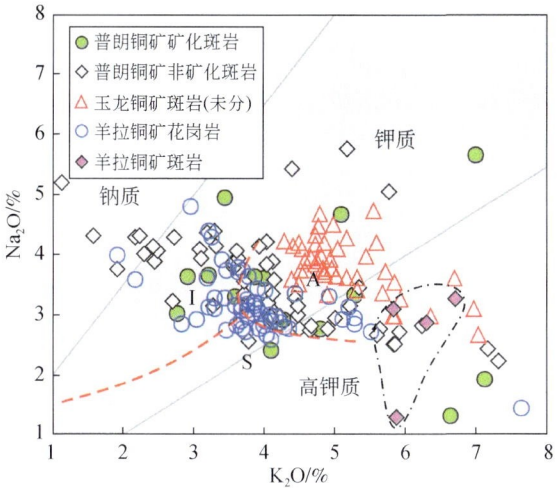

图 4.81　羊拉铜矿斑岩 K_2O-Na_2O 图

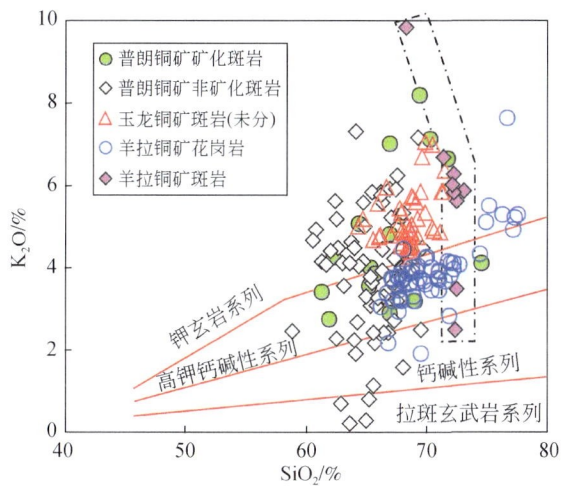

图 4.82　羊拉铜矿斑岩 SiO_2-K_2O 图

$16.8\times10^{-6} \sim 24.4\times10^{-6}$；成矿元素（Cu、Pb 和 Zn）含量相对较低，3275 中段 3 件斑岩的 Cu、Pb 和 Zn 分别为 $3.35\times10^{-6} \sim 5.70\times10^{-6}$、$52.4\times10^{-6} \sim 163\times10^{-6}$ 和 $53.8\times10^{-6} \sim 68.0\times10^{-6}$。附表 23 显示，除成矿元素 Cu 外，羊拉矿区斑岩上述元素的含量范围均与用于对比岩石含量范围重叠，但在 SiO_2-微量元素相关图（图 4.84）中，斑岩各种微量元素相对集中，不具线性相关关系，分布在羊拉铜矿花岗闪长岩范围，与其他用于对比岩石均存在差异，其中 Cr、Nb、Zr 和 Sr 含量明显低于普朗铜矿矿化和非矿化斑岩，Th 含量相对高于普朗铜矿矿化和非矿化斑岩，Rb 含量与普朗铜矿矿化和非矿化斑岩相近；Cr、Nb 和 Sr 含量明显低于玉龙铜矿斑岩，Rb、Nb 和 Th 含量与玉龙铜矿斑岩相近。

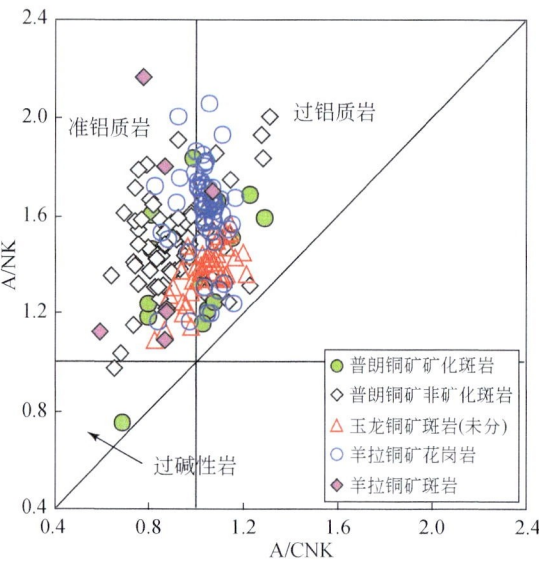

图 4.83 羊拉铜矿斑岩 A/CNK-A/NK 图

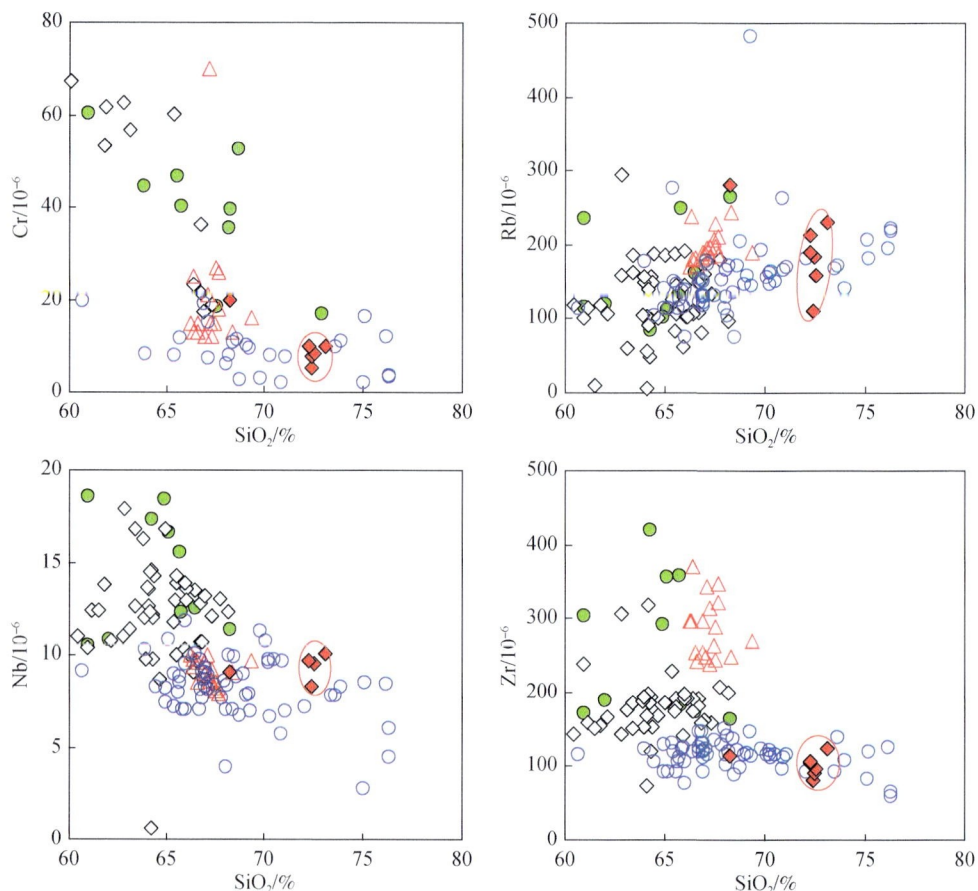

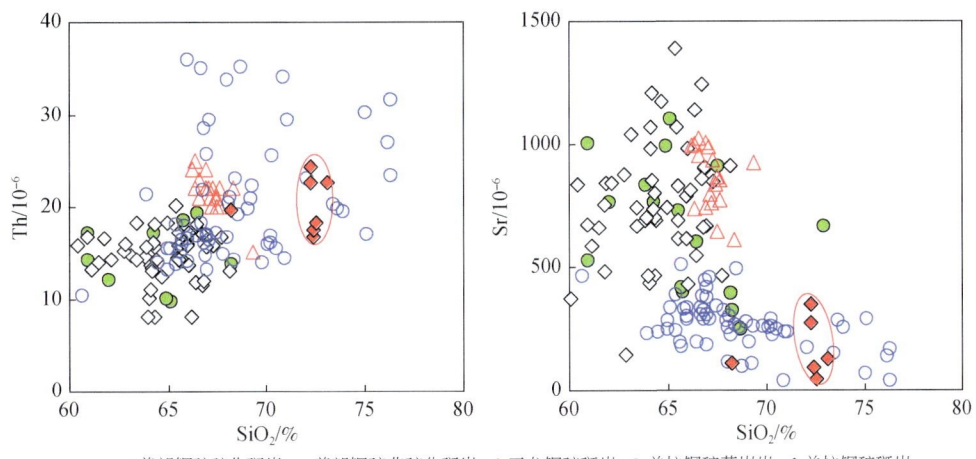

○ 普朗铜矿矿化斑岩 ◇ 普朗铜矿非矿化斑岩 △ 玉龙铜矿斑岩 ○ 羊拉铜矿花岗岩 ◆ 羊拉铜矿斑岩

图 4.84 羊拉铜矿斑岩 SiO_2-微量元素相关图

在微量元素相关图（图 4.85）中，除过渡元素 Cr、Ni 外，羊拉铜矿斑岩其他微量元素均分布在矿区花岗闪长岩范围，与其他用于对比岩石分布范围具有较明显的区别，表现在除 Rb 和 Th 外，其过渡元素、LILE 和 HFSE 含量均相对较低。值得一提的是，本区斑岩除 HFSE 之间具有明显的线性正相关外，其他微量元素之间相关性不明显（图 4.85），说明岩石蚀变过程中 HFSE 相对稳定，过渡元素和 LILE 含量均受到不同程度的影响，同时也表明斑岩成岩过程中结晶分异作用相对较弱，与主量元素反映的成岩过程一致。

羊拉铜矿两处斑岩微量元素配分模式相似，与原始地幔相比，明显富集 LILE、LREE 和 HFSE，模式具有 Ba、Nb、P 和 Ti 负异常特征[图 4.86（a）]。与用于对比的岩石相比，本区斑岩微量元素配分模式与矿区花岗闪长岩相似[图 4.86（f）]，尤其是与矿区主体花岗闪长岩演化相对晚期、SiO_2 含量在 75% 的细晶花岗闪长岩不具明显差别[图 4.86（b）]；普朗铜矿矿化和非矿化斑岩除绝大部分微量元素含量明显高于羊拉矿区斑岩外，其配分模式具有相对较弱的 Ta-Nb-P-Ti 负异常、无 Ba 异常[图 4.86（c）、（d）]，也与羊拉矿区斑岩存在差异；玉龙铜矿斑岩绝大部分微量元素含量明显高于本区斑岩，配分模式与该区斑岩的差别主要表现在：Ba、Nb、P 和 Ti 负异常相对较弱，存在 Ta 负异常[图 4.86（e）]。

3. 稀土元素

羊拉铜矿两处斑岩的稀土元素（REE）含量范围均相对较宽（附表 22），ΣREE（包括 Y）在 $67.68×10^{-6} \sim 130.78×10^{-6}$ 之间，其中轻稀土元素（LREE）含量变化较大，为 $44.26×10^{-6} \sim 101.34×10^{-6}$；重稀土元素（HREE，不包括 Y）相对稳定，为 $8.40×10^{-6} \sim 11.19×10^{-6}$；LREE/HREE 在 $5.26 \sim 9.26$ 之间。从附表 23 中可见，羊拉矿区斑岩 REE 含量在花岗闪长岩 REE 含量范围之内；LREE 含量范围与普朗铜矿矿化和非矿化斑岩 LREE 低值区重叠，HREE 含量范围与普朗铜矿矿化和非矿化斑岩 HREE 含量范围相近；与玉龙铜矿斑岩相比，本区斑岩 LREE 含量相对较低、HREE 含量相对较高。

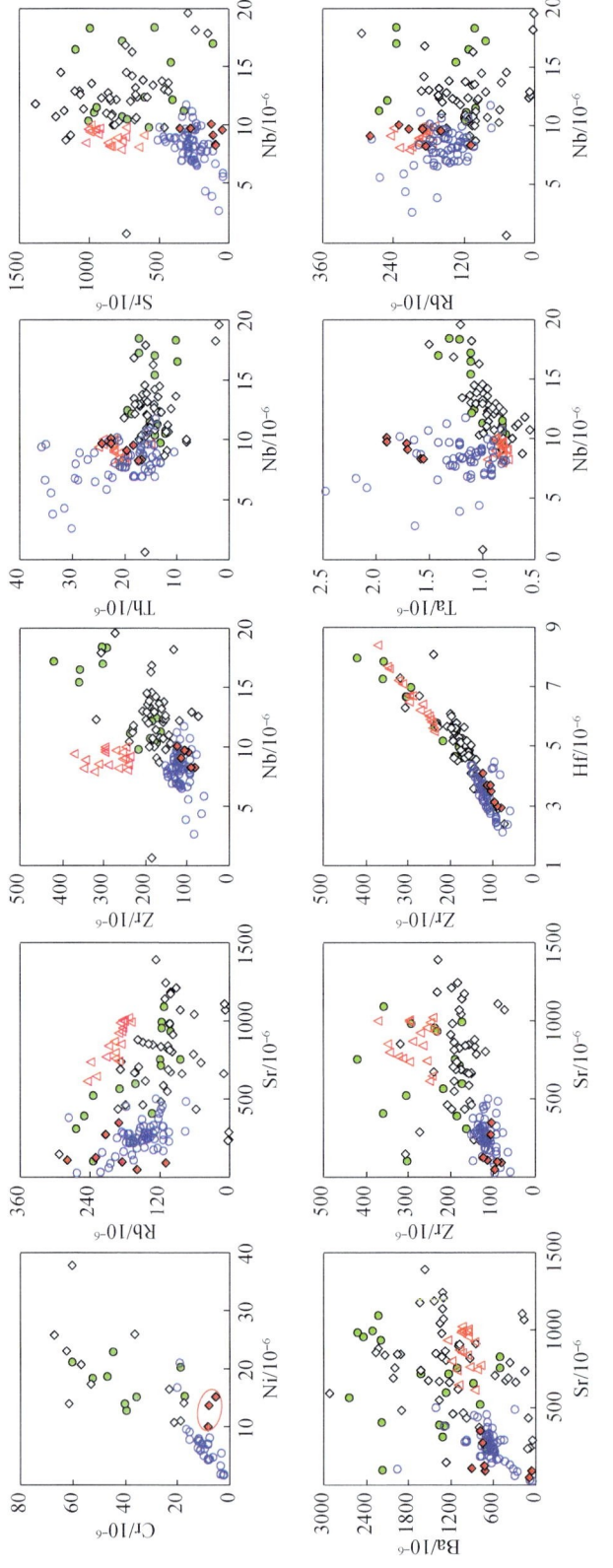

图4.85 羊拉铜矿床斑岩SiO_2-微量元素相关图(图例同图4.84)

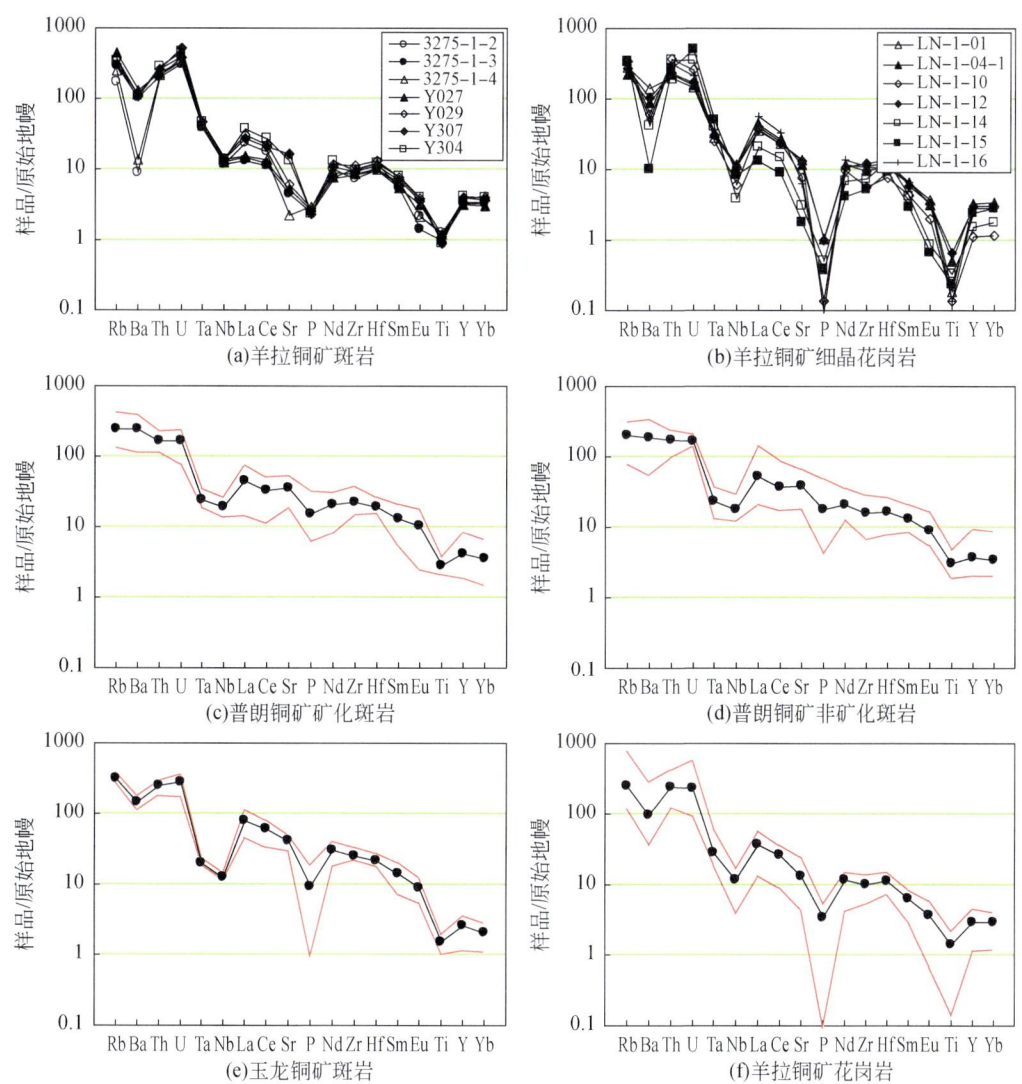

图 4.86 羊拉铜矿斑岩微量元素原始地幔标准化配分模式

原始地幔微量元素据 Sun 和 McDonough（1989）；羊拉铜矿细晶花岗岩 SiO_2 含量在 75%，为主体花岗岩演化相对晚期产物；(c)~(f) 中红色线之间为范围，圆点线为均值

在图 4.87 中，矿区斑岩 SiO_2 与 La 和 Y 之间不具线性关系，样品分布相对集中，反映其 LREE 和 HREE 含量受岩石演化及蚀变作用影响相对较小。图 4.87 同时显示，本区斑岩 La 与 Sr、Zr、Nb、Ce 和 Y 之间线性正相关明显，表明岩石 REE 与 LILE 和 HFSE 具有相对一致的变化规律，受控因素相似。从图 4.87 中还可看出，本区斑岩总体分布在矿区花岗闪长岩分布区域，与其他用于对比岩石的分布区域存在较明显差别，主要表现在：斑岩 LREE 相对低于普朗铜矿（矿化、非矿化）斑岩和玉龙铜矿斑岩，HREE 与普朗铜矿矿化和非矿化斑岩相近、相对高于玉龙铜矿斑岩。

羊拉铜矿两处斑岩的球粒陨石（Boynton，1984）标准化 REE 配分模式相似

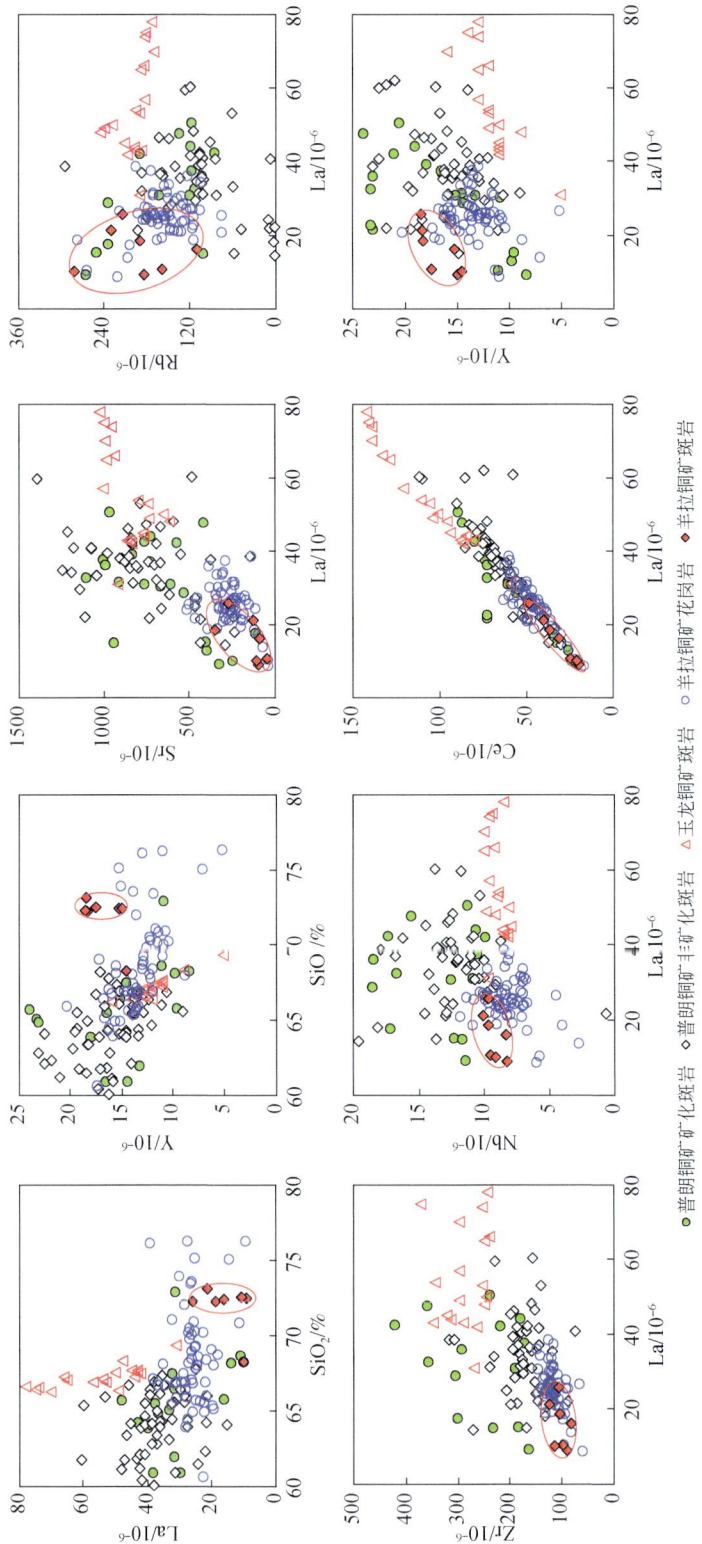

图 4.87 羊拉铜矿床斑岩 REE 与 SiO_2 和微量元素相关图

[图 4.88 (a)],为 LREE 富集型,其 $(La/Yb)_N$ 在 3.55~8.97 之间,LREE 分馏相对明显,$(La/Sm)_N$ 为 2.32~4.64,HREE 分馏相对较弱,$(Gd/Yb)_N$ 为 0.77~1.21,较明显 Eu 负异常,δEu 为 0.36~0.70,Ce 异常不明显,δCe 为 0.98~1.01。与用于对比的岩石相比,羊拉矿区斑岩 REE 配分模式与花岗闪长岩相似 [图 4.88 (f)],其 $(La/Yb)_N$、$(La/Sm)_N$、$(Gd/Yb)_N$ 和 δEu 等参数也在矿区花岗闪长岩相应参数变化范围之内(附表 23),尤其是与矿区主体花岗闪长岩演化相对晚期、SiO_2 含量在 75% 的细晶花岗岩不具明显差别 [图 4.88 (b)]。虽然普朗铜矿矿化斑岩、普朗铜矿非矿化斑岩和玉龙铜矿斑岩 REE 配分模式也均为 LREE 富集型,其 LREE 分馏也相对明显 [图 4.88 (c)~(e)],但与本区斑岩 REE 配分模式也存在较明显的差别,主要表现在:这 3 种对比岩石的 $(La/Yb)_N$ 和 $(La/Sm)_N$ 变化范围较大,其中玉龙铜矿斑岩 $(La/Yb)_N$ 为 28.99~47.81(附表 23);3 种对比岩石 HREE 分馏相对明显,其 $(Gd/Yb)_N$ 分别为

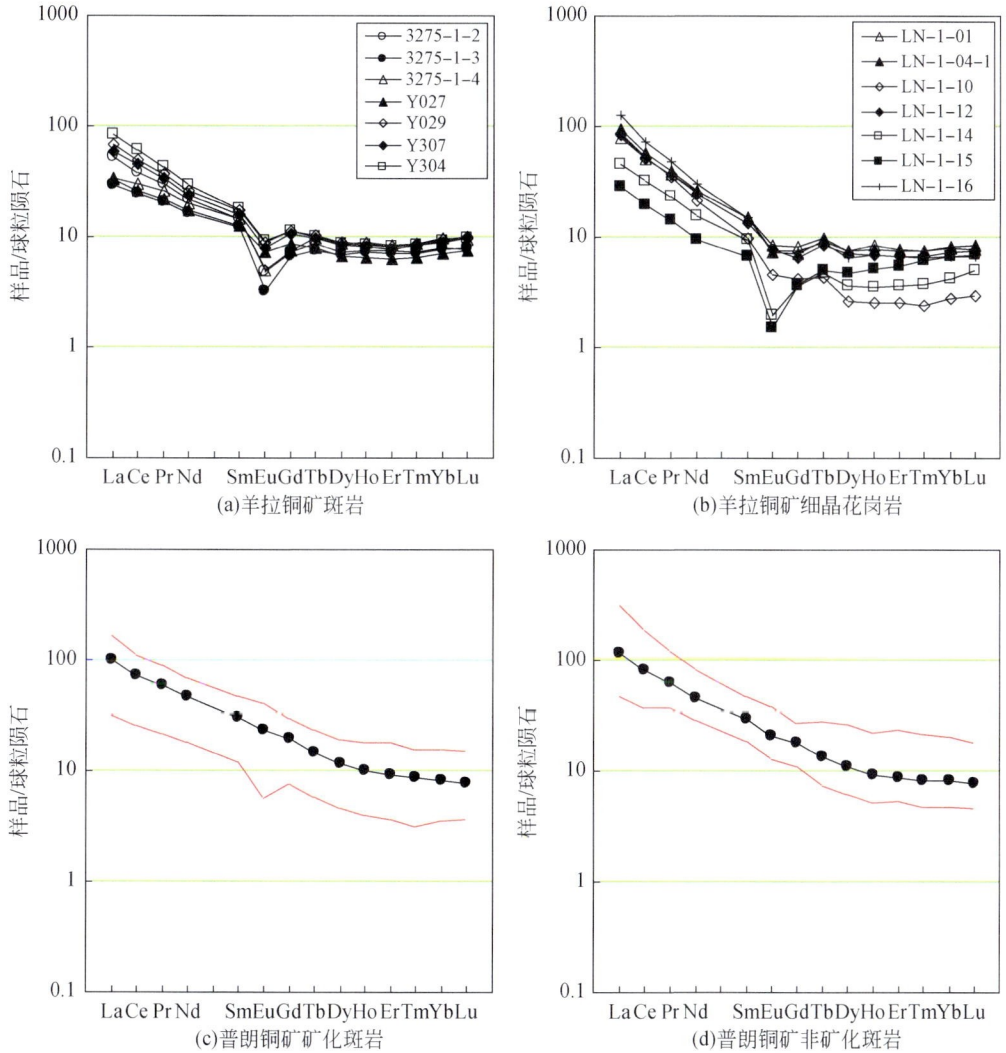

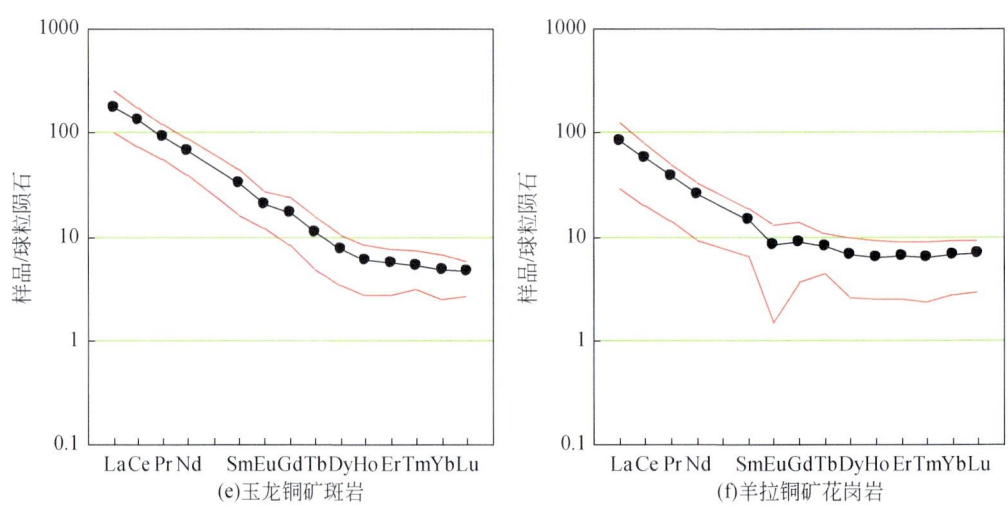

图 4.88 羊拉铜矿斑岩稀土元素球粒陨石标准化配分模式图

原始地幔微量元素据 Boynton（1984）；羊拉铜矿细晶花岗岩 SiO_2 含量在 75%，为主体花岗岩演化相对晚期产物；
(c)~(f) 中红色线之间为范围，圆点线为均值

1.48~3.14、1.32~3.53 和 2.42~4.11；普朗铜矿矿化和非矿化斑岩，除有较明显的 Eu 负异常外，还有弱的 Eu 正异常，δEu 分别为 0.59~1.16 和 0.67~1.27，玉龙铜矿斑岩 Eu 异常不明显，δEu 为 0.82~1.05。

四、岩石成因及成岩背景

前已述及，羊拉铜矿 2 处斑岩的主量元素、微量元素和稀土元素地球化学与矿区花岗闪长岩，尤其与矿区主体花岗闪长岩演化相对晚期、SiO_2 含量在 75% 的细晶花岗闪长岩不具明显差别，与用于对比的普朗铜矿矿化斑岩、普朗铜矿非矿化斑岩和玉龙铜矿斑岩差别明显。因此，岩石成因及成岩环境应与矿区花岗岩一致。花岗岩的成因是地学界长期争论的科学问题，20 世纪 70 年代国外对花岗岩的研究取得了突破性进展，继 Chappell 和 White (1974) 首先提出了 I 型和 S 型花岗岩之后，不同学者又分别定义了 A 型花岗岩（Loiselle and Wones，1979）和 M 型花岗岩（White and Chappell，1977）。近年来，国内外地质学家针对不同类型花岗岩的地质、地球化学判别标志、成因理论、成岩构造环境及成矿效应展开了大量研究工作，取得了许多重要认识。本部分将根据羊拉铜矿斑岩和花岗闪长岩地质特征、矿物组合和地球化学资料，确定岩石的成因类型、判别岩石的成岩构造背景，在此基础上探讨岩石成因。

1. 成因类型

虽然花岗岩具有种类繁多的成因类型（I 型、S 型、A 型和 M 型等），但不同成因类型花岗岩具有不同的地质、地球化学特征，因而各具特色的地质、地球化学特征便成为不同成因类型花岗岩的有效判别标志。前已述及，羊拉铜矿两处斑岩的矿物组合、主量

元素、微量元素和稀土元素地球化学特征不具明显区别,因而可作为整体来确定其成因类型。

羊拉铜矿斑岩的 Ga 含量相对稳定,在 $8.6\times10^{-6}\sim16.6\times10^{-6}$ 之间,总体与矿区花岗闪长岩 Ga 含量($10.2\times10^{-6}\sim19.9\times10^{-6}$)相近,两类岩石的 10000Ga/Al 也不具明显差别,分别为 $1.18\sim2.03$ 和 $1.27\sim2.31$。在花岗岩类型的 10000Ga/Al-主量和微量元素判别图(图4.89)中,除个别样品外,该区斑岩和花岗闪长岩均明显偏离 A 型花岗岩,主要分布在 I.S.M. 型花岗岩区域,且两类岩石分布范围相互重叠。图4.90 也表明,本区斑岩和大部分花岗闪长岩具有未分异 I.S.M. 型花岗岩特征,只有少量演化到后期,Na_2O+K_2O 含量较高的细晶花岗岩具有分异 I.S.M. 型花岗岩特征。同时可见,矿区斑岩和花岗闪长岩与用于对比的岩石分布区域存在差别,普朗铜矿(矿化、非矿化)斑岩和玉龙铜矿斑岩均有少量样品分布于 A 型花岗岩区域。羊拉矿区两处斑岩均遭受不同程度碳酸盐化等多种蚀变作用,其 CaO 含量相对较高且变化范围较宽,在 A($Al_2O_3-Na_2O-K_2O$)-C(CaO)-F(FeOt+MgO)(分子数)图(图4.91)中,样品相对分散在 I 型花岗岩区域,而矿区花岗闪长岩新鲜,在图中分布相对集中,也分布在 I 型花岗岩区域。

前人研究结果表明,不同成因类型花岗岩在成岩过程中具有不同演化趋势(Chappell and White,1992;Wu et al.,2003;Li et al.,2007)。虽然羊拉铜矿斑岩主量元素、微量

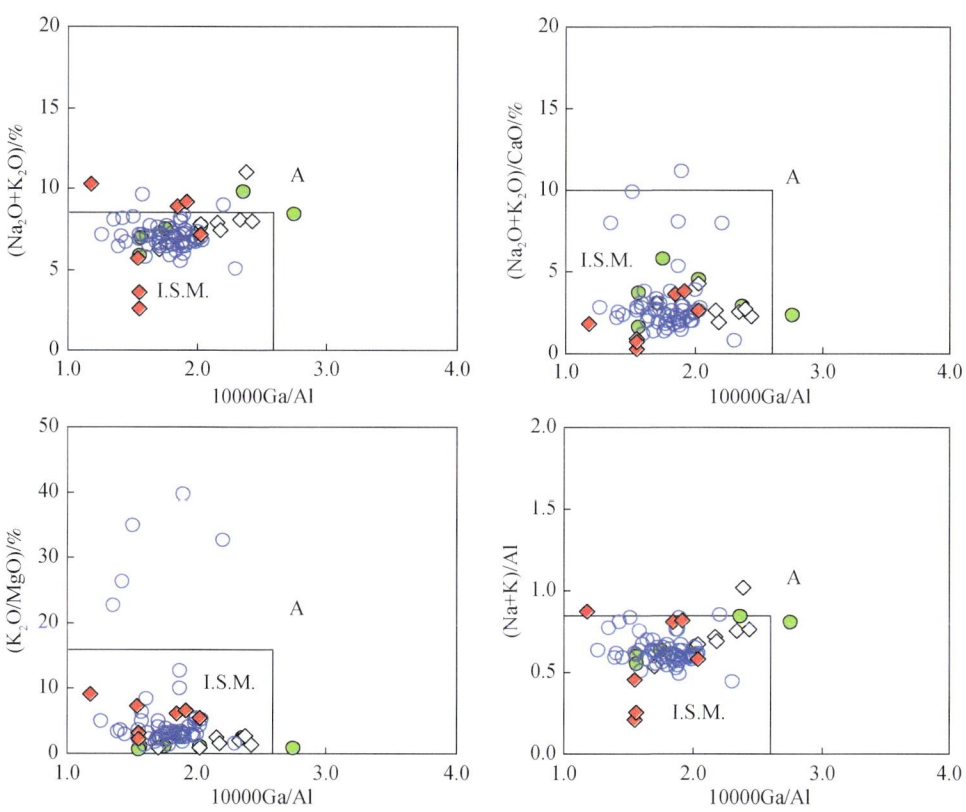

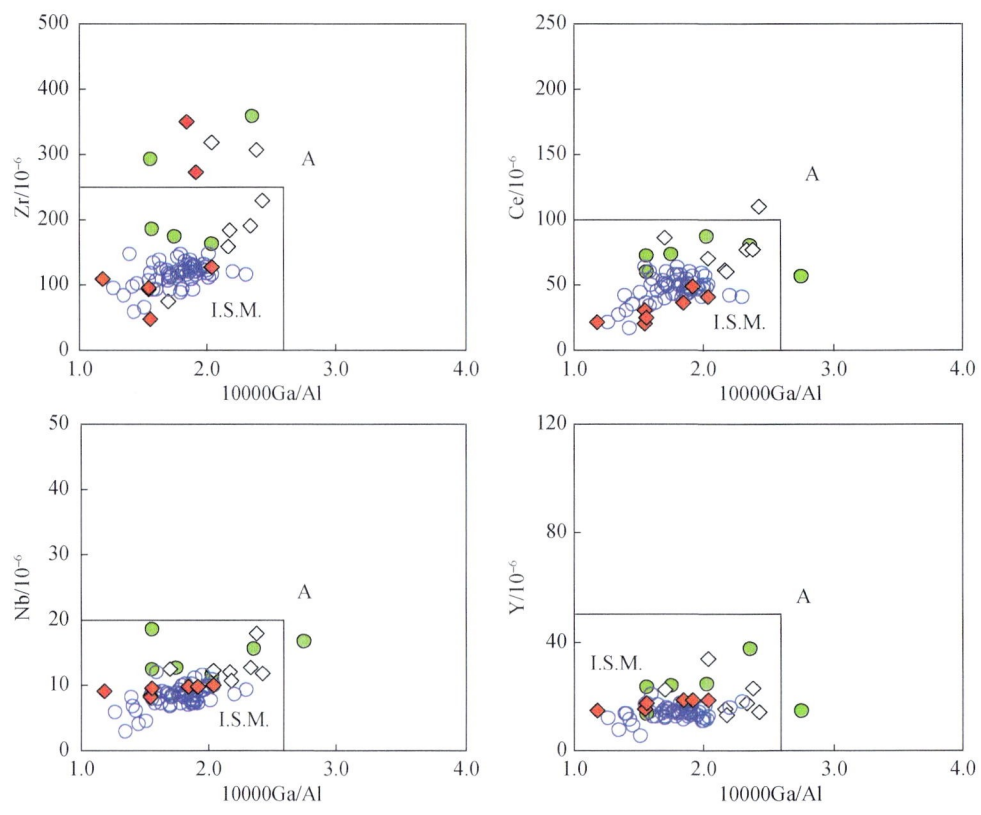

图 4.89 羊拉铜矿斑岩岩石成因类型判别图（10000Ga/Al-主量和微量元素）

元素和稀土元素显示其成岩过程中结晶分异作用较弱，但矿区花岗闪长岩 SiO_2 与其他氧化物、微量元素和稀土元素之间线性关系明显（图 4.78、图 4.84、图 4.87），表明成岩过程中存在结晶分异作用，分布于岩体边缘（偶呈似脉状分布）的细晶花岗岩便是岩浆演化晚期的产物（图版XVI-B、C）；本区斑岩不仅主量元素、微量元素和稀土元素含量均与区内细晶花岗岩相近，而且两者的微量元素和稀土元素配分模式也基本一致［图 4.86（a）、(b)，图 4.88（a）、(b)］；在一系列相关图解中，该区斑岩均位于区内花岗闪长岩"演化路径"上。因此，羊拉矿区斑岩与花岗闪长岩应为相同成因类型。在图 4.92 中，本区斑岩和花岗闪长岩具有 I 型花岗岩演化趋势，与 S 型花岗岩演化趋势明显不同。

近年研究发现，埃达克岩（adakite）与斑岩型 Cu、Cu-Mo、Cu-Au 及浅成低温热液型 Au-Ag 矿床有密切的关系。Thieblemont 等（1997）统计了全球 43 个 Au、Ag、Cu、Mo 低温热液型和斑岩型矿床，发现其中的 38 个与埃达克岩有关；Sajona 和 Maury（1998）研究了菲律宾斑岩铜矿和浅成低温热液金矿，发现 14 个矿床中有 12 个与埃达克岩有关；Oyarzun 等（2001）研究了智利北部安第斯斑岩 Cu-Au 成矿带的含矿斑岩，发现赋存浅成低温热液金矿的斑岩为典型的陆缘弧钙碱性系列岩石，而产出巨型斑岩铜矿的含矿斑岩则为埃达克岩，如 Chuquicamata 铜金属储量达 6000 万 t；冷成彪等（2007a）对比研究了中国 26 个主要斑岩铜矿的地球化学特征和年代学，结果表明其中 25 个矿床与埃达克（质）

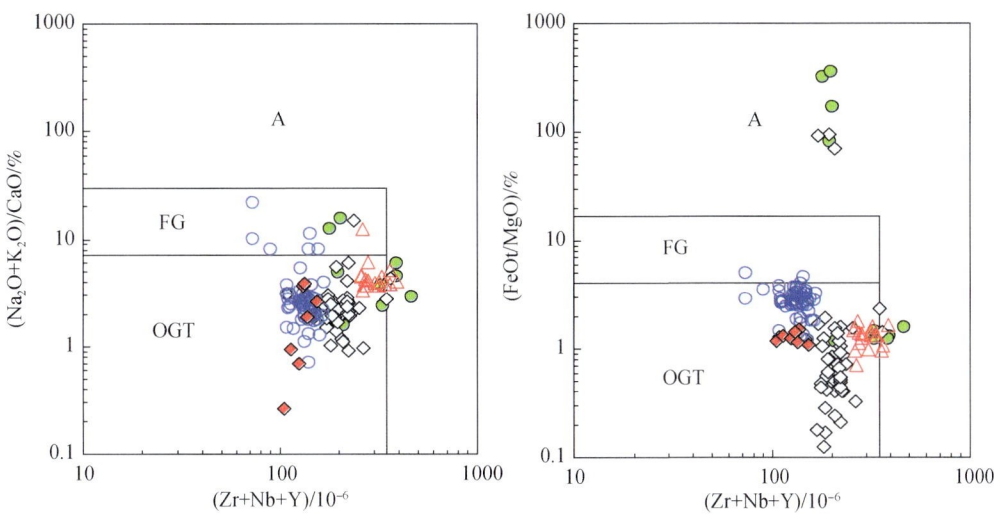

图 4.90 羊拉铜矿斑岩岩石成因类型 Zr+Nb+Y- 主量元素判别图
FG. 分异 I.S.M. 型花岗岩，OGT. 未分异 I.S.M. 型花岗岩；图例同图 4.89

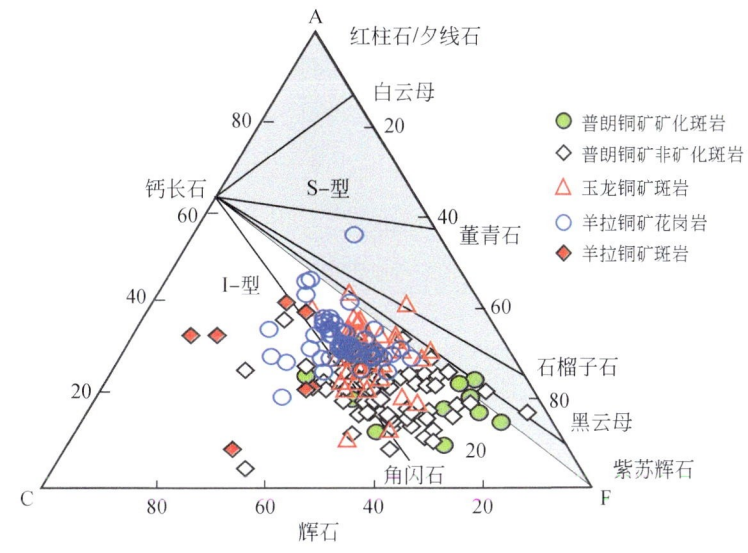

图 4.91 羊拉铜矿斑岩 ACF 图
底图据 Chappell 和 White (1992)；A. $Al_2O_3-Na_2O-K_2O$（分子数），C. CaO（分子数），F. $FeOt+MgO$（分子数）

岩有成因联系，包括本书用于对比的普朗和玉龙斑岩铜矿；还有不少学者指出，埃达克岩可以作为斑岩型矿床和浅成低温热液矿床重要的找矿标志（Defant et al., 2002；张旗等，2002，2004a；王元龙等，2003；刘红涛等，2004）。羊拉铜矿斑岩是否具有埃达克（质）岩特征，对岩石成因、成岩构造环境、成矿过程和成矿预测研究均至关重要。

埃达克岩是指由角闪安山岩到英安岩、流纹岩等组成的一套中酸性熔岩组合，以缺少玄武岩与典型的岛弧岩浆岩相区别（Defant and Drummond, 1990；Martin, 1999；Martin

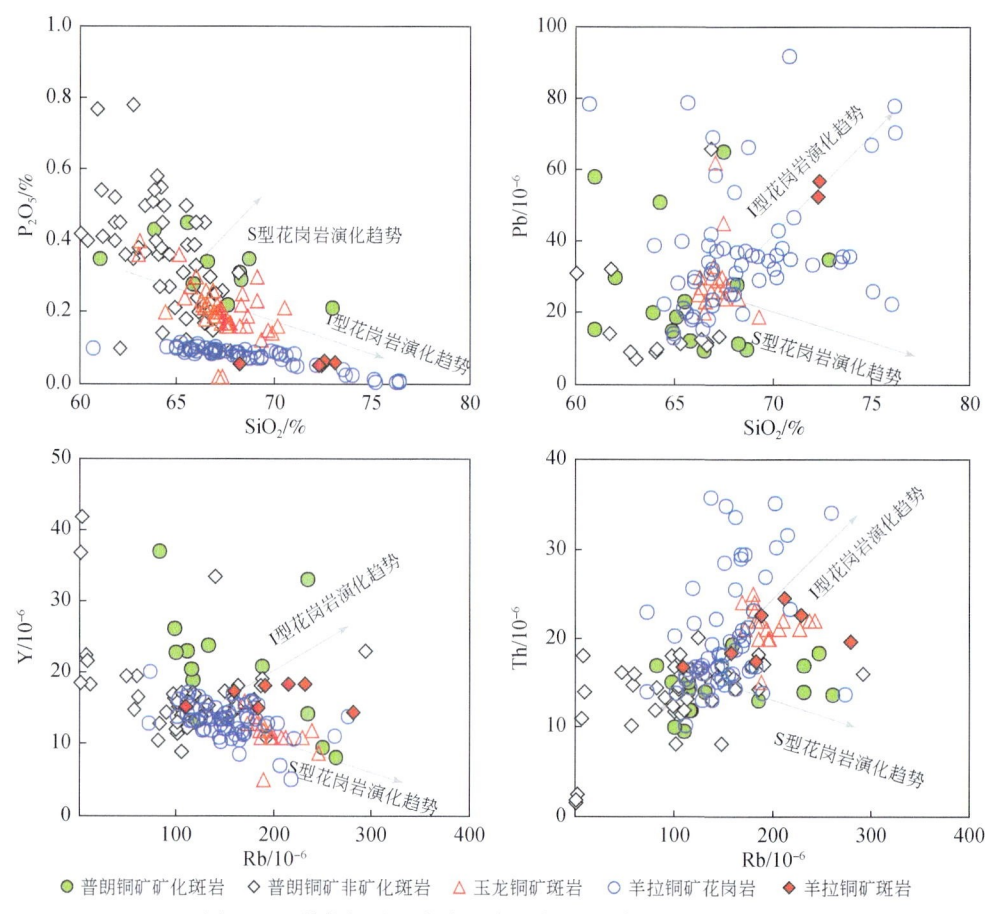

图 4.92 羊拉铜矿斑岩岩石成因类型判别图（演化趋势）

et al.，2005）。岩石斑晶主要为环带斜长石、角闪石和黑云母，斜方辉石和单斜辉石斑晶仅见于产于阿留申和墨西哥的镁铁质安山岩中（Kay，1978；Rogers et al.，1985；Calmus et al.，2003）；副矿物主要有磷灰石、锆石、榍石和钛磁铁矿；岩石地球化学主要特征：$SiO_2>56\%$、$Al_2O_3>15\%$、$Na_2O>3.5\%$、K_2O/Na_2O 约 0.42，$Mg^\#$ 约 0.51；$Sr>400\times10^{-6}$，LREE 高度分异 [$(La/Yb)_N>10$]、HREE 亏损（$Yb<1.9\times10^{-6}$、$Y<18\times10^{-6}$）。从前文介绍的岩相学、矿物组合以及主量元素、微量元素和稀土元素地球化学看，羊拉铜矿斑岩与埃达克岩存在明显差别；在 Sr/Y-Y 图 [图 4.93（a）] 和 $(La/Yb)_N$-$(Yb)_N$ 图 [图 4.93（b）] 中，羊拉矿区斑岩均位于正常弧岩浆岩区域，显示矿区斑岩不是埃达克岩。

2. 岩石成因

前人研究成果表明，I 型花岗岩主要来自大陆地壳壳内火成岩的部分熔融（Wyllie，1977；Kemp et al.，2007；吴福元等，2007；张旗等，2008）；近年来锆石 U-Pb 年龄和 Hf-O 同位素研究表明，经过幔源岩浆改造的沉积物质熔融也可能形成 I 型花岗岩（Kemp，et al.，2007；Li et al.，2009a）；Keay 等（1997）、Collins 和 Richards（2008）研究澳大利

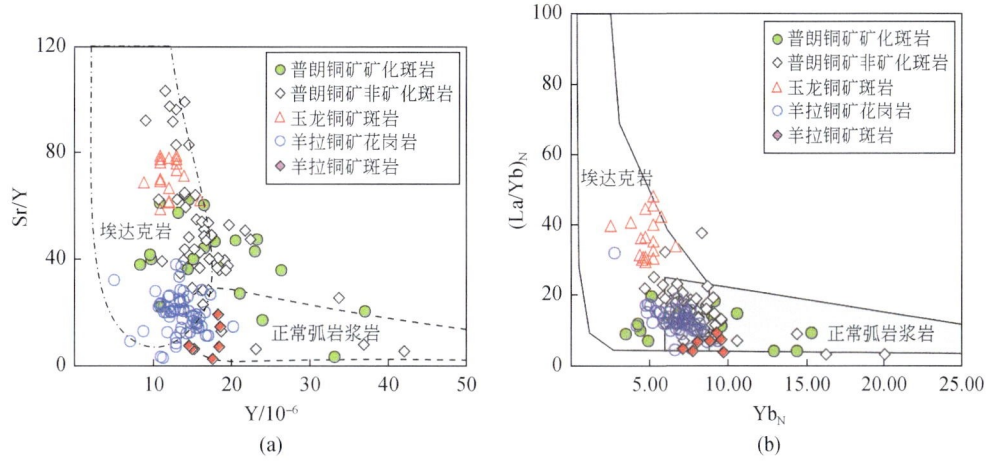

图 4.93 羊拉铜矿斑岩 Sr/Y-Y 和 (La/Yb)$_N$-Yb$_N$ 图

(a) 底图据 Defant 和 Drummond (1990); (b) 底图据 Martin (1999); 球粒陨石据 Boynton (1984)

亚 Lachlan 褶皱带 I 型花岗岩过程中，提出了"三端元混合成因模式"，即花岗岩岩浆为上地壳、下地壳和地幔来源的混合。羊拉铜矿斑岩成因类型与矿区花岗闪长岩相同，为 I 型花岗岩。Zhu 等 (2011) 用"三端元混合模式"，合理解释了矿区花岗闪长岩的成因，认为其原始岩浆主要为下地壳物质部分熔融产物、混合部分地幔岩部分熔融形成的熔体、上升过程中混染少量上地壳物质的混合岩浆，在浅部侵位发生结晶分异作用形成岩体。

本次获得羊拉铜矿斑岩成岩年代为 234.0±2.9Ma、232.2±0.77Ma 和 228.8±0.69Ma，与花岗闪长岩 (214~239Ma) 和细晶花岗岩 (232.85±1.2Ma) 的成岩年代一致，且具有相似的主量元素、微量元素和稀土元素地球化学特征，两者具有相同（或相似）的源区。在花岗岩源岩判别图（图 4.94）中，两类岩石均指示其源岩成分复杂，但主要为贫黏土岩石，少量富黏土岩石和基性火山岩，也证实两者具有相同（或相似）的源区，主要为下地壳、少量地幔岩，原始岩浆为壳-幔混合岩浆。

矿区花岗闪长岩中的暗色微粒包体 (MMEs) 是壳-幔岩浆混合作用的有力证据 (Vernon, 1984; Barbarin and Didier, 1991)。这些包体大小一般为 2~20cm，与寄主岩的接触边呈锯齿状（图版XVI-D）; 镜下可见典型的岩浆结构，如部分矿物晶体的振荡环带及其自形粒状结构，同时常见黑云母呈嵌晶状包于钾长石中（图版XVI-E、F），为岩浆熔体结晶产物 (Keay et al., 1997)，包体的 SiO_2 含量 (53.2%~59.9%) 介于典型幔源基性岩石和寄主岩之间。Zhu 等 (2011) 获得其锆石 U-Pb 年龄为 235.9±3.3Ma，与寄主花岗闪长岩成岩时代在误差范围内一致。上述地质、地球化学特征表明，羊拉矿区花岗闪长岩中的暗色微粒包体形成于壳-幔岩浆混合过程中 (Vernon, 1984; Zhu et al., 2011)。

羊拉矿区斑岩与花岗闪长岩最明显的区别除岩相学外，还有结晶分异作用不明显。在岩浆作用过程 REE 判别图（图 4.95）中，斑岩样品倾斜分布，表明成岩过程主要为部分熔融作用; 而花岗闪长岩样品既有倾斜分布，也有近水平分布，表明成岩过程同时存在部分熔融作用和结晶分异作用。在一系列相关图解中（图 4.78、图 4.84、图 4.85、图 4.87），矿区斑岩位于花岗闪长岩"演化路径"上，表明斑岩可能为花岗闪长岩成岩过程

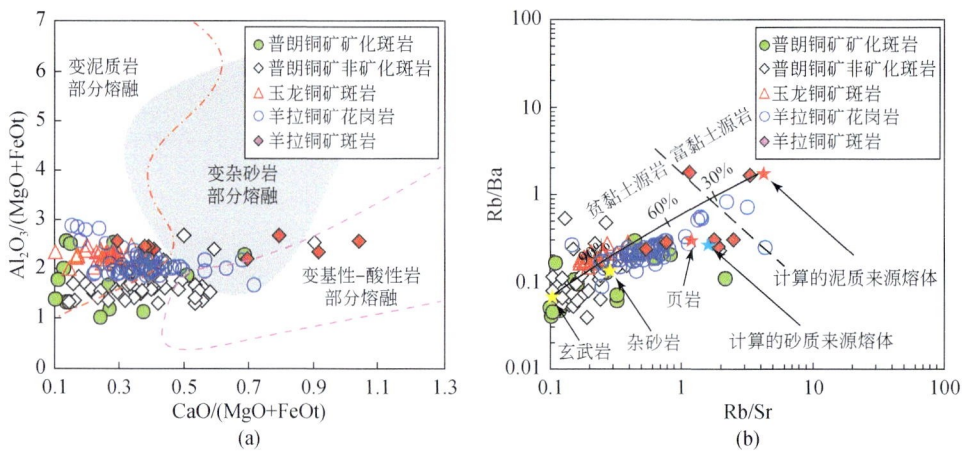

图 4.94 羊拉铜矿斑岩和花岗岩源岩判别图

(a) 底图据 Altherr 等（2000）；(b) 底图据 Sylvester（1998）

中的演化产物。在 Sr-Ba 和 Sr-Rb 图（图 4.96）中，可清楚看出，矿区花岗闪长岩在成岩过程中有斜长石（Pl）、钾长石（Kfs）、黑云母（Bt）等矿物的结晶作用，而斑岩正是花岗岩母岩浆这些矿物结晶后的产物。因此，本书认为羊拉铜矿斑岩为矿区花岗闪长岩演化的残余岩浆，浅成快速成岩的产物。

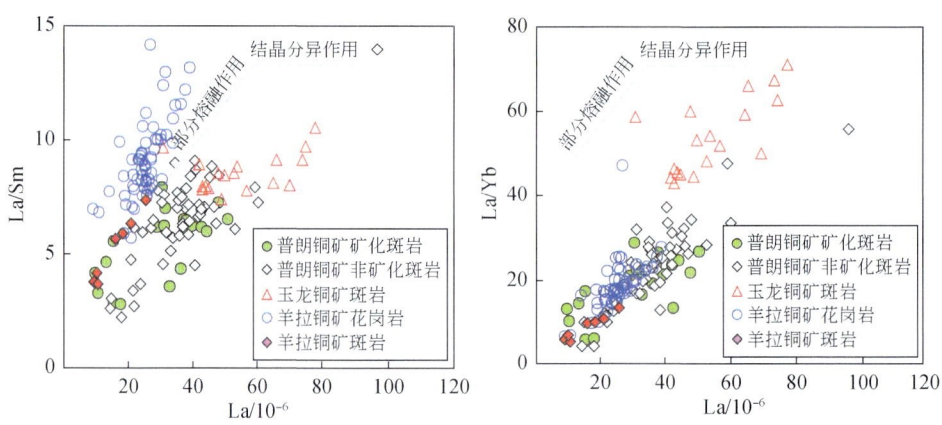

图 4.95 羊拉铜矿斑岩和花岗岩成岩过程 REE 判别图

3. 成岩构造背景及成岩过程

金沙江洋是东古特提斯洋的重要组成部分，对于金沙江洋何时闭合，目前依然没有统一的认识。Wang 等（2000）获得的雪堆同碰撞花岗岩 Rb-Sr 年龄为 255~238Ma，Jian 等（2008）测得雪堆奥长花岗岩脉的锆石 U-Pb 年龄为 238±10Ma，并认为该沿脉形成于同碰撞阶段，表明金沙江洋可能于早三叠世以前已经闭合。Zhu 等（2011）获得羊拉铜矿花岗岩成岩年龄为 233Ma，表明岩体形成于碰撞晚期—碰撞后构造背景，矿区斑岩为花岗闪长岩的演化产物（也是碰撞晚期—碰撞后岩浆活动产物）。Peng 等（2006）研究了区域内与羊拉铜矿花岗岩成矿时代和地球化学特征类似的临沧二长花岗岩体，认为形成于碰撞晚期—碰撞后构造背景。在羊拉铜矿斑岩和花岗岩构造环境判别图（图4.97）中，矿区斑岩和花岗闪长岩也位于碰撞晚期—碰撞后花岗岩区域；图中同时显示，普朗铜矿（矿化、非矿化）和玉龙铜矿斑岩主要位于岛弧花岗岩区域，与羊拉铜矿斑岩和花岗闪长岩成岩构造环境具有明显差别。

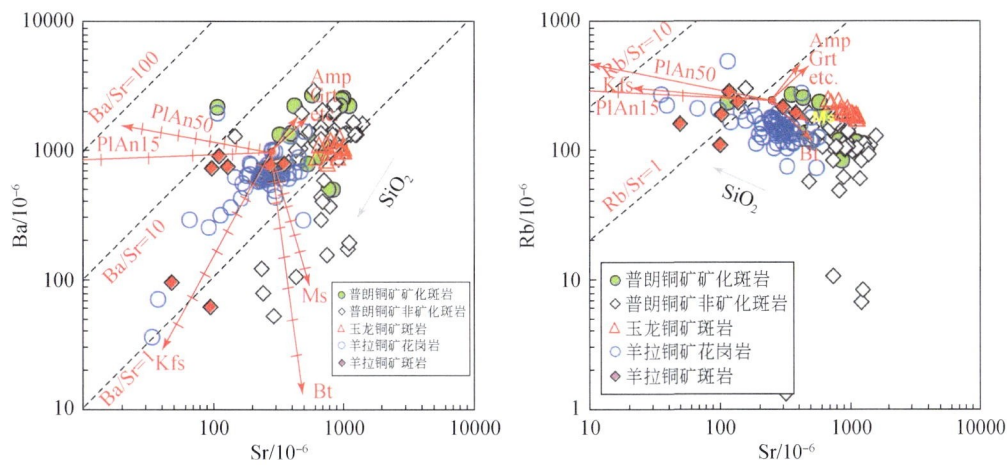

图 4.96　羊拉铜矿斑岩和花岗岩 Sr-Ba 和 Sr-Rb 图

Amp. 角闪石；Grt. 石榴子石；Ms. 白云母；Bt. 黑云母；Kfs. 钾长石；PlAn15. 牌号为 15 的斜长石

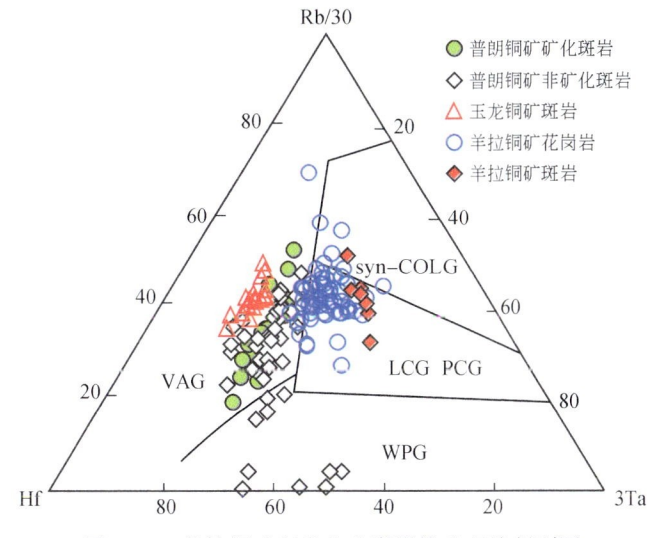

图 4.97　羊拉铜矿斑岩和花岗岩构造环境判别图

syn-COLG. 同碰撞花岗岩；LCG-PCG. 碰撞晚期—碰撞后花岗岩；VAG. 岛弧花岗岩；WPG. 板内花岗岩

基性脉岩一般形成于区域拉张环境，羊拉矿区内发育多条辉绿岩细脉，其年龄与上述花岗闪长岩体成岩年龄一致，进一步证实羊拉矿区斑岩和花岗闪长岩形成于碰撞晚期—碰撞后的伸展背景。

在碰撞晚期—碰撞后伸展背景，幔源岩浆底侵作用（Bergantz，1989；Peressini et al.，2007）和榴辉岩相下地壳拆沉作用（Gao et al.，2008）是造成壳-幔岩浆混合的重要机制。拆沉作用形成的熔体常具有较低的 SiO_2 含量和较高的 MgO 含量（Martin et al.，2005；Moyen，2009；Yuan et al.，2010），然而羊拉铜矿花岗闪长岩和斑岩具有较高的 SiO_2 和相当低的 MgO 丰度（附表23）。因此，认为造成壳-幔岩浆混合的机制不是拆沉作用，而是幔源岩浆底侵作用。

成岩过程可简述如下：在碰撞晚期—碰撞后环境，区域性拉张导致软流圈上涌并底侵于下地壳底部，下地壳在高温和减压条件下发生重熔并与幔源岩浆发生混合，混合岩浆在上升过程中混染了少量上地壳易熔组分（沉积物质），形成三端元混合的岩浆（上地壳+下地壳+地幔）。混合岩浆在浅部侵位过程中，伴随分离结晶作用，形成矿区花岗闪长岩体，残余岩浆在浅成环境下快速成岩形成斑岩。

第五章 矿床地球化学

第一节 流体包裹体

热液矿床的形成离不开热液流体的参与，因此，对成矿流体物理化学性质和演化的研究，是热液矿床成矿理论研究的重要部分。在矿物从热液中生长或重结晶的过程中，流体会被捕获进矿物的生长缺陷或穴窝中，并被主矿物封存至今而形成流体包裹体。流体包裹体被认为是存储了古流体被捕获时的温度、压力和成分的"时光胶囊"，从而成为研究热液流体最直接的样品。因此，流体包裹体地球化学研究成为确定热液矿床成矿流体物理化学性质，探讨成矿流体演化最重要的方法（Roedder，1984；Candela and Holland，1986；卢焕章等，2004；Philippot，2015）。羊拉铜矿床广泛发育夕卡岩矿物（石榴子石、辉石），与夕卡岩共生的石英和方解石和含矿的石英-方解石脉体，为利用流体包裹体研究成矿流体性质及其演化提供了有利的物质基础。

虽然前人对羊拉铜矿床开展了流体包裹体的相关研究，但是对包裹体寄主矿物的形成期次划分模糊，进而导致对成矿流体性质的认识存在争议，特别是夕卡岩矿物（如石榴子石和辉石）的包裹体数据差别颇大。本研究在详细的矿床地质和蚀变矿化期次的研究基础上，对羊拉铜矿床代表性矿物开展了系统的流体包裹体研究，旨在揭示不同成矿阶段流体的温度、盐度和压力等物理化学性质，以探讨流体演化过程。

一、样品及分析方法

流体包裹体分析样品主要采自里农矿段，分析矿物主要为夕卡岩期夕卡岩中的石榴子石和辉石 [图 5.1（a）、（b）]、早期硫化物阶段夕卡岩矿石中的石英 [图 5.1（b）] 和晚期硫化物阶段石英-方解石-硫化物脉型矿石中的石英和方解石 [图 5.1（c）~（f）]。流体包裹体显微测温和激光拉曼光谱分析在中国科学院地球化学研究所矿床地球化学国家重点实验室完成。

石榴子石、辉石包裹体测温实验仪器为红外显微镜（Olympus BX51，配有 ROLERA-XR 红外数码摄像头）和 Linkam THMSG600 型冷热台，石英和方解石流体包裹体观察和测温采用传统显微测温法，其冰点和均一温度测试均使用相同的 Linkam THMSG600 型冷热台。仪器测试精度为 ± 0.1℃，水溶液冰点、CO_2 笼合物融化温度和 CO_2 气-液均一温度测定时，升降温速率≤15℃/min，相态转变点附近升降温速率为 1℃/min。为最大程度上减小红外光热量对流体包裹体冰点和均一温度的影响，在实验过程中尽量使红外光强度减小到最低，同时将待测的目标包裹体尽可能远离光源正中心（格西等，2011；Moritz，2006）。为防止中低盐度包裹体在冷冻实验时由于结冰膨胀导致包裹体渗漏，部分实验过

图 5.1 羊拉铜矿床包裹体研究的样品照片

(a) 石榴子石-辉石夕卡岩；(b) 石榴子石-辉石夕卡岩，石英呈小团块状分布其中；(c) 夕卡岩型矿石，方解石呈团块状分布其中；(d) 夕卡岩矿石被成矿后期的石英-方解石-硫化物脉体穿插；(e) 成矿后期阶段的石英-方解石脉，自形-半自形黄铜矿和黄铁矿浸染状分布；(f) 成矿后期阶段的方解石脉，见黄铁矿和黄铜矿浸染状分布；Py-黄铁矿；Ccp-黄铜矿；Cal-方解石；Qz-石英；Grt-石榴子石；Cpx-单斜辉石程采用先加热均一,后冷冻的实验流程(苏文超等,2015)。流体包裹体激光拉曼光谱分析仪器为英国 RenishawInVia Reflex 型显微共焦拉曼光谱仪,光源为 Spectra-Physics Ar 离子激光器,波长 514nm,激光功率 20mW,空间分辨率为 $1\sim2\mu m$,积分时间为 60s,$140\sim4000cm^{-1}$ 全波段一次取谱。

二、包裹体岩相学

卢焕章等(2004)根据流体包裹体成因,将其分为原生包裹体、次生包裹体和假次生包裹体三类。羊拉铜矿床原生包裹体呈孤立状不均匀分布于矿物颗粒中[图 5.2(a)、(b)、(d)]或沿颗粒边界分布[图 5.2(b)、(c)],孤立状分布的流体包裹体主要为气液两相富液相包裹体和纯液相包裹体及少量纯气相包裹体,大小在 $3\sim20\mu m$;沿矿物颗粒边界分布的流体包裹体主要为气液两相富液相包裹体,大小在 $3\sim15\mu m$。假次生包裹体主要沿石英颗粒边缘的内部裂隙呈线状分布,内部裂隙不切穿石英颗粒边界[图 5.2(c)、(e)、(f)],假次生包裹体类型主要为气液两相富液相包裹体,也可见少量纯液相包裹体和富气相包裹体,大小在 $3\sim20\mu m$。次生包裹体则主要分布于后生裂隙内,后生裂隙明显切穿矿物颗粒边界,且裂隙间有互相穿插现象[图 5.2(g)、(h)];次生包裹体类型以富液相流体包裹体为主,大小在 $3\sim15\mu m$。由于次生包裹体是寄主矿物形成之后,流体沿着寄主矿物的裂隙进入并在重结晶过程中捕获的包裹体,其形成晚于主矿物的形成时代,未能记录主矿物形成时流体的物化性质,因此,本次仅针对主矿物中的原生和假次生包裹体开展研究。根据室温时包裹体中各相态的关系以及在降温和升温过程中相态的转化特征,本书将羊拉铜矿床流体包裹体分为气液两相富液相(L-型)包裹体、气液两相富气相(V-型)包裹体和含子矿物(S-型)包裹体三类。

L-型包裹体:该类型包裹体由气液两相组成,气相百分比范围在 $5\%\sim30\%$ 之间,且从夕卡岩期(石榴子石和辉石)到成矿期(石英和方解石)中包裹体气相百分比逐渐变小,加热时均一到液相。包裹体形态多样,通常呈不规则状或负晶形,个体大小一般在 $3\sim15\mu m$ 之间。该类包裹体约占包裹体总数的 80% 左右,多成群或孤立存在于石榴子石、辉石、石英及方解石中。

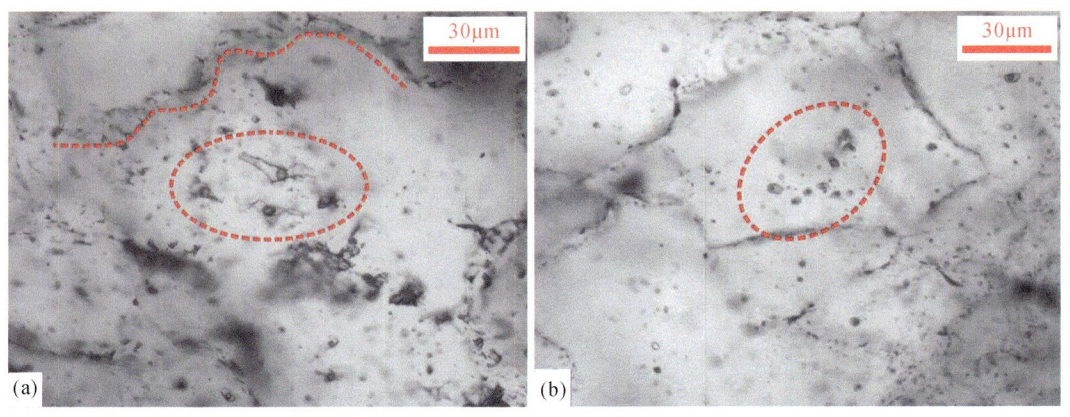

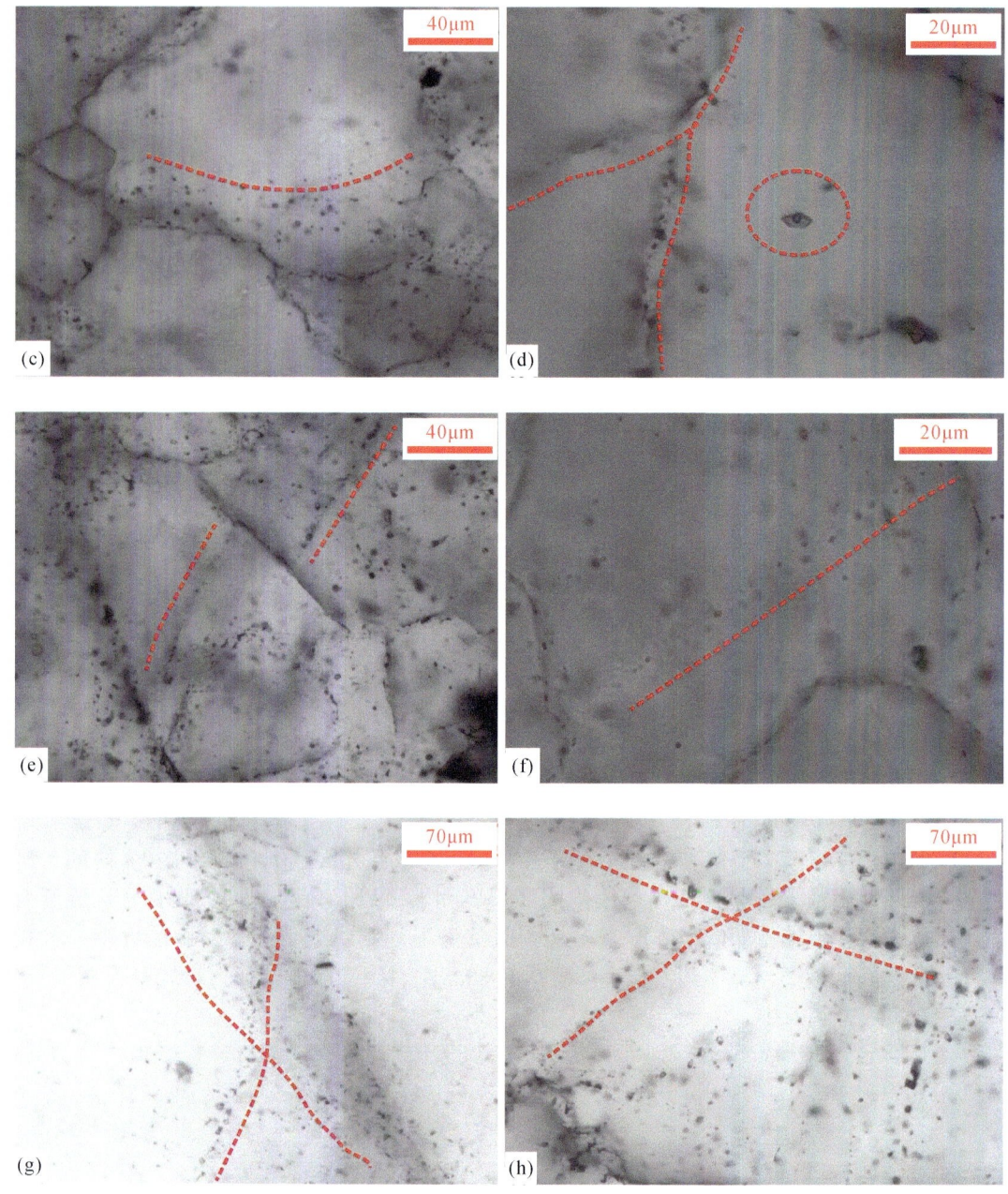

图 5.2 羊拉铜矿床各成矿阶段石英中流体包裹体分布特征

(a) 孤立状分布的原生包裹体及沿石英颗粒边缘裂隙内分布的假次生包裹体（YK018）；(b) 石英颗粒内部呈孤立状分布的原生包裹体群（YK019）；(c) 沿石英颗粒边界分布的原生包裹体群（Lc4）；(d) 孤立状分布的原生包裹体及沿石英颗粒边缘裂隙内分布的假次生包裹体（YK018）；(e)、(f) 沿石英颗粒内部裂隙发育的假次生包裹体（Lc4）；(g)、(h) 沿后生裂隙内发育的次生包裹体，后生裂隙明显切穿石英颗粒边界且裂隙间有互相穿插现象（YK017）

V-型包裹体：该类包裹体由气液两相组成，气相通常呈略黑色气泡，占包裹体体积百分比超过50%。包裹体通常呈椭圆形或负晶形，大小在3~13μm之间。该类包裹体约占包裹体总数的15%左右，多成群或孤立分布在石榴子石和辉石中，在早期硫化物阶段石英中也有分布，在晚期硫化物阶段石英和方解石中少见。

S-型包裹体：该类包裹体由气相、液相和立方体石盐子矿物组成。包裹体多呈负晶形，大小在8~24μm之间。这类包裹体约占包裹体总数的5%，加热时子矿物先熔化后，气相均一至液相，其主要分布在石榴子石和辉石中，在早期硫化物阶段石英中也少有分布。

总体来讲，在夕卡岩期的石榴子石和辉石中，以S-型、V-型和L-型包裹体为主，且这几类包裹体常成群分布［图5.3（a）~（e）］。其中，V-型包裹体颜色较暗，多呈负晶形，大小在5~15μm之间；L-型包裹体呈不规则状和负晶形，大小变化大，多在3~15μm之间；石榴子石和辉石中的S-型包裹体明显比成矿期石英和方解石中的S-型包裹体多，且以负晶形者居多，大小通常在10μm左右，子矿物基本都为立方体石盐，偶见不透明子矿物。在早期硫化物阶段的石英中，可见到L-型和V-型包裹体共生，以L-型包裹体为主，但是包裹体普遍较小，通常在3~8μm之间，多呈不规则状、纺锤形、椭圆形和负晶形［图5.3（f）］。在晚期硫化物阶段的石英和方解石中，则以L-型流体包裹体大量发育为特征，但包裹体较小，在3~10μm之间，多呈不规则状和椭圆形［图5.3（g）~（h）］。

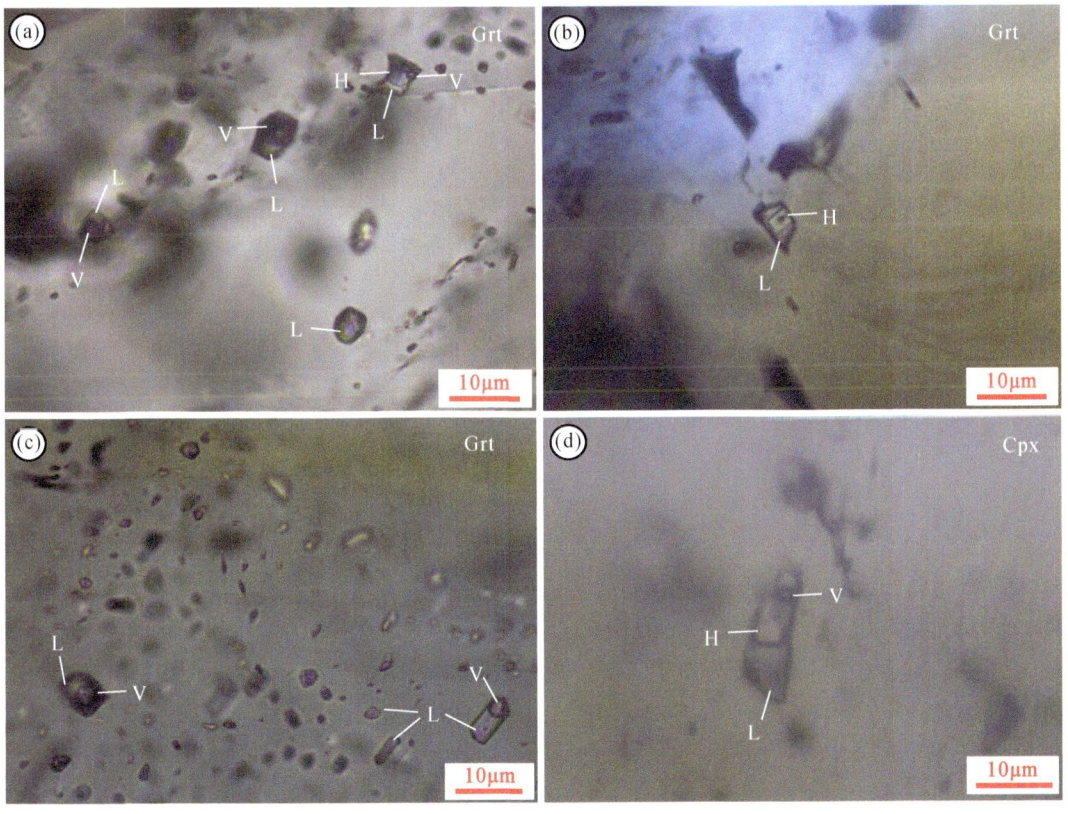

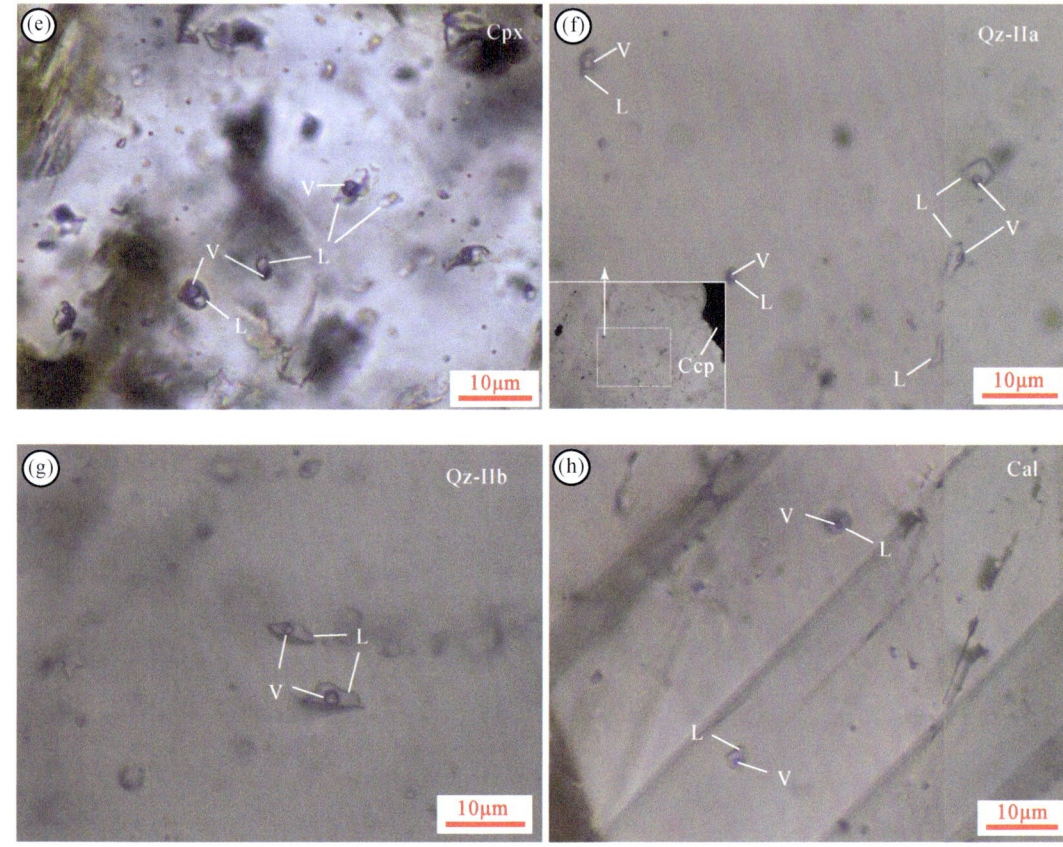

图 5.3 羊拉铜矿床流体包裹体透射光图像

(a) 石榴子石中共生的 L-型、S-型和 V-型包裹体；(b) 石榴子石中孤立分布的 S-型包裹体；(c) 石榴子石中共生的 V-型和 L-型包裹体；(d) 辉石中孤立分布的 S-型包裹体；(e) 辉石中共生的 L-型和 V-型包裹体；(f) 早期硫化物阶段石英中共生的 L-型和 V-型包裹体；(g) 晚期硫化物阶段石英中的 L-型包裹体；(h) 晚期硫化物阶段方解石中的 L-型包裹体

三、分析结果

1. 包裹体显微测温学

本次研究对羊拉铜矿床从夕卡岩期夕卡岩矿物石榴子石和辉石中的 L-型和 S-型包裹体、早期硫化物阶段夕卡岩矿石中石英的 L-型包裹体和晚期硫化物阶段石英-方解石-硫化物脉型矿石中石英和方解石中的 L-型包裹体开展了系统的流体包裹体显微测温工作，测试结果如表 5.1 和图 5.4 所示。需要说明的是，V-型包裹体虽然在石榴子石、辉石和早期硫化物阶段的石英中广泛发育，但是因其体积较小且颜色较暗，很难清楚的在降温过程中观察到明显的相变过程，因此，本次研究未获得 V-型包裹体的有效的盐度数值。此外，

受限于 Linkam THMSG600 型冷热台升温极限温度 500℃的影响,石榴子石中的一些 V-型、S-型和 L-型包裹体在温度达到 500℃时仍未均一,这部分石榴子石的均一温度在测温数据统计中按照 510℃计入数据,但是实际的均一温度应高于 510℃,统计数据中所计算的平均均一温度也较实际值低。

夕卡岩期(干夕卡岩阶段)(表 5.1;图 5.4):

表 5.1 羊拉铜矿床流体包裹体显微测温结果

成矿阶段	矿物	包裹体类型	均一温度/℃		冰点/℃		子矿物熔化温度/℃		盐度/% NaCl		密度/(g/cm³)	
			范围(频数)	均值	范围(频数)	均值	范围(频数)	均值	范围	均值	范围	均值
成矿前期	石榴子石	L	372~499 (18)	453	-21.1~-9.0 (16)	-14.9			12.9~23.1	18.3	0.494~0.817	0.671
		V	458~499 (4)	479								
		S	499~499 (1)	499			397.1~492.7 (3)	437.8	46.4~58.4	51.5	1.345	1.345
	辉石	L	366~492 (16)	431	-20.8~-15.7 (6)	-18.3			19.2~22.9	21.1	0.692~0.821	0.744
		V	378~493 (5)	452								
		S	379~481 (4)	439			273.5~341.2 (5)	319	36.0~41.5	39.5	1.084~1.088	1.085
成矿早期	石英	L	301~415 (21)	351	-8.0~-1.6 (13)	-4.8			2.6~11.7	7.5	0.576~0.829	0.73
成矿晚期	石英	L	165~294 (31)	238	-5.2~-1.0 (26)	-2.6			1.7~8.1	4.4	0.755~0.943	0.851
	方解石	L	142~283 (18)	185	-2.9~-0.8 (15)	-1.6			1.4~4.8	2.7	0.754~0.947	0.894

该阶段石榴子石和辉石中的 V-型包裹体多与 L-型和 S-型包裹体共生,其均一温度分别为 458~499℃(平均 479℃,$n=4$)和 378~493℃(平均 452℃,$n=5$)。石榴子石中的 S-型包裹体广泛分布,其均一温度为 499℃(多数观测的 S-型包裹体在温度达到 500℃时仍未均一);其石盐子矿物熔化温度为 397.1~492.7℃,对应的盐度为 46.4%~58.4% NaCl(平均 51.5% NaCl,$n=3$)。辉石中的 S-型包裹体的均一温度为 379~481℃(平均 439℃,$n=4$),石盐子矿物熔化温度为 273.5~341.2℃,对应的盐度为 36.0%~41.5% NaCl(平均 39.5% NaCl,$n=5$)。石榴子石和辉石中 S-型包裹体的密度分别为 1.345~1.345g/cm³ 和 1.084~1.088g/cm³。石榴子石和辉石中的 L-型包裹体的冰点温度分别为

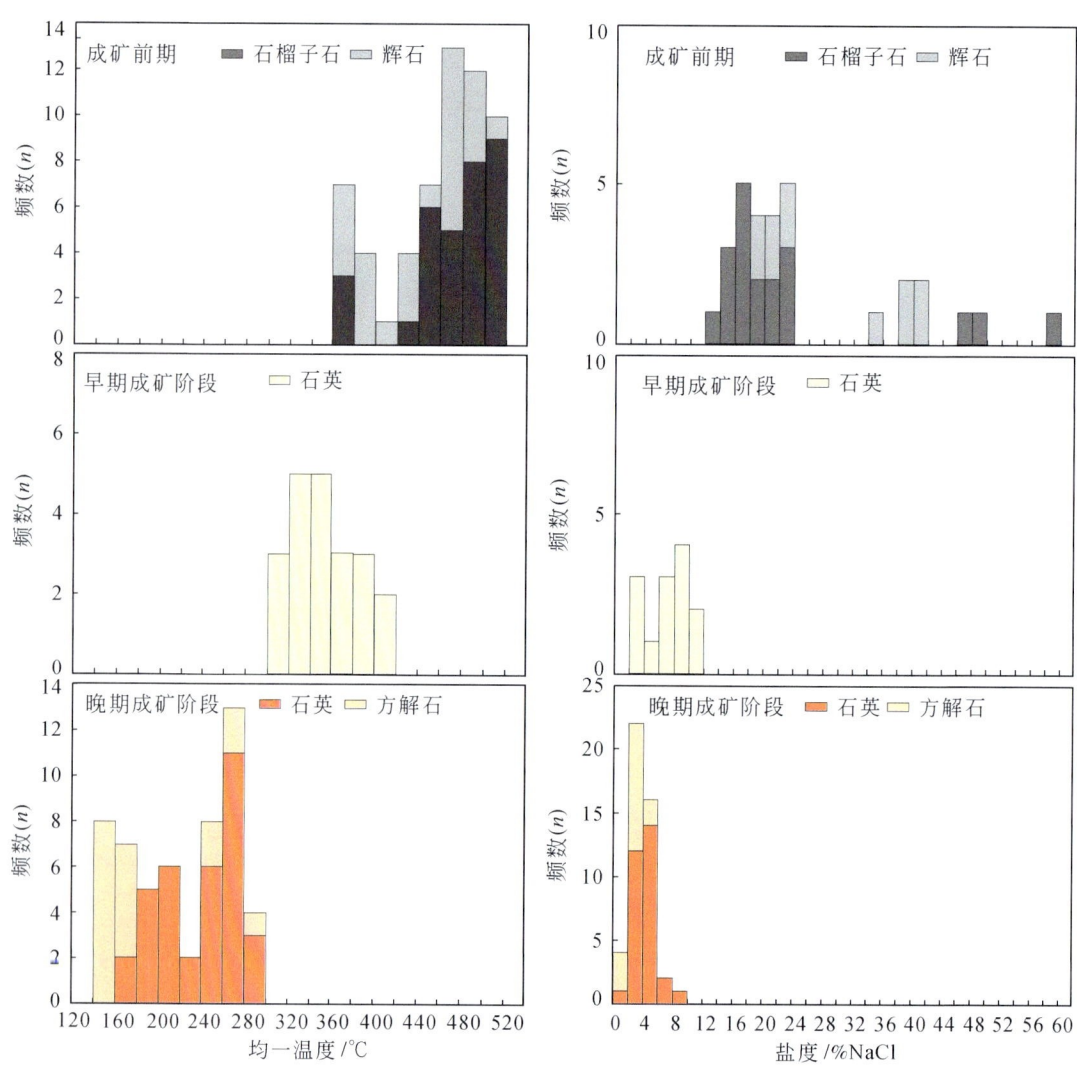

图 5.4 羊拉铜矿床各成矿阶段流体包裹体均一温度和盐度直方图

21.1~-9.0℃和-20.8~-15.7℃，对应的盐度分别为 12.9%~23.1% NaCl（平均 18.3% NaCl，$n=16$）和 19.2%~22.9% NaCl（平均 21.1% NaCl，$n=6$）。石榴子石和辉石中 L-型流体包裹体的均一温度分别为 372~499℃（数个包裹体在温度升高至 500℃时仍未均一）（平均 453℃，$n=18$）和 366~492℃（平均 431℃，$n=16$）；密度分别为 0.494~0.817g/cm³ 和 0.692~0.821g/cm³。总体来看，夕卡岩期流体包裹体的均一温度峰值集中在 460~500℃（该值相较实际值低），盐度峰值集中在 16%~34% NaCl（含子矿物流体包裹体盐度在 34%~60% NaCl 之间变化）。

值得注意的是，石榴子石和辉石中紧密共生的 V-型、L-型和 S-型流体包裹体具有相近的均一温度，变化范围大的盐度，并且在均一温度-盐度相关性图解中（图 5.5），该阶段流体包裹体也显示出流体沸腾趋势，暗示这些包裹体是在流体沸腾过程中捕获的。

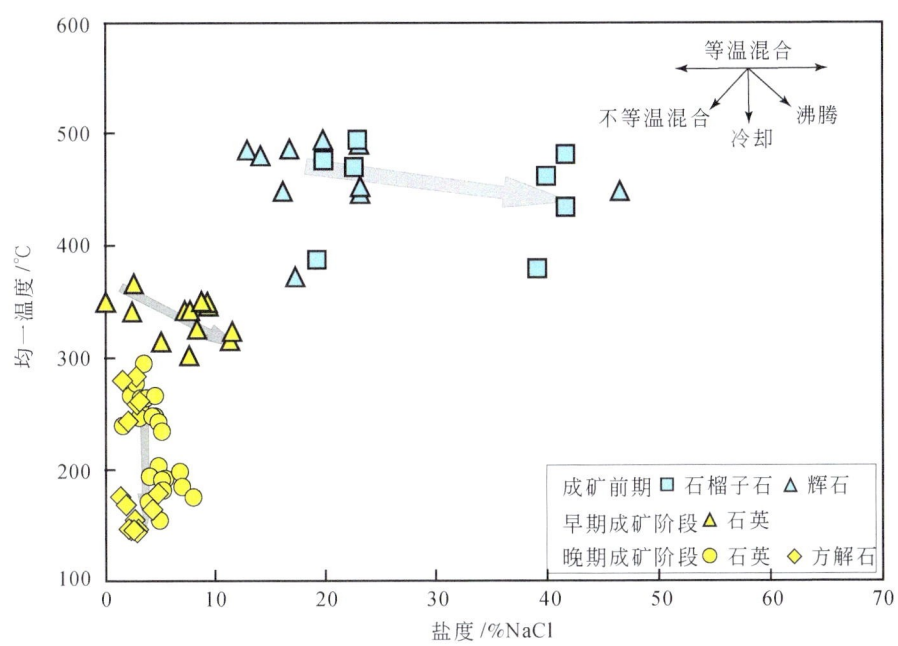

图 5.5 羊拉铜矿床流体包裹体均一温度-盐度相关性图解

早期硫化物阶段（表 5.1；图 5.4）：

相比较夕卡岩期石榴子石和辉石而言，该阶段石英中偶见 S-型包裹体，V-型包裹体明显减少且体积很小，不易观测。石英中的 L-型包裹体明显增多，其均一温度为 301~415℃（平均 351℃，$n=21$），峰值集中在 320~380℃；冰点温度为 -8.8~-1.6℃，对应的盐度为 2.6%~11.7% NaCl（平均 7.5% NaCl，$n=13$），峰值集中在 6%~11% NaCl；包裹体密度为 0.576~0.829 g/cm³。该阶段石英中 V-型包裹体和 L-型包裹体共生，在均一温度-盐度相关性图解中（图 5.5）中，流体包裹体显示出流体沸腾趋势，指示该阶段流体也发生了流体沸腾作用。

晚期硫化物阶段（表 5.1；图 5.4）：

该阶段石英和方解石中的流体包裹体以 L-型为主。石英中的 L-型包裹体均一温度为 165~294℃（平均 238℃，$n=31$），峰值集中在 240~280℃ 之间；冰点温度为 -5.2~-1.0℃，相对应的盐度为 1.7%~8.1% NaCl（平均 4.4% NaCl，$n=26$），峰值集中在 2.0%~6.0% NaCl 之间；密度为 0.755~0.943 g/cm³。方解石中的 L-型包裹体均一温度为 142~283℃（平均 185℃，$n=18$），峰值集中在 140~180℃ 之间；冰点温度为 -2.9~-0.8℃，相对应的盐度为 1.4%~4.8% NaCl（平均 2.7% NaCl，$n=15$），峰值集中在 2.0%~4.0% NaCl 之间；密度为 0.754~0.947 g/cm³。以上显微测试结果显示，在晚期硫化物阶段，成矿流体属于低温-中低盐度的流体。在均一温度-盐度相关性图解中（图 5.5）中，该阶段石英和方解石中的流体包裹体显示出流体冷却趋势，指示流体的冷却是该阶段石英和方解石沉淀的诱因之一。

从流体包裹均一温度和盐度直方图（图 5.4）可以直观地看出，从夕卡岩期、经过早期硫化物阶段到晚期硫化物阶段（成矿期），羊拉铜矿包裹体均一温度是逐渐降低的；除了夕卡岩期石榴子石和辉石中 S-型包裹体显示出极高的盐度外，整体上包裹体的盐度从夕卡岩期、经过早期硫化物阶段到晚期硫化物阶段（成矿期）也是呈逐渐降低趋势。

2. 包裹体成分

本书对羊拉铜矿床中具有代表性的 L-型和 V-型流体包裹体进行了单个流体包裹体的激光拉曼探针分析，分析结果如图 5.6。夕卡岩期的 L-型包裹体气液相成分以 H_2O 为主。成矿期石英中的 L-型流体包裹体成分以 H_2O 为主，还含有少量的 CH_4、N_2 和 CO_2，V-型包裹体气相成分则以 CH_4、N_2 和 CO_2 为主。上述结果显示，羊拉铜矿床的成矿流体是以 $NaCl-H_2O$ 为主，并含有一定量挥发分。

此外，羊拉铜矿床流体包裹体激光拉曼分析结果显示包裹体含 H_2O、CH_4、N_2 和 CO_2 气体（图 5.6），这正好解释了显微测温过程中出现的一些现象：①部分 V-型包裹体无法完全冷冻，说明可能含 N_2；②部分 S-型包裹体在加热温度不高时就出现爆裂，反映内部存在压缩性气体。

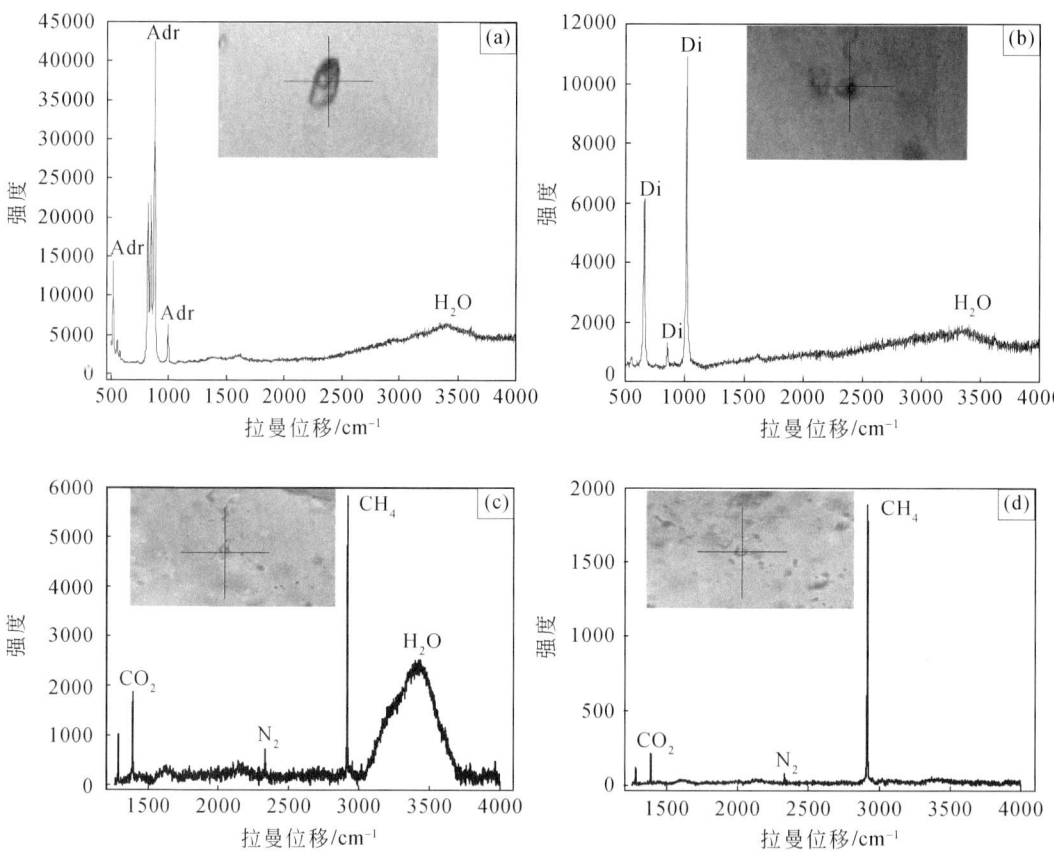

图 5.6 羊拉铜矿床代表性流体包裹体激光拉曼探针分析光谱

四、讨论

1. 包裹体压力估算

从均匀流体中捕获的流体包裹体的压力只能代表流体压力的下限（Rusk et al.，2008），需要进行压力校正。但是，当已知流体被捕获时的实际温度，或者在流体发生沸腾或不混溶作用时，捕获的流体包裹体的压力则可代表流体被捕获时体系的真实压力（Roedder and Bodnar，1980；Roedder，1984），无须校正。羊拉铜矿床在夕卡岩期石榴子石和辉石中发现 L-型、V-型和 S-型包裹体紧密共生的现象，且共生包裹体均一温度相近，在均一温度–盐度相关图上（图5.5），包裹体显示出流体沸腾趋势。同样，在早期硫化物阶段石英中也存在 L-型和 V-型包裹体共存现象，并具有相近的均一温度，在均一温度–盐度相关图上（图5.5），包裹体也显示出流体沸腾趋势。上述特征指示，在夕卡岩期石榴子石和辉石以及早期硫化物阶段石英中的包裹体均是在沸腾体系中捕获的，其均一温度可以近似等于包裹体的捕获温度。因此，可利用这些包裹体的显微测温数据估算其捕获时流体体系的压力。在晚期硫化物阶段石英和方解石中的包裹体没有显示出流体沸腾的特征，因此，根据其估算的压力只能代表流体压力的下限。

根据 Driesner 和 Heinrich（2007）报道的等压线计算方程，羊拉铜矿床各成矿阶段流体包裹体的捕获压力估算结果如图5.7所示。夕卡岩期石榴子石和辉石中包裹体的捕获压力集中在 400~600bar 之间，早期硫化物阶段石英中的包裹体捕获压力在 100~200bar 之间，而晚期硫化物阶段石英和方解石中的包裹体最小捕获压力在 10~50bar 之间。这一压力值相当于流体包裹体是在深度约为 2 km 处捕获的（假定夕卡岩期为静岩压力条件，而成矿期为静水压力条件）。

2. 成矿流体性质

Meinert 等（2005）和赵一鸣等（2012）分别对国内外典型夕卡岩矿床中流体包裹体的普遍特征进行了归纳总结：

（1）包裹体的分类和分布：夕卡岩矿床中的流体包裹体主要有五类，即气液两相富液相包裹体（均一至液相）、气液两相富气相包裹体（均一至气相）、含子矿物包裹体、含液相 CO_2 包裹体和熔融包裹体。其中，气液两相富液相包裹体在分布最为普遍，且各个阶段均有出现；气液两相富气相和含子矿物包裹体主要在较早期阶段（如夕卡岩阶段和含水硅酸盐阶段）；含液相 CO_2 包裹体很少，仅零星见于含水硅酸盐阶段和中温热液阶段；熔融包裹体主要出现在与成矿有关的岩体中。

（2）均一温度：夕卡岩矿物如石榴子石和辉石中流体包裹体的均一温度分别在 300~700℃ 和 400~650℃ 之间，含矿石英中包裹体均一温度在 200~500℃ 之间。总体上，除了与 Cu 和 Zn 有关的夕卡岩中的流体包裹体均一温度介于 300~550℃ 之间外，大多数夕卡岩中的流体包裹体均一温度大于 700℃。

（3）盐度：多数夕卡岩矿物中流体包裹体盐度高达 30%~60% NaCl，并且普遍存在

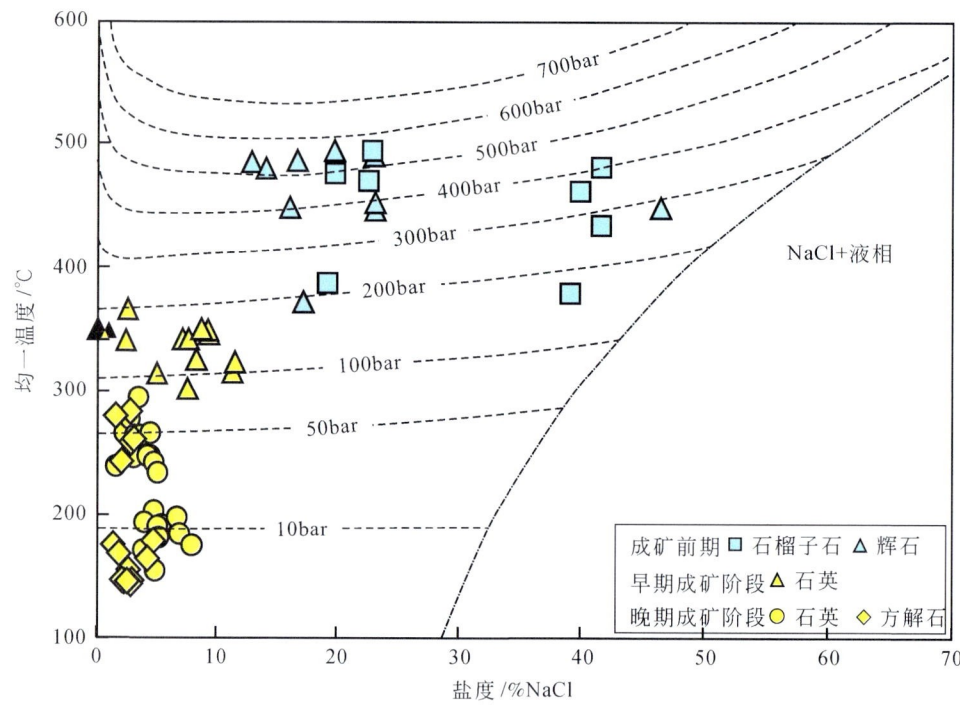

图 5.7 羊拉铜矿床各个成矿阶段所有类型包裹体压力估算图解
(底图依据 Driesner and Heinrich,2007 计算)

含子矿物流体包裹体,其子矿物主要有 NaCl、KCl、$CaCl_2$、$FeCl_2$、$CaCO_3$、CaF_2、C、$NaAlCO_3(OH)_2$、Fe_2O_3、Fe_3O_4、AsFeS、$CuFeS_2$ 和 ZnS 等。不含子矿物的流体包裹体盐度集中在 10%~24% NaCl(中等盐度)和 1%~10% NaCl(低盐度)范围。

(4)含挥发组分:夕卡岩矿床的流体包裹体中常含有 CO_2、CH_4、N_2、H_2S 等挥发成分。

(5)大多数夕卡岩矿床中流体包裹体存在流体沸腾证据。前已述及,羊拉铜矿床成矿流体主要为岩浆流体,在晚期硫化物阶段有大气降水参与。一般认为,随着花岗质岩浆的不断冷却和结晶,岩浆中的水会逐渐饱和,从而分异出具有超临界性质的流体(Burnham,1979;Candela,1989b;Yang and Bodnar,1994;Bodnar,1995;Meinert et al.,1997;Robb,2005)。羊拉铜矿床夕卡岩期夕卡岩矿物石榴子石和辉石中的流体包裹体可分为 L-型包裹体、V-型包裹体和 S-型包裹体。其中,石榴子石中所有包裹体均一温度为 372~499℃(很多包裹体在温度升高至 500℃时仍未均一,推测其最高均一温度应该在 550℃左右),盐度在 12.9%~58.4% NaCl(均值 34.9% NaCl);辉石中所有包裹体均一温度为 366~493℃,盐度在 19.2%~41.5% NaCl(均值 30.3% NaCl)。因此,夕卡岩期流体以高温高盐度为特征。此外,L-型、V-型和 S-型包裹体在石榴子石和辉石中密切共生,其均一温度相近,指示流体发生了沸腾作用(Roedder,1984;卢焕章等,2004)。

羊拉铜矿床早期硫化物阶段石英中以 L-型包裹体为主,V-型包裹体较夕卡岩期明显减少，偶见 S-型包裹体。包裹体均一温度为 301～415℃，盐度为 2.6%～11.7% NaCl（均值 7.5% NaCl），指示该阶段成矿流体以中高温-中低盐度为特征。L-型和 V-型包裹体的共生特征以及相近的均一温度，反映流体发生了不混溶作用（Roedder，1984；卢焕章等，2004）。

晚期硫化物阶段石英和方解石中主要为 L-型包裹体，其均一温度为 142～294℃，盐度为 1.4%～8.1% NaCl（均值 3.6% NaCl），指示成矿流体为低温-低盐度流体。

此外，羊拉铜矿床含矿流体中除了富含 Cu、Au、Fe、Mn、Ag、As 和 S 等成矿元素外，成矿期（早期硫化物阶段和晚期硫化物阶段）石英中含有 CO_2、CH_4、N_2 等挥发组分，可能与热液流体与碳酸盐围岩发生广泛的物质交换有关。

第二节 硫 同 位 素

成矿物质和成矿流体的来源是矿床成因机制研究的关键，对建立合理的矿床成因模式和指导成矿预测具有重要意义。众所周知，同位素地球化学是探讨成矿流体和成矿物质来源最为有力的工具，但是 Dejonghe 等（1989）指出，仅仅利用少量、单一的同位素数据可能会得出与地质事实不符的结论，有时几种同位素方法研究的结果可能会互相矛盾。本章系统介绍羊拉铜矿床 S、C、O、H 和 Pb 同位素组成，揭示成矿物质和成矿流体的来源。

另外，本章在分析和讨论羊拉铜矿床同位素地球化学组成过程中，同时选择西南"三江"成矿带内的普朗铜矿、雪鸡坪铜矿、朗都铜矿、春都铜矿、鲁春铜矿和北衙金矿等多个典型矿床用于对比，这主要是因为：①这些矿床位于相邻的大地构造单元，普朗铜矿、雪鸡坪铜矿、朗都铜矿和春都铜矿位于三江义敦岛弧南段，鲁春铜矿、北衙金矿与羊拉铜矿床位于金沙江构造带；②成矿时代除北衙金矿为喜马拉雅期（40Ma 左右）外，其余矿床成矿时代相近，均为印支期（220Ma 左右）；③成因类型存在差异，普朗铜矿、雪鸡坪铜矿、春都铜矿和北衙金矿为典型斑岩型矿床，朗都铜矿和鲁春铜矿为夕卡岩型矿床。因此，通过与这些产于相邻大地构造单元、不同成矿时代和不同成因类型矿床的对比研究，可以揭示羊拉铜矿床成矿条件、成矿过程和成矿规律，指导成矿预测。

羊拉铜矿床硫化矿体中矿石矿物众多，但主要是黄铁矿、磁黄铁矿、黄铜矿、方铅矿、闪锌矿和辉钼矿等金属硫化物。因此，成矿流体中 S 的来源至关重要，硫同位素组成是示踪成矿流体中 S 来源最直接、最有效的方法。

一、样品及分析方法

前人在研究羊拉铜矿床过程中，不同程度地分析了各类金属硫化物的硫同位素组成（战明国等，1998；潘家永等，2001；李石磊等，2008；杨喜安等；2012；赵江南，2012；朱经经，2012），分析样品主要采自里农矿段，少量来自路农矿段；分析矿物主要为黄铁矿、磁黄铁矿和黄铜矿。本次工作较系统地分析了里农矿段和路农矿段硫化矿体各类金属硫化物的硫同位素组成。

实验测试过程：首先将样品粉碎到 40～80 目，在双目镜下挑选黄铁矿、磁黄铁矿、黄铜矿、方铅矿、闪锌矿和辉钼矿，挑样过程中注意同一手标本挑选不同硫化物。样品的前处理在中国科学院地球化学研究所矿床地球化学国家重点实验室进行，黄铁矿、方铅矿和闪锌矿分别加不同比例的 CuO（黄铁矿：CuO＝1∶8；闪锌矿：CuO＝1∶6；方铅矿：CuO＝1∶2）置于马弗炉内，在 1000℃ 真空条件下反应 15min，将 S 氧化成 SO_2。硫同位素组成在中国科学院地球化学研究所环境地球化学国家重点实验室 MAT-252 型质谱仪上测定，相对误差小于 0.2‰。

二、分析结果

附表 24 为羊拉铜矿床硫化矿体主要金属硫化物的硫同位素组成，同时全面收集了前人的硫同位素组成研究成果（战明国等，1998；潘家永等，2001；李石磊等，2008；杨喜安等，2012；赵江南，2012；朱经经，2012），附表 25 为羊拉铜矿床金属矿物硫同位素组成统计结果，同时列出了滇西普朗铜矿床、雪鸡坪铜矿床、浪都铜矿床、春都铜矿床和北衙金矿床的硫同位素组成统计结果。

羊拉铜矿床硫同位素组成高度集中。除黄铁矿外，其余矿物的 $\delta^{34}S$ 变化不明显，其中 24 件黄铜矿的 $\delta^{34}S$ 为 -4.20‰～2.29‰，均值 1.00‰，极差 6.49‰；22 件磁黄铁矿的 $\delta^{34}S$ 为 -2.60‰～0.70‰，均值 -1.25‰，极差 3.30‰；闪锌矿、方铅矿和辉钼矿样品较少，但其 $\delta^{34}S$ 变化范围与黄铜矿和磁黄铁矿相互重叠，均值分别为 1.45‰、0.35‰ 和 0.72‰，与黄铜矿和磁黄铁矿的硫同位素组成不具明显差别。黄铁矿的 $\delta^{34}S$ 变化范围很宽，为 -40.38‰～2.61‰，但 82 件样品中有 65 件的 $\delta^{34}S$ 集中在 -3.20‰～2.61‰，均值 -0.26‰，极差 5.84‰，与羊拉矿床其他硫化物的硫同位素组成相近；其余 17 件样品明显亏损重硫，且 $\delta^{34}S$ 分散，其中 4 件样品的 $\delta^{34}S$ 在 -10.40‰～-7.25‰，其余 13 件样品的 $\delta^{34}S$ 为 -40.40‰～-18.38‰。

羊拉矿床的金属硫化物除 17 件明显亏损重硫的黄铁矿外，不同矿段、不同矿体、不同矿石类型、不同标高和不同期次硫化物的硫同位素组成相近。里农矿段 86 件样品的 $\delta^{34}S$ 为 -4.20‰～2.61‰，均值 -0.01‰，极差 6.81‰；路农矿段 24 件样品的 $\delta^{34}S$ 为 -3.15‰～0.66‰，均值 -1.63‰，极差 3.81‰。虽然本次工作没有严格按矿石类型分析硫同位素组成，但从赵江南（2012）和朱经经（2012）的分析资料看（附表 24），矿区不同矿石类型的硫同位素组成无明显差异，如夕卡岩型矿石 19 件样品的 $\delta^{34}S$ 为 -1.90‰～2.10‰，均值 -0.37‰，极差 4.00‰；变质石英砂岩型（角岩型）矿石 6 件样品的 $\delta^{34}S$ 为 -1.62‰～2.60‰，均值 -0.48‰，极差 4.22‰；大理岩型矿石 4 件样品的 $\delta^{34}S$ 为 -0.24‰～1.50‰，均值 0.60‰，极差 1.74‰；石英-硫化物型矿石 8 件样品的 $\delta^{34}S$ 为 0.04‰～2.20‰，均值 1.65‰，极差 1.80‰。本次研究成果亦表明，矿区不同标高硫化物的硫同位素组成也不具明显变化（附表 24）：从上到下，3590 中段 11 件样品的 $\delta^{34}S$ 为 -2.48‰～0.66‰，均值 -1.56‰，极差 3.14‰；3250 中段 7 件样品的 $\delta^{34}S$ 为 -1.62‰～1.04‰，均值 -0.60‰，极差 2.66‰；3175 中段 9 件样品的 $\delta^{34}S$ 为 -2.54‰～2.61‰，均值 0.34‰，极差 5.15‰；3075 中段 9 件样品的 $\delta^{34}S$ 为 -3.23‰～1.70‰，均值 -0.30‰，极差 4.93‰。

潘家永等（2001）将矿床成矿阶段划分为早（Ⅰ）、中（Ⅱ）、晚（Ⅲ）期，3期的硫同位素组成也基本一致（附表24），早期3件样品的$\delta^{34}S$为$-0.90‰\sim0.27‰$，均值$-0.44‰$，极差$1.17‰$；中期5件样品的$\delta^{34}S$为$-3.14‰\sim1.82‰$，均值$-0.65‰$，极差$4.96‰$；晚期4件样品的$\delta^{34}S$为$-2.21‰\sim1.53‰$，均值$-0.57‰$，极差$3.74‰$。

从图5.8中可见，矿床、不同矿段和不同矿物硫同位素组成均具有明显的塔式效应。除亏损重硫的黄铁矿外，矿床$\delta^{34}S$集中分布在$-2‰\sim2‰$之间，在0值附近存在峰值；里农矿段与矿床相似，$\delta^{34}S$集中分布在$-2‰\sim2‰$之间，在0值附近存在峰值；路农矿段$\delta^{34}S$相对更集中，$\delta^{34}S$只在$-1‰$值附近存在峰值。黄铁矿$\delta^{34}S$范围相对较宽，集中分布在$-1‰\sim3‰$之间，但峰值在0附近；磁黄铁矿$\delta^{34}S$集中分布在$-1‰\sim0‰$之间，峰值在$-1‰$附近；黄铜矿$\delta^{34}S$集中分布在$-1‰\sim1‰$之间，峰值也在$-1‰$附近。

附表25表明羊拉矿床硫同位素组成不仅与义敦岛弧南段普朗、雪鸡坪和春都等印支期斑岩型铜矿相近，也与该区印支期夕卡岩型铜矿（如浪都铜矿）硫同位素组成无明显区别，同时其$\delta^{34}S$范围与金沙江构造带内的北衙喜马拉雅期斑岩型金矿床的$\delta^{34}S$范围相互重叠。在图5.9中，用于对比的矿床硫同位素组成也均具有明显的塔式效应，只是$\delta^{34}S$峰值位置与羊拉铜矿床略有差别，普朗铜矿$\delta^{34}S$峰值在$3‰$附近、雪鸡坪铜矿$\delta^{34}S$峰值在$-1‰$附近、春都铜矿$\delta^{34}S$峰值在0附近、浪都铜矿$\delta^{34}S$峰值在$1‰$附近、北衙金矿$\delta^{34}S$峰值在$2‰$附近，相比之下，羊拉铜矿床与普朗铜矿床硫同位素组成差别更明显。

三、讨论

1. 成矿流体总硫同位素组成

除亏损重硫黄铁矿外，羊拉铜矿床硫同位素组成高度集中，不同矿段、不同矿体、不同矿石类型、不同标高和不同期次硫化物的硫同位素组成相近，表明矿床成矿流体中的硫来源相对单一。确定成矿流体的总硫同位素组成（$\delta^{34}S_{\Sigma S}$）是应用硫同位素方法探讨成矿流体中硫来源的主要依据（沈渭洲，1997）。Ohmoto（1972）指出，矿床中硫化物实测的$\delta^{34}S$不能代表成矿流体$\delta^{34}S_{\Sigma S}$，而是总硫同位素组成（$\delta^{34}S_{\Sigma S}$）、氧逸度（f_{O_2}）、酸碱度（pH）、成矿温度（T）以及离子强度（I）等组成的函数，即"大本模式"，硫化物$\delta^{34}S=F(\delta^{34}S_{\Sigma S},f_{O_2},pH,T,I)$。确定成矿流体$\delta^{34}S_{\Sigma S}$常用方法有两种（Ohmoto and Rye，1979；沈渭洲，1997；郑永飞和陈江峰，2000）：其一为矿物共生组合比较法，其二为同位素对图解法，两种方法的前提均是成矿体系达到平衡状态。

实验研究结果表明（郑永飞和陈江峰，2000），热液体系在同位素交换平衡条件下，^{34}S倾向富集在较强硫键的化合物中。因此，硫化物-H_2S达到平衡时，硫化物$\delta^{34}S$富集顺序为：辉钼矿>黄铁矿>闪锌矿（磁黄铁矿）>黄铜矿>铜蓝>方铅矿>辰砂>辉铜矿（辉锑矿）>辉银矿。从附表25中可以看出，羊拉矿床硫化物平均$\delta^{34}S$不具上述富集顺序，表明成矿体系硫化物-H_2S未达到平衡，朱经经（2012）也支持这种观点。但从同一手标本硫化物对硫同位素组成看（附表26），除个别样品外，$\delta^{34}S$组成总体具有黄铁矿>闪锌矿>磁黄铁矿>黄铜矿>方铅矿，如样品YK007-1中黄铁矿、闪锌矿和方铅矿的$\delta^{34}S$分别为$2.61‰$、

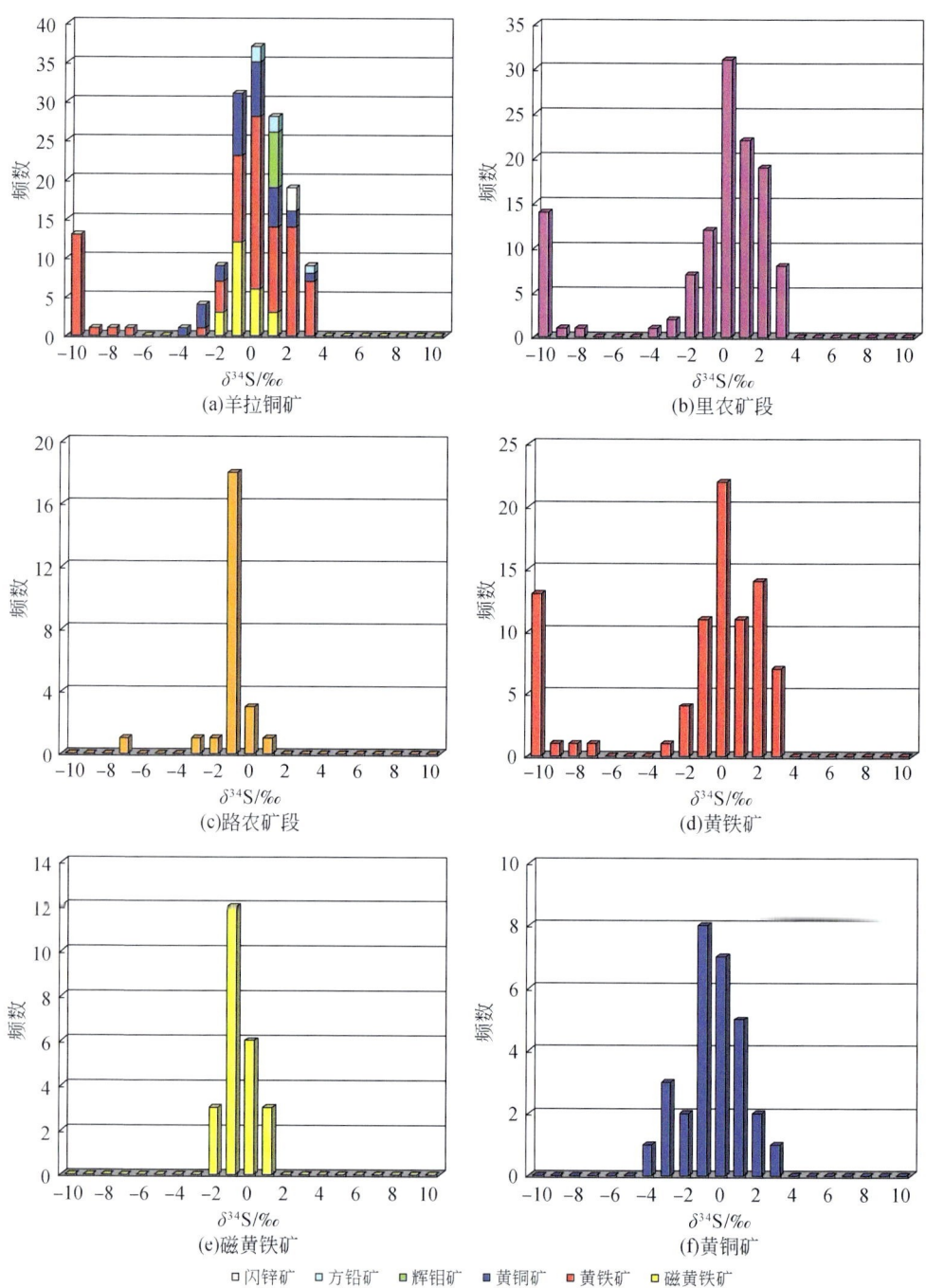

图 5.8 羊拉铜矿金属硫化物硫同位素组成直方图（原始资料据附表 24）

第五章 矿床地球化学 ・203・

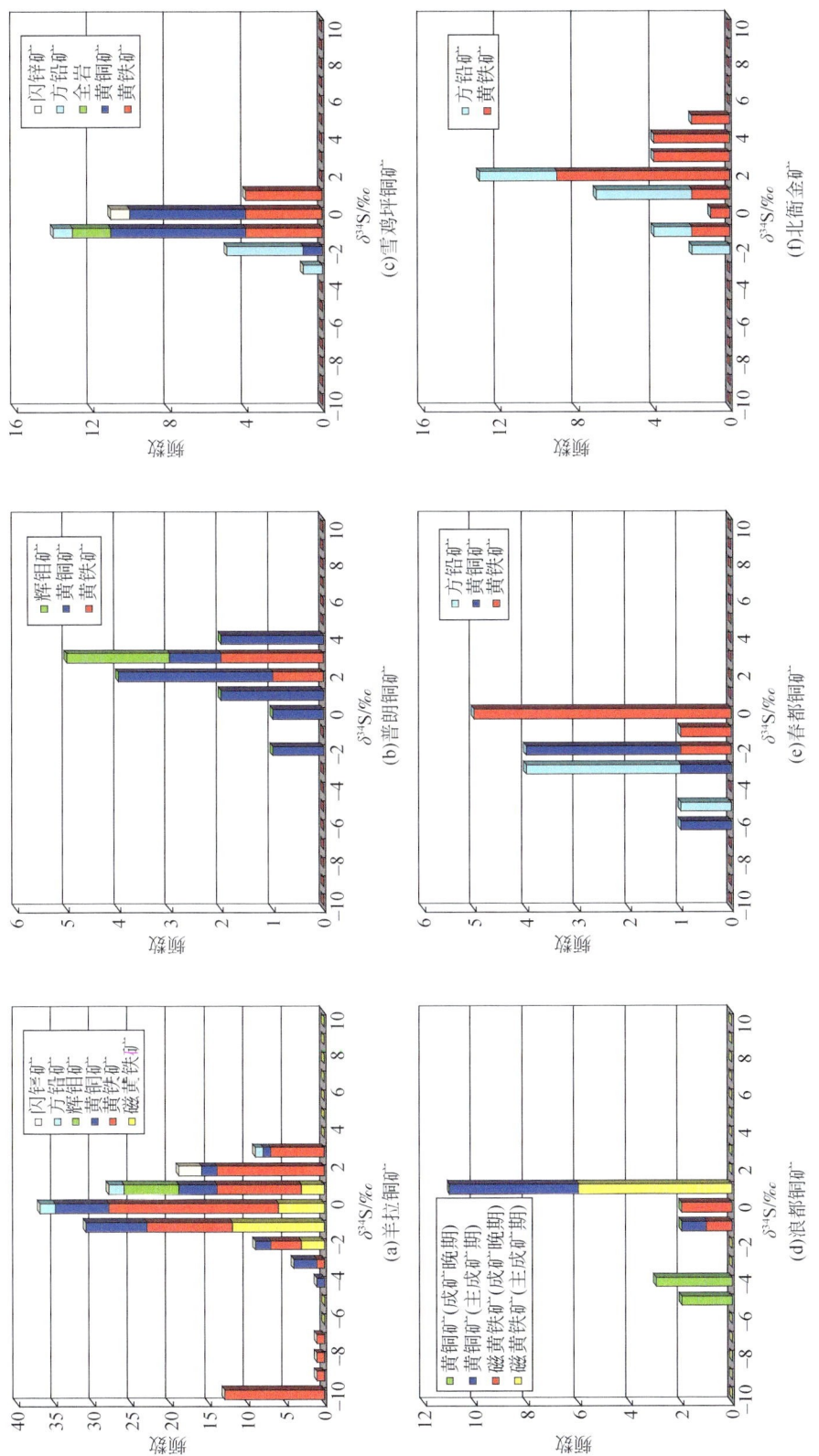

图5.9 羊拉铜矿床硫同位素组成直方图对比（羊拉铜矿床原始资料据附表24，其余矿床原始资料来源见附表25脚注）

1.55‰和-0.18‰，样品 YK017-3 中闪锌矿、磁黄铁矿和方铅矿的 $\delta^{34}S$ 分别为 1.7‰、0.74‰和0.31‰，与上述富集顺序一致。因此，本书认为羊拉矿床主成矿期成矿体系硫化物-H_2S 基本达到平衡状态，可利用两种常用方法确定成矿流体总硫同位素组成。

1) 含硫矿物共生组合估算 $\delta^{34}S_{\Sigma S}$

羊拉矿床原生矿体含硫矿物的共生组合主要为黄铁矿-磁黄铁矿-黄铜矿，少量闪锌矿、方铅矿和辉钼矿，仅在个别地段发现有石膏，镜下观察这些硫化物没有相互穿插关系，硫同位素组成不具明显差别（附表24，附表25），应为成矿流体同期结晶沉淀产物。Ohmoto 和 Rye（1979）指出，热液体系平衡状态下，上述硫化物组合其 $\delta^{34}S_{\Sigma S} \approx \delta^{34}S_{主要硫化物}$。因此，羊拉矿床主要矿化物黄铁矿、磁黄铁矿、黄铜矿的硫同位素组成可代表成矿流体总硫同位素组成，以此确定的成矿流体 $\delta^{34}S_{\Sigma S}$ 集中于-2‰~2‰。

2) 同位素对图解法估算 $\delta^{34}S_{\Sigma S}$

该方法由 Pinckney 和 Rafter（1972）提出，基本原理：成矿流体同位素平衡状态，矿物的硫同位素组成可看成是成矿流体温度与总硫同位素组成的函数，即：$1000\ln\alpha_{x-y} = A \times 10^6/T^2$，式中，$\alpha_{x-y}$ 为分馏系数，T 为绝对温度，A 和 B 均为可实验测试常数，对硫化物 B 一般为 0。可见，高温条件下，成矿流体中各种硫化物的 $\delta^{34}S$ 近似等于 $\delta^{34}S_{\Sigma S}$。如果有两个以上的矿物是从化学和同位素组成均一、有温度变化的成矿流体晶出时，样品在 $1000\ln\alpha_{x-y}$ 对 $\delta^{34}S_x$ 和 $\delta^{34}S_y$ 的相关图上应为直线，实际为近似直线，该直线在 $\delta^{34}S$ 轴上的截距即为成矿流体的 $\delta^{34}S_{\Sigma S}$。在羊拉铜矿硫同位素组成分析资料中，有 5 组矿物对符合图解法估算 $\delta^{34}S_{\Sigma S}$ 要求，图 5.10 为估算结果；其中黄铁矿-磁黄铁矿估算的 $\delta^{34}S_{\Sigma S}$ 为-1.47‰、黄铁矿-黄铜矿估算的 $\delta^{34}S_{\Sigma S}$ 为-0.40‰、黄铁矿-方铅矿估算的 $\delta^{34}S_{\Sigma S}$ 为 0.60‰、磁黄铁矿-黄铜矿估算的 $\delta^{34}S_{\Sigma S}$ 为-1.57‰、闪锌矿-方铅矿估算的 $\delta^{34}S_{\Sigma S}$ 为 2.31‰，均与羊拉铜矿共生矿物组合的 $\delta^{34}S_{\Sigma S}$ 相近，集中在-2‰~2‰。

2. 成矿流体中硫的来源

众多研究成果表明，热液矿床硫的来源可能有 4 种：第一种是来自地幔和深部地壳，这种硫同位素平均组成与陨石硫同位素组成接近，$\delta^{34}S$ 在 0 附近，且变化范围小、塔式效应明显；第二种来自海水硫酸盐，$\delta^{34}S$ 一般大于 15‰；第三种是还原（沉积）硫或生物成因硫，由于生物作用强弱和 SO_4^{2-}－H_2S 开放或封闭体系不同，$\delta^{34}S$ 变化范围较大，并常显示硫同位素非平衡效应；第四种是混染硫，$\delta^{34}S$ 介于第一种与第二种硫同位素之间。羊拉铜矿除亏损重硫黄铁矿外，硫同位素组成高度集中，塔式效应明显（图 5.8）；估算的 $\delta^{34}S_{\Sigma S}$ 集中在-2‰~2‰，具幔源硫特征，表明成矿流体中的硫来自地幔或深部地壳。前已述及，矿区花岗闪长岩为典型 I 型花岗岩，主要为深部地壳+上地幔部分熔融产物，因此，羊拉铜矿成矿流体中的硫主要由花岗闪长岩提供。羊拉铜矿与普朗铜矿、雪鸡坪铜矿、朗都铜矿、春都铜矿、鲁春铜矿和北衙金矿具有相近的硫同位素组成（附表25），前人研究结果也表明，这些矿床成矿流体中的硫也主要来源于矿区与矿化时空密切共生的岩浆岩。

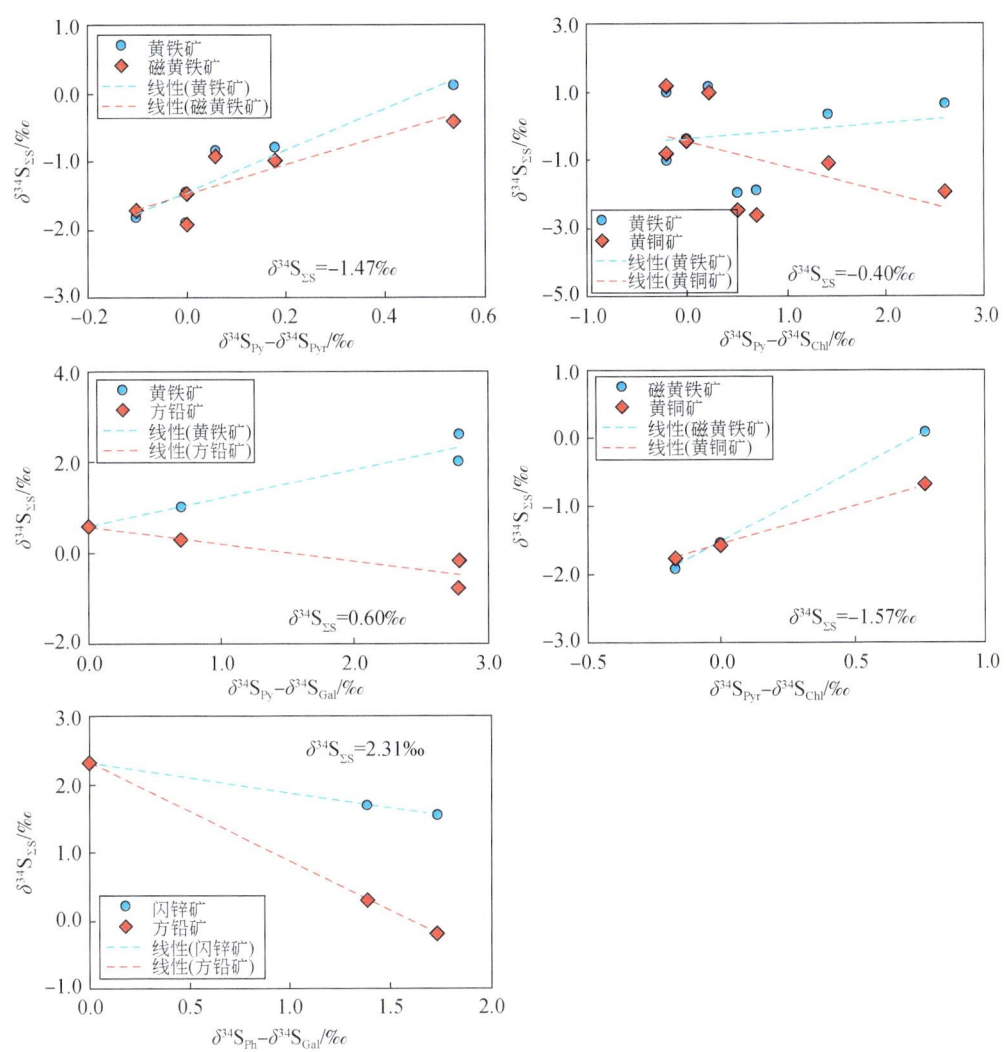

图 5.10 羊拉铜矿床硫化物矿物对估算 $\delta^{34}S_{\Sigma S}$（原始数据据表 5.1）

3. 成矿温度

在共生矿物组合中，硫同位素分馏与矿物形成温度密切相关。因此，共生矿物的硫同位素分馏可用来估算成矿温度，即硫同位素地质温度计。硫同位素分馏系数与成矿温度的关系可表述为：$1000\ln\alpha_{x-y}=A\times10^6/T^2+B$。公式应用主要条件：① 共生矿物对彼此间要达到同位素平衡；② 在合适的温度范围内，同位素平衡分馏系数必须有规律地随温度变化，分馏系数要足够大；③ 共生矿物对的分馏系数与温度的函数关系要在实验室进行系统的实验检验。

羊拉铜矿床主成矿期成矿体系硫化物-H_2S 基本达到平衡状态，但共生矿物对硫同位素分馏较小（附表 24），本书利用其中硫同位素分馏相对较大的矿物对计算了成矿温度。9 个硫化物硫同位素分馏系数计算的成矿温度变化较大，在 259～530℃ 之间（附表 27），平均394.6℃。样品YK007-1硫化物组合为黄铁矿-闪锌矿-方铅矿，硫同位素分馏相对明显，计算成矿温度为259~363℃，与矿区流体包裹体测温结果（集中在135~443℃）相近，反映计算结果可信度较高。7个硫化物硫同位素分馏系数计算的成矿温度大于300℃，表明羊拉铜矿成矿温度主要为高温，成矿晚期为中温。

4. 低 δ^{34}S 黄铁矿成因

羊拉铜矿床硫同位素组成中，绝大部分黄铁矿 δ^{34}S 集中在 -3.20‰~2.60‰，与其他硫化物硫同位素组成相近，但有17件样品明显亏损重硫，其 δ^{34}S 明显低于其他硫化物，且变化范围很宽，在 -40.40‰~-7.20‰（附表28），无塔式效应（图5.11），本书称为"低 δ^{34}S 黄铁矿"。这类黄铁矿除本次分析的样品外，李石磊等（1998）、杨喜安等（2012）和赵江南（2012）的分析数据中也有个别样品，除杨喜安等（2012）认为该类黄铁矿为成矿晚期产物外，其他学者均未对其成因及成矿指示意义进行深入探讨。

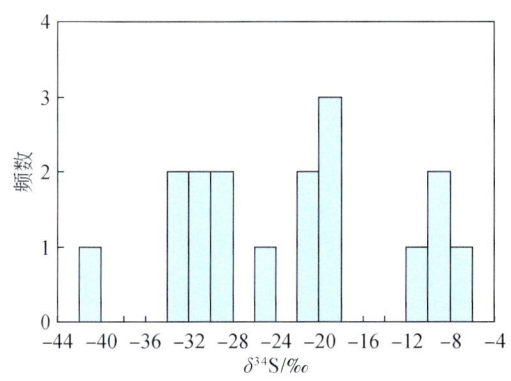

图 5.11　低 δ^{34}S 黄铁矿硫同位素组成直方图

1）分布、产状及形成世代

从附表28中可见，矿区低 δ^{34}S 黄铁矿主要分布在里农矿段，路农矿段也有1件样品。在里农矿段从3590中段到3075中段均有分布，3075中段分布相对更多。从矿体和矿石类型看，主要分布在里农矿段KT2矿体、夕卡岩型矿石中，其他矿体和矿石类型可能也有分布，只是采样局限，未获得相应数据。

由这类黄铁矿特征可知，其明显是产于石英-方解石-硫化物脉中，脉体主要沿矿体的节理、裂隙及层理分布，偶见穿切矿体，在赋矿围岩及断裂带中也有少量分布，延续性较好，脉宽多小于20cm。矿物成分主要由方解石和硫化物组成，硫化物主要为黄铁矿，偶见黄铜矿、闪锌矿、方铅矿和毒砂，主要呈集合体和条带状零星分布于石英、方解石中（图5.12）。从产状上看，赋存低 δ^{34}S 黄铁矿的石英-方解石-硫化物脉应为构造热液改造成矿期的产物，杨喜安等（2012）也将其视为成矿晚期产物，赵江南（2012）将其定为方解石脉状矿石。

前已述及，黄铁矿的形成贯穿了羊拉铜矿床的整个形成过程（表生作用除外），从成

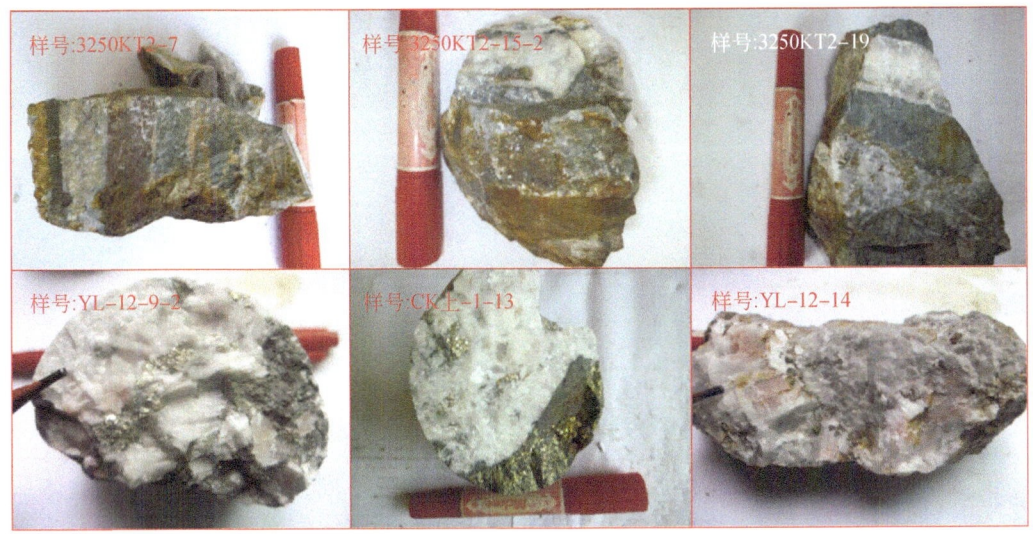

图 5.12 羊拉铜矿床低 $\delta^{34}S$ 黄铁矿手标本照片

矿过程早期到晚期均有生成，具有多个形成世代。低 $\delta^{34}S$ 黄铁矿多呈浅黄色–浅白色，晶形较好，主要为立方体和五角十二面体，粒径较大，一般大于 2mm，最大超过 10mm。这些特征明显区别于其他世代黄铁矿，应为矿区最晚期形成的黄铁矿。

2) 成因分析

前人未深入研究羊拉铜矿低 $\delta^{34}S$ 黄铁矿的成因，本书认为有 3 种机制可能形成亏损 ^{34}S 的黄铁矿：成矿期后热液活动、成矿流体演化和成矿晚期流体混合。

成矿期后热液活动：矿区碳酸盐岩地层广泛分布，构造活动强烈，地层中断层、节理发育，成矿期后各种流体（如大气降水、地层建造水、岩浆流体等）流经并淋滤碳酸盐岩地层，可形成方解石脉，矿区广泛分布的成矿期后方解石脉可能是这种热液活动的产物。如果热液活动过程中有 S、Fe 等元素加入，方解石脉中就可能出现黄铁矿；如果在相对还原条件下有有机质的参与，有可能形成低 $\delta^{34}S$ 黄铁矿。

这种机制形成的方解石脉与成矿作用无关，其中的 CO_2 由矿区碳酸盐岩地层提供，S、Fe 等元素部分可能来源于先成矿体的氧化淋滤。羊拉铜矿低 $\delta^{34}S$ 方解石脉的 C、O 同位素组成不支持这种观点，其 $\delta^{13}C_{PDB}$ 和 $\delta^{18}O_{SMOW}$ 分别为 -4.89‰ ~ -2.33‰ 和 14.5‰ ~ 19.4‰，明显不同于矿区碳酸盐岩及其中方解石脉的 C、O 同位素组成（$\delta^{13}C_{PDB}$：-0.3‰ ~ 4.8‰、$\delta^{18}O_{SMOW}$：10.1‰ ~ 23.9‰），而与成矿晚期方解石 C、O 同位素组成相近（$\delta^{13}C_{PDB}$：-2.3‰ ~ -4.5‰、$\delta^{18}O_{SMOW}$：10.7‰ ~ 19.4‰）。图 5.13 显示，虽然羊拉铜矿方解石–硫化物脉中的黄铁矿与其他产状黄铁矿存在明显差别，但方解石脉的 C、O 同位素组成即与成矿晚期方解石相互重叠。这些均表明，羊拉铜矿含低 $\delta^{34}S$ 黄铁矿的方解石脉与成矿作用密切相关，为成矿晚期产物，而不是成矿期后热液活动的结果。

成矿流体演化：热液含硫矿物的硫同位素组成不仅取决于源区硫同位素组成，而且受其形成时的体系封闭性质控制。在封闭体系条件下，含硫矿物沉淀导致热液溶解硫含量降

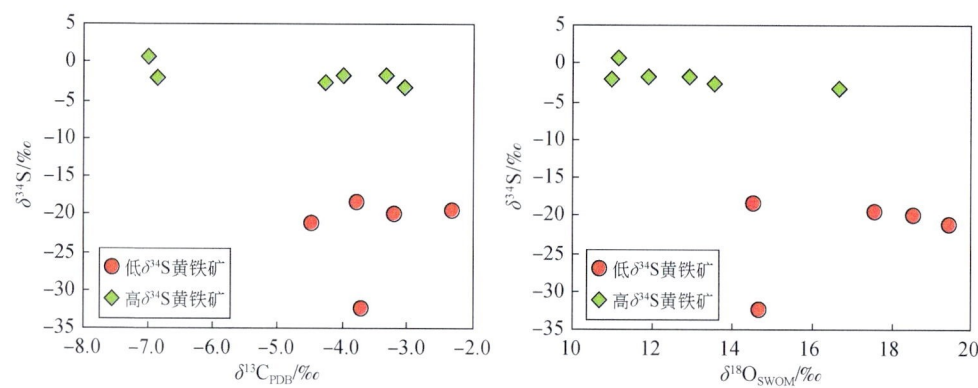

图 5.13 羊拉铜矿床含低 δ^{34}S 黄铁矿方解石脉 S 与 C、O 同位素相关图

低,只要沉淀矿物的硫同位素组成与体系总硫同位素组成不同,随着矿物的沉淀,体系残余部分的硫同位素组成将随之变化,导致随后沉淀矿物的硫同位素组成发生改变,改变的方向与热液的氧化还原状况有关,从而发生储库效应。

郑永飞(2001)应用瑞利蒸馏原理,建立硫酸盐和硫化物沉淀的储库效应理论模式,结果显示热液矿物的硫同位素组成不仅取决于保留在溶液中硫的质量分数,还取决于氧化硫相对于还原硫的比例。当硫酸盐矿物从以 SO_4^{2-} 为主并含有少量 H_2S 的热液中沉淀时,从早阶段到晚阶段,其 δ^{34}S 值可以从稍微大于初始溶液 δ^{34}S 值变化到显著低于初始溶液 δ^{34}S 值;相反,当硫化物矿物从以 H_2S 为主并含有少量 SO_4^{2-} 的热液中沉淀时,从早阶段到晚阶段,其 δ^{34}S 可以从近于初始溶液 δ^{34}S 值变化到显著大于初始溶液 δ^{34}S 值。

羊拉铜矿床原生矿石主要存在 7 种含硫矿物组合,即黄铜矿-黄铁矿-钙铁榴石-透辉石、黄铜矿-磁黄铁矿-黄铁矿-透辉石(或石英)、黄铜矿-黄铁矿-石英-方解石-铁白云石、黄铜矿-黄铁矿-绢云母-绿泥石-石英、黄铜矿-黄铁矿-方解石、黄铜矿-黄铁矿-黑云母-石英-斜长石和黄铜矿-黄铁矿-方铅矿-毒砂-石英-透辉石,表明成矿流体中的硫以 H_2S 为主,从早阶段到晚阶段,沉淀硫化物的 δ^{34}S 值应逐渐增加。因此羊拉矿区石英-方解石-硫化物脉中低 δ^{34}S 黄铁矿不可能是晚期成矿流体储库效应的产物。

成矿晚期流体混合:根据前文分析,矿区石英-方解石-硫化物脉为构造热液成矿期的产物,但成矿流体演化不可能形成沉淀本区低 δ^{34}S 黄铁矿的富 ^{32}S 流体。本书认为这种流体可能为成矿晚期流体与外来富 ^{32}S 流体的混合流体,外来富 ^{32}S 流体的形成可能与低温条件下生物还原硫酸盐有关。

自然条件下两个过程可引起明显的硫同位素分馏(张伟等,2007):一是硫酸盐无机还原为硫化物;二是生物作用引起的硫酸盐还原形成有机硫、硫化物和 H_2S。硫酸盐无机还原为硫化物的同位素动力学分馏效应比较明显,但这一过程需要较高的活化能,只有在 250℃ 以上才能由还原剂还原硫酸盐,因而有实际意义的反应多发生在 250℃ 以上的热液体系或地壳深部环境。该过程形成的硫化物富 ^{34}S,即 δ^{34}S 为明显正值。

生物还原硫酸盐是最重要的硫同位素动力学分馏过程。低温条件下,溶解态硫酸盐经厌氧细菌异化还原作用,使硫酸盐 SO_4^{2-} 还原形成有机硫、硫化物和 H_2S。由于还原过程中对重硫同位素的歧视效应,形成硫化物和 H_2S 的硫同位素将显著地亏损^{34}S。该过程硫同位素分馏程度取决于还原细菌的种类、还原反应速率及反应体系的封闭性(郑永飞和陈江峰,2000)。Rees 等(1973)采用稳态模型对此过程进行了数学处理,认为硫同位素总分馏在-46‰~3‰;Canfield 和 Task(1996)、Canfield 和 Thamdrup(1994)指出,这种生物参与的还原反应在较长时间内是不可逆的,随着生物硫循环过程反复进行,造成自然界中最大的硫同位素分馏。

第三节 碳、氧同位素

羊拉铜矿床各时代地层均有碳酸盐岩分布(表 3.1),其中大理岩是多种矿石类型的赋矿围岩,方解石和铁白云石为原生矿体主要脉石矿物,因而揭示成矿流体中 CO_2 的来源具有重要意义,该部分利用碳、氧同位素组成来探讨成矿流体中 CO_2 的来源。

一、样品及分析方法

前人已对羊拉铜矿床做过一些碳、氧同位素研究(潘家永等,2000a;路远发等,2002;杨喜安,2012;赵江南,2012;朱经经,2012),其中路远发等(2002)主要分析了矿区赋矿围岩的碳、氧同位素组成;朱经经(2012)分析样品相对系统,涉及赋矿围岩及多种矿石类型脉石矿物方解石;潘家永等(2000a)的分析样品较少,只有 2 件围岩和 2 件脉石矿物方解石;赵江南(2012)也只分析了 3 件脉石矿物方解石的碳、氧同位素组成;虽然杨喜安(2012)提供了 4 件脉石矿物方解石的碳、氧同位素组成,但数据差别很大,有 2 件可能是成矿期后热液方解石。本书重点分析了该区成矿晚期方解石-硫化物脉及少量赋矿围岩和脉石矿物方解石的碳、氧同位素组成,探讨成矿流体中 CO_2 的来源及成矿流体演化。

根据矿床矿物共生组合、相互穿插关系及含矿方解石脉产状,可将脉石矿物方解石分为成矿早期和成矿晚期 2 种:成矿早期方解石呈乳白色透明状,与铁白云石、石英及金属硫化物黄铁矿、磁黄铁矿、黄铜矿等共生,其中金属矿化物主要为他形-半自形细粒集合体,共生的方解石、铁白云石和石英通常呈脉状和团块状充填在夕卡岩矿物和金属硫化物集合体空隙之中[图 5.14(a)、(b)];成矿晚期方解石呈乳白色-浅灰色透明-半透明状,主要呈脉状产出,脉中金属硫化物主要为自形-半自形粗粒集合体零星分布,以黄铁矿为主,少量黄铜矿、方铅矿和闪锌矿[图 5.12,图 5.14(c)、(d)]。

实验测试过程:首先将样品粉碎到 40~80 目,在双日镜下挑选与矿石矿物(黄铁矿、闪锌矿和方铅矿)共生的脉石矿物方解石,纯度达 99%以上。碳、氧同位素组成由中国地质科学院地质研究所分析,分析方法采用 100%磷酸法,质谱仪型号为 MAT 251 EM,分析精密度为±0.2‰。$\delta^{13}C$ 以 PDB(美国卡罗来纳州白垩系皮狄组中美洲拟箭石化石:Pee Dee Belemnite)为标准,$\delta^{18}O$ 以 SMOW(标准平均海洋水:Standard Mean Ocean Water)为标准,PDB 标准与 SMOW 标准之间的换算关系:$\delta^{18}O_{SMOW} = 1.03091 \times \delta^{18}O_{PDB} + 30.91$(Coplen et al.,1983)。

图 5.14 羊拉铜矿床脉石矿物方解石产状
(a) 成矿早期脉状方解石；(b) 成矿早期团块状方解石；(c) 成矿晚期方解石-硫化物脉；
(d) 成矿晚期方解石-硫化物脉中的硫化物集合体

二、分析结果

附表 29 为羊拉铜矿床碳、氧同位素组成分析结果，表中同时收集了前人的碳、氧同位素组成分析数据（潘家永等，2000a；路远发等，2002；赵江南，2012；朱经经，2012），由于杨喜安（2012）分析的数据差别很大、加之采样位置不详，故未列出。附表 30 为羊拉铜矿床和类比矿床的碳、氧同位素组成统计结果，由于矿床不同矿石类型碳、氧同位素组成差别很小，统计过程中未按矿石类型加以区分，仅根据矿物共生组合、相互穿插关系及含矿方解石脉产状，统计过程中按成矿早期和成矿晚期方解石区分。

（1）原生矿体成矿早期方解石碳、氧同位素组成相对均一，9 件的 $\delta^{13}C_{PDB}$ 在 -7.0‰ ~ -5.0‰ 之间，均值 -6.0‰，极差 2.0‰；除样品 093075-1 的 $\delta^{18}O_{SMOW}$ 为 18.0‰ 外，其余 8 件样品的 $\delta^{18}O_{SMOW}$ 在 7.2‰ ~ 12.7‰ 之间，均值 10.2‰，极差 5.5‰。成矿晚期方解石的碳、氧同位素组成均相对高于成矿早期，其中碳同位素组成相对稳定，21 件样品的 $\delta^{13}C_{PDB}$ 在 -4.5‰ ~ -2.3‰ 之间，均值 -3.4‰，极差 2.02‰；氧同位素组成变化范围较宽，21 件样品的 $\delta^{18}O_{SMOW}$ 在 10.7‰ ~ 19.4‰ 之间，均值 15.8‰，极差 8.7‰。在羊拉铜矿床 $\delta^{13}C_{PDB}$-$\delta^{18}O_{SMOW}$ 图上（图 5.15），成矿早期方解石部分样品位于火成碳酸岩（和地幔包体）区域，部分样品氧同位素组成较高，偏离火成碳酸岩区域，总体有以火成碳酸岩为起点，碳、氧同位素组成逐渐增加的变化趋势 [图 5.15（b）]；成矿晚期方解石位于火成碳酸岩与海相碳酸盐岩之间，从成矿早期到成矿晚期，方解石的碳、氧同位素组成逐渐增加，相比之下，氧同位素组成增加更快 [图 5.15（b）]。

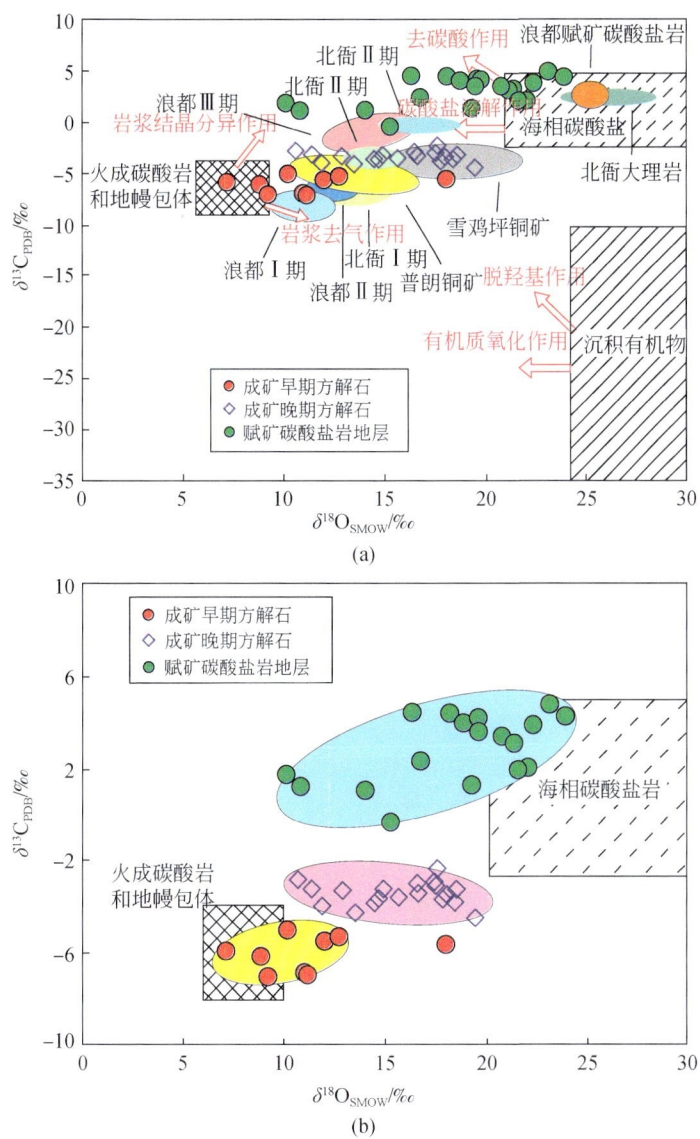

图 5.15 羊拉铜矿床 $\delta^{13}C_{PDB}$-$\delta^{18}O_{SMOW}$ 图

底图据 Demény 等（1998）；羊拉铜矿床原始数据据附表 29；其他矿床原始数据来源于附表 30 脚注；
(b) 为 (a) 放大图，仅示出羊拉铜矿床样品

(2) 矿区脉石矿物方解石的碳、氧同位素组成不同于赋矿碳酸盐岩（大理岩），后者的碳同位素组成明显高于前者，且变化范围较宽，20 件样品的 $\delta^{13}C_{PDB}$ 在 -0.3‰～4.8‰ 之间，均值 2.9‰，极差 5.2‰；氧同位素组成变化范围很宽，其低值区与前者重叠，高值区明显高于前者，20 件样品的 $\delta^{18}O_{SMOW}$ 在 10.1‰～23.9‰ 之间，均值 18.7‰，极差 12.8‰。在 $\delta^{13}C_{PDB}$-$\delta^{18}O_{SMOW}$ 图（图 5.15）上，样品位于与海相碳酸盐岩交界的较大区域，总体有以海相碳酸盐岩为起点，碳、氧同位素组成逐渐减少的变化趋势［图 5.15 (b)］。

(3) 与"三江"成矿带代表性铜矿相比（附表 30），羊拉铜矿床的碳、氧同位素组

成与北衙金矿基本一致，后者成矿早期方解石的 $\delta^{13}C_{PDB}$ 和 $\delta^{18}O_{SMOW}$ 分别为 -8.1‰ ~ -5.1‰（均值-5.9‰）和 11.6‰ ~ 15.2‰（均值13.9‰），成矿晚期方解石的 $\delta^{13}C_{PDB}$ 和 $\delta^{18}O_{SMOW}$ 分别为-4.8‰ ~ -2.9‰（均值-3.8‰）和 13.0‰ ~ 15.9‰（均值14.1‰），均与前者无明显差别。其他矿床的碳、氧同位素组成与羊拉铜矿床略有差别，如王守旭（2007）分析的普朗铜矿床未按成矿阶段区分脉石矿物方解石，其 $\delta^{13}C_{PDB}$、$\delta^{18}O_{SMOW}$ 变化相对较小。在图 5.15（a）中位于羊拉铜矿床成矿早期和成矿晚期方解石之间；雪鸡坪铜矿床 $\delta^{13}C_{PDB}$ 和 $\delta^{18}O_{SMOW}$ 均相对较高，在图 5.15（a）中主要位于羊拉铜矿床成矿晚期方解石区域；浪都铜矿床 $\delta^{13}C_{PDB}$ 和 $\delta^{18}O_{SMOW}$ 相对较低，但变化范围较小，在图 5.15（a）中其成矿晚期方解石位于羊拉铜矿床成矿早期方解石区域。

（4）除雪鸡坪铜矿床外，包括羊拉铜矿床在内的其他矿床的碳、氧同位素组成具有如下共同特征：一是成矿早期方解石的碳、氧同位素组成与火成碳酸岩相近 [图 5.15（a）]，二是成矿晚期方解石的碳、氧同位素组成均位于火成碳酸岩与海相碳酸盐岩之间 [图 5.15（a）]，三是从成矿早期到成矿晚期，方解石的碳、氧同位素组成逐渐增加（图 5.16）。

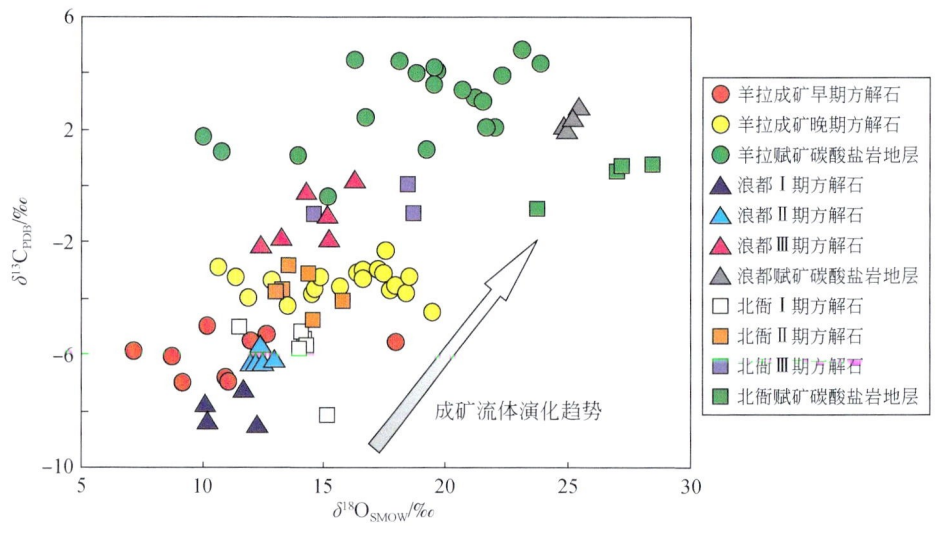

图 5.16　羊拉、浪都和北衙矿床 $\delta^{13}C_{PDB}$-$\delta^{18}O_{SMOW}$ 图

羊拉铜矿床原始数据据附表29；其他矿床原始数据来源于附表30脚注；普朗铜矿床未按成矿阶段区分脉石矿物方解石而未示出

三、讨论

1. 成矿流体来源

成矿流体中 CO_2 主要有 3 种来源，即地幔或岩浆、海相碳酸盐岩和沉积有机物（沈渭洲等，1997），3 种来源的 CO_2 的碳、氧同位素组成具有明显差别 [图 5.15（a）]，因而

碳、氧同位素组成是示踪成矿流体中CO_2来源的有效方法之一。然而，国内外许多矿床的碳、氧同位素组成在图5.15（a）中并不位于典型的火成碳酸岩和地幔包体、海相碳酸盐岩、沉积有机物区域内，即使是世界上非常典型的幔源碳酸岩（carbonatite）的$\delta^{13}C_{PDB}$和$\delta^{18}O_{SMOW}$也常常超出Taylor等（1967）确定的原生碳酸岩范围（$\delta^{13}C_{PDB}$：-8‰~-4‰，$\delta^{18}O_{SMOW}$：6‰~10‰）（Reid and Cooper，1992；Pearce and Leng，1996；Horstmann and Verwoerd，1997；Demény et al.，1998；Andrade et al.，1999；Ray and Ramesh，1999）。前人常用岩浆去气作用、岩浆高温结晶作用、碳酸盐岩混染作用、碳酸盐岩溶解作用、有机质氧化作用和有机质脱羟基作用等来解释成矿流体碳、氧同位素组成，同位素分馏为各种解释提供了有利的理论支撑。

羊拉铜矿床脉石矿物方解石的碳、氧同位素组成明显不同于沉积有机物[图5.15（a）]，加之成矿早期为中-高温流体，排除沉积有机物为成矿早期提供CO_2的可能性，至于成矿晚期是否有含有机质的流体参与，后文将专门讨论。矿区赋矿碳酸盐地层岩性为经历了不同程度蚀变和变质作用从而形成大理岩，其碳、氧同位素组成变化范围很宽（$\delta^{13}C_{PDB}$：-0.3‰~4.8‰，$\delta^{18}O_{SMOW}$：10.1‰~23.9‰），与脉石矿物方解石的碳、氧同位素组成也有较明显的差别（附表29、附表30），但其氧同位素低值区与脉石矿物方解石重叠，在羊拉铜矿床$\delta^{13}C_{PDB}$-$\delta^{18}O_{SMOW}$图上（图5.15），从成矿早期方解石→成矿晚期方解石→赋矿碳酸盐岩地层，样品呈正相关分布。因此，矿区碳酸盐岩地层可能为成矿流体，尤其是成矿晚期的成矿流体，提供了部分CO_2。

值得一提的是，矿区赋矿大理岩碳、氧同位素组成变化范围很宽，还可能与碳酸盐岩原岩不同程度蚀变和变质作用有关。Ray等（2003）和蒋少涌等（2011）的研究成果均表明，碳酸盐岩沉积之后的成岩、变质和热液蚀变过程均可能发生同位素分馏，导致碳、氧同位素组成降低，氧同位素分馏更明显，$\delta^{18}O_{SMOW}$下降幅度更大；在羊拉铜矿床$\delta^{13}C_{PDB}$-$\delta^{18}O_{SMOW}$图（图5.15）上，本区蚀变作用相对较弱的大理岩位于海相碳酸盐岩区域（Veizer and Hoefs，1976；郑永飞和陈江峰，2000），随蚀变作用加强，碳、氧同位素组成逐渐减少[图5.15（b）]；任涛（2011）在研究浪都铜矿床过程中也发现，新鲜灰岩的$\delta^{13}C_{PDB}$和$\delta^{18}O_{SMOW}$相对高于大理岩，表明碳酸盐岩变质过程发生了碳、氧同位素分馏，随变质程度增强，$\delta^{13}C_{PDB}$和$\delta^{18}O_{SMOW}$逐渐减小；路远发等（2002）和朱经经（2012）分析的样品中，各有1件样品（样号L155和B043）出现氧同位素异常，$\delta^{18}O_{SMOW}$明显低于其他样品，分别为10.16‰和10.80‰；任涛（2011）分析的浪都铜矿床赋矿围岩的样品中，也有$\delta^{18}O_{SMOW}$异常低的样品；Banner和Hanson（1990）及蒋少涌等（2011）认为这种较低的碳、氧同位素组成可能是较高流体/岩石比（W/R）条件下的水岩反应的结果。

羊拉铜矿床成矿早期方解石碳、氧同位素组成相对稳定，$\delta^{13}C_{PDB}$和$\delta^{18}O_{SMOW}$分别为-7.0‰~-5.0‰和7.2‰~12.7‰（样品093075-1的$\delta^{18}O_{SMOW}$为18.0‰外），均值分别为-6.0‰和10.2‰，在羊拉铜矿床$\delta^{13}C_{PDB}$-$\delta^{18}O_{SMOW}$图（图5.15）上，位于火成碳酸岩区域附近。假设流体中碳主要以CO_2形式存在，利用Chacko等（1991）的方解石-水同位素分馏平衡计算方程：$1000\ln\alpha_{方解石-二氧化碳} = -0.388\times10^9/T^3 + 5.538\times10^6/T^2 - 11.346\times10^3/T + 2.962$，取成矿早期流体包裹体均一温度峰值300℃（杨喜安等，2012；赵江南，2012；朱

经经，2012），计算出成矿早期流体的 $\delta^{13}C_{PDB}$ 集中在 $-5.0‰ \sim -3.3‰$ 之间，均值 $-4.1‰$；利用 O'Neil 等（1969）的方解石-水同位素分馏平衡计算方程：$1000\ln\alpha_{方解石-水} = 2.78 \times 10^6/T^2 - 3.39$，计算出成矿早期流体的 $\delta^{18}O_{SMOW}$ 集中在 $5.1‰ \sim 7.6‰$ 之间，均值 $6.3‰$。

矿区成矿晚期方解石的碳同位素组成也相对稳定，$\delta^{13}C_{PDB}$ 在 $-4.5‰ \sim -2.3‰$ 之间，均值 $-3.4‰$，氧同位素组成变化范围较宽，$\delta^{18}O_{SMOW}$ 为 $10.7‰ \sim 19.4‰$，均值 $15.8‰$，在羊拉铜矿床 $\delta^{13}C_{PDB}-\delta^{18}O_{SMOW}$ 图（图 5.15）上，位于火成碳酸岩与海相碳酸盐岩之间。从成矿早期到成矿晚期，方解石的 $\delta^{13}C_{PDB}$ 和 $\delta^{18}O_{SMOW}$ 总体有递增趋势。取成矿晚期流体包裹体均一温度峰值 150℃（杨喜安等，2012；赵江南，2012；朱经经，2012），计算出成矿晚期流体 $\delta^{13}C_{PDB}$ 集中在 $-6.4‰ \sim -4.3‰$ 之间，均值 $-5.4‰$，$\delta^{18}O_{SMOW}$ 集中在 $5.4‰ \sim 7.3‰$ 之间，均值 $5.9‰$。可见，本区成矿早期和成矿晚期流体的碳、氧同位素组成相近，总体在 Taylor 等（1967）确定的原生碳酸岩范围（$\delta^{13}C_{PDB}$：$-8‰ \sim -4‰$，$\delta^{18}O_{SMOW}$：$6‰ \sim 10‰$），也与前人确定的岩浆水 $\delta^{13}C_{PDB}$（$-9‰ \sim -3‰$）和 $\delta^{18}O_{SMOW}$（$5.5‰ \sim 8.5‰$）基本一致（Ohmoto，1986；Zheng and Hoefs，1993）。因此，本区成矿流体具有幔源或岩浆来源特征。羊拉铜矿床碳、氧同位素组成总体与用于对比的矿床相近，前人对这些矿床的碳、氧同位素组成研究，也得出成矿流体为幔源或岩浆来源。普朗铜矿床据王守旭（2008）；雪鸡坪铜矿床据冷成彪（2009）；浪都铜矿床据任涛（2011）；北衙金矿床据刘秉光等（1999）、吴开兴（2005）、徐受民（2007）和肖晓牛等（2011）。

2. 方解石的沉淀

羊拉铜矿床从成矿早期到成矿晚期，方解石的碳、氧同位素组成逐渐增加，同期方解石在 $\delta^{13}C_{PDB}-\delta^{18}O_{SMOW}$ 图上总体呈正相关分布（图 5.16）。对此多认为可能由以下原因所致（Zheng，1990；Zheng and Hoefs，1993）：CO_2 去气作用；流体混合作用；水-岩相互作用。

1）CO_2 去气作用

Ⅰ. 变质去气作用

在热液与围岩碳酸盐岩发生接触交代作用的过程中，可以释放出 CO_2，这种由脱碳作用生成的 CO_2 相对于碳酸盐岩来说富集 $\delta^{13}C_{PDB}$ 和 $\delta^{18}O_{SMOW}$（蒋少涌等，1991），从而使残留碳酸盐岩不同程度地亏损 $\delta^{13}C_{PDB}$ 和 $\delta^{18}O_{SMOW}$。根据羊拉铜矿床赋矿围岩碳、氧同位素组成分析结果，假定初始碳酸盐岩的 $\delta^{13}C_{PDB}$ 和 $\delta^{18}O_{SMOW}$ 分别为 $1‰$ 和 $20‰$，去气 CO_2 相对于体系的碳摩尔分数是氧摩尔分数的 2/3，则去气后残留碳酸盐岩的碳、氧同位素组成可用下式表示：

$$\delta^{13}C_{方解石}^f = \delta^{13}C_{方解石}^i - F \times 10^3 \ln\alpha_{方解石}^{CO_2} \quad (5.1)$$

$$\delta^{18}O_{方解石}^f = \delta^{18}O_{方解石}^i - (2/3) \times F \times 10^3 \ln\alpha_{方解石}^{H_2O} \quad (5.2)$$

式中，上标 i 和 f 分别代表初始和最后；F 为去气 CO_2 相对于体系的碳摩尔分数；$10^3\ln\alpha_{方解石}^{CO_2}$ 为方解石与 CO_2 之间的碳同位素分馏系数；$10^3\ln\alpha_{方解石}^{H_2O}$ 为方解石与 H_2O 之间的氧同位素分馏系数。

分别取不同温度下的分馏系数进行去气模拟计算，结果显示（表 5.2），在大于

100℃、F从0.1到1.0条件下，$\delta^{13}C^f_{方解石}$与矿区矿脉石矿物方解石相差甚远；只有在小于100℃、F大于0.8条件下，$\delta^{13}C^f_{方解石}$与矿区成矿晚期方解石相近，但相应的$\delta^{18}O^f_{方解石}$明显低于矿区成矿晚期方解石，加之矿床成矿温度为中-高温。因此，围岩变质去气作用不可能形成矿区成矿早期和成矿晚期方解石的碳、氧同位素组成。

表5.2 变质去气作用碳、氧同位素组成计算结果 （单位:‰）

F	400℃		350℃		300℃		250℃		200℃		150℃		100℃	
	$\delta^{13}C$	$\delta^{18}O$	$\delta^{13}C$	$\delta^{18}O$	$\delta^{13}C$	$\delta^{18}O$	$\delta^{13}C$	$\delta^{18}O$	$\delta^{13}C$	$\delta^{18}O$	$\delta^{13}C$	$\delta^{18}O$	$\delta^{13}C$	$\delta^{18}O$
0.1	1.27	19.82	1.24	19.75	1.20	19.66	1.13	19.55	1.02	19.40	0.85	19.19	0.60	18.89
0.2	1.53	19.63	1.49	19.50	1.40	19.32	1.26	19.10	1.04	18.80	0.70	18.38	0.19	17.79
0.4	2.07	19.27	1.98	18.99	1.80	18.65	1.52	18.19	1.08	17.59	0.40	16.76	−0.62	15.58
0.6	2.60	18.90	2.46	18.49	2.21	17.97	1.79	17.29	1.12	16.39	0.10	15.14	−1.42	13.37
0.8	3.14	18.53	2.95	17.99	2.61	17.30	2.05	16.39	1.16	15.18	−0.20	13.53	−2.23	11.16
1.0	3.67	18.17	3.44	17.49	3.01	16.62	2.31	15.49	1.20	13.98	−0.50	11.91	−3.04	8.95

注：计算方法见正文，方解石-CO_2碳同位素分馏方程据Ohmoto等（1979）；方解石-H_2O氧同位素分馏方程据O'Neil等（1969）。

II. 热液去气作用

热液沸腾作用能够改变含矿流体的物理化学条件，从而引起矿物沉淀。已知热液流体中方解石的溶解度随温度的降低而增大，随压力减小而减小（Barnes，1979；郑永飞和陈江峰，2000），因此在封闭体系中单纯的冷却不能使方解石从热液流体中沉淀，而CO_2去气则是方解石沉淀的有效途径。郑永飞（2001）推导了热液CO_2去气作用沉淀方解石的碳、氧同位素组成计算方程。

H_2CO_3为主要的溶解碳种类，批式模式：

$$\delta^{13}C^f_{方解石} = \delta^{13}C^i_{流体} + (1-2\chi^C_{CO_2}) \times 10^3 \ln\alpha^{CO_2}_{方解石} \qquad (5.3a)$$

$$\delta^{18}O^f_{方解石} = \delta^{18}O^i_{流体} + (1-2\chi^O_{CO_2}) \times 10^3 \ln\alpha^{H_2O}_{方解石} - \chi^O_{CO_2} \times 10^3 \ln\alpha^{H_2O}_{CO_2} \qquad (5.3b)$$

式中，$\chi^C_{CO_2}$、$\chi^O_{CO_2}$分别为去气CO_2中碳和氧的摩尔分数；$10^3\ln\alpha^{H_2O}_{CO_2}$为$H_2O$和$CO_2$之间的氧同位素分馏系数。

H_2CO_3为主要的溶解碳种类，瑞利模式：

$$\delta^{13}C^f_{方解石} = \delta^{13}C^i_{流体} + [1+\ln(1-2\chi^C_{CO_2})] \times 10^3 \ln\alpha^{CO_2}_{方解石} \qquad (5.4a)$$

$$\delta^{18}O^f_{方解石} = \delta^{18}O^i_{流体} + [1+\ln(1-2\chi^O_{CO_2})] \times 10^3 \ln\alpha^{CO_2}_{方解石} + \ln(1-\chi^O_{CO_2}) \times 10^3 \ln\alpha^{H_2O}_{CO_2} \qquad (5.4b)$$

HCO_3^-为主要的溶解碳种类，批式模式：

$$\delta^{13}C^f_{方解石} = \delta^{13}C^i_{流体} + (1-2\chi^C_{CO_2}) \times 10^3 \ln\alpha^{[HCO_3]^-}_{方解石} - \chi^C_{CO_2} \times 10^3 \ln\alpha^{[HCO_3]^-}_{CO_2} \qquad (5.5a)$$

$$\delta^{18}O^f_{方解石} = \delta^{18}O^i_{流体} + (1-2\chi^O_{CO_2}) \times 10^3 \ln\alpha^{H_2O}_{方解石} - \chi^O_{CO_2} \times 10^3 \ln\alpha^{H_2O}_{CO_2} \qquad (5.5b)$$

HCO_3^-为主要的溶解碳种类，瑞利模式：

$$\delta^{13}C^f_{方解石} = \delta^{13}C^i_{流体} + \ln(1-\chi^C_{CO_2}) \times 10^3 \ln\alpha^{[HCO_3]^-}_{CO_2} + [1+\ln(1-2\chi^C_{CO_2})] \times 10^3 \ln\alpha^{[HCO_3]^-}_{方解石} \qquad (5.6a)$$

$$\delta^{18}O^f_{方解石} = \delta^{18}O^i_{流体} + \ln(1-\chi^O_{CO_2}) \times 10^3 \ln\alpha^{H_2O}_{CO_2} + [1+\ln(1-2\chi^O_{CO_2})] \times 10^3 \ln\alpha^{H_2O}_{方解石} \qquad (5.6b)$$

据前所述，取成矿流体的初始$\delta^{13}C_{PDB}$为−4‰，$\delta^{18}O_{SMOW}$为6‰，假设含碳组分（CO_2+HCO_3^-）在流体中占10%（质量比，下同），H_2O占90%。应用方解石、CO_2与HCO_3^-之间

的碳同位素分馏系数（Ohmoto and Rye，1979）以及方解石-H_2O体系（O'Neil et al.，1969）和CO_2-H_2O体系（Truesdell，1974）的氧同位素分馏系数，取去气CO_2占热液全碳和全氧的不同摩尔分数，由上面列出的方程可计算热液方解石碳、氧同位素组成随温度的变化关系（图5.17）。

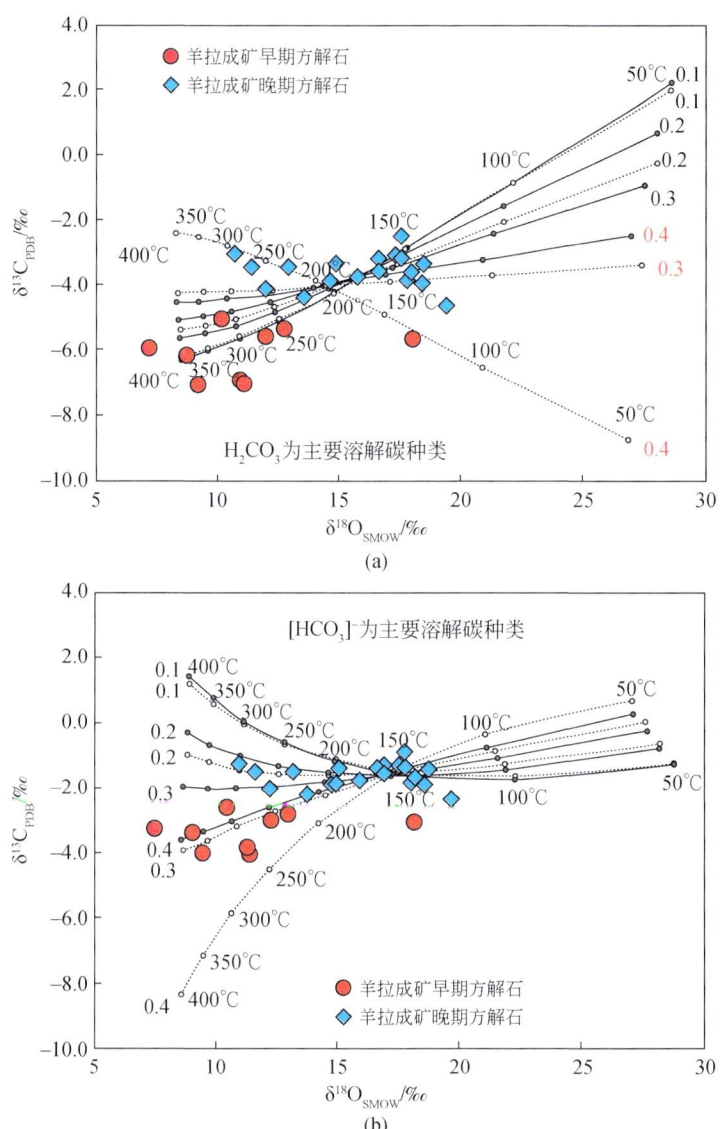

图5.17 热液CO_2去气作用沉淀方解石碳氧同位素组成模拟计算结果

计算过程见正文。图中实线为批式模式，虚线为瑞利模式，旁边的数字代表去气CO_2所占的碳摩尔分数；初始热液为早期成矿流体，$\delta^{13}C_{PDB}$和$\delta^{18}O_{SMOW}$分别为-4‰和6‰

可见，在以H_2CO_3为主要溶解碳种类的体系中，矿区较多成矿早期和成矿晚期方解石位于热液发生0.1摩尔分数CO_2批式和瑞利模式去气沉淀的方解石模拟线附近，少量样品分散分布；在以HCO_3^-为主要的溶解碳种类的体系中，矿区较多成矿早期和成矿晚期方解石位于热液发生 0.2~0.4 摩尔分数 CO_2 批式模式和 0.2~0.3 摩尔分数 CO_2 瑞利模式去气沉淀的方解石模拟线之间,少数样品分布也较分散。因此,模拟计算表明本区成矿流体 CO_2 去气作用可能是方解石沉淀的重要因素之一。

2) 流体混合作用

流体混合作用是热液矿石和(或)脉石矿物沉淀的有效机制(郑永飞,2001)。如果该矿床碳、氧同位素组成出现的正相关关系为流体混合作用所致,则需至少存在碳、氧同位素组成和温度明显不同的两种流体。如果在流体混合过程中沉淀出一组同成因的方解石,那么在计算方解石同位素组成时必须考虑温度变量,因为方解石与流体之间存在同位素分馏。假定流体 A 以 HCO_3^- 为主且温度较低,而流体 B 以 H_2CO_3 为主且温度较高,郑永飞(2001)推导计算沉淀方解石碳、氧同位素组成的方程如下:

$$\delta^{13}C_{方解石} = [\chi_A(\delta^{13}C_A + 10^3\ln\alpha_{方解石}^{[HCO_3]^-}) + \rho(1-\chi_A)(\delta^{13}C_B + 10^3\ln\alpha_{方解石}^{CO_2})]/(\rho+\chi_A-\rho\chi_A) \quad (5.7)$$

$$\delta^{18}O_{方解石} = \delta^{18}O_B + 10^3\ln\alpha_{方解石}^{H_2O} + \chi_A(\delta^{18}O_A - \delta^{18}O_B) \quad (5.8)$$

式中,χ_A、χ_B 分别代表混合流体中流体 A 和流体 B 的摩尔分数;$\delta^{13}C_A$ 和 $\delta^{13}C_B$ 分别为流体 A 和流体 B 的碳同位素组成;$\delta^{18}O_A$ 和 $\delta^{18}O_B$ 分别为流体 A 和流体 B 的氧同位素组成;$10^3\ln\alpha_y^x$ 为组分 x 和 y 之间的同位素平衡分馏系数;ρ 为流体 A 与流体 B 之间全部溶解碳的浓度比。

利用 O'Neil 等(1969)、Truesdell(1974)和 Ohmoto 等(1979)提供的碳、氧同位素分馏方程,分别计算了海水($\delta^{13}C_{PDB}$:0;$\delta^{18}O_{SMOW}$:0;T:50℃;郑永飞,2001)、大气降水($\delta^{13}C_{PDB}$:0;$\delta^{18}O_{SMOW}$:-10‰;T:50℃;郑永飞和陈江峰,2000)与矿区成矿早期流体($\delta^{13}C_{PDB}$:-4‰;$\delta^{18}O_{SMOW}$:6‰;T:350℃;本次工作确定)和成矿晚期流体($\delta^{13}C_{PDB}$:-5‰;$\delta^{18}O_{SMOW}$:6‰;T:150℃;本次工作确定)混合作用沉淀方解石的碳、氧同位素组成(图5.18)。

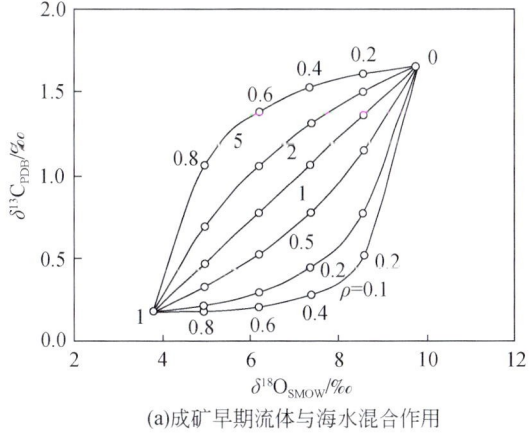 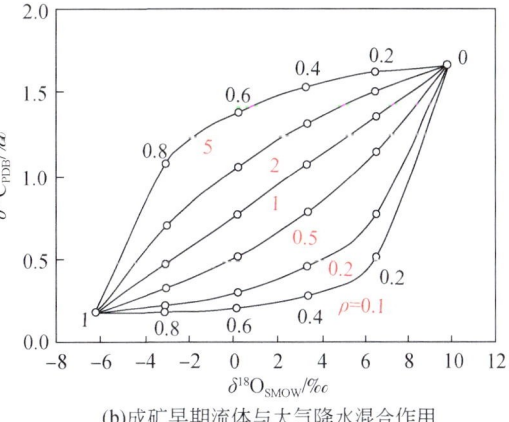

(a) 成矿早期流体与海水混合作用　　(b) 成矿早期流体与大气降水混合作用

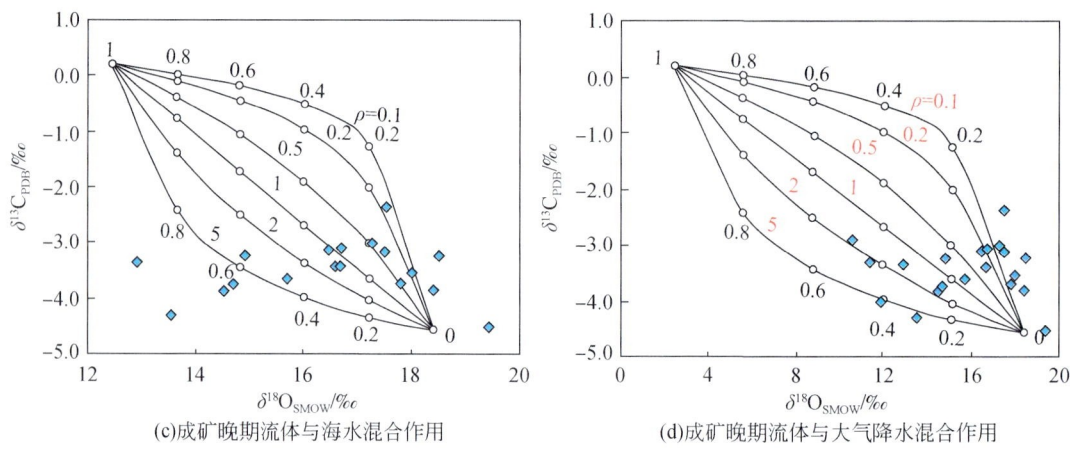

(c) 成矿晚期流体与海水混合作用 (d) 成矿晚期流体与大气降水混合作用

图 5.18 流体混合作用沉淀方解石碳氧同位素组成模拟计算结果

计算过程见正文。圆点旁数字为混合比例，ρ 代表流体 A 与流体 B 之间全部溶解碳的浓度比。(a) 矿区成矿早期流体（$\delta^{13}C_{PDB}$：-4‰；$\delta^{18}O_{SMOW}$：6‰；T：350℃；本次工作确定）与海水（$\delta^{13}C_{PDB}$：0；$\delta^{18}O_{SMOW}$：0；T：50℃；郑永飞，2001）混合作用；(b) 矿区成矿早期流体（$\delta^{13}C_{PDB}$：-4‰；$\delta^{18}O_{SMOW}$：6‰；T：350℃；本次工作确定）与大气降水（$\delta^{13}C_{PDB}$：0；$\delta^{18}O_{SMOW}$：-10‰；T：50℃；郑永飞和成江峰，2000）混合作用；(c) 矿区成矿晚期流体（$\delta^{13}C_{PDB}$：-5‰；$\delta^{18}O_{SMOW}$：6‰；T：150℃；本次工作确定）与海水（$\delta^{13}C_{PDB}$：0；$\delta^{18}O_{SMOW}$：0；T：50℃；郑永飞，2001）混合作用；(d) 矿区成矿晚期流体（$\delta^{13}C_{PDB}$：-5‰；$\delta^{18}O_{SMOW}$：6‰；T：150℃；本次工作确定）与大气降水（$\delta^{13}C_{PDB}$：0；$\delta^{18}O_{SMOW}$：-10‰；T：50℃；郑永飞和成江峰，2000）混合作用

可见，矿区成矿早期流体不存在海水和大气降水的混合作用 [图 5.18（a）、（b）]，表明该区早期方解石沉淀与流体混合作用无关。成矿晚期流体存在海水和大气降水的混合作用，矿区实测样品在模拟的成矿晚期流体与海水混合作用图中分散分布 [图 5.18（c）]，在模拟的成矿晚期流体与大气降水混合作用图中分布相对集中 [图 5.18（d）]。在 2 种混合作用模拟区之处有部分样品分布，在模拟混合区中的样品主要分布在 0~0.4 混合比例、全部溶解碳的浓度比（ρ）跨越 0.1~5 的范围。因此，本区成矿晚期存在低温流体的混合作用，流体混合作用对方解石沉淀有一定的影响，但不是主要控制因素。

值得一提的是，碳、氧同位素指示羊拉铜矿成矿流体存在 2 种演化趋势（图 5.19）：其一，流体碳、氧同位素逐渐增加（图 5.19 中的演化趋势 Ⅰ），为主体演化趋势；其二，流体碳同位素组成降低、氧同位素增加（图 5.19 中的演化趋势 Ⅱ），为次要演化趋势。前文和后文主要是利用碳、氧同位素组成模拟计算来探讨本区成矿流体主体演化过程中方解石沉淀，在此利用流体混合作用碳、氧同位素组成模拟计算初步探讨本区成矿流体次要演化趋势。

沉积有机物的碳、氧同位素组成变化范围很宽（图 5.15），$\delta^{13}C_{PDB}$ 和 $\delta^{18}O_{SMOW}$ 分别为 -35‰~-10‰ 和 24‰~30‰。利用 O'Neil 等（1969）和 Ohmoto 等（1979）的同位素分馏方程计算流体的 $\delta^{13}C$ 和 $\delta^{18}O$ 分别为 -27‰~-3‰ 和 0~5‰（50℃）。取其 $\delta^{13}C$ 为 -15‰，$\delta^{18}O$ 为 2‰，与矿区成矿晚期流体混合模拟计算，沉淀方解石的碳、氧同位素组成如图 5.20。由图 5.20 可知，虽然矿区实测的成矿晚期方解石均未分布在模拟的混合区内，

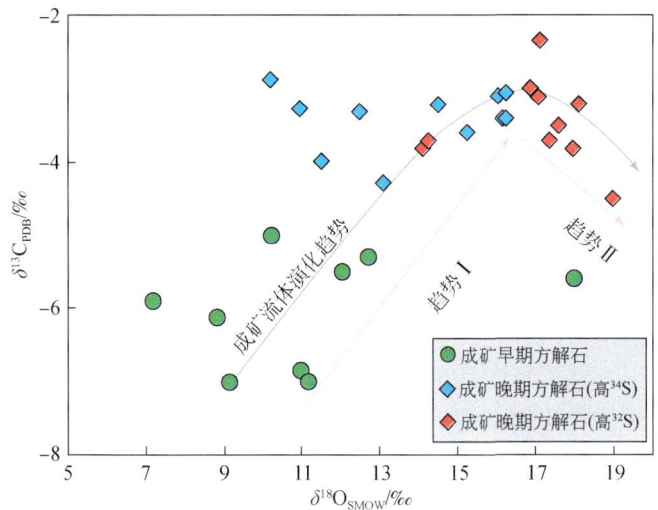

图 5.19 羊拉铜矿床碳、氧同位素指示的成矿流体演化

趋势Ⅰ.成矿流体主体演化趋势,碳、氧同位素逐渐增加;趋势Ⅱ.成矿流体次要演化趋势,碳同位素组成降低、氧同位素增加

但大部分含低 $\delta^{34}S$ 黄铁矿的方解石样品沿全部溶解碳的浓度比(ρ)为 0.1、混合比例小于 0.2 的模拟线附近分布。因此,本书认为矿区成矿晚期流体可能有少量来源于沉积有机物的低温有机质流体参与。图 5.20 显示,沉积有机物脱羟基作用可以形成相对高碳、低氧同位素组成的流体,也反映低温有机质流体在成矿晚期参与成矿作用的可能性;矿区成矿晚期出现低 $\delta^{34}S$ 黄铁矿可能为有机质参与成矿流体的产物也支持该推论。

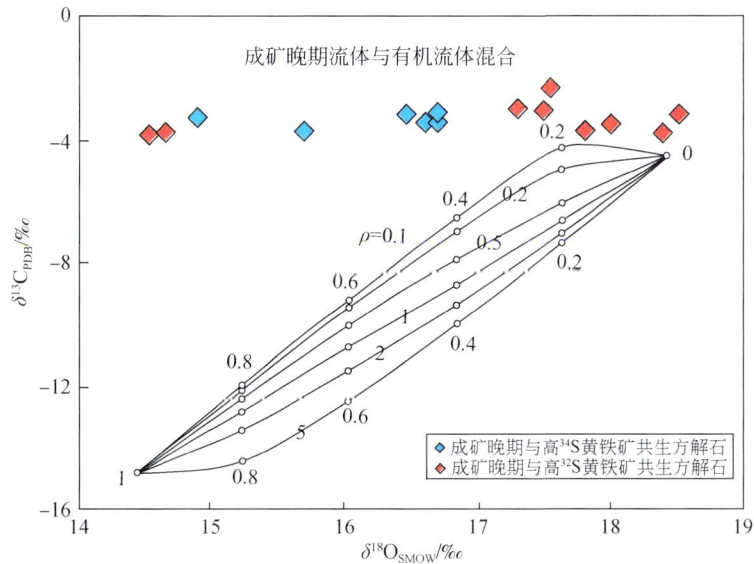

图 5.20 有机质流体混合作用沉淀方解石碳、氧同位素组成模拟计算结果

计算过程见正文。圆点旁数字为混合比例,ρ 代表流体 A 与流体 B 之间全部溶解碳的浓度比;成矿晚期流体 $\delta^{13}C_{PDB}$:$-5‰$;$\delta^{18}O_{SMOW}$:$6‰$;T:$150℃$,有机质流体 $\delta^{13}C_{PDB}$:$-15‰$;$\delta^{18}O_{SMOW}$:$2‰$;T:$50℃$

3) 水-岩相互作用

方解石在热液中的溶解度随温度降低而增加,随压力降低而降低(Holland and Malinin,1979)。在封闭体系中,单纯的冷却作用并不能使方解石发生沉淀。当流体流经开放的岩石裂隙时,在高温热液流体与冷的围岩之间发生阳离子、同位素和氧化还原等相互作用,H^+的丢失和Ca^{2+}、Mg^{2+}、Fe^{2+}等阳离子的获得使热液流体逐渐成为碳酸盐饱和流体,从而导致方解石的沉淀(郑永飞和陈江峰,2000),这一过程中流体与岩石之间将发生强烈的同位素交换作用。因此,羊拉铜矿床成矿期方解石碳、氧同位素组成之间的正相关关系,有可能是流体/岩石相互作用的结果。

如果热液矿床中方解石沉淀是水/岩相互作用所致,其碳、氧同位素组成主要取决于流体与岩石之间的同位素比值差异(郑永飞和陈江峰,2000;彭建堂和胡瑞忠,2001)。假设体系封闭,如果流体-岩石反应后流体的同位素组成由同位素平衡分馏决定,则根据质量平衡方程流体的同位素组成为(郑永飞,2001)

$$\delta^f_{流体} = \delta^i_{流体} + (R/W) \times \delta^i_{岩石} - \delta^f_{岩石} \tag{5.9}$$

式中,R、W分别为流体和岩石中C或O的原子百分数。根据质量平衡方程,从流体中沉淀出来的方解石的碳、氧同位素组成可表达为(Zheng,1990;Zheng and Hvefs,1993)

$$\delta^{13}C_{方解石} = \delta^{13}C^i_{流体} + 10^3 \ln\alpha^{方解石}_{流体} + (R'/W') \times (\delta^{13}C^i_{岩石} - \delta^{13}C^f_{岩石}) \tag{5.10}$$

$$\delta^{18}O_{方解石} = \delta^{18}O^i_{流体} + 10^3 \ln\alpha^{方解石}_{流体} + (R/W) \times (\delta^{18}O^i_{岩石} - \delta^{18}O^f_{岩石}) \tag{5.11}$$

式中,$\delta^{13}C_{流体}$、$\delta^{18}O_{流体}$分别为水/岩反应前流体的碳、氧同位素组成;$\alpha^{方解石}_{流体}$为方解石-流体之间的同位素分馏系数;R'/W'、R/W分别为岩石和流体中碳、氧原子的物质的量比(以mol为单位);$\delta^{13}C^i_{岩石}$、$\delta^{18}O^i_{岩石}$分别为水-岩反应前岩石的碳、氧同位素组成;$\delta^{13}C^f_{岩石}$、$\delta^{18}O^f_{岩石}$分别为水-岩反应后岩石的碳、氧同位素组成。在成矿流体中,CH_4和CO_3^{2-}含量通常都很低(Ohmoto and Rye,1979;Ohmoto,1972),碳酸盐与流体之间的碳同位素分馏主要取决于H_2CO_3(包括CO_2)和HCO_3^-之比(Zheng and Hoefs,1993),故:

$$10^3 \ln\alpha^{方解石}_{流体} = \Delta^{13}C^{方解石}_{流体} = \Delta^{13}C^{方解石}_{CO_2} - \chi_{[HCO_3^-]} \times \Delta^{13}C^{[HCO_3^-]}_{CO_2} \tag{5.12}$$

式中,$\Delta^{13}C^{方解石}_{流体}$、$\Delta^{13}C^{方解石}_{CO_2}$、$\Delta^{13}C^{[HCO_3^-]}_{CO_2}$分别表示方解石-流体、方解石-$CO_2$和$HCO_3^-$-$CO_2$体系中碳同位素的分馏值;$\chi_{[HCO_3^-]}$表示$HCO_3^-$在整个流体含碳组分中所占的摩尔百分比。

对于氧同位素,由于流体组分以H_2O为主,故流体中水的同位素组成起主要作用。但考虑到方解石与CO_2之间的氧同位素分馏明显,故溶解的CO_2也不能完全忽略。因此,方解石与流体之间的氧同位素分馏可表示为(Zheng and Hoefs,1993)

$$10^3 \ln\alpha^{方解石}_{流体} = \Delta^{18}O^{方解石}_{流体} = \Delta^{18}O^{方解石}_{H_2O} - \chi_{CO_2} \times \Delta^{18}O^{CO_2}_{H_2O} \tag{5.13}$$

式中,$\Delta^{18}O^{方解石}_{流体}$、$\Delta^{18}O^{方解石}_{H_2O}$、$\Delta^{18}O^{CO_2}_{H_2O}$分别为方解石-流体、方解石-水和$CO_2$-水体系中氧同位素的分馏值;$\chi_{CO_2}$为$H_2CO_3$(包括溶解$CO_2$)在整个流体中所占的百分比(以mol为单位)。

假设含碳组分($CO_2+HCO_3^-$)在流体中占10%(质量比,下同),H_2O占90%,利用以上公式及相关同位素分馏方程(Ohmoto,1972;Truesdell,1974;O'Neil et al.,1969)可计算出不同条件下流体-方解石体系的碳、氧同位素分馏值,然后可对不同来源的流体

（海水、岩浆水、大气降水）与围岩（碳酸盐岩）之间的水-岩反应进行模拟，计算出方解石从可溶解性碳以 HCO_3^- 或 H_2CO_3 为主的流体中发生沉淀的碳、氧同位素理论模拟曲线。为了便于理论模拟，可假设 $R'/W' = R/W$，取 R/W 为 $0\sim1$，温度为 $50\sim300℃$，图 5.21 为计算的海水-岩石、大气降水-岩石、有机流体-岩石和岩浆水-岩石相互作用的碳、氧同位素组成。

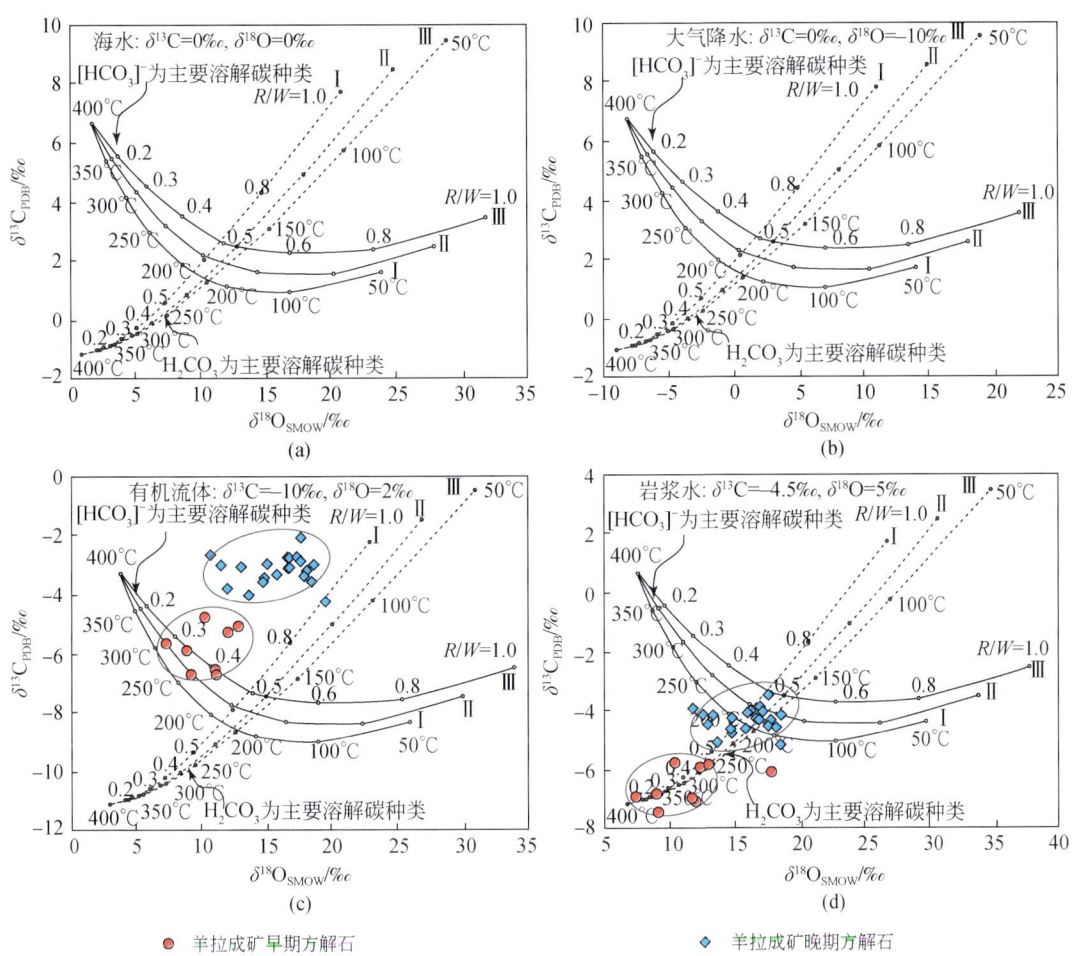

图 5.21　羊拉铜矿床方解石碳、氧同位素组成水-岩相互作用模拟计算结果

计算过程见正文。(a) 海水-岩石相互作用；(b) 大气降水-岩石相互作用；(c) 有机流体-岩石相互作用；(d) 岩浆水-岩石相互作用

Ⅰ组：$\delta^{13}C^i_{岩石}-\delta^{13}C^f_{岩石}=0.2‰$；$\delta^{18}O^i_{岩石}-\delta^{18}O^f_{岩石}=2‰$。Ⅱ组：$\delta^{13}C^i_{岩石}-\delta^{13}C^f_{岩石}=1‰$；$\delta^{18}O^i_{岩石}-\delta^{18}O^f_{岩石}=6‰$。Ⅲ组：$\delta^{13}C^i_{岩石}-\delta^{13}C^f_{岩石}=2‰$；$\delta^{18}O^i_{岩石}-\delta^{18}O^f_{岩石}=10‰$

由图 5.21 可以看出，海水-岩石和大气降水-岩石相互作用不能形成本区方解石的 $\delta^{13}C$ 和 $\delta^{18}O$ 组成 [图 5.21 (a)、(b)]。虽然该区成矿期方解石在有机流体-岩石相互作用计算图有显示，但绝大多数位于模拟曲线之外 [图 5.21 (c)]，表明有机流体-岩石相互作用对成矿期方解石碳、氧同位素组成影响甚微。岩浆水-岩石相互作用能很好

地模拟本区成矿期方解石碳、氧同位素组成［图 5.21（d）］，成矿早期和晚期方解石大部分样品在模拟曲线附近，成矿流体中的 CO_2 以 H_2CO_3 为主，其中早期方解石位于 350℃左右的高温区，晚期方解石位于 150~250℃中-温区，这些均与矿区地质事实吻合。因此，岩浆水-岩石相互作用应是羊拉铜矿成矿期方解石碳、氧同位素组成的主要控制因素。

图 5.22 为假设不同碳、氧同位素组成岩浆水-岩石相互作用模拟计算结果。$\delta^{13}C=-6‰$ 和 $\delta^{18}O=6‰$ 的岩浆水模拟效果较差［图 5.22（a）］，矿区成矿早期方解石偏离模拟曲线，晚期方解石主要位于以 HCO_3^- 为主、250℃左右的中温区域，且早、晚两期方解石不存在明显的演化关系，与地质事实不吻合。$\delta^{13}C=-5‰$、$\delta^{18}O=6‰$，$\delta^{13}C=-4‰$、$\delta^{18}O=6‰$ 和 $\delta^{13}C=-4.5‰$、$\delta^{18}O=5‰$ 的岩浆水模拟效果较好，相比之下，其中 $\delta^{13}C=-4.5‰$ 和 $\delta^{18}O=5‰$ 的岩浆水模拟最好，不仅早、晚两期方解石绝大部分样品位于以 H_2CO_3 为主的模拟曲线附近，且显示从早期到晚期，方解石 $\delta^{13}C$ 和 $\delta^{18}O$ 呈正相关关系［图 5.22（c）］。因此，可以确定矿床成矿流体的 $\delta^{13}C$ 在 $-5‰\sim-4‰$ 之间、$\delta^{18}O$ 在 $5‰\sim6‰$ 之间，与前文计算的结果基本一致。

3. 成矿流体演化

根据上述羊拉铜矿床碳、氧同位素组成分析及相关的模拟计算结果，可将成矿流体演化简述为：成矿流体为与矿区 I 型花岗岩岩浆活动有关的岩浆水，$\delta^{13}C$ 和 $\delta^{18}O$ 分别为 $-5‰\sim-4‰$ 和 $5‰\sim6‰$，温度在 350℃左右；随压力下降和温度降低，流体发生以 CO_2 为主的去气作用和水-岩相互作用，在 250~350℃沉淀出早期方解石；随压力和温度继续下降，以 CO_2 为主的去气作用和水-岩相互作用继续进行，伴有少量有机质流体加入，在 150~350℃之间，沉淀出晚期方解石。

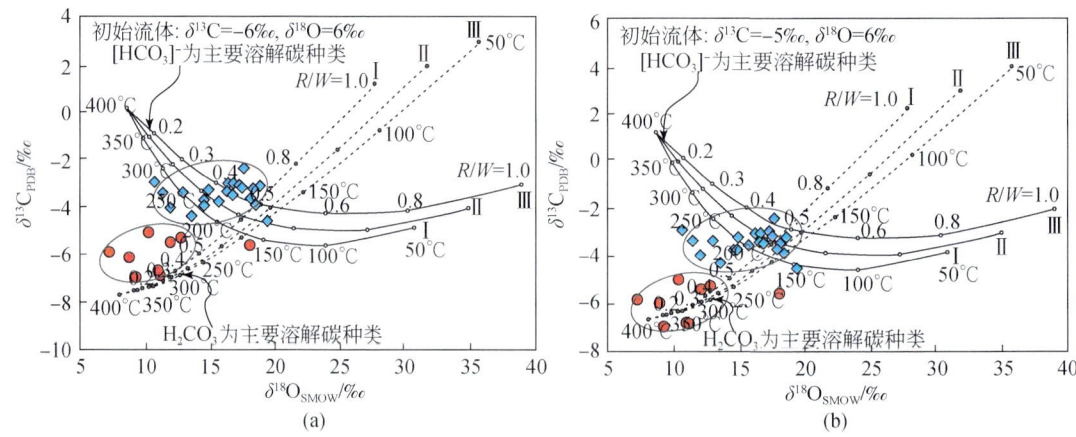

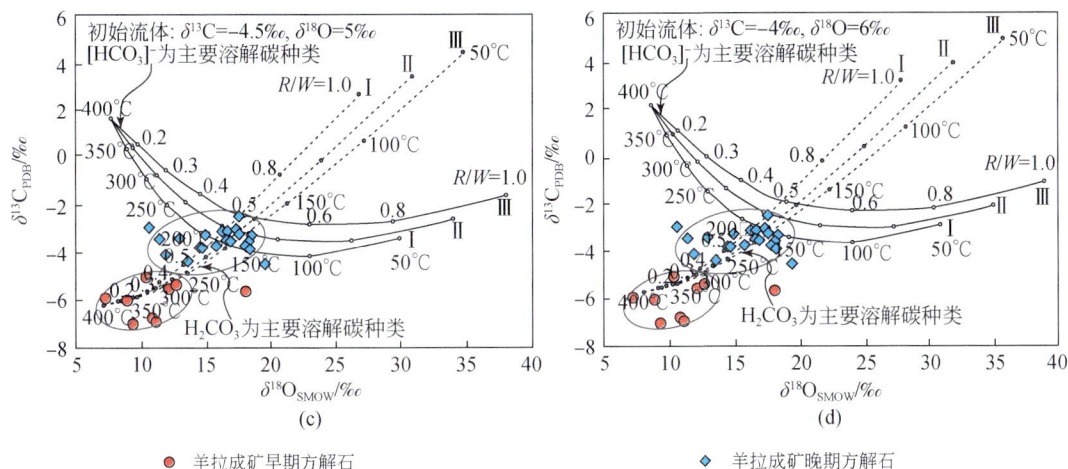

图5.22 羊拉铜矿床方解石碳、氧同位素组成岩浆水–岩相互作用模拟计算结果

计算过程见正文。Ⅰ组：$\delta^{13}C^i_{岩石}-\delta^{13}C^f_{岩石}=0.2‰$；$\delta^{18}O^i_{岩石}-\delta^{18}O^f_{岩石}=2‰$。Ⅱ组：$\delta^{13}C^i_{岩石}-\delta^{13}C^f_{岩石}=1‰$；$\delta^{18}O^i_{岩石}-\delta^{18}O^f_{岩石}=6‰$。Ⅲ组：$\delta^{13}C^i_{岩石}-\delta^{13}C^f_{岩石}=2‰$；$\delta^{18}O^i_{岩石}-\delta^{18}O^f_{岩石}=10‰$

第四节 氢、氧同位素

H_2O是羊拉铜矿床成矿流体的重要组成部分，因而揭示成矿流体中H_2O的来源对深入探讨成矿流体来源至关重要。脉石矿物、矿石矿物以及有关蚀变矿物的氢、氧同位素组成是示踪成矿流体中H_2O来源最直接、最有效的方法。

一、样品及分析方法

羊拉铜矿床氢、氧同位素组成研究相对薄弱，目前只有杨喜安（2012）和赵江南（2012）分别分析了7件和3件脉石矿物石英的氢、氧同位素组成。本次工作较为系统地进行了矿床氢、氧同位素组成分析，分析对象主要为矿石中的脉石矿物——石英。

先将样品粉碎至40~80目，在双目镜下挑选出纯度95%以上的石英，用1∶50稀盐酸浸泡去除颗粒表面的碳酸盐物质，再用蒸馏水和超声波清洗，蒸干待分析。样品的氢、氧同位素分析在中国地质科学院地质研究所同位素地质重点实验室完成，石英氧同位素分析采用传统的BrF_5分析方法，用BrF_5与含氧矿物在真空和高温条件下反应提取矿物氧，并与灼热电阻–石墨棒燃烧转化成CO_2气体。采用MAT252型质谱测试氧同位素组成，分析精度为±0.2‰，相对标准为V-SMOW。

氢同位素组成分析方法为：首先将挑好的石英样品通过低温（100~120℃）烘烤，去除矿物中吸附水和次生流体包裹体；然后根据石英流体包裹体测温结果，在300~350℃条件下利用爆裂法打开流体包裹体，为避免发生化学反应，通入N_2气流保护，利用锌将流体包裹体中的H_2O还原成H_2；最后在MAT252型质谱测试氢同位素。分析精度为±2‰，

相对标准为 V-SMOW。

二、分析结果

附表 31 为羊拉铜矿床石英的氢、氧同位素组成，同时收集了杨喜安等（2012）和赵江南（2012）的氢、氧同位素组成数据。用于对比矿床的氢、氧同位素组成数据也很少，王守旭等（2007）分析了普朗铜矿床 3 件黑云母、3 件绿帘石和 1 件绿泥石，杨喜安等（2012）分析了鲁春铜矿床 4 件石英，邹国富（2011）分析了春都铜矿床 3 件石英的氢、氧同位素组成，这些数据均列入附表 31 中。为统一数据标准，附表 31 中 $\delta^{18}O_{H_2O}$ 按郑永飞和陈江峰（2000）提供的氧同位素分馏方程重新计算。

$$1000\ln\alpha_{石英-H_2O} = 4.48\times10^6/T^2 - 4.77\times10^3/T + 1.71 \tag{5.14}$$

$$1000\ln\alpha_{黑云母-H_2O} = 3.84\times10^6/T^2 - 8.76\times10^3/T + 2.46 \tag{5.15}$$

$$1000\ln\alpha_{绿帘石-H_2O} = 4.05\times10^6/T^2 - 7.81\times10^3/T + 2.29 \tag{5.16}$$

$$1000\ln\alpha_{绿泥石-H_2O} = 3.97\times10^6/T^2 - 8.19\times10^3/T + 2.36 \tag{5.17}$$

羊拉铜矿床的氢、氧同位素组成具有较宽的变化范围，除个别样品外，$\delta^{18}O_{SMOW}$ 为 10.6‰～13.7‰，均值 11.9‰，极差 3.1‰；δD_{SMOW} 为 -137‰～-76.2‰，均值 -115‰，极差 60.8‰；$\delta^{18}O_{H_2O}$ 为 -3.56‰～4.68‰，均值 0.48‰，极差 8.24‰。在 δD-$\delta^{18}O_{H_2O}$ 图上（图 5.23），样品位于大气降水与变质水和（或）岩浆水之间。

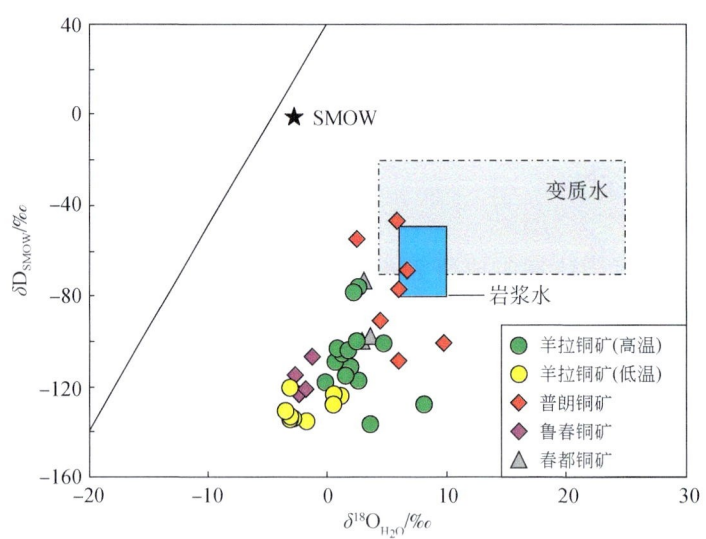

图 5.23　羊拉铜矿床石英 δD-$\delta^{18}O_{H_2O}$ 图（底图据郑永飞和陈江峰，2000）

根据石英包裹体实测均一温度，将大于 200℃ 视为高温石英，将小于 200℃ 视为低温石英。虽然本次工作部分石英样品未测定均一温度，但从产状为硫化物石英方解石脉看，应为低温石英。矿床高温和低温石英的氢、氧同位素组成具有较明显的差别，前者除样品 Y4903-62 和 LC4 外，$\delta^{18}O_{SMOW}$ 为 10.6‰～12.9‰，均值 11.5‰，极差 2.3‰；δD_{SMOW} 为

–118‰~–76.2‰，均值–103‰，极差41.8‰；$\delta^{18}O_{H_2O}$为–0.11‰~4.68‰，均值1.86‰，极差4.79‰。后者$\delta^{18}O_{SMOW}$为11.2‰~13.7‰，均值12.3‰，极差2.5‰；δD_{SMOW}为–135‰~–120‰，均值–129‰，极差15.0‰；$\delta^{18}O_{H_2O}$为–3.56‰~1.06‰，均值1.71‰，极差4.62‰。在δD-$\delta^{18}O_{H_2O}$图上（图5.23），低温石英靠近大气降水端元，高温石英靠近岩浆水（或变质水）端元。

与区域其他典型矿床相比，羊拉铜矿床相对高温石英的氢、氧同位素组成与春都铜矿床基本一致，后者的δD_{SMOW}和$\delta^{18}O_{H_2O}$分别为–100‰~–73.1‰和2.9‰~3.6‰（邹国富，2011）；低温石英的氢、氧同位素组成则与鲁春铜矿床相近，后者的均一温度在160~190℃之间，δD_{SMOW}和$\delta^{18}O_{H_2O}$分别为–123‰~–107‰和–2.74‰~–1.25‰（杨喜安等，2012）。羊拉铜矿床与王守旭（2007）获得的普朗铜矿床黑云母、绿帘石和绿泥石的氢、氧同位素组成有一定差异，后者的δD_{SMOW}和$\delta^{18}O_{H_2O}$均具有较宽的变化范围（附表31），分别为–108‰~–47‰和2.5‰~9.7‰。在δD-$\delta^{18}O_{H_2O}$图中同样能看出上述特征（图5.23）。

三、成矿流体中水的来源

羊拉铜矿床低温（小于200℃）和高温（大于200℃）石英氢、氧同位素组成存在较明显差别（附表31），在δD-$\delta^{18}O_{H_2O}$图中样品偏离岩浆水区域（图5.23），似乎与矿床硫和碳、氧同位素组成揭示成矿流体为岩浆水相矛盾。前已述及，矿床成矿流体演化过程中存在水–岩相互作用，水–岩相互作用过程中同样将发生氢、氧同位素分馏（郑永飞和陈江峰，2000），因而成矿流体的氢、氧同位素组成与其H_2O的类型（岩浆水、变质水、大气降水等）、水–岩反应的岩石成分及其同位素组成、水–岩反应时的温度、水–岩反应程度等诸多因素有关。以下根据水–岩相互作用过程中氢、氧同位素分馏计算结果，讨论本区氢、氧同位素组成，以期揭示成矿流体中H_2O的来源。

1. 原理

水–岩交换反应过程中同位素分馏遵循物质平衡方程（Taylor，1974）：

$$W \times \delta^i_{H_2O} + R \times \delta^i_{岩石} = W \times \delta^f_{H_2O} + R \times \delta^f_{岩石} \tag{5.18}$$

令$\Delta = \delta^f_{岩石} - \delta^f_{H_2O}$，可得

$$\delta^f_{H_2O} = [\delta^i_{岩石} - \Delta + (W/R) \times \delta^i_{H_2O}] / [1 + (W/R)] \tag{5.19}$$

式中，i、f分别代表同位素初始值和交换后的终值；Δ为水–岩同位素分馏值，可通过相应同位素分馏方程计算；W/R为水/岩值（原子单位），如果岩石中含有50%的O和1%的H_2O，对O而言：

$$(W/R)_{重量} = 0.5 \times (W/R)_{原子} \tag{5.20}$$

对H而言：

$$(W/R)_{重量} = 0.01 \times (W/R)_{原子} \tag{5.21}$$

将式（5.20）代入式（5.19），可得水/岩交换反应后O同位素组成：

$$\delta O^f_{H_2O} = [\delta O^i_{岩石} - \Delta + 2 \times (W/R)_{重量} \times \delta O^i_{H_2O}] / [1 + 2 \times (W/R)_{重量}] \tag{5.22}$$

将式 (5.21) 代入式 (5.19), 可得水/岩交换反应后 H 同位素组成:

$$\delta D_{H_2O}^f = [\delta O_{岩石}^i - \Delta + 100 \times (W/R)_{重量} \times \delta D_{H_2O}^i] / [1 + 100 \times (W/R)_{重量}] \quad (5.23)$$

2. 计算过程

羊拉铜矿床赋矿围岩主要为大理岩,分别以大气降水、岩浆水和变质水为端元,计算了水-大理岩相互作用过程中氢、氧同位素组成的变化规律。大气降水的 $\delta^{18}O_{H_2O}$ 和 δD 分别为 -16‰ 和 -120‰、岩浆水的 $\delta^{18}O_{H_2O}$ 和 δD 分别为 7‰ 和 -70‰ (郑永飞和陈江峰, 2000),变质水的 H、O 同位素组成变化范围较宽 (郑永飞和陈江峰, 2000),其 $\delta^{18}O_{H_2O}$ 和 δD 分别为 5‰ ~ 25‰ 和 -100‰ ~ -40‰,本次工作以 $\delta^{18}O_{H_2O}$ 和 δD 分别为 5‰ 和 -40‰ 的变质水以及 $\delta^{18}O_{H_2O}$ 和 δD 分别为 25‰ 和 -100‰ 的变质水为端元进行了计算。矿区大理岩没有 $\delta^{18}O_{H_2O}$ 和 δD 分析数据,区域上也未找到相应资料,参照翟建平等 (1996) 白云岩的分析资料,分别为 18‰ 和 -80‰。O 同位素组成变化采用 Zheng (1993) 推导的水/白云石相互作用过程中 O 同位素的分馏方程:

$$1000\ln\alpha_{白云石-H_2O} = 4.12 \times 10^6/T^2 - 4.62/T + 1.71 \quad (5.24)$$

本书没有收集到水/白云石相互作用过程中 H 同位素的分馏方程, 计算过程参考翟建平等 (1996) 提供的相关图件。计算温度分别为 150℃、200℃、250℃ 和 300℃。

3. 计算结果及讨论

计算结果发现, $\delta^{18}O_{H_2O} = 7‰$、$\delta D = -70‰$ 的岩浆水和 $\delta^{18}O_{H_2O} = 4‰$、$\delta D = -40‰$ 的变质水在任何温度和 $(W/R)_{重量}$ 条件下与大理岩相互作用都不能形成矿区石英氢、氧同位素组成。$\delta^{18}O_{H_2O} = -16‰$、$\delta D = -120‰$ 的大气降水,在 $T = 150 \sim 200℃$、$(W/R)_{重量} = 0.01 \sim 0.5$ 与大理岩相互作用,能形成矿区石英氢、氧同位素组成,同时鲁春、春都铜矿床绝大部分和普朗铜矿床部分石英样品也在该计算区域内 [图 5.24 (a)]。虽然 $\delta^{18}O_{H_2O} = 25‰$、$\delta D = -100‰$ 的变质水在何温度和 $(W/R)_{重量}$ 条件下与大理岩相互作用也不能形成矿区石英氢、氧同位素组成,但在 $T = 150 \sim 200℃$、$(W/R)_{重量} = 0.01 \sim 0.5$ 与大理岩相互作用,能形成普朗铜矿床部分石英的氢、氧同位素组成 [图 5.24 (b)]。

羊拉铜矿床石英氢、氧同位素组成与典型岩浆水和(或)变质水有一定差异,在 δD-$\delta^{18}O_{H_2O}$ 图中样品位于岩浆水和(或)变质水区域左下方(图 5.23),指示早期成矿流体中的水主要为岩浆水(或)变质水,演化过程中有大气降水混合(郑永飞和陈江峰, 2000; 毛景文等, 2005)。杨喜安等 (2012) 中鲁春铜矿床石英氢、氧同位素组成与本区低温石英相近(附表 31, 图 5.23),认为早期成矿流体来源于岩浆,演化过程中有地层建造水或大气降水混合;普朗铜矿床 δD 与羊拉铜矿床相近,$\delta^{18}O_{H_2O}$ 相对较高(附表 31),在 δD-$\delta^{18}O_{H_2O}$ 图中大部分样品也偏离岩浆水和(或)变质水区域(图 5.23)。王守旭 (2007) 也认为该矿床氢、氧同位素组成指示成矿流体中的水主要来源于岩浆水,演化过程中有大气降水混合。以下证据同样支持该推论:

(1) 附表 31 中所列矿区氢、氧同位素组成主要为中低温(小于 250℃)石英,图 5.23 显示随温度升高,δD 和 $\delta^{18}O_{H_2O}$ 升高,表明高温(>300℃)石英的氢、氧同位素

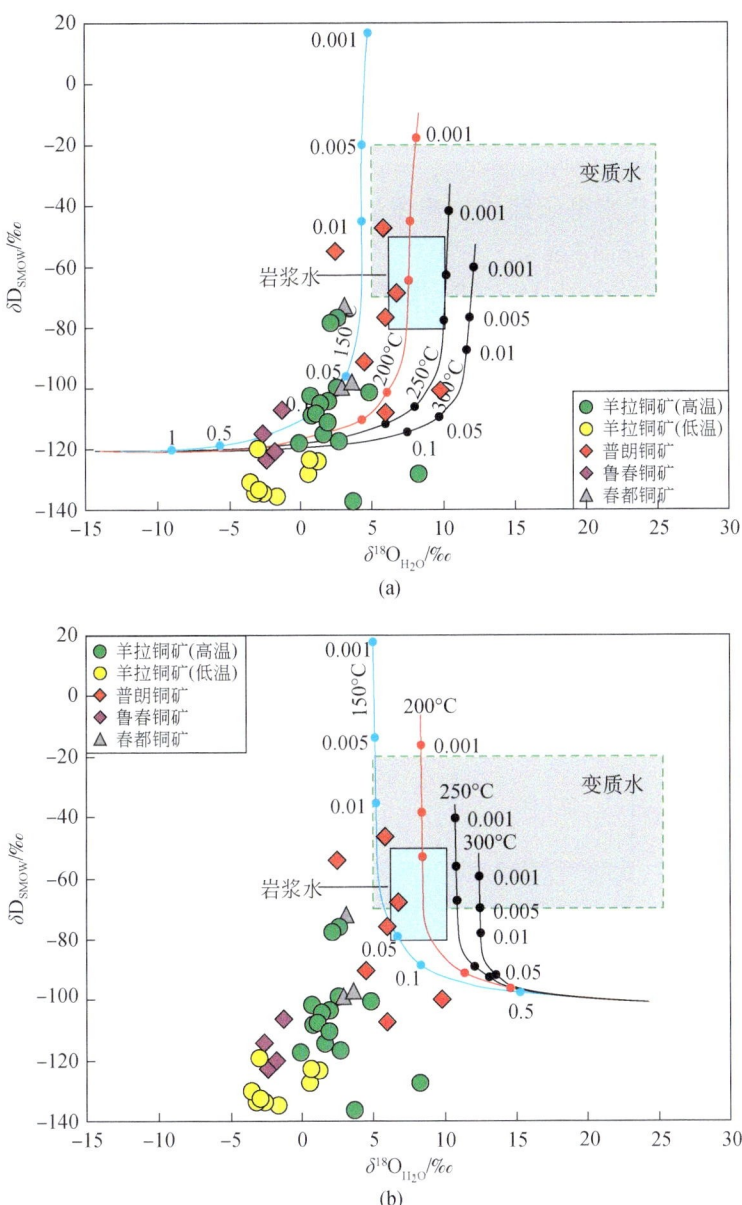

图 5.24 羊拉铜矿床水-岩相互作用氢、氧同位素分馏计算结果

计算方法及过程见正文。图中虚线框为变质水区域，阴影框为岩浆水区域，曲线旁数字为水/岩值；（a）$\delta^{18}O_{H_2O}=-16‰$、$\delta D=-120‰$的大气降水与大理岩相互作用氢、氧同位素分馏计算结果；（b）$\delta^{18}O_{H_2O}=25‰$、$\delta D=-100‰$的变质水与大理岩相互作用氢、氧同位素分馏计算结果

组成应更接近典型岩浆水或在岩浆水范围之内。因此，本区早期成矿流体中的水主要为岩浆水。这与矿床硫和碳、氧同位素组成揭示成矿流体为岩浆水一致。

（2）水-岩相互作用氢、氧同位素分馏计算结果显示，大气降水在相对低温条件下

(150~200℃)与大理岩相互作用,能形成矿区石英氢、氧同位素组成,且(W/R)$_{重量}$越高,样品偏离岩浆水和(或)变质水区域左下方越远[图5.24(a)],也与矿区石英氢、氧同位素组成表现出的随温度升高,δD 和 $\delta^{18}O_{H_2O}$ 升高特征吻合,表明本区成矿流体演化过程中有大气降水混合。矿床硫和碳、氧同位素组成也揭示晚期成矿流体有大气降水参与。

(3)稀有气体同位素是示踪成矿流体最有效的方法之一(Stuart, et al., 1995;Hu et al., 1998, 2004;Burnard et al., 1999),不同来源地质流体的 $^3He/^4He$ 和 $^{40}Ar/^{36}Ar$ 有明显的区别,如大气降水分别为1Ra(Ra代表大气 $^3He/^4He$ 值 1.4×10^{-6})和295.5,地幔流体分别为6Ra~9Ra和>40000,地壳流体的 $^3He/^4He$ 和 $^{40}Ar/^{36}Ar$ 分别为0.01Ra~0.05Ra和>295.5。杨喜安(2012)分析了羊拉铜矿床磁黄铁矿和黄铜矿的稀有气体同位素组成,$^3He/^4He$ 和 $^{40}Ar/^{36}Ar$ 为0.14Ra~0.17Ra和301~1052,在 $^3He/^4He$-$^{40}Ar^*/^4He$ 图(图5.25)中,样品位于地幔流体与地壳流体之间,明显呈正相关关系,同样显示成矿流体为壳–幔混合流体。

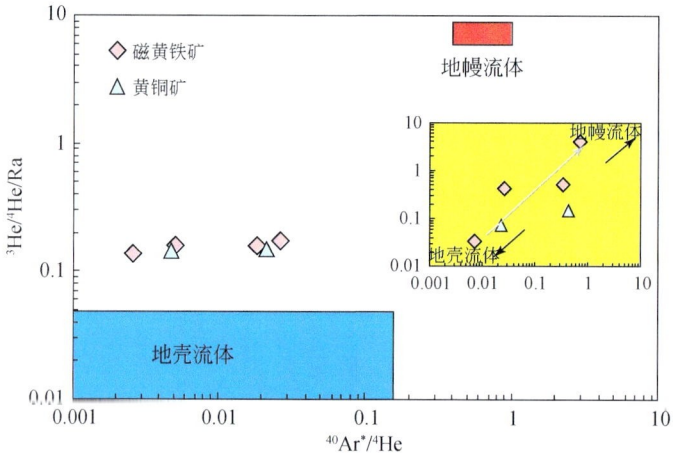

图5.25 羊拉铜矿床 $^{40}Ar^*/^4He$-$^3He/^4He$ 图(底图据Hu et al., 2009;$^{40}Ar^* = ^{40}Ar-^{36}Ar\times295.5$;原始数据据杨喜安,2012)

第五节 铅同位素

铅同位素组成主要用于矿床定年和示踪成矿物质来源,虽然目前对铅同位素确定的成矿时代有很大争论,但利用铅同位素组成判别成矿物质来源具有不可替代的作用。本节利用本次工作和前人有关羊拉铜矿床地层、岩浆岩和矿石矿物铅同位素组成分析结果,通过与区域普朗铜矿床、雪鸡坪铜矿床和北衙金矿床铅同位素组成对比,揭示矿床成矿物质来源。

一、样品及分析方法

前人在研究羊拉铜矿床过程中分析了矿区部分地层、岩浆岩和矿石矿物的铅同位素组成（云南省地质矿产勘查开发局第三地质大队，未刊；战明国等，1998；潘家永等，2001；杨喜安等，2012；赵江南，2012；朱经经，2012），本次工作较为系统地分析了矿区不同岩性地层、不同类型岩浆岩以及不同种类矿石矿物的铅同位素组成，普朗铜矿床、雪鸡坪铜矿床和北衙金矿床铅同位素组成为收集前人的分析成果。

分析方法：先将样品碎样至 40~60 目，在双目镜下对黄铁矿、黄铜矿、磁黄铁矿、闪锌矿和方铅矿进行分选，然后将分选出的单矿物用超纯水进行超声清洗后再用玛瑙研钵磨至 200 目以下，最后在核工业北京地质研究院 ISOPROBE-T 热电离质谱仪上完成测试。

分析流程如下：① 称取适量样品放入聚四氟乙烯坩埚中，加入氢氟酸中、高氯酸溶样。样品分解后将其蒸干，再加入盐酸溶解蒸干，加入 0.5 ml HBr 溶液溶解样品进行铅的分离；② 将溶解的样品倒入预先处理好的强碱性阴离子交换树脂中进行铅的分离，用 0.5 ml HBr 溶液淋洗树脂，然后上机进行铅同位素测量。按此流程标样 NBS981 的分析结果：$^{208}Pb/^{206}Pb = 2.1681 \pm 0.0008$，$^{207}Pb/^{206}Pb = 0.91464 \pm 0.00033$，$^{204}Pb/^{206}Pb = 0.059042 \pm 0.000037$。

二、分析结果

附表 32 为羊拉铜矿床铅同位素组成分析结果，表中同时列出前人有关矿区地层、岩浆岩和矿石矿物的铅同位素组成分析结果（云南省地质矿产勘查开发局第三地质大队，未刊；战明国等，1998；潘家永等，2001；杨喜安等，2012；赵江南，2012；朱经经，2012）。附表 32 中模式年龄（t）、μ（$^{238}U/^{204}Pb$）、ω（$^{232}Th/^{204}Pb$）以及 V_1、V_2、$\Delta\alpha$、$\Delta\beta$、$\Delta\gamma$ 等参数根据朱炳泉（1993）计算方法由 GeoKit 软件计算（路远发等，2004），其中 $\Delta\alpha$、$\Delta\beta$ 和 $\Delta\gamma$ 代表 $^{206}Pb/^{204}Pb$、$^{207}Pb/^{204}Pb$ 和 $^{208}Pb/^{204}Pb$ 相对于 Chen（1982）提出的不同时代地幔铅同位素增长曲线公式计算值的差异，V_1 和 V_2 则是 $\Delta\alpha$、$\Delta\beta$、$\Delta\gamma$ 进一步的二维映像。附表 33 为羊拉铜矿床和用于对比矿床按不同分析对象铅同位素组成统计结果。

1. 地层铅同位素组成

羊拉铜矿床各时代地层岩性复杂，砂板岩、大理岩、硅质岩和夕卡岩不仅是矿区各时代地层的主要岩性，也是主要的赋矿岩性，本次工作和前人均按岩性分析地层铅同位素组成。

（1）砂板岩：铅同位素组成较高，且变化范围宽，5 件样品的 $^{206}Pb/^{204}Pb$ 为 18.519~19.454，均值 19.060；$^{207}Pb/^{204}Pb$ 为 15.625~15.754，均值 15.700；$^{208}Pb/^{204}Pb$ 为 38.608~39.348，均值 39.101。在铅同位素组成卡农图 [图 5.26（a）] 中，全部样品均为正常铅，其中 4 件位于 J 型铅区域，1 件位于 U 型铅区域。在铅同位素组成构造模式图 [图 5.27（a）-1、（a）-2] 上，样品分布范围很宽，4 件分布在上地壳铅平均演化线附近，1 件分布在造山带铅平均演化线附近;在铅同位素组成构造源区判别图[图 5.28 (a)-1、(a)-2]上,3 件样品位于上地壳区域,1 件位于造山带区域,1 件位于下地壳区域。在朱炳泉(1998)的 $\Delta\beta$-$\Delta\gamma$ 图[图 5.29 (a)]中,全部样品位于上地壳源铅区域。

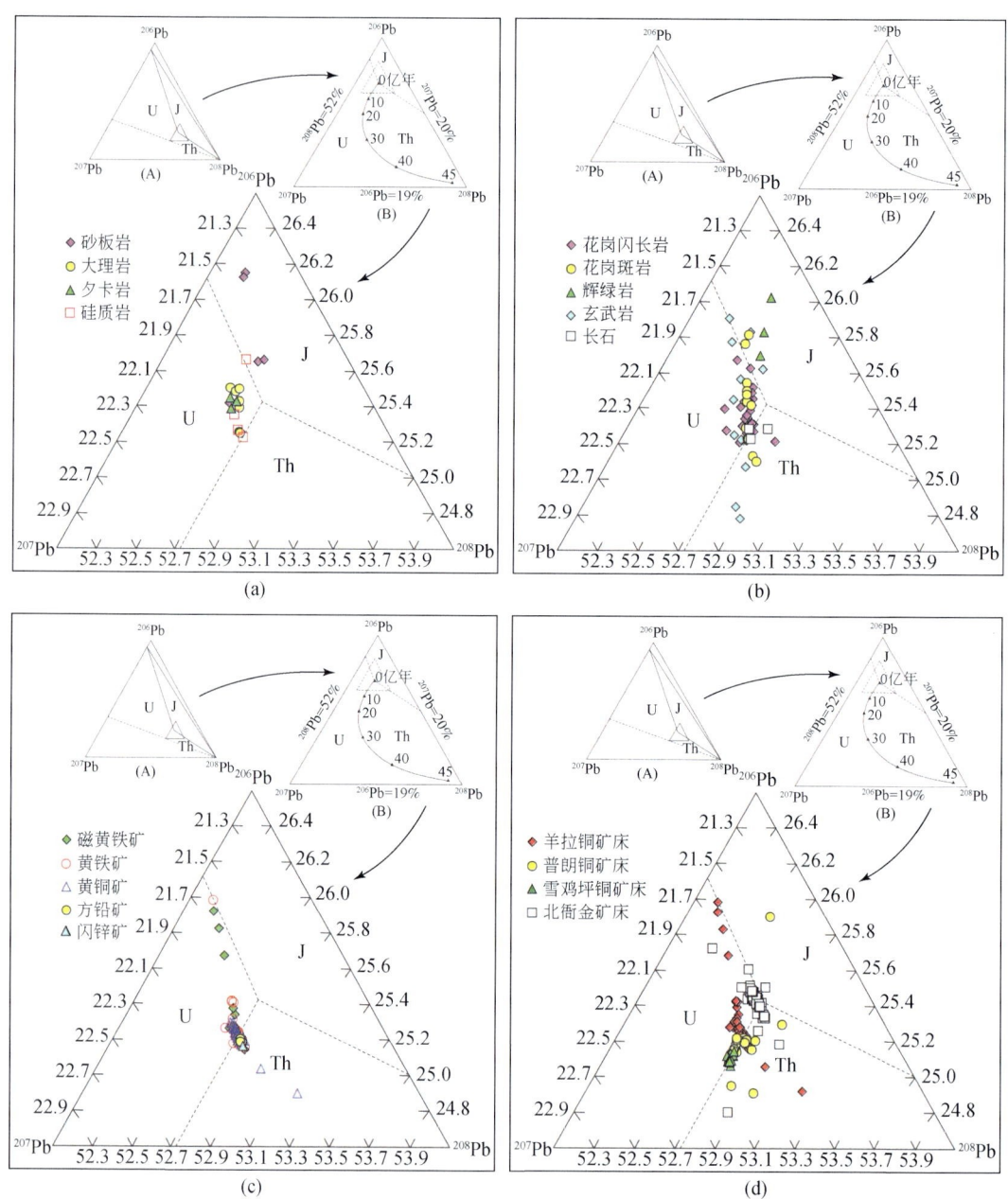

图 5.26 羊拉铜矿床铅同位素组成卡农图(底图据 Cannon et al., 1961)

(a) 矿区地层;(b) 矿区岩浆岩;(c) 矿区矿石矿物;(d) 不同矿床;羊拉铜矿床原始数据据附表 32;普朗铜矿床据王守旭等(2007);雪鸡坪铜矿床据冷成彪(2009);北衙金矿床据吴开兴(2005)、徐受民(2007)和肖晓牛等(2011)

(2) 大理岩：铅同位素组成相对稳定，除赵江南（2012）分析的 1 件样品（样品号 YL-15）的 $^{206}Pb/^{204}Pb$、$^{207}Pb/^{204}Pb$ 和 $^{208}Pb/^{204}Pb$ 分别为 19.405、115.714 和 38.773 外，其余样品的 $^{206}Pb/^{204}Pb$、$^{207}Pb/^{204}Pb$ 和 $^{208}Pb/^{204}Pb$ 均相对低于矿区砂板岩，分别为 18.300～18.638，均值 18.465；15.554～15.695，均值 15.651；$^{208}Pb/^{204}Pb$ 为 38.255～38.755，均值 38.571。在铅同位素组成卡农图 [图 5.26 (a)] 中，样品 YL-15 为异常铅，其余样品位于正常铅中的 U 形铅区域。在铅同位素组成构造模式图 [图 5.27 (a)-1、(a)-2] 中，样品主要分布于上地壳铅平均演化线与造山带铅平均演化线之间；在铅同位素组成构造源区判别图 [图 5.28 (a)-1、(a)-2] 中，样品 YL-15 位于上地壳区域，其余样品分布在造山带和下地壳区域；在 $\Delta\beta$-$\Delta\gamma$ 图 [图 5.29 (a)] 中，绝大部分样品位于上地壳源铅区域，与砂板岩的差异是相对靠近岩浆作用铅区域。

(3) 硅质岩：羊拉铜矿床赋矿地层中含有多层硅质岩，产状与地层产状一致，厚度多在 0.5～1.5m 之间，石英含量大于 90%。潘家永等（2001）对矿区硅质岩进行了较为系统的研究，认为它是典型的热水沉积硅质岩，且与矿区块状硫化物矿体关系密切，为矿床块状硫化物矿体，为海底喷流热水沉积作用形成提供了直接的证据。本次工作未分析这类岩石铅同位素组成，附表 32 中所列 4 件样品的铅同位素组成均为前人分析（潘家永等，2001；赵江南，2012；朱经经，2012），其 $^{206}Pb/^{204}Pb$ 为 18.297～18.873，均值 18.458；$^{207}Pb/^{204}Pb$ 为 15.575～15.697，均值 15.654；$^{208}Pb/^{204}Pb$ 为 38.302～38.982，均值 38.624。在铅同位素组成卡农图 [图 5.26 (a)] 中，样品均为正常铅，但分布较为分散，总体在 U 形铅区域。在铅同位素组成构造模式图 [图 5.27 (a)-1、(a)-2] 中，样品大体分布于上地壳铅平均演化线与造山带铅平均演化线之间；在铅同位素组成构造源区判别图 [图 5.28 (a)-1、(a)-2] 中，在上地壳、下地壳和造山带区域均有分布；在 $\Delta\beta$-$\Delta\gamma$ 图 [图 5.29 (a)] 中，大部分样品位于上地壳源铅区域，与矿区大理岩分布范围相近。

(4) 夕卡岩：羊拉铜矿床夕卡岩广泛分布，为矿区主要赋矿岩性之一，夕卡岩型矿石是矿床主要矿石类型。赵江南（2012）分析了 4 件矿区夕卡岩铅同位素组成（附表 32），其中样品 YL-40 明显 Pb 异常，其 $^{206}Pb/^{204}Pb$、$^{207}Pb/^{204}Pb$ 和 $^{208}Pb/^{204}Pb$ 分别为 20.009、15.774 和 38.925，其余 3 件样品的 $^{206}Pb/^{204}Pb$ 为 18.388～18.521，均值 18.461；$^{207}Pb/^{204}Pb$ 为 15.634～15.681，均值 15.656；$^{208}Pb/^{204}Pb$ 为 38.403～38.635，均值 38.500，与矿区大理岩铅同位素组成相近（附表 33）。在铅同位素组成卡农图 [图 5.26 (a)] 中，样品 YL-40 为异常铅，其余样品均位于正常铅的 U 形铅区域；在铅同位素组成构造模式图 [图 5.27 (a)-1、(a)-2] 中，除样品 YL-40 外，其余样品分布于上地壳铅平均演化线与造山带铅平均演化线之间；在铅同位素组成构造源区判别图 [图 5.28 (a)-1、(a)-2] 中，除样品 YL-40 外，其余样品位于造山带区域；在 $\Delta\beta$-$\Delta\gamma$ 图 [图 5.29 (a)] 中，样品 YL-40 位于上地壳源铅区域，其余样品位于岩浆作用铅区域。

2. 岩浆岩铅同位素组成

羊拉矿区岩浆岩广泛分布，主要有海西期（360Ma 左右）以玄武安山岩-玄武岩为主的火山岩，印支期（230Ma 左右）以花岗闪长岩为主的侵入岩、以石英斑岩为主的浅成-

超浅成相斑岩和以辉绿岩为主的基性脉岩,其中印支期花岗闪长岩和石英斑岩与矿床时空密切共生。前文第四章第二节已介绍过这些岩浆岩和铅同位素组成特征,在此主要对比不同岩石类型铅同位素组成的异同。

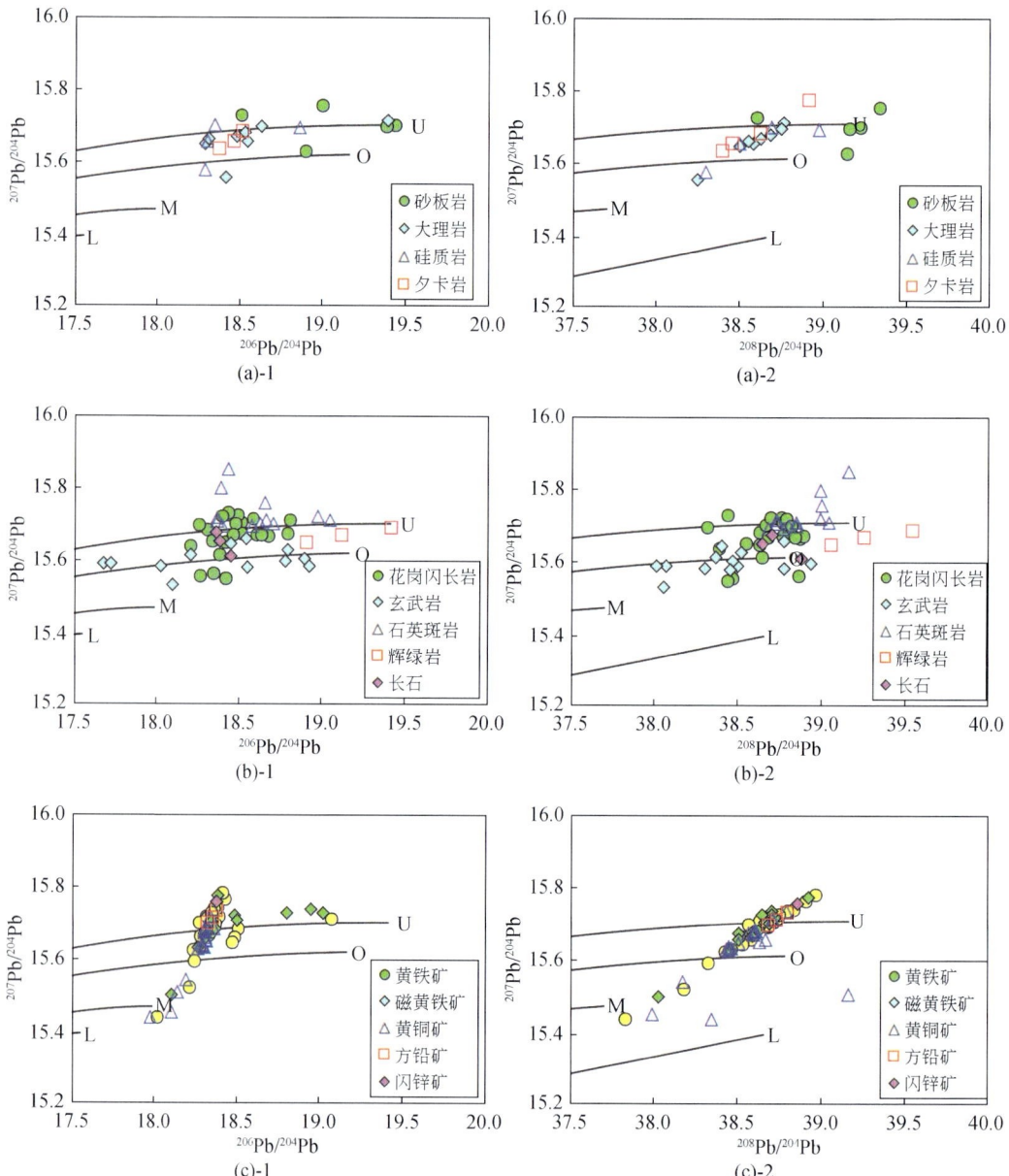

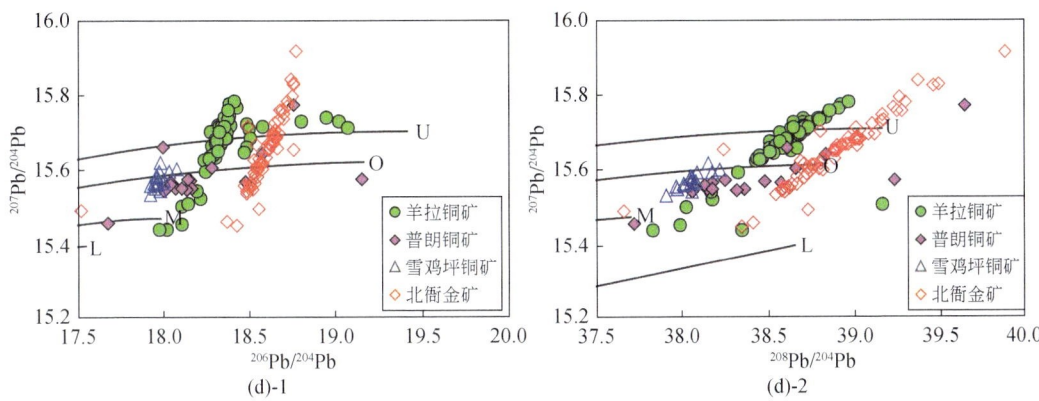

图 5.27 羊拉铜矿床铅同位素组成构造模式图（底图据 Zartman and Doe，1981）

(a)-1 和 (a)-2 为矿区地层；(b)-1 和 (b)-2 为矿区岩浆岩；(c)-1 和 (c)-2 为矿区矿石矿物；(d)-1 和 (d)-2 为不同矿床；上地壳（U）、造山带（O）、地幔（M）和下地壳（L）演化线据 Zartman 和 Doe（1981）；羊拉铜矿床原始数据据附表 32；普朗铜矿床据王守旭等（2007）；雪鸡坪铜矿床据冷成彪（2009）；北衙金矿据吴开兴（2005）、徐受民（2007）和肖晓牛等（2011）

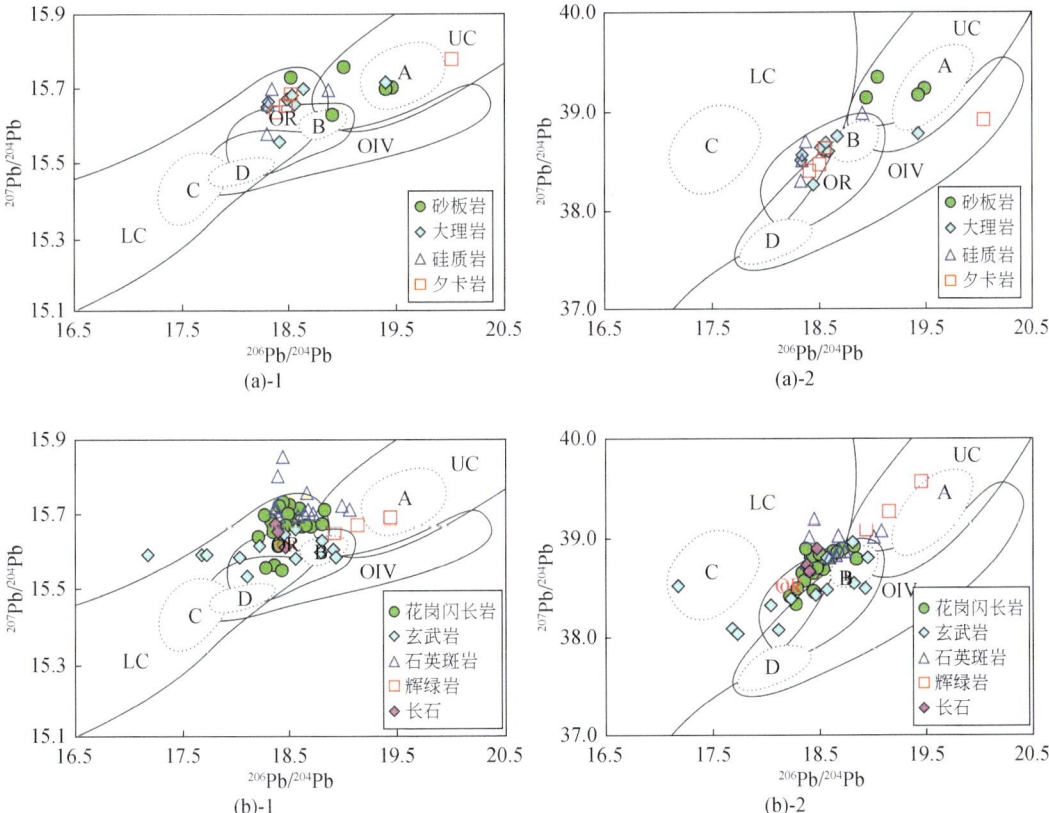

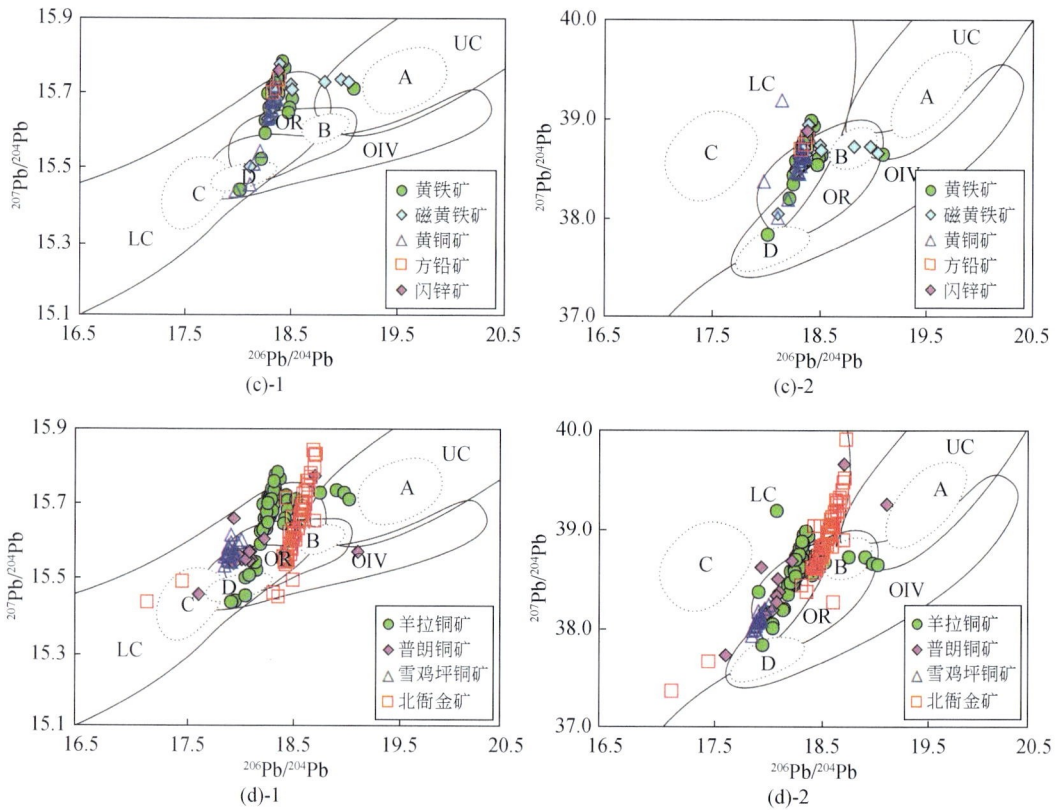

图 5.28 羊拉铜矿床铅同位素组成构造源区判别图(底图据 Zartman and Doe,1981)

(a)-1 和 (a)-2 为矿区地层;(b)-1 和 (b)-2 为矿区岩浆岩;(c)-1 和 (c)-2 为矿区矿石矿物;(d)-1 和 (d)-2 为不同矿床;实线圈闭区域表示各储库的现代铅同位素组成,虚线圈闭阴影区域表示各储库的密集分布范围;UC. 上地壳;OR. 造山带;OIV. 洋岛火山岩;LC. 下地壳;羊拉铜矿床原始数据据附表 32;普朗铜矿床据王守旭等 (2007);雪鸡坪铜矿床据冷成彪 (2009);北衙金矿床据吴开兴 (2005)、徐受民 (2007) 和肖晓牛等 (2011)

(1) 花岗闪长岩:矿区花岗闪长岩的铅同位素组成相对稳定,23 件样品的 $^{206}Pb/^{204}Pb$ 为 18.213~18.806,均值 18.457;$^{207}Pb/^{204}Pb$ 为 15.546~15.723,均值 15.662;$^{208}Pb/^{204}Pb$ 为 38.323~38.883;均值 38.673。战明国等 (1998) 和潘家永等 (2001) 分析的矿区 3 件长石样品铅同位素组成与花岗闪长岩相近,其 $^{206}Pb/^{204}Pb$、$^{207}Pb/^{204}Pb$、$^{208}Pb/^{204}Pb$ 以及有关铅同位素参数均在花岗闪长岩变化范围之内(附表 32、附表 33)。在铅同位素组成卡农图 [图 5.26 (b)] 中,这类岩石主要分布于正常铅的 U 型铅区域,少量分布于 Th 型铅区域,长石分布于 U 型铅和 Th 型铅交界区域;在铅同位素组成构造模式图 [图 5.27 (b)-1、(b)-2] 中,岩石和长石样品相对集中分布于上地壳铅平均演化线与造山带铅平均演化线之间;在铅同位素组成构造源区判别图 [图 5.28 (b)-1、(b)-2] 中,样品分布也相对集中,主要位于下地壳和造山带区域;在 Δβ-Δγ 图 [图 5.29 (b)] 中,样品主要位于岩浆作用铅和上地壳源铅的交界区域。

(2) 石英斑岩:矿区石英斑岩的铅同位素组成变化范围较宽,$^{206}Pb/^{204}Pb$,$^{207}Pb/^{204}Pb$ 和 $^{208}Pb/^{204}Pb$ 均相对高于本区花岗闪长岩和长石,12 件样品分别为 18.374~19.061,

^{204}Pb 在 38.022～38.946 之间,均值 38.444;低值区明显低于矿区花岗闪长岩和石英斑岩,高值区与后两者重叠;^{207}Pb/^{204}Pb 相对稳定,在 15.530～15.657 之间,均值 15.598,与矿区花岗闪长岩相近,相对低于矿区石英斑岩。在铅同位素组成卡农图[图 5.26(b)]中,样品也近于垂直分布,但分布范围较宽,穿过本区花岗闪长岩和石英斑岩分布区,主体在正常铅的 U 型铅区域,少量分布于 J 型铅和 Th 型铅区域。在铅同位素组成构造模式图[图 5.27(b)-1、(b)-2]中,矿区玄武岩与花岗闪长岩和石英斑岩存在较明显的差别,样品分布于上地壳铅平均演化线和地幔铅平均演化线之间,主要沿造山带铅平均演化线附近分布;在铅同位素组成构造源区判别图[图 5.28(b)-1、(b)-2]中,样品分布也相对分散,主要位于下地壳、造山带和洋岛火山岩区域。在 $\Delta\beta$-$\Delta\gamma$ 图[图 5.29(b)]中,样品主要位于岩浆作用铅区域。

(4)辉绿岩:本次工作分析的 3 件辉绿岩样品采自钻孔 4903,样品遭受较严重的蚀变作用,其铅同位素组成明显高于矿区花岗闪长岩、石英斑岩、玄武岩及长石,^{206}Pb/^{204}Pb 为 18.925～19.438,均值 19.166;^{207}Pb/^{204}Pb 为 15.647～15.689,均值 15.668;^{208}Pb/^{204}Pb 为 39.072～39.562,均值 39.300。在各种铅同位素图解上,其分布也与矿区其他类型岩浆岩存在明显差异,如在铅同位素组成卡农图[图 5.26(b)]中,全部样品分布于正常铅的 J 型铅区域;在铅同位素组成构造模式图[图 5.27(b)-1、(b)-2]中,样品分布于上地壳铅平均演化线和造山带铅平均演化线之间;在铅同位素组成构造源区判别图[图 5.28(b)-1、(b)-2]中,样品分布于上地壳区域;在 $\Delta\beta$-$\Delta\gamma$ 图[图 5.29(b)]中,样品主要位于上地壳源铅区域。这些特征与典型的幔源基性岩铅同位素组成存在明显差别,如本区玄武岩,本书认为可能是所分析岩石样品遭受后期含上地壳铅热液流体蚀变作用的结果。

3. 矿石矿物铅同位素组成

羊拉铜矿床原生矿石类型复杂,各种矿石类型的矿石矿物主要为黄铁矿、磁黄铁矿和黄铜矿,少量方铅矿、闪锌矿和辉钼矿,其他金属矿物少见。本次工作和前人主要分析了各种矿石类型中黄铁矿、磁黄铁矿和黄铜矿的铅同位素组成(附表 32),由于不同矿石类型中同种矿石矿物的铅同位素组成不具明显差别,本书按矿物种类总结铅同位素组成特征。

(1)黄铁矿:矿床各种矿石类型主要矿石矿物之一,其铅同位素组成相当稳定,30 件样品除 yn56-a 和 LNK-13 外,其余样品的 ^{206}Pb/^{204}Pb 为 18.221～18.515,均值 18.355,极差 0.294;^{207}Pb/^{204}Pb 为 15.519～15.782,均值 15.684,极差 0.263;^{208}Pb/^{204}Pb 为 38.190～38.977,均值 38.640,极差 0.787。样品 yn56-a 的 ^{206}Pb/^{204}Pb、^{207}Pb/^{204}Pb 和 ^{208}Pb/^{204}Pb 均相对低于其他样品(附表 32),而 LNK-13 的 ^{206}Pb/^{204}Pb 相对高于其他样品,^{207}Pb/^{204}Pb 和 ^{208}Pb/^{204}Pb 在其他样品的高值区内(附表 32、附表 33)。在铅同位素组成卡农图[图 5.26(c)]中,样品 LNK-13 位于正常铅的 U 型铅和 J 型铅界线上,其他样品集中分布在正常铅的 U 型铅和 Th 型铅交界区域,在铅同位素组成构造模式图[图 5.27(c)-1、(c)-2]中,除样品 LNK-13 外,其他样品呈正相关线性分布,跨越上地壳铅平均演化线、造山带铅平均演化线和地幔铅平均演化线;在铅同位素组成构造源区判别图[图 5.28

(c)-1、(c)-2]中,样品 LNK-13 位于上地壳区域,其余样品跨越下地壳、造山带和洋岛火山岩区域;在 $\Delta\beta$-$\Delta\gamma$ 图 [图 5.29 (c)] 中,样品同样呈正相关线性分布,主要分布于上地壳源铅和岩浆作用铅区域,在造山带铅区域也有少量样品分布。

(2) 磁黄铁矿:矿区磁黄铁矿铅同位素组成变化较大,14 件样品中 yn47-2 的铅同位素组成明显低于其他样品,$^{206}Pb/^{204}Pb$、$^{207}Pb/^{204}Pb$ 和 $^{208}Pb/^{204}Pb$ 分别为 18.113、15.498 和 38.037;3 件样品(YL-35、YL-45 和 YL-49)的 $^{206}Pb/^{204}Pb$ 明显高于其他样品,为 18.814~19.039,$^{207}Pb/^{204}Pb$ 和 $^{208}Pb/^{204}Pb$ 异常不明显,分别 15.727~15.735 和 38.655~38.716;其余样品 $^{206}Pb/^{204}Pb$ 为 18.273~18.507,均值 18.371,极差 0.234;$^{207}Pb/^{204}Pb$ 为 15.628~15.774,均值 15.689,极值 0.146;$^{208}Pb/^{204}Pb$ 为 38.466~38.936,均值 38.637,极差 0.479,与矿区黄铁矿主体样品相近(附表 33)。在铅同位素组成卡农图 [图 5.26 (c)] 中,大部分样品集中分布在正常铅的 U 型铅和 Th 型铅交界区域,与黄铁矿分布范围重叠,样品 YL-35、YL-45 和 YL-49 也位于正常铅的 U 型铅区域,但明显偏离主体样品;在铅同位素组成构造模式图 [图 5.27 (c)-1、(c)-2]中,样品呈正相关线性分布,跨越上地壳铅平均演化线、造山带铅平均演化线和地幔铅平均演化线,与黄铁矿分布范围一致,但在 $^{206}Pb/^{204}Pb$-$^{207}Pb/^{204}Pb$ 图 [图 5.27 (c)-1] 中,少量样品沿上地壳铅平均演化线分布;在铅同位素组成构造源区判别图 [图 5.28 (c)-1、(c)-2]中,大部分样品跨越下地壳、造山带和洋岛火山岩区域,YL-35、YL-45 和 YL-49 分布于上地壳区域;在 $\Delta\beta$-$\Delta\gamma$ 图 [图 5.29 (c)] 中,样品同样呈正相关线性分布,主要分布于上地壳源铅和岩浆作用铅区域,与黄铁矿分布范围一致。

(3) 黄铜矿:矿区黄铜矿铅同位素组成同样具有较大变化,22 件样品中有 4 件(yn47-1、yn37、yn65 和 yn58)$^{206}Pb/^{204}Pb$ 和 $^{207}Pb/^{204}Pb$ 明显偏低,分别为 17.985~18.205 和 15.434~15.541,$^{208}Pb/^{204}Pb$ 变化很大,在 37.998~39.177;其余 18 件样品的 $^{206}Pb/^{204}Pb$ 为 18.277~18.369,均值 18.324,极差 0.092;$^{207}Pb/^{204}Pb$ 为 15.627~15.737,均值 15.668,极差 0.110;$^{208}Pb/^{204}Pb$ 为 38.445~38.799,均值 38.589,极差 0.354,与矿区黄铁矿和磁黄铁矿主体样品相近(附表 33)。在铅同位素组成卡农图 [图 5.26 (c)] 中,样品 yn47-1 和 yn65 位于正常铅的 Th 型铅区域,其余样品分布在正常铅的 U 型铅和 Th 型铅交界区域,与黄铁矿和磁黄铁矿主体样品分布范围重叠;在铅同位素组成构造模式图 [图 5.27 (c)-1、(c)-2] 中,样品呈正相关线性分布,跨越上地壳铅平均演化线、造山带铅平均演化线和地幔铅平均演化线,与矿区黄铁矿和磁黄铁矿分布范围一致,但在 $^{208}Pb/^{204}Pb$-$^{207}Pb/^{204}Pb$ 图 [图 5.27 (c)-2] 中,样品 yn47-1 和 yn65 偏离主体样品分布范围;在铅同位素组成构造源区判别图 [图 5.28 (c)-1、(c)-2] 中,样品同样跨越下地壳、造山带和洋岛火山岩区域,与矿区黄铁矿和磁黄铁矿分布范围一致;在 $\Delta\beta$-$\Delta\gamma$ 图 [图 5.29 (c)] 中,大部分样品呈正相关线性分布,主要分布于上地壳源铅和岩浆作用铅区域,与矿区黄铁矿和磁黄铁矿分布范围重叠,样品 yn47-1 和 yn65 分布于造山带铅区域。

(4) 方铅矿和闪锌矿:本次工作分析了 3 件方铅矿和 1 件闪锌矿的铅同位素组成(附表 32),方铅矿的 $^{206}Pb/^{204}Pb$ 为 18.330~18.381,均值 18.358;$^{207}Pb/^{204}Pb$ 为 15.699~15.734,均值 15.715;$^{208}Pb/^{204}Pb$ 为 38.689~38.812,均值 38.747。闪锌矿的 $^{206}Pb/^{204}Pb$、$^{207}Pb/^{204}Pb$ 和 $^{208}Pb/^{204}Pb$ 分别为 18.384、15.758 和 38.870,均与矿区主要黄铁矿、

磁黄铁矿和黄铜矿不具明显差异。在各种铅同位素组成图解上，样品位于矿区主要黄铁矿、磁黄铁矿和黄铜矿分布范围之内［图5.26（c），图5.27（c）-1、（c）-2，图5.28（c）-1、（c）-2，图5.29（c）］。

4. 与其他矿床铅同位素组成对比

羊拉铜矿床铅同位素组成与普朗铜矿床（王守旭等，2007）、雪鸡坪铜矿床（冷成彪，2009）以及北衙金矿床（吴开兴，2005；徐受民，2007；肖晓牛等，2011）的铅同位素组成，均存在一定差异，主要表现在：

（1）普朗铜矿床：黄铁矿铅同位素组成明显低于羊拉铜矿床黄铁矿，5件样品的$^{206}Pb/^{204}Pb$、$^{207}Pb/^{204}Pb$和$^{208}Pb/^{204}Pb$分别为17.680~18.152（均值18.001）、15.453~15.569（均值15.533）和37.730~38.258（均值38.077）；黄铜矿铅同位素组成变化范围很宽，12件样品的$^{206}Pb/^{204}Pb$为18.004~19.165，均值18.331；$^{207}Pb/^{204}Pb$为15.544~15.773，均值15.594；$^{208}Pb/^{204}Pb$为38.160~39.654，均值38.610。在铅同位素组成卡农图［图5.26（d）］中，样品主要分布于正常铅的Th型铅区域，部分样品分布于正常铅的U型铅和J型铅区域，大部分样品分布于羊拉铜矿床主要矿石矿物分布范围之内；在铅同位素组成构造模式图［图5.27（d）-1、（d）-2］中，样品相对集中分布于造山带铅平均演化线和地幔铅平均演化线之间，呈正相关线性分布的羊拉铜矿床矿石矿物穿过其分布区域；在铅同位素组成构造源区判别图［图5.28（c）-1、（c）-2］中，样品主要分布在造山带和洋岛火山岩区域，少量分布在下地壳区域，同样与羊拉铜矿床分布范围重叠；在$\Delta\beta$-$\Delta\gamma$图［图5.29（c）］中，样品分布分散，主要分布在岩浆作用铅区域，在上地壳源铅、地幔源铅和造山带铅区域也有少量样品分布，其中主要样品位于羊拉铜矿床分布范围。

（2）雪鸡坪铜矿床：黄铜矿和方铅矿的铅同位素组成相对稳定，明显低于羊拉铜矿床相应矿物，其中9件黄铜矿的$^{206}Pb/^{204}Pb$为17.929~18.042，均值17.978；$^{207}Pb/^{204}Pb$为15.528~15.593，均值15.556；$^{208}Pb/^{204}Pb$为37.917~38.190，均值38.044。5件方铅矿的$^{206}Pb/^{204}Pb$为17.965~17.987，17.973；$^{207}Pb/^{204}Pb$为15.575~15.614，均值15.588；$^{208}Pb/^{204}Pb$为38.058~38.168，均值38.092。在铅同位素组成卡农图［图5.26（d）］中，样品主要集中分布于正常铅的U型铅和Th型铅交界区域，与羊拉和普朗铜矿床主要矿石矿物分布区相比，相对靠近$^{207}Pb/^{204}Pb$端元；在铅同位素组成构造模式图［图5.27（d）-1、（d）-2］中，样品相对集中分布于造山带铅平均演化线和地幔铅平均演化线之间，但向低$^{206}Pb/^{204}Pb$和$^{208}Pb/^{204}Pb$方向偏离呈正相关线性分布的羊拉铜矿床矿石矿物分布区域；在铅同位素组成构造源区判别图［图5.28（d）-1、（d）-2］中，样品集中分布在造山带、洋岛火山岩和下地壳交界区域，分布区域同样偏离羊拉和普朗铜矿床分布范围；在$\Delta\beta$-$\Delta\gamma$图［图5.29（d）］，样品分布于岩浆作用铅区域，分布范围与羊拉和普朗铜矿床存在较明显的差别。

（3）北衙金矿床：主要矿石矿物组成与羊拉铜矿床存在一定差别，主要为方铅矿和黄铁矿，少量赤铁矿和褐铁矿，其中方铅矿、黄铁矿和矿石的铅同位素组成均具有较大的变化范围；赤铁矿和褐铁矿的铅同位素组成相对较高（附表33），如29件方铅矿的$^{206}Pb/^{204}Pb$为18.381~18.668，$^{207}Pb/^{204}Pb$为15.457~15.703，$^{208}Pb/^{204}Pb$为38.422~39.039；

5 件赤铁矿的$^{206}Pb/^{204}Pb$ 为 18.614~18.732，$^{207}Pb/^{204}Pb$ 为 15.631~15.780，$^{208}Pb/^{204}Pb$ 为 38.900~39.316。在各种铅同位素图解上，北衙金矿床与羊拉铜矿床均存在较明显的差异，如在铅同位素组成卡农图 [图 5.26 (d)] 中，样品相对集中分布于正常铅的 U 型铅、Th 型铅和 J 型铅交界区域；在铅同位素组成构造模式图 [图 5.27 (d)-1、(d)-2] 中，样品呈正相关线性分布，跨越上地壳铅平均演化线、造山带铅平均演化线和地幔铅平均演化线，分布范围与羊拉铜矿床近于平行；在铅同位素组成构造源区判别图 [图 5.28 (d)-1、(d)-2] 中，样品跨越上地壳、下地壳、造山带和洋岛火山岩区域；在 $\Delta\beta$-$\Delta\gamma$ 图 [图 5.29 (d)] 中，样品分布分散，大部分样品呈正相关线性分布，分布范围同样与羊拉铜矿床近于平行，跨越上地壳源铅、岩浆作用铅和造山带铅区域。

三、讨论

1. 成矿物质来源

金属硫化物中的 U、Th 含量很低，因而在其结晶以后通过衰变作用所产生的放射性成因铅的含量非常低，对硫化物铅同位素组成的影响可以忽略不计（魏菊英和王关玉，1988）。因此，铅同位素组成是示踪成矿物质来源最有力手段之一（Zartman and Doe，1981）。前人通过研究羊拉铜矿床铅同位素组成，对成矿物质来源有不同认识。杨喜安（2012）和赵江南（2012）根据矿区不同矿石类型中矿石矿物的铅同位素组成不具明显变化，认为成矿物质来自相似的源区；在铅同位素组成构造模式图上，样品穿过造山带、地幔、上地壳铅平均演化线，在 $\Delta\beta$-$\Delta\gamma$ 图中，样品主要分布于上地壳与地幔混合的俯冲铅（岩浆作用）区域，认为成矿物质主要来源于地幔或岩浆，在成矿流体上升过程中混合了上地壳物质。朱经经（2012）根据矿区所有金属硫化物铅同位素组成与花岗闪长岩相近，与地层和玄武岩存在较明显差别，在铅同位素组成构造模式图上，金属硫化物位于花岗闪长岩分布范围，与地层和玄武岩的分布范围不同，认为成矿物质可能主要来源于中酸性岩浆。

本次工作及前人铅同位素组成分析结果（附表 32、附表 33）表明，除个别样品外，矿床矿石矿物的铅同位素组成相对稳定，其 $^{206}Pb/^{204}Pb$、$^{207}Pb/^{204}Pb$ 和 $^{208}Pb/^{204}Pb$ 变化范围与矿区花岗闪长岩基本一致，与矿区砂板岩、大理岩、硅质岩、夕卡岩等地层和玄武岩、石英斑岩等岩浆岩也有重叠部分。在铅同位素组成卡农图（图 5.30）中，矿床矿石矿物集中分布在正常铅的 U 型铅和 Th 型铅交界区域，除砂板岩和辉绿岩外，矿区其他地层和岩浆岩均与矿石矿物集中分布区有较大范围的重叠部分，其中花岗闪长岩集中区与矿石矿物集中区基本一致 [图 5.26 (b)、(c)]；在铅同位素组成构造模式图上（图 5.31），矿床矿石矿物总体呈正相关线性分布，跨越上地壳铅平均演化线、造山带铅平均演化线和地幔铅平均演化线，穿过矿区花岗闪长岩和玄武岩，与矿区砂板岩、大理岩（包括夕卡岩和硅质岩）和石英斑岩也有较大范围的重叠部分，其中花岗闪长岩集中区在矿石矿物集中区之内 [图 5.27 (b)-1、(b)-2，图 5.27 (c)-1、(c)-2]；在铅同位素组成构造源区判别图上（图 5.32），矿床矿石矿物跨越上地壳、下地壳、造山带和洋岛火山岩区域，同样穿过矿区花岗闪长岩和玄武岩,与矿区砂板岩、大理岩(包括夕卡岩和硅质岩)和石英斑岩有较大范围的重叠部分,其中花岗闪长岩集中区同样在矿石矿物集中区之内[图 5.28 (b)-1、(b)-2,图 5.28 (c)-1、(c)-2];在 $\Delta\beta-\Delta\gamma$ 图中(图 5.33),矿床矿石矿物呈正相关线性分布,跨越上地壳源铅、岩浆作用铅和造山带铅区域,不仅穿过矿区花岗闪长岩和玄武岩,也穿过矿区大理岩(包括夕卡岩和硅质岩),与矿区砂板岩石英斑岩有较大范围的重叠部分,其中花岗闪长岩集中区也在矿石矿物集中区之内[图 5.29 (b)、(c)]。这些特征均表明,矿床成矿物质具有"多源性",主要来源于矿区花岗闪长岩,矿区玄武岩、石英斑岩以及砂板岩、大理岩地层等均可能提供部分成矿物质。以下证据同样支持该结论。

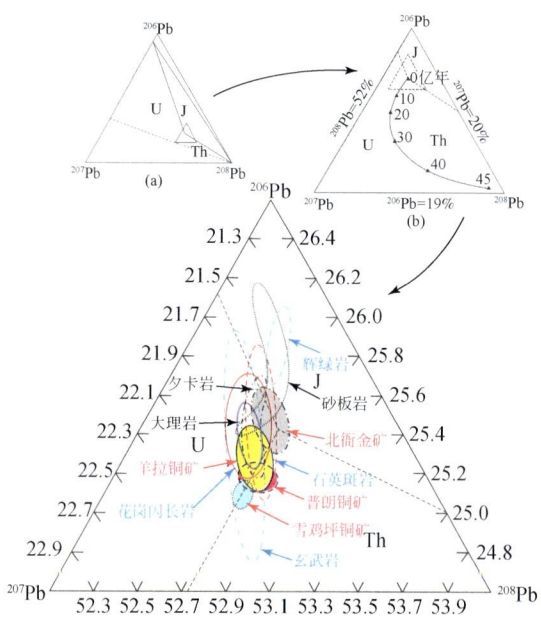

图 5.30 羊拉铜矿床铅同位素组成对比卡农图(底图据 Cannon et al.,1961)

图中只给出去除异常值的范围。羊拉铜矿床原始数据据附表 32,其中硅质岩在夕卡岩范围内,未示出;普朗铜矿床据王守旭等(2007);雪鸡坪铜矿床据冷成彪(2009);北衙金矿据吴开兴(2005)、徐受民(2007)和肖晓牛等(2011)

(1)矿床矿石矿物的 $^{206}Pb/^{204}Pb$ 与 $^{207}Pb/^{204}Pb$ 和 $^{207}Pb/^{204}Pb$ 与 $^{208}Pb/^{204}Pb$ 之间均呈明显的线性正相关关系,显示各种类型矿石铅来源的继承性;在铅同位素组成对比构造模式图(图 5.31)中,跨越地幔铅平均演化线、造山带铅平均演化线和上地壳铅平均演化线;在铅同位素组成对比构造源区判别图(图 5.32)中,矿床矿石矿物跨越上地壳、下地壳、造山带和洋岛火山岩区域,均表明矿床矿石铅的"多源性",即下地壳、地幔、造山带和上地壳均可提供成矿物质。朱炳泉(1998)指出,造山带的铅包括了高 μ($^{238}U/^{204}Pb$)值的地壳铅、俯冲带的壳幔混合铅、海底热水作用铅和部分沉积与变质作用铅。在这种环境中进行沉积作用、火山作用、变质作用和迅速的侵蚀旋回的有效均匀化作用,可以消除在地幔、上地壳和下地壳中自然增长的许多同位素的差异;在朱炳泉(1988)的 $\Delta\beta-\Delta\gamma$ 图(图 5.33)中,本区矿石矿物跨越上地壳源铅和造山带铅区域,主体在上地壳与地幔混合

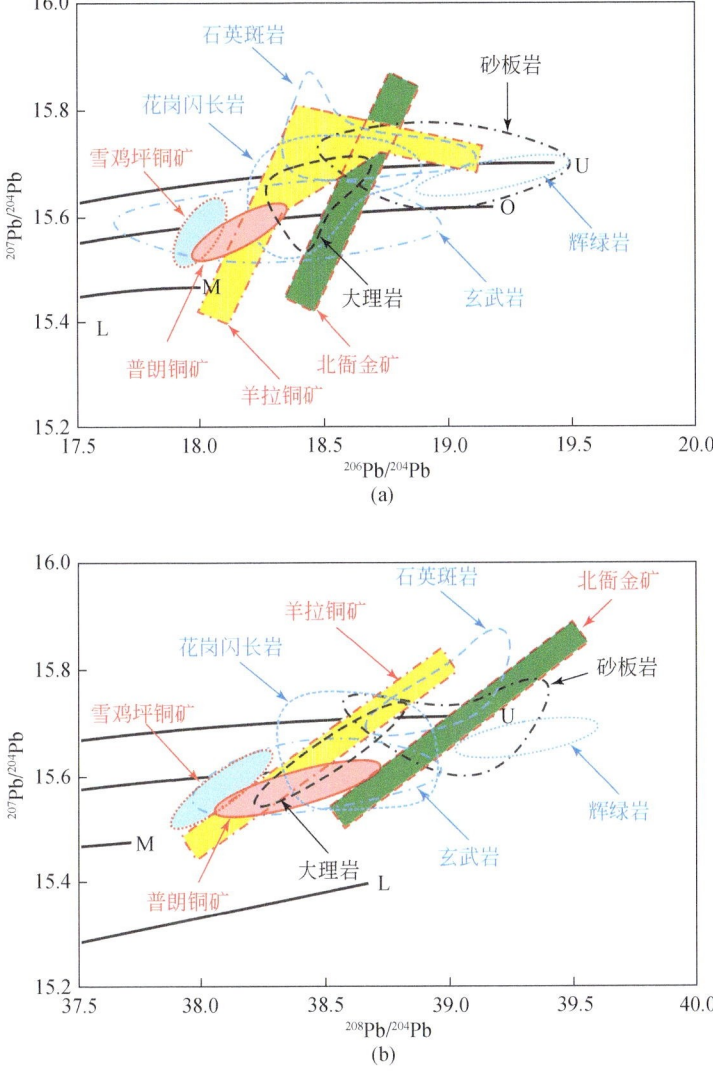

图 5.31 羊拉铜矿床铅同位素组成对比构造模式图（底图据 Zartman and Doe，1981）

图中只给出去除异常值的范围。上地壳（U）、造山带（O）、地幔（M）和下地壳（L）演化线据 Zartman 和 Doe（1981）；羊拉铜矿床原始数据据附表 32；普朗铜矿床据王守旭等（2007）；雪鸡坪铜矿床据冷成彪（2009）；北衙金矿据吴开兴（2005）、徐受民（2007）和肖晓牛等（2011）

成因岩浆作用铅区域，同样指示矿床矿石铅的"多源性"，同时表明本区成矿物质主要来源于壳-幔混合成因岩浆岩。该结论也符合接触交代夕卡岩矿床铅同位素的一般规律，即矿床的矿质是多来源的，既有岩浆分异来源，又有地层来源（赵斌，1989）。按朱炳泉（1993）的方法，计算的本区矿石矿物铅同位素矢量特征值 V_1 为 41.35~88.97、V_2 为 33.25~90.97，在 V_1-V_2 图 [图 5.34（a）] 中，绝大部分样品位于华南富 U-Pb、Th-Pb 铅同位素省内；同时可见，除砂板岩和辉绿岩外，矿区其他地层和岩浆岩样品大部分分布于矿石矿物范围，表明成矿物质的"多源性"，本区花岗闪长岩、玄武岩和石英斑岩等岩浆

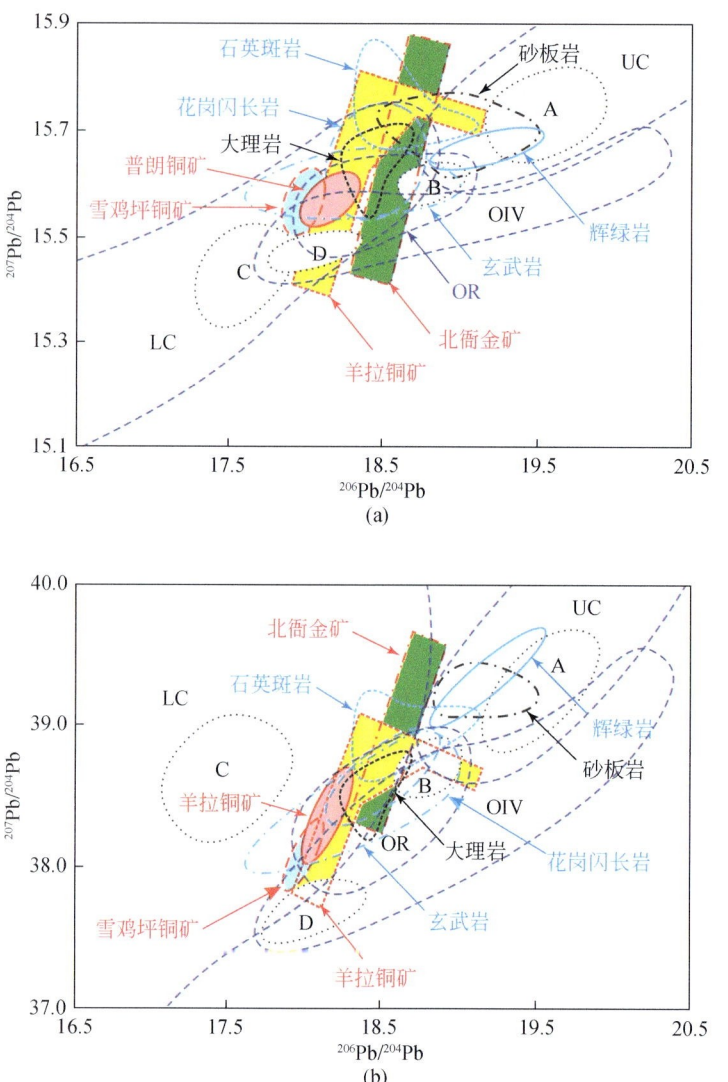

图 5.32 羊拉铜矿床铅同位素组成对比构源区判别图（底图据 Zartman and Doe，1981）

图中只给出去除异常值的范围。实线圈闭区域表示各储库的现代铅同位素组成，虚线圈闭阴影区域表示各储库的密集分布范围；UC. 上地壳；OR. 造山带；OIV. 洋岛火山岩；LC. 下地壳；羊拉铜矿床原始数据据附表 32；普朗铜矿床据王守旭等（2007）；雪鸡坪铜矿床据冷成彪（2009）；北衙金矿据吴开兴（2005）、徐受民（2007）和肖晓牛等（2011）

岩以及大理岩、硅质岩、夕卡岩等地层均提供了部分成矿物质。

（2）铅同位素组成参数也可用于判别成矿物质来源。Chen 等（1982）依据 μ 值对铅同位素进行分类，第一类为低 μ 值（7.18）单阶段演化铅；第二类为高 μ 值（9.81）演化铅。前人研究成果表明，高 μ 值反映了高 U/Pb 值的壳源成因，低 μ 值反映了低 U/Pb 值的幔源成因；高 μ 值铅一般来源于上地壳，低 μ 值和低 ω（$^{232}Th/^{204}Pb$）值铅被认为来源于上地幔，而低 μ 值和高 ω 值铅为典型的下地壳来源（李龙等，2001）。羊拉铜矿床矿

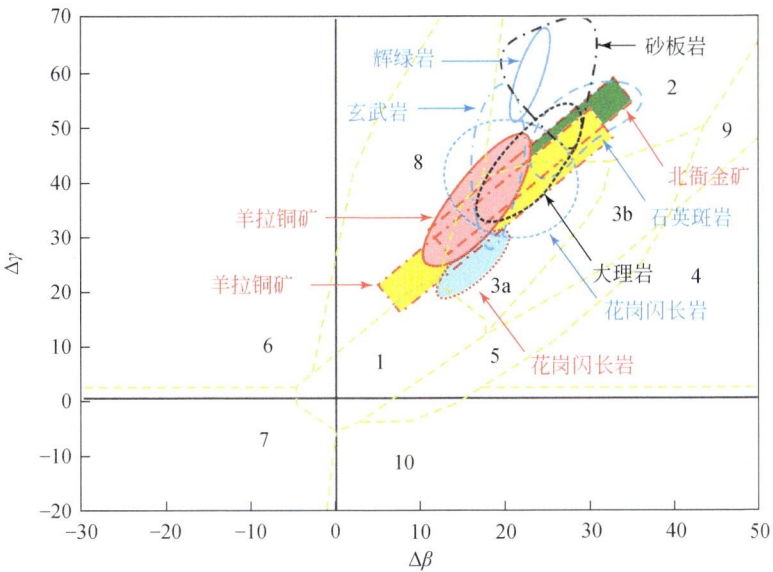

图 5.33 羊拉铜矿床铅同位素组成对比 $\Delta\beta$-$\Delta\gamma$ 图（底图据朱炳泉，1998）

图中只给出去除异常值的范围。1. 地幔源铅；2. 上地壳源铅；3. 上地壳与地幔混合的俯冲铅（3a. 岩浆作用；3b. 沉积作用）；4. 化学沉积型铅；5. 海底热水作用铅；6. 中深变质作用铅；7. 深变质下地壳铅；8. 造山带铅；9. 古老页岩上地壳铅；10. 退变质铅；羊拉铜矿原始数据据附表 32，普朗铜矿床据王守旭等（2007），雪鸡坪铜矿床据冷成彪（2009），北衙金矿据吴开兴（2005）、徐受民（2007）和肖晓牛等（2011）

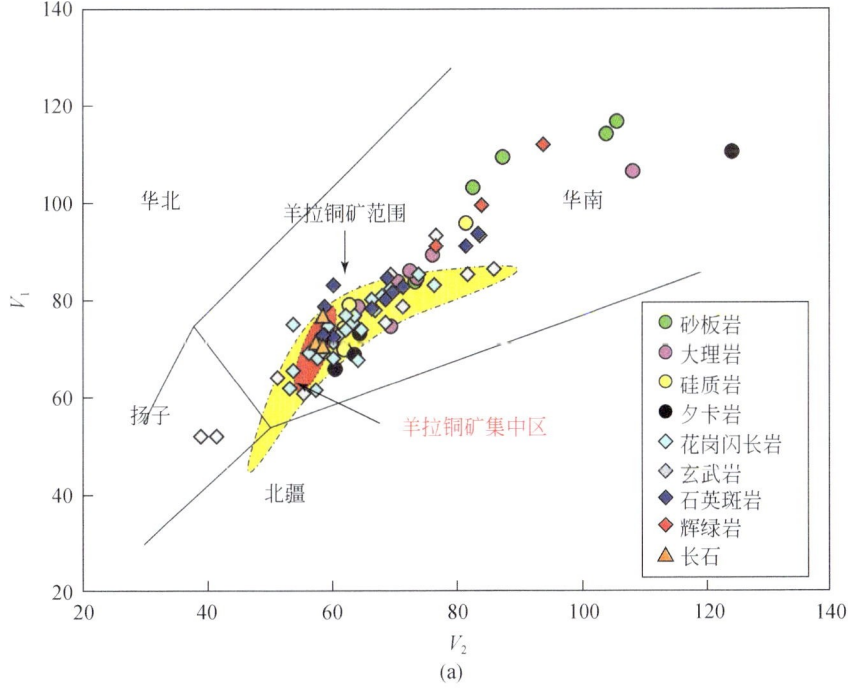

(a)

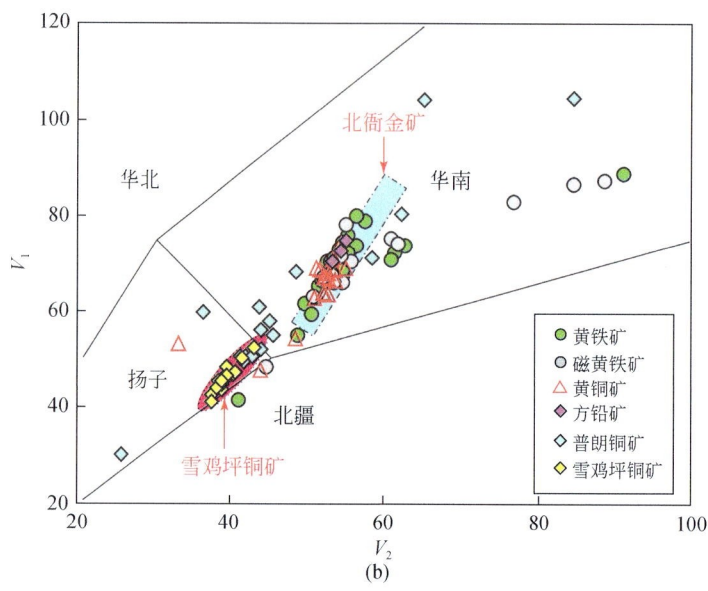

图 5.34　羊拉铜矿床铅同位素组成 V_1-V_2 图（底图据朱炳泉，1993；略修改）

华北、华南、扬子和北疆铅同位素省据朱炳泉（1993）；羊拉铜矿床原始数据据附表 32；普朗铜矿床据王守旭等（2007）；雪鸡坪铜矿床据冷成彪（2009）；北衙金矿据吴开兴（2005）、徐受民（2007）和肖晓牛等（2011）

石矿物的 μ 值较高，集中在 9.32~9.82 之间，ω 值集中在 35.78~40.46 之间，明显高于正常铅同位素的 ω 值（35.55±0.59）。在 μ-ω 图 [图 5.35（a）] 中，样品总体呈正相关线性分布，穿过矿区地层和岩浆岩；在 $^{207}Pb/^{204}Pb$ 和 $^{208}Pb/^{204}Pb$ 与 μ 和 ω 相关图中（图 5.36），同样显示上述特征。Th/U 范围变化为 3.51~3.99，与中国大陆地幔的 Th/U 值（平均 3.60；李龙等，2001）较为接近，明显低于中国大陆地壳下地壳的平均值 5.48（李龙等，2001），在 Th/U-μ 和 Th/U-ω 图 [图 5.35（b）、（c）] 中，样品总体也呈正相关线性分布，同样穿过矿区地层和岩浆岩。这些特征均表明，矿床矿石矿物铅为地幔、下地壳和上地壳来源的混合铅，成矿物质具有"多源性"特征，矿区花岗闪长岩、玄武岩、石英斑岩以及砂板岩、大理岩、硅质岩和夕卡岩均可能提供部分成矿物质。

2. 典型矿床成矿物质来源对比

羊拉铜矿床铅同位素组成与普朗铜矿床、雪鸡坪铜矿床和北衙金矿床均存在一定差异（附表 33）。在各种铅同位素组成图解上（图 5.30~图 5.33），普朗铜矿床集中分布区与羊拉铜矿床有较大范围重叠；北衙金矿床 $^{208}Pb/^{204}Pb$ 相对较高，与羊拉铜矿床近于平行分布，在 $\Delta\beta$-$\Delta\gamma$ 图中大范围重叠（图 5.33）；雪鸡坪铜矿床铅同位素组成相对较低，集中分布区与羊拉铜矿床低值区有部分重叠。从铅同位素组成参数看（附表 33），北衙金矿床各种参数的变化范围均与羊拉铜矿床相近，而普朗铜矿床和雪鸡坪铜矿床各种参数相对较小，与羊拉铜矿床低值区重叠。在 V_1-V_2 图（图 5.34）中，羊拉铜矿床与北衙金矿床重叠，均主要位于华南铅同位素省，与普朗铜矿床和雪鸡坪铜矿床有较大差别，其中雪鸡坪铜矿床位于扬子地体铅同位素省，普朗铜矿床位于华南铅同位素省和扬子地体铅同位素省

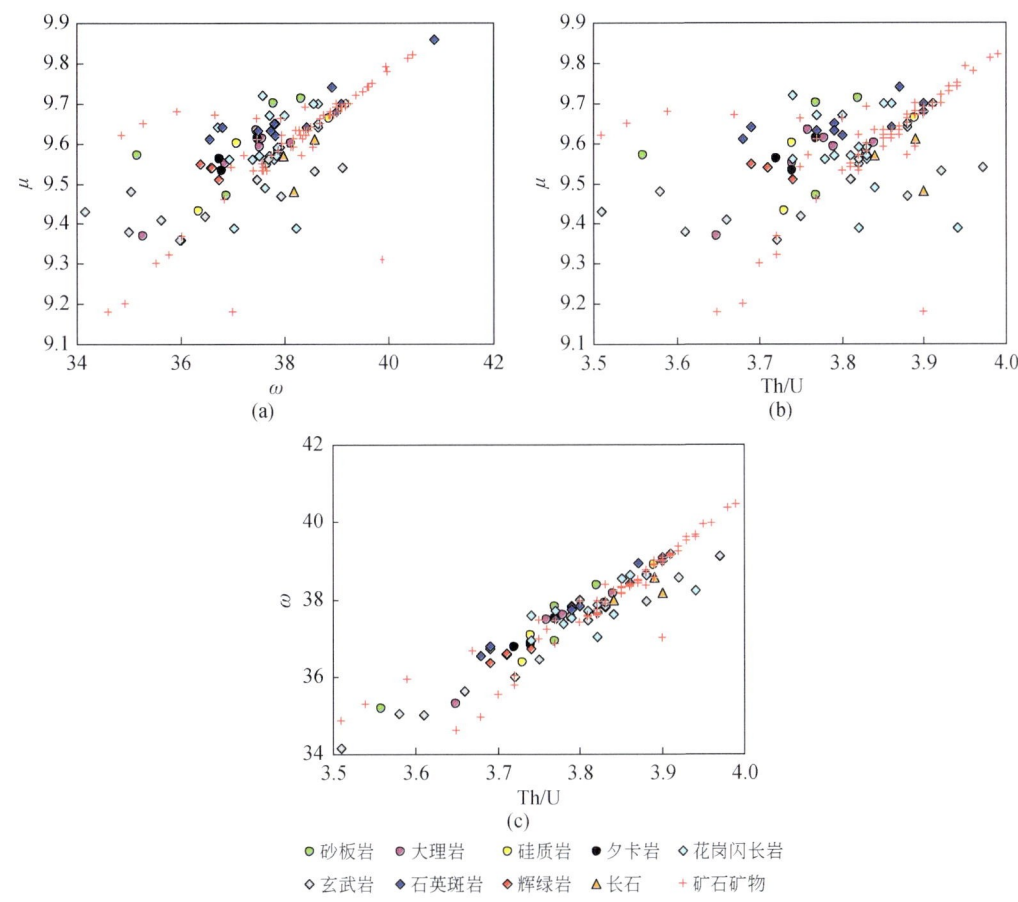

图 5.35 羊拉铜矿床铅同位素组成参数相关图
原始数据据附表 32，Th/U 由 GeoKit 软件计算（路远发等，2004）

交界区域。在 $^{208}Pb/^{204}Pb$ 与 μ 和 ω 相关图中（图 5.37），4 个矿床分布区域差别明显，羊拉铜矿床与北衙金矿床近于平行正相关线性分布。这些特征均表明，羊拉铜矿床成矿物质来源与普朗铜矿床、雪鸡坪铜矿床和北衙金矿床存在差别。王守旭等（2007）认为普朗铜矿床成矿物质主要来源于与造山带环境有关的地幔物质和下地壳物质的混合；冷成彪（2009）研究指出，雪鸡坪铜矿床成矿物质主要来自深部岩浆，这种岩浆可能主要起源于俯冲洋壳板片的部分熔融，并受到少量地壳物质的混染；吴开兴（2005）认为北衙金矿床成矿物质与富碱岩浆分异的流体有关，其中 60%～80% 的成矿物质直接来源于富碱岩浆源区，只有少部分通过岩浆混染或水-岩相互作用等途径由变质基底加入富碱岩浆及其分异的流体中。

可见，羊拉铜矿床与这些矿床成矿物质来源的最大差别是矿区地层提供了部分成矿物质。本区矿石矿物的铅同位素组成变化范围与矿区砂板岩、大理岩、硅质岩和夕卡岩等地层相互重叠（附表33），在各种铅同位素组成图解中部分矿石矿物样品分布在上地壳区域、矿石矿物分布区穿过矿区地层外，矿石矿物的铅同位素演化也支持该结论。在 $^{206}Pb/^{204}Pb$-$^{207}Pb/^{204}Pb$ 图（图 5.38）中，羊拉铜矿床矿石矿物存在 2 个明显不同的演化趋

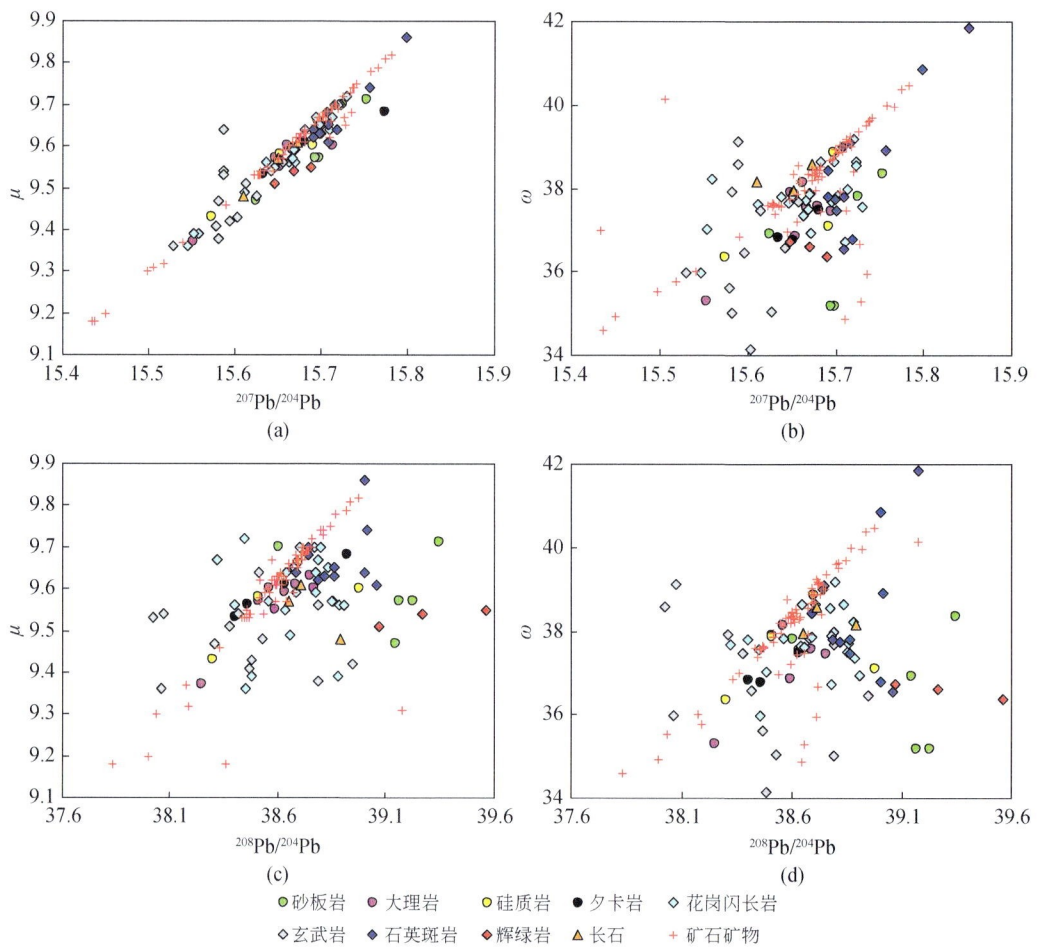

图 5.36 羊拉铜矿床铅同位素组成与参数相关图（原始数据据附表 32）

势，其一，$^{206}Pb/^{204}Pb$ 和 $^{207}Pb/^{204}Pb$ 逐渐增加，样品呈正相关线性分布，为成矿物质主要来源于矿区花岗闪长岩，部分来源于玄武岩和石英斑岩的铅同位素组成演化趋势；其二，$^{207}Pb/^{204}Pb$ 缓慢增加或变化不明显、$^{206}Pb/^{204}Pb$ 快速增加，样品呈弧形分布，从演化趋向 $^{206}Pb/^{204}Pb$ 的砂板岩（样品 4903-12、4903-13）、大理岩（样品 YL-15）和夕卡岩（样品 YL-40，$^{206}Pb/^{204}Pb$ 为 20.009，图中未示出）看，应为成矿物质来源于矿区地层的铅同位素组成演化趋势。其实，矿区花岗闪长岩和石英斑岩的铅同位素组成也大体存在这 2 种演化趋势（图 5.38），前文的研究表明，这两类岩石在成岩过程中均遭受过不同程度的地壳物质混染，同样支持铅同位素组成演化趋势 2 为部分成矿物质来源于矿区地层所致。

值得一提的是，稳定同位素组成指示羊拉铜矿床成矿流体演化晚期存在低温流体加入，加入的流体是否携带成矿物质，对确定矿床成因类型、揭示成矿作用过程具有重要意义。矿区低 $\delta^{34}S$ 黄铁矿为成矿流体演化晚期低温有机质流体加入的产物，7 件样品的铅同位素组成相对稳定，$^{206}Pb/^{204}Pb$ 为 18.349~18.438，均值 18.381；$^{207}Pb/^{204}Pb$ 为 15.693~15.766，均值 15.716；$^{208}Pb/^{204}Pb$ 为 38.691~38.921，均值 38.755。图 5.39 显示，矿区低

第五章 矿床地球化学 ·247·

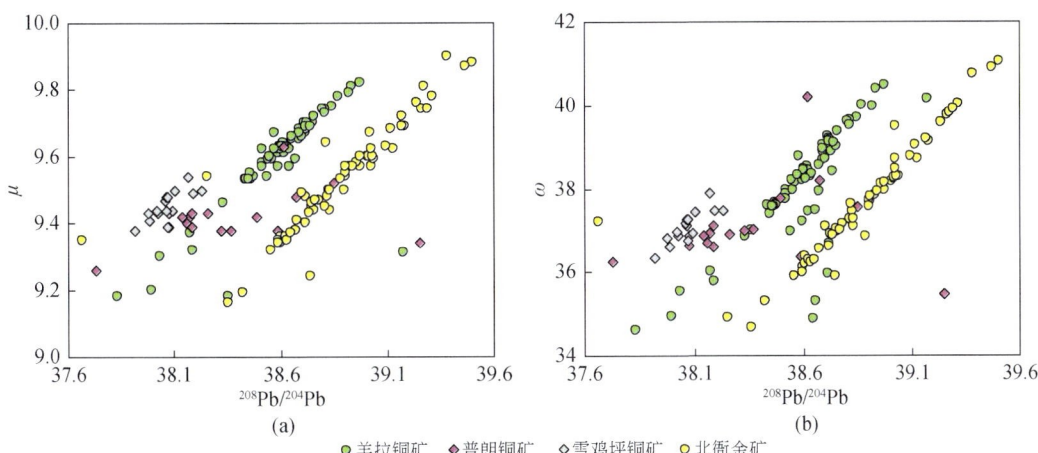

图 5.37 羊拉铜矿床及对比矿床 ^{208}Pb/^{204}Pb 与 μ 和 ω 相关图

羊拉铜矿床矿石矿物原始数据据附表 32；普朗铜矿床据王守旭等（2007）；雪鸡坪铜矿床据冷成彪（2009）；北衙金矿据吴开兴（2005）、徐受民（2007）和肖晓牛等（2011）

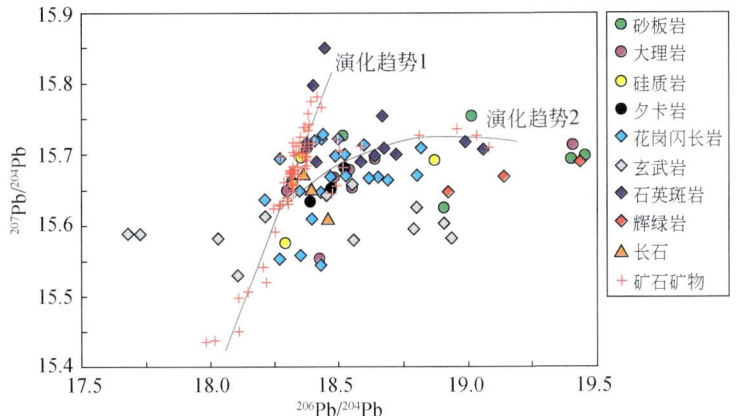

图 5.38 羊拉铜矿床铅同位素组成演化趋势（原始数据据附表 32）

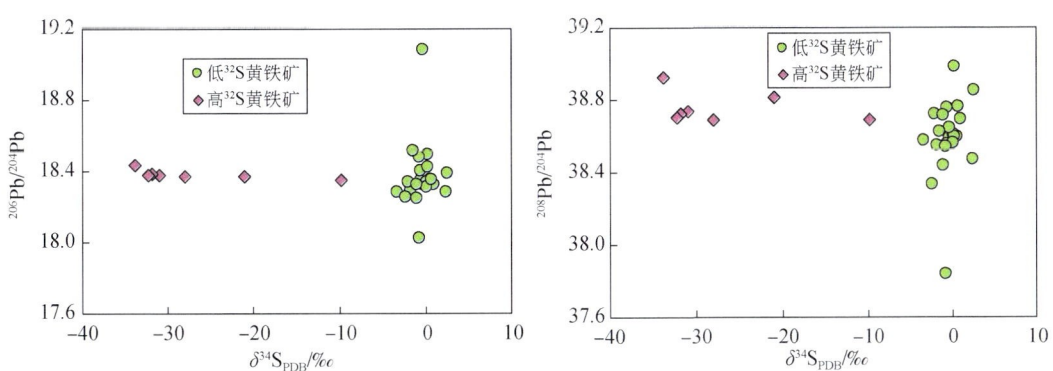

图 5.39 羊拉铜矿床黄铁矿硫、铅同位素组成相关图（原始数据据附表 24；附表 32）

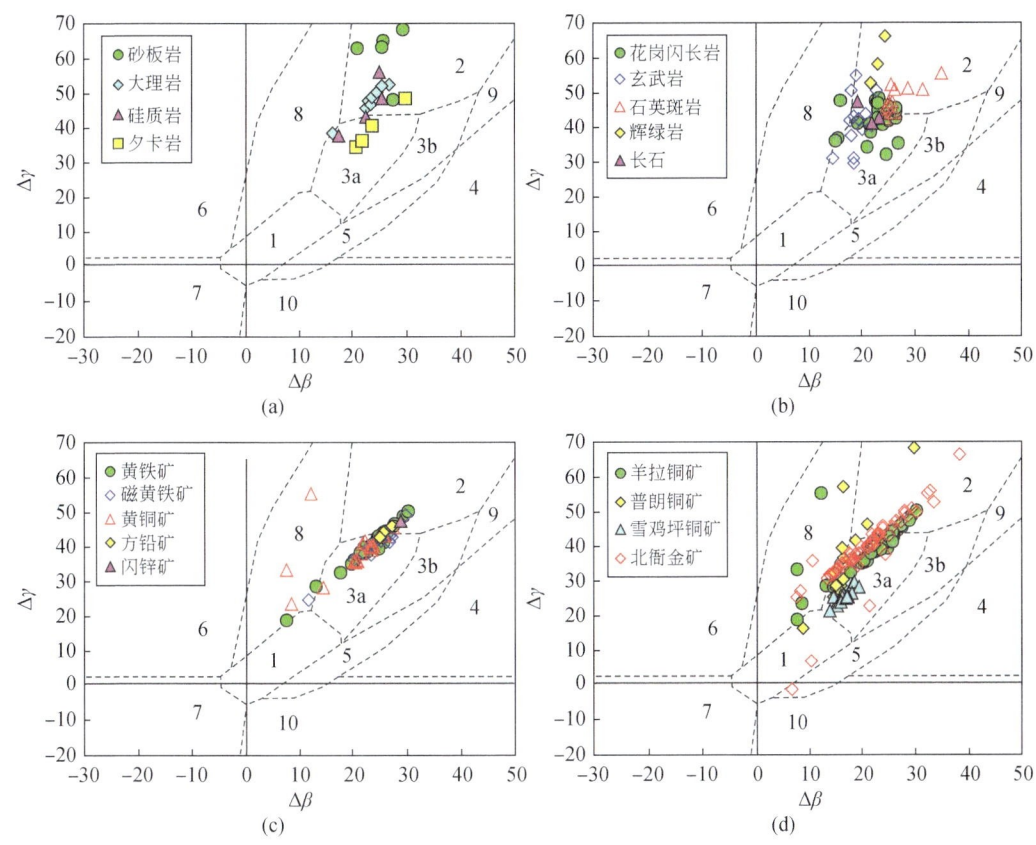

图 5.29 羊拉铜矿床铅同位素组成 $\Delta\beta$-$\Delta\gamma$ 图（底图据朱炳泉，1998）

(a) 矿区地层；(b) 矿区岩浆岩；(c) 矿区矿石矿物；(d) 不同矿床；1. 地幔源铅；2. 上地壳源铅；3. 上地壳与地幔混合的俯冲铅（3a. 岩浆作用；3b. 沉积作用）；4. 化学沉积型铅；5. 海底热水作用铅；6. 中深变质作用铅；7. 深变质下地壳铅；8. 造山带铅；9. 古老页岩上地壳铅；10. 退变质铅；羊拉铜矿床原始数据据附表 32；普朗铜矿床据王守旭等（2007）；雪鸡坪铜矿床据冷成彪（2009）；北衙金矿床据吴开兴（2005）、徐受民（2007）和肖晓牛等（2011）

均值 18.613；15.691～15.851，均值 15.729；38.690～39.177，均值 38.897。这类岩石在铅同位素组成卡农图中近垂直分布 [图 5.26（b）]，穿过本区花岗闪长岩和长石分布区，主要分布于正常铅的 U 型铅区域，少量分布于 J 型铅和 Th 型铅区域。在铅同位素组成构造模式图 [图 5.27（b）-1、(b)-2] 中，样品相对分散，主要分布于上地壳铅平均演化线附近；在铅同位素组成构造源区判别图 [图 5.28（b）-1、(b)-2] 中，样品分布也相对分散，主要位于下地壳和造山带区域，在上地壳区域也有少量样品分布；在 $\Delta\beta$-$\Delta\gamma$ 图 [图 5.29（b）] 中，样品主要分布于上地壳源铅区域，少量分布于岩浆作用铅区域。

(3) 玄武岩：朱经经（2012）研究认为，羊拉矿区存在 2 种产状玄武岩，即块状玄武岩和层状玄武岩，前者在矿区及外围大面积分布，后者呈层状分布于贝吾组等地层中。本次工作和朱经经（2012）分析的矿区玄武岩均为块状玄武岩，其铅同位素组成变化范围很宽（附表 32），13 件样品的 $^{206}Pb/^{204}Pb$ 在 17.173～18.937 之间，均值 18.304；$^{208}Pb/$

δ^{34}S 黄铁矿的铅同位素组成在高 δ^{34}S 黄铁矿变化范围之内;在图 5.40 中,矿区低 δ^{34}S 黄铁矿和高 δ^{34}S 黄铁矿呈正相关线性分布,前者总体位于后者"末端",与矿床矿石矿物的铅同位素组成在演化趋势 1 吻合。这些特征表明,本区成矿流体演化过程中,晚期加入的低温流体几乎没有携带成矿物质。

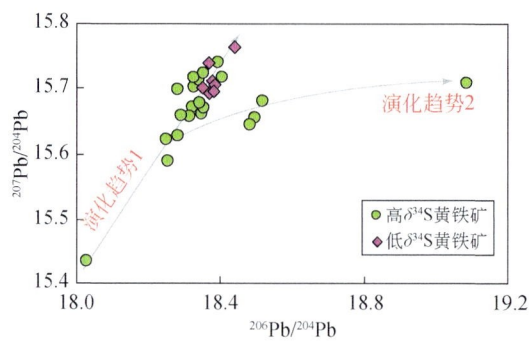

图 5.40　羊拉铜矿床黄铁矿铅同位素组成演化趋势(原始数据据附表 32)

第六章 矿床成因

　　羊拉铜矿床矿石类型复杂，目前对其成因类型争议较大。总体而言，争议的焦点在于成矿早期是否存在喷流-沉积型矿化，以及喷流-沉积型矿化和夕卡岩型矿化何为主成矿期的问题。云南省地质矿产勘查开发局第三地质大队 1992 年认为矿床为夕卡岩型；路远发等（1998，2002，2004）从矿物流体包裹体、矿床元素地球化学及 C、O 同位素的角度论证了本区层状夕卡岩矿体属喷流沉积成因；潘家永等（2000a）和 Pan 等（2001）通过矿床地球化学和硅质岩成因的研究，指出海底喷流热水沉积作用在羊拉矿床的形成中起了主导作用；李文昌等（2010）认为羊拉铜矿床为与洋内弧火山活动有关的 VHMS 块状硫化物矿床；陈开旭等（1999）通过蚀变、矿化分带研究，认为矿床存在燕山早期斑岩型矿化。多数学者认为羊拉铜矿为多因复合类型，战明国等（1998）、Zhan and Lu（1999）从成矿地质背景和控矿条件出发，认为羊拉矿床由三种类型矿化叠加而成：海西期喷流-热水沉积型、印支期接触交代型及燕山期—喜马拉雅期破碎带网脉型；魏君奇等（2000）、魏君奇和陈开旭（2004）通过矿区岩浆-构造分析，也认为矿床存在海底喷流-沉积型、夕卡岩型及斑岩型三期成矿；云南省地质调查院（2004）认为矿床经历了火山沉积盆地热水沉积初始成矿—斑岩-夕卡岩主导成矿—后期构造热液叠加成矿的复杂而漫长的成矿过程，而主成矿类型为斑岩-夕卡岩型铜矿床；曲晓明等（2004）研究认为本区矿化特征与海底喷流-沉积形成的 VHMS 型矿床明显不同，成矿作用发生在赋矿岩系沉积-成岩-变质作用之后，说明它是与接触交代有关的斑岩-夕卡岩型矿床；朱俊等（2011）通过岩石矿物及稀土元素地球化学研究，认为矿床为具层控特征的叠加矿床，即早期存在沉积-喷流型原生硫化物矿化，印支期花岗闪长岩体对原生矿体进行了叠加改造。本章首先介绍矿床成矿时代研究成果，进而根据本次工作及前人所获得研究结果总结矿床的成因信息，通过对比分析确定矿床成因类型，最后建立矿床成矿模式。

第一节　成矿年代学及成矿背景

　　羊拉铜矿成矿时代研究程度很低，严重制约了对成矿背景的认识。目前多根据矿床地质、矿床与围岩或侵入岩的接触关系、铅同位素模式年龄和赋矿围岩的年龄推测成矿时代。战明国等（1998）通过赋矿地层中基性火山岩及矿区花岗闪长岩定年结果，认为本区矿床形成于海西期、印支期和燕山期—喜马拉雅期三个时期。杨喜安等（2011）给出了本区 1 件与铜矿化密切相关的辉钼矿样品的 Re-Os 年龄为 $230.9±3.2$Ma，结果显示与 2 个花岗闪长岩体成岩年龄（$234.1±1.2$Ma 和 $235.6±1.2$Ma）基本一致，由于矿床成因的争议焦点在于早期是否存在喷流-沉积型矿化，而该年龄只能确认夕卡岩型矿化与花岗闪长岩体具有密切成因联系，但无法排除存在更早期的矿化；朱俊（2011）报道本区 6 件辉钼矿样品的 Re-Os 等时线年龄为 $228.3±3.8$Ma、$MSWD=0.92$，为揭示成矿动力学背景及其与花岗闪长岩成因联系提供了重要的年代学证据。本次工作进行了羊拉铜矿床辉钼矿 Re-Os 同位素定年分析,获得 2 组精确可靠的 Re-Os 等时线年龄。结合前人及本书获得的本区成岩成矿年龄数据,探讨了成矿动力学背景。

一、分析方法

在双目镜下挑选与黄铜矿紧密共生的辉钼矿单矿物样品用于 Re-Os 同位素定年,样品纯度大于 95%。样品测试分析在国家地质实验测试中心完成,使用仪器为电感耦合等离子体质谱仪(型号:TJA X-series ICP-MS),分析流程如下。

1. 分析样品

准确称取待分析样品,通过细颈漏斗加入 Carius 管底部,缓慢加液氮到有半杯乙醇的保温杯中,使成黏稠状($-80 \sim -50$℃)。将装好样品的 Carius 管放到该保温杯中,用适量超纯浓 HCl 通过细颈漏斗把准确称取的 ^{185}Re 和 ^{190}Os 混合稀释剂转入 Carius 管底部,再依次加入适量 HNO_3 和 30% H_2O_2,注意一种试剂冻实后再加另一种试剂。Carius 管内试剂加入量如下:$0.1 \sim 0.4$g 辉钼矿,$2 \sim 3$ml、10mol/L HCl,$4 \sim 5$ml、16mol/L HNO_3。当 Carius 管底溶液冻实后,用液化石油气和氧气火焰加热封好 Carius 管的细颈部分。擦净表面残存的乙醇,放入不锈钢套管内。轻轻放套管入鼓风烘箱内,待回到室温后,逐渐升温到 200℃,保温 24h。取出,冷却后在底部冻实的情况下,先用细强火焰烧熔 Carius 管细管部分一点,使内部压力得以释放。再用玻璃刀划痕,并用烧热的玻璃棒烫裂划痕部分。

2. 分离 Re 和 Os

蒸馏分离 Os。将待打开的 Carius 管放在冰水浴中回温使内容物完全融化,用约 20ml 水将管中溶液转入蒸馏瓶中。把内装 5ml 超纯水的 25ml 比色管,放在冰水浴中,以备吸收蒸馏出的 OsO_4。连接蒸馏装置,加热微沸 30min。所得 OsO_4 水吸收液可直接用于 ICPMS 测定 Os 同位素比值。将蒸馏残液转入 150ml Teflon 烧杯中待分离铼(对于辉钼矿也可用玻璃烧杯)。

萃取分离 Re。将蒸馏残液置于电热板上,加热近干。加少量水,加热近干。重复两次以降低酸度。根据样品量加入 $4 \sim 10$ml、$5 \sim 6$mol/L NaOH,稍微加热,促进样品转为碱性介质。转入 Teflon 离心管中,加入 $4 \sim 10$ml 丙酮,振荡 1min 萃取 Re。对于 0.1g 以下辉钼矿,离心后,用滴管直接取上层丙酮相到 150ml 已加有 2ml 水的 Teflon 烧杯中,在电热板上 50℃加热除去丙酮,然后电热板温度升至 120℃加热至干,加数滴浓 HNO_3 和 30% H_2O_2,加热蒸干以除去残存的 Os。将数滴 HNO_3 溶解残渣,用水转移到小瓶中,稀释到适当体积,备 ICPMS 测定 Re 同位素比值。对于 0.1g 以上辉钼矿以及其他样品,在丙酮萃取离心后需进一步纯化含 Re 丙酮溶液。将离心管内上清液转入 Teflon 分液漏斗中分相,弃去碱溶液。再加入 2ml、5mol/L NaOH,振荡 1min,弃去碱溶液。转移丙酮相到 Teflon 离心管中,离心。以下步骤按上面一段萃取分离 Re 部分进行操作。

对于 Re，选择质量数 185、187，用^{185}Re 监测；对于 Os，选择质量数为 186、187、188、189、190、192，用^{190}Os 监测。模式年龄计算：$t = 1/\lambda \times \ln(1 + {}^{187}Os/{}^{187}Re)$，其中$\lambda$（^{187}Re 衰变常数）$= 1.666\times10^{-11}a^{-1}$（Smoliar et al.，1996），置信水平为95%。实验标准样品 GBW04435（HLP）的测定值与推荐值在误差范围内一致（杜安道等，2009）。

二、定年结果

羊拉铜矿床第一组辉钼矿 Re-Os 等时线年龄由中国地质大学（北京）相关科研人员获得。表6.1 为 10 个辉钼矿样品的 Re-Os 同位素测试结果，Re 含量比较稳定，变化于 14862~117548ng/g 之间，^{187}Re 为 9341~73881ng/g，^{187}Os 为 36.61~287.7ng/g；样品的模式年龄相近，变化于 229.7±3.3Ma~234.8±3.4Ma 之间，加权平均值为 231.9±1.4Ma［图 6.1（a）］，ISOPLOT 软件（Ludwig，2003）计算等时线年龄为 232.6±2.9Ma、MSWD = 2.1［图 6.1（b）］，与模式年龄在误差范围内高度一致。

表 6.1 羊拉铜矿床辉钼矿 Re-Os 同位素测年结果（第一组）

样号	重量/g	Re±2σ/(ng/g)	^{187}Re±2σ/(ng/g)	^{187}Os±2σ/(ng/g)	模式年龄±2σ/Ma
YL-8	0.01028	55440±440	34850±280	134.3±1.1	230.9±3.2
YL-71	0.02198	67806±617	42617±388	165.7±1.3	233.0±3.4
YL-72	0.03071	22627±183	14222±115	54.53±0.49	229.7±3.3
YL-73	0.03099	20423±177	12836±111	49.22±0.40	229.7±3.3
YL-74	0.03056	31928±291	20068±183	77.25±0.64	230.6±3.4
YL-75	0.03010	117548±1245	73881±782	287.7±2.7	233.3±3.8
YL-76	0.03043	32769±276	20596±174	80.30±0.76	233.6±3.5
YL-77	0.02201	31347±269	19703±169	77.02±0.75	234.2±3.6
YL-78	0.03080	27516±206	17294±130	66.61±0.55	230.7±3.2
YL-79	0.03017	14862±128	9341±80	36.61±0.30	234.8±3.4

注：模式年龄计算方法见正文。

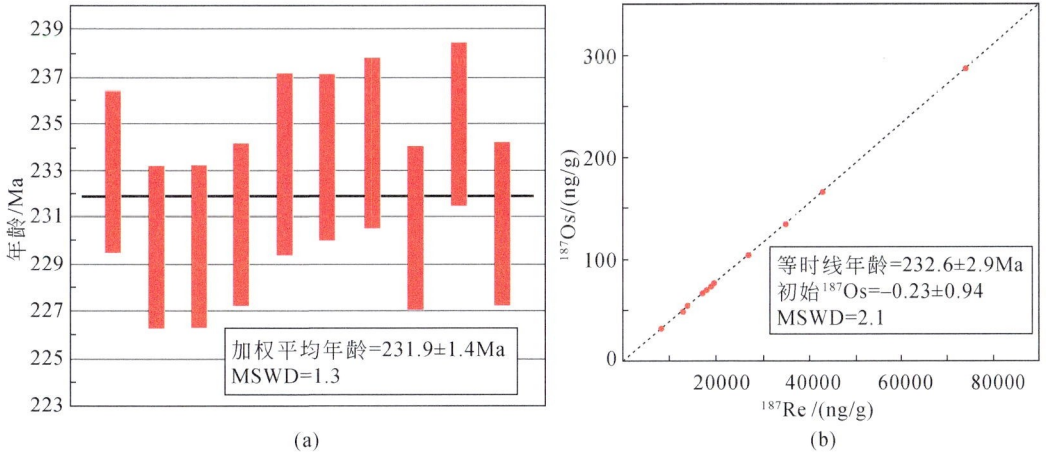

图 6.1 羊拉铜矿床辉钼矿 Re-Os 模式年龄加权平均值（a）和 Re-Os 等时线年龄（b）（第一组）

羊拉铜矿床第二组辉钼矿 Re-Os 等时线年龄由中国科学院地球化学研究所相关科研人员获得。表 6.2 为辉钼矿 Re-Os 定年分析结果，6 件辉钼矿样品的初始 Os 含量较低，可以忽略不计；样品的模式年龄相对均一，为 230.9±3.3Ma～232.9±3.3Ma，加权平均年龄为 231.8±1.3Ma（图 6.2a）。样品构成了一条较好的 ^{187}Re-^{187}Os 等时线，年龄为 232.0±1.5Ma，MSWD=0.48［图 6.2（b）］，与模式年龄的加权平均值在误差范围内一致。

表 6.2 羊拉铜矿床辉钼矿 Re-Os 定年分析结果（第二组）

样品编号	样重/g	Re/(μg/g)	初始 Os±2σ/(ng/g)	^{187}Re±2σ/(μg/g)	^{187}Os±2σ/(ng/g)	模式年龄/Ma
091201-1	0.02040	152.9±1.20	0.0026±0.124	96.13±0.77	370.4±3.1	230.9±3.3
091201-2	0.02018	115.7±0.90	0.2527±0.043	72.71±0.59	281.7±2.4	232.1±3.3
091201-3	0.02056	15.23±0.12	0.0026±0.124	9.572±0.07	36.89±0.34	230.9±3.3
091201-4	0.02030	143.4±1.10	0.1219±0.084	90.14±0.60	350.5±0.31	232.9±3.3
091201-5	0.02037	18.21±0.17	0.0027±0.168	11.45±0.10	44.45±0.39	232.7±3.5
100104-6	0.01037	155.0±1.10	0.1929±0.067	97.44±0.72	376.9±3.3	231.7±3.3

注：模式年龄计算方法见正文。

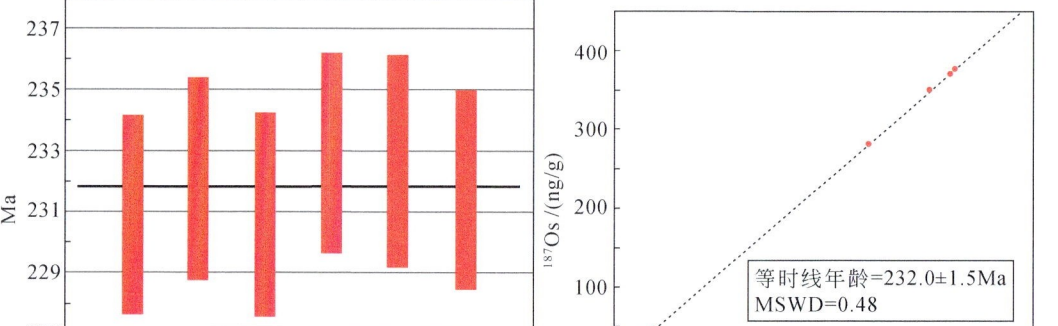

图 6.2 羊拉铜矿床辉钼矿 Re-Os 模式年龄加权平均值（a）和 Re-Os 等时线年龄（b）（第二组）

三、定年意义

精确厘定金属矿床的成矿时代对揭示成矿动力学背景、探讨成矿流体来源和建立切合实际的矿床成因模式均具有重要意义。辉钼矿的 Re-Os 年龄直接反映了硫化物矿化的时间（Selby et al.，2002），朱俊等（2011）获得羊拉铜矿床里农矿段 2 号矿体石英脉中辉钼矿的 Re-Os 同位素年龄为 228.3±3.8Ma，MSWD=0.92。本次工作获得矿床石英脉中辉钼矿的 Re-Os 同位素年龄为 232.6±2.9Ma，MSWD=2.1（图 6.1）；与黄铜矿共生的辉钼矿 Re-Os 同位素年龄 232.0±1.5Ma，MSWD=0.48（图 6.2）。3 组等时线年龄基本一致，可以确定矿床成矿时代为 230Ma 左右。

目前对羊拉铜矿床持喷流-沉积型和复合成因观点,认为成矿早期处于洋盆扩张背景(战明国等,1998;路远发等,1999;魏君奇等,2000;Pan et al.,2001;云南省地质调查院,2004;李文昌等,2010;朱俊等,2011),主要证据是矿区发育大洋扩张环境玄武岩(战明国等,1998;路远发等,2000,2004;李文昌等,2010;朱俊等,2011)和硅质岩(潘家永等,2001;Pan et al.,2001);战明国等(1998)和路远发等(2000)获得矿区层状玄武岩锆石U-Pb年龄为196.1±7.0Ma,块状玄武岩锆石U-Pb年龄为361.6±8.5Ma;潘家永等(2001)和Pan等(2001)给出该区硅质岩Rb-Sr等时线年龄为272±6Ma,均与本区成矿时代(232Ma左右)有很大差距。可见,成矿年代学不支持喷流-沉积型和复合成因观点。

羊拉铜矿床成矿时代为230Ma左右,前人获得矿区及外围广泛分布的花岗闪长岩的锆石U-Pb年龄也在230Ma左右(战明国等,1998;高睿等,2010;杨喜安等,2011,2012;朱俊,2011;赵江南,2012;朱经经,2012;Zhu et al.,2011;曾普胜等,2018)。本次工作对矿区花岗闪长岩和与之共生的细晶花岗岩进行了锆石U-Pb定年,从两者的分布、接触关系和矿物组合看(图6.3),后者应为前者演化晚期产物,获得花岗闪长岩14个测点的加权平均年龄为239.2±1.7Ma,MSWD=0.24(样号Y026)[图6.4(a)],谐和年龄为238.9±0.87Ma,MSWD=1.06(样号Y026)[图6.4(b)];细晶花岗岩9个测点的加权

图6.3 羊拉矿区花岗闪长岩和细晶花岗岩接触关系
(a)手标本,花岗闪长岩和细晶花岗岩接触关系;(b)花岗闪长岩镜下照片,物镜4倍,正交光;
(c)花岗闪长岩和细晶花岗岩接触界线镜下照片,物镜4倍,正交光;(d)花岗闪长岩镜下照片,物镜10倍,正交光

平均年龄为233.12±0.68Ma，MSWD=0.36（样号LN-1-10）[图6.4（c）]，谐和年龄为232.85±1.2Ma，MSWD=0.90（样号LN-1-10）[图6.4（d）]，两者基本一致，同时与前人获得的花岗闪长岩锆石U-Pb年龄不具明显差别。矿区夕卡岩广泛分布，夕卡岩型矿石是矿床最主要矿石类型；同位素地球化学研究成果显示，花岗闪长岩在成矿作用过程具有提供主要成矿物质和成矿流体的重要作用。这些证据均支持矿床成因类型主体应为夕卡岩型。

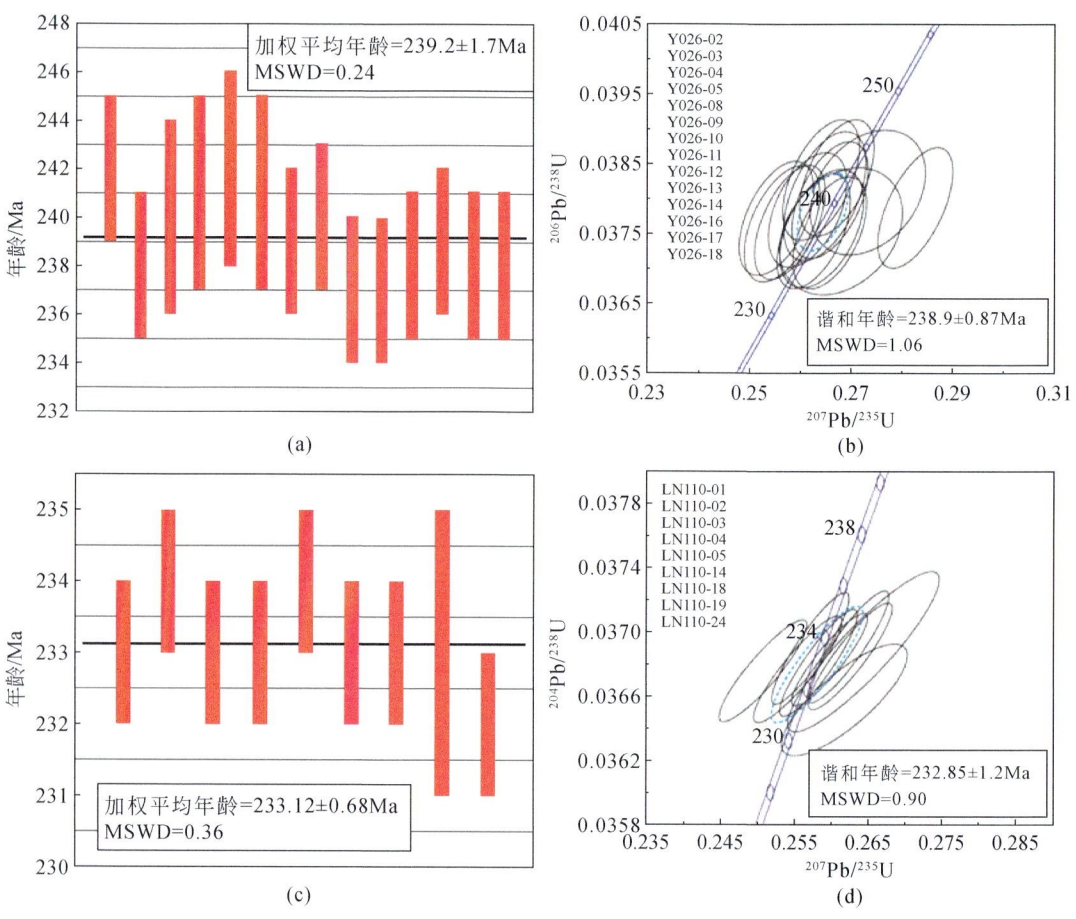

图6.4 羊拉矿区花岗闪长岩（样号Y026）[（a）、（b）]和细晶花岗岩（样号LN-1-10）[（c）、（d）]锆石U-Pb定年结果

值得注意的是，羊拉铜矿床地表和坑道均发现石英斑岩，陈开旭等（1999）通过蚀变、矿化分带研究，结合石英斑岩全岩Rb-Sr等时线年龄为202Ma，认为矿床存在燕山早期斑岩型矿化。本次工作获得矿区多组石英斑岩锆石U-Pb年龄均为232Ma左右，与本区花岗闪长岩成岩时代一致；岩石地球化学研究结果显示，这类岩石为花岗闪长岩演化晚期的浅成相；矿床地球化学研究结果表明，矿区石英斑岩在成矿作用过程中同样具有提供成矿物质和成矿流体的重要作用。这些特征表明羊拉矿床存在斑岩型矿化。

四、成矿动力学背景

羊拉铜矿床成矿动力学背景,从成矿时代与矿区花岗闪长岩(和石英斑岩)一致看,两者应具有相同构造背景。魏君奇等(1997)、战明国等(1998)及王彦斌等(2010)认为矿区花岗闪长岩形成于俯冲背景,而高睿等(2010)、朱经经等(2011)和Zhu等(2011)通过详细的区域对比及地球化学分析,认为矿区花岗闪长岩形成于碰撞后拉张背景;杨喜安(2012)根据矿床成岩成矿时代一致,认为矿床形成于晚三叠世早期构造背景由挤压环境到伸展环境的转折期。矿区辉绿岩脉广泛发育,王彦斌等(2010)获得穿插在里农花岗闪长岩体内的辉绿岩脉的锆石U-Pb年龄为222Ma,本次工作获得这类脉岩的锆石U-Pb年龄为230Ma左右,与矿区花岗闪长岩和石英斑岩成岩时代一致。岩石地球化学研究结果显示,矿区辉绿岩脉为拉张环境下地幔部分产物,与花岗闪长岩和石英斑岩存在密切成因联系。因此,本次工作认为矿床成矿动力学背景为碰撞后拉张背景。

第二节 矿床成因信息

一、成矿地质条件

1. 构造条件

金沙江构造带形成及其演化是控制羊拉矿床形成的重要区域构造因素。金沙江沟-弧-盆系演化早期阶段,伴随多期中基性岩浆活动及含矿流体活动,形成富含Cu、Pb、Zn等矿质的火山岩、火山碎屑岩,从而构成矿质的初步堆积,形成原始矿化层位;印支期(230Ma左右),伴随碰撞造山,造成了本区褶皱及同向断裂的生成,沿深断裂附近,各类中酸性岩浆侵入,这些岩体侵位的同时,带来了富含Cu、Pb、Zn等矿化元素的热液,在近岩体的围岩,发生交代、充填作用,于构造有利地段(接触带、层间裂隙带、挤压破碎带等)沉淀富集成矿,形成接触交代型、热液型金属矿。

另外,由于铜主要来源于上地幔(Mungall,2002),若使上地幔的铜上升至上地壳并成矿,必须存在沟通壳-幔的深大断裂。羊拉铜矿被羊拉断裂和金沙江断裂限制在一个南北向狭长区域内,其中金沙江断裂带控制着变质岩带、海西期基性-超基性岩体及新生代富碱侵入岩的产出(战明国等,1998;王登红等,2006),很可能为一沟通壳-幔的深大断裂。此外,金沙江断裂可能自早古生代已开始发育(战明国等,1998),因而很有可能作为羊拉铜矿的"导矿构造"。金沙江断裂与羊拉断裂之间,常派生一组北东向的"入"字形次级断裂,在羊拉矿区内以F4断层为代表(图3.2),一般认为其为印支期挤压推覆过程中形成的次级断裂。由于其控制着地层和岩体的分布,推测其可能为沟通金沙江断裂和容矿构造的"配矿构造"。

矿区广泛分布的构造为成矿提供重要的通道与储矿空间,构造控矿主要体现在:①构造活动强烈,在里农背斜核部侵入有里农、江边、尼吕复式中酸性岩体,其两翼断层及层间滑脱破碎带、节理、裂隙发育,是含矿热液的通道,含矿热液沿变质石英砂岩、绢云砂质板岩、大理岩节理、裂隙上升过程中,产生热变质,形成含矿角岩、角岩化变质石英砂岩、层状以及透镜状石榴子石夕卡岩、透辉石夕卡岩;②夕卡岩矿体多产于地层的层间破碎带内,两组或者多组断裂交汇的部位往往形成夕卡岩型矿体;③岩体内部裂隙发育部位,往往具有矿化,如孔雀石化等,断裂带内往往发育脉状矿体,表明断裂带是一个良好的储矿场所。

羊拉铜矿的主矿体呈层状-似层状产出,明显受层间破碎带或滑脱带控制。该破碎带或滑脱带规模中等,呈狭长带状断续分布于江边组(D_1j)、里农组($D_{2+3}l$)各段之间以及不同的岩性界面附近。战明国等(1998)和甘金木等(1998)结合区域构造分析,认为这些顺层破碎带的形成与印支期的挤压推覆构造活动及加仁、里农等中酸性岩体的上侵入活动密切相关。部分学者认为,层状-似层状矿体反映了"同生沉积"成因,然而,事实上夕卡岩型矿床中发育层状-似层状矿体并不少见,如墨西哥 San Martin 夕卡岩型 Cu-Zn-Ag 矿床(Rubin and Kyle,1988)、印度尼西亚 Ertsburg 矿区的夕卡岩型 Cu-Au 矿床(Rubin and Kyle,1997;Meinert et al.,2003)等,Pan 和 Dong(1999)认为中国长江中下游地区的层状块状硫化物矿体同样受控于构造。对于夕卡岩型矿体沿层间破碎带分布的原因,Meinert 等(2005)曾指出矿体的形态受岩体侵位深度控制,若岩体侵位较浅,那么构造变形以脆性为主,因而易于在能干性不同的地层层间产生破碎带,并成为有利的赋矿层位。此外,Rubin 和 Kyle(1988)认为,层间破碎带的发育会使热液交代更彻底,因而更有利于成矿。

2. 地层条件

羊拉铜矿的产出位置主要为大理岩地层与变质砂岩地层层间,除了这两种地层之间易于发生破碎带外,大理岩的作用亦不可忽视。一方面,夕卡岩型矿床的形成一般需中酸性岩浆与碳酸盐岩之间发生交代;另一方面大理岩被溶蚀后会残留大量容矿空间(Rubin and Kyle,1988)。此外,矿区变质砂岩地层普遍发育角岩化,该地层可能作为"地球化学障",将成矿热液圈闭不致逃逸,从而有利于矿化的进行。

围岩的多样性为矿区的成矿提供了一定的物质来源以及重要的赋矿场所。矿体主要分布在泥盆系中-上统里农组($D_{2+3}l$)及泥盆系下统江边组(D_1j)的含中基性火山物质的大陆斜坡相地层内,岩性为浅灰色变质绢云石英片岩、绢云砂质板岩与白色中厚层状细-中晶大理岩互层,本区泥盆系中的金属元素明显高于其他时期的地层,地层沉积过程中就可能在一定程度上有金属元素的富集。矿区主要赋矿地层的金属元素 Cu、Pb、Zn、Bi、W、Mo、Ba 等元素富集明显,高于地壳均值(黎彤,1976),尤其是 Cu 和 Bi,Cu 高出10倍。根据野外观察以及室内鉴定,该区主要的围岩砂岩以及砂板岩均具有较高的钙质(据主量元素分析 CaO 达 5.8%),因此受岩浆期后含矿热液作用,富钙质岩石被热交代形成含矿石榴子石夕卡岩、透辉石夕卡岩(局部可见未完全交代的大理岩),构成了矿区主要含矿岩石类型,变质碎屑岩类(绢云石英砂岩、绢云砂质板岩)则重结晶形成角岩、角岩化变质石英砂岩、斑点绢云砂质板岩。含钙的绢云砂质板岩、变质石英砂岩夕卡岩化较强,铜矿化明显增强,具备了形成夕卡岩矿体的条件。

3. 岩浆岩条件

矿区广泛发育的岩浆岩体成岩时代与成矿时代基本一致,以下证据表明岩浆岩为成矿提供主要的物质来源与驱动力:①在平面地质图上看,该区三大矿段矿体围绕印支期中酸性(斑)岩体产出,夕卡岩型矿体群常以岩体突起为中心,成群、成带围绕岩体产出,既产于外接触带围岩之中,也见于岩体内部破碎(裂隙)带及内接触带。产于围岩之中的主矿体是顺层的,但局部地段也出现穿层现象。岩体内部矿体呈大脉状产出,切穿围岩。②主矿体与岩体具有明显的相关关系,一般分布在距岩体 0~180m 的围岩内,并往往具有深大断裂及破碎带的产出,为岩体物质运移提供通道。③岩体中 Cu、As、Bi、Sb、Sn、Pb 等元素在羊拉矿区岩体中具有相对较高的含量,主要成矿元素 Cu 在岩体中高出中国花岗岩类含铜平均值几十倍,成矿元素富集与这些元素在矿床中的聚集相一致,黄铁矿、黄铜矿化较普遍,呈细脉浸染状产出。④在局部地区,以岩体为中心出现成矿元素分带性现象。⑤蚀变花岗岩内,特别是钾化带内,含矿性增强。

羊拉铜矿床的主矿体赋存于岩体与围岩的外接触带,至于为何内接触带矿化较差,可能存在两种原因:第一,由于岩体侵位相对较浅,构造变形以脆性为主,成矿流体可以运移至较远处 (Meinert et al., 2005);第二,羊拉铜矿床的成矿热液可能为富 Cl 贫 F 体系,该条件下固相线相对较高,因而成矿流体运移至较远处沉淀 (Chang and Meinert, 2008)。

二、矿床成因类型

羊拉铜矿床矿体主要赋存在岩体与围岩的内、外接触带,其中里农矿段层状-似层状主矿体及路农矿段矿体主要分布于外接触带,路农矿段矿体距岩体相对更近,而里农矿段北东向大脉状矿体则切穿岩体及地层并沿构造裂隙展布。以下证据表明,矿床为夕卡型铜矿床。

1. 矿床地质

羊拉铜矿床具有典型夕卡岩矿物组合和矿物生成顺序,按照矿物间交代穿插关系,可将该矿床划分为夕卡岩期和石英-金属硫化物期,夕卡岩期包括早夕卡岩阶段和晚夕卡岩阶段,这与典型接触-交代型夕卡岩矿床特征一致 (Lieben et al., 2000; Zaw and Singoyi, 2000; Calagari and Hosseinzadeh, 2006)。

除夕卡岩型矿体之外,羊拉铜矿床还发育角岩化变质石英砂岩型矿体、石英-金属硫化物型矿体及大理岩型矿体,其中角岩化变质石英砂岩型矿体及大理岩型矿体以脉状矿化为主,黄铜矿-黄铁矿脉切穿地层层理,反映典型的后生成因。石英-金属硫化物型矿体中可见少量的早期夕卡岩矿物残余,表明其可能与夕卡岩矿物具有相似的热液体系,但形成于较晚的演化阶段。这几种矿石类型常具有一定的分带性,如在里农矿段 3200m 中段,发现自深部到浅部,依次发育角岩化变质石英砂岩型矿体、石英-金属硫化物型矿体、夕卡岩型矿体及大理岩型矿体(图 6.5),且自夕卡岩型矿体向外,铜品位逐渐降低,结合各类型矿石中的硫化物具有一致的硫同位素特征，表明羊拉铜矿床各类型矿石为同期热液作用的产物。

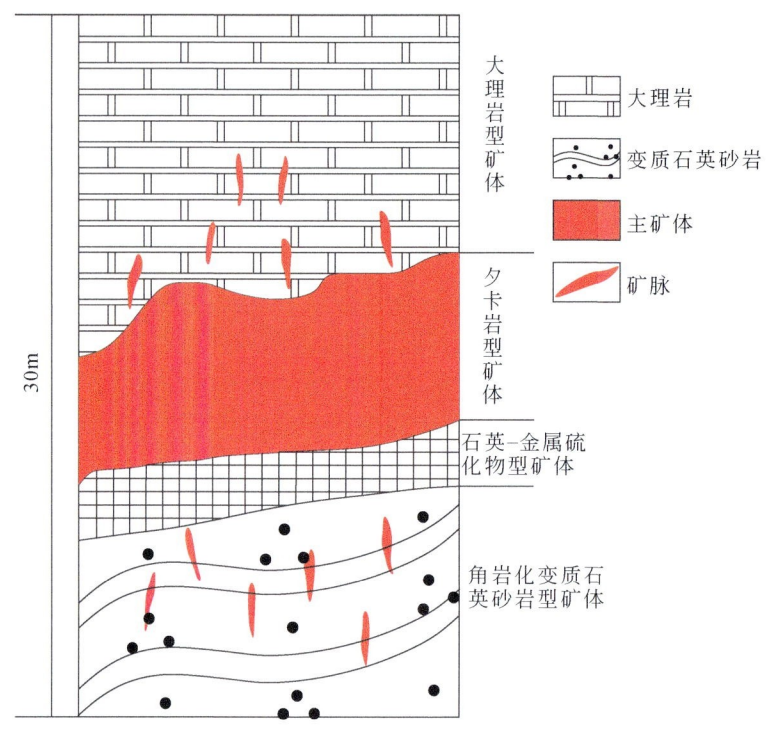

图 6.5　羊拉矿区里农矿段 3200m 中段剖面示意图

此外，羊拉铜矿床的石榴子石以钙铁榴石为主，角闪石以铁闪石-阳起石为主，辉石 Mn/Fe 值小于 0.1，且具有较低的 Zn 含量（$Zn<200×10^{-6}$），这些特征与全球夕卡岩型铜矿床特征一致。

2. 赋矿地层

羊拉铜矿床的赋矿地层以江边组三段（D_1j^3）及里农组一段（$D_{2+3}l^1$）的大理岩和变质石英砂岩为主。若该矿床存在早期同生沉积成矿，成矿时代应与地层近同期。羊拉铜矿床获得的成矿时代为 230Ma 左右（朱俊，2011；杨喜安，2012；朱经经，2012），远晚于地层的形成时代。同时，通常认为同生沉积矿床的形成时间较短，可能仅在 5Ma 以内（Franklin et al.，2005；Leach et al.，2005；Schardt and Large，2009），而羊拉铜矿床的赋矿地层从早泥盆世延续到晚泥盆世，显然远大于 5Ma。依据容矿岩石，同生沉积矿床可分为 VMS 型和 SEDEX 型，由于羊拉铜矿的赋矿地层以沉积岩为主，故若存在同生成矿期，那么该期矿床类型应为 SEDEX 型。SEDXE 型矿床基本赋存于细粒粉砂岩-泥页岩-泥岩地层中（Leach et al.，2005），这与羊拉铜矿特征显著不同。

值得一提的是，对于里农矿段北东向大脉状矿体，部分学者认为其代表喜马拉雅期的成矿作用（战明国等，1998）。然而，潘桂棠等（2003）测定了北东向大脉状矿体 KT8 中的石英流体包裹体的 Rb-Sr 同位素，结果表明其 Rb-Sr 年龄接近于 230Ma，且 $(^{87}Sr/^{86}Sr)_i$ 为 0.711～0.712，与里农岩体的 $(^{87}Sr/^{86}Sr)_i$ 值基本一致，这表明该北东向大脉状矿体与夕卡岩矿体为同期热液演化的产物。简而言之，从矿床地质及赋矿围岩的角度分析，羊拉铜矿可能并不存在早期"同生沉积"成矿。

3. 蚀变与矿化

羊拉矿区围岩蚀变作用强烈发育，特别是在花岗闪长岩体与围岩的接触带，蚀变分带特征明显（图 3.19）。矿区主要蚀变类型有夕卡岩化、钾化、硅化、碳酸盐化、绢云母化和绿泥石化等。其中，夕卡岩化是矿区最重要的蚀变类型，广泛发育于岩体与围岩的外接触带以及碳酸盐岩与（含）钙质变质碎屑岩的层间破碎带和滑脱带。从近源（靠近岩体）至远源（远离岩体）蚀变特征依次为：在靠近岩体的江边组二段（D_1j^2）与三段（D_1j^3）层间破碎带形成透辉石石榴子石夕卡岩，在远离岩体的里农组各段（$D_{2+3}l^1$、$D_{2+3}l^2$ 与 $D_{2+3}l^3$）层间破碎带形成阳起石透辉石夕卡岩，而在江边组二段（D_1j^2）、里农组三段（$D_{2+3}l^3$）的变质石英砂质板岩和绢云板岩的层间则发育以铁闪石、透闪石为主的细脉状夕卡岩化。夕卡岩化与矿化关系密切，在上述夕卡岩化带中，主要产出层状-似层状石榴子石-辉石（透辉石-钙铁辉石）夕卡岩型矿体，如里农矿段主矿体 KT5 和 KT2。

4. 夕卡岩与矿化

羊拉铜矿床矿体类型以夕卡岩型为主，其次为角岩化石英砂岩型及大理岩型等。矿石类型复杂多样，可分为夕卡岩型、角岩型、石英-方解石硫化物型、大理岩型、花岗闪长岩型及爆破角砾岩型等，但以夕卡岩型矿石为主。此外，在靠近夕卡岩的大理岩中，常发育浸染状矿化的夕卡岩化细脉，也表明矿化与夕卡岩化关系密切。羊拉铜矿床广泛发育石榴子石、辉石等夕卡岩矿物，其中石榴子石以钙铁榴石为主，辉石则以透辉石和钙铁辉石为主，这一特征与全球夕卡岩型铜矿床一致（Zhu et al., 2015）。

5. 岩体与成矿

羊拉铜矿床的成矿时代为 230Ma 左右（朱俊，2011；杨喜安，2012；朱经经，2012），花岗闪长岩成岩时代也在 230Ma 左右（战明国等，1998；高睿等，2010；杨喜安等，2011；杨喜安，2012；朱俊，2011；赵江南，2012；朱经经，2012；Zhu et al., 2011；曾普胜等，2018），本次工作获得的石英斑岩和辉绿岩锆石 U-Pb 年龄均为 230Ma 左右，说明这些岩石成岩与成矿存在密切成因联系。虽然矿区出露的两套玄武岩形成时代与成矿时代相差较大，Pb 同位素组成研究表明，这些玄武岩在成矿过程中可能提供了部分成矿物质。

Meinert（1995）、Meinert 等（2005）系统总结了全球夕卡岩型 Fe、Cu、W、Sn、Mo、Zn 和 Au 矿床与相关岩体的关系，结果表明夕卡岩型铜矿的相关岩体形成的氧逸度一般较高，并以 I 型、钙碱性、准铝质花岗闪长岩为主。各成矿元素与相关岩体的地球化学特征亦存在耦合性。第五章已述，贝吾、里农和路农岩体均为 I 型、钙碱性、准铝质花岗闪长岩，而各类主量、微量元素对比结果初步表明矿区花岗闪长岩体与典型夕卡岩型铜矿相关岩体具有一致的特征（图6.6）。

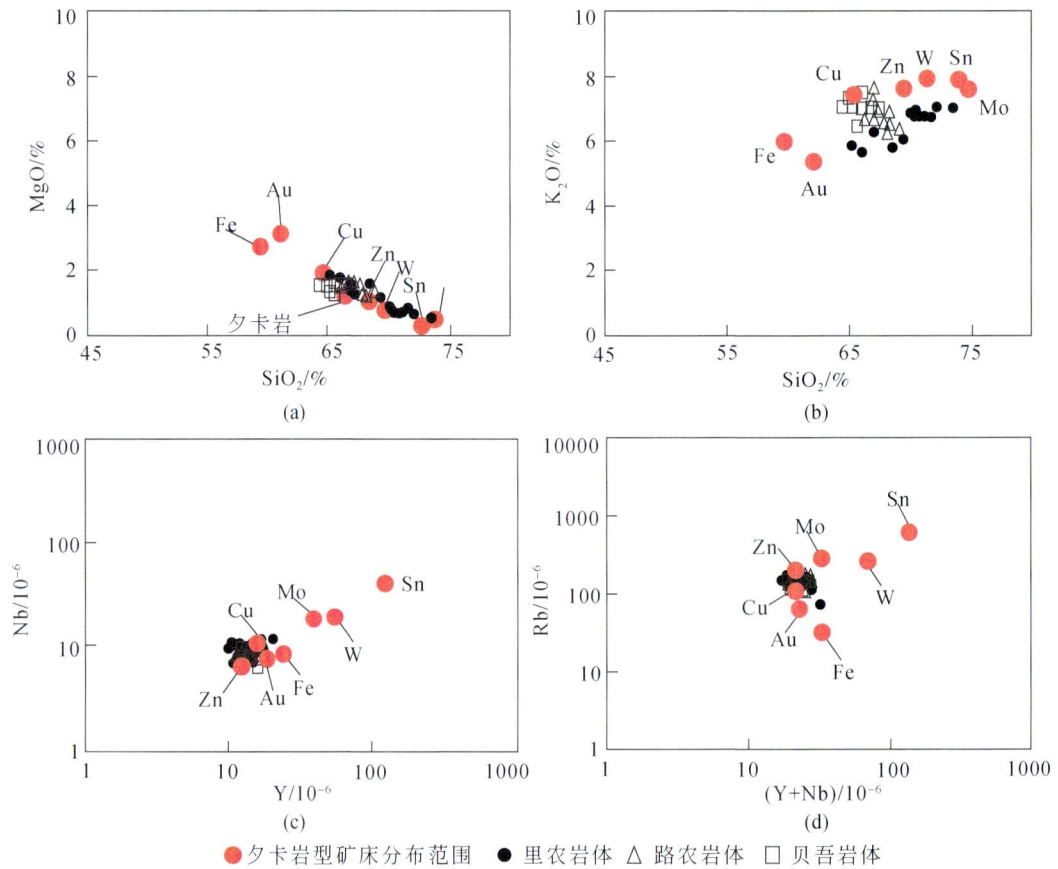

图6.6 羊拉矿区花岗闪长岩与各夕卡岩型矿床相关岩体的对比图（Meinert, 1995；Meinert et al., 2005）

6. 成矿物质来源

接触-交代夕卡岩型矿床的成矿物质主要来自岩浆，以下四方面证据表明羊拉铜矿床的 Cu 和 S 均主要来自中酸性岩浆。

（1）主矿体赋存于岩体与围岩的外接触带，且部分矿体赋存于岩体内部，表明成矿物质与岩体存在成因联系。

（2）矿区各类型矿石中的各类金属硫化物的 S 同位素组成十分均一，并集中分布于零值附近（$\delta^{34}S = -1.9‰ \sim 2.2‰$），表明 S 来自岩浆。

（3）矿石矿物的 Pb 同位素组成与花岗闪长岩高度一致，而显著区别于矿区地层及玄武岩，表明成矿元素亦来自中酸性岩浆。

（4）前人测定了矿区夕卡岩矿石中石榴子石、透辉石的 Sm-Nd 同位素（战明国等，1998），将分析结果返算到230Ma得到 $\varepsilon_{Nd}(t)$ 平均值为-1.8，这与矿区花岗闪长岩的特征相似（Zhu et al., 2011）。

同生沉积矿床中 SEDEX 型矿床的成矿物质主要来自基底和围岩，S 主要来自海水的硫酸盐的还原（Leach et al.，2005），$\delta^{34}S$ 值分布范围较广（$-13‰ \sim 15‰$；Koptagel et al.，2005；Kalender，2011）；VMS 型矿床的成矿金属及 S 的来源较为复杂，但总体上 VMS 型矿床一般具有较高和较宽的 $\delta^{34}S$ 值范围（均值为 17.5‰；Huston et al.，2001），因而，从成矿物质来源的角度，亦可表明羊拉铜矿以夕卡岩型为主，可能并不存在早期同生沉积成矿。

7. 成矿流体的性质及来源

流体包裹体测温结果显示，羊拉铜矿床成矿大致可分为两期，其中早期成矿温度为 250℃左右，晚期方解石形成于 150℃左右。通过对 C、O 同位素组成的理论模拟，获得早、晚两期成矿流体的 $\delta^{13}C$ 在 $-5‰ \sim -4‰$ 之间、$\delta^{18}O$ 在 $5‰ \sim 6‰$ 之间，表明主要来自岩浆。

至于夕卡岩型矿床早期成矿流体，普遍接受的观点是其来源于岩浆（Einaudi et al.，1981；Meinert et al.，2003）。SEDEX 型矿床的成矿流体一般具中低温、中等盐度的特征（Anderson et al.，1989；Leach，2004），而 VMS 型矿床的温度稍高，一般介于 $200 \sim 400℃$，不同矿床盐度变化范围可能较大（Schardt and Large，2009）。羊拉铜矿床的成矿流体温度分布范围较大，但石榴子石和透辉石中存在大量均一温度大于 400℃ 的流体包裹体；盐度分布范围亦较大，同时具有高于 40% NaCl 的流体包裹体，这些特征与 SEDEX 型和 VMS 型矿床均显著不同（Meinert et al.，2005），说明该矿床可能不存在早期同生沉积成矿。

综上所述，羊拉铜矿的矿床地质特征、矿物学特征、围岩蚀变、夕卡岩与矿化、岩浆岩与成矿、成矿物质来源、成矿流体的性质及来源等均一致表明，该矿床为一典型的夕卡岩型铜矿床，其成因与花岗闪长岩侵入体密切相关。此外，三方面证据表明该矿床早期可能并不存在同生沉积成矿：①金属硫化物的 S-Pb 同位素及方解石的 C-O 同位素均具有较小的分布范围；②金属硫化物的 Pb 同位素与矿区玄武岩和围岩地层显著不同；③围岩与成矿存在较大的时差。

第三节 铜的迁移形式及沉淀过程

一、铜的迁移形式

关于 Cu 的迁移形式，普遍存在两种看法。传统观点认为 Cu 主要以 Cl 的络合物形式在卤水相中迁移（Einaudi et al.，1981；Hedenquist and Lowenstern，1994；Harris et al.，2003；Reed and Palandri，2006；Berry et al.，2009）。近年来，Cu 以还原硫的形式（HS^-、H_2S 和 S^{2-}）在蒸汽相中迁移受到越来越多学者的关注（Heinrich et al.，1999，2004；Ulrich et al.，2002）。此外，通过在富 S 和贫 S 两种体系下 Cu 的分配实验研究，Simon 等（2006）发现，随着热液体系中 S 的增加，Cu 逐渐趋向于以气相形式迁移。Nagaseki 和 Hayashi（2008）的实验结果进一步表明，在 $500 \sim 650℃$、$35 \sim 100 \times 10^6 Pa$ 条件下，当热液

中 S 的浓度大于 1mol/kg 时，Cu 优先进入蒸汽相。综合上述实验结果，可以得出如下认识：当热液体系富 Cl 贫 S 时，Cu 优先进入卤水相并以 Cl 的络合物形式迁移，而当热液体系富 S 贫 Cl 时，Cu 则优先进入气相并以还原 S 的形式迁移（Williams-Jones and Heirich，2005）。

对于羊拉铜矿床而言，有三方面特征表明成矿流体可能为富 Cl 的体系：①黄铁矿的微量元素组成常可用来判别热液体系中是富 Cl 还是富 F，轻稀土富集、具有较低 Hf/Sm 和 Th/La（均小于 1）值的黄铁矿常指示了富 Cl 的热液体系（毕献武等，2004）。羊拉铜矿床的黄铁矿富集轻稀土，Hf/Sm 和 Th/La 值普遍小于 1，平均值分别为 0.81 和 0.32（作者未刊数据），说明热液体系可能富 Cl。②美国俄亥俄州 Empire Cu-Zn 矿床的矿体主要赋存于内夕卡岩带，Chang 和 Meinert（2008）通过研究发现该矿床热液属于富 F 贫 Cl 的体系，大量的 F 含量可以显著降低固相线，因而可以使热液冷却加快，故矿体在离岩体较近的位置便沉淀下来。羊拉铜矿的矿体主要赋存在岩体与围岩的外接触带，由上述结论反推，认为羊拉铜矿的热液可能富 Cl 贫 F。③对流体包裹体成分的分析表明，热液中含有较低的 F^-/Cl^- 值（0.08~0.16；潘家永等，1999）。因而，推测羊拉铜矿床中 Cu 主要在卤水相中以 Cl 的络合物形式迁移。

二、铜的沉淀机理

羊拉铜矿床的铜主要以黄铜矿的形式产出，因而本节以黄铜矿为例探讨其沉淀机理。上文已述，Cu 可能主要以 Cl 的络合物形式迁移，即 Cu 可能以 CuCl 的形式溶解于热液中。据芮宗瑶等（1984）的研究，黄铜矿在富 Cl 热液体系中的反应式可能为：$CuFeS_2$（黄铜矿）$+H^++Cl^-+0.25CO_2 = FeS_2$（黄铁矿）$+0.25C$（石墨）$+0.5H_2O+CuCl$（溶液），其中 $\lg a CuCl = \lg K - pH + 0.25 \lg CO_2 + \lg a Cl^-$。

由上式可知，铜的溶解度与反应的平衡常数 K（与温度相关）、CO_2 逸度及 Cl^- 的活度呈正相关，而与流体的 pH 呈负相关。前已述及，羊拉铜矿床热液演化过程中温度逐渐降低，易于黄铜矿的沉淀。此外，Brimhall 和 Crerar（1987）的研究表明，在夕卡岩化蚀变过程中，随着大理岩的不断溶解，$CaCl_2$ 不断形成，导致 Cl^- 的活度逐渐降低，该过程还可以导致 pH 升高，从而进一步促使黄铜矿的沉淀。

黄铜矿的沉淀与否和氧逸度同样关系密切，当氧逸度较高时，流体中可能发生如下的反应：$H_2S+O_2 \longrightarrow SO_2+H_2O$（Hattori，1993）。随着流体的演化，羊拉铜矿的氧逸度不断降低，使上述反应向反方向进行，从而导致 H_2S 含量升高，进而促使黄铜矿的沉淀（Brimhall and Crerar，1987）。这与实验结果相吻合（Reed and Palandri，2006）。

流体发生相分离通常被视为金属元素富集、沉淀的重要机制（Hedenquist and Lowenstern，1994；Heinrich et al.，1999，2004），但在羊拉铜矿流体演化晚期，尚无证据表明"流体相分离"的发生，因而推测其并非黄铜矿沉淀的原因。简而言之，夕卡岩化过程导致 aCl^- 的降低和 pH 的升高以及温度和氧逸度的降低是导致羊拉铜矿床黄铜矿沉淀的主要因素。

第四节 成矿模式及成矿过程

一、成矿模式

综合上述研究成果,初步建立了羊拉铜矿床的成矿模式(图6.7)。中三叠世晚期,金沙江带进入了碰撞晚期—碰撞后阶段,区域性的伸张背景引发了软流圈的上涌,促使上地幔尖晶石二辉橄榄岩相部分熔融形成辉绿岩原始岩浆,同时引发下地壳大规模重熔,形成矿区花岗闪长岩原始岩浆;辉绿岩原始岩浆与花岗闪长岩原始岩浆上升过程中发生混合作用及上地壳物质混染作用,在浅部发生结晶分异作用,形成中酸性侵入体和辉绿岩脉(株),演化晚期的酸性熔体快速侵位形成石英斑岩。

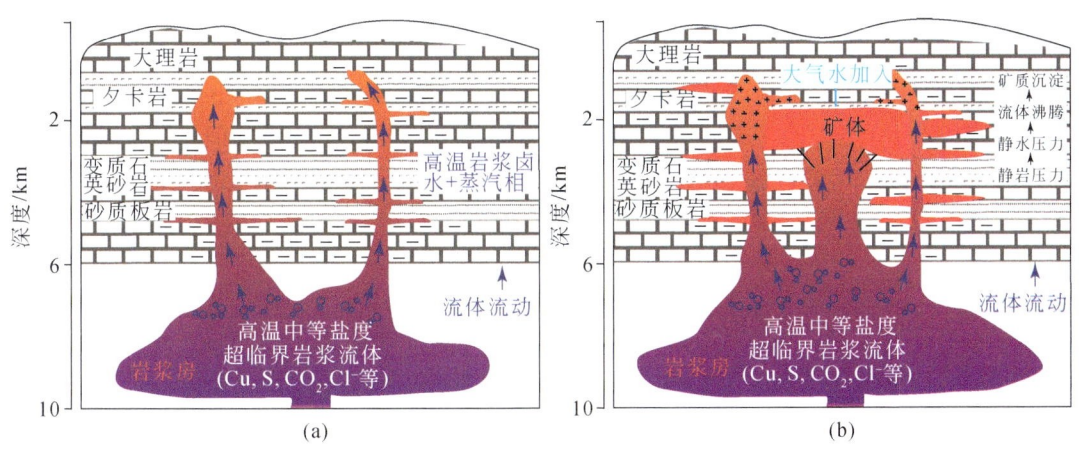

图 6.7　羊拉铜矿床成矿机制示意图

随着深部岩浆房不断分异出成矿流体,流体上升至浅部后沿层间破碎带流动并与大理岩或钙质绢云板岩发生交代反应。该过程可划分为两个阶段:①岩浆房早期去气产生的超临界流体在温度降低到550℃左右、压力降至50MPa时发生相分离,分异呈高盐度、富Cu的卤水相及低盐度的气相,卤水相与大理岩的交代反应形成早期夕卡岩,同时由于卤水中S含量较低而未能成矿;②岩浆房晚期去气时地温梯度已较高,因而超临界流体未能与气液两相线相交,而是逐渐演化至370℃左右方因压力降低至饱和蒸汽压以下而发生相分离。该阶段流体对早期夕卡岩进行交代溶蚀,从而形成湿夕卡岩矿物组合。流体演化过程中,由于氧逸度和温度降低、pH升高、Cl离子活度降低及外来流体加入等因素影响,铜的硫化物逐渐沉淀并成矿。

二、成矿过程

羊拉铜矿床里农-路农接合部发现的新矿体显著受构造控制,矿体呈层状、似层状产出于层间断裂内或与层间断裂呈小角度相交。与里农矿段、路农矿段的矿体对比研究发现，三者在矿石类型、矿物种类及矿物组合等方面是相同的，因而推断里农矿段、路农矿段及两者接合部的矿体原为同一矿体，只是被后期F4断裂等构造所破坏而形成现在不同的矿段。因此，在研究羊拉铜矿床成矿模式时，不能只研究里农矿段，而应纳入其他矿段作为整体统一研究。不同矿段的类比研究认为，羊拉铜矿床的形成至少经历了三期成矿作用，总结其成矿模式为"热水沉积–岩浆热液成矿–构造热液改造"：海西期热水沉积作用提供部分成矿物质（如矿石中出现的鲕粒黄铁矿，同位素地球化学也证实成矿物质部分来自地层），但未形成规模铜矿体；晚印支期岩浆热液成矿作用为最主要成矿期，形成羊拉铜矿的接触交代型主矿体，其残余岩浆浅成就位形成石英斑岩及斑岩型矿体；晚燕山期—喜马拉雅期构造热液改造成矿作用使得不同矿体进一步富集或贫化，并错断矿体形成不同的矿段。值得说明的是，羊拉铜矿床的主体是夕卡岩型矿体，岩浆热液成矿作用是最重要的成矿作用。

前人多认为羊拉矿区规模较大的层状矿体为海底喷流沉积成因，但本书未发现海底喷流沉积形成大规模工业矿体的证据，本次工作证实里农矿段层状矿体和路农矿段夕卡岩型矿体为同一矿体，层状矿体为岩浆热液沿碳酸盐岩、钙质碎屑岩的层间断裂发生双交代作用而形成的夕卡岩型矿体；故推测早期热水沉积提供部分成矿物质，但未形成规模铜矿体。要证实羊拉矿床是否存在海底喷流沉积成矿作用，还需研究区域上其他地段相同层位是否存在喷流沉积成矿作用及相关矿床。

前已述及，羊拉铜矿床成矿流体和成矿物质主要来源于花岗质岩浆。前人研究认为金沙江洋于晚泥盆世或早石炭世张裂（Zhu et al., 2011；Metcalfe, 2002；莫宣学等, 1993），于晚三叠世前闭合（Zhu et al., 2011）。因此，羊拉矿区大面积出露的加仁花岗闪长岩体可能是后碰撞环境增厚的下地壳部分熔融的产物（Yang et al., 2013；Zhu et al., 2011）。因此，羊拉铜矿床成矿流体的产生和运移，与矿区花岗质岩浆的侵位、冷却结晶分离作用密切相关。

1. 花岗质岩体的侵位与岩浆流体出溶

水在硅酸盐熔体中的溶解度随着压力的增加而增大（Baker and Alletti, 2012；Burnham, 1979）。因此，当羊拉矿区的花岗质岩浆上升至地壳中6~8km，压力降至1000~2000bar，岩浆中的水会饱和。这一过程即"首次沸腾"（first boiling），是由岩浆上升过程中压力骤降引起的（Richards, 2015）。在此过程中，由于岩浆对围岩的加热作用，使围岩与岩浆的温度均很高（远高于400℃），围岩以韧性变形为主，从而有效地将岩浆系统与大气水及原生地层水隔离开来（Meinert et al., 1997, 2003；Fournier, 1992）。在约230Ma，加仁岩体就位后，随着温度的下降，并伴随着结晶分离作用的不断进行，岩浆中的水和挥发分将再次达到过饱和，从而不断分异出流体相并聚集在岩浆房顶部（Robb, 2005；Meinert et al., 1997, 2003；Bodnar, 1995；Yang and Bodnar, 1994；Candela, 1989a, 1989b；Burnham, 1979）。这一过程称为"二次沸腾"（second boiling）（Richards, 2015）。Meinert (1995) 研究认为，在碳酸盐岩地区，岩浆与碳酸盐岩反应会增加岩浆中的CO_2含量，从而使H_2O在岩浆中的溶解度降低而在岩浆结晶早期就开始分离出来。这种从岩浆中分异出的流体相是一种超临界流体，具有中等盐度（6%～8% NaCl）、高温（通常为约600℃）的特点（Baker et al.，2004；Meinert et al.，1997，2003；Kamenetsky et al.，1999；Baker and Andrew，1991），并且富含 Cu、Au、Fe、Mn、Ag 和 S 等成矿物质以及 H_2O、CO_2、SO_2 和 HCl 等挥发分。因此，"二次沸腾"作用促使 Cu 等成矿物质从花岗质熔体中分异出并进入这种富硫、高温、中等盐度超临界热液流体中，从而形成初始的成矿流体。前人大量实验研究以及包裹体 LA-ICP-MS 元素分析表明：Cu、Fe、Pb、Zn、Ag 及 Sn 在流体/熔体间的分配系数往往与流体中 Cl 的丰度成正比，并且 Cu 以 $CuCl_2^-$ 形式，Ag 以 $AgCl_2^-$、$AgCl_3^{2-}$ 形式，Fe 以 $FeCl_2$、$FeCl_3^-$、$FeCl_4^{2-}$ 形式，Zn 以 $ZnCl_2$、$ZnCl_3^-$、$ZnCl_4^{2-}$，Sn 以 $Sn(OH)Cl$、$SnCl_2$、$SnCl$ 形式，Pb 以 $PbCl_2$、$PbCl_3^-$、$PbCl_4^{2-}$ 形式进入富 NaCl 的热液流体中（Pokrovski et al.，2013；Zajacz et al.，2008；Liu and McPhail，2005；Keppler and Wyllie，1991）。这种超临界流体的出溶，会使 Cu、Pb、Zn、Ag、Sn 等成矿物质富集，是羊拉铜矿床以及大量岩浆热液矿床的矿化的关键。下文将分阶段叙述羊拉铜矿床成矿流体演化轨迹和矿质沉淀过程，但需要说明的是，各阶段流体演化路径，在实际中是连续的、交叉的过程。

2. 成矿前期

随着花岗质岩浆冷却和结晶分异作用持续进行，不断出溶的岩浆流体主要富集在结晶岩体顶部。由于早期岩浆分异出的流体具有较大的流量，加之岩体持续的热量供给以及此时较低的地温梯度（即压力的降低速度大于温度的降低速度），初始流体能够保持很高的温度。所以，当初始流体随着岩体的侵位快速上升至古沉积面下约2km处，压力下降至50MPa，温度为500～600℃时，该初始流体与其气液线相交，从而进入两相区并分异成岩浆卤水（约50% NaCl）和低密度的蒸汽相 [图6.7（a）、图6.8]。这种高温的岩浆卤水沿着岩体与围岩的接触面或者断裂裂隙流动时，流体与碳酸盐岩或含钙质围岩发生水-岩反应，在溶解围岩的同时，与围岩发生物质交换，并形成以石榴子石和辉石为主的进蚀变期夕卡岩（干夕卡岩）[图6.7（a）]。羊拉铜矿床成矿前期夕卡岩矿物石榴子石和辉石中的气液两相富气相包裹体、气液两相富液相包裹体以及含石盐子矿物包裹体的共生现象记录了这一过程。羊拉铜矿床初始成矿流体的这一演化路径，与世界范围内典型的夕卡岩型铜矿床一致（Meinert et al.，1997，2003）。此外，Meinert 等（1997，2003）提出早期夕卡岩主要是超临界流体发生相分离后产生的高盐度流体（岩浆卤水）与碳酸盐岩双交代的产物，这也与羊拉铜矿床石榴子石和辉石中大量含子矿物流体包裹体证据是一致的（图6.8中路径Ⅰ）。

在超临界流体发生岩浆卤水相和蒸汽相分离的过程中，大部分 SO_2 和 HCl 从初始流体中逃逸至蒸汽相中，从而使岩浆卤水中 S 含量明显降低，同时也使岩浆卤水中金属元素的溶解度增大（Candela and Piccoli，1995）。岩浆卤水中 S 的大量丢失，抑制了进夕卡岩阶段（prograde skarn）硫化物的沉淀（Meinert et al.，1997），从而解释了在进夕卡岩蚀变过程中少有硫化物沉淀的事实。从初始流体中分离出的富 SO_2 和 HCl 的蒸汽相则在浅部凝结，形成低盐度的强酸性流体。这种强酸性流体会使硅质岩发生高级泥化蚀变（Hedenquist，1995），当围岩为碎屑岩时则蚀变形成角岩化带（Hedenquist et al.，1998），

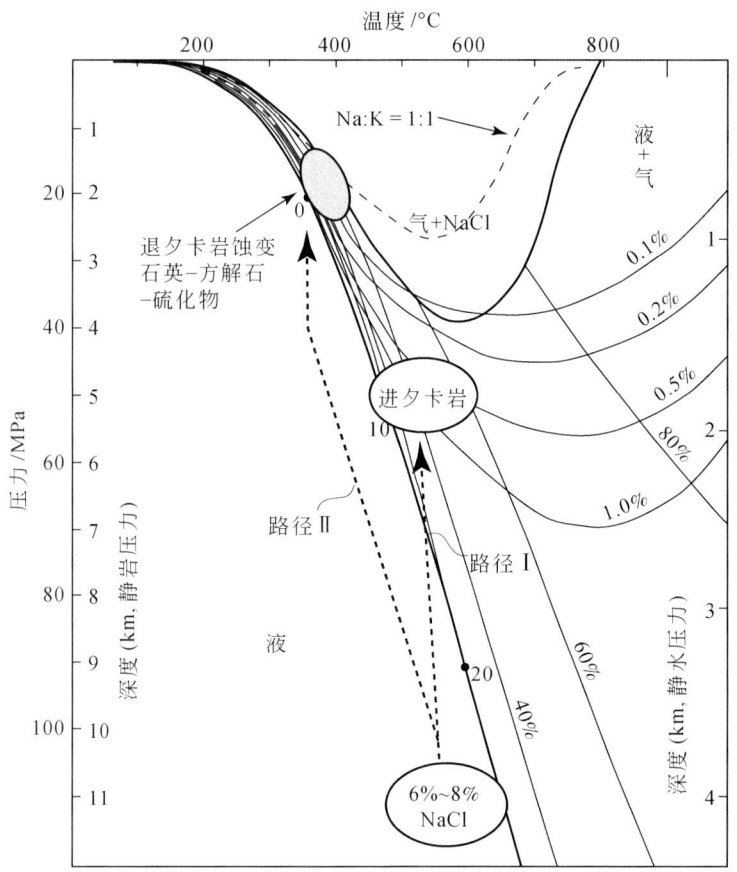

图 6.8 羊拉铜矿床成矿流体演化示意图（底图据 Meinert et al.，1997；Fournier，1987）

当围岩为碳酸盐岩时则表现为有效的溶解作用。值得注意的是，这种强酸性流体对碳酸盐的溶解作用，有效地增大了碳酸盐岩的孔隙度，为岩浆卤水的运移提供了通道。

3. 成矿期

随着下伏岩浆房（岩浆）持续地冷却和结晶，流体不断从中出溶，此时分异出的流体的 Na-K-Cl 特征与前期出溶的基本一致，但是因母岩浆结晶作用进入晚期阶段，流体的流量明显减少（Shinohara and Hedenquist，1997）。此外，由于同步的岩浆侵位作用减弱以及流体流量的减少，后期出溶的流体在上升过程中温度下降明显。当流体温度下降至 400℃以下时，岩石由塑性变形转化为脆性变形，体系则由封闭体系转化为开放体系，而压力也由静岩压力转变为静水压力（Fournier，1992）。因此，当岩浆结晶后期出溶的流体上升至古沉积面下约 2km 时，其压力为静水条件下的 20MPa，而非前期分异出的流体的 50MPa。因此，压力的骤降使得流体沸腾作用再次发生［图 6.7（b）］。也就是说，中等盐度（7%~8%NaCl）的初始岩浆流体在温度约为 350℃、压力为 20MPa 时沸腾而分离成盐度略有增加的液相和低密度气相。相对于成矿前期流体在高压条件下沸腾而分异出岩浆卤水，这一阶段流体的沸腾作用仅使液相的盐度略微增加（Meinert et al.，1997）。羊拉铜矿床早期成矿阶段石英中的气液两相富气相和气液两相富液相流体包裹体紧密共生，且具有相近的均一温度（301～415℃，平均351℃，$n=21$；Du et al., 2019），盐度与初始岩浆流体相近（2.6%～11.7% NaCl，平均7.5% NaCl，$n=13$；Du et al., 2019）的特征，指示成矿流体确实发生了沸腾作用，同时，也证实了上述演化路径（图6.8中路径Ⅱ）。

值得一提的是，羊拉铜矿床早期成矿阶段石英与绿帘石、绿泥石等含水硅酸盐矿物共生，并可见到这些退夕卡岩矿物交代先期形成的进夕卡岩矿物（石榴子石和辉石）。黄铜矿、黄铁矿、辉钼矿等硫化物与退夕卡岩矿物共生，或充填在石榴子石或辉石的颗粒间隙。该阶段石英中流体包裹体均一温度在301～415℃之间（Du et al., 2019），这与铜矿床主要的金属硫化物（黄铜矿250～350℃、斑铜矿250～350℃、黄铁矿150～450℃、辉钼矿250～420℃；Klemm et al., 2007；芮宗瑶等，2003）的形成温度基本一致。Meinert等（1997）认为夕卡岩矿床的大规模矿化与夕卡岩由石榴子石-辉石夕卡岩向退夕卡岩化蚀变的转化有关。因为这一转变，是伴随着岩石在400℃下由韧性变形转化为脆性变形，而热液则由静岩压力下的岩浆卤水向静水压力下的低盐度沸腾流体转变，SO_2、HCl和CO_2等挥发分在此过程中逃逸而引起pH的升高并伴随流体温度和压力的骤降，最终导致流体内金属络合物的溶解度降低，黄铜矿等大量硫化物沉淀［图6.7（b）］（Baker et al., 2004；Phillips and Evans, 2004；Baker and Lang, 2003；Lai and Chi, 2007）。同时，围岩脆性变形产生大量裂隙，使大气水与成矿流体混合，这一过程也会引起矿质沉淀［图6.7（b）］。

羊拉铜矿床晚期成矿阶段石英和方解石中的流体包裹体以气液两相富液相为主，包裹体均一温度为142～294℃，盐度为1.4%～8.1% NaCl（均值3.6% NaCl）（Du et al., 2019），指示成矿流体为低温-低盐度流体。该阶段热液方解石的碳-氧同位素模拟计算和石英的氢-氧同位素组成特征指示，当岩石由韧性变形转化为脆性变形，体系则由封闭体系转化为开放体系，大气降水的参与可能在一定程度上促进了该阶段矿物的沉淀。

第七章 矿田构造与成矿预测

第一节 矿田构造

一、断裂特征

羊拉矿区断裂构造发育,本节在描述断裂构造特征的基础上,结合区域构造演化,建立矿田构造体系。

1. YD1 点 NWW—近 EW 向断裂

该断裂点(图 7.1)位于路农矿段露天采场居住区上方,上部岩性为里农组二段灰白色细–粗晶大理岩,下部为灰–灰黑色薄层状砂质板岩。该处发育两条近平行断裂,f_1 断裂(产状:NW72°∠45°NE)明显错断岩层,断裂宽 20~40cm,带内为灰白色–黄褐色断层泥及大小不等的白云岩角砾;旁侧 f_2 断裂(产状:NW85°∠72°NE)也明显切断岩层,断裂面光滑平直,带内为黄褐色断层泥。两断裂对岩层错动明显,且造成岩层产状有轻微变化,其产状分别为:NW50°∠19°SW、NW30°∠30°SW 和 NE62°∠24°NW。从对岩层的错动关系判断两断裂均为正断层,显示压性性质,力学性质分析反映受到了 NE5°~18°方向上的主压力。

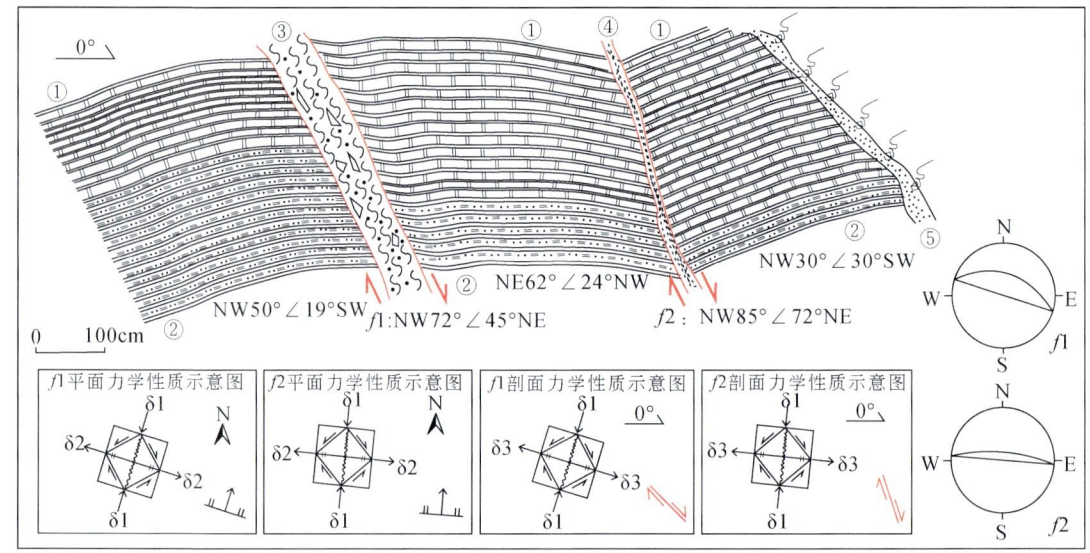

图 7.1 羊拉铜矿床 YD1 点处断裂素描图

①灰白色细–粗晶大理岩;②灰–灰黑色薄层状砂质板岩;③f_1 断裂及断裂带内的灰白色–黄褐色断层泥及大小不等的白云岩角砾;④f_2 断裂及断裂带内的黄褐色断层泥;⑤第四系浮土及地表植被

2. D17 点岩体内后期断裂

该断裂点（图 7.2）位于路农矿段至喇嘛寺道路边，围岩为辉绿色辉绿辉长岩，岩体破碎。此处发育三条断裂。$f1$ 断裂（产状：SN∠81°E）宽约 20cm，带内为黄褐色泥质充填物、灰白色构造碎粒岩及辉绿辉长岩碎块，显示断裂为上盘上升的张扭性正断层。$f2$ 断裂（产状：NE15°∠82°NW）为 $f1$ 的共轭断裂，断裂宽 5~10cm，带内为辉绿辉长岩碎块，具明显棱角，及少量灰白色构造碎粒岩，显示张扭性质。$f3$ 断裂（产状：NE35°∠72°NW）与 $f2$ 近平行，断裂面明显，带内为辉绿辉长岩角砾，棱角明显，显示张性性质，从明显错动标志层的关系判断为张性正断层。力学性质分析三条断裂的主压力方向均为 NE±15°。

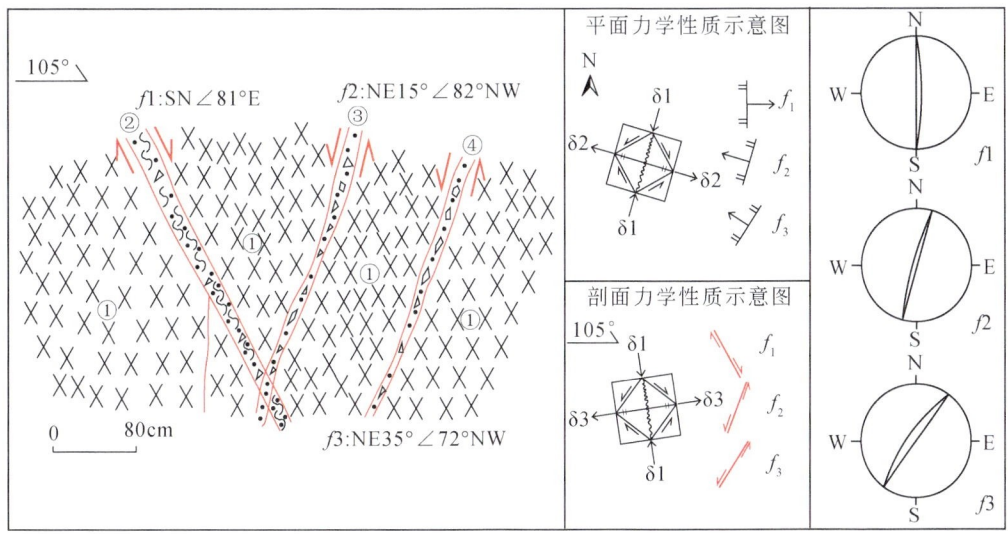

图 7.2 羊拉铜矿床 D17 点处断裂素描图

①辉绿色破碎状辉绿辉长岩；②$f1$ 断裂及断裂带内的黄褐色泥质充填物、灰白色构造碎粒岩及辉绿辉长岩碎块，断裂为上盘上升的张扭性正断层；③$f2$ 断裂及断裂带内的辉绿辉长岩碎块，具明显棱角，另见少量灰白色构造碎粒岩，显示张扭性质；④f_3 断裂及断裂带内的辉绿辉长岩角砾，棱角明显，显示张性性质

3. Y001 点岩体内 NE 向断裂

该断裂点（图 7.3）位于喇嘛寺附近路旁，附近出露大面积辉绿色致密块状辉绿岩，沿岩体内裂隙零星见黄铁矿化，岩体内部空洞处可见柱状石英晶簇。岩体内发育后期断裂，产状：NE34°∠38°NW。断裂带宽约 2m，带内为辉绿色碎裂状辉绿岩，沿断裂带充填有顺层石英、方解石细脉，大致沿层平行断裂面产出，说明成岩后的构造活动中伴随有热液流体活动。靠近断上裂面为灰白-黄褐色断层泥，夹辉绿辉长岩，垂直断裂面发育多条张性裂隙，并且上、下断裂面平直光滑，发育薄层状石英脉，断裂面上见擦痕，显示断裂为右行扭张性正断层。力学性质分析断裂受到了 NE±50°方向上的主压力。

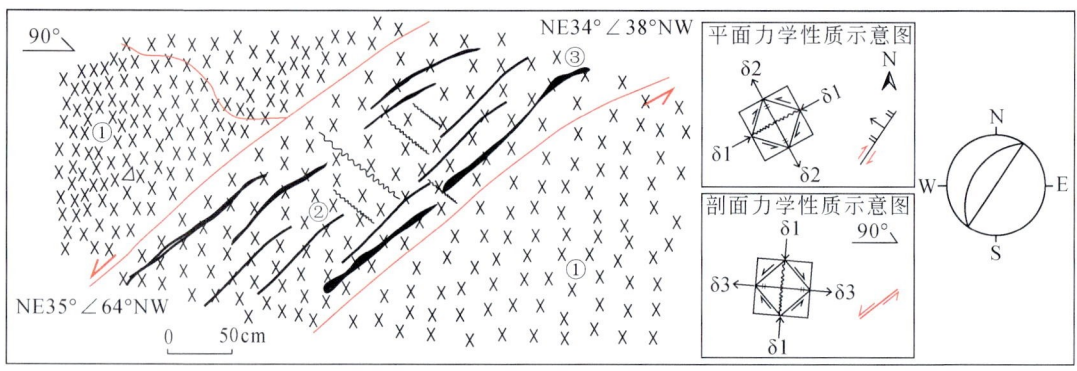

图 7.3 羊拉铜矿床 Y001 点处断裂素描图

①辉绿色块状辉绿辉长岩;②断裂带内碎裂状辉绿岩;③断裂带充填的石英、方解石脉,与断裂面产状近平行。断裂带宽约 2m,且上、下断裂面平直光滑,发育薄层状石英脉,断裂面上见擦痕,显示断裂为右行扭张性正断层

4. D028 点层间断裂

该断裂点(图 7.4)位于路农矿段露天采场北侧路旁,为里农组一段($D_{2+3}l^1$)中发育的层间断裂(产状:NW48°~66°∠37°~41°SW),岩层揉皱强烈。由于受到后期构造活动的影响,地层产状发生变化。该处上部为灰白黄褐色砂质板岩,中间为薄层状绢云砂质板岩、片岩,岩石较破碎,下部为灰白-黄褐色变质石英砂岩,夹薄层状绢云砂质片岩,岩石揉皱强烈,层间断裂发育。由于绢云砂质板岩、片岩的塑性较变质石英砂岩强,层间断裂内多处形成由绢云砂质板岩包裹的变质石英砂岩透镜体(图 7.4),显示层间断裂为压性逆断层。由力学性质分析断裂受到了 NE30°~40°方向上的主压力(层间断裂经历燕山期的改造)。

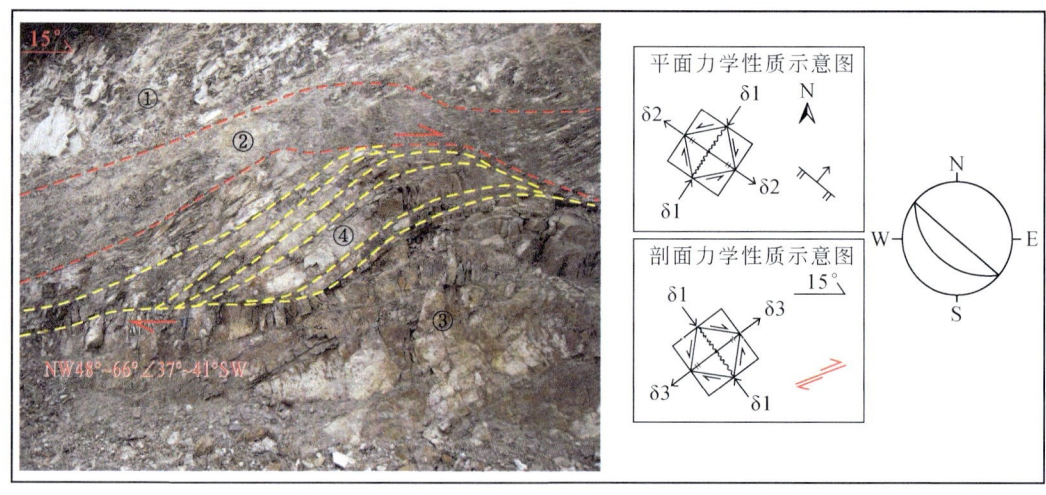

图 7.4 羊拉铜矿床 D028 点处断裂

①灰白色砂质板岩;②薄层状绢云砂质板岩、片岩,岩石破碎;③灰白-黄褐色变质石英砂岩,夹薄层状绢云砂质片岩,岩石揉皱强烈,层间断裂发育;④层间断裂内形成的变质石英砂岩透镜体,显示断裂为压性逆断层

5. YK008 点处断裂

该断裂点（图7.5）位于3175中段10#穿脉104测点NE约15m处钻窝旁，为多处断裂交汇的复合构造点；围岩为淡绿–灰白色绿泥石化绢云砂质板岩夹变质石英砂岩，岩石较破碎，发育后期构造热液活动形成的方解石–黄铁矿–黄铜矿细脉。至少分辨出三期构造活动：早断裂f1为层间断裂（产状：NW66°∠34°SW），断裂带内有断层泥，明显被后期断裂f2所错断，为压性正断层；中期断裂f2（产状：NW71°∠70°NE），明显切断岩层及方解石–黄铁矿–黄铜矿细脉，从对岩层和早期断裂的错动关系判断为压性逆断层；晚期断裂f3（产状：NE65°∠56°NW）明显错断f2断裂，为张性正断层，断裂面呈波状，沿断裂面充填有方解石细脉，断续呈透镜体状产出。力学性质分析该构造点早期受到了NE30°左右方向上的主压力（燕山期），中期主压应力方向为NE20°左右（燕山期），晚期主压应力方向变为NE60°左右（喜马拉雅期）。

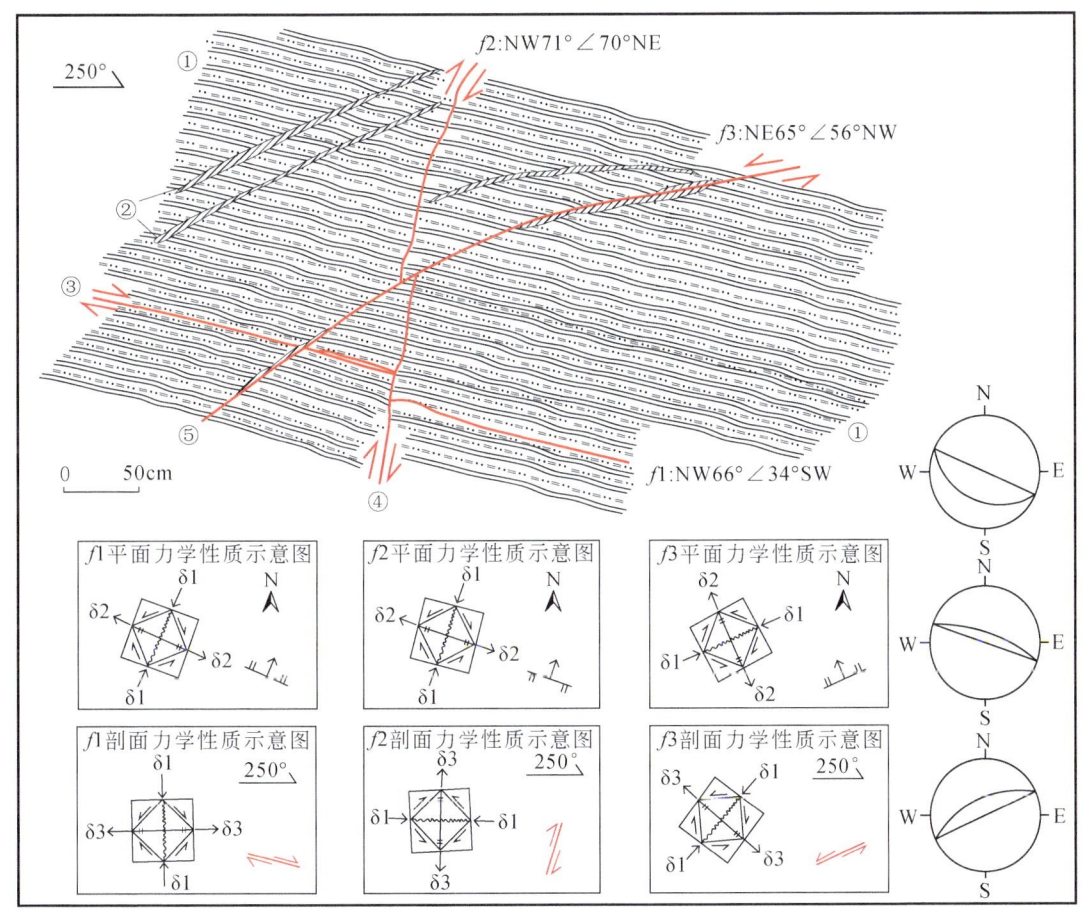

图7.5 羊拉铜矿床YK008点处断裂素描图

①淡绿–灰白色绿泥石化绢云砂质板岩夹变质石英砂岩；②充填的方解石–黄铁矿–黄铜矿细脉，为后期构造热液活动的产物；③早期层间断裂f1，断裂带内有断层泥，明显被后期断裂f2所错断，为压性正断层；④中期断裂f2，明显切断岩层及早期断裂，为压性逆断层；⑤晚期断裂f3，断裂面呈波状，沿断裂面充填有方解石细脉，断续呈透镜体状产出，为张性正断层

6. YK010 点处断裂

该断裂点（图 7.6）位于 3175 中段 20#穿脉北侧 2m 处，围岩为灰白色绢云砂质板岩、变质石英砂岩，岩石破碎，且发育团块状黄铁矿化、黄铜矿化及细脉状方解石化。断裂产状：NE68°∠36°NW，断裂面呈波状起伏，发育明显擦痕；断裂带宽 10~30cm 不等，带内为灰白色碎裂状变质石英砂岩碎块及构造碎裂岩；上断裂面发育不规则状方解石细脉。根据擦痕和断裂对早期断裂及岩层的错动关系，判断该断裂为左行扭压性正断层。由力学性质分析显示该断裂受到了 NE10°~20°方向上的主压力（燕山期）。

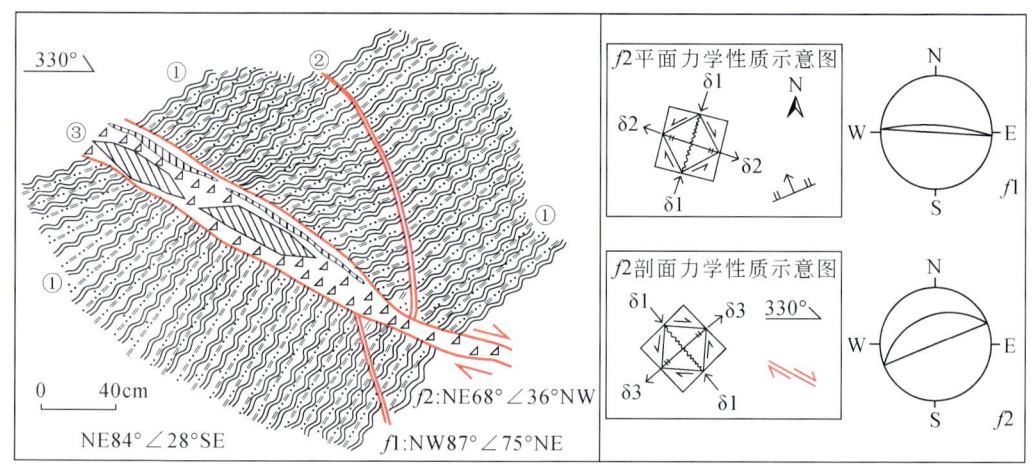

图 7.6 羊拉铜矿床 YK010 点处断裂素描图

①灰白色绢云砂质板岩、变质石英砂岩，岩石破碎；②早期切层断裂 f1，断裂紧闭，性质不明；③后期断裂 f2 及带内充填的灰白色碎裂状变质石英砂岩碎块及构造碎裂岩，明显切穿岩层及早期断裂，断裂面呈波状起伏，发育明显擦痕，沿上断裂面发育方解石脉，断裂性质为左行扭压性正断层

7. YK019 点处断裂

该断裂点（图 7.7）位于 3075 中段 43-2 采场，发育于花岗闪长岩体与围岩接触处的后期断裂。自岩体向围岩，岩性出现规律性变化：①灰白色花岗闪长岩，岩石新鲜、硅化较强，可见明显的石英、长石及云母斑晶；②灰白-淡黄土色蚀变花岗闪长岩，岩石较破碎、节理裂隙发育；③灰白色蚀变大理岩，发育后期石英脉，脉中可见黄铜矿、黄铁矿、辉钼矿等金属硫化物；④夕卡岩型矿体，断裂产状：NE42°∠64°NW，为成矿后的压扭性构造，附近平行断裂对夕卡岩型矿体破坏作用明显，但该构造并未破坏大理岩中的石英-硫化物脉，推测石英-硫化物脉可能为构造改造期的产物，而蚀变大理岩则可能为构造期被卷入构造带内。力学性质分析显示该断裂受到了 NW—NWW 方向上的主压力（喜马拉雅期）。

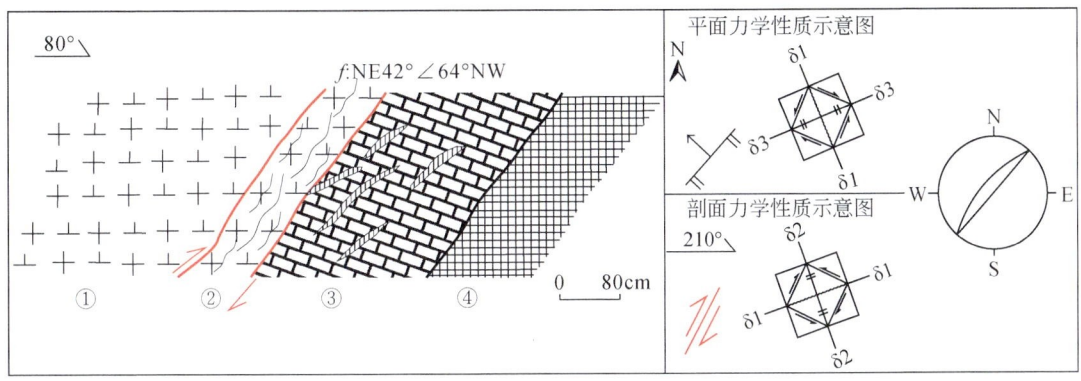

图 7.7 羊拉铜矿床 YK019 点处断裂素描图

①灰白色花岗闪长岩；②灰白-淡黄土色破碎蚀变花岗闪长岩；③灰白色夕卡岩化大理岩，发育后期石英-硫化物脉；
④夕卡岩型矿体，断裂发育于岩体和围岩的接触带附近，为成矿后的扭性构造；该构造未破坏石英-硫化物脉

8. Ln1 点处断裂

该断裂点（图 7.8）位于路农矿段 3590 中段，断裂产状：NW67°∠36°SW，断裂宽约 1cm，带内为黄褐色褐铁矿化砂质板岩；断裂面平直，断裂性质为压性逆断层。上、下盘均为黄褐-灰白色破碎砂质板岩，上盘具脉状黄铁矿化，下盘发育多条张性裂隙。力学性质分析显示该断裂受到 NE20°左右方向上的主压力（燕山期）。

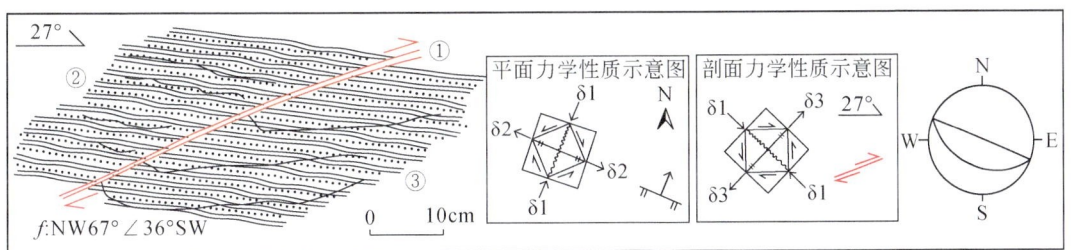

图 7.8 羊拉铜矿床 Ln1 点处断裂素描图

①断裂带及带内充填的褐铁矿化碎裂砂质板岩；②断裂上盘的砂质板岩，发育脉状褐铁矿化；
③断裂下盘的砂质板岩，发育张性裂隙

9. Ln3 点处断裂

该断裂点（图 7.9）位于路农矿段 3590 中段，为灰白色细晶大理岩内发育的层间断裂（产状：NE16°∠34°SE）。断裂宽 5~15cm，沿上、下断裂面发育黄褐色断层泥及大理岩角砾，角砾棱角明显。断裂经历了早期压性、后期张性的构造活动，由力学性质分析其主压力方向早期为 NWW 向—近 EW 向（晚海西早期），晚期则转变为 NNE 向（燕山期）。

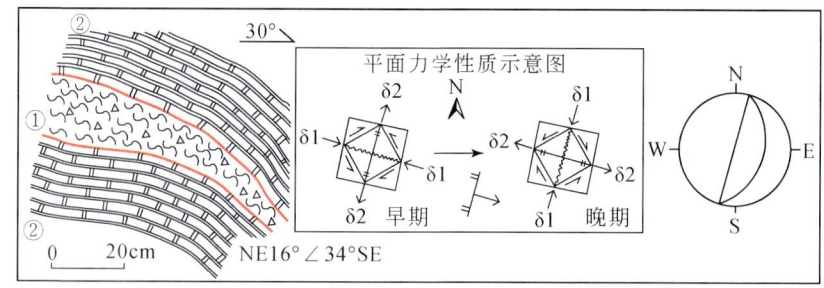

图 7.9　羊拉铜矿床 Ln3 点处断裂素描图
①层间断裂带及内部充填的黄褐色断层泥及大理岩角砾；②灰白色细晶大理岩

10. Ln4 点处断裂

该断裂点（图 7.10）位于路农矿段 3590 中段，为两组断裂交汇点。早期断裂（产状：NE16°∠74°NW），断裂面呈弧形弯曲，带宽数厘米，带内为黄褐色破碎大理岩即少量断层泥，性质为扭性；晚期断裂（产状：NW76°∠48°NE），断面平直紧闭，明显切断早期断裂，并错动岩层，断距约 10cm，判断性质为右行张性正断层。由力学性质分析显示，早期断裂遭受 NE 向主压力（燕山期），晚期断裂主应力方向则变为 NWW 向（喜马拉雅期）。

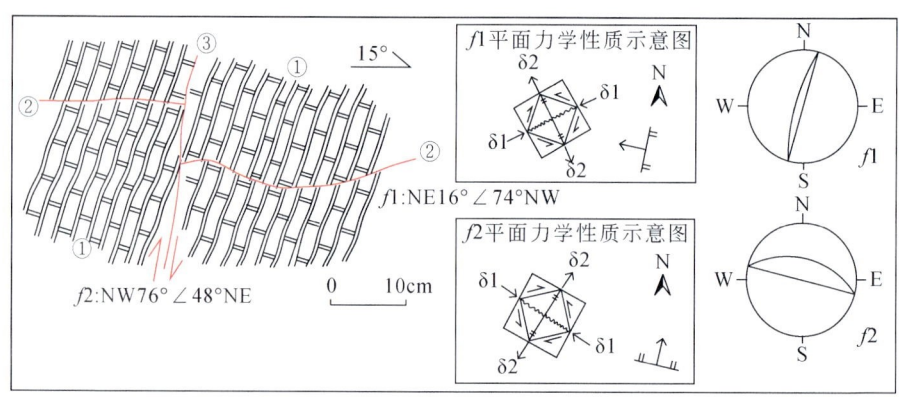

图 7.10　羊拉铜矿床 Ln4 点处断裂素描图（平面）
①灰白色细晶大理岩；②早期断裂 f_1；③晚期断裂 f_2

11. Ln5 点处断裂

该断裂点（图 7.11）位于路农矿段 3590 中段，为复合断裂（产状：NW5°∠88°SW）。围岩为灰白色块状大理岩，早期断裂面不清，发育大理岩角砾，角砾棱角明显，显示张性特征。晚期断裂为左行扭性，断裂面光滑平直，倾角较陡，局部反倾，断裂带宽 5～10cm，带内为灰白色构造碎粒、碎粉岩，对两盘岩石错动明显。因此，断裂经历了早期张性到晚期左行扭性力学性质的转变，力学性质分析显示，断裂早期主压力方向为近 SN 向，晚期为 NW 向（喜马拉雅期）。

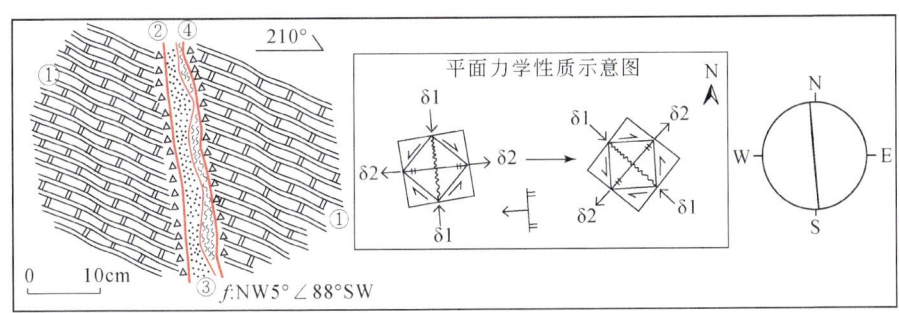

图 7.11 羊拉铜矿床 Ln5 点处断裂素描图

①灰白色块状大理岩；②早期断裂形成的大理岩角砾，棱角明显；③后期断裂带内构造碎粒岩、碎粉岩；④断裂带内的黄褐色断层泥

12. Ln8 点处断裂

该断裂点（图 7.12）位于路农矿段 3590 中段，为层间断裂（产状：NS∠34°E）。早期断裂产状不清，断裂面平直微张开，带内为黄褐色断层泥，并沿后期张性裂隙充填有碳酸盐脉；判断断裂经历早期压扭性质，后期由于受层间断裂的影响而变为张性。晚期层间断裂带宽 10~20cm，带内为灰白、黄褐色砂质板岩及断层泥，上、下盘均为灰白色大理岩，层间断裂明显错断早期断裂，从而判断该层间断裂为压性逆断层。由力学性质分析显示，晚期层间断裂受到了近 EW 向的主压应力作用（晚海西早期）。

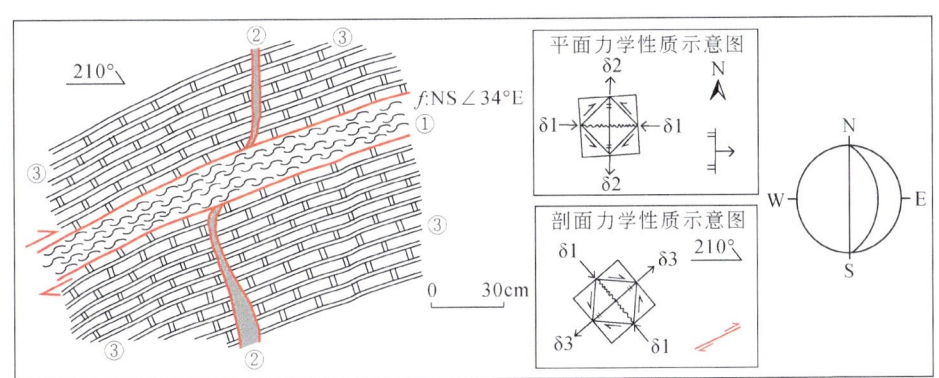

图 7.12 羊拉铜矿床 Ln8 点处断裂素描图

①层间断裂及带内充填的断层泥；②早期断裂及带内充填的碳酸盐脉；③灰白色大理岩

13. Ln9 点处断裂

该断裂点（图 7.13）位于路农矿段 3590 中段，围岩为灰白色大理岩、条带状大理岩及砂质板岩，发育两期断裂构造。早期为层间断裂（产状：NW5°∠20°NE、NW5°∠26°NE），断裂面平直，带宽 10~30cm，带内为灰白色砂质板岩及黄褐色断层泥，断裂为压性逆断层。晚期断裂（产状：NW42°∠28°SW），带宽 5~10cm，带内为灰白色、黄褐色构造破碎岩；明显错断岩层及早期层间断裂，为张性正断层。早期层间断裂受到了近 EW 向的主压应力作用（晚海西早期），晚期断裂主压应力方向则为 NW 向。

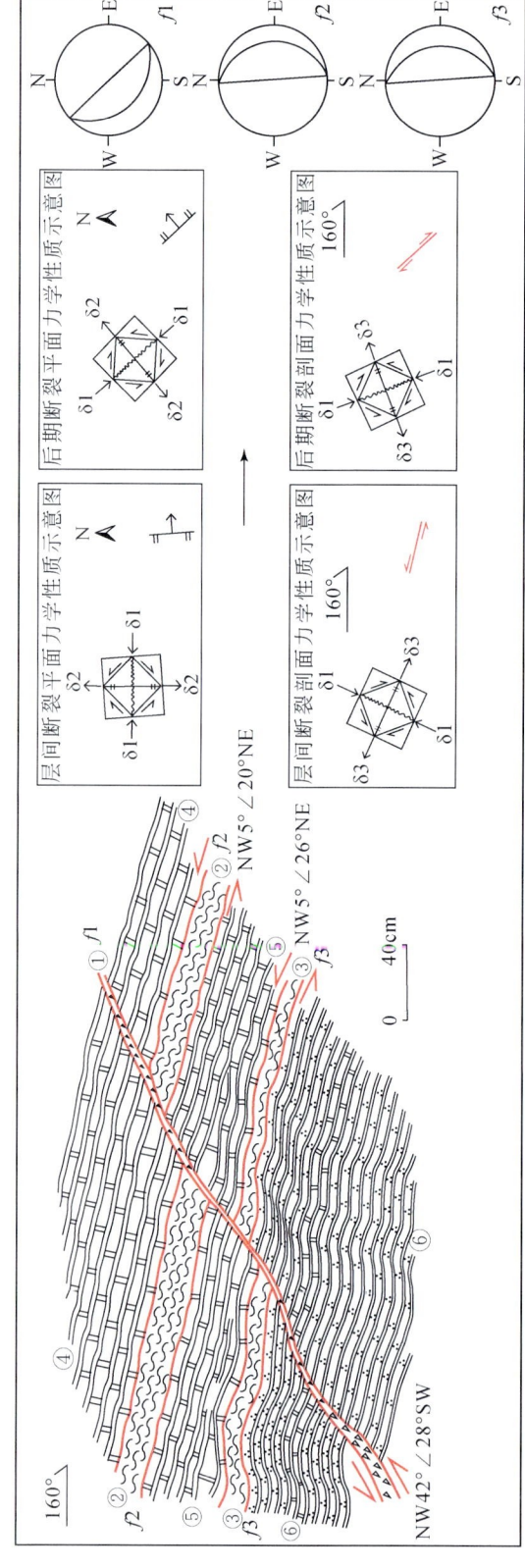

图7.13 羊拉铜矿床Ln9点处断裂素描图

①晚期断裂及带内的构造碎裂岩；②早期层间断裂及带内的砂质板岩和断层泥；③早期层间断裂及带内的砂质板岩和断层泥；④灰白色大理岩；⑤灰白色条带状细晶大理岩；⑥灰白色薄层状砂质板岩、夹大理岩

14. Ln11 点处断裂

该断裂点（图 7.14）位于路农矿段 3590 中段，围岩为灰色-黄褐色砂质板岩，夹条带状大理岩，层间断裂发育，岩石破碎。切层断裂产状：NE20°∠73°NW，带宽约 5cm，裂面平直，发育少量擦痕；断裂带内为黄褐色断层泥及后期充填的方解石-石英脉，断裂上、下盘岩层产状有变动；判断断裂为左行压扭性逆断层。力学性质分析显示，断裂受到了 NW±35° 主压应力作用（喜马拉雅期）。

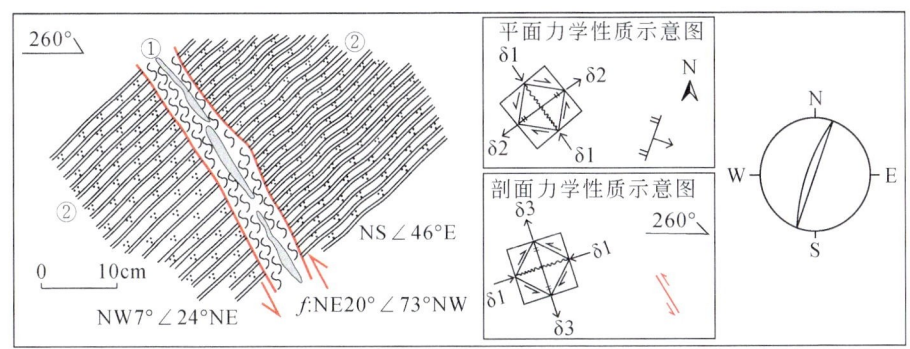

图 7.14　羊拉铜矿床 Ln11 点处断裂素描图

①断裂带内的黄褐色断层泥及充填的方解石-石英脉；②灰色-黄褐色砂质板岩，
夹灰色条带状大理岩，断裂上、下盘岩层产状有变化

15. Ln12 点处断裂

该断裂点（图 7.15）位于路农矿段 3590 中段，围岩为灰色-黄褐色砂质板岩，夹条带状大理岩，岩石中发育切层碳酸盐脉，反映存在后期热液活动。早期断裂产状：NW29°∠78°SW，断裂宽 3~5cm，裂面平直，带内充填有灰白-黄褐色构造碎粒岩、断层泥，未

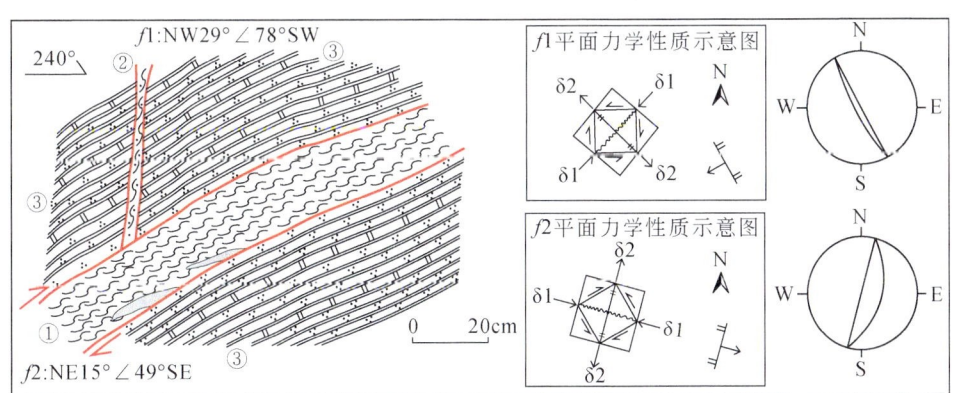

图 7.15　羊拉铜矿床 Ln12 点处断裂素描图

①层间断裂及带内充填的断层泥和碳酸盐脉；②早期断裂及带内的断层泥；③灰白色砂质板岩，
夹条带状大理岩，沿张性裂隙处充填有碳酸盐脉

见明显擦痕，显示断裂以压扭性为主。晚期层间断裂产状：NE15°∠49°SE，明显切断早期断裂，断裂宽10~20cm，带内为灰白-黄褐色构造碎裂岩和断层泥，并伴有后期碳酸盐脉，断裂为压扭性逆断层。力学性质分析显示，早期断裂主压应力方向为NE向（燕山期），晚期断裂主压应力方向为NW向（喜马拉雅期）。

16. Ln13 点处断裂

该断裂点（图7.16）位于路农矿段3590中段，围岩为灰色绢云砂质板岩，夹条带状大理岩。早期断裂产状：NW19°∠39°SW，断裂宽2~5cm，带内为黄褐色断层泥；后期因受张力作用的影响，带内见少量砂质板岩角砾，断裂经历了由压扭性到张性力学性质的转变。后期层间断裂产状：NE12°∠51°SE，明显切断早期断裂，并伴轻微揉褶，带内为灰白色砂质板岩断层泥；断裂由2条断裂组成，裂面形态不规则，显示压性逆断层。力学性质分析显示，早期断裂主压应力方向为NE50°左右（燕山期），晚期断裂主压应力方向为NW向（喜马拉雅期）。

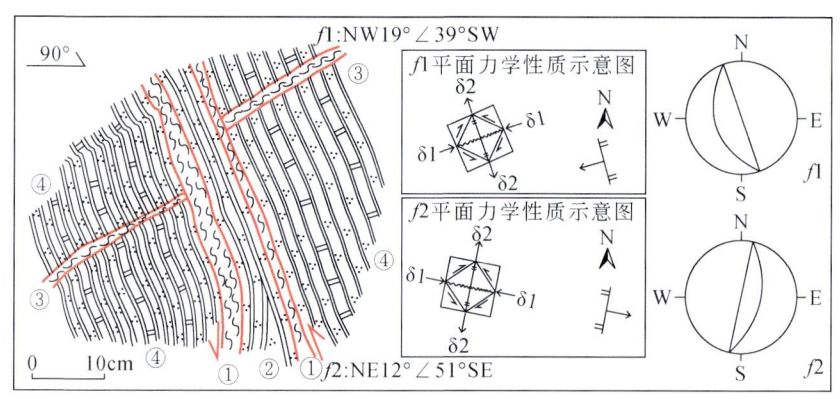

图7.16 羊拉铜矿床Ln13点处断裂素描图
①层间断裂及带内充填的灰白色断层泥；②层间断裂间灰白色碎裂状砂质板岩；③早期断裂及带内的断层泥；④灰白色砂质板岩，夹条带状大理岩

17. Ln16 点处断裂

该断裂点（图7.17）位于路农矿段3590中段，围岩为灰白色绢云砂质板岩，夹条带状大理岩，地层产状：NE36°∠40°SE。断裂构造发育于坑道右壁，断裂宽约25cm，上、下断裂面不清楚，但断裂内部发育后期明显断裂面，断裂面平直光滑，见明显擦痕，显示为右行压扭性质。断裂总体产状EW∠59°N，在坑道出露长度大于20m。断裂带内分带现象明显：断裂上部为钙质、泥质胶结大理岩角砾，具后期碳酸盐化；靠近后期断裂面为黄褐色断层泥；下部则为碎裂状砂质板岩。力学性质分析显示，晚期断裂主压应力方向为NW向。

二、构造体系

根据对矿区内坑道和地表200多条断裂构造的观察和素描及力学性质分析，结合区域

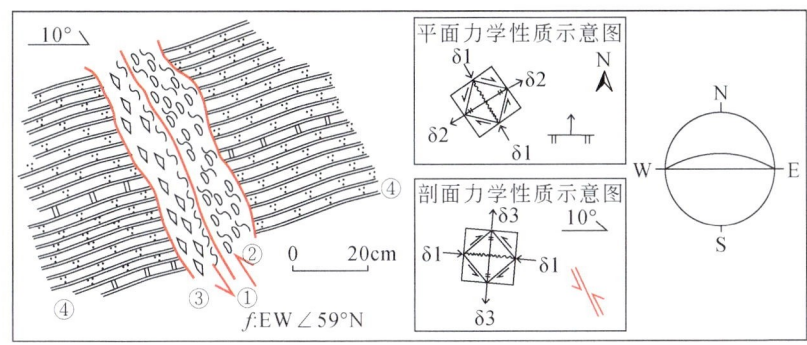

图 7.17　羊拉铜矿床 Ln16 点处断裂素描图

①晚期断裂面及靠近断裂面的黄褐色断层泥；②断裂上部的泥质、钙质胶结大理岩角砾，角砾具一定磨圆度，已固结；
③断裂下部的碎裂岩，原岩为砂质板岩；④灰白色砂质板岩，夹条带状大理岩

构造演化，初步判断羊拉铜矿经历了四期构造活动：海西期、印支期、燕山期和喜马拉雅期。海西期，受到 EW 向主压应力的作用，金沙江洋盆开始由东向西俯冲削减，这一时期的构造主要表现为顺层剪切褶皱和逆冲推覆构造，初步形成一些层间断裂。印支期的挤压碰撞作用主要表现为左行平移剪切作用，主压应力为 NW—SE 向，矿区内层间滑脱构造进一步发育；同时伴随着大规模中酸性岩浆的热隆升作用，形成岩浆接触构造及韧-脆性层间断裂，成矿热液运移至其内部形成夕卡岩型矿体。燕山期，金沙江构造带以断裂-岩浆活动为主，矿区断裂主要表现为右行走滑，矿区范围内主压应力方向为 NE—SW 向。喜马拉雅期，矿区范围内主压应力方向为 NW—SE 向，主要形成 NWW 向左行走滑及推覆构造。

对断裂形迹进行筛分配套，将矿区构造划分为三种构造体系（图 7.18）——近 SN 向构造带、NE 向构造带和 NW 向构造带，反映矿区构造经历了四期构造运动：近 SN 向构造带→NE 向构造带→NW 向构造带→NE 向构造带，分别对应晚海西期、印支期、燕山期和喜马拉雅期。

三、构造控矿特征

构造对成矿的控制作用主要体现在六个方面：①区域构造对成岩、成矿带的控制。区域构造控制着本区的沉积建造、变质作用、岩浆活动及其有关矿产；南北向断裂控制着金沙江基性和超基性岩带、加仁-贝吾花岗岩带、浅成-超浅成酸性斑岩带、羊拉-奔子栏火山岩带、拱卡蛇绿混杂岩带等 5 大南北向岩浆岩带及其相关矿产的空间分布。②矿区范围内 NE 向断裂控制着矿段的分布。矿区范围内的次级 NE 向 "入" 字形断裂将羊拉矿床错断，形成贝吾、尼吕、江边、里农、路农、通吉格、加仁等七个矿段。③岩体接触构造控制着矿体的形态。矿区内中-酸性岩体地表分布面积大，约占矿区面积的 1/4，自南向北展布并在局部地段向地下隐伏，因此在岩体的隐伏地段常形成港湾状半封闭空间，是成矿的有利部位；同时岩体整体有向西倾伏趋势，因此主矿体基本分布于岩体西侧；在路农与

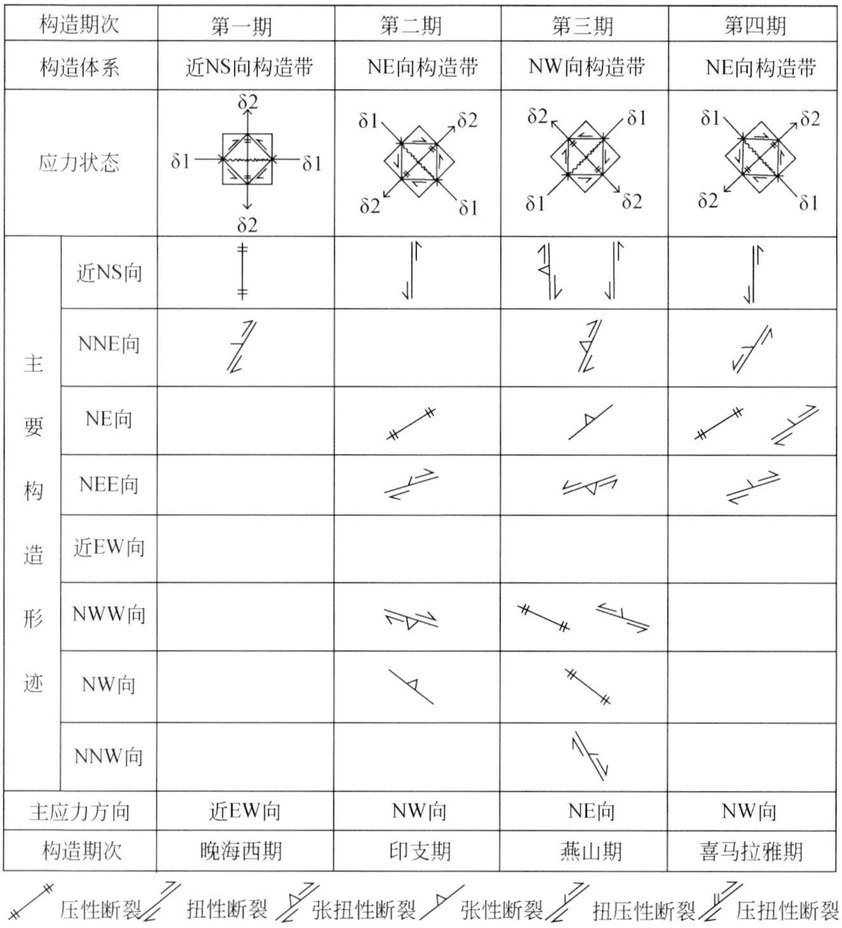

构造期次		第一期	第二期	第三期	第四期
构造体系		近NS向构造带	NE向构造带	NW向构造带	NE向构造带
应力状态					
主要构造形迹	近NS向				
	NNE向				
	NE向				
	NEE向				
	近EW向				
	NWW向				
	NW向				
	NNW向				
主应力方向		近EW向	NW向	NE向	NW向
构造期次		晚海西期	印支期	燕山期	喜马拉雅期

压性断裂　扭性断裂　张扭性断裂　张性断裂　扭压性断裂　压性断裂

图7.18　羊拉铜矿床不同时期构造形迹组合示意图

江边岩体东侧，岩体与围岩常形成锯齿状破碎接触带，湿夕卡岩与干夕卡岩分带明显，但夕卡岩带普遍厚度较薄，通常垂厚<5m，形成囊状小矿体，品位厚度变化亦较大。④层间断裂控制着层间矿体形态。矿区层间断裂分布较多，大多为向西倾缓倾斜断层，在里农矿段深部，随着地层变得陡倾。里农段里农组二段（$D_{2+3}l^2$）与里农组一段（$D_{2+3}l^1$）接触部位，层间断裂分布较为稳定，受后期构造活动影响，伴随地下水贯入，褐铁矿化、孔雀石化强烈；而江边矿段层间断裂通常规模较小，裂带<20cm，裂面多波状起伏光滑，后期褐铁矿化强烈，偶见孔雀石矿化。层间断层在成矿早期为成矿流体起到导矿作用，表现为伴随印支期—燕山期挤压背景下的中酸性岩浆侵位发生的岩浆-热液活动，含矿热液顺构造裂隙发生纵向上的流动，并在里农组及江边组地层中发生广泛侧向运移、弥散排泄及矿质沉淀，在侧向运移过程中，层间断裂起到流体运移通道作用，形成该段地层中所见到的纹层状夕卡岩。⑤岩体内裂隙构造控制着脉状矿体形态。岩体内部裂隙产状多与岩体产状一致，裂隙通常被石英脉体充填，伴随有黄铜矿化、黄铁矿化、辉铜矿化，在里农下采区脉体内可见辉钼矿化。岩体裂隙构造为岩浆热液运移提供通道，其自身也是矿质沉淀富集的

有利场所。从目前揭示来看,花岗闪长岩内部裂隙构造含矿性不高,石英二长斑岩体内部构造裂隙含矿性较好,还需进一步研究。⑥后期构造控制着矿体的空间定位。里农矿段尤其是接合部后期断裂构造极其发育,主要分为 NE、NW 向两组断裂,NE 向断裂组具右行正断层性质,控制矿体走向;NW 向断裂组也具有正断层性质,使矿体在倾向上呈现阶梯状展布。

四、构造控矿模式

总结羊拉矿床存在两套构造控矿模式:印支期"岩浆侵入接触构造+层间断裂"(图 7.19),燕山期—喜马拉雅期"'入'字形构造+阶梯状构造"(图 7.20)。

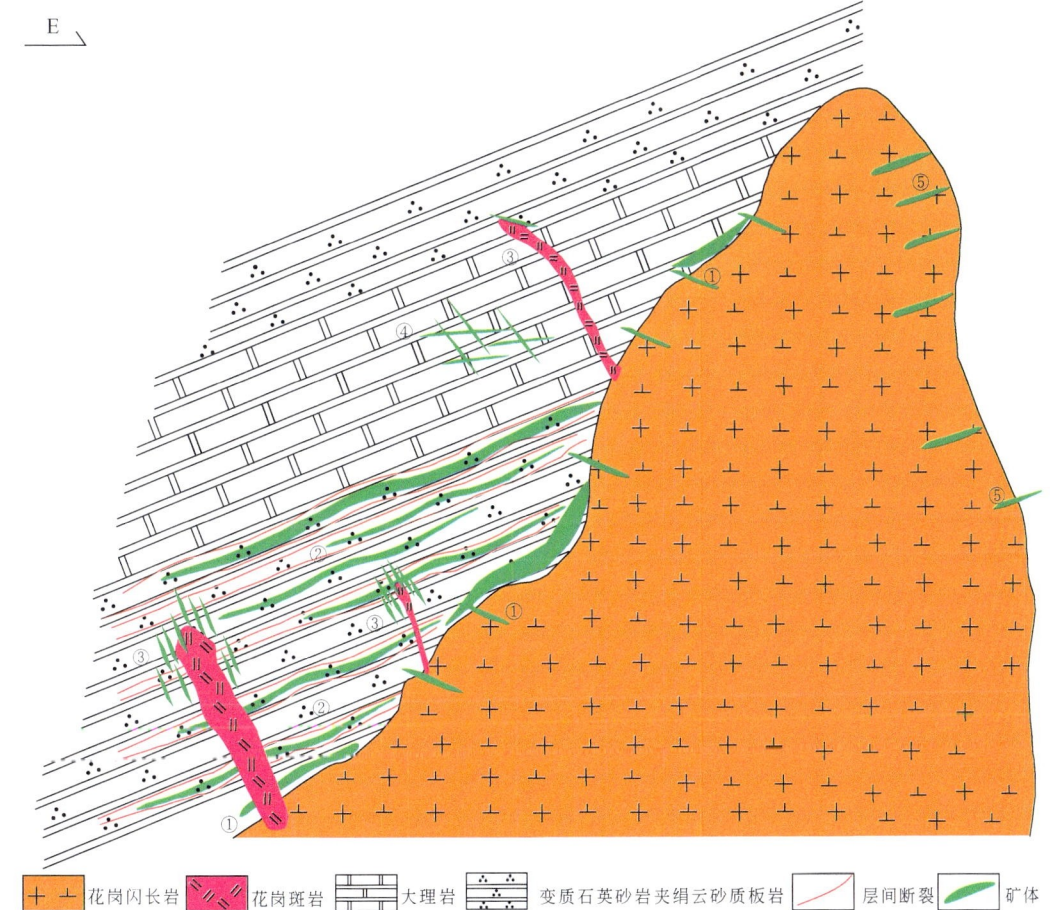

图 7.19 羊拉矿床"岩浆侵入接触构造+层间断裂"构造控矿模式简图

①沿岩体接触带产出的夕卡岩型矿体,形态受接触构造控制;②沿层间断裂产出的层状夕卡岩型矿体,形态受层间断裂控制;③花岗斑岩旁侧产出的细脉状、浸染状斑岩型矿体,形态受接触构造形态控制;④沿大理岩裂隙产出的网脉状矿体,形态受网脉状裂隙控制;⑤沿岩体边缘裂隙产出的细脉状矿体,形态受岩体内部裂隙构造控制

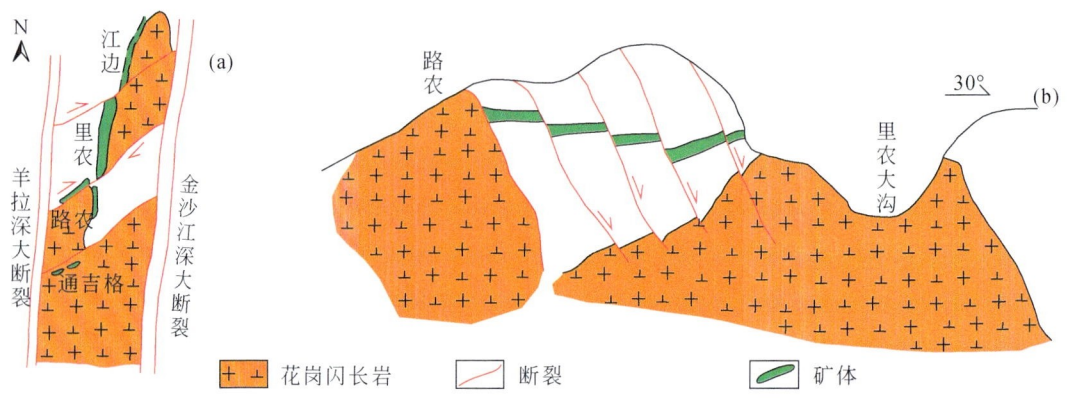

图 7.20 羊拉矿床"'入'字形构造+阶梯状构造"控矿模式示意图 [(a) 平面, (b) 剖面]

印支期花岗闪长岩侵入围岩碳酸盐岩、钙质碎屑岩内,沿接触带产状由陡变缓或凹陷等有利空间形成夕卡岩型矿体(图7.19①),其形态受侵入接触构造形态的控制;由于钙质碎屑岩中(绢云砂质板岩、变质石英砂岩)层间断裂发育,为岩浆气成热液运移、成矿物质沉淀提供了理想通道和有利空间,因而形成规模较大的层状夕卡岩型矿体(图7.19②),其形态受层间断裂的控制;由于大理岩中层间断裂不发育,仅在裂隙较发育地段形成网脉状矿体(图7.19④),其形态受大理岩中网脉状裂隙构造控制;在岩浆演化晚期,残余岩浆浅成就位形成的花岗斑岩侵入围岩中,形成细脉状、浸染状斑岩型矿体(图7.19③),其形态受花岗斑岩脉的侵入接触形态控制;同时,由于岩浆顶蚀作用及岩浆冷缩作用,在岩体顶部及岩体边部形成一些裂隙,控制岩体内细脉状和网脉状矿化体的形态和产状(图7.19⑤)。因此,印支期控矿构造总体表现为岩浆侵入接触构造和早期的层间断裂,自岩体边部→岩体与围岩接触带→围岩地层,控矿构造分别为岩体内的裂隙构造→岩体与围岩接触构造→层间断裂及围岩内的裂隙构造。

燕山期—喜马拉雅期构造活动频繁,在SN向的金沙江断裂和羊拉断裂之间形成了一组NE向右行平移压扭性断裂,与SN向断裂一起组成了"'入'字形构造";"'入'字形构造"将羊拉矿床局限在金沙江断裂和羊拉断裂之间,且被NE向断裂分成江边、里农、路农和通吉格等不同矿段(图7.20a)。同时,在同一矿段范围内,由于NE向断层具正断层性质,矿体在剖面上呈"阶梯状"展布[图7.20(b)]。

第二节 构造地球化学填图

一、原理及方法

构造地球化学是20世纪60年代逐渐兴起的一门介于构造地质学和地球化学间的边缘学科,融合了构造地质学和地球化学两门学科的特点,将对构造力学、几何学与运动学的分析和对地球化学元素的研究结合起来。构造地球化学是研究各种构造作用与地壳化学元素的分配和迁移、分散和富集等关系的科学（孙岩等，1998）。它一方面探讨各种构造活动过程中元素和同位素的活化、运移、富集或贫化的规律；另一方面，元素和同位素的运移也可以指示构造运动的性质。构造活动与成矿作用在时间上具有很好的一致性（Gurnis，1988；Bonnemaison and Marcoux，1990），反映构造活动与成矿过程元素迁移和富集的紧密联系。孙岩等（1998）根据其研究实践，初步总结了断裂构造地球化学研究的7个步骤，即宏观、显观、微观、解释、实验、理论、应用。

构造地球化学不仅可为认识矿床的成因和成矿规律提供依据、丰富成矿理论，还可指导找矿勘探和隐伏矿定位预测。近年来，构造地球化学找矿得到了广泛的应用，并取得了明显的找矿效果。

运用构造地球化学方法，在烂泥沟金矿外围陆续找到了瑶家田、高炉、尼罗、尾若、岩碰等一批金矿点，同时在贞丰背斜上对隐伏、半隐伏矿的寻找取得了重大进展（罗孝桓，1993）。吴学益（2000）指出，成矿系统、大型构造与超大型矿床-超大型矿床形成环境和分布规律的研究、力学化学耦合和成矿构造动力学是构造地球化学研究的前缘。刘荣访（2001）对河北省灵寿县石湖金矿区地表及深部构造岩石地球化学特征的分析，反映了构造对石湖金矿岩石地球化学的影响和控矿作用。李仰春等（2001）对黑龙江盘古-碧水韧性剪切带中段糜棱岩的叠加强度和质量平衡分析表明，剪切带在变形过程中组分发生了显著的交换，糜棱岩类总体 CaO、K_2O、SiO_2 大量带入，TiO_2、MnO、FeO 是带出的，并指出，大规模的物质带入带出发生在糜棱岩阶段。韩润生等（2001a）在深入研究陕西铜厂矿田中铜厂地区断裂构造地球化学的基础上，认为构造地球化学异常集中区是进行铜金多金属矿预测的有利靶区。韩润生等（2001b）论述了构造地球化学基本理论与方法，并以会泽麒麟厂铅锌矿床为例，认为构造地球化学异常集中区是进行隐伏矿定位预测的重要依据，提出了1571中段44~62号剖面线间的深部等重点定位找矿靶区，工程验证新发现八号隐伏矿体。孙志明等（2001）对云南雪龙山韧性剪切带构造地球化学研究表明，韧性剪切作用对元素的迁移和富集有较大影响。马德云和韩润生（2001）研究了云南北衙金矿床的构造地球化学特征，提出了地质和构造地球化学找矿标志，并据此在矿区内圈出了若干找矿靶区。李绍强和潘成泽（2001）总结研究新疆境内东昆仑山及阿尔金山西段地区1:50万化探扫面成果时认为，铁族元素（Cr、Ni、Co、Fe_2O_3、MgO、V、Mn）及亲铜元素（Cu、Zn、Au、Ag、As、Sb、Hg）等形成的异常带对断裂构造有指示作用，不同断裂构造在地球化学特征方面存在着显著差异，可从地球化学角度识别不同时代的断裂构造。

黄德志等（2002）对安徽张八岭构造带小庙山金矿容矿断裂构造地球化学研究发现，蚀变构造岩型金矿容矿断裂构造分带良好，成矿元素组合为带入组分。SiO_2、K_2O、Na_2O、CaO 与成矿元素呈明显负相关，为蚀变反应的生成物组分，从构造带中迁出。构造活动越强，成矿元素越富，相斥元素迁出量越多，反映了构造活动-蚀变作用-成矿作用三位一体的特征。

张国林和何国朝（2002）研究江西东乡铜矿断裂带构造地球化学特征显示，SiO_2 明显为带入组分，K^+、Na^+、Ca^{2+}、Mg^{2+} 属带出组分。成矿元素 Cu、Pb、Zn、Ag、Au、As、Sb、Mo、Sn 含量增高，属于明显的带入组分，可作为储矿断裂的找矿标志。

杨元根等（2003）对海南二甲金矿和广东河台金矿进行构造地球化学模拟实验的结果

表明，动力变形中发生了明显的力学-化学耦合作用；随试验温度、压力条件的升高，岩石、矿物从脆性变形向塑性变形演变；动力变形还使岩石和矿物中的元素呈现化学迁移和富集作用；成矿元素特别是 Au 在其不同部位发生一定的变化。自然金颗粒在析出过程中，与 Si、Fe 分离而纯化。动力变形中成矿元素（特别是 Au）的迁移、富集等效应是通过压溶作用实现。

根据微细浸染型金矿构造控矿显著，钱建平（2006）对黔西南地区桂西高龙、八渡、母里金矿、云南那能等地微细浸染型金矿开展了大量的构造地球化学工作，亦取得了明显的找矿效果。

按其研究对象的不同，从构造地质学的角度构造地球化学可以分为宇宙构造地球化学、大地构造地球化学、地震构造地球化学、深部构造地球化学、成矿构造地球化学、沉积岩构造地球化学、火成岩构造地球化学、褶皱构造地球化学、断裂构造地球化学、裂隙构造地球化学、微观构造地球化学等 15 个分支学科（黄瑞华，1996）。按其研究内容，则可以分为理论构造地球化学、实验构造地球化学和应用构造地球化学。李波（2008）认为应用构造地球化学（通常指断裂构造地球化学）就是一种以构造岩为采样对象的原生晕地球化学测量方法。与其他地球化学测量方法相比，有其共同点和特殊处。共同点是：两者都是通过分析和解剖原生晕，提出地球化学异常，结合地质情况圈定有利的成矿靶区，依此来指导矿山的深部和外围找矿工作；所使用的方法和原理是相同的。特殊之处在于，应用构造地球化学（简称"构造化探"）是以构造岩为采样介质，相对于其他化探的采样介质（岩石、土壤、水系沉积物等），构造岩中无疑蕴藏着更多的成矿信息。因此，在研究受构造控制的热液型金属矿床隐伏矿预测方面，应用构造地球化学方法有其独特的优势。羊拉铜矿床为明显受构造控制的多因复成矿床，这就为构造地球化学方法在本矿床的应用提供了条件。

二、构造地球化学测量

作者和项目组成员先后对羊拉矿区的 3590m 中段和 3450m 中段进行了构造地球化学填图，构造样采样方法见胡彬（2004）、韩润生等（2006）；为便于从剖面上更好地认识地球化学异常，项目组成员同时系统采集了 49#、51# 两条勘探线的钻孔岩心样品，共采集和测试构造岩样品（含岩石样品）437 件。

构造岩样品（含岩石样品）的微量元素测试在中国科学院地球化学研究所矿床地球化学国家重点实验室和西安西北有色地质研究院有限公司完成，具体测试过程如下：准确称取 200 目以下样品 50mg，放入带盖的 PTFE 坩埚中，加 1ml HF 和 1ml HNO_3 后加盖；放入电热箱中，升温至 200℃ 左右，加热 48h；取出坩埚冷却、蒸干后，加 1ml HNO_3，在电热板上蒸干，重复两次；最后加入 2ml HNO_3、5ml 蒸馏水和 1ml 的 1μg/ml Rh 的内标溶液，加盖后放在电热箱中（130℃）加热 4h 左右，取出冷却后，移至离心管中并稀释到 50ml 待测。详细分析方法和流程见文献（Qi et al., 2000）。

1. 3590m 中段元素组合特征

3590m 中段坑道位于路农矿段东侧，因矿体较薄、矿石品位较低而被遗弃未采，本中段共采集构造地球化学样品 95 件,挑选 66 件样品进行 ICP-MS 测试,选取 Zn、Ba、Cr、Ni、Cu、Pb、Sr、V、Li、Be、Sc、Co、Ga、Ge、Rb、Zr、Nb、Mo、Ag、Cd、In、Sn、Cs、∑REE、Hf、Ta、W、Tl、Bi、Th、U 等微量元素进行聚类分析和因子分析,分别得到聚类分析谱系图(图 7.21)和方差极大旋转因子载荷矩阵(附表 34)。

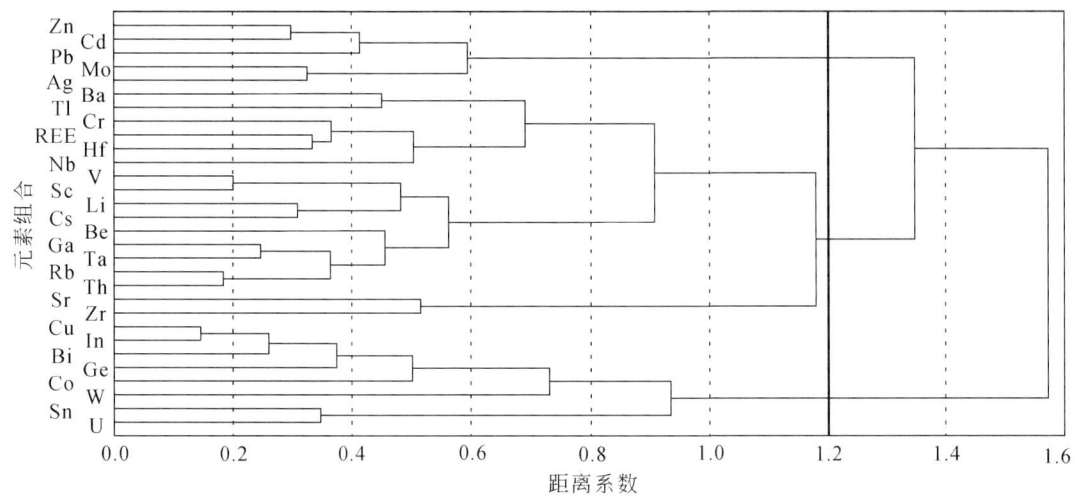

图 7.21 羊拉铜矿床 3590m 中段构造岩样品 R 型聚类分析谱系图

在距离系数为 1.2 时,3590m 中段构造岩样品微量元素可以分为三组元素组合(图 7.21):①Zn、Cd、Pb、Mo、Ag;②Ba、Tl、Cr、REE、Hf、Nb、V、Sc、Li、Cs、Be、Ga、Ta、Rb、Th、Sr、Zr;③Cu、In、Bi、Ge、Co、W、Sn、U。其中,第①元素组合为中低温成矿元素组合,第②组元素组合为岩石微量元素组合,第③组元素组合为中高温成矿元素组合。

当累计方差贡献率达 72.69% 时,可以得出 5 个主因子元素组合(附表 34):

Fa_1 因子:Ga、Rb、Cs、Th、Be、Li、Ta、Ba、V、Sc、Hf、$\sum REE^2$、Tl;

Fa_2 因子:In、Cu、Sn、Ge、Bi、U、Co^2、W;

Fa_3 因子:Zn、Cd、Pb、Ag、Nb、Mo、Tl^2;

Fa_4 因子:Ni、Co、($-Sn^2$);

Fa_5 因子:Zr、Sr、∑REE、Ta^2、Cr、Nb^2。

Fa_1 主要为碱土元素组合,代表围岩微量元素组合因子。Fa_2 代表高温成矿元素组合,钼(Mo)为亲铁元素,在夕卡岩矿床中常与 W、Sn 共生,在斑岩型矿床中与 Cu、Au、Re 共生,常作为高温成矿元素,但 Mo 矿化沉淀温度可在 90~500℃ 之间,故 Mo 矿化在高、中、低温阶段均有产出,因而 Fa_3 为中-低温成矿元素组合。铊(Tl)具有亲石和亲硫双重性质,且 Tl 经常在方铅矿及铅的硫化物中存在和富集(刘英俊,1984),因而 Tl 在围岩元素组合 Fa_1 和中-低温成矿元素组合 Fa_3 中均有出现;镍(Ni)和钴(Co)均为铁族元素,具有亲铁和亲硫双重性质,往往在超基性、基性岩中富集,而酸性岩中含量很少,常作为与基性岩有关的高温成矿元素组合(邵跃,1997);锡(Sn)具有较强的亲氧性,为花岗岩中的典型性成矿元素。早期观点认为羊拉矿床的围岩地层为一套变质程度较深的火山-沉积岩系，富含基性火山岩（即嘎金雪山群上亚群，1∶20万德荣幅区调报告，1977年；曲晓明等，2004），因而围岩地层中含Ni、Co等与基性岩有关的高温成矿元素，因此Fa_4因子为与基性岩有关的高温成矿元素组合，并且Sn与Ni、Co呈负相关关系，可作为判别围岩与花岗闪长岩接触界线的因子组合。Fa_5主要为稀有稀土元素组合，其中Nb、Ta地球化学性质非常相似（刘英俊，1984），在地质作用过程中密切伴生，往往在花岗岩中富集；稀土元素和Zr也倾向于在花岗岩中富集，因而Fa_5代表花岗闪长岩体的微量元素组合。

2. 3450m中段元素组合特征

3450m中段坑道位于里农矿段和路农矿段之间，共采集构造地球化学样品118件，选择全部样品进行ICP-MS测试，选取Li、Be、Sc、V、Cr、Co、Ni、Cu、Zn、Ga、Ge、As、Rb、Sr、Zr、Nb、Mo、Ag、Cd、In、Sn、Sb、Cs、Ba、REE、Hf、Ta、Tl、Pb、Bi、Th、U等微量元素进行聚类分析和因子分析，分别得到聚类分析谱系图（图7.22）和方差极大旋转因子载荷矩阵（附表35）。

在距离系数为0.86时，3450m中段构造岩样品微量元素可以分为三组元素组合（图7.22）：①Li、Be、V、Ga、Rb、Cs、Zr、Hf、Th、Nb、Ta、Sc、REE、Cr、U、Ba、Co；②Cu、Sn、Bi、Ge、Tl、Ag、In、Sb、As、Zn、Pb、Cd、Mo；③Ni、Sr。其中，第①元素组合为岩石微量元素组合，第②组元素组合为成矿元素组合，第③组元素组合地质意义不明。

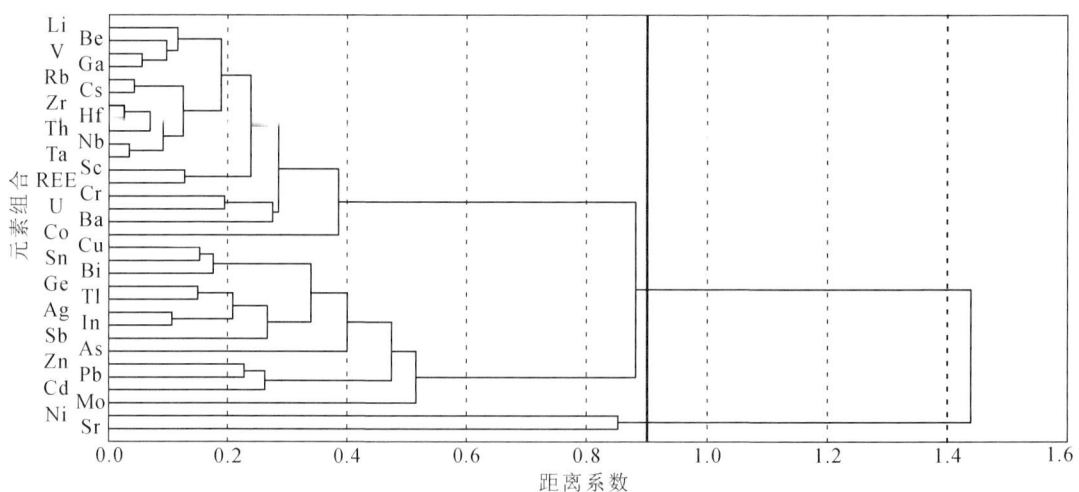

图7.22 羊拉铜矿床3450m中段构造岩样品R型聚类分析谱系图

当累计方差贡献率达82.33%时，可以得出4个主因子元素组合（附表35）：

Fa_1因子：Nb、Hf、Ta、Zr、Rb、V、Sc、Th、Cs、Be、Ga、Li、REE、Ba、Cr、U、Co、Tl、Ge^2、（Ag^2、In^2、Sn^2、Cu^2）；

Fa_2因子：Cd、Pb、Bi、Ag、As、Sn、In、Sb、Cu、Zn、Ge、Tl^2、Mo、U^2、（Co^2、Ga^2）；

Fa₃因子：-Ni；

Fa₄因子：-Sr。

3450m 中段坑道揭露岩性主要为里农组二段灰白色大理岩，夹薄层状绢云砂质板岩；里农组一段少量出露，岩性为绢云砂质板岩；未揭露到花岗闪长岩。Fa₁ 为地层岩石微量元素组合，Fa₂ 为中-高温成矿元素组合，Fa₃ 和 Fa₄ 地质意义不明。成矿元素 Ag、In、Sn 和 Cu 同时出现在 Fa₁ 和 Fa₂ 两个主因子元素组合内，反映羊拉铜矿床至少经历了两期成矿作用：早期成岩期伴随有成矿元素的富集（可能为热水沉积）和后期的夕卡岩成矿期。

3. 49# 勘探线元素组合特征

49# 勘探线位于里农矿段和路农矿段之间，共采集地球化学样品 152 件，选择全部样品进行 ICP-MS 测试，选取 Li、Be、Sc、V、Cr、Co、Ni、Cu、Zn、Ga、Ge、As、Rb、Sr、Zr、Nb、Mo、Ag、Cd、In、Sn、Sb、Cs、Ba、ΣREE、Hf、Ta、Tl、Pb、Bi、Th、U 等 32 个微量元素进行聚类分析和因子分析，分别得到聚类分析谱系图（图 7.23）和方差极大旋转因子载荷矩阵（附表 36）。

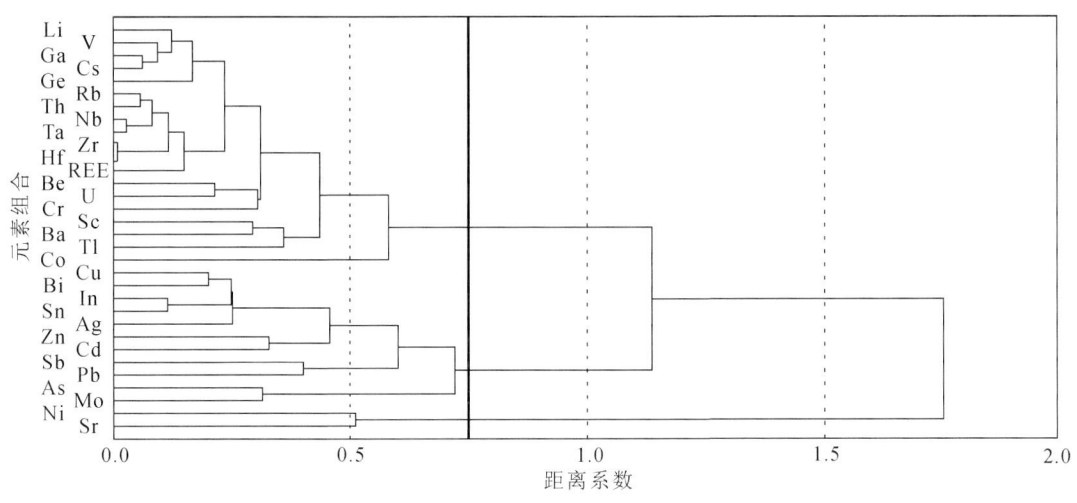

图 7.23　羊拉铜矿床 49# 勘探线岩心样品 R 型聚类分析谱系图

在距离系数为 0.75 时，49# 勘探线岩心样品微量元素可以分为三组元素组合（图 7.23）：①Li、V、Ga、Cs、Ge、Rb、Th、Nb、Ta、Zr、Hf、ΣREE、Be、U、Cr、Sc、Ba、Tl、Co；②Cu、Bi、In、Sn、Ag、Zn、Cd、Sb、Pb、As、Mo；③Ni、Sr。其中，第①组元素组合为岩石微量元素组合，第②组元素组合为成矿元素组合，第③组元素组合地质意义不明。成矿元素组合在距离系数为 0.40 时，又可分为 Cu、Bi、In、Sn、Ag 元素组合，Zn、Cd 元素组合，Sb、Pb 元素组合和 As、Mo 元素组合，前者代表中高温成矿元素组合，后三者则为中低温成矿元素组合。

当累计方差贡献率达 81.82% 时，可以得出 5 个主因子元素组合（附表 36）：

Fa₁ 因子：Rb、V、REE、Nb、Hf、Zr、Sc、Li、Ga、Th、Ta、Cs、Ba、Be、Cr、U、Ge、Tl、Co²；

Fa_2因子：Sn、In、Cu、Cd、Bi、Zn、Ag、Sb、Pb、As^2、Mo^2；

Fa_3因子：-Sr、-Ni、Co；

Fa_4因子：Mo、As；

Fa_5因子：Pb^2。

49#勘探线施工4个钻孔，其中1个钻孔未见矿、3个钻孔见矿，揭露矿体厚度达53m；钻孔岩性主要为里农组三段变质石英砂岩、里农组二段大理岩及里农组一段夕卡岩化绢云砂质板岩，钻孔底部为破碎带，矿体产于里农组一段的破碎带内。Fa_1为围岩微量元素组合，Fa_2为中高温成矿元素组合，Fa_4为辉钼矿、毒砂矿化元素组合，Fa_5为方铅矿化元素。由于Ni和Co地球化学性质相似，在地质作用过程中，两者具正相关关系，在Fa_3因子组合中两者呈负相关关系，因而Fa_3地质意义不明；但Sr为碱土元素，在酸性岩中含量较高且富集于岩浆或热液结晶分异的最晚阶段（刘英俊，1984），因而Sr正异常可能为岩浆或热液作用的前缘晕。羊拉铜矿床辉钼矿和毒砂生成于石英-硫化物阶段的后期，成矿温度约200℃，所以Fa_4代表中低温成矿元素组合。方铅矿除生成于石英-硫化物阶段外，晚期热液流体作用也可以形成，钻孔编录中也发现大理岩中发育不规则状方铅矿化；Fa_5因子中单独出现Pb元素，且与花岗闪长岩体微量元素Nb、Ta、Zr、Hf及中高温成矿元素Sn、Mo、Cu、In、Ni、Cr等呈负相关关系（附表36），因而Fa_5因子可能代表低温成矿元素组合。49#勘探线元素组合特征显示，各主因子组合中均有成矿元素分布，反映羊拉铜矿床的形成经历了多期成矿作用。

4. 51#勘探线元素组合特征

51#勘探线位于里农矿段和路农矿段之间，共采集构造地球化学样品101件，选择全部样品进行ICP-MS测试，选取Li、Be、Sc、V、Cr、Co、Ni、Cu、Zn、Ga、Ge、As、Rb、Sr、Zr、Nb、Mo、Ag、Cd、In、Sn、Sb、Cs、Ba、ΣREE、Hf、Ta、Tl、Pb、Bi、Th、U等微量元素进行聚类分析和因子分析，分别得到聚类分析谱系图（图7.24）和方差极大旋转因子载荷矩阵（附表37）。

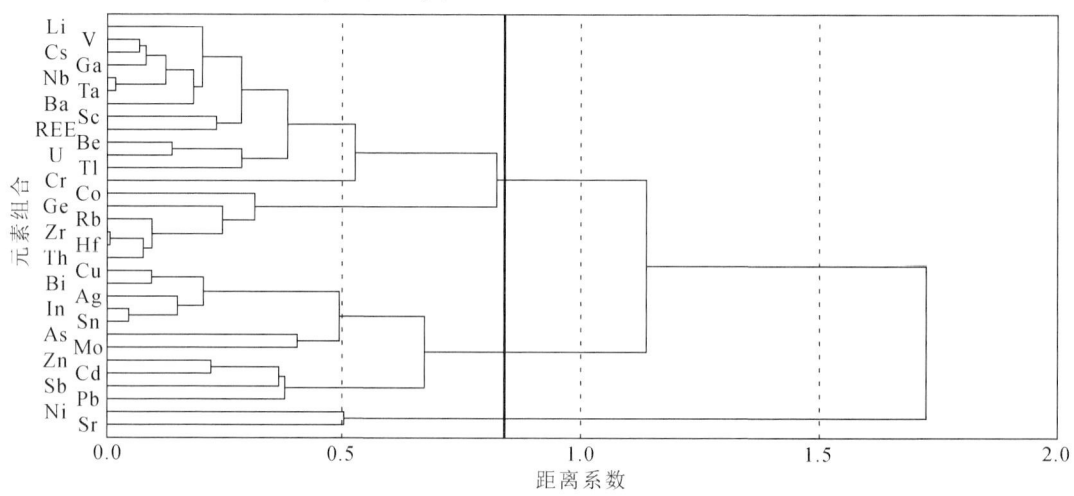

图7.24 羊拉铜矿床51#勘探线岩心样品R型聚类分析谱系图

在距离系数为 0.85 时，51#勘探线岩心样品微量元素可以分为三组元素组合（图 7.24）：①Li、V、Cs、Ga、Nb、Ta、Ba、Sc、ΣREE、Be、U、Tl、Cr、Co、Ge、Rb、Zr、Hf、Th；②Cu、Bi、Ag、In、Sn、As、Mo、Zn、Cd、Sb、Pb；③Ni、Sr。其中，第①组元素组合为岩石微量元素组合，第②组元素组合为成矿元素组合，第③组元素组合地质意义不明。成矿元素组合在距离系数为 0.45 时，又可分为 Cu、Bi、Ag、In、Sn 元素组合，As、Mo 元素组合和 Zn、Cd、Sb、Pb 元素组合，前者代表中高温成矿元素组合，后二者则代表中低温成矿元素组合。

当累计方差贡献率达 82.51% 时，可以得出 4 个主因子元素组合（附表 37）：

Fa_1 因子：Nb、Ta、V、Rb、Hf、Zr、Ga、Th、Cs、ΣREE、Ba、Be、Sc、Li、U、Ge、Cr、Tl、(Co^2、Zn^2、Ag^2)；

Fa_2 因子：Bi、In、Cu、Sn、Cd、Ag、Mo、Sb、Zn、As、Tl^2、(U^2、Pb^2)；

Fa_3 因子：-Ni、-Sr、Co、Ge^2；

Fa_4 因子：Pb、(Sb^2)。

51#勘探线施工 4 个钻孔，其中 1 个钻孔未见矿、3 个钻孔见矿，ZK5103 钻孔揭露矿体厚度近 60m；钻孔揭露岩性主要为里农组三段变质石英砂岩、里农组二段大理岩和里农组一段夕卡岩化绢云砂质板岩，矿体产于里农组一段的破碎带内，钻孔未切穿破碎带，底部可能存在岩体。51#勘探线样品因子分析结果与 49#勘探线很类似，Fa_1 为围岩微量元素组合，Fa_2 为中高温成矿元素组合，Fa_3 可能为岩浆或热液作用的前缘晕，Fa_4 因子为方铅矿、辉锑矿元素组合，且与花岗闪长岩体微量元素 Nb、Ta、Zr、Hf 及中高温成矿元素 Ni、Mo、Cu、Bi、Cr 等呈负相关关系（附表 37），因而 Fa_4 因子可能代表低温成矿元素组合。51#勘探线元素样品因子分析同样显示，各主因子组合中均有成矿元素分布，也说明羊拉铜矿床经历了多期成矿作用。

5. 元素组合总体特征

将位于里农矿段和路农矿段之间的 3450m 中段、49#勘探线和 51#勘探线共计 371 件样品进行总体分析（因 3590m 中段构造地球化学样品在西安西北有色地质研究院有限公司测试而未参与统计），选取 Li、Be、Sc、V、Cr、Co、Ni、Cu、Zn、Ga、Ge、As、Rb、Sr、Zr、Nb、Mo、Ag、Cd、In、Sn、Sb、Cs、Ba、ΣREE、Hf、Ta、Tl、Pb、Bi、Th、U 等 32 个微量元素进行聚类分析和因子分析，分别得到聚类分析谱系图（图 7.25）和方差极大旋转因子载荷矩阵（附表 38）。

聚类分析结果与 3450m 中段、49#勘探线 51#勘探线类似，在距离系数为 0.65 时，可分为三组元素组合（图 7.25）：①Li、V、Ga、Rb、Cs、Be、Sc、ΣREE、Zr、Hf、Th、Nb、Ta、Ba、Cr、Ge、Tl、U、Co；②Cu、Bi、Ag、In、Sn、As、Mo、Zn、Cd、Pb、Sb；③Ni、Sr。其中，第①组元素组合为岩石微量元素组合，第②组元素组合为成矿元素组合，第③组元素组合地质意义不明。成矿元素组合在距离系数为 0.45 时，又可分为三组元素组合：Cu、Bi、Ag、In、Sn、As、Mo 和 Zn、Cd、Sb、Pb，前者代表中高温成矿元素组合，后二者则代表中低温成矿元素组合。

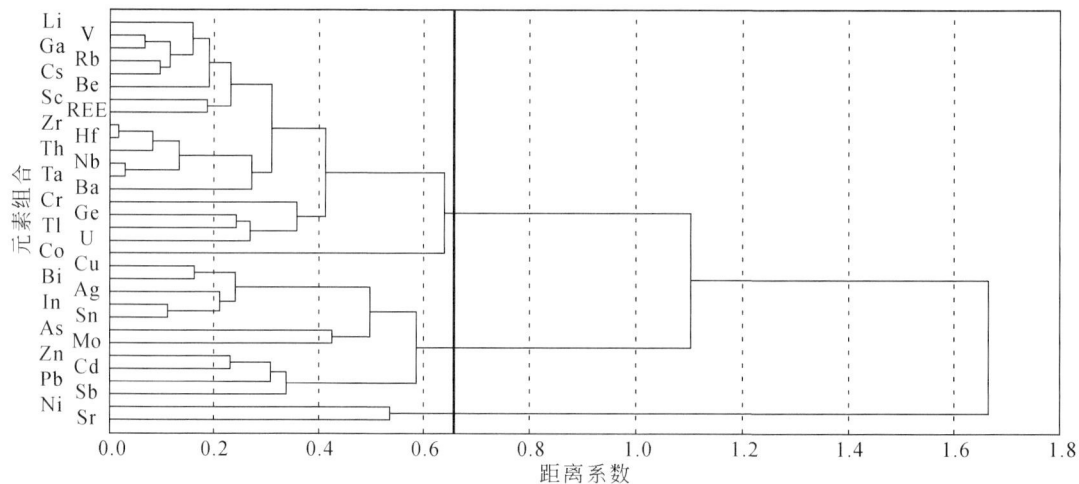

图 7.25 羊拉铜矿床里农-路农接合部地球化学样品 R 型聚类分析谱系图

当累计方差贡献率达 77.71% 时,可以得出 3 个主因子元素组合(附表 38):

Fa_1 因子:Nb、Ta、Rb、Hf、V、Zr、Sc、Th、ΣREE、Ga、Cs、Li、Be、Ba、U、Cr、Ge、Tl、Co^2、(Ag^2、In^2);

Fa_2 因子:Cd、Cu、Bi、In、Sn、Ag、Sb、Zn、As、Pb、Mo、Tl^2、Ge^2、(U^2);

Fa_3 因子:-Sr、-Ni、Co;

因子分析结果与 3450m 中段、49# 勘探线和 51# 勘探线类似,Fa_1 为围岩微量元素组合,Fa_2 为成矿元素组合,Fa_3 可能为岩浆或热液作用的前缘晕。

三、构造地球化学异常

1. 3590m 中段

路农矿段 3590m 中段坑道为见矿坑道,矿体走向 NNE 向,主要呈脉状、透镜体状、似层状产出于里农组一段的透辉石夕卡岩内,矿石矿物以磁黄铁矿、黄铁矿、黄铜矿为主,斑铜矿较少;脉石矿物主要为夕卡岩矿物。另见少量后期构造热液改造型矿体,矿体规模不大,主要呈脉状产出于里农组一段透辉石夕卡岩和江边组三段大理岩的接触断层内,或分布于江边组三段大理岩的后期断裂内;矿石矿物主要为黄铜矿、黄铁矿,另有少量磁黄铁矿,脉石矿物主要为方解石。图 7.26 ~ 图 7.28 分别为羊拉铜矿床 3590m 中段的 Fa_2、Fa_3、Fa_4 因子得分等值线异常-地质图,反映了该中段构造地球化学场的空间变化特征。

Fa_2 因子得分等值线异常-地质图反映的是高温成矿元素异常,可圈出两个异常区(图 7.26)。Ⅰ 异常区由两个异常中心组成,总体走向 NNE—SSW,向 NW 方向发散,反映矿体的产状走向 NNE—SSW,向 NW 方向倾斜,这与实际地质情况相符合。同时,Ⅰ 异常区内的断裂走向 NNE—近 SN,倾向 NW—W,异常产状与断裂产状相一致,说明了矿体具有受构造控制的特征。Ⅱ异常区位于3590m中段坑道南端，同样由两个异常中心组成，异常形态和花岗闪长岩与围岩的接触形态基本一致：北侧走向NWW—EW向，与该处断裂产状基本一致；东侧走向则变为NNW—近SN向。在坑道最南端坑口附近，发育宽4～5m的花岗闪长岩脉；岩脉与围岩呈侵入接触关系，围岩为强夕卡岩化变质石英砂岩、大理岩，具孔雀石化。Ⅱ异常区的其他地段出露里农组一段的辉绿色夕卡岩和夕卡岩化变质石英砂岩，具弱黄铁矿化。因此，Ⅱ异常区综合反映了该处为花岗闪长岩侵入形态的转换部位，为形成夕卡岩型矿体的有利部位，表明深部具有较好的成矿潜力。Ⅰ、Ⅱ异常区的深部均为重要的找矿方向。

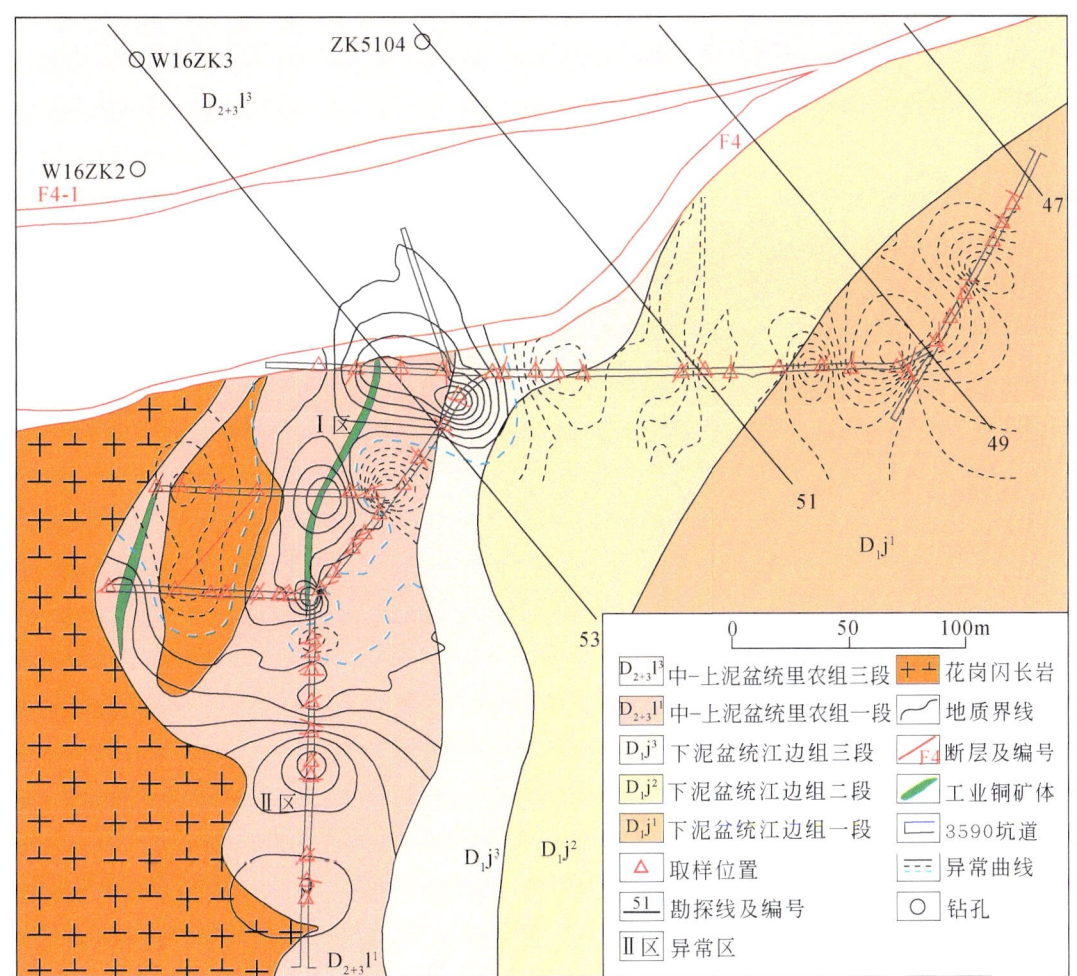

图 7.26 羊拉铜矿床3590m中段Fa_2因子得分等值线异常-地质图

Fa_2因子：In、Cu、Sn、Ge、Bi、U、Co^2、W

Fa_3因子得分等值线异常-地质图反映的是中-低温成矿元素异常，可圈出三个异常区（图7.27）。Ⅲ异常区北侧走向NEE，向SE方向发散；西侧走向近SN，向E发散。与高温地球化学异常相比，该异常总体位于Ⅰ异常区东侧，说明中-低温地球化学异常向东"飘逸"，反映矿体向西倾斜，指示成矿流体自下而上、自西向东运移。Ⅳ异常区位于绢云砂质板岩、变质石英砂岩和大理岩内，异常总体走向近 EW 向，向 S 发散。坑道编录时，该异常区未发现工业矿体，仅在大理岩裂隙及后期断裂内发育后期碳酸盐化和褐铁矿化，反映中-低温热液蚀变特征。Ⅴ异常区位于坑道南端，由两个异常中心组成，异常形态受岩体接触带形态的控制。该异常可与Ⅱ高温地球化学异常区相对应，但总体向北"飘逸"，反映深部矿体向南倾斜，指示成矿流体自下而上、自南向北运移。

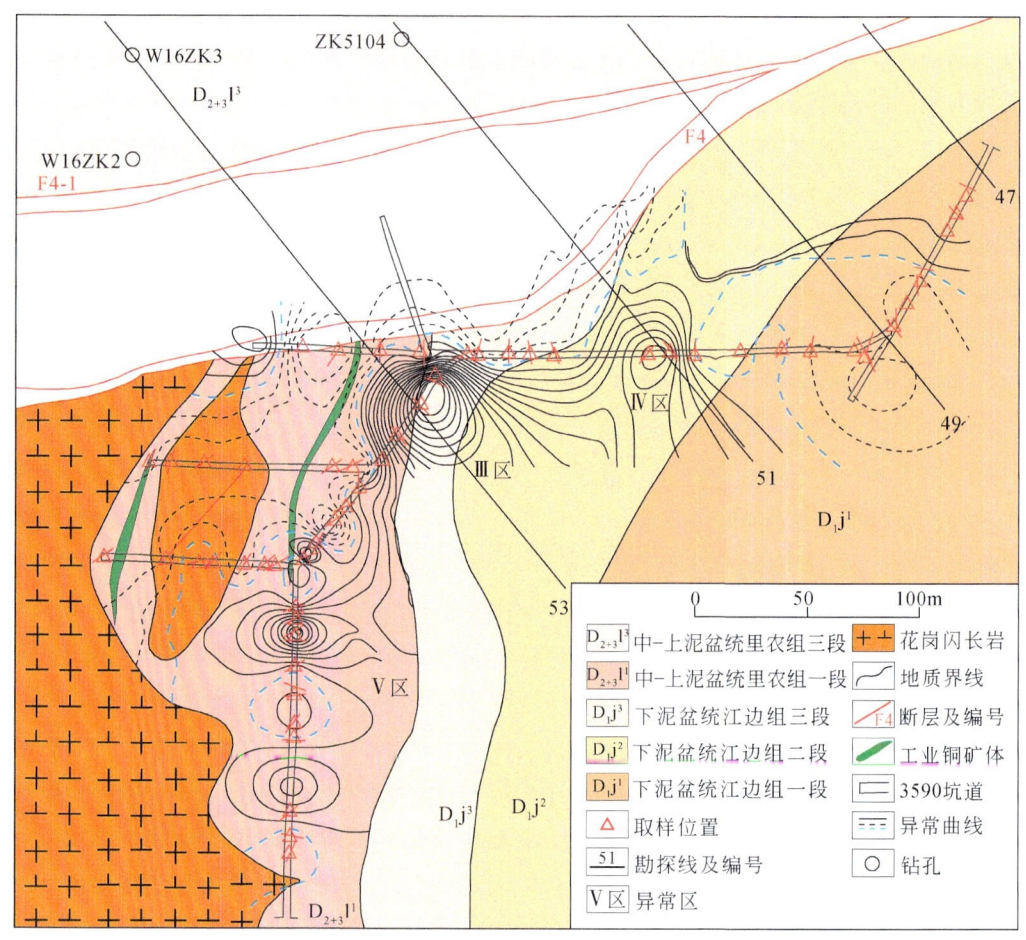

图 7.27　羊拉铜矿床 3590m 中段 Fa_3 因子得分等值线异常-地质图

Fa_3 因子：Zn、Cd、Pb、Ag、Nb、Mo、Tl^2

Fa_4 因子（Ni、Co、$-Sn^2$）为与基性岩有关的高温成矿元素组合，前文已述，Sn 倾向于在花岗岩中富集，而 Ni、Co 在围岩地层中含量较高，因而该因子可作为判别围岩与花岗闪长岩接触界线的因子组合。在 Fa_4 因子得分等值线异常-地质图上，以因子得分等于零为界，可明显地划分为两个异常区：正异常区和负异常区（图 7.28）。负异常区主要为花岗闪长岩和里农组一段透辉石夕卡岩、绢云砂质板岩，正异常区主要为里农组一段上部的绢云砂质板岩、江边组三段大理岩、江边组二段和一段的绢云砂质板岩和薄层状大理岩。Fa_4 因子得分为 -0.8～0.2 的异常曲线可较好地对应夕卡岩型矿体，因子得分为 -1.2～0.2 的异常曲线对应于里农组一段，因子得分 <-1.2 的异常曲线对应于花岗闪长岩体。从异常

曲线形态判断，3590m 中段深部仍然存在夕卡岩带，且夕卡岩形态变化明显，与Ⅱ异常区的分析结果一致。另外，正异常区内含 3 处负异常，表明其深部可能为夕卡岩或花岗闪长岩脉。

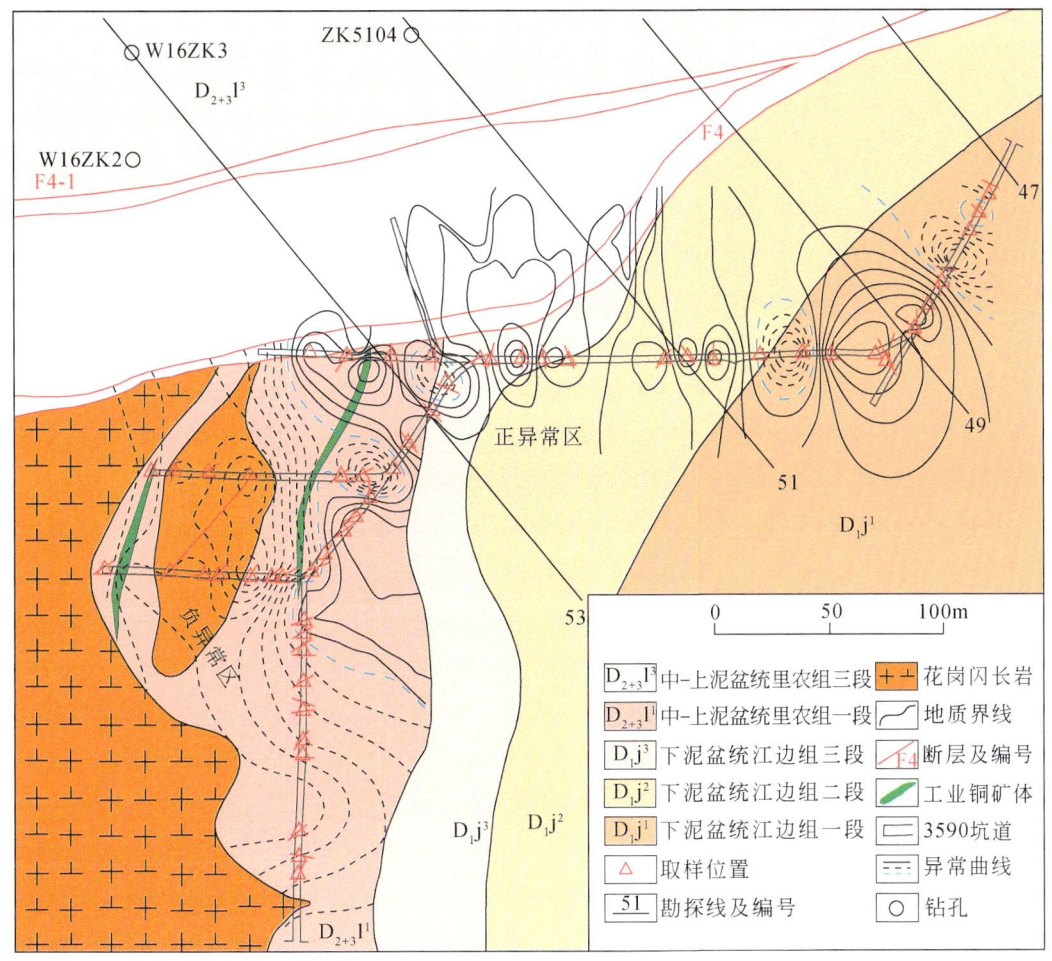

图 7.28　羊拉铜矿床 3590m 中段 Fa_4 因子得分等值线异常-地质图

Fa_4 因子：Ni、Co、($-Sn^2$)

2. 3450m 中段

3450m 中段坑道位于里农矿段和路农矿段接合部，坑道揭露地层主要为里农组二段（$D_{2+3}l^2$），里农组一段（$D_{2+3}l^1$）较少。该坑道一处揭露到矿体、二处揭露到矿化现象：①3450-C5 点处，黄褐色碎裂状大理岩中发育网脉状方铅矿化，Pb 品位 26.31%、Zn 品位 2.52%；矿化沿大理岩的内部裂隙分布，不具矿体规模，为后期热液矿化作用产物。②点 3450-C80 处附近，大理岩破碎带内的硫化矿，矿石矿物主要为黄铁矿和黄铜矿，Cu 品位 0.17%～0.87%，矿体规模较小，可能为 F4 断裂带内的卷入小矿体，并经历了后期构造改造作用，发育后期方解石脉，且矿体内发育成矿后断裂（产状：NE72°∠63°NW）。

③点 3450-C116～C117 处，里农组一段（$D_{2+3}l^1$）绢云砂质板岩内的夕卡岩型矿体，矿石具褐铁矿化、孔雀石化，矿石矿物主要为黄铁矿、磁黄铁矿和黄铜矿，层间断裂发育。图 7.29 为羊拉铜矿床 3450m 中段 Fa_2 因子得分等值线异常-地质图。

Fa_2 因子得分等值线异常-地质图反映的是中-高温成矿元素异常，可圈出四个异常区（图 7.29）。Ⅰ异常区对应点 3450-C5 处矿化位置，为单点矿化异常。Ⅱ异常区对应点 3450-C80 附近小矿体，异常走向 NNW，向 NE 发散，且与Ⅲ异常区隔开，也反映该矿体可能为构造带内卷入的小矿体。Ⅲ异常区由两个异常中心组成：NW 侧异常中心对应着 3450-C116～C117 处夕卡岩型矿体，异常总体走向 NEE，与矿体走向一致，异常发散方向不明显，反映矿体产状较陡；SE 侧异常为断裂带内黄褐色断层泥，肉眼未见矿化现象。Ⅲ异常区的两个异常中心相分离，之间疑被 NW 向断裂所错动，坑道编录过程中，确有多条 NW 向断裂存在，反映矿体在被 NEE 向断裂破坏和改造作用之后，再次遭受了 NW 向断裂活动的错动。Ⅳ异常区位于坑道 SW 端，为 F4 断裂带内的黄褐色断层泥，肉眼未见到矿化现象；异常总体走向近 SN—NNE，南端未封闭，可能为 3590 中段Ⅰ异常区的深部反映。Ⅳ异常区及其南部处于 F4 断裂带内及下盘，具有有利的构造条件；推测其岩性为里农组一段（$D_{2+3}l^1$）绢云砂质板岩、江边组三段（D_1j^3）大理岩和路农花岗闪长岩，具有形成夕卡岩型矿体的岩浆岩和围岩条件；因此Ⅳ异常区南部地段是重要的找矿靶区（图 7.29）。

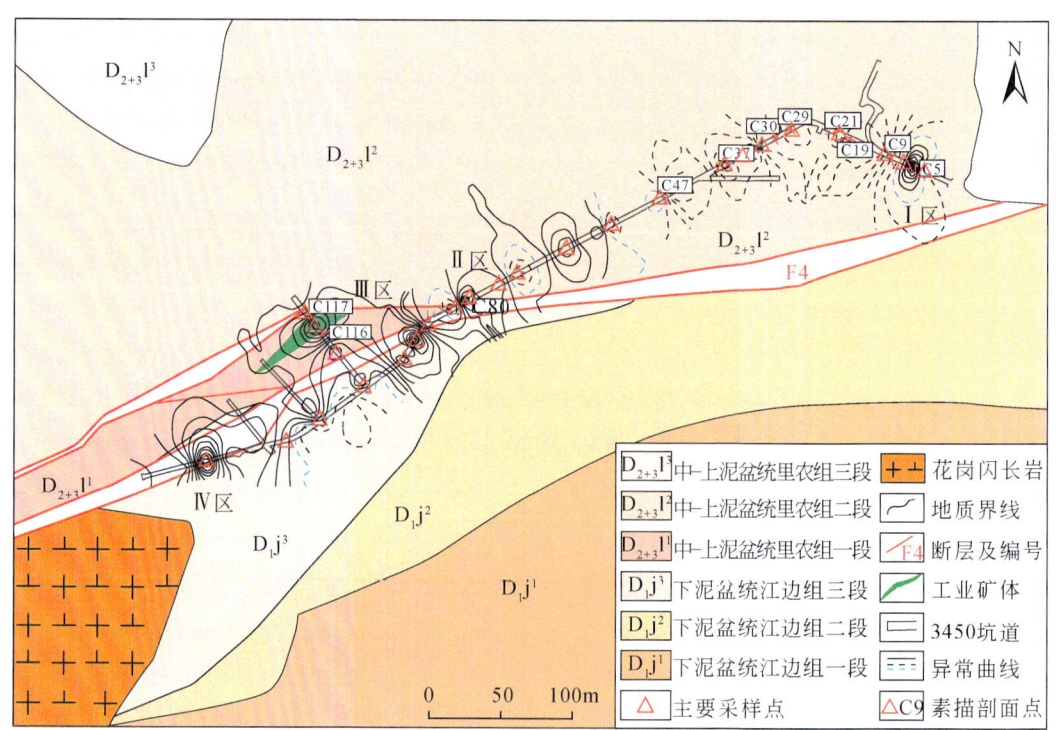

图 7.29　羊拉铜矿床 3450m 中段 Fa_2 因子得分等值线异常-地质图

Fa_2 因子：Cd、Pb、Bi、Ag、As、Sn、In、Sb、Cu、Zn、Ge、Tl^2、Mo、U^2、(Co^2、Ga^2)

3. 49#勘探线

49#勘探线因子分析结果较好,可分为围岩微量元素、中高温成矿元素、中低温成矿元素和低温成矿元素等五种组合,图7.30~图7.33分别为Fa_1、Fa_2、Fa_4、Fa_5因子得分等值线异常-地质图。

Fa_1因子得分等值线异常剖面图反映的是围岩微量元素组合异常,因该剖面主要揭露的岩性为里农组一段($D_{2+3}l^1$)夕卡岩夹绢云砂质板岩、里农组二段($D_{2+3}l^2$)大理岩和里农组三段($D_{2+3}l^3$)绢云砂质板岩、变质石英砂岩夹大理岩透镜体,各地层岩性在微量元素含量方面存在明显差异,因此该因子组合异常可用于区分地层岩性;以异常等值线等于零为界,明显圈出四个异常区(图7.30)。Ⅰ异常区为正异常,对应于里农组三段($D_{2+3}l^3$)绢

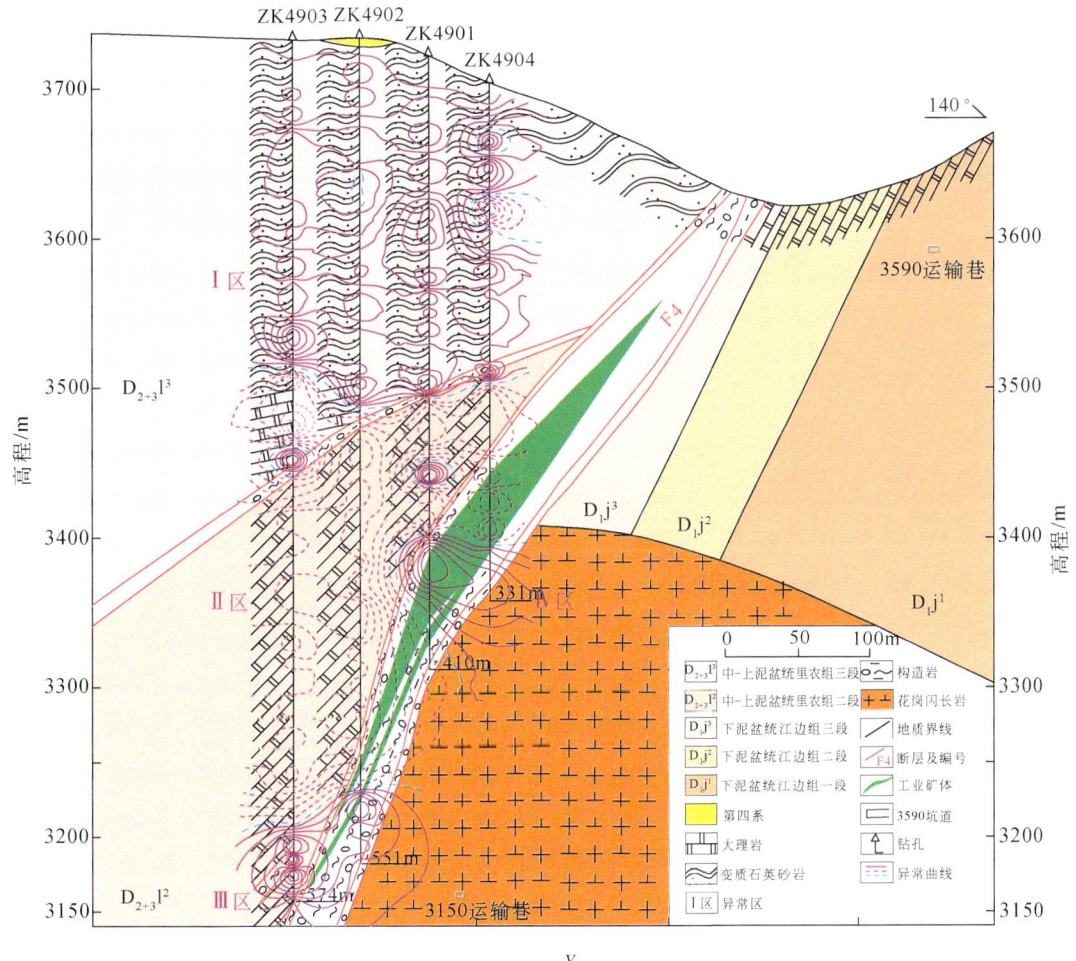

图7.30 羊拉铜矿床49#勘探线Fa_1因子得分等值线异常剖面图

Fa_1因子:Rb、V、ΣREE、Nb、Hf、Zr、Sc、Li、Ga、Th、Ta、Cs、Ba、Be、Cr、U、Ge、Tl、Co

云砂质板岩、变质石英砂岩，内部的少量负异常代表大理岩透镜体。Ⅱ异常区为负异常，对应于里农组二段（$D_{2+3}l^2$）大理岩，内部的正异常代表绢云砂质板岩夹层。Ⅲ、Ⅳ异常区为正异常，对应于里农组一段（$D_{2+3}l^1$）夕卡岩、绢云砂质板岩和花岗闪长岩脉；零异常等值线向负异常突出的位置可能代表花岗闪长岩脉的侵位位置，对应的矿体较厚（如Ⅳ异常区）。Ⅲ异常区位于ZK4903钻孔底端，异常有向深部延伸的趋势，且附近ZK4902钻孔揭露到花岗闪长岩脉，因此Ⅲ异常区深部的NE侧具备利于成矿的地层、岩浆岩条件。

Fa_2因子得分等值线异常剖面图反映的是中高温成矿元素组合异常，可圈出三个异常区（图7.31）。Ⅴ异常区位于里农组三段（$D_{2+3}l^3$）底部，异常由层间断裂带及$D_{2+3}l^3$与$D_{2+3}l^2$之间的断裂引起，沿断裂带常发育热液蚀变及矿化现象。Ⅵ异常区位于ZK4901、

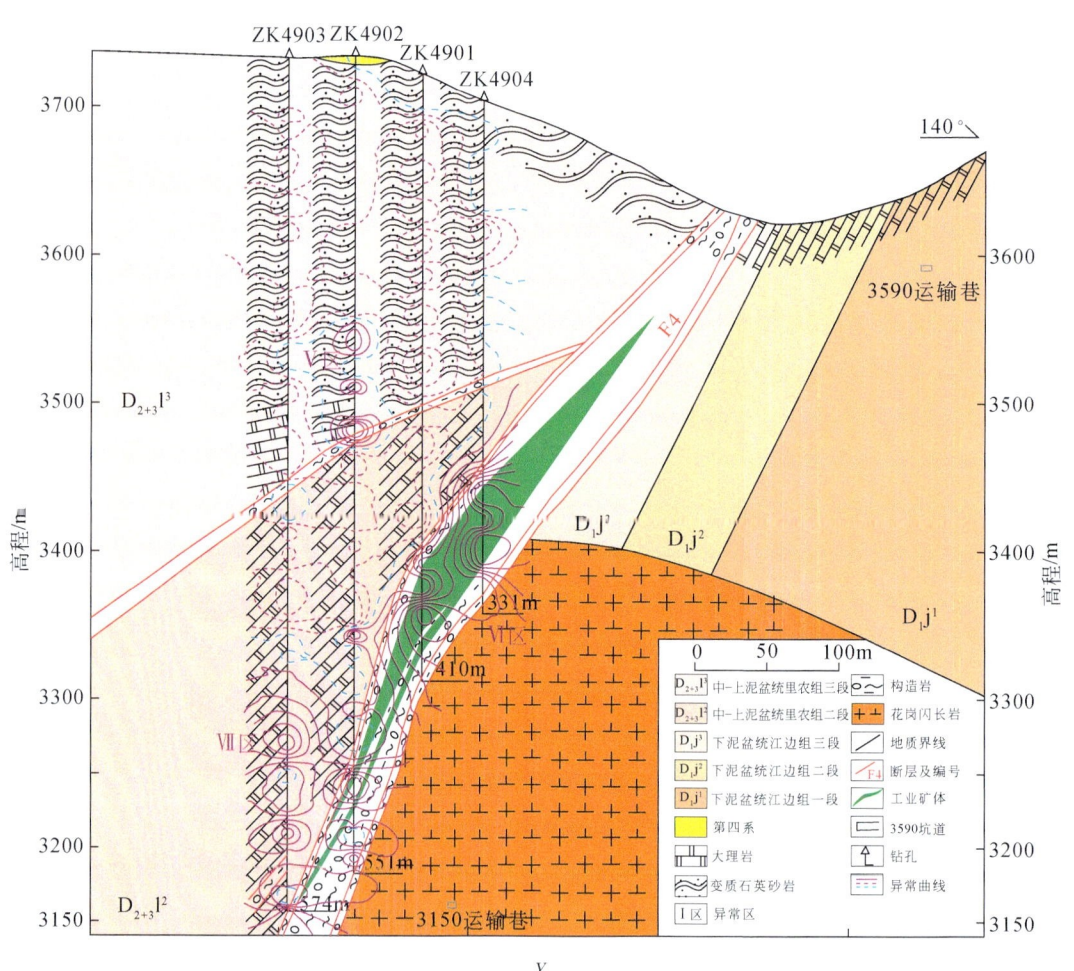

图7.31 羊拉铜矿床49#勘探线Fa_2因子得分等值线异常剖面图

Fa_2因子：Sn、In、Cu、Cd、Bi、Zn、Ag、Sb、Pb、As^2、Mo^2

ZK4904 钻孔底部，异常总体倾向 NW，与 KT6 矿体产状一致，为矿致异常。Ⅶ异常区位于 ZK4902、ZK4903 钻孔底部，异常形态不规则，由多个异常中心组成，可能由 KT6 矿体的尾部或旁侧小矿体所引起。

Fa_4 因子得分等值线异常剖面图反映的是中低温成矿元素组合异常，可圈出三个异常区（图 7.32）。Ⅷ异常区位于Ⅴ异常区上部，为Ⅴ异常区的中低温成矿元素异常表现；Ⅸ异常区位于 KT6 矿体上方，异常形态不规则，与Ⅵ异常区有部分重合；Ⅹ异常区位于 KT6 矿体下部，为Ⅶ异常区的中低温成矿元素异常表现。

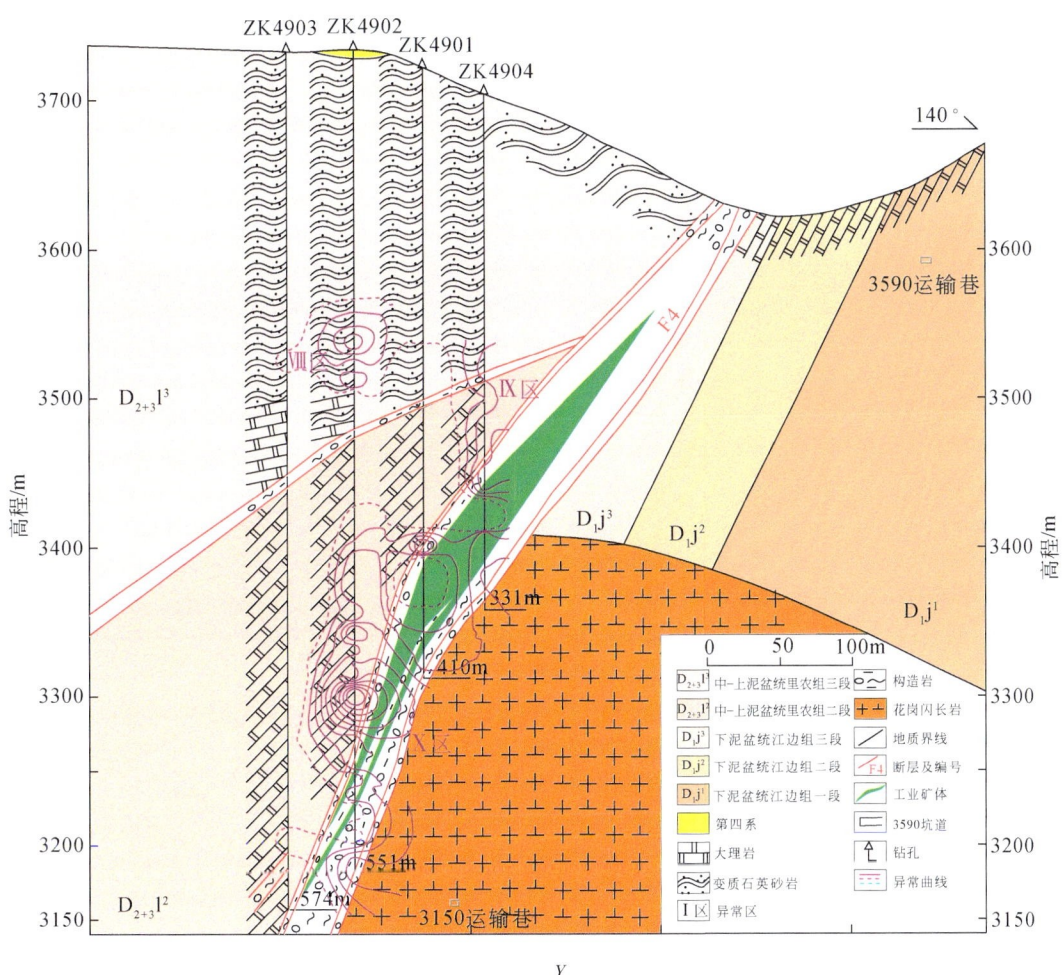

图 7.32 羊拉铜矿床 49# 勘探线 Fa_4 因子得分等值线异常剖面图

Fa_4 因子：Mo、As

Fa_5 因子得分等值线异常剖面图反映的是低温成矿元素组合异常，可圈出四个异常区（图 7.33）。Ⅺ位于Ⅴ异常区上部，为Ⅴ异常区的低温成矿元素异常表现，且与Ⅷ异常区基本重合；Ⅻ异常区位于 KT6 矿体上方，为Ⅵ异常区的低温成矿元素异常表现，且其异常范围明显大于Ⅸ异常区，因此具有明显的找矿意义。

ⅩⅢ异常区位于$D_{2+3}l^3$与$D_{2+3}l^2$之间的层间断裂附近，且沿断裂有辉绿岩脉侵入。辉绿岩脉成岩年龄约230Ma，为形成花岗闪长岩的岩浆在结晶分异时基性端元的产物；且辉绿岩脉中碳酸盐蚀变现象明显，局部可见后期方解石脉，该异常可能为后期构造热液活动形成的低温热液蚀变所引起。ⅩⅣ异常区位于KT6矿体下部，与中低温Ⅹ异常区相分离，但与中高温Ⅶ异常区形态基本一致，且位置大致重合。总体来看，低温ⅩⅣ异常区、中低温Ⅹ异常区与中高温Ⅶ异常区重合在一起，且围岩微量元素异常显示其深部NE侧具备有利的地层、岩浆岩条件，因此该处多个异常的重叠一方面与KT6矿体底部有关；另一方面则说明其深部NE侧可能存在与KT6矿体平行的矿体。

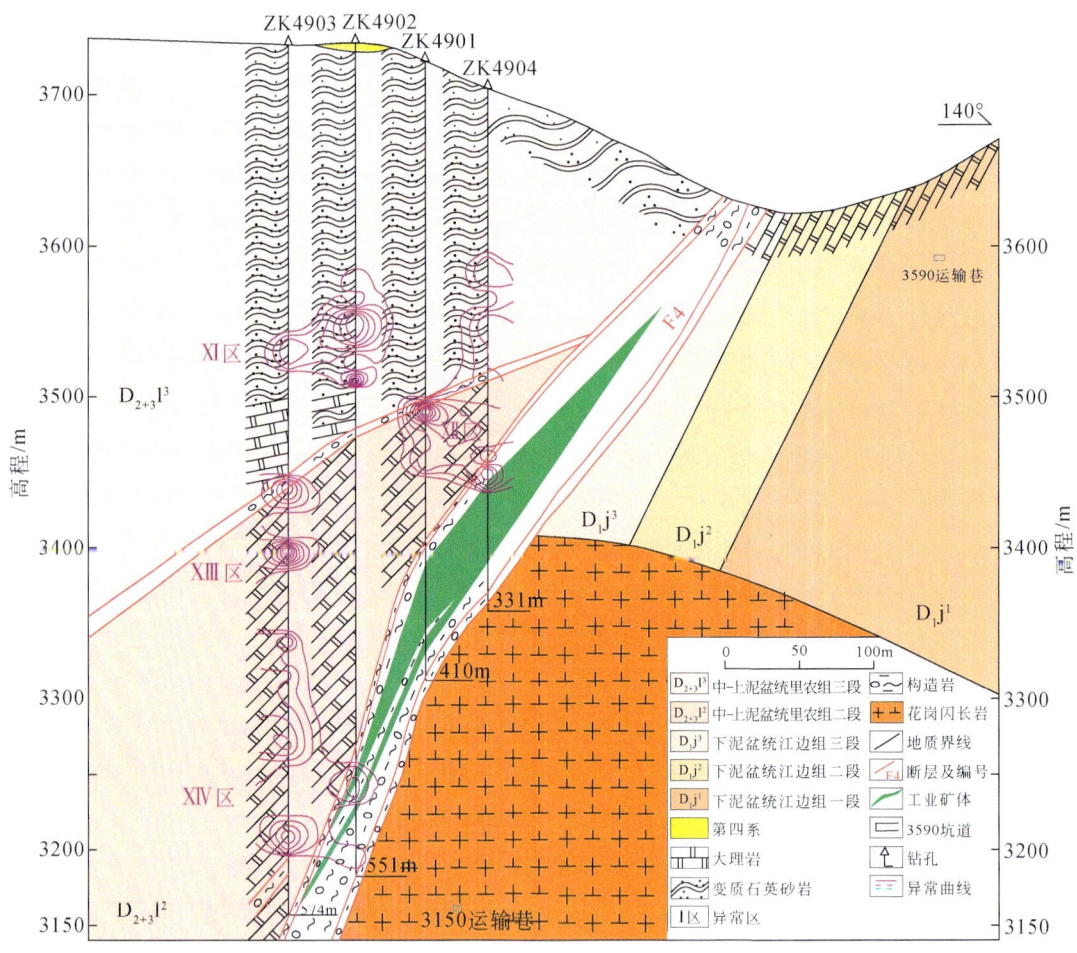

图7.33 羊拉铜矿床49#勘探线Fa_5因子得分等值线异常剖面图

Fa_5因子：Pb^2

4. 51#勘探线

51#勘探线因子分析可分为围岩微量元素、中高温成矿元素、中低温成矿元素和低温成矿元素等四组元素组合，图 7.34 ~ 图 7.37 分别为 Fa_1、Fa_2、Fa_3、Fa_4 因子得分等值线异常-地质图。

Fa_1 因子得分等值线异常剖面图反映的是围岩微量元素组合异常，以异常等值线等于零为界，可以明显分为正、负异常区（图 7.34），I 异常区为负异常，对应于里农组二段（$D_{2+3}l^2$）大理岩；同时，I 异常区明显延伸到 KT6 矿体的底部，反映 KT6 底部矿体的赋矿围岩为夕卡岩化大理岩，与地质事实相一致。

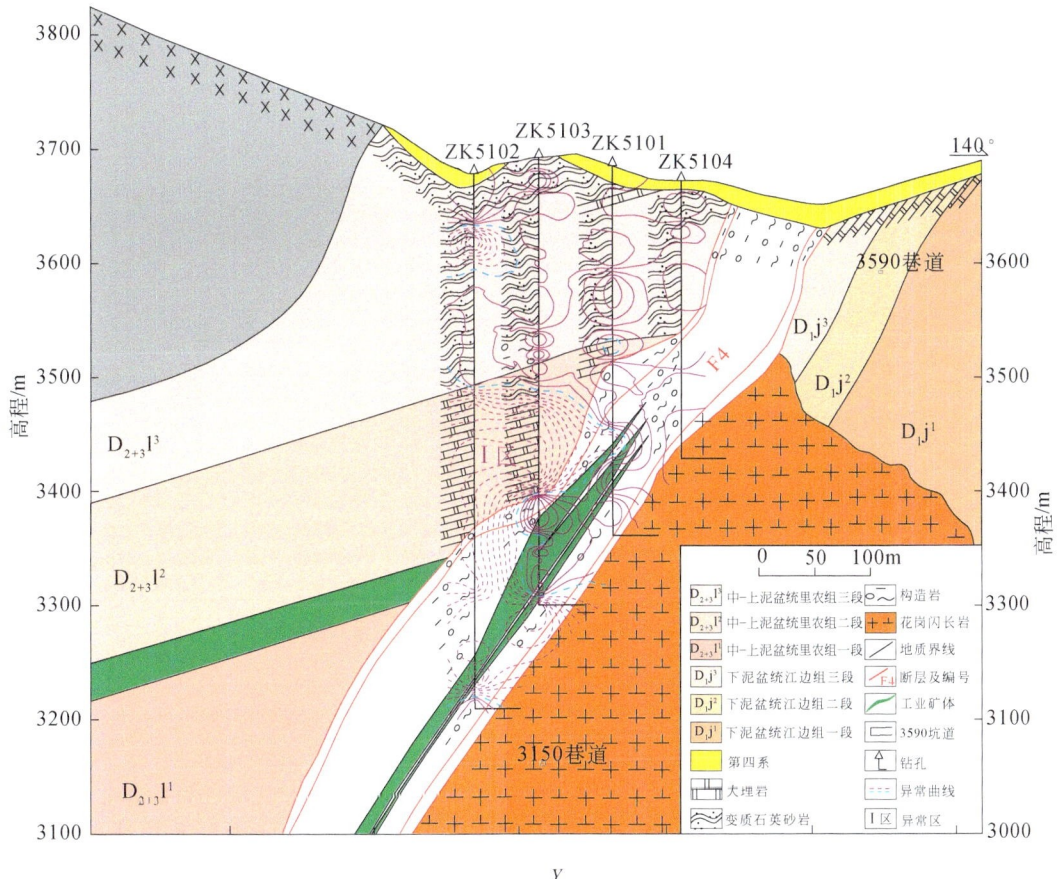

图 7.34 羊拉铜矿床 51#勘探线 Fa_1 因子得分等值线异常剖面图

Fa_1 因子：Nb、Ta、V、Rb、Hf、Zr、Ga、Th、Cs、ΣREE、Ba、Be、Sc、Li、U、Ge、Cr、Tl、（Co^2、Zn^2、Ag^2）

Fa_2 因子得分等值线异常剖面图反映的是中高温成矿元素组合异常，以异常等值线等于零为界，可以明显分为正、负异常区（图 7.35），正异常区（II 异常区）倾向 NW，与已知矿体形态一致，也与断裂构造产状一致，反映矿体具明显"构控"特征。Ⅱ异常区向深部延伸，反映其深部找矿潜力较好；而原推测的 KT2（上）-1 矿体附近未出现明显的正异常，说明该推测矿体可能不存在。

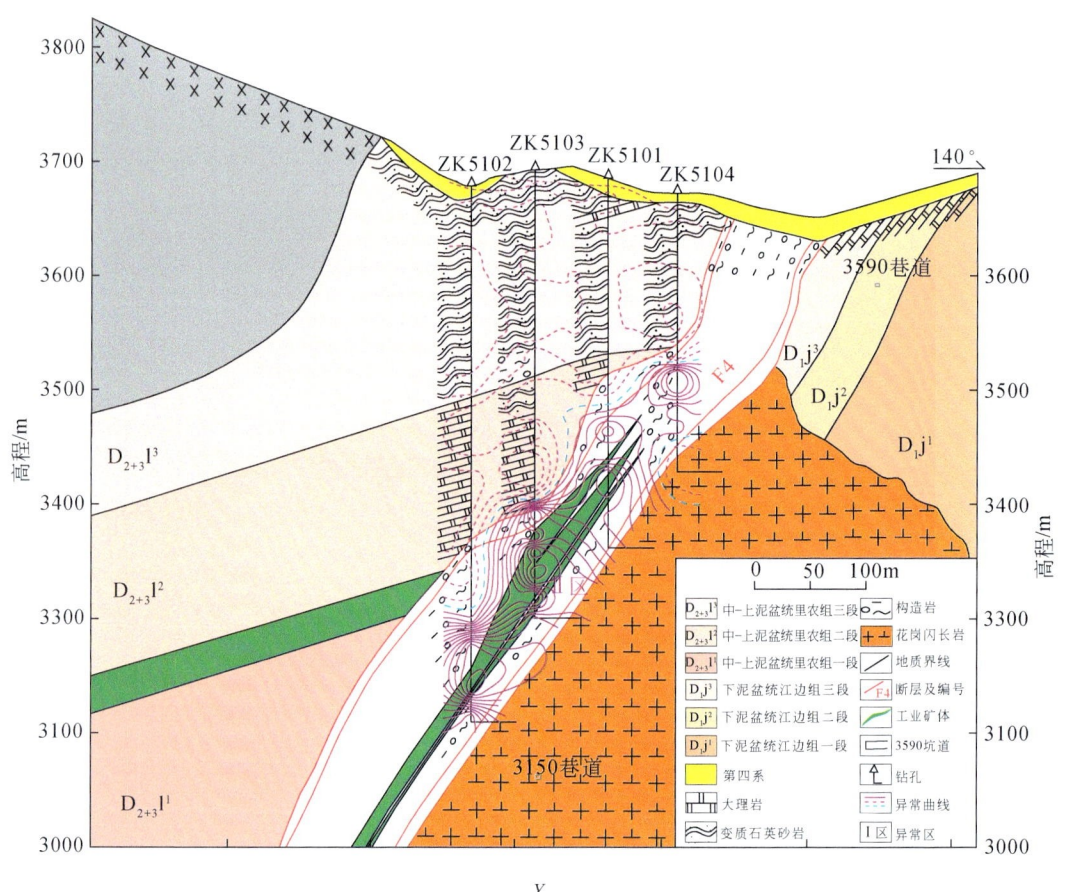

图 7.35 羊拉铜矿床 51# 勘探线 Fa_2 因子得分等值线异常剖面图

Fa_2 因子：Bi、In、Cu、Sn、Cd、Ag、Mo、Sb、Zn、As、Tl^2、(U^2、Pb^2)

前文已分析，Fa_3 可能为岩浆或热液作用的前缘晕，因而其因子得分等值线的负异常可以反映找矿信息。图 7.36 为 51# 勘探线 Fa_3 因子得分等值线异常剖面图，存在一个明显的负异常区（Ⅲ异常区）。Ⅲ异常区位于Ⅱ异常区上方，但异常范围远大于Ⅱ异常区，为 KT6 矿体的前缘晕，部分重叠于 KT6 矿体；异常总体倾向 NW，明显具向深部延伸的趋势。

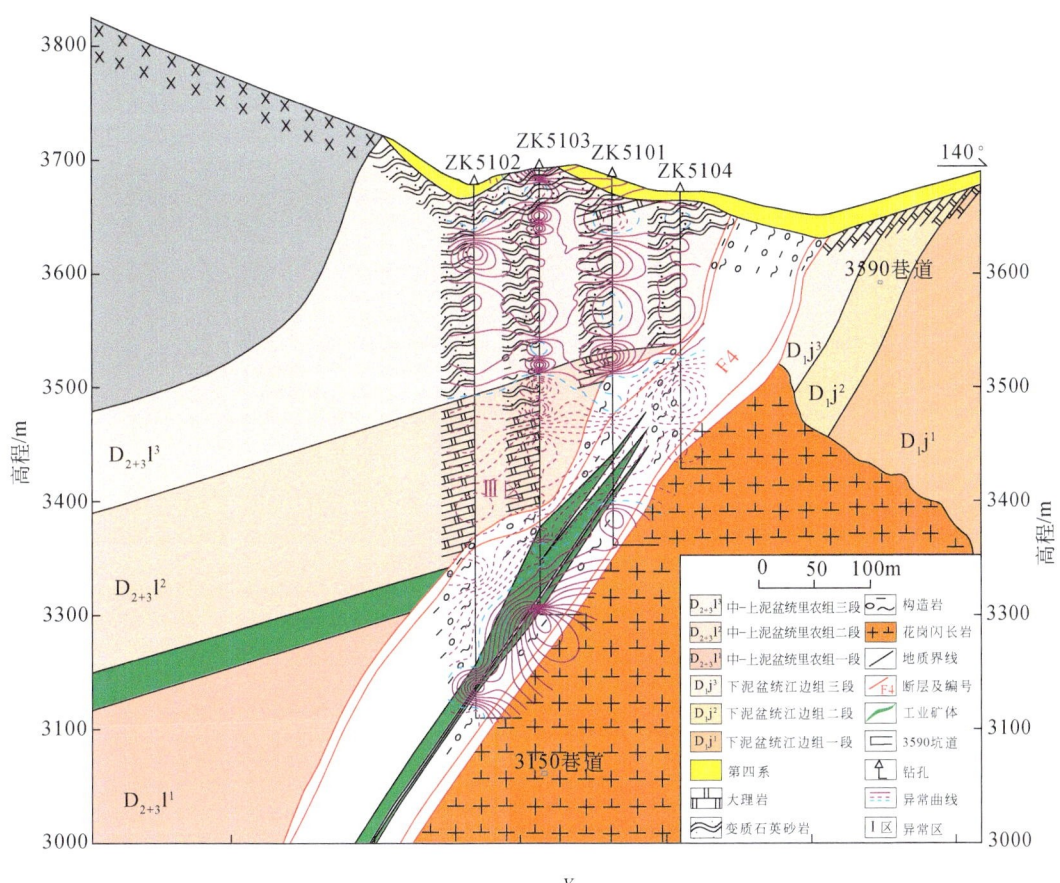

图 7.36 羊拉铜矿床 51# 勘探线 Fa_3 因子得分等值线异常剖面图

Fa_3 因子：$-Ni$、$-Sr$、Co、Ge^2

Fa_4 因子得分等值线异常剖面图反映的是低温成矿元素组合异常，可圈出二个异常区（图 7.37）。Ⅳ异常区位于里农组三段（$D_{2+3}l^3$）和二段（$D_{2+3}l^2$）的接触界线处，处于Ⅲ异常区的上部；异常形态平缓，为 KT6 矿体形成的低温元素异常。Ⅴ异常区位于 ZK5102 钻孔的底部，处于 KT6 矿体的尾端，异常形态不规则，且与 Fa_2、Fa_3 异常重合，反映其深部具有较好的找矿潜力。

总体而言，51# 勘探线的 Fa_1 因子得分等值线能较好地区分里农组二段（$D_{2+3}l^2$）大理岩的界线，Fa_2、Fa_3、Fa_4 因子异常的对比分析显示，原推测 KT2 上-1 矿体可能不存在，而 ZK5102 钻孔底 NE 侧的深部具有较好的找矿潜力。

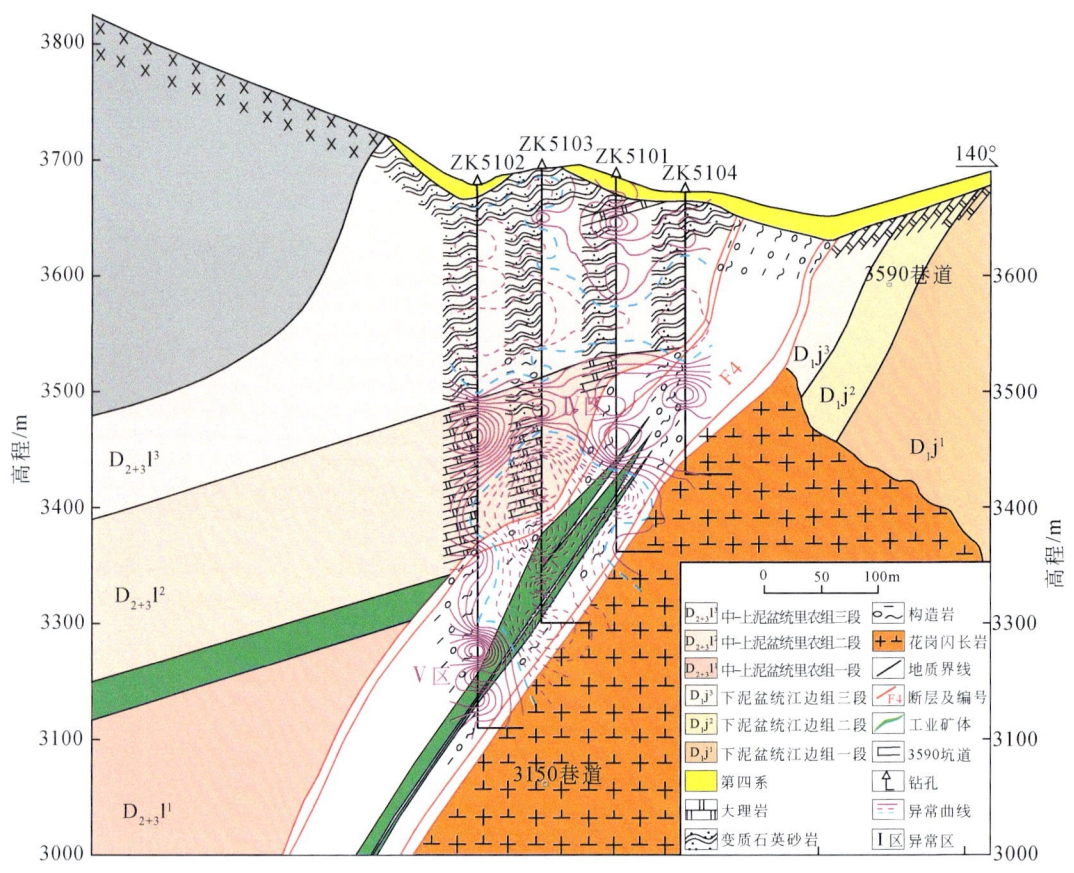

图 7.37 羊拉铜矿床 51#勘探线 Fa_4 因子得分等值线异常剖面图

Fa_4 因子: Pb、(Sb^2)

第三节 成矿预测

一、主要控矿因素

羊拉铜矿床受多种因素控制,前文已介绍了构造对成矿的控制作用,以下总结地层和岩浆岩对成矿的控制作用。

1. 地层控矿

羊拉矿区矿体主要分布在泥盆系中-上统里农组($D_{2+3}l$)及泥盆系下统江边组(D_1j)的含中基性火山物质的大陆斜坡相地层中,岩性为浅灰色变质绢云石英砂岩、绢云砂质板岩夹白色中-厚层状细-中晶大理岩,本区泥盆系地层中的金属元素明显高于其他时期的地层（李定谋等，2002），主要赋矿地层的金属元素 Cu、Pb、Zn、Bi、Zn、W、Mo、Ba 等元素富集明显，高于地壳平均值，其中 Cu 高出 10 倍，地层沉积过程中就可能在一定程度上有金属元素的富集。受岩浆期后含矿热液作用，富钙质岩石被热交代形成含矿石榴子石夕卡岩、透辉石夕卡岩（局部可见未完全交代的大理岩），构成了矿区主要含矿岩石类型，变质碎屑岩类（绢云石英砂岩、绢云砂质板岩）则重结晶形成角岩、角岩化变质石英砂岩、斑点绢云砂质板岩。含钙绢云砂质板岩、变质石英砂岩夕卡岩化较强，铜矿化明显增强，具备了形成夕卡岩矿体的条件。

2. 岩浆岩控矿

羊拉矿区一带侵入岩期次多，与侵入岩及其热液作用有关的矿产，根据侵入岩类型及侵入期次分为：①产于印支期—燕山期中酸性岩体接触带或岩体内北东向构造破碎带（裂隙带）中的铜或铜铅锌（金、银）矿床、点，如羊拉铜矿等；②产于海西期超基性岩体的铬铁矿点，如苏鲁铬铁矿点。

羊拉铜矿以中酸性岩体控制为主，矿体一般分布在印支期—燕山期中酸性岩体内、外接触带，矿体可产于岩体内部破碎或裂隙带，也可产于围岩中的夕卡岩带内。尤其应注意岩体变窄、拐弯地段。岩体规模以小型岩株或岩瘤矿化强。在面积比较大的岩基（株）中找矿应注意其边缘及有残余顶盖的地段。岩体对成矿的控制主要体现在三个方面：①岩体化学成分，羊拉矿区岩体中 Cu、As、Bi、Sb、Sn、Pb 等元素具有相对较高的含量，主要成矿元素 Cu 在岩体中是中国花岗岩类含铜平均值的几十倍，这些富集的成矿元素为成矿提供物质基础；且在岩体边部，细脉浸染状黄铁矿、黄铜矿化普遍发育。②岩体产状，即岩体形态不规则或由陡变缓的转折部位均利于成矿物质的沉淀。③岩体接触带，晚期中酸性花岗岩体侵入早期钙质围岩，在剖面上形成锯齿状、起伏波状接触面，平面上常见港湾状接触带，是容矿的有利部位；在路农矿段、江边矿段东矿段，常见岩体与围岩的锯齿状接触带，结构破碎，由内到外分布厚度不均的湿夕卡岩带→干夕卡岩带，矿化也不均匀。

二、找矿标志

1. 地表露头矿化标志

矿区氧化带发育，有铜矿体分布地段，地表往往有强褐铁矿化，局部地段形成铁帽，可见铜的氧化矿物蓝铜矿、孔雀石，蓝铜矿、孔雀石是矿区最直接的找矿标志，在地表堆积物中，具有绿色的含铜砾石，也是重要的地表露头找矿标志。

2. 岩浆岩标志

在前面章节已经从岩体含矿性、稀土元素、微量元素以及同位素对矿质来源的指示等方面证明了以花岗闪长岩为主的岩浆岩与成矿密切相关。因此花岗闪长岩应作为主要的找矿标志。区内侵入岩期次多，与侵入岩及其热液作用有关的矿产，主要是产于印支期—燕山期中酸性岩体接触带或岩体内北东向构造破碎带（裂隙带）中的铜或铜铅锌（金、银）

矿床，根据羊拉铜矿带中已发现的铜矿体分布特征，岩浆岩标志主要包括：①中酸性岩体内、外接触带；②岩体内部破碎或裂隙带；③岩体凹陷以及突起地段；④岩体规模以小型岩株具有较强矿化；⑤大岩株中找矿应注意其边缘及有残余顶盖的地段；⑥岩体具有钾化等蚀变特征。

岩体的剥蚀程度也是有利的岩体找矿标志。查明侵入岩体剥蚀程度，对预测与其有关的矿产具有重要意义。根据岩体剥蚀程度的高低，根据岩体的产状、岩相分布、捕虏体发育、矿物结构构造特征、围岩蚀变以及与围岩接触关系等，大致可分为：①未剥蚀，地表无岩体出露，可见接触变质现象以及石英、方解石、萤石等热液脉等，侵入岩为隐伏岩体；②剥蚀浅，侵入岩大面积出露，无明显的接触变质现象，岩石结构较细，岩性相对简单；③中等剥蚀，侵入体出露面积较大，极少见围岩捕虏体，岩石结构较粗，成分较复杂；④剥蚀深，侵入体出露面积大，岩石结构比较粗大，边缘相不发育，矿床多遭破坏。

通过野外地质观察，认为矿区路农岩体相对里农以及江边岩体剥蚀程度较高，可以通过地球化学进行定量表征。由于越接近花岗岩类岩体顶面，亲石元素 Nb、Ta、ΣREE、Y、Li、Be、U、Th、Rb 含量增加，而在岩体的深部带，聚集着向下迁移的元素 Cr、Ni、Co、Ba、Ga 等。因此，选择 Nb·Zr·Rb/V·Co·Ni 作为判别剥蚀程度高低的指标，也是岩体的找矿标志之一，该值越大，表明岩体剥蚀程度越小。在与判别成矿的关系上，可以通过图 3.19 结合羊拉矿区矿体原生晕分带获得，对于 Cu 来说相对靠下，因此剥蚀程度较高是有利的找矿标志，而 Pb 元素分带相对靠上，因此浅剥蚀以及未剥蚀有利于找矿。

3. 构造标志

构造是羊拉矿区找矿的重要标志。评价区主要大断裂构造起着导岩、导矿的功能，其派生断裂构造是岩浆、热液、矿质的运移通道，次级同向、派生断裂、次级褶皱轴部、转折端、裂隙带、层间挤压带和破碎带等，特别是构造交汇和转换部位，更是容矿和储矿场所，多数矿体均产于构造破碎带或层间裂隙带中，部分构造控矿标志见图 3.3。

4. 地层及岩性标志

羊拉铜矿主矿体产于泥盆系江边组、里农组之中，受岩体的侵入碳酸盐岩夕卡岩化、碎屑岩角岩化，较高品位的矿体一般产于蚀变的夕卡岩、角岩之中，在评价区内要找到类似矿床必须先找到相应层位的围岩，特别注意与中酸性岩体接触产生夕卡岩化的地段，另外，应注意两种不同类型岩性的地层接触部位，往往有利于矿的赋存。

5. 围岩蚀变标志

根据蚀变带寻找有利成矿的夕卡岩化带及角岩带，岩体内寻找钾化带；同时围岩蚀变在地层以及岩体内的分带特征也是重要的找矿标志。

6. 地球化学（化探）标志

地球化学在横向以及垂向具有分带特征，构建的上 Pb-Zn、中 W-Bi-Ag、下 Cu-Sn-Mo

原生晕分带模式是重要的地球化学标志；羊拉矿区含矿地段在化探上出现 Cu、Sn、Au、Ag、Pb、Zn、As、Sb 等综合异常特征；构造带往往具有较高的 F 等挥发组分含量，也可以作为找矿标志之一；本次工作在羊拉矿区获得的坑道以及地表包括 Cu、Pb、Sn、Ag、Sn 等元素在内的多个元素的原生晕数值，其单元素异常值以及成矿元素组合异常可以作为有利的找矿标志；Cu 的品位数值在空间上的变化趋势规律也是重要的地球化学找矿标志。

7. 地球物理（物探）标志

夕卡岩型矿体因矿石中含磁铁矿、磁黄铁矿等磁性矿物，在地面磁测中，表现出高的磁异常，在岩体、沿中-上泥盆统大理岩、透辉石大理岩，变质石英砂岩分布区形成规模不等、高强度各异的激电异常，可作为在一定范围内找矿的物探标志，云南省地质矿产勘查开发局第三地质大队曾在羊拉矿区开展了 1∶5 万高精度磁法普查以及 1∶1 万高精度磁测剖面工作，其研究成果为羊拉矿区找矿提供了较为有利的间接找矿标志。

三、找矿方向

基于对羊拉铜矿成矿理论和成矿模式的认识，本次研究提出了以下三个找矿方向（图 7.38）。

1. 江边矿段西侧夕卡岩型矿体的勘查

预测方法："地质+物探"。

预测依据：目前已在江边矿段开展 1∶2000 的地质填图工作和物探工作，主要预测依据有如下几点。①江边矿段所发现矿体为岩体内沿裂隙充填的细脉状矿体和地表氧化矿体，均产出于岩体东侧的内接触带，而岩体西侧尚未布置勘探工程；②江边矿段岩体西侧的围岩为泥盆系中-上统里农组变质石英砂岩、大理岩、砂板岩，具备形成夕卡岩型矿体的有利岩浆岩和围岩条件，岩体产状变化的部位是找矿的有利空间；③在岩体与围岩的接触部位存在厚度不等的夕卡岩，在地表发现夕卡岩具有弱孔雀石化，深部夕卡岩带有变厚的可能；④已有的物探资料显示具有较好的找矿潜力。因此江边矿段西侧岩体与围岩接触带的深部也是寻找夕卡岩型矿体的有利部位。

具体勘探设计：在江边矿段西侧的 W0 勘探线设计 ZKJ-1 钻孔 410m，钻至花岗闪长岩内部（图 7.39），揭露矿体后有望打开江边矿段的找矿局面。

2. 路农矿段东侧深部夕卡岩矿体的勘查

预测方法："地质+构造地球化学"。

预测依据：①路农矿段东侧位于 F4 断裂的下盘，出露路农花岗闪长岩体和里农组一段（$D_{2+3}1^1$）的夕卡岩化绢云砂质板岩，因此该处具备形成夕卡岩型矿体的有利岩浆岩、围岩和构造条件；②路农矿段东侧分布有大面积的夕卡岩带，且已有少量工程进行控制，控制夕卡岩带长度约 1000m，其产状与岩体的接触带密切相关；③路农矿段东侧的坑道已经揭露到夕卡岩型矿体,由于规模小而一直未开采,矿石类型为夕卡岩型矿石及构造改造型矿石(附表39);④3590m 中段和3450m 中段的构造地球化学异常也显示该处具有找矿潜力。因而路农矿段东侧深部岩体由陡变缓的部位是寻找夕卡岩型矿体的有利部位。

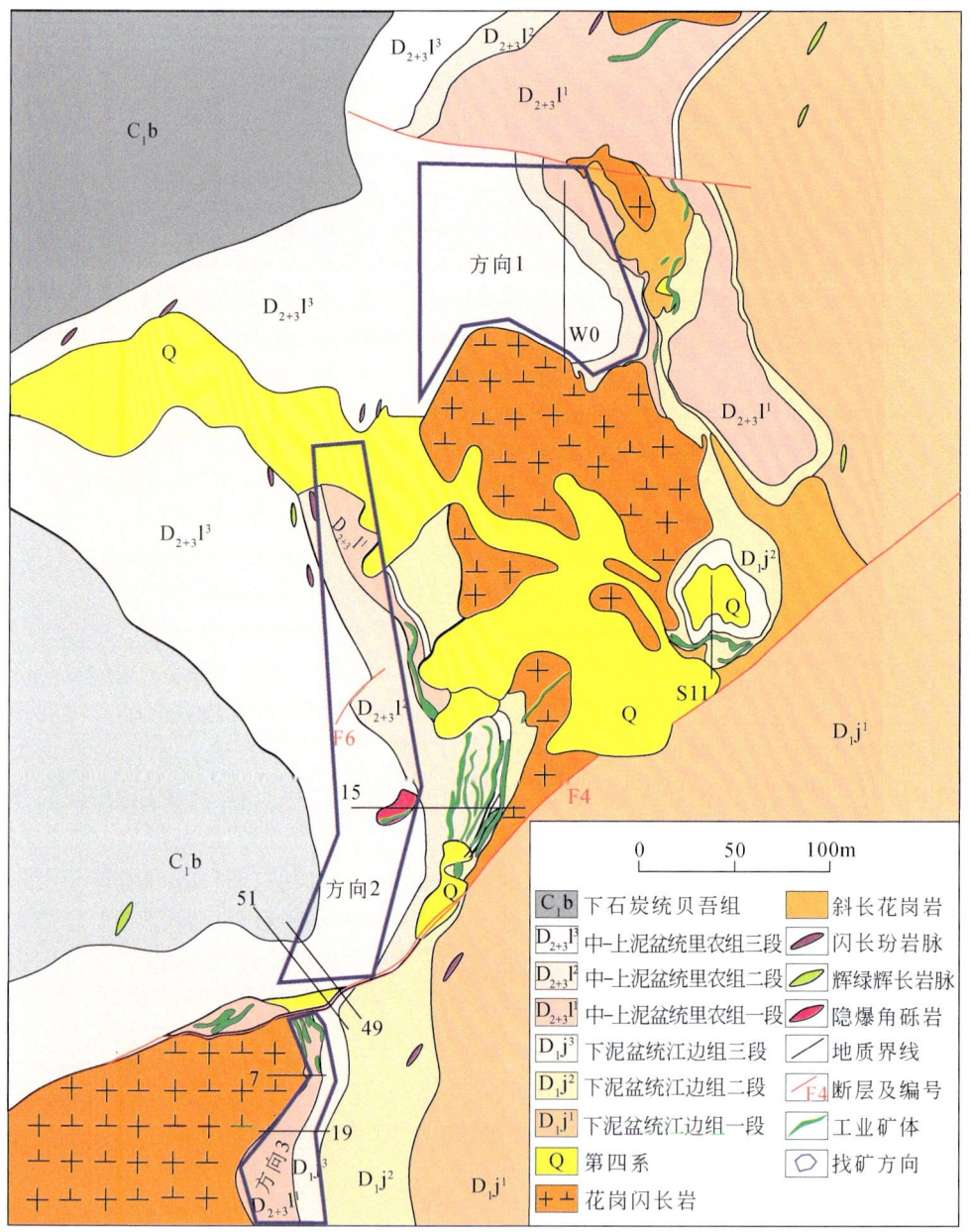

图7.38 羊拉铜矿床找矿预测图

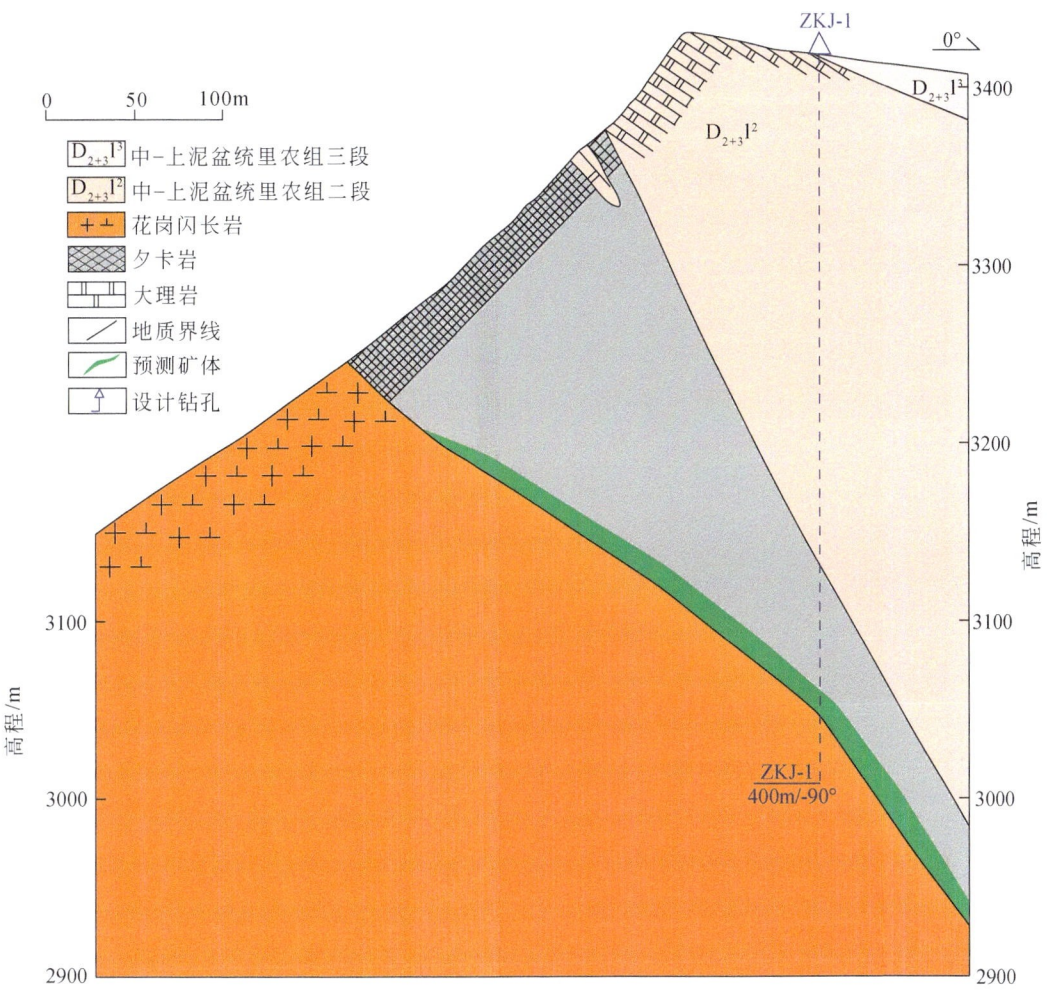

图 7.39　羊拉铜矿床江边矿段 W0# 勘探线设计剖面图

具体勘探设计：在路农矿段的 7# 勘探线施工 ZKL-1 下斜孔 185m（图 7.40），揭露到矿体后，继续在 19# 勘探线施工 ZKL-2 下斜孔 100m，并对矿体进行加密控制（图 7.41）。同时，建议矿山自 3450m 中段向南实施沿脉工程，并辅以 1~3 条穿脉工程，对路农矿段东矿体进行控制。另由于路农矿段的西侧接触带具有明显的物探异常，建议矿山在该区带开展地表填图工作，为以后的找矿勘探提供方向。

3. 里农西侧深部斑岩型铜矿的勘查

预测方法："地质+成矿理论"。

预测依据：①里农西侧存在规模不大的里农斑岩体（出露面积约 0.01km²），因出露面积较小和地表山高坡陡而未引起研究者的足够重视；②目前矿山深部的 3275m 中段和 3250m 中段均已揭露到不同规模的石英二长斑岩脉，说明矿区深部存在花岗斑岩；③本次

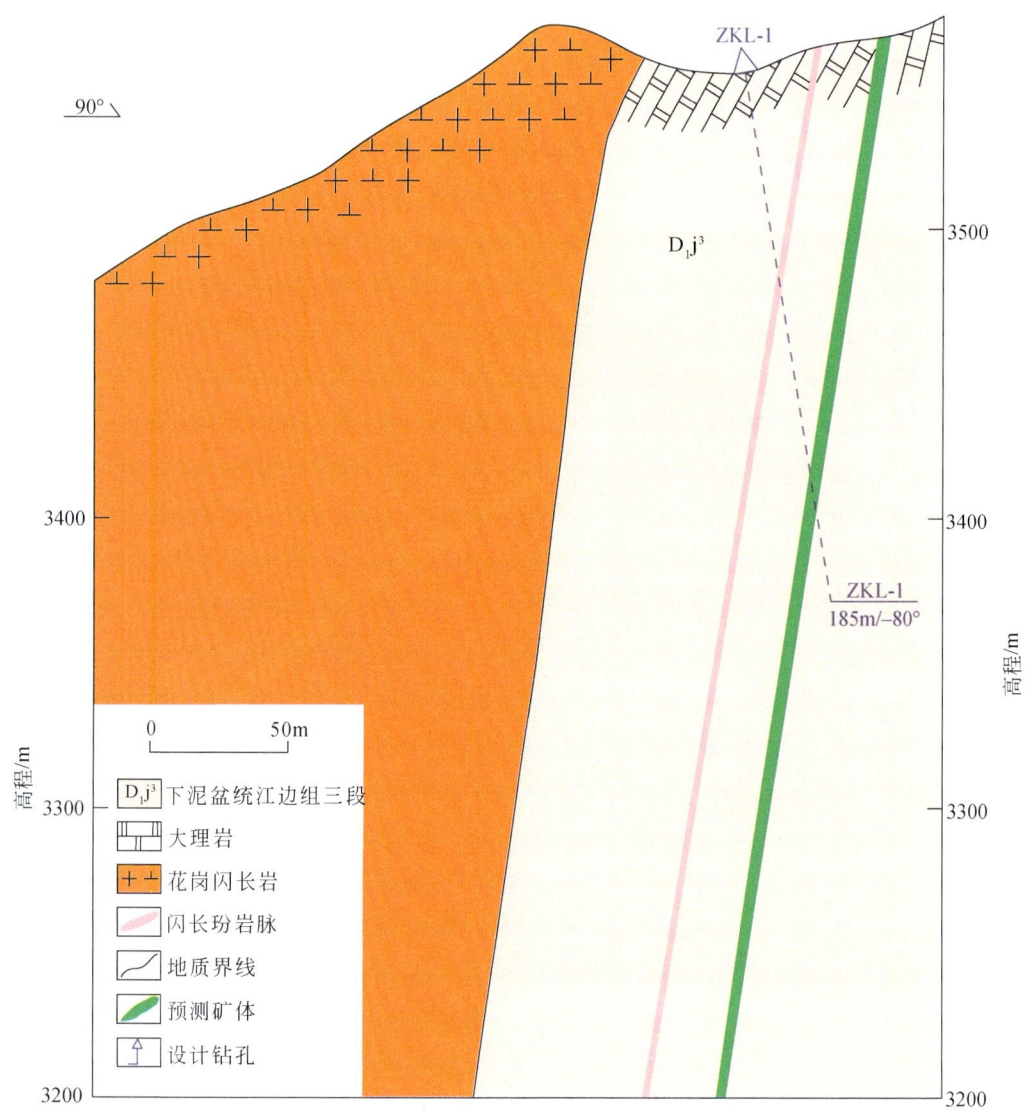

图 7.40 羊拉铜矿床路农矿段 7# 勘探线设计剖面图

工作获得羊拉矿区地表和深部的花岗斑岩成岩年龄为 228~234Ma，与花岗闪长岩的成岩年龄一致，而花岗闪长岩则与成矿关系密切；④斑岩顶部发育方解石-石英脉，具有浸染状和细脉状黄铜矿、黄铁矿、辉钼矿化；⑤3250m 中段的花岗斑岩及其附近围岩中 Cu 含量 0.20%~1.22%，且 Au、Ag 元素均达到伴生工业品位（附表 40）；⑥地球化学研究显示花岗斑岩与成矿关系密切。这些现象均暗示着羊拉矿区深部有寻找斑岩铜矿的潜力。一旦证实深部大规模斑岩型铜矿的存在，其找矿工作将取得突破性进展，势必带来巨大的经济效益。值得说明的是，该方向与里农西侧深部夕卡岩型铜矿的找矿勘探相一致，因此两者可以同时兼顾。

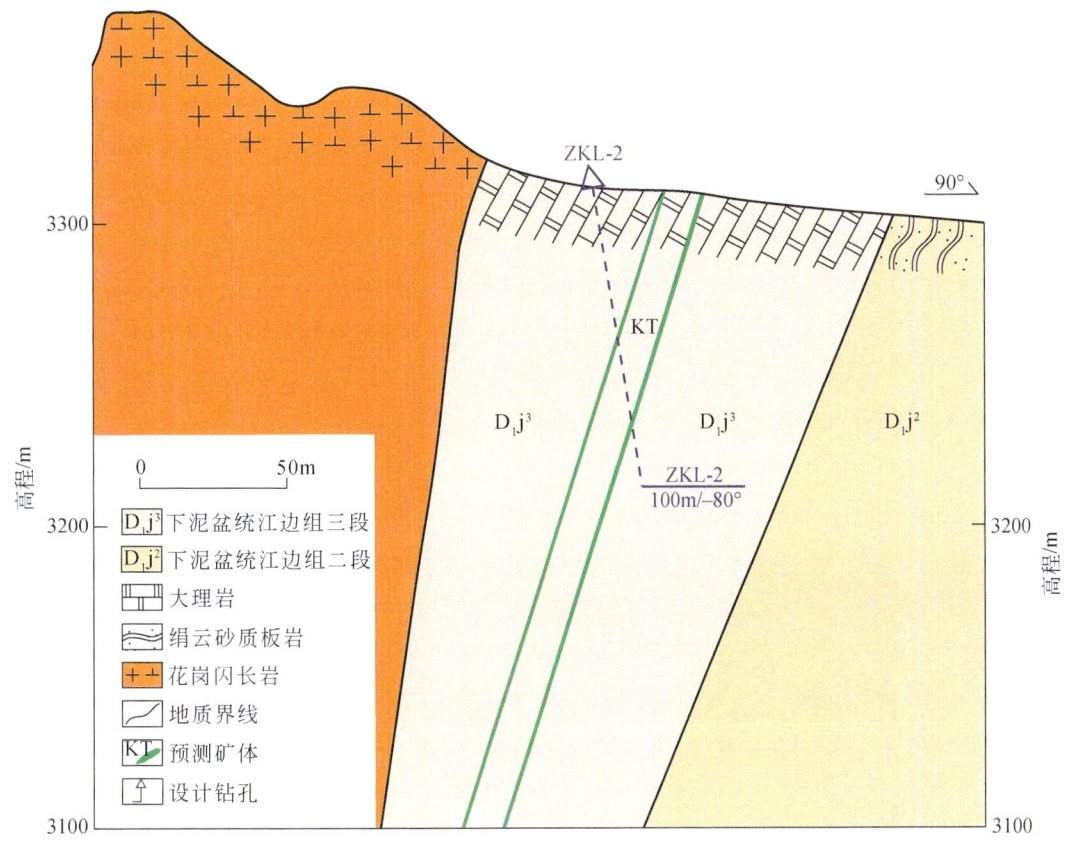

图 7.41 羊拉铜矿床路农矿段 19#勘探线设计剖面图

具体勘探设计：在深部 3175m 中段的 15#勘探线施工 ZK15-1 上斜孔 300m，首先勘探隐爆角砾岩及 KT1 矿体（图 7.42），同时建议在深部的 3200m 中段、3175m 中段进行工程探矿（注：已被列入羊拉矿山 2014 年地质勘查计划），并重点开展这两个中段的坑道地质-地球化学填图工作，特别加强对深部花岗斑岩找矿信息的研究；该靶区对实现羊拉铜矿资源突破，起到关键作用。

四、靶区圈定

在上述找矿方向的基础上，本次研究同时提出了三个具体的找矿靶区：

一是里农矿段的深部：①里农矿段 24 线以北，以往仅在地表做过少量探槽工作，所揭露矿体较薄，在地表以下未有工程控制，所以矿体沿走向及倾向上还需要深部工程加密控制；②里农矿段 24 线向南至接合部 43 线，矿体向西倾伏，从目前坑道和钻孔揭露的地质情况来看，矿体在倾向上较为稳定。因此，里农矿段的深部仍是以后探矿工作的重点靶区，同时加强对深部花岗斑岩找矿信息的研究。该靶区对实现羊拉铜矿资源突破，起到关键作用。

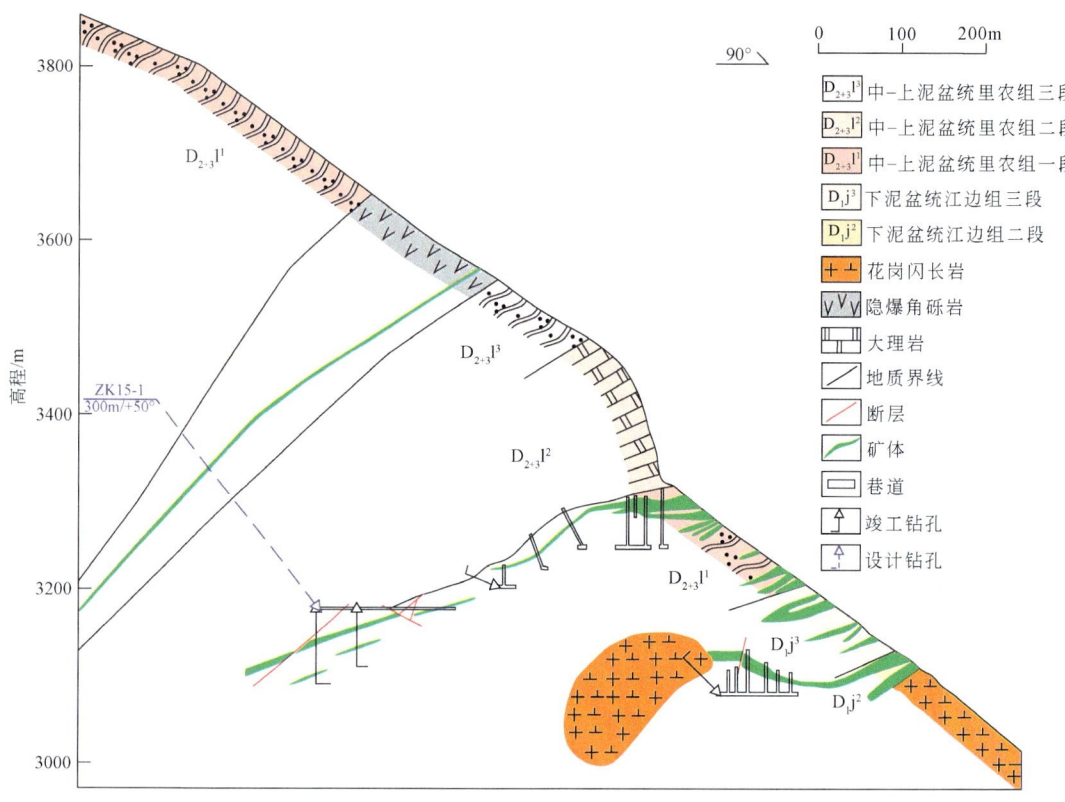

图 7.42 羊拉铜矿床里农矿段 15#勘探线设计剖面图

二是接合部 53 线至 47 线，F4 断层西北部，主要勘探 KT2、KT6 矿体。深部受 F4 断层影响，矿体被错断及后期氧化改造明显，矿体明显富集；另外，沿主赋矿层位里农组及江边组在倾向上控制加密工程矿体是必要的。

三是 3450m 中段南部的路农矿段东矿体，位于 F4 断裂下盘，具备形成夕卡岩型矿体的有利岩浆、围岩和构造条件，且构造地球化学异常显示具有找矿潜力。因此，该区是重点找矿靶区之一。

五、预测效果

1. 探获铜资源储量

截至 2013 年 9 月底，云南铜业（集团）有限公司及其下属中国有色金属工业昆明勘察设计研究院（简称：云铜昆勘院）联合中国科学院地球化学研究所，在羊拉铜矿床的找矿方向三的南端实施找矿勘探及科研工作，累计完成地表修测填图 1.36km²、钻探施工 14463.24m、钻孔编录 14463.24m、基本分析样品 1188 件以及成矿理论研究工作，目前在江边矿段、路农矿段的找矿勘探和成矿理论研究工作正在进行。截至2013年9月底，在羊拉铜矿里农矿段、路农矿段及其接合部累计探获铜（331+332+333+334）资源储量矿石量1463.82万t，金属量156863t，平均品位1.07%。由于334级别资源量对矿山企业的作用有限，本次研究仅针对333级别及其以上资源量，累计探获铜（331+332+333）资源储量矿石量822.44万t，金属量93727t，平均品位1.14%；其中331类矿石量49.09万t，金属量6606t，平均品位1.35%；332类矿石量347.42万t，金属量40487t，平均品位1.17%；333类矿石量425.93万t，金属量46634t，平均品位1.09%；工业矿石（331+332）铜资源量矿石量396.51万t，金属量47093t，平均品位1.19%，约占总资源储量金属量的50%（附表41）。

本次估算KT2（上）矿体分布于22～43勘探线之间，共探获铜（331+332+333）资源储量矿石量601.19万t，金属量65592t，平均品位1.09%；其中331类矿石量49.09万t，金属量6606t，平均品位1.35%；332类矿石量270.23万t，金属量30078t，平均品位1.11%；333类矿石量281.87万t，金属量28908t，平均品位1.03%。

KT6矿体位于接合部47～53线间，共探获铜（332+333）资源储量矿石量221.25万t，金属量28135t，平均品位1.27%；其中，332类矿石量77.19万t，金属量10409t，平均品位1.35%；333类矿石量144.06万t，金属量17726t，平均品位1.23%。

2. 伴生资源估算

参照云铜昆勘院编写的《云南省德钦县羊拉铜矿里农段与路农段接合部普查报告》（2010年12月）中的伴生元素参数，本次研究选择Au、Ag、S三元素作为矿石中的伴生矿产进行评价，并估算其资源储量。

（1）伴生矿产资源储量估算范围：本次伴生矿产资源储量估算范围为KT2（上）、KT6矿体群。KT2（上）矿体群矿体Au、Ag、S均达到伴生矿产评价指标，KT6矿体仅有Ag达到评价指标，本次分别对上述元素进行资源储量估算。

（2）伴生矿产资源储量估算结果：本次工作在羊拉铜矿共探获333类伴生矿产Au金属量2.345t，平均品位0.29g/t；Ag金属量111.23t，平均品位13.52g/t；S组分量37.45万t，平均品位4.55%（表7.1）。

表7.1 羊拉铜矿床伴生矿产资源储量估算总表

矿石类型	矿体编号	资源储量类型	矿石量/万t	Au		Ag		S	
				平均品位/(g/t)	金属量/t	平均品位/(g/t)	金属量/t	平均品位/%	组分量/万t
工业	KT2	333	601.19	0.39	2.345	12.43	74.73	6.23	37.45
工业	KT6	333	221.25			16.50	36.51		
合计		333	822.44	0.29	2.345	13.52	111.23	4.55	37.45

需要说明的是，云铜昆勘院在羊拉铜矿床通过系统钻探工作，对KT2（上）、KT6工程控制程度高，新增资源量已达到项目考核指标。且该资源储量包含2011年《迪庆春都铜矿成矿规律及羊拉铜矿找矿探索研究》报告中提交的332+333类铜资源量矿石量

470.74万t，金属量43649t；333类伴生矿产Au金属量1161kg，Ag金属量58.042t，S组分量18.833万t。具体资源储量、计算过程及图件详见"羊拉铜矿床深部和外围成矿规律及增储研究"项目结题报告中的地质报告部分。

3. 经济意义估算分析

由于矿山目前只能利用工业矿体，本次经济评价只针对333及以上级别的工业矿体。云铜昆勘院通过在羊拉铜矿地质钻探工作，截至2013年9月底，羊拉铜矿共探获新增铜（331+332+333）资源储量矿石量822.44万t，金属量93727t，平均品位1.14%；其中331类矿石量49.09万t，金属量6606t，平均品位1.35%；332类矿石量347.42万t，金属量40487t，平均品位1.17%；333类矿石量425.93万t，金属量46634t，平均品位1.09%；工业矿石（331+332）铜资源量矿石量396.51万t，金属量47093t，平均品位1.19%；另外探获333类伴生矿产Au金属量2.345t，平均品位0.29g/t；Ag金属量111.23t，平均品位13.52g/t；S组分量37.45万t，平均品位4.55%。

工业矿资源储量可信度系数取0.8，矿山可采矿石量=822.44万t×0.8=657.95万t。按矿山目前生产能力每年120万t的开采规模计算，新增资源成果可为矿山延续生产5.48年。矿区前期已做预可行性研究，评价指标主要参照前期地质报告和矿山生产过程中的实用指标，仅对工业矿体作概略性经济评价。

1）概略经济评价参数

（1）羊拉矿山已建成投产，本次按固定资产投资和技改费为2亿元估算。

（2）流动资金=基建投资×10%=20000万元×15%=3000万元。

（3）采选方案及概评参数如下。

A. 采矿方式：坑采；

B. 采矿损失率：25%；

C. 采矿贫化率：15%；

D. 可采矿量：657.95万t/74981.6t；

E. 工业矿体平均品位：Cu 1.14%，Au 0.29g/t，Ag 13.52g/t，S 4.55%；

F. 选矿回收率：Cu 77.09%，Au 35.30%，Ag 44.42%；

G. 2008~2013年的矿产平均价格：Cu 54991元/t，Au 245元/g，Ag 4元/g，S 700元/t；

H. 精矿销售单价（主矿产的78%）：Cu 42893元/t，Au 191元/g，Ag 3.12元/g；

I. 各种税费：25%；

J. 其他成本：5%；

（4）采、选矿成本如下。

A. 采矿及运输平均成本：84元/t（矿石）；

B. 选矿平均成本：66元/t（矿石）；

C. 采、选矿成本=年生产规模×采、选矿成本
=1200000t×(84+66)元/t÷10000=18000万元。

2) 年产值

年产值=年生产规模×平均品位×选矿回收率×精矿销售价×(1-贫化率)

(1) 主矿产:
年产值(Cu) = 1200000t×1.14%×77.09%×42893×(1-15%)÷10000 = 38449.39 万元。

(2) 伴生矿产:
年产值(Au) = 1200000t×0.29×35.30%×191×(1-15%)÷10000 = 1994.37 万元。
年产值(Ag) = 1200000t×13.52×44.42%×3.12×(1-15%)÷10000 = 1911.22 万元。
由于未获得硫的综合回收率,因此未估算硫的产值。
合计: 38449.39+1994.37+1911.22 = 42354.98 万元。

(3) 年综合税费:年产值×25% = 42354.98 万元×25% = 10588.75 万元。

(4) 其他成本:年产值×5% = 42354.98 万元×5% = 2117.75 万元。

(5) 经济效益概算:

Ⅰ. 新增资源量潜在经济价值
Cu:93727t×42893 元/t÷10000 = 402023.22 万元
Au:2345kg×191000 元/kg÷10000 = 44789.5 万元
Ag:111.23t×3120000 元/t÷10000 = 34703.76 万元
S:37.45 万 t×5460000 元/万 t÷10000 = 20447.7 万元
合计:402023.22+44789.5+34703.76+20447.7 = 501964.18 万元

Ⅱ. 新增资源量可提取经济价值(V_t) = 年产值×服务年限
$$= 42354.98 \text{ 万元/年} \times 5.48 \text{ 年}$$
$$= 232105.29 \text{ 万元}$$

Ⅲ. 静态投资收益率
A. 年利润 = 年产值-采、选矿成本-年综合税费-其他成本
$$= 42354.98-18000-10588.75-2117.75$$
$$= 11648.48 \text{ 万元}$$

B. 投资收益率 = 年利润÷(建设投资+流动资金)×100%
$$= 11648.48÷(20000+3000)×100\% = 50.65\%$$

C. 投资回收期 = (建设投资+流动资金)÷年利润
$$= (20000+3000)÷11648.48 = 1.97 \text{ 年}$$

Ⅳ. 矿山总利润
矿山总利润 = 年利润×服务年限-总投资
$$= 11648.48×5.48-23000$$
$$= 40833.67 \text{ 万元}$$

(6) 经济效益和社会效益分析:

按矿山生产许可证的年生产规模 120 万 t 计算,矿山(税后)年利润为 11648.48 万元,投资收益率为 50.65% (大于内部收益率 10% 的基准,属显著经济型矿床),1.97 年左右可收回投资,矿山总利润约为 40833.67 万元。投资开采此资源量可获得明显的经济

效益。

矿山建成投产后,企业严格按照有关法律法规缴纳各种税费,每年可向国家上缴税费10588.75万元。由于矿山地处滇西北藏族集居的少数民族地区,经济文化总体落后、居民生活水平不高,矿山建成投产后不但可解决当地剩余劳动力的就业问题,而且对加快西部大开发、繁荣少数民族地区经济和维护民族团结均具有重要意义,因而社会效益亦十分显著。

第八章 主 要 结 论

（1）羊拉矿区辉绿岩规模较小，主要呈脉状、少量呈岩株状侵位于各时代地层，花岗闪长岩体边部也见辉绿岩脉侵入。辉绿岩呈灰绿色，中心矿物粒度相对较粗、边部较细；发育绿泥石化和碳酸盐化等蚀变，与围岩接触界线明显。岩石具辉绿结构和辉长结构，矿物主要为斜长石、辉石和少量橄榄石、云母及细粒黄铁矿，硅酸盐矿物明显具绿泥石化、绢云母化和黏土化等蚀变。

辉绿岩中的锆石呈长柱状、短柱状，四方双锥发育，晶面平直，CL图像显示锆石具清晰的岩浆振荡环带，为典型的岩浆锆石；U、Th、Pb元素含量亦显示岩浆锆石特征；四件辉绿岩样品锆石U-Pb年龄分别为231.3±0.88Ma、229.5±1.4Ma（235.2±0.9Ma）和228.7±0.85Ma，说明羊拉矿区辉绿岩形成于印支期末。

羊拉矿区辉绿岩可分为新鲜辉绿岩和蚀变辉绿岩，两者均位于钙碱性系列岩石区域。虽然其产出位置不同，矿物含量、蚀变程度、主量元素、过渡元素（TME）、大离子亲石元素（LILE）、高场强元素（HFSE）和稀土元素（REE）含量存在一定差别，但TME、LILE和HFSE之间具有相似的变化规律、TME和REE配分模式相似以及一致的成岩时代、相同的构造环境，说明羊拉矿区辉绿岩是相同地幔源区经不同程度部分熔融的原始岩浆，在岩浆上升过程中经历地壳物质混染和岩浆期后热液蚀变等综合作用的产物。

地球化学分析表明，羊拉矿区辉绿岩具岛弧玄武岩特征，但成岩环境明显不同于N-MORB、E-MORB和OIB，为印支期末—燕山期的陆内陆–陆碰撞环境。羊拉矿区辉绿岩和花岗闪长岩在空间上密切共生、成岩年龄高度一致，但两者的地质、地球化学及源区特征差异明显，表明两者可能为两个独立的岩浆房中演化出来的、成因上互不相关的异源岩浆同期同位混合侵入的结果。

（2）羊拉矿区分布两套玄武岩：块状玄武岩和层状玄武–安山岩，块状玄武岩呈灰绿色致密块状，常见气孔及杏仁构造，杏仁多为方解石，裂隙常有石英–方解石充填，具绿泥石化、碳酸盐化和黏土化等蚀变。

块状玄武岩和层状玄武岩TME、LILE、HFSE和REE含量均存在较明显的差别。块状玄武岩富集LILE、亏损HFSE，与岛弧玄武岩类似，同时又显示出MORB特征；层状玄武岩富集LILE、亏损HFSE，但轻稀土元素（LREE）相对富集、LREE和重稀土元素（HREE）分馏明显，REE配分模式为LREE富集型，与岛弧玄武岩类似。块状玄武岩形成时代为362±9Ma，形成于弧后盆地环境，在岩浆上升过程中未遭受过地壳物质混染作用；层状玄武岩形成时代为296±7Ma，形成于大陆边缘弧环境，具有岛弧火山岩特征，在岩浆上侵过程中遭受过地壳物质混染作用。

（3）SIMS锆石U-Pb定年结果显示，贝吾、里农和路农岩体的成岩年龄分别为233.9±1.4Ma（2σ）、233.1±1.4Ma（2σ）和231.0±1.6Ma（2σ），可能形成于碰撞晚期—碰撞后构造背景。贝吾、里农和路农三岩体具有相似的地球化学特征，均富SiO_2及LILE、贫

HFSE 的特征，属准铝-弱过铝质钙碱性的 I 型花岗岩。

贝吾、里农和路农岩体均具有较高的 Sr 同位素初始值（0.7078～0.7148）和较低的 $\varepsilon_{Hf}(t)$ 值（-6.7～-5.1），结合 Nb/Ta 值（约 8.6）与大陆下地壳相似等特征，认为其岩浆主要来自大陆下地壳物质的熔融；$\varepsilon_{Hf}(t)$ 值变化范围较大（-8.6～2.8），且在岩体内部发现同时代的暗色微粒包体，表明存在幔源物质对岩浆源区的贡献；此外，较高的 Pb 同位素比值和锆石氧同位素组成（7.3‰～9.3‰）表明岩浆源区可能存在上地壳沉积物质的加入。综上，提出"三端元"（地幔+上地壳沉积物+下地壳）岩浆混合模式用以解释贝吾、里农和路农岩体的岩浆源区。

（4）羊拉矿区出露斑岩规模较小，主要呈岩株、岩脉侵位于大理岩、绢云砂质板岩及变质石英砂岩中，斑岩内常见棱角状围岩角砾。斑岩岩性为石英二长斑岩，呈灰白色块状构造；斑晶成分为石英、长石和云母，基质成分与斑晶成分一致。岩石蚀变现象明显，常见硅化、绢云母化、高岭石化、碳酸盐化和泥化等，且发育后期石英、方解石脉，并伴随黄铁矿、黄铜矿等矿化。

本次采集四件斑岩样品进行锆石 U-Pb 测年，其中样品 Y032 和 Y033 锆石为典型的岩浆锆石，其 $^{206}Pb/^{238}U$ 加权平均年龄分别为 233.4±1.5Ma、231.1±2.2Ma，$^{207}Pb/^{235}U$-$^{206}Pb/^{238}U$ 谐和年龄分别为 232.2±0.77Ma、228.8±0.69Ma；样品 3275 锆石主要为典型的岩浆锆石，少量可能为其他成因锆石，$^{206}Pb/^{238}U$ 加权平均年龄为 234.7±0.28Ma，$^{207}Pb/^{235}U$-$^{206}Pb/^{238}U$ 谐和年龄为 234.0±2.9Ma；样品 Y027 锆石主要为碎屑锆石，少量为岩浆锆石，存在 231Ma、299Ma、384Ma、599Ma、1133Ma、1415Ma、2670Ma 等多个年龄峰值，231Ma 与矿区花岗闪长岩、辉绿岩成岩时代和成矿时代一致，代表斑岩成岩年龄，299Ma 和 384Ma 分别为羊拉矿区层状玄武岩和块状玄武岩成岩年龄。因此，羊拉矿区石英斑岩的成岩年龄为 228～234Ma，与花岗闪长岩的成岩年龄一致。

主量元素地球化学分析表明，羊拉矿区斑岩 SiO_2 与其他氧化物不存在线性相关关系，表明成岩过程中结晶分异作用不明显；样品主要位于流纹岩区，跨越钙碱性系列和碱性系列，属准铝质岩石系列；花岗闪长岩具有明显的结晶分异作用，属过铝质-高钾钙碱性岩石系列。羊拉铜矿斑岩 TME 含量较低，LILE 含量变化范围较宽，HFSE 含量相对稳定，成矿元素（Cu、Pb 和 Zn）含量相对较低；与原始地幔相比，明显富集 LILE、LREE 和 HFSE，具 Ba、Nb、P 和 Ti 负异常。羊拉矿区斑岩 ΣREE 在 67.68×10^{-6}～130.78×10^{-6} 之间，其中 LREE 含量变化较大，为 44.26×10^{-6}～101.34×10^{-6}，HREE 相对稳定，为 8.40×10^{-6}～11.19×10^{-6}，LREE/HREE 在 5.26～9.26 之间，明显 Eu 负异常，δEu 为 0.36～0.70，Ce 异常不明显，δCe 为 0.98～1.01。球粒陨石标准化 REE 配分模式与细晶花岗岩相似，为 LREE 富集型，LREE 分馏相对明显、HREE 分馏相对较弱。

羊拉矿区石英斑岩与花岗闪长岩为相同成因类型，均具有 I 型花岗岩演化趋势，与 S 型花岗岩演化趋势明显不同，且位于正常弧岩浆岩区域，而非埃达克岩。石英斑岩形成于碰撞晚期—碰撞后的伸展背景，与花岗闪长岩具有相同（或相似）的岩浆源区，主要为下地壳和少量地幔；石英斑岩成岩过程主要为部分熔融作用，花岗闪长岩成岩过程同时存在部分熔融作用和结晶分异作用。羊拉矿区石英斑岩为形成花岗闪长岩的残余岩浆在浅成快速成岩的产物。

(5) 除亏损重硫的黄铁矿外，羊拉矿床的不同矿段和不同矿物硫同位素组成均具有明显的塔式效应。矿床 $\delta^{34}S$ 集中分布在 $-2‰\sim2‰$ 之间，在 0 值附近存在峰值，表明矿床成矿流体中的硫来源相对单一。$\delta^{34}S_{\Sigma S}$ 集中在 $-2‰\sim2‰$ 之间，具幔源硫特征，表明成矿流体中的硫来自地幔或深部地壳，主要由形成花岗闪长岩、石英斑岩以及形成辉绿岩的深部岩浆提供。羊拉铜矿床与普朗铜矿床、雪鸡坪铜矿床、朗都铜矿床、春都铜矿床、鲁春铜矿床和北衙金矿床具有相近的硫同位素组成。

羊拉铜矿床成矿体系硫化物——H_2S 总体未达到平衡，但主成矿期的硫化物——H_2S 体系基本达到平衡状态，由此计算的成矿温度在 $259\sim530℃$ 之间，平均 $394.6℃$，与脉石矿物流体包裹体显微测温结果（集中在 $135\sim443℃$ 之间）相近，表明羊拉铜矿床主成矿阶段成矿温度主要为高温，成矿晚期则为中温。

羊拉铜矿床"低 $\delta^{34}S$ 黄铁矿"多呈浅黄色-浅白色，晶形较好、粒径较大，应为构造热液改造成矿期的产物；$\delta^{34}S$ 明显低于其他硫化物，且变化范围很宽，在 $-40.40‰\sim-7.20‰$ 之间，无塔式效应；其形成可能与构造热液改造成矿期的外来富 ^{32}S 流体有关，而外来富 ^{32}S 流体可能与低温条件下生物还原硫酸盐有关。

(6) 根据矿物共生组合、方解石脉产状及相互穿插关系，羊拉铜矿床脉石矿物方解石可分为早期和晚期两类。成矿早期方解石碳、氧同位素组成相对稳定，$\delta^{13}C_{PDB}$ 和 $\delta^{18}O_{SMOW}$ 分别为 $-7.0‰\sim-5.0‰$ 和 $7.2‰\sim12.7‰$，均值分别为 $-6.0‰$ 和 $10.2‰$，主要位于火成碳酸岩区域附近。成矿晚期方解石碳同位素组成也相对稳定，$\delta^{13}C_{PDB}$ 在 $-4.5‰\sim-2.3‰$ 之间，均值 $-3.4‰$，$\delta^{18}O_{SMOW}$ 为 $10.7‰\sim19.4‰$，均值 $15.8‰$，主要位于火成碳酸岩与海相碳酸盐岩之间。成矿早期→成矿晚期，方解石的 $\delta^{13}C_{PDB}$ 和 $\delta^{18}O_{SMOW}$ 总体有递增趋势。总体而言，成矿流体碳、氧同位素组成相近，与岩浆水 $\delta^{13}C_{PDB}$（$-9‰\sim-3‰$）、$\delta^{18}O_{SMOW}$（$5.5‰\sim8.5‰$）基本一致，因而羊拉矿区成矿流体具有幔源或岩浆来源特征。

对碳、氧同位素数值模拟结果表明，岩浆水-岩石的水岩相互作用是羊拉铜矿床成矿期方解石碳、氧同位素组成的主要控制因素，成矿流体 CO_2 去气作用和流体混合作用对方解石沉淀有一定影响，但不是主要控制因素。成矿流体演化为：随压力下降和温度降低，与岩浆活动有关的成矿流体发生以 CO_2 为主的去气作用和水-岩相互作用，在 $250\sim350℃$ 沉淀出早期方解石；随压力和温度持续下降，以 CO_2 为主的去气作用和水-岩相互作用继续进行，伴有少量有机质流体加入，在 $150\sim350℃$ 之间，沉淀出晚期方解石。

(7) 羊拉铜矿床的氢、氧同位素组成变化范围较宽，$\delta^{18}O_{SMOW}$ 为 $10.6‰\sim13.7‰$、均值 $11.9‰$，δD_{SMOW} 为 $-137‰\sim-76.2‰$，均值 $-115‰$，$\delta^{18}O_{H_2O}$ 为 $-3.56‰\sim4.68‰$，均值 $0.48‰$；与典型岩浆水和（或）变质水有一定差异，样品投影于岩浆水和（或）变质水区域左下方，指示早期成矿流体中的水主要为岩浆水（或）变质水，在演化过程中有大气降水的混合。羊拉矿床 $^3He/^4He$ 和 $^{40}Ar/^{36}Ar$ 也显示成矿流体为壳-幔混合流体。

(8) 羊拉矿床铅同位素地球化学表明，铅主要为地幔、下地壳和上地壳来源的混合铅，成矿物质具有"多源性"，主要来源于花岗闪长岩，矿区玄武岩、石英斑岩以及砂板岩、大理岩地层等均可能提供部分成矿物质。与区域内普朗铜矿床、雪鸡坪铜矿床和北衙金矿床铅同位素组成相比，羊拉铜矿床成矿物质来源的最大差别是矿区地层提供了部分成矿物质。

（9）流体包裹体研究显示，羊拉铜矿床夕卡岩期流体以高温（石榴子石：372～499℃，辉石：366～493℃）、高盐度（石榴子石：12.9%～58.4% NaCl，辉石：19.2%～41.5% NaCl）为特征，并发生过沸腾作用。早期硫化物阶段为中高温（石英-Ⅰ：301～415℃）、中低盐度（石英-Ⅰ：2.6%～11.7% NaCl）流体，也发生了流体不混溶作用。晚期硫化物阶段（石英-Ⅱ和方解石）流体包裹体均一温度和盐度分别为142～294℃和1.4%～8.1% NaCl，指示成矿流体为低温-低盐度流体。

（10）羊拉铜矿床的形成至少经历了三期成矿作用，总结其成矿模式为"热水沉积-岩浆热液成矿-构造热液改造"：海西期热水沉积作用提供部分成矿物质（如矿石中出现的鲕粒黄铁矿，同位素地球化学也证实成矿物质部分来自地层），但未形成规模铜矿体；晚印支期岩浆热液成矿作用为最主要成矿期，形成羊拉铜矿的接触交代型主矿体，其残余岩浆浅成就位形成石英斑岩及斑岩型矿体；晚燕山期—喜马拉雅期构造热液改造成矿作用使得不同矿体进一步富集或贫化，并错断矿体形成不同的矿段。值得说明的是，羊拉铜矿床的主体是夕卡岩型矿体，岩浆热液成矿作用是最重要的成矿作用。

（11）聚类分析表明，路农矿段构造岩样品微量元素可分为岩石微量元素组合、中高温成矿元素组合和中低温成矿元素组合等三组；而里农-路农接合部构造岩样品微量元素可分为岩石微量元素组合、成矿元素组合和Ni、Sr元素组合（地质意义不明），成矿元素组合又可细分为中高温成矿元素组合（Cu、Bi、In、Sn、Ag）和中低温成矿元素组合（As、Mo、Zn、Cd、Sb、Pb）。因子分析表明，路农矿段3590m中段构造岩可得出5组因子：围岩微量元素组合因子、高温成矿元素组合因子、中-低温成矿元素组合因子、与基性岩有关的高温成矿元素组合因子和花岗闪长岩微量元素组合因子；里农-路农接合部地球化学样品可得出岩石微量元素组合因子、中高温成矿元素组合因子、中低温成矿元素组合因子、低温成矿元素组合因子和-Sr、-Ni、Co组合因子。各中段和剖面主因子元素组合中均有成矿元素分布，反映羊拉铜矿床经历了多期成矿作用。

（12）地球化学异常分析表明：①由于各地层岩性在微量元素含量方面存在明显差异，围岩微量元素因子异常可较好地区分地层界线，尤其对里农组二段（$D_{2+3}l^2$）大理岩最为明显；②在平面和剖面上，中高温成矿元素组合异常均能较好地反映矿体的形态，且异常形态与断裂构造产状一致，反映矿体产出明显受构造的控制；③中低温地球化学异常、低温地球化学异常的范围明显不同于高温地球化学异常，且异常分布面积更大，三者的对比分析，在平面上可以判断矿体的产状，在剖面上可以判断流体的运移方向；④地球化学异常分析，可以提供重要的找矿靶区，3590m中段Ⅰ、Ⅱ异常区的深部、3450m中段Ⅳ异常区南部地段、49#勘探线ⅩⅣ异常区深部的NE侧、51#勘探线Ⅴ异常区NE侧的深部均为重要的找矿方向。

（13）根据对矿区内坑道和地表200多条断裂构造的观察和素描及力学性质分析，结合区域构造演化，初步判断羊拉铜矿床经历了四期构造活动：海西期、印支期、燕山期和喜马拉雅期。将矿区构造划分为三种构造体系：近NS向构造带、NE向构造带和NW向构造带。这反映矿区构造经历了四期构造运动：近NS向构造带→NE向构造带→NW向构造带→NE向构造带，分别对应晚海西期、印支期、燕山期和喜马拉雅期。

（14）总结了矿区的控矿因素和找矿标志，认为印支期"岩浆接触构造+层间断裂"

和燕山期—喜马拉雅期"'入'字形构造+阶梯状构造"为羊拉矿区存在的两套构造控矿模式。课题组在羊拉矿区共探获铜（331+332+333）资源储量矿石量886.29万t，金属量101572t，平均品位1.15%；探获333类伴生矿产Au金属量2.594t，平均品位0.39g/t；Ag金属量119.17t，平均品位13.45g/t；S组分量41.43万t，平均品位6.23%。另提出了三个找矿方向和三个具体的找矿靶区。

参 考 文 献

毕献武, 胡瑞忠, 彭建堂, 等, 2004. 黄铁矿微量元素地球化学特征及其对成矿流体性质的指示. 矿物岩石地球化学通报, 23 (1): 1-4.

曹殿华, 王安建, 李文昌, 等, 2009. 普朗斑岩铜矿岩浆混合作用: 岩石学及元素地球化学证据. 地质学报, 83 (2): 166-175.

曹青, 2005. 新疆三塘湖盆地流体包裹体研究. 西安: 西北大学.

陈华勇, 肖兵, 2014. 俯冲边界成矿作用研究进展及若干问题. 地学前缘, 21 (5): 13-22.

陈开旭, 魏君奇, 鄢道平, 等, 1999. 滇西德钦羊拉地区斑岩及其成矿作用初步研究. 华南地质与矿产, 15 (2): 1-8.

陈仁义, 刘玉琳, 芮宗瑶, 1995. 新疆索尔库都克类夕卡岩铜(钼)矿床地质特征及矿床成因. 地质论评, 41 (2): 165-173.

陈毓川, 1994. 矿床的成矿系列. 地学前缘, 1 (3): 90-94.

陈毓川, 王登红, 陈郑辉, 等, 2010a. 重要矿产和区域成矿规律研究技术要求. 北京: 地质出版社.

陈毓川, 王登红, 李厚民, 等, 2010b. 重要矿产预测类型划分方案. 北京: 地质出版社.

陈毓川, 王登红, 朱裕生, 2007. 中国成矿体系与区域成矿评价(下册). 北京: 地质出版社.

程裕淇, 陈毓川, 赵一鸣, 1979. 初论矿床的成矿系列问题. 中国地质科学院院报, 1 (1): 32-58.

池际尚, 1988. 中国东部新生代玄武岩及上地幔研究. 武汉: 中国地质大学出版社.

从柏林, 张儒瑗, 1987. 攀西地区的大地构造演化——中元古和晚元古代的造山作用. 科学通报, 32 (10): 763-767.

戴宝章, 赵葵东, 蒋少涌, 2004. 现代海底热液活动与块状硫化物矿床成因研究进展. 矿物岩石地球化学通报, 23 (3): 246-254.

董涛, 2009. 德钦县羊拉铜矿床地球化学特征及成因研究. 昆明: 昆明理工大学.

董涛, 李文昌, 曾普胜, 等, 2009. 羊拉铜矿床同生沉积叠加岩浆作用的地质特征. 甘肃冶金, 31 (6): 52-55.

杜安道, 屈文俊, 李超, 等, 2009. 铼-锇同位素定年方法及分析测试技术的进展. 岩矿测试, 28 (3): 288-304.

杜丽娟, 2017. 滇西北羊拉铜矿床热液体系演化与成矿机制研究. 贵阳: 中国科学院地球化学研究所.

范宏瑞, 谢奕汉, 王英兰, 1997. 流体包裹体与金矿床的成矿及勘探评价. 贵金属地质, 6 (3): 204-213.

干国梁, 1993. 矿物–熔体间元素分配系数资料及主要变化规律. 岩石矿物学杂志, 12 (2): 144-181.

甘金木, 战明国, 余凤鸣, 等, 1998. 滇西德钦羊拉铜矿区构造变形特征及其控矿作用分析. 华南地质与矿产, 14 (4): 59-65.

高睿, 肖龙, 何琦, 等, 2010. 滇西维西-德钦一带花岗岩年代学、地球化学和岩石成因. 地球科学(中国地质大学学报), 35 (2): 186-200.

高山, Qiu Y M, 凌文黎, 等, 2002. 大别山英山和熊店榴辉岩单颗粒锆石SHRIMP U-Pb年代学研究. 地球科学, 27 (5): 558-564.

高文亮, 詹国年, 2006. 赣北张十八铅锌矿流体包裹体研究. 东华理工学院学报, S1: 132-138.

高章鉴, 罗才让, 井继锋, 2001. 青海省肯德可克金矿热水沉积层矽卡岩特征及成矿意义. 西北地质, 34 (2): 50-53.

格西, 苏文超, 朱路艳, 等, 2011. 红外显微镜红外光强度对测定不透明矿物中流体包裹体盐度的影响: 以辉锑矿为例. 矿物学报, 31 (3): 366-371.

耿元生, 杨崇辉, 王新社, 等, 2008. 扬子地台西缘变质基底演化. 北京: 地质出版社.

桂林冶金地质研究所情报室, 1974. 矽卡岩金属矿床八十例. 北京: 冶金工业出版社.

郭文魁, 1957. 论安徽铜官山铜矿成因. 地质学报, 3: 317-322, 332, 365-366.

郭文魁, 付同泰, 1958. 我国铜矿工业类型及分布规律. 地质月刊, 12: 13-18.

郭文魁, 常印佛, 黄崇轲, 1978. 我国主要类型铜矿成矿和分布的某些问题. 地质学报, 3: 169-181.

韩润生, 刘丛强, 马德云, 等, 2001a. 陕西铜厂地区断裂构造地球化学及定位成矿预测. 地质地球化学, 39 (3): 158-163.

韩润生, 陈进, 李元, 等, 2001b. 云南会泽麒麟厂铅锌矿床构造地球化学及定位预测. 矿物学报, 21 (4): 667-673.

韩润生, 邹海俊, 刘鸿, 2006. 滇东北铅锌银矿床成矿规律及构造地球化学找矿. 云南地质, 25 (4): 382-384.

郝太平, 1993. 金沙江中段元古宙变质岩的 Sm-Nd 同位素年龄报道. 地质论评, 39 (1): 52-56.

何龙清, 战明国, 路远发, 1998. 滇西羊拉铜矿区层序地层划分及赋矿层位研究. 华南地质与矿产, (3): 37-41.

何知礼, 1982. 包体矿物学. 北京: 地质出版社.

侯增谦, 1987. 岩浆不混溶的物理化学条件——以河北阳原杂岩体为例. 岩石矿物学杂志, 6 (3): 212-220.

侯增谦, 1988. 微量元素在河北阳原球状黑云辉石正长岩的球体和基体间分配的意义. 岩石学报, (1): 84-93.

侯增谦, 1990. 河北阳原-矾山环状杂岩体的岩浆不混溶成因及矾山式铁磷矿床成因探讨. 矿床地质, 9 (2): 119-128.

侯增谦, 2004. 斑岩 Cu-Mo-Au 矿床: 新认识与新进展. 地学前缘, 11 (1): 131-144.

侯增谦, 2010. 大陆碰撞成矿论. 地质学报, 84 (1): 30-58.

侯增谦, 潘小菲, 杨志明, 等, 2007. 初论大陆环境斑岩铜矿. 现代地质, 21 (2): 332-351.

侯增谦, 郑远川, 杨志明, 等, 2012. 大陆碰撞成矿作用: I. 冈底斯新生代斑岩成矿系统. 矿床地质, 31 (4): 647-670.

胡彬, 2004. 云南昭通毛坪铅锌矿床地质地球化学特征及隐伏矿预测. 昆明: 昆明理工大学.

胡光龙, 2008. 云南德钦羊拉铜矿的矿床地质及成矿预测. 昆明: 昆明理工大学.

胡光龙, 姜华, 蒋靖, 等, 2008. 云南德钦羊拉铜矿区矿床控矿因素及找矿远景. 金属矿山, 390 (12): 87-89.

胡文宣, 张文兰, 胡受奚, 等, 2000. 闪锌矿交代黄铜矿形成的"黄铜矿病毒"结构. 矿物学报, 20 (4): 331-336.

黄崇轲, 白冶, 朱裕生, 等, 2001. 中国铜矿床 (上册). 北京: 地质出版社.

黄德志, 戴塔根, 孔华, 等, 2002. 安徽张八岭构造带小庙山金矿容矿断裂构造地球化学研究. 大地构造与成矿学, (1): 69-74.

黄典豪, 1999. 热液脉型铅-锌-银矿床富铁闪锌矿中硫化物包裹体成因探讨. 矿床地质, 18 (3): 244-253.

黄瑞华, 1996. 大地构造地球化学. 北京: 地质出版社.

黄智龙, 1992. 煌斑岩与金矿化伴生关系的另一种认识. 矿物岩石地球化学通讯, (3): 143-144.
黄智龙, 李文博, 张振亮, 等. 2004. 云南会泽超大型铅锌矿床成因研究中的几个问题. 矿物学报, 24 (2): 105-111.
霍艳, 2005. 西藏马攸木金矿床成矿流体地球化学. 成都: 成都理工大学.
简平, 刘敦一, 孙晓猛, 2003. 滇西北白马雪山和鲁甸花岗岩基 SHRIMP U-Pb 年龄及其地质意义. 地球学报, 24 (4): 337-342.
蒋少涌, 丁悌平, 万德芳, 等, 1991. 八家子铅锌矿床氢、氧、碳和硅稳定同位素研究. 矿床地质, 10 (2): 143-151.
蒋少涌, 丁清峰, 杨水源, 等, 2011. 长江中下游成矿带铜多金属矿床中灰泥丘的发现及其意义——以武山和冬瓜山铜矿为例. 地质学报, 85 (5): 744-756.
蒋映德, 邱华宁, 肖慧娟, 2006. 闪锌矿流体包裹体 ^{40}Ar-^{39}Ar 法定年探讨——以广东凡口铅锌矿为例. 岩石学报, 22 (10): 2425-2430.
冷成彪, 2009. 滇西北雪鸡坪斑岩铜矿地质背景及矿床地球化学特征研究. 贵阳: 中国科学院研究生院.
冷成彪, 张兴春, 陈衍景, 等, 2007a. 中国斑岩铜矿与埃达克（质）岩关系探讨. 地学前缘, 14 (5): 199-210.
冷成彪, 张兴春, 王守旭, 等, 2007b. 云南中甸地区两个斑岩铜矿容矿斑岩的地球化学特征——以雪鸡坪和普朗斑岩铜矿床为例. 矿物学报, 27 (3-4): 414-422.
黎彤, 1976. 化学元素的地球丰度. 地球化学, (3): 167-174.
黎彤, 倪守斌, 1997. 中国大陆岩石圈的化学元素丰度. 地质与勘探, 33 (1): 31-37.
李波, 2008. 云南巧家松梁铅锌矿床地质特征及构造地球化学异常模式. 昆明: 昆明理工大学.
李定谋, 王立全, 须同瑞, 等, 2002. 金沙江构造带铜金矿成矿与找矿. 北京: 地质出版社.
李福东, 1993. 鄂拉山地区热水成矿模式（以 Cu 为主多金属）. 西安: 西安交通大学出版社.
李光军, 1997. 德钦羊拉铜矿床成矿作用及矿区地球化学异常特征. 云南地质, 16 (1): 91-104.
李龙, 郑永飞, 周建波, 2001. 中国大陆地壳铅同位素演化的动力学模型. 岩石学报, 17 (1): 61-68.
李青, 2009. 普朗斑岩铜矿床斑岩特征及其成矿意义. 北京: 中国地质大学.
李绍强, 潘成泽, 2001. 东昆仑-阿尔金构造地球化学特征. 新疆地质, 19 (3): 189-193.
李石磊, 苏昌学, 燕永锋, 等, 2008. 羊拉铜矿矿床地质特征与成矿规律的研究. 矿业快报, 470 (12): 27-30.
李曙光, 1994. ε_{Nd}-La/Nb、Ba/Nb、Nb/Th 图对地幔不均一性研究的意义——岛弧火山岩分类及 EMII 端元的分解. 地球化学, 23 (2): 105-109, 111-114.
李文昌, 潘桂棠, 侯增谦, 等, 2010. 西南"三江"多岛弧盆-碰撞造山成矿理论与勘查技术. 北京: 地质出版社.
李文昌, 刘学龙, 曾普胜, 等, 2011. 云南普朗斑岩型铜矿成矿岩体的基本特征. 中国地质, 38 (2): 403-414.
李文渊, 2007a. 块状硫化物矿床的类型、分布和形成环境. 地球科学与环境学报, 29 (4): 331-344.
李文渊, 2007b. 岩浆 Cu-Ni-PGE 矿床研究现状及发展趋势. 西北地质, 40 (2): 1-28.
李文渊, 张照伟, 陈博, 2015. 小岩体成大矿的理论与找矿实践意义——以西北地区岩浆铜镍硫化物矿床为例. 中国工程科学, 17 (2): 29-34.
李兴振, 刘文均, 王义昭, 等, 1999. 西南三江地区特提斯构造演化与成矿（总论）. 北京: 地质出版社.
李仰春, 赵寒冬, 韩伟民, 等, 2001. 黑龙江盘古-碧水韧性剪切带中段构造地球化学特征. 地质科学, 39 (2): 144-151.
林仕良, 王立全, 2004. 云南德钦羊拉铜矿床构造特征. 沉积与特提斯地质, 24 (3): 48-51.

林仕良,雍永源,1999.藏东喜马拉雅期 A 型花岗岩岩石化学特征.四川地质学报,19(3):210-214.
林新多,1987.矽卡岩的一种成因——岩浆成因.地质科技情报,6(2):92-94.
林新多,许国建,1989.岩浆成因矽卡岩的某些特征及形成机制初探.现代地质,3(3):351-358.
刘斌,2008.地壳构造流体.北京:科学出版社.
刘斌,沈昆,等,1999.流体包裹体热力学.北京:地质出版社.
刘秉光,陆德复,蔡新平,1999.滇川西部金矿床研究.北京:海洋出版社.
刘昌实,朱金初.1989.滇西临沧岩基源区物质定量模拟.岩石矿物学杂志,8(1):1-12.
刘红涛,张旗,刘建明,等,2004.埃达克岩与 Cu-Au 成矿作用:有待深入研究的岩浆成矿关系.岩石学报,20(2):205-218.
刘劲鸿,1993.福建马坑铁矿辉石的成因矿物学研究.福建地质,12(4):248-257.
刘荣访,2001.河北省灵寿县石湖金矿的构造地球化学特征.北京地质,13(4):13-19.
刘学龙,张娜,尹光侯,等,2009.云南德钦羊拉贝吾-尼吕铜矿.云南地质,28(1):34-39.
刘学龙,李文昌,尹光侯,等,2012.云南省格咱岛弧印支期岩浆演化及普朗斑岩型铜矿成矿作用.地质学报,86(12):1933-1945.
刘耀辉,吴烈善,莫江平,等,2006.锡铁山铅锌矿床流体包裹体特征及成矿环境研究.地质与勘探,42(6):47-51.
刘英俊.1984.元素地球化学.北京:科学出版社.
刘玉平,李朝阳,刘家军,2000.都龙矿床含矿层状夕卡岩成因的地质地球化学证据.矿物学报,20(4):378-384.
刘月东,龙斐,2009.云南德钦羊拉铜矿里农铜矿床地质特征.采矿技术,9(1):15-18,40.
刘增铁,丁俊,秦建华,等,2010.中国西南地区铜矿资源现状及对地质勘查工作的几点建议.地质通报,29(9):1371-1382.
卢登蓉,姬金生,吕仁生,等,1996.雅满苏铁矿稀土元素地球化学特征.西安工程学院学报,18(1):12-16.
卢焕章,1997.成矿流体.北京:北京科学技术出版社.
卢焕章,李秉伦,沈昆,等.1990.包裹体地球化学.北京:地质出版社.
卢焕章,池国祥,王中刚,等,1995.典型金属矿床的成因及其构造环境.北京:地质出版社.
卢焕章,范宏瑞,倪培,等.2004.流体包裹体.北京:科学出版社.
路远发,战明国,陈开旭,等,1998.羊拉地区含矿夕卡岩流体包裹体特征及其成因意义.矿床地质,17(4):331-341.
路远发,陈开旭,战明国,1999.羊拉地区含矿矽卡岩成因的地球化学证据.地球科学(中国地质大学学报),24(3):298-304.
路远发,战明国,陈开旭,2000.金沙江构造带嘎金雪山岩群玄武岩铀-铅同位素年龄.中国区域地质,19(2):155-158.
路远发,陈开旭,何龙清,等,2002.德钦县羊拉铜矿区碳-氧同位素组成特征及其地质意义.地质论评,48(增刊):225-229.
路远发,陈开旭,黄惠兰,2004.云南羊拉地区不同类型铜矿床流体包裹体研究.地质科技情报,23(2):13-20.
吕伯西,王增,张能德,等,1993.三江地区花岗岩类及其成矿专属性.北京:地质出版社.
罗晓玲,2000.国内外铜矿资源分析.世界有色金属,(4):4-10.
罗孝桓,1993.烂泥沟金矿区 F_3 控矿断裂特征及构造成矿作用机理探讨.贵州地质,10(1):26-34.
马德云,韩润生,2001.北衙金矿床构造地球化学特征及靶区优选.地质与勘探,37(2):64-68.

马茁卉，2017. 中国铜资源形势分析与政策调整研究. 中国矿业，26（1）：15-18.

马茁卉，余良晖，2010. 我国铜资源形势、供矿能力分析及相关对策建议. 中国国土资源经济，23（7）：27-28，48，55.

毛景文，李厚民，王义天，等，2005. 地幔流体参与胶东金矿成矿作用的氢氧碳硫同位素证据. 地质学报，79（6）：839-857.

毛景文，胡瑞忠，陈毓川，等，2006. 大规模成矿作用与大型矿集区. 北京：地质出版社.

毛景文，张作衡，王义天，等，2012. 国外主要矿床类型、特点及找矿勘查. 北京：地质出版社.

孟宪民，1953. 中国铜矿的分布情况及其勘探方向. 地质学报，32（1）：52-60.

孟宪民，1995. 矽卡岩的找矿意义. 地质学报，35（1）：50-80.

莫宣学，1988. 国外火成岩石学的新进展. 地质科技情报，7（2）：43-48.

莫宣学，潘桂棠. 2006. 从特提斯到青藏高原形成：构造-岩浆事件的约束. 地学前缘，13（6）：43-51.

莫宣学，路凤香，沈上越，等，1993. 三江特提斯火山作用与成矿. 北京：地质出版社.

牟传龙，余谦，2002. 云南兰坪盆地攀天阁组火山岩的 Rb-Sr 年龄. 地层学杂志，26（1）：289-292.

倪培，田京辉，朱筱婷，等，2005. 江西永平铜矿下盘网脉状矿化的流体包裹体研究. 岩石学报，21（5）：1339-1346.

聂凤军，刘勇，刘妍，等，2011. 金和铜矿床分类研究的过去、现状和未来. 地质与资源，20（2）：81-88.

潘桂棠，李兴振，王立全，等，2002. 青藏高原及邻区大地构造单元初步划分. 地质通报，21（11）：701-707.

潘桂棠，徐强，侯增谦，等，2003. 西南"三江"多岛弧造山过程成矿系统与资源评价. 北京：地质出版社.

潘家永，张乾，邵树勋，等. 1999. 万山汞矿卤素元素地球化学特征及其地质意义. 矿物学报，19（1）：90-97.

潘家永，张乾，马东升，等，2000a. 滇西羊拉铜矿床稳定同位素地球化学研究. 矿物学报，20（4）：385-389.

潘家永，张乾，李朝阳，2000b. 滇西羊拉铜矿床稀土元素地球化学研究. 矿物学报，20（1）：44-49.

潘家永，张乾，马东升，等，2001. 滇西学拉铜矿区硅质岩特征及与成矿的关系. 中国科学（D），31（1）：10-16.

庞振山，杜杨松，王功文，等，2009. 云南普朗复式岩体锆石 U-Pb 年龄和地球化学特征及其地质意义. 岩石学报，25（1）：159-165.

彭惠娟，汪雄武，侯林，等，2012. 西藏甲玛铜多金属矿床岩浆-热液过渡阶段的矿物学证据. 成都理工大学学报（自然科学版），39（1）：40-48.

彭建堂，胡瑞忠，2001. 湘中锡矿山超大型锑矿床的碳、氧同位素体系. 地质论评，47（1）：34-41.

祁进平，陈衍景，倪培，等，2007. 河南冷水北沟铅锌银矿床流体包裹体研究及矿床成因. 岩石学报，23（9）：2119-2130.

钱建平，2006. 构造地球化学方法找矿的基本问题. 云南地质，25（4）：384-386.

秦克章，夏代祥，李光明，等，2014. 西藏驱龙斑岩-夕卡岩铜钼矿床. 北京：科学出版社.

邱家骧. 1991. 应用岩浆岩岩石学. 北京：中国地质大学出版社.

邱瑞龙，1987. 贵池铜山铜矿矽卡岩稀土元素地球化学特征. 地质学报，61（1）：91-100.

邱瑞龙，杨义忠，1994. 铜官山地区矽卡岩铜金矿床稀土元素特征及其成因意义. 地球化学，23（4）：357-365.

曲晓明，杨岳清，李佑国，2004. 从赋矿岩系岩石类型的多样性论羊拉铜矿的成因. 矿床地质，23（4）：

431-442.

饶冰, 1992. 花岗岩-LiF-NaF-H_2O 体系液相不混溶的实验研究（摘要）. 地质地球化学,（6）: 88-95.

任江波, 许继峰, 陈建林, 等, 2011. "三江"地区中甸弧普朗成矿斑岩地球化学特征及其成因. 岩石矿物学杂志, 30（4）: 581-592.

任涛, 2009. 中甸地区浪都矽卡岩型铜矿床地球化学研究. 贵阳: 中国科学院地球化学研究所.

任涛, 2011. 中甸地区浪都矽卡岩型铜矿床地球化学研究. 贵阳: 中国科学院地球化学研究所.

芮宗瑶, 王龙生, 1994. 中国铜矿床分类新方案. 有色金属矿产与勘查, 3（2）: 96-97.

芮宗瑶, 黄崇轲, 齐国明, 等, 1984. 中国斑岩铜（钼）矿床. 北京: 地质出版社.

芮宗瑶, 李荫清, 王龙生, 等, 2003. 从流体包裹体研究探讨金属矿床成矿条件. 矿床地质, 22（1）: 13-23.

芮宗瑶, 张立生, 陈振宇, 等, 2004. 斑岩铜矿的源岩或源区探讨. 岩石学报, 20（2）: 229-238.

沈发奎, 1986. 攀西裂谷岩浆系列. 矿物岩石, 6（3）: 39-50.

沈上越, 冯庆来, 刘本培, 等, 2002. 昌宁-孟连带洋脊、洋岛型火山岩研究. 地质科技情报, 21（3）: 13-17.

沈渭洲, 1997. 同位素地质学教程. 北京: 原子能出版社.

石林, 解广轰, 夏斌, 1998. 地幔端元组分的微量元素地球化学研究综述. 地质地球化学, 26（2）: 77-82.

石准立, 金振民, 熊鹏飞, 等, 1981. 湖北铁山"大冶式"铁矿床矿浆成矿问题的初探. 地球科学（中国地质大学学报）,（2）: 145-154.

宋叔和, 韩发, 1990. 中国主要金属矿床类型的时空分布. 中国地质科学院院校,（1）: 89-91.

苏文超, 朱路艳, 格西, 等, 2015. 贵州晴隆大厂锑矿床辉锑矿中流体包裹体的红外显微测温学研究. 岩石学报, 31（4）: 918-924.

孙海田, 韩发, 葛朝华, 1992. 我国铜矿床主要类型及找矿方向初探. 中国地质科学院院报,（25）: 25-41.

孙莉, 2006. 胶东谢家沟金矿床流体包裹体研究. 北京: 中国地质大学.

孙书勤, 汪云亮, 张成江, 2003. 玄武岩类岩石大地构造环境的 Th、Nb、Zr 判别. 地质论评, 49（1）: 40-47.

孙岩, 徐士进, 刘德良, 等, 1998. 断裂构造地球化学导论. 北京: 科学出版社.

孙志明, 李兴振, 沈敢富, 等, 2001. 云南雪龙山韧性剪切带研究新进展. 沉积与特提斯地质, 21: 48-56.

唐红峰, 赵志琦, 黄荣生, 等. 2008. 新疆东准噶尔 A 型花岗岩的锆石 Hf 同位素初步研究. 矿物学报, 28（4）: 335-342.

唐菊兴, 多吉, 刘鸿飞, 等, 2012. 冈底斯成矿带东段矿床成矿系列及找矿突破的关键问题研究. 地球学报, 33（4）: 393-410.

唐菊兴, 王立强, 郑文宝, 等, 2014. 冈底斯成矿带东段矿床成矿规律及找矿预测. 地质学报, 88（12）: 2545-2555.

唐菊兴, 宋扬, 王勤, 等, 2016. 西藏铁格隆南铜（金银）矿床地质特征及勘查模型——西藏首例千万吨级斑岩-浅成低温热液型矿床. 地球学报, 37（6）: 663-690.

汪云亮, 张成江, 修淑芝, 2001. 玄武岩类形成的大地构造环境的 Th/Hf-Ta/Hf 图解判别. 岩石学报, 17（3）: 413-421.

王登红, 陈毓川, 徐珏, 等. 2005. 中国新生代成矿作用. 北京: 地质出版社.

王登红, 应汉龙, 梁华英, 等, 2006. 西南三江地区新生代大陆动力学过程与大规模成矿. 北京: 地质出版社.

王登红, 陈郑辉, 陈毓川, 等, 2010. 我国重要矿产地成岩成矿年代学研究新数据. 地质学报, 84 (7): 1030-1040.

王登红, 徐志刚, 盛继福, 等, 2014a. 全国重要矿产和区域成矿规律研究进展综述. 地质学报, 88 (12): 2176-2191.

王登红, 李华芹, 屈文俊, 等, 2014b. 全国成岩成矿年代谱系. 北京: 地质出版社.

王立全, 潘桂棠, 李定谋, 等, 1999. 金沙江弧-盆系时空结构及地史演化. 地质学报, 73 (3): 206-218.

王立全, 侯增谦, 莫宣学, 等. 2002a. 金沙江造山带碰撞后地壳伸展背景——火山成因块状硫化物矿床的重要成矿环境. 地质学报, 76 (4): 541-556.

王立全, 李定谋, 管士平, 等. 2002b. 云南德钦鲁春-红坡牛场上叠裂谷盆地"双峰式"火山岩的Rb-Sr年龄值. 特提斯地质, 22 (1): 65-71.

王联魁, 朱为方, 张绍立, 1983. 液态分离——南岭花岗岩分异方式之一. 地质论评, 29 (4): 365-373.

王联魁, 卢家烂, 张绍立, 等, 1987. 南岭花岗岩液态分离实验研究. 中国科学 (B辑), (01): 79-87.

王勤, 唐菊兴, 谢富伟, 等, 2017. 青藏高原铜矿资源研究进展. 科技导报, 35 (12): 89-95.

王全伟, 王康明, 阚泽忠, 等, 2008. 川西地区花岗岩及其成矿系列. 北京: 地质出版社.

王守旭, 2008. 云南中甸普朗斑岩铜矿矿床地球化学. 贵阳: 中国科学院地球化学研究所.

王守旭, 张兴春, 冷成彪, 等, 2007. 滇西北中甸普朗斑岩铜矿床地球化学与成矿机理初探. 矿床地质, 26 (3): 277-288.

王涛, 肖渊甫, 邓江红, 等. 2012. 香格里拉洛吉晚二叠系玄武岩的元素地球化学及其成因研究. 矿物岩石, 32 (4): 41-51.

王彦斌, 韩娟, 曾普胜, 等, 2010. 云南德钦羊拉大型铜矿区花岗闪长岩的锆石U-Pb年龄、Hf同位素特征及其地质意义. 岩石学报, 26 (6): 1833-1844.

王元龙, 张旗, 王强, 等, 2003. 埃达克质岩与Cu-Au成矿作用关系的初步探讨. 岩石学报, 19 (3): 543-550.

王之田, 秦克章, 1988. 中国铜矿床类型、成矿环境及其时、空分布特点. 地质学报, (3): 257-267.

王之田, 秦克章, 1991. 中国大型铜矿床类型、成矿环境与成矿集中区的潜力. 矿床地质, 10 (2): 119-130.

王之田, 秦克章, 张守林, 1994. 大型铜矿地质与找矿. 北京: 冶金工业出版社.

魏菊英, 王关玉, 1988. 同位素地球化学. 北京: 地质出版社.

魏君奇, 1999. 滇西羊拉矿区火山岩痕量元素地球化学. 矿物岩石地球化学通报, 18 (3): 155-159.

魏君奇, 陈开旭, 2004. 云南羊拉地区铜矿成矿系列. 地质科技情报, 23 (2): 21-24.

魏君奇, 战明国, 路远发, 等, 1997. 滇西德钦羊拉矿区花岗岩类地球化学. 华南地质与矿产, (4): 50-56.

魏君奇, 陈开旭, 何龙清, 1999a. 德钦羊拉地区火山岩形成的构造环境讨论. 云南地质, 18 (1): 53-62.

魏君奇, 陈开旭, 何龙清, 1999b. 滇西羊拉矿区火山岩构造-岩浆类型. 地球学报——中国地质科学院院报, 20 (3): 246-252.

魏君奇, 陈开旭, 魏福玉, 2000. 滇西羊拉地区构造-岩浆-成矿作用分析. 华南地质与矿产, (1): 59-62.

吴福元, 李献华, 杨进辉, 等, 2007. 花岗岩成因研究的若干问题. 岩石学报, 23 (6): 1217-1238.

吴开兴, 2005. 滇西新生代富碱火成岩及其与金成矿关系研究. 贵阳: 中国科学院地球化学研究所.

吴开兴, 胡瑞忠, 毕献武, 等, 2010. 滇西北衙金矿方解石的碳氧同位素特征及其成因. 矿物学报, 30 (4): 463-469.

吴学益, 2000. 构造地球化学学科的前缘问题. 地学前缘, 7 (1): 122.

吴言昌, 1992. 论岩浆夕卡岩——一种新类型夕卡岩. 安徽地质, 2 (1): 12-16.

吴言昌, 常印佛, 1998. 关于岩浆矽卡岩问题. 地学前缘, 5 (4): 291-301.

吴言昌, 邵桂清, 吴烁, 1996. 岩浆矽卡岩及其矿床. 安徽地质, 6 (2): 30-39.

武莉娜, 王志畅, 汪云亮, 2003. 微量元素 La, Nb, Zr 在判别大地构造环境方面的应用. 华东地质学院学报, 26 (4): 343-348.

夏林圻, 夏祖春, 徐学义, 等, 2007. 利用地球化学方法判别大陆玄武岩和岛弧玄武岩. 岩石矿物学杂志, 26 (1): 77-89.

肖晓牛, 喻学惠, 杨贵来, 等. 2008. 滇西沧源铅锌多金属矿集区流体包裹体研究. 矿床地质, 27 (1): 101-112.

肖晓牛, 喻学惠, 莫宣学, 等, 2011. 滇西北衙金多金属矿床成矿地球化学特征. 地质与勘探, 47 (2): 170-179.

谢奕汉, 范宏瑞, 2001. 矿物包裹体的成因矿物学标型意义. 现代地质, 15 (2): 202-204.

徐克勤, 王鹤年, 周建平, 等, 1996. 论华南喷流-沉积块状硫化物矿床. 高校地质学报, 2 (3): 2-17.

徐墨寒, 薛传东, 杨天南, 等, 2016. 兰坪盆地西缘大宗铜矿区容矿火山岩 LA-ICP-MS 锆石 U-Pb 年代学及地质意义. 岩石矿物学杂志, 35 (5): 735-750.

徐爱民, 2007. 滇西北衙金矿床的成矿模式及与新生代富碱斑岩的关系. 北京: 中国地质大学 (北京).

徐强, 潘桂棠, 王立全, 等, 2003. 主要类型铜矿床 (体) 快速定位预测. 北京: 地质出版社.

徐受民, 2007. 滇西北衙金矿床的成矿模式及与新生代富碱斑岩的关系. 北京: 中国地质大学.

许国建, 林新多, 1990. 安徽长龙山矽卡岩浆型铁矿床成因探讨. 地球科学 (中国地质大学学报), 15 (6): 649-656, 722.

薛春纪, 陈毓川, 杨建民, 等, 2002. 滇西北兰坪铅锌银铜矿田含烃富 CO_2 成矿流体及其地质意义. 地质学报, 76 (2): 244-253.

鄂明才, 迟清华, 顾铁新, 等, 1997. 中国东部上地壳化学组成. 中国科学 (D 辑: 地球科学), 27 (3): 193-199.

杨广全, 2009. 云南德钦羊拉铜矿地质特征、成因和成矿预测. 北京: 中国地质大学.

杨金永, 段德华, 段纯彬, 等, 2010. 羊拉铜矿成矿地质条件及控矿因素分析. 中国科技信息, (10): 32-35.

杨立飞, 石康兴, 王长明, 等, 2016. 西南三江兰坪盆地金满铜矿床成因研究: 来自铜和硫同位素的联合约束. 岩石学报, 32 (8): 2392-2406.

杨喜安, 2012. 滇西羊拉成矿带叠加成矿作用及找矿模式. 北京: 中国地质大学.

杨喜安, 刘家军, 韩思宇, 等, 2011. 云南羊拉铜矿床里农花岗闪长岩体锆石 U-Pb 年龄、矿体辉钼矿 Re-Os 年龄及其地质意义. 岩石学报, 27 (9): 2567-2576.

杨喜安, 刘家军, 韩思宇, 等, 2012. 云南德钦鲁春铜铅锌矿床硫铅氢氧同位素特征及地质意义. 地球化学, 41 (3): 240-249.

杨元根, 金志升, 王子江, 等, 2003. 动力变形条件下 Au 迁移、富集的构造地球化学实验研究. 矿物学报, 23 (2): 143-148.

杨志明, 侯增谦, 2009. 初论碰撞造山环境斑岩铜矿成矿模型. 矿床地质, 28 (5): 515-538.

杨志明, 侯增谦, 宋玉财, 等, 2008a. 西藏驱龙超大型斑岩铜矿床: 地质、蚀变与成矿. 矿床地质, 27 (3): 279-318.

杨志明, 侯增谦, 李振清, 等, 2008b. 西藏驱龙斑岩铜钼矿床中 UST 石英的发现: 初始岩浆流体的直接记录. 矿床地质, 27 (2): 188-199.

姚凤良, 孙丰月, 2006. 矿床学教程. 北京: 地质出版社.

姚鹏, 顾雪祥, 李金高, 等, 2006. 甲马铜多金属矿床层控矽卡岩流体包裹体特征及其成因意义. 成都理工大学学报(自然科学版), 33 (3): 285-293.

叶庆同, 胡云中, 杨岳清, 1992. 三江地区区域地球化学背景和金银铅锌成矿作用. 北京: 地质出版社.

尹福光, 潘桂棠, 万方, 等. 2006. 西南"三江"造山带大地构造相. 沉积与特提斯地质, 26 (4): 33-39.

应立娟, 唐菊兴, 2015. 中国铜矿床成矿系列研究进展. 矿床地质, 34 (6): 1309-1320.

应立娟, 陈毓川, 王登红, 等, 2014. 中国铜矿成矿规律概要. 地质学报, 88 (12): 2216-2226.

余凤鸣, 战明国, 甘金木, 等, 2000. 滇西羊拉大型铜矿床石英构造岩微观构造与动力学分析. 中国区域地质, 19 (1): 92-100.

余海军, 李文昌, 曾普胜, 等, 2009. 地质统计学在羊拉铜矿储量计算中的应用. 地球学报, 30 (5): 684-690.

元春华, 韩九曦, 刘大文, 等, 2012. 全球铜矿资源潜力探析. 中国矿业, 21 (11): 1-5.

袁洪林, 吴福元, 高山, 等, 2003. 东北地区新生代侵入体的锆石激光探针 U-Pb 年龄测定与稀土元素成分分析. 科学通报, 48 (14): 1511-1520.

云南地矿资源股份有限公司滇西分公司, 2005. 云南省德钦县羊拉铜矿路农矿段首期详查报告, 1-211.

云南省地质调查院, 2004. 云南省德钦县羊拉铜矿地质勘探报告, 1-254.

曾礼传, 2010. 云南德钦羊拉铜矿区地层研究. 云南地质, 29 (1): 84-89.

曾普胜, 李文昌, 王海平, 等, 2006. 云南普朗印支期超大型斑岩铜矿床: 岩石学及年代学特征. 岩石学报, 22 (4): 989-100.

曾普胜, 王彦斌, 麻菁, 等, 2018. 滇西北羊拉地区金沙江古洋盆的穿时碰撞闭合: 来自花岗岩年龄的制约. 地学前缘, 25 (6): 92-105.

曾荣, 薛春纪, 高永宝, 等, 2006. 云南金顶铅锌矿床成矿流体的微量元素研究. 矿物岩石, 26 (3): 38-45.

曾志刚, 李朝阳, 刘玉平, 等, 1999. 老君山成矿区变质成因夕卡岩的地质地球化学特征. 矿物学报, 19 (1): 48-55.

翟建平, 胡凯, 陆建军, 1996. 应用氢氧同位素研究矿床成因的一些问题探讨. 地质科学, 31 (3): 22-30.

战明国, 路远发, 陈式房, 等, 1998. 滇西德钦羊拉铜矿. 武汉: 中国地质大学出版社.

张国林, 何国朝, 2002. 东乡铜矿断裂带构造地球化学及找矿标志. 地质与勘探, 36 (6): 22-24.

张理刚, 1995. 东亚岩石圈块体地质: 上地幔、基底和花岗岩同位素地球化学及其动力学. 北京: 科学出版社.

张亮, 杨卉芃, 赵军伟, 等, 2015. 世界铜矿资源系列研究之一——资源概况及供需分析. 矿产保护与利用, (5): 63-67.

张旗, 王元龙, 张福勤, 等, 2002. 埃达克岩与斑岩铜矿. 华南地质与矿产, (3): 85-90.

张旗, 秦克章, 许继峰, 等, 2004a. 中国与埃达克质岩有关的矿床分布、找矿方向及找矿方法刍议. 华南地质与矿产, (2): 1-8.

张旗, 秦克章, 王元龙, 等, 2004b. 加强埃达克岩研究, 开创中国 Cu、Au 等找矿工作的新局面. 岩石学报, 20 (2): 195-204.

张旗, 王焰, 潘国强, 等, 2008. 花岗岩源岩问题——关于花岗岩研究的思考之四. 岩石学报, 24 (6):

1193-1204.

张乾, 邵树勋, 刘家军, 等, 2002. 兰坪盆地大型矿集区多金属矿床的铅同位素组成及铅的来源. 矿物学报, 22 (2): 147-154.

张万平, 王立全, 王保弟, 等, 2011. 江达-维西火山岩浆弧中段德钦岩体年代学、地球化学及岩石成因. 岩石学报, 27 (9): 2577-2590.

张伟, 刘丛强, 梁小兵, 2007. 硫同位素分馏中的生物作用及其环境效应. 地球与环境, 35 (3): 223-227.

张文淮, 张恩世, 陈紫英, 1984. 大冶铁山铁（铜）矿床矿物包裹体研究及矿床成因探讨. 地球科学（中国地质大学学报）, (4): 89-98.

张文淮, 张德会, 刘敏, 2003. 江西银山铜铅锌金银矿床成矿流体及成矿机制研究. 岩石学报, 19 (2): 242-250.

张玉泉, 谢应雯, 梁华英, 等, 1998. 藏东玉龙铜矿带含矿斑岩及成岩系列. 地球化学, 27 (3): 236-243.

张云湘, 骆耀南, 杨崇喜, 1988. 中华人民共和国地质矿产部地质专报 五：构造地质·地质力学：第5号. 攀西裂谷. 北京：地质出版社.

赵斌, 1989. 中国主要矽卡岩及矽卡岩型矿床. 北京：科学出版社.

赵斌, 赵劲松, 张重泽, 等, 1993. 岩浆成因夕卡岩的实验证据. 科学通报, 38 (21): 1986-1989.

赵斌, 李院生, 赵劲松, 1995. 岩浆成因夕卡岩的包裹体证据. 地球化学, 24 (2): 198-200, 202.

赵江南, 2012. 滇西羊拉铜矿矿体地质地球化学特征及深部找矿预测. 武汉：中国地质大学.

赵一鸣, 2002. 夕卡岩矿床研究的某些重要新进展. 矿床地质, 21 (2): 113-120, 136.

赵一鸣, 伍家善, 韩发, 等, 1982. 陕西洛南地区镁矽卡岩型铁矿床的矿化蚀变特征和找矿标志. 北京：中国地质科学院矿床地质研究所.

赵一鸣, 林文蔚, 等, 1990. 中国矽卡岩矿床. 北京：地质出版社.

赵一鸣, 林文蔚, 毕承思, 等. 2012. 中国矽卡岩矿床. 北京：地质出版社.

赵一鸣, 张轶男, 毕承思, 等, 1999. 安徽淮北三铺地区镁夕卡岩金（铜、铁）矿床生成地质环境、分带和流体演化. 矿床地质, 18 (1): 1-11.

赵一鸣, 林文蔚, 毕承思, 等. 2012. 中国矽卡岩矿床. 北京：地质出版社.

郑永飞, 2001. 稳定同位素体系理论模式及其矿床地球化学应用. 矿床地质, 20 (1): 57-70, 85.

郑永飞, 陈江峰, 2000. 稳定同位素地球化学. 北京：科学出版社.

周平, 唐金荣, 施俊法, 等, 2012. 铜资源现状与发展态势分析. 岩石矿物学杂志, 31 (5): 750-756.

朱炳泉, 1993. 矿石Pb同位素三维空间拓扑图解用于地球化学省与矿种区划. 地球化学, 3 (1): 209 216.

朱炳泉, 1998. 地球科学中同位素体系理论与应用——兼论中国大陆壳幔演化. 北京：科学出版社.

朱弟成, 廖忠礼, 潘桂棠, 等, 2001. 正确使用构造判别图解和地球化学数据的一些建议. 地质地球化学, 29 (3): 152-157.

朱经经, 2012. 滇西北羊拉铜矿床成矿地质背景及成因机制. 贵阳：中国科学院地球化学研究所.

朱经经, 胡瑞忠, 钟宏, 等, 2009. 滇西羊拉铜矿床地质及火成岩地球化学研究. 矿物学报, S1: 276

朱经经, 胡瑞忠, 毕献武, 等, 2011. 滇西北羊拉铜矿矿区花岗岩成因及其构造意义. 岩石学报, 27 (9): 2553-2566.

朱俊, 2011. 云南省德钦县羊拉铜矿地质地球化学特征与成因研究. 昆明：昆明理工大学.

朱俊, 曾普胜, 曾礼传, 等, 2009. 滇西北羊拉铜矿区地层划分. 地质学报, 83 (10): 1415-1420.

朱俊, 李文昌, 曾普胜, 等, 2010. 滇西北羊拉矿区基性岩地球化学特征及构造意义. 地质与勘探,

46 (5): 899-909.

朱俊, 李文昌, 曾普胜, 等, 2011. 滇西羊拉矿区层状铜矿床复合成因的地质地球化学证据. 地质论评, 57 (3): 337-349.

邹国富, 2011. 迪庆春都斑岩铜矿床地球化学及成岩成矿模式研究. 昆明: 昆明理工大学.

Ahmad S N, Rose A W, 1980. Fluid inclusions in porphyry and skarn ore at Santa Rita, New Mexico. Economic Geology, 75 (2): 229-250.

Almodóvar G R, Sáez R, Pons J M, et al., 1998. Geology and genesis of the Aznalcóllar massive sulphide deposits, Iberian Pyrite Belt, Spain. Mineralium Deposita, 33 (1-2): 111-136.

Altherr R, Holl A, Hegner E, et al., 2000. High-potassium, calc-alkaline I-type plutonism in the European Variscides: northern Vosges (France) and northern Schwarzwald (Germany). Lithos, 50: 51-73.

And J M F, Gerdes M L, 1998. Chemically reactive fluid flow during metamorphism. Annual Review of Earth & Planetary Sciences, 26: 255-287.

Anderson R N, Langseth M G, Sclater J G, 1977. Mechanisms of heat transfer through the floor of the Indian Ocean. Journal of Geophysical Research, 82 (23): 3391-3409.

Anderson W A, Kelley J T, Borns H W, et al., 1989. Neotectonic activity in coastal maine: United States of America//Earthquakes at North-Atlantic Passive Margins: Neotectonics and Postglacial Rebound. Dordrecht: Springer Netherlands: 195-212.

Andrade F R D, Möller P, Lüders V, et al., 1999. Hydrothermal rare earth elements mineralization in the Barra do Itapirapuã carbonatite, southern Brazil: behaviour of selected trace elements and stable isotopes (C, O). Chemical Geology, 155: 91-113.

Arth J G, 1976. Behavior of trace elements during magmatic progresses—a summary of the oretical models and their applications. Journal of Research of the United States Geological Survey, 4: 41-47.

Atkinson W W J, Einaudi M T, 1978. Skarn formation and mineralization in the contact aureole at Carr Fork, Bingham, Utah. Economic Geology, 73 (7): 1326-1365.

Audétat A, 2010. Source and evolution of molybdenum in the porphyry Mo (-Nb) deposit at Cave Peak, Texas. Journal of Petrology, 51 (8): 1739-1760.

Bailey D K, 1982. Mantle metasomatism-continuing chemical change within the earth. Nature, 296: 525-530.

Baker D R, Alletti M, 2012. Fluid saturation and volatile partitioning between melts and hydrous fluids in crustal magmatic systems: the contribution of experimental measurements and solubility models. Earth-Science Reviews, 114 (3-4): 298-324.

Baker E, Andrew A, 1991. Geologic, fluid inclusion, and stable isotope studies of the gold-bearing breccia pipe at Kidston, Queensland, Australia. Economic Geology, 86 (4): 810-830.

Baker T, Lang J R, 2003. Reconciling fluid inclusion types, fluid processes, and fluid sources in skarns: an example from the Bismark Deposit, Mexico. Mineralium Deposita, 38 (4): 474-495.

Baker T, Van Achterberg E, Ryan C G, et al., 2004. Composition and evolution of ore fluids in a magmatic-hydrothermal skarn deposit. Geology, 32 (2): 117-120.

Banner J L, Hanson G N, 1990. Calculation of simultaneous isotopic and trace element variations during water rock interaction with applications to carbonate diagenesis. Geochimica et Cosmochimica Acta, 54: 3123-3137.

Barbarin B, Didier J, 1991. Macroscopic features of mafic microgranular enclaves. Developments in Petrology 13: Enclaves and Granite Petrology: 253-262.

Barnes H L, 1979. Geochemistry of Hydrothermal Ore Deposits. 2nd ed. New Jersey: John Wiley & Sons.

Barnes H L, 1997. Geochemistry of Hydrothermal Ore Deposits. 3rd ed. New Jersey: John Wiley & Sons.

Barrie C T, Hannington M D, 1999. Introduction: classification of VMS deposits based on host rock composition. Reviews in Economic Geology, 8: 2-10.

Beard B L, Johnson C M, Skulan J L, et al., 2003. Application of Fe isotopes to tracing the geochemical and biological cycling of Fe. Chemical Geology, 195 (1-4): 87-117.

Bender J F, Langmuir C H, Hanson G N, 1984. Petrogenesis of basalt glasses from the Tamayo region, East Pacific Rise. Journal of Petrology, 25: 213-254.

Bender M L, 1982. Trace elements and ocean chemistry. Nature, 296: 203-204.

Bergantz G W, 1989. Underplating and partial melting: implications for melt generation and extraction. Science, 245: 1093-1095.

Berry A J, Harris A C, Kamenetsky V S, et al., 2009. The speciation of copper in natural fluid inclusions at temperatures up to 700 ℃. Chemical Geology, 259: 2-7.

Bienvenu P, Bougault H, Joron M, 1990. MORB alteration: rare-earth element/non-rare earth hygromagmaphile element fractionation. Chemical Geology, 82: 1-14.

Bischoff J L, Dickson F W, 1975. Sea water-basalt interaction at 200℃ and 500 bars—Implications for origin of sea-floor heavy-metal deposits and regulation of sea water chemistry. Earth and Planetary Science Letters, 25 (3): 385-397.

Blichert-Toft J, Albarède F, 1997. The Lu-Hf geochemistry of chondrites and the evolution of the mantle-crust system. Earth and Planetary Science Letters, 148: 243-258.

Bodnar R J, 1995. Fluid-inclusion evidence for a magmatic source for metals in porphyry copper deposits. Mineralogical Association of Canada Shout Course Series, 23: 395-428.

Bolhar R, Weaver S D, Whitehouse M J, et al., 2008. Sources and evolution of arc magmas inferred from coupled O and Hf isotope systematics of plutonic zircons from the Cretaceous Separation Point Suite (New Zealand). Earth and Planetary Science Letters, 268: 312-324.

Bonnemaison M, Marcoux E, 1990. Auriferous mineralization in some shear-zones: a three-stage model of metallogenesis. Mineralium Deposita, 25 (2): 96-104.

Booij E, Farthing D, Staudigel H, et al., 2000. Pb-isotope systematics of a fossil hydrothermal system from the Troodos ophiolite, Cyprus: evidence for a polyphased alteration history. Geochimica et Cosmochimica Acta, 64 (20): 3559-3569.

Bouse R M, Ruiz J, Titley S R, et al., 1999. Lead isotope compositions of Late Cretaceous and early Tertiary igneous rocks and sulfide minerals in Arizona: implications for the sources of plutons and metals in porphyry copper deposits. Economic Geology, 94 (2): 211-244.

Boynton W V, 1984. Cosmochemistry of the rare earth elements: meteorite studies. Dev Geochem, 2: 63-114.

Brandon A D, Draper D S, 1996. Constraints on the origin of the oxidation state of mantle overlying subduction zones: an example from Simcoe, Washington, USA. Geochimica et Cosmochimica Acta, 60 (10): 1739-1749.

Brenan J M, Shaw H F, Phinney D L, et al., 1994. Rutile-aqueous fluid partitioning of Nb, Ta, Hf, Zr, U and Th: implications for high field strength element depletions in island-arc basalts. Earth and Planetary Sciences Letters, 128: 327-339.

Brimhall G H, Crerar D A, 1987. Ore fluids: magmatic to supergene. GeoScience World, 17 (1): 235-321.

Brown P E, Lamb W M, 1989. P-V-T properties of fluids in the system $CO_2 \pm H_2O \pm NaCl$: new graphical presentations and implications for fluid inclusion studies. Geochimca et Cosmochimica Acta, 53 (6): 1209-1221.

Brown P E, Bowman J R, Kelly W C, 1985. Petrologic and stable isotope constraints on the source and evolution of skarn-forming fluids at Pine Creek, California. Economic Geology, 80 (1): 72-95.

Burnard P G, Hu R, Turner G, et al., 1999. Mantle, crustal and atmospheric noble gases in Ailaoshan Gold deposits, Yunnan Province, China. Geochimica et Cosmochimica Acta, 63 (10): 1595-1604.

Burnham C W, 1979. Magmas and hydrothermal fluids// Barnes H L. Geochemistry of Hydrothermal Ore Deposits. 2nd ed. New York: John Wiley & Sons.

Butterfield D A, Massoth G J, 1994. Geochemistry of north Cleft segment vent fluids: temporal changes in chlorinity and their possible relation to recent volcanism. Journal of Geophysical Research Atmospheres, 99 (B3): 4951-4968.

Calagari A A, Hosseinzadeh G, 2006. The mineralogy of copper-bearing skarn to the east of the Sungun-Chay river, East-Azarbaidjan, Iran. Journal of Asian Earth Sciences, 28: 423-438.

Calmus T, Aguillon-Robles A, Maury R C, et al., 2003. Spatial and temporal evolution of basalts and magnesian andesites ("bajaites") from Baja California, Mexico: the role of slab melts. Lithos, 66: 77-105.

Candela P A, Holland H D, 1986. A mass transfer model for copper and molybdenum in magmatic hydrothermal systems: the origin of porphyry-type ore deposits. Economic Geology, 81 (1): 1-19.

Candela P A, 1989a. Felsic magmas, volatiles and metallogenesis. Reviews in Economic Geology, 4: 223-233.

Candela P A, 1989b. Magmatic ore-forming fluids: thermodynamic and mass transfer calculations of metal concentrations. Reviews in Economic Geology, 4: 203-221.

Candela P A, 1992. Controls on ore metal ratios in granite-related ore systems: an experimental and computational approach. Transactions of the Royal Society of Edinburgh-Earth Sciences, 83: 317-326.

Candela P A, Blevin P L, 1995. Do some miarolitic granites preserve evidence of magmatic volatile phase permeability? Economic Geology, 90 (8): 2310-2316.

Candela P A, Piccoli P M, 1995. Model of ore-metal partitioning from melts into vapor and vapor/brine mixtures. Mineralogical Association of Canada Shout Course Series, 23: 101-128.

Canfield D E, Teske A, 1996. Late Proterozoic rise in atmospheric oxygen concentration inferred from phylogenetic and sulphur-isotope studies. Nature, 382: 127-132.

Canfield D E, Thamdrup B, 1994. The production of ^{34}S-depleted sulfide during bacterial disproportionnation of elemental sulfur. Science, 266: 1973-1975.

Cannon R S, Pierce A P, Antweiler J C, et al., 1961. The data of lead isotopes geology related to problems of ore genesis. Economic Geology, 56: 1-38.

Cao M, Qin K, Li G, et al., 2015. In situ LA- (MC) -ICP-MS trace element and Nd isotopic compositions and genesis of polygenetic titanite from the Baogutu reduced porphyry Cu deposit, Western Junggar, NW China. Ore Geology Reviews, 65: 940-954.

Carne R C, Cathro R J, 1982. Sedimentary exhalative (SEDEX) zinc-lead-silver deposits, Northern Canadian Cordillera. CIM Bulletin, 75 (840): 66-78.

Chacko T, Mayeda T K, Clayton R N, et al., 1991. Oxygen and carbon isotope fractionations between CO_2 and calcite. Geochimica et Cosmochimica Acta, 55: 2867-2882.

Chang Z, Meinert L D, 2004. The magmatic-hydrothermal transition—evidence from quartz phenocryst textures and endoskarn abundance in Cu-Zn skarns at the Empire Mine, Idaho, USA. Chemical Geology, 210 (1-4): 149-171.

Chang Z, Meinert L D, 2008. Zonation in skarns: complexities and controlling factors. Proceedings of the PACRIM Congress, (11): 303-306.

Chappell B W, 1999. Aluminium saturation in I- and S-type granites and the characterization of fractionated haplogranites. Lithos, 46: 535-551.

Chappell B W, White A J R, 1974. Two contrasting granite types. Pacific Geology, 8: 173-184.

Chappell B W, White A J R, 1992. I- and S-type granites in the Lachlan Fold Belt. Transactions of the Royal Society of Edinburgh: Earth Sciences, 83: 1-26.

Chappell B W, White A J R, Wyborn D, 1987. The importance of residual source material (restite) in granite petrogenesis. Journal of Petrology, 28: 1111-1138.

Chen B, He J B, Ma X H, 2009. Petrogenesis of mafic enclaves from the north Taihang Yanshanian intermediate to felsic plutons: evidence from petrological, geochemical, andzircon Hf-O isotopic data. Science in China Series D: Earth Sciences, 52: 1331-1344.

Chen Y L, Yang Z F, 2000. Nd model ages of sedimentary profile from the northwest Yangtze craton, Guangyuan, Sichuan province, China and their geological implication. Geochemical Journal, 34: 263-270.

Chen Y W, Mao C X, Zhu B Q, 1982. Lead isotopic composition and genesis of phanerozoic metal deposits in China. Geochemistry, 1 (2): 137-158.

Choudhuri A, Silva D, 2000. A clinopyroxene-orthopyroxene-plagioclase symplectite formed by garnet breakdown in granulite facies, guaxupé, minas gerais, Brazil. Gondwana Research, 3 (4): 445-452.

Clayton R N, O'neil J R, Mayeda T K, 1972. Oxygen isotope exchange between quartz and water. Journal of Geophysical Research, 77 (17): 3057-3067.

Clemens J D, 2003. S-type granitic magmas-petrogenetic issues, models and evidence. Earth Science Review, 61: 1-18.

Cline J S, Bodnar R J, 1991. Can economic porphyry copper mineralization be generated by a typical calc-alkaline melt? Journal of Geophysical Research: Solid Earth, 96 (B5): 8113-8126.

Collins W J, Richards S W, 2008. Geodynamic significance of S-type granites in circum Pacific orogens. Geology, 36: 559-562.

Condie K C, 1990. Geochemical characteristics of Precambrian basaltic greenstones. Springer Netherlands: 1-471.

Constantinou G, Govett G J S, 1973. Geology, geochemistry, and genesis of Cyprus sulfide deposits. Economic Geology, 68 (6): 843-858.

Cooke D R, 2005. Giant porphyry deposits: characteristics, distribution, and tectonic controls. Economic Geology, 100 (5): 801-818.

Coplen T B, Kendall C, Hopple J, 1983. Comparison of stable isotope reference samples. Nature, 302: 236-238.

Corliss J B, 1971. The origin of metal-bearing submarine hydrothermal solutions. Journal of Geophysical Research, 76 (33): 8128-8138.

Davidson C, Schmid S M, Hollister L S, 1994. Role of melt during deformation in the deep crust. Terra Nova, 6 (2): 133-142.

Defant M J, Drummond M S, 1990. Derivation of some modern arc magmas by melting of young subduction lithosphere. Nature, 347: 662-665.

Defant M J, Xu J F, Kepezhinskas P, et al., 2002. Adakites: some variations on a theme. Acta Petrologica Sinica, 18: 129-142.

Dejonghe J, Boulegue J, Demaffe D, et al., 1989. Isotope geochemistry (S, C, O, Sr, Pb) of the Chaudfontaine mineralization (Belgium). Mineralium Deposita, 24 (2): 132-140.

Demény A, Ahijado A, Casillas R, et al., 1998. Crustal contamination and fluid/rock interaction in the carbonatites of Fuerteventura (Canary Islands, Spain): a C, O, H isotope study. Lithos, 44: 101-115.

Deng J, Wang Q F, Li G J, et al., 2014. Tethys tectonic evolution and its bearing on the distribution of important mineral deposits in the Sanjiang region, SW China. Gondwana Research, 26 (2): 419-437.

Dostal J, Dupuy C, Carron J P, et al., 1983. Partition coefficients of trace elements: application to volcanic rocks of St Vincent, West Indies. Geochimca et Cosmochimica Acta, 47: 525-533.

Driesner T, Heinrich C A, 2007. The system H_2O-NaCl. Part I: Correlation formulae for phase relations in temperature-pressure-composition space from 0 to 1000 °C, 0 to 5000 bar, and 0 to 1 XNaCl. Geochimica Et Cosmochimica Acta, 71 (20): 4880-4901.

Du L J, Li B, Huang Z L, et al., 2019. Mineralogy, fluid inclusion, and hydrogen and oxygen isotope studies of the Intrusion-related Yangla Cu Deposit in the Sanjiang Region, SW China: implications for metallogenesis and deposit type. Resource Geology, 70 (1): 28-49.

Eby G N, Woolley A R, Din V, et al., 1998. Geochemistry and petrogenesis of nephelinesyenite: Kasungu-Chipala, Ilomba, and Ulindi nepheline syenite intrusions, north Nyasa alkaline province, Malawi. Journal of Petrology, 39 (8): 1405-1424.

Einaudi M T, Burt D M, 1982. Introduction: terminology, classification, and composition of skarn deposits. Economic Geology, 77 (4): 745-754.

Einaudi M T, Meinert L D, Newberry R J, 1981. Skarn deposits. Economic Geology, 75th Anniversary volume: 317-391.

Fan W M, Wang Y J, Zhang A M, et al., 2010. Permian arc-back-arcbasin development along the Ailaoshan tectonic zone: geochemical, isotopic and geochronological evidence from the Mojiang volcanic rocks, southwest China. Lithos, 119: 553-568.

Ferry J M, Baumgartner L, 1987. Thermodynamic models of molecular fluids at the elevated pressures and temperatures of crustal metamorphism. Reviews in Mineralogy and Geochemistry, 17 (1): 323-365.

Fonteilles M, Soler P, Demange M, et al., 1989. The scheelite skarn deposit of Salau (Ariege, French Pyrenees). Economic Geology, 84 (5): 1172-1209.

Force E R, 1998. Laramide alteration of Proterozoic diabase: a likely contributor of copper to porphyry systems in the Dripping Spring Mountains area, southeastern Arizona. Economic Geology, 93 (2): 171-183.

Fouquet Y, Marcoux E, 1995. Lead isotope systematics in Pacific hydrothermal sulfide deposits. Journal of Geophysical Research: Solid Earth, 100 (B4): 6025-6040.

Fournier R O, 1987. Conceptual models of brine evolution in magmatic-hydrothermal systems. U. S. Geological Survey Professional Paper, 1350: 1487-1506.

Fournier R O, 1992. The influences of depth of burial and the brittle-plastic transition on the evolution of magmatic fluids (Japan-U. S. Seminar on Magmatic Contributions to Hydrothermal Systems). Report Geological Survey of Japan: 57-59.

Franchini M B, 2002. First occurrence of ilvaite in a gold skarn deposit. Economic Geology & the Bulletin of the Society of Economic Geologists, 97 (5): 1119-1126.

Franklin J, Sangster D F, Lydon J W, 1981. Volcanic-associated massive sulfide deposits. Economic Geology, 75th Anniversary Volume: 485-627.

Franklin J, Gibson H, Jonasson I, et al., 2005. Volcanogenic massive sulfide deposits. Economic Geology, 100th Anniversary Volume: 523-560.

Freestone I C, 1978. Liquid immiscibility in alkali-rich magmas. Chemical Geology, 23: 115-123.

Galley A G, Hannington M D, Jonasson I R, 2007. Volcanogenic massive sulphide deposits. Geological Survey of

Canada, Mineral Deposits Division Special Publication, (5): 141-162.

Gao S, Lin W L, Qiu Y, et al., 1999. Contrasting geochemical and Sm-Nd isotopic compositions of Archean metasediments from the Kongling high-grade terrain of the Yangtze craton: evidence for cratonic evolution and redistribution of REE during crustal anatexis. Geochimca et Cosmochimica Acta, 63: 2071-2088.

Gao S, Rudnick R L, Xu W L, et al., 2008. Recycling deep cratonic lithosphere and generation of intraplate magmatism in the North China Craton. Earth and Planetary Science Letters, 270: 41-53.

Gaspar M, Knaack C, Meinert L D, et al., 2008. REE in skarn systems: a LA-ICP-MS study of garnets from the Crown Jewel gold deposit. Geochimica et Cosmochimica Acta, 72 (1): 185-205.

Gerstner M R, Bowman J R, Pasteris J D, 1989. Skarn formation at the MacMillan pass tungsten deposit (MacTung), Yukon and northwest territories. I. P-T-X-V characterization of the methane-bearing, skarn-forming fluids. Canadian Mineralogist, (4): 545-563.

Gertisser R, Keller J, 2003. Trace element and Sr, Nd, Pb and O isotope variations in medium-K and high-K volcanic rocks from Merapi volcano, central Java, Indonesia: evidence for the involvement of subducted sediments in Sunda arc magma genesis. Journal of Petrology, 44 (3): 457-489.

Gibson S A, Kirkpatrick R J, Emmerman R et al., 1982. The trace element composition of the lavas and dykes from a 3km vertical section through a lava pile of Eastern Iceland. Journal of Geophysics Research, 87 (B8): 6532-6546.

Glasby G P, Iizasa K, Hannington M, et al., 2008. Mineralogy and composition of Kuroko deposits from northeastern Honshu and their possible modern analogues from the Izu-Ogasawara (Bonin) Arc south of Japan: implications for mode of formation. Ore Geology Reviews, 34 (4): 547-560.

Golding B, Golding S D, 2017. Metals, Energy and Sustainability. Springer International Publishing: 21-35.

Goodge J W, Vervoort J D, 2006. Origin of Mesoproterozoic A-type granites in Laurentia: Hf isotope evidence. Earth and Planetary Science Letters, 243: 711-731.

Graham I J, Reyes A G, Wright I C, et al., 2008. Structure and petrology of newly discovered volcanic centers in the northern Kermadec- southern Tofua arc, South Pacific Ocean. Journal of Geophysical Research, 113 (113): 231-234.

Grauch R I, 1989. Rare earth elements in metamorphic rocks. Reviews in Mineralogy, 21 (8): 147-167.

Griffin W L, Pearson N J, Belousova E, et al., 2000. The Hf isotope composition of cratonic mantle: LAM-MC-ICPMS analysis of zircon megacrysts in kimberlites. Geochimica et Cosmochimica Acta, 64 (1): 133-147.

Griffin W L, Wang X, Jackson S E, et al., 2002. Zircon chemistry and magma mixing, SE China: in-situ analysis of Hf isotopes, Tonglu and Pingtan igneous complexes. Lithos, 61: 237-269.

Gurnis M, 1988. Large-scale mantle convection and the aggregation and dispersal of supercontinents. Nature, 332: 695.

Halter W E, Webster J D, 2004. The magmatic to hydrothermal transition and its bearing on ore-forming systems. Chemical Geology, 210 (1-4): 1-6.

Hamilton L, 1968. Variations in carbon and oxygen isotope ratios as a possible guide to ore. Mineralium Deposita, 3 (1): 81-84.

Hannington M D, De Ronde C D J, Petersen S, 2005. Sea-floor tectonics and submarine hydrothermal systems. Economic Geology, 100th Anniversary Volume: 111-141.

Harris A C, Kamenetsky V S, White N C, et al., 2003. Melt inclusions in veins: linking magmas and porphyry Cu deposits. Science, 302 (5653): 2109-2111.

Harris A C, Kamenetsky V S, White N C, et al., 2004. Volatile phase separation in silicic magmas at Bajo de la

Alumbrera porphyry Cu-Au deposit, NW Argentina. Resource Geology, 54 (3): 341-356.

Harris N B, Einaudi M T, 1982. Skarn deposits in the Yerington District, Nevada: metasomatic evolution near Ludwig. Economic Geology, 77 (4): 877-898.

Hattori K, 1993. High-sulfur magma, a product of fluid discharge from underlying mafic magme: evidence from Mount Pinatubo Philippines. Geology, 21 (12): 1083-1086.

Hawkesworht C, Turner S, Peate D, et al., 1997. Elemental U and Th variations in island arc rocks: implications for U-series isotopes. Chemical Geology, 139: 207-221.

Haymon R M, 1983. Growth history of hydrothermal black smoker chimneys. Nature, 301 (5902): 695-698.

Haynes F M, Kesler S E, 1988. Compositions and sources of mineralizing fluids for chimney and manto limestone-replacement ores in Mexico. Economic Geology, 83 (8): 1985-1992.

Hedenquist J W, 1995. The ascent of magmatic fluid: discharge versus mineralization. Mineralogical Association of Canada Shout Course Series, 23: 263-290.

Hedenquist J W, Lowenstern J B, 1994. The role of magmas in the formation of hydrothermal ore-deposits. Nature, 370 (6490): 519-527.

Hedenquist J, Arribas A J, Reynolds T, 1998. Evolution of an intrusion-centered hydrothermal system: far Southeast-Lepanto porphyry and epithermal Cu-Au deposits, Philippines. Economic Geology, 93 (4): 373-404.

Heinrich C A, 2005. The physical and chemical evolution of low-salinity magmatic fluids at the porphyry to epithermal transition: a thermodynamic study. Mineralium Deposita, 39 (8): 864-889.

Heinrich C A, Driesner T, Stefánsson A, et al., 2004. Magmatic vapor contraction and the transport of gold from the porphyry environment to epithermal ore deposits. Geology, 32 (9): 761-764.

Heinrich C A, Günther D, Audétat A, et al., 1999. Metal fractionation between magmatic brine and vapor, determined by micro analysis of fluid inclusions. Geology, 27 (8): 755-758.

Helgeson H C, 1969. Thermodynamics of hydrothermal systems at elevated temperatures and pressures. American Journal of Science, 267 (7): 729-804.

Herzig P M, Hannington M D, 1995. Polymetallic massive sulfides at the modern seafloor a review. Ore Geology Reviews, 10 (2): 95-115.

Hildreth W, Moorbath S, 1988. Crustal contributions to arc magmatism in the Andes of Central Chile. Contributions to Mineralogy & Petrology, 98 (4): 455-489.

Holland H D, 1965. Some applications of thermochemical data to problems of ore deposits. II. Mineral assemblages and the composition of ore-forming fluids. Economic Geology, 60 (6): 1101-1166.

Holland H D, Malinin S D, 1979. The solubility and occurrence of non-ore minerals. Geochemistry of hydrothermal ore deposits, 2: 461-508.

Holm P M, Lou S, Nielsen Å, 1982. The geochemistry and petrogenesis of the lavas of the Vulsinian District, Roman province, Central Italy. Contributions to Mineralogy & Petrology, 80 (4): 367-378.

Hoog J C M D, Mason P R D, Bergen M J V, 2001. Sulfur and chalcophile elements in subduction zones: constraints from a laser ablation ICP-MS study of melt inclusions from Galunggung Volcano, Indonesia. Geochimica et Cosmochimica Acta, 65 (18): 3147-3164.

Horstmann U E, Verwoerd W J, 1997. Carbon and oxygen isotope variations in southern African carbonatites. Journal of African Earth Sciences, 25 (1): 115-136.

Hou Z Q, Zhang H R, 2015. Geodynamics and metallogeny of the eastern Tethyan metallogenic domain. Ore Geology Reviews, 70: 346-384.

Hou Z Q, Zaw K, Qu X M, et al., 2001. Origin of the Gacun volcanic-hosted massive sulfide deposit in Sichuan, China—fluid inclusion and oxygen isotope evidence. Economic Geology, 96 (7): 1491-1512.

Hou Z Q, Wang L Q, Zaw K, et al., 2003. Post-collisional crustal extension setting and VHMS mineralization in the Jinshajiang oregenic belt, southwestern China. Ore Geology Reviews, 22: 177-199.

Hu R Z, Burnard P G, Turner G, et al., 1998. Helium and argon isotope systematics in fluid inclusions of Machangqing copper deposit in west Yunnan province, China. Chemical Geolology, 146: 55-63.

Hu R Z, Burnard P G, Bi X W, et al., 2004. Helium and argon isotope geochemistry of alkaline intrusion-associated gold and copper deposits along the Red River-Jinshajiang fault belt, SW China. Chemical Geolology, 203: 305-317.

Hu R Z, Burnard P G, Bi X W, et al., 2009. Mantle-derived gaseous components in ore-forming fluids of the Xiangshan uranium deposit, Jiangxi province, China: evidence from He, Ar and C isotopes. Chemical Geology, 266: 86-95.

Huston D L, Brauhart C W, Drieberg S L, et al., 2001. Metal leaching and inorganic sulfate reduction in volcanic-hosted massive sulfide mineral systems: evidence from the paleo-Archean Panorama district, Western Australia. Geology, 29 (8): 687-690.

Hutchinson R W, 1973. Volcanogenic sulfide deposits and their metallogenic significance. Economic Geology, 68 (8): 1223-1246.

Irvine A J, 1978. A review of experimental studies of crystal/liquid trace elements partitioning. Geochimical et Cosmochimical Acta, 42: 737-770.

Irvine A J, Frey F A. 1978. Distribution of trace elements between garnet magacrysts and host volcanic liquids of kimberlitic to rhyolitic composition. Geochimica et Cosmochimica Acta, 42: 771-787.

Ishihara S, 1981. The granitoid series and mineralization. Economic Geology, 75th Anniversary Volume: 458-484.

Jagoutz E, Palme H, BadDenhausen H, et al., 1979. The abundance of major, minor and trace elements in the Earth's mantle as derived from primitive ultramafic nodules. Proceedings of the 10th Lunar & Planetary Conference, 10: 2031-2050.

Jahn B M, Wu F Y, Lo C H, et al., 1999. Crust-mantle interaction induced by deep subduction of the continental crust: geochemical and Sr-Nd isotopic evidence from post-collisional mafic-ultramafic intrusions of the northern Dabie complex, central China. Chemical Geology, 157: 119-146.

Jamtveit B, Hervig R L, 1994. Constraints on transport and kinetics in hydrothermal systems from zoned garnet crystals. Science, 263 (5146): 505-508.

Jamtveit B, Wogelius R A, Fraser D G, 1993. Zonation patterns of skarn garnets: records of hydrothermal system evolution. Geology, 21 (2): 113-116.

Janecky D R, Seyfried Jr W E S, 1984. Formation of massive sulfide deposits on oceanic ridge crests: incremental reaction models for mixing between hydrothermal solutions and seawater. Geochimica et Cosmochimica Acta, 48 (12): 2723-2738.

Janecky D R, Shanks W C I, 1988. Computational modeling of chemical and sulfur isotopic reaction processes in seafloor hydrothermal systems: chimneys, massive sulfides, and subjacent alteration zones. Canadian Mineralogist, 26: 805-825.

Janousek V, Braithwaite C, Bowes D R, et al., 2004. Magma-mixing in the genesis of hercynian calc-alkaline granitoids: an integrated petrographic and geochemical study of the sázava intrusion, central Bohemian Pluton, Czech Republic. Lithos, 78 (1-2): 67-99.

Jian P, Liu D Y, Sun X M, 2008. SHRIMP dating of the Permo-Carboniferous Jinshajiang ophiolite, southwestern China: geochronological constraints for the evolution of Paleo-Tethys. Journal of Asian Earth Sciences, 32 (5-6): 371-384.

Jian P, Liu D Y, Kröner A, et al., 2009a. Devonian to Permian plate tectonic cycle of the Paleo-Tethys Orogen in southwest China (Ⅰ): geochemistry of ophiolites, arc/back-arc assemblages and within-plate igneous rocks. Lithos, 113: 748-766.

Jian P, Liu D Y, Kröner A, et al., 2009b. Devonian to Permian plate tectonic cycle of the Paleo-Tethys Orogen in southwest China (Ⅱ): insights from zircon ages of ophiolites, arc/back-arc assemblages and within-plate igneous rocks and generation of the Emeishan CFB province. Lithos, 113: 767-784.

Jiang Y H, Jiang S Y, Ling H F, et al., 2006. Low-degree melting of a metasomatized lithospheric mantle for the origin of Cenozoic Yulong monzogranite-porphyry, east Tibet: geochemical and Sr-Nd-Pb-Hf isotopic constraints. Earth and Planetary Science Letters, 241: 617-633.

Johnson J W, Oelkers E H, Helgeson H C, 1992. SUPCRT92: a software package for calculating the standard molal thermodynamic properties of minerals, gases, aqueous species, and reactions from 1 to 5000 bar and 0 to 1000℃. Computers & Geosciences, 18 (7): 899-947.

Kajiwara Y, Krouse H R, 1971. Sulfur isotope partitioning in metallic sulfide systems. Canadian Journal of Earth Sciences, 8: 1397-1408.

Kalender L, 2011. Oxygen, carbon and sulphur isotope studies in the Keban Pb-Zn deposits, eastern Turkey: an approach on the origin of hydrothermal fluids. Journal of African Earth Sciences, 59: 341-348.

Kamenetsky V, Wolfe R, Eggins S, et al., 1999. Volatile exsolution at the Dinkidi Cu-Au porphyry deposit, Philippines: a melt-inclusion record of the initial ore-forming process. Geology, 27 (8): 691-694.

Katsumi M, Tetsuro U, Akiko G, et al., 2008. Mineralogy and isotope geochemistry of active submarine hydrothermal field at Suiyo Seamount, Izu-Bonin Arc, West Pacific Ocean. Resource Geology, 58 (3): 220-248.

Kay R W, 1978. Aleutian magnesian andesites: melts from subducted Pacific Ocean crust. Journal of Volcanology and Geothermal Research, 4: 117-132.

Keay S, Collins W J, McCulloch M T, 1997. A three-component Sr-Nd isotopic mixing model for granitoid genesis, Lachlan fold belt, eastern Australia. Geology, 25 (4): 307-310.

Kemp A I S, Hawkesworth C J, Foster G L, et al., 2007. Magmatic and crustal differentiation history of granitic rocks from Hf-O isotopes in zircon. Science, 315: 980-983.

Kempton P D, Harmon R S, 1992. Oxygen isotope evidence for large-scale hybridization of the lower crust during magmatic underplating. Geochimica et Cosmochimica Acta, 56 (3): 971-986.

Keppler H, Wyllie P J, 1991. Partitioning of Cu, Sn, Mo, W, U and Th between melt and aqueous fluid in the systems haplogranite-H_2O-HCl and haplogranite-H_2O-HF. Contributions to Mineralogy and Petrology, 109 (2): 139-150.

Kerrich R, Wyman D A, 1997. Review of developments in trace-element fingerprinting of geodynamic settings and their implications for mineral exploration. Australian Journal of Earth Sciences, 44 (4): 465-487.

Kerrich R, Goldfarb R, Groves D, et al., 2000. The geodynamics of world-class gold deposits: characteristics, space-time distribution, and origins. Journal of Polymer Science Part A-1 Polymer Chemistry, 9 (10): 2753-2762.

Keto L S, Jacobsen S B, 1988. Nd isotopic variations of Phanerozoic paleoceans. Earth & Planetary Science Letters, 90 (4): 395-410.

King E M, Valley J W, Davis D W, et al., 1998. Oxygen isotope ratios of Archean plutonic zircons from granite-greenstone belts of the superior province: indicator of magmatic source. Precambrian Research, 92: 365-387.

Kinzler R J, 1994. Melting of mantle peridotite at pressures approaching the spinel to garnet transition. Mineralogical Magazine, 102 (1): 483-484.

Klemm L M, Pettke T, Heinbicth C A, et al., 2007. Hydrothermal evolution of the El Teniente deposit, Chile: porphyry Cu-Mo ore deposition from low-salinity magmatic fluids. Economic Geology, 102 (6): 1021-1045.

Koptagela O, Ulusoyb U, Efe A, 2005. A study of sulfur isotopes in determining the genesis of Goynuk and Celaldagi Desandre Pb-Zn deposits, eastern Yahyali, Kayseri, Central Turkey. Journal of Asian Earth Sciences, 25 (2): 279-289.

Koschinsky A, Garbe-Schönberg D, Sander S, et al., 2008. Hydrothermal venting at pressure-temperature conditions above the critical point of seawater, 5°S on the Mid-Atlantic Ridge. Geology, 36 (8): 615-618.

Kwak T P, Tan T H, 1981. The importance of $CaCl_2$ in fluid composition trends: evidence from the King Island (Dolphin) skarn deposit. Economic Geology, 76 (4): 955-960.

Kwak T A P, 1986. Fluid inclusions in skarns (carbonate replacement deposits). Journal of Metamorphic Geology, 4 (4): 363-384.

Lai J, Chi G, 2007. CO_2-rich fluid inclusions with chalcopyrite daughter mineral from the Fenghuangshan Cu-Fe-Au deposit, China: implications for metal transport in vapor. Mineralium Deposita, 42 (3): 293-299.

Landtwing M R, Pettke T, Halter W E, et al., 2005. Copper deposition during quartz dissolution by cooling magmatic-hydrothermal fluids: the Bingham porphyry. Earth & Planetary Science Letters, 235 (1-2): 229-243.

Large R R, 1977. Chemical evolution and zonation of massive sulfide deposits in volcanic terrains. Economic Geology, 72 (4): 549-572.

Large R R, 1992. Australian volcanic-hosted massive sulfide deposits: features, styles, and genetic models. Economic Geology, 87 (3): 471-510.

Large R R, Bull S W, Winefield P R, 2001. Carbon and oxygen isotope halo in carbonates related to the McArthur River (HYC) Zn-Pb-Ag deposit, North Australia: implications for sedimentation, ore genesis, and mineral exploration. Economic Geology, 96 (7): 1567-1593.

Layne G D, Longstaffe F J, Spooner E T C, 1991. The JC tin skarn deposit, southern Yukon Territory: II, A carbon, oxygen, hydrogen, and sulfur stable isotope study. Economic Geology, 86 (1): 48-65.

Le Bas M J, Le Maitre R W, Streckeisen A, et al., 1986. A chemical classification of volcanic rocks based on the total alkali-silica diagram. Journal of Petrollgy, 27 (3): 745-750.

Leach D L, Bradley D, Lewchuk M T, et al., 2001. Mississippi valley-type lead-zinc deposits through geological time: implications from recent age-dating research. Mineralium Deposita, 36 (8): 711-740.

Leach D L, Marsh E, Emsbo P, et al., 2004. Nature of hydrothermal fluids at the shale-hosted red dog Zn-Pb-Ag deposits, Brooks Range, Alaska. Economic Geology, 99 (7): 1449-1480.

Leach D, Sangster D, Kelley K, et al., 2005. Sediment-hosted lead-zinc deposits: a global perspective. Economic Geology 100th Anniversary Volume: 100.

Li Q L, Li X H, Liu Y, et al., 2010. Precise U-Pb and Pb-Pb dating of Phanerozoic baddeleyite by SIMS with oxygen flooding technique. Journal of Analytical Atomic Spectrometry, 25: 1107-1113.

Li X H, Li W X, Li W X, et al., 2007. U-Pb zircon, geochemical and Sr-Nd-Hf isotopic constraints on age and origin of Jurassic I- and A-type granites from central Guangdong, SE China: a major igneous event in response to foundering of a subducted flat-slab? Lithos, 96: 186-204.

Li X H, Li W X, Wang X C, et al., 2009a. Role of mantle-derived magma in genesis of early Yanshanian granites in the Nanling Range, South China: in situ zircon Hf-O isotopic constraints. Science in China Series D: Earth Sciences, 52 (9): 1262-1278.

Li X H, Liu Y, Li Q L, et al., 2009b. Precise determination of Phanerozoic zircon Pb/Pb age by multicollector SIMS without external standardization. Geochemistry, Geophysics, Geosystems, 10: 1-21.

Lieben F, Moritz R, Fontboté L, 2000. Mineralogy, geochemistry, and age constraints on the Zn-Pb skarn deposit of Maria Cristina, Quebrada Galena, Northern Chile. Economic Geology and the Bulletin of the Society of Economic Geologists, 95 (6): 1185-1196.

Lilley M D, de Angelis M A D, Gordon L I, 1982. CH_4, H_2, CO and N_2O in submarine hydrothermal vent waters. Nature, 300 (5887): 48-50.

Liu W H, Mcphail D C, 2005. Thermodynamic properties of copper chloride complexes and copper transport in magmatic-hydrothermal solutions. Chemical Geology, 221 (1-2): 21-39.

Liu Y S, Hu Z C, Zong K Q, et al., 2010a. Reappraisement and refinement of zircon U-Pb isotope and trace element analyses by LA-ICP-MS. Chinese. Science Bulletin, 55 (15): 1535-1546.

Liu Y S, Gao S, Hu Z C, et al., 2010b. Continental and oceanic crust recycling-induced melt-peridotite interactions in the Trans-North China Orogen: U-Pb dating, Hf isotopes and trace elements in zircons from Mantle Xenoliths. Journal of Petrology, 51 (1-2): 537-571.

Lizasa K, Fiske R S, Ishizuka O, et al., 1999. A kuroko-type polymetallic sulfide deposit in a submarine silicic caldera. Science, 283 (5404): 975-977.

Loiselle M C, Wones D R, 1979. Characteristics and origin of anorogenic granites. Geol Soc Am Abstr Prog, 11: 468.

Lowell J D, Guilbert J M, 1970. Lateral and vertical alteration-mineralization zoning in porphyry ore deposits. Economic Geology, 65 (4): 373-408.

Lowenstern J B, Sinclair W D, 1996. Exsolved magmatic fluid and its role in the formation of comb-layered quartz at the Cretaceous Logtung W-Mo deposit, Yukon Territory, Canada. Earth & Environmental Science Transactions of the Royal Society of Edinburgh. Earth Sciences, 87 (1-2): 291-303.

Ludden J N, Thompson G, 1978. Behavior of rare earth elements during submarine weathering of tholeiitic basalts. Nature, 274: 147-149.

Ludwig K R, 2001. User's manual for Isoplot/Ex (rev. 2.49): a geochronological toolkit for Microsoft Excel. Berkeley Geochronology Center, Special Publication, 1a: 55.

Ludwig K, 2003. User's manual for Isoplot 3.00: a geochronological toolkit for Microsoft Excel. Berkeley Geochronology Centre Special Publication, 4: 1-74.

Luhr J F, Haldar D, 2006. Barren island volcano (NE Indian Ocean): island-arc high-alumina basalts produced by troctolite contamination. Journal of Volcanology and Geothermal Research, 149: 177-212.

Lydon J W, 1984. Ore deposit models- 8. Volcanogenic massive sulphide deposits Part I: a descriptive model. Geoscience Canada, 11 (4): 195-202.

Lydon J W, 1988. Ore deposit models- 14. Volcanogenic massive sulphide deposits Part 2: genetic models. Geoscience Canada, 15 (1): 43-65.

Lydon J W, 1996. Characteristics of volcanogenic massive sulphide deposits: interpretations in terms of hydrothermal convection systems and magmatic hydrothermal systems. Bol Geol Min, 107 (5): 215-264.

Ma C Q, Ehlers C, Xu C H, et al., 2000. The roots of the Dabieshan ultrahigh-pressure metamorphic terrane: constraints from geochemistry and Nd-Sr isotope systematics. Precambrian Research, 102: 279-301.

MacDonald G A, Eaton J P, 1964. Hawaiian volcanoes during 1955. US Geology Survey Bulletin, 1171: 1-170.

Martin H, 1999. Adakitic magmas: modern analogues of Archaean granitoids. Lithos, 46: 411-429.

Martin H, Smithies R H, Rapp R, et al., 2005. An overview of adakite, tonalite-trondhjemite-granodiorite (TTG), and sanukitoid: relationships and some implications for crustal evolution. Lithos, 79: 1-24.

Mason B, 1977. The RAS Tanura, Saudi Arabia, chondrite. Smithsonian Contributions to the Earth Sciences.

Mathur R, Ruiz J, Titley S, et al., 2005. Cu isotopic fractionation in the supergene environment with and without bacteria. Geochimica et Cosmochimica Acta, 69 (22): 5233-5246.

Matsuhisa Y, Morishita Y, Sato T, 1985. Oxygen and carbon isotope variations in gold-bearing hydrothermal veins in the Kushikino mining area, southern Kyushu, Japan. Economic Geology, 80 (2): 283-293.

Mckenzie M, O'Nions R K, 1991. Partial melt distributions from inversion of rare earth element concentrations. Journal of Petrology, 32 (5): 1021-1091.

Megaw P K M, Ruiz J, Titley S R, 1988. High-temperature, carbonate-hosted Ag-Pb-Zn (Cu) deposits of northern Mexico. Economic Geology, 83 (8): 1856-1885.

Meinert L D, 1982. Skarn, manto, and breccia pipe formation in sedimentary rocks of the Cananea mining district, Sonora, Mexico. Economic Geology, 77 (4): 919-949.

Meinert L D, 1987. Skarn zonation and fluid evolution in the Groundhog Mine, central mining district, New Mexico. Economic Geology, 82 (3): 523-545.

Meinert L D, 1992. Skarn and skarn deposits. Geoscience Canada, 19 (4): 145-162.

Meinert L D, 1995. Composition variation of igneous rocks associated with skarn deposits: chemical evidence for a genetic connection between petrogenesis and mineralization. Mineralogical Association of Canada Short Course Series, 23: 401-418.

Meinert L D, Hefton K K, Mayes D, et al., 1997. Geology, zonation, and fluid evolution of the big Gossan Cu-Au skarn deposit, Ertsberg district: Irian Jaya. Economic Geology and the Bulletin of the Society of Economic Geologists, 92 (5): 509-534.

Meinert L D, Hedenquist J W, Satoh H, et al., 2003. Formation of anhydrous and hydrous skarn in Cu-Au ore deposits by magmatic fluids. Economic Geology and the Bulletin of the Society of Economic Geologists, 98 (1): 147-156.

Meinert L D, Dipple G M, Nicolescu S, 2005. World skarn deposits. Economic Geology 100th Anniversary Volume: 299-336.

Meng X, Mao J, Zhang C, et al., 2016. The timing, origin and T-fO_2 crystallization conditions of long-lived magmatism at the Yangla copper deposit, Sanjiang Tethyan orogenic belt: implications for post-collisional magmatic-hydrothermal ore formation. Gondwana Research, 40: 211-229.

Menzies M A, Halliday A N, Palacz Z, et al., 1987. Evidence from mantle xenoliths for an enriched lithospheric keel under the Outer Hebrides. Nature, 325: 44-47.

Mertig H J, Rubin J N, Kyle J R, 1994. Skarn Cu-Au orebodies of the Gunung Bijih (Ertsberg) district, Irian Jaya, Indonesia. Journal of Geochemical Exploration, 50 (1-3): 179-202.

Meschede M, 1986. A method of discriminating between different types of mid-ocean ridge basalts and continental tholeiites with the Nb/Zr/Y diagram. Chemical Geology, 56: 207-218.

Metcalfe I, 2002. Permian tectonic framework and paleogeography of SE Asia. Journal of Asian Earth Sciences, 20: 551-566.

Metcalfe I, 2006. Palaeozoic and Mesozoic tectonic evolution and palaeogeography of East Asian crustal fragments: the Korean Peninsula in context. Gondwana Research, 9: 24-46.

Middlemost E, 1994. Naming materials in the magma/igneous rock system. Earth-Science Reviews, 37: 215-224.

Mo X X, Hou Z Q, Niu Y L, et al., 2007. Mantle contributions to crustal thickening during continental collision: evidence from Cenozoic igneous rocks in southern Tibet. Lithos, 96 (1-2): 225-242.

Moritz R, 2006. Fluid salinities obtained by infrared microthennometry of opaque minerals: Implications for ore deposit modeling—a note of caution. Journal of Geochemical Exploration, 89 (1-3): 284-287.

Mortensen J K, Hall B V, Bissig T, et al., 2008. Age and paleotectonic setting of volcanogenic massive sulfide deposits in the Guerrero Terrane of central Mexico: constraints from U-Pb age and Pb isotope studies. Economic Geology, 103 (1): 117-140.

Mottl M J, Holland H D, 1978. Chemical exchange during hydrothermal alteration of basalt by seawater— I. Experimental results for major and minor components of seawater. Geochimica et Cosmochimica Acta, 42 (8): 1103-1115.

Mountain B W, Seward T M, 2003. Hydrosulfide/sulfide complexes of copper (I): experimental confirmation of the stoichiometry and stability of $Cu(HS)_2^-$ to elevated temperatures. Geochimica et Cosmochimica Acta, 67 (16): 3005-3014.

Moyen J F, 2009. High Sr/Y and La/Yb ratios: the meaning of the "adakitic signature". Lithos, 112: 556-574.

Muehlenbachs K, Clayton R N, 1976. Oxygen isotope composition of the oceanic crust and its bearing on seawater. Journal of Geophysical Research, 81 (23): 4365-4369.

Mullen E D, 1983. $MnO/TiO_2/P_2O_5$: a minor element discriminant for basaltic rocks of oceanic environments and its implications for petrogenesis. Earth and Planetary Science Letters, 62 (1): 53-62.

Mungall J E, 2002. Roasting the mantle: slab melting and the genesis of major Au and Au-rich Cu deposits. Geology, 30 (10): 915-918.

Münker C, 1998. Nb/Ta fractionation in a Cambrian arc/back arc system, New Zealand: source constraints and application of refined ICPMS techniques. Chemical Geology, 144 (1): 23-45.

Nagaseki H, Hayashi K, 2008. Experimental study of the behavior of copper and zinc in a boiling hydrothermal system. Geology, 36 (1): 27-30.

Naito K, Fukahori Y, He P, et al., 1995. Oxygen and carbon isotope zonations of wall rocks around the Kamioka Pb-Zn skarn deposits, central Japan: application to prospecting. Journal of Geochemical Exploration, 54 (3): 199-211.

Nakano T, Yoshino T, Shimazaki H, et al., 1994. Pyroxene composition as an indicator in the classification of skarn deposits. Economic Geology, 89 (7): 1567-1580.

Nehlig P, Cassard D, Marcoux E, 1997. Geometry and genesis of feeder zones of massive sulphide deposits: constraints from the Rio Tinto ore deposit (Spain). Mineralium Deposita, 33 (1-2): 137-149.

Nowell G M, Kempton P D, Noble S R, et al., 1998. High precision Hf isotope measurements of MORB and OIB by thermal ionization mass spectrometry: insights into the depleted mantle. Chemical Geology, 149: 211-233.

Ohmoto H, 1972. Systematics of sulfur and carbon isotopes in hydrothermal ore deposits. Economic Geology, 67 (5): 551-578.

Ohmoto H, 1986. Stable isotopes geochemistry of ore deposits. Reviews in Mineralogy & Geochemistry, 16: 491-559.

Ohmoto H, Rye R O, 1979. Isotope geochemistry of ore deposits//Barnes H L. Geochemistry of Hydrothermal Ore Deposits. New Jersey: John Wiley & Sons: 509-567.

Oldenburg C M, Spera F J, Yuen D A, et al., 1989. Dynamic mixing in magma bodies- theory, simulations and implications. Journal of Geophysical Research: Solid Earth, 94: 9215-9236.

Oyarzun R, Marquez A, Lillo J, et al., 2001. Giant versus small porphyry copper deposits of Cenozoic age in northern Chile: adakitic versus normal calc-alkaline magmatism. Mineralium Deposita, 36: 794-798.

O'Neil J R, Clayton R N, Mayeda T K, 1969. Oxygen isotope fractionation in divalent metal carbonates. The Journal of Chemical Physics, 51: 5547-5558.

Pan J Y, Zhang Q, Ma D S, 2001. Cherts from the Yangla copper deposit, western Yunnan Province: geochemical characteristics and relationship with massive sulfide mineralization. Science in China Series D: Earth Sciences, 44 (3): 237-244.

Pan Y, Dong P, 1999. The Lower Changjiang Yangzi / Yangtze River metallogenic belt, east central China: intrusion- and wall rock-hosted Cu-Fe-Au, Mo, Zn, Pb, Ag deposits. Ore Geology Reviews, 15: 177-242.

Pat Shanks III W C, Thurston R, 2010. Volcanogenic massive sulfide occurrence model. Scientific Investigations Report 2010-5070-C, U. S. Department of the Interior, U. S. Geological Survey.

Peacock S M, 1993. Large-scale hydration of the lithosphere above subducting slabs. Chemical Geology, 108 (1-4): 49-59.

Pearce J A, Harris N B W, Tindle A G, 1984. Trace element discrimination diagrams for the tectonic interpretation of granitic rocks. Jounal of Petrology, 25 (4): 956-983.

Pearce J A, Barker P E, Harvey P K, et al. 1995. Geochemical evidence for subduction fluxes, mantle melting and fractional crystallization beneath the South Sandwich Island Arc. Journal of Petrology, 36 (4): 1073-1109.

Pearce J A, Stern R J, Bloomer S H, et al., 2005. Geochemical mapping of the Mariana arc-basin system: implications for the nature and distribution of subduction components. Geochemistry Geophysics Geosystems, 6 (7): 1-27.

Pearce N J G, Leng M J, 1996. The origin of carbonatites and related rocks from the Igaliko Dyke Swarm, Gardar Province, South Greenland: field, geochemical and C-O-Sr-Nd isotope evidence. Lithos, 39: 21-40.

Peng T P, Wang Y J, Fan W M, et al., 2006. Early Mesozoic acidic volcanic rocks from the southern Lancangjiang zone: zircon SHRIMP U-Pb geochronology and tectonic implications. Science in China Series D: Earth Sciences, 39: 123-132.

Peressini G, Quick J E, Sinigoi S, et al., 2007. Duration of a large mafic intrusion and heat transfer in the lower crust: a SHRIMP U-Pb zircon study in the Ivrea-Verbano Zone (Western Alps, Italy). Journal of Petrology, 48 (6): 1185-1218.

Philippot P, 2015. Fluid Inclusions. Springer Berlin Heidelberg: 859-863.

Phillips G N, Evans K A, 2004. Role of CO_2 in the formation of gold deposits. Nature, 429 (6994): 860-863.

Philpotts A R, 1976. Silicate liquid immiscibility: its probable extent and petrogenetic significance. American Journal of Science, 276 (9): 1147-1177.

Philpotts J A, Schnetzler C C, 1970. Phenocryst-matrix partition coefficients for K, Rb, Sr and Ba with applications to anorthosite and basalt genesis. Geochimica et Cosmochimica Acta, 34 (3): 307-322.

Piercey S J, 2011. The setting, style, and role of magmatism in the formation of volcanogenic massive sulfide deposits. Mineralium Deposita, 46 (5-6): 449-471.

Pinckney D M, Rafter T A, 1972. Fractionation of sulphur isotopes during ore deposition in the Upper Mississippi Valley zinc-lead district. Economic Geology, 67: 315-328.

Pisutha-Arnond V, Ohmoto H, 1983. Thermal history, and chemical and isotopic compositions of the ore-forming fluids responsible for the Kuroko massive sulfide deposits in the Hokuroku district of Japan//Ohmoto H, Skinner B J. The Kuroko and Related Volcanogenic Massive Sulfide Deposits. Econ Geol Monograph, 5: 39-54.

Plank T, Langmuir C H, 1998. The chemical composition of subducting sediment and its consequences for the crust and mantle. Chemical Geology, 145: 325-394.

Pokrovski G S, Borisova A Y, Bychkov A Y, 2013. Speciation and transport of metals and metalloids in geological vapors. Reviews in Mineralogy and Geochemistry, 76 (1): 165-218.

Qi L, Hu J, Gregoire D C, 2000. Determination of trace elements in granites by inductively coupled plasma mass spectrometry. Talanta, 51 (3): 507-513.

Qin K, Ishihara S, 1998. On the possibility of porphyry copper mineralization in Japan. International Geology Review, 40 (6): 539-551.

Raith J, 1991. Stratabound tungsten mineralization in regional metamorphic calc-silicate rocks from the Austroalpine Crystalline Complex, Austria. Mineralium Deposita, 26 (1): 72-80.

Ray J S, Ramesh R, 1999. Evolution of carbonatite complexes of the Deccan flood basalt province: stable carbon and oxygen isotopic constraints. Journal of Geophysical Research, 104 (B12): 29471-29483.

Ray J S, Veizer J, Davis W J, 2003. C, O, Sr and Pb isotope systematic of carbonate sequences of the Vinhyan Supergroup India Age, Diagenesis, correlations and implications for global events. Precambrian Research, 121: 103-140.

Reed M H, 1982. Calculation of multicomponent chemical equilibria and reaction processes in systems involving minerals, gases and an aqueous phase. Geochimica et Cosmochimica Acta, 46 (4): 513-528.

Reed M H, Palandri J, 2006. Sulfde mineral precipitation from hydrothermal fluids. Reviews in Mineralogy and Geochemistry, 61: 609-631.

Rees C E, 1973. A steady-state model for sulphur isotope fractionation in bacterial reduction processes. Geochimica et Cosmochimica Acta, 37 (5): 1141-1162.

Reid A, Wilson C J L, Liu S, et al., 2007. Mesozoic plutons of the Yidun Arc, SW China: U/Pb geochronology and Hf isotopic signature. Ore Geology Reviews, 22: 177-199.

Reid A, Wilson C J L, Phillips D, et al., 2005. Mesozoic cooling across the Yidun Arc, central-eastern Tibetan Plateau: a reconnaissance $^{40}Ar/^{39}Ar$ study. Tectonophysics, 398: 45-66.

Reid D L, Cooper A F, 1992. Oxygen and carbon isotope patterns in the Dicker Willem carbonatite complex, southern Namibia. Chemical Geology, 94: 293-305.

Ren T, Zhang X, Han R, et al., 2015. Carbon-oxygen isotopic covariations of calcite from Langdu skarn copper deposit, China: implications for sulfide precipitation. Chinese Journal of Geochemistry, 34 (1): 21-27.

Richards J P, 2003. Tectono-magmatic precursors for porphyry Cu- (Mo-Au) deposit formation. Economic Geology, 98 (8): 1515-1533.

Richards J P, 2011. Magmatic to hydrothermal metal fluxes in convergent and collided margins. Ore Geology Reviews, 40 (1): 1-26.

Richards J P, 2015. The oxidation state, and sulfur and Cu contents of arc magmas: implications for metallogeny. Lithos, 233: 27-45.

Robb L, 2005. Introduction to Ore-forming Processes. Malden, MA: Blackwell Publishing.

Rock N M S, 1987. The need for standardization of normalized multi-element diagrams in geochemistry: a comment. Geochemistry Journal, 21: 75-84.

Rock N M S, 1988. Summary statistics in geochemistry: a study of the performance of robust estimates. Mathematical Geology, 20: 243-275.

Roedder E, 1951. Low temperature liquid immiscibility in the system $K_2O-FeO-Al_2O_3-SiO_2$. American Mineralogist, 36 (3-4): 282-286.

Roedder E, 1979. Origin and significance of magmatic inclusions. Bulletin de Mineralogie, 102 (5): 487-510.

Roedder E, 1984. Fluid inclusions. Reviews in Mineralogy, 12: 1-644.

Roedder E, Bodnar R J, 1980. Geologic pressure determinations from fluid inclusion studies. Annual Review of Earth and Planetary Sciences, 8: 263-301.

Roger F, Malavieillea J, Leloupb P H, et al., 2004. Timing of granite emplacement and cooling in the Songpan-Garze Fold Belt (eastern Tibetan Plateau) with tectonic implications. Journal of Asian Earth Sciences, 22: 465-481.

Rogers G, Saunders A D, Terrell D J, et al., 1985. Geochemistry of Holocene volcanic rocks associated with ridge subduction in Baja California, Mexico. Nature, 315: 389-392.

Rollinson H R, 1993. Using geochemical data: evaluation, presentation, interpretation. New York: Longman Group UK Ltd.

Rowins S M, 2000. Reduced porphyry copper-gold deposits: a new variation on an old theme. Geology, 28 (6): 491.

Rubin J N, Richard K J, 1988. Mineralogy and geochemistry of the San Martin skarn deposit, Zacatecas. Economic Geology, 83 (8): 1782-1801.

Rubin J N, Richard K J, 1997. Precious metal mineralogy in porphyry-skarn- and replacement-type ore deposits of the Ertsberg (Gunung Bijih) District, Irian Jaya, Indonesia. Economic Geology, 92 (5): 535-550.

Rudnick R L, Fountain D M, 1995. Nature and composition of the continental crust: a lower crustal perspective. Reviews of Geophysics, 33 (3): 267-309.

Rusk B G, Reed M H, Dilles J H, 2008. Fluid inclusion evidence for magmatic-hydrothermal fluid evolution in the porphyry copper-molybdenum deposit at Butte, Montana. Economic Geology, 103 (2): 307-334.

Rye D M, Williams N, 1981. Studies of the base metal sulfide deposits at McArthur River, Northern Territory, Australia: Ⅲ, The stable isotope geochemistry of the H. Y. C., Ridge, and Cooley deposits. Economic Geology, 76 (1): 1-26.

Ryerson F J, Hess P C, 1978. Implications of liquid-liquid distribution coefficients to mineral-liquid partitioning. Geochimica et Cosmochimica Acta, 42 (6): 921-932.

Sajona F G, Maury R C, 1998. Association of adakites with gold and copper mineralization in the Philippines. Comptes Rendus de L'Académie des Sciences-Earth and Planetary Science, 326 (1): 27-34.

Sangster D F, Scott S D, 1976. Precambrian, strata-bound, massive Cu-Zn-Pb sulfide ores of North America// Wolf K H. Handbook of Strata-Bound and Stratiform Ore Deposits. Amsterdam: Elsevier.

Schardt C, Large R R, 2009. New insights into the genesis of volcanic-hosted massive sulfide deposits on the seafloor from numerical modeling studies. Ore Geology Reviews, 35: 333-351.

Scherer E E, Cameron K L, Blichert-Toft J, 2000. Lu-Hf garnet geochronology: closure temperature relative to the Sm-Nd system and the effects of trace mineral inclusions. Geochimica et Cosmochimica Acta, 64 (19): 3413-3432.

Schmidt M W, Dardon A, Chazot G, et al., 2004. The dependence of Nb and Ta rutile-melt partitioning on melt composition and Nb/Ta fractionation during subduction processes. Earth Planetary Science Letters, 226: 415-432.

Schnetzler C C, Philpotts J A, 1970. Partition coefficients of rare earth elements between igneous matrix material and rock-forming mineral phenocrysts. Geochimica et Cosmochimica Acta, 34 (3): 331-340.

Schwarz-Schampera U, Terblanche H, Oberthür T, 2010. Volcanic-hosted massive sulfide deposits in the Murchison greenstone belt, South Africa. Mineralium Deposita, 45 (2): 113-145.

Seedorff E, Dilles J, Proffett J M, et al., 2005. Porphyry deposits: characteristics and origin of hypogene features. Economic Geology 100th Anniversary Volume: 251-298.

Selby D, Creaser R A, Hart C J R, et al., 2002. Absolute timing of sulfide and gold mineralization: a comparison of Re-Os molybdenite and Ar-Ar mica methods from the Tintina Gold Belt, Alaska. Geology, 30 (9): 791-794.

Seyfried W, Bischoff J L, 1977. Hydrothermal transport of heavy metals by seawater: the role of seawater/basalt ratio. Earth & Planetary Science Letters, 34 (1): 71-77.

Seyfried W E, Shanks W, 2004. Alteration and mass transport in mid-ocean ridge hydrothermal systems: controls on the chemical and isotopic evolution of high-temperature crustal fluids, hydrogeology of the oceanic lithosphere. Cambridge: Cambridge University Press: 451-495.

Shanks W C, 2001. Stable isotopes in seafloor hydrothermal systems: vent fluids, hydrothermal deposits, hydrothermal alteration, and microbial processes. Reviews in Mineralogy & Geochemistry, 43 (1): 469-525.

Shaw D W, 1970. Trace elements in pelitic rocks. Geochimica et Cosmochimica Acta, 34: 237-243.

Shen P, Shen Y, Liu T, et al., 2009. Geochemical signature of porphyries in the Baogutu porphyry copper belt, western Junggar, NW China. Gondwana Research, 16 (2): 227-242.

Shepherd T J, Rankin A H, Alderton D H M, et al., 1986. A practical guide to fluid inclusion studies. Mineralogical Magazine, 50 (356): 352-353.

Shepherd T J, Rankin A H, Alderton D, 1985. A practical guide to fluid inclusion studies. Blackie: Chapman & Hall.

Sherlock R L, Roth T, Spooner E T C, et al., 1999. Origin of the Eskay Creek precious metal-rich volcanogenic massive sulfide deposit, fluid inclusion and stable isotope evidence. Economic Geology, 94 (6): 803-824.

Shimazaki H, Kusakabe M, 1990. Oxygen isotope study of the Kamioka Zn-Pb skarn deposits, Central Japan. Mineralium Deposita, 25 (3): 221-229.

Shimazaki H, Sakai H, 1984. Regional variation of sulfur isotopic composition of skarn deposits in the westernmost part of the Inner Zone of Southwest Japan. Shigen-Chishitsu, 34: 419-424.

Shimazaki H, Yamamoto M, 1979. Sulfur isotope ratios of some Japanese skarn deposits. Geochemical Journal, 13 (6): 261-268.

Shimazaki H, Yamamoto M, 1983. Sulfur isotope ratios of the Akatani, Iide and Waga-Sennin skarn deposits, and their bearing on mineralizations in the "Green Tuff" region, Japan. Geochemical Journal, 17: 197-207.

Shimazaki H, Shimizu M, Nakano T, 1986. Carbon and oxygen isotopes of calcites from Japanese skarn deposits. Geochemical Journal, 20 (6): 297-310.

Shinohara H, Hedenquist J W, 1997. Constraints on magma degassing beneath the Far Southeast porphyry Cu-Au deposit, Philippines. Journal of Petrology, 38 (12): 1741-1752.

Sillitoe R H, 1972. A plate tectonic model for the origin of porphyry copper deposits. Economic Geology, 67 (2): 184-197.

Sillitoe R H, 1976. Andean mineralization: a model for the metallogeny of convergent plate margins. Metallogeny and Plate Tectonic, 14: 59-100.

Sillitoe R H, 1997. Characteristics and controls of the largest porphyry Cu-Au and epithermal Au deposits in the Circum-Pacific region. Australian Journal of Earth Sciences, 44 (3): 373-388.

Sillitoe R H, 1998. Major regional factors favouring large size, high hypogene grade, elevated gold content and supergene oxidation and enrichment of porphyry copper deposits//Porter T. Porphyry and Hydrothermal Copper and Gold Deposits, a Global Perspective. Perth: Australian Mineral Foundation: 21-34.

Sillitoe R H, 2010. Porphyry copper systems. Economic Geology, 105 (1): 3-41.

Silva K K M W, Siriwardena C H E R, 1988. Geology and the origin of the corundum-bearing skarn at Bakamuna, Sri Lanka. Mineralium Deposita, 23 (3): 186-190.

Simon A C, Pettke T, Candela P A, et al., 2006. Copper partitioning in amelt-vapor-brine-magnetite-pyrrhotite assemblage. Geochimica et Cosmochimica Acta, 70 (22): 5583-5600.

Singer D A, 2017. Future copper resources. Ore Geology Reviews, 86: 271-279.

Singer D A, Berger V I, Menzie W D, et al., 2005. Porphyry copper deposit density. Economic Geology, 100 (3): 491-514.

Singoyi B, Zaw K, 2001. A petrological and fluid inclusion study of magnetite-scheelite skarn mineralization at Kara, Northwestern Tasmania: implications for ore genesis. Chemical Geology, 173 (1-3): 239-253.

Skaarup P, 1974. Strata-bound scheelite mineralisation in skarns and gneisses from the Bindal area, Northern Norway. Mineralium Deposita, 9 (4): 299-308.

Sláma J, Kostler J, Condon D J, et al., 2008. Pleovice—a new natural reference material for U-Pb and Hf isotopic analysis. Chemical Geology, 197: 111-142.

Smith C M, Canil D, Rowins S M, et al., 2012. Reduced granitic magmas in an arc setting: the Catface porphyry Cu-Mo deposit of the Paleogene Cascade Arc. Lithos, 154 (6): 361-373.

Smith M P, Henderson P, Jeffries T E R, et al., 2004. The rare earth elements and uranium in garnets from the Beinn an Dubhaich Aureole, Skye, Scotland, UK: constraints on processes in a dynamic hydrothermal system. Journal of Petrology, 45 (3): 457-484.

Smoliar M I, Walker R J, Morgan J W, 1996. Re-Os ages of group ⅡA, ⅢA, ⅣA, and ⅣB iron meteorites. Science, 271 (5252): 1099-1102.

Solomon M, 1990. Subduction, arc reversal, and origin of porphyry copper-gold deposits in island arcs. Geology, 18 (7): 630-633.

Stacey J S, Kramers J D, 1975. Approximation of terrestrial lead isotope evolution by a two-stage model. Earth and Planetary and Sciences Letters, 26: 207-221.

Stanton R, 1983. The direct derivation of sillimanite from a kaolinitic precursor, evidence from the Geco Mine, Manitouwadge, Ontario. Economic geology, 78 (3): 422.

Stefánnson A, Seward T M, 2004. Gold (Ⅰ) complexing in aqueous sulphide solutions to 500℃ at 500 bar. Geochimica et Cosmochimica Acta, 68 (20): 4121-4143.

Stowell H, Zuluaga C, Boyle A, et al., 2011. Garnet sector and oscillatory zoning linked with changes in crystal morphology during rapid growth, North Cascades, Washington. American Mineralogist, 96 (8-9): 1354-1362.

Stuart F M, Burnard P G, Taylor R P, et al., 1995. Resolving mantle and crustal contributions to ancient hydrothermal fluids: He-Ar isotopes in fluid inclusions from Dae Hwa W-Mo mineralisation, South Korea. Geochimica et Cosmochimica Acta, 59 (22): 4663-4673.

Sun S S, McDonough W F, 1989. Chemical and isotopic systematics of oceanic basalts: implications for mantle composition and processes. Geological Society London Special Publications, 42: 313-345.

Sun W, Arculus R J, Kamenetsky V S, et al., 2004. Release of gold-bearing fluids in convergent margin magmas prompted by magnetite crystallization. Nature, 431 (7011): 975-978.

Sun W, Ding X, Hu Y H, et al., 2007. The golden transformation of the Cretaceous plate subduction in the west Pacific. Earth and Planetary Science Letters, 262 (3): 533-542.

Sun W, Zhang H, Ling M X, et al., 2011. The genetic association of adakites and Cu-Au ore deposits. International Geology Review, 53 (5-6): 691-703.

Sun W, Huang R F, Li H, et al., 2015. Porphyry deposits and oxidized magmas. Ore Geology Reviews, 65: 97-131.

Sylvester P J. 1998. Post-collisional strongly peraluminous granites. Lithos, 45 (1-4): 29-44.

Symonds R B, Gerlach T M, Reed M H, 2001. Magmatic gas scrubbing: implications for volcano monitoring. Journal of Volcanology & Geothermal Research, 108 (1-4): 303-341.

Takeno N, Sawaki T, Murakami H, et al., 1999. Fluid inclusion study of skarns in the Maruyama deposit, the Kamioka mine, central Japan. Resource Geology, 49 (4): 233-242.

Taran Y A, Hedenquist J W, Korzhinsky M A, et al., 1995. Geochemistry of magmatic gases from Kudryavy volcano, Iturup, Kuril Islands. Geochimica et Cosmochimica Acta, 59 (9): 1749-1761.

Tatsumi Y, Hamilton D L, Nesbitt R W, 1986. Chemical characteristics of fluid phase released from a subducted lithosphere and origin of arc magmas: evidence from high-pressure experiments and natural rocks. Journal of Volcanology & Geothermal Research, 29 (1-4): 293-309.

Taylor Jr H P, 1974. The application of oxygen and hydrogen isotope studies to ptoblems of hydrothermal alteration and ore deposition. Economic Geology, 69 (6): 843-883.

Taylor Jr H P, Frechen J, Degens E T, 1967. Oxygen and carbon isotope studies of carbonatites from the Laacher See District, West Germany and the Alno District Sweden. Geochimica et Cosmochimica Acta, 31: 407-430.

Taylor S R, McLennan S M, 1985. The continental crust: its composition and evolution. The Journal of Geology, 94 (4): 57-72.

Theodore T G, Blake D W, 1975. Geology and geochemistry of the Copper Canyon porphyry copper deposit and surrounding area, Lander County, Nevada. U. S. Geological Survey Professional Paper 798-B.

Thiéblemont D, Stein G, Lescuyer J L, 1997. Gisements épithermaux etaporphyriques: la connexion adakite. Comptes Rendus de Lacadémie des Sciences - Series IIA - Earth and Planetary Science, 325 (325): 103-109.

Titley R S R, 2001. Crustal affinities of metallogenesis in the American Southwest. Economic Geology, 96 (6): 1323-1342.

Truesdell A H, 1974. Oxygen isotope actives and concentrations in aqueous salt solutions at elevated temperatures: consequences for isotope geothermometry. Earth and Planetary Science Letters, 23: 387-396.

Turner S, Sandiford M, Foden J, 1992. Some geodynamic and compositional constraints on "postorogenic" magmatism. Geology, 20: 931-934.

Ujike O, 1988. Probable mineralogic control on the mantle metasomatic fluid composition beneath the Northeast Japan arc. Geochimica et Cosmochimica Acta, 52 (8): 2037-2046.

Ulrich T, Gunther D, Heinrich C A, 1999. Gold concentrations of magmatic brines and the metal budget of porphyry copper deposits. Nature, 399 (6737): 676-679.

Ulrich T, Goldinga S D, Kamberb B S, et al., 2002. Different mineralization styles in a volcanic-hosted ore deposit: the fluid and isotopic signatures of the Mt Morgan Au-Cu deposit, Australia. Ore Geology Reviews, 22: 61-90.

United States Geological Survey (USGS), 2020. Mineral Commodity Summaries 2020. U. S. Geological Survey: 1-200.

Valley J W, Chiarenelli J R, McLelland J M, 1994. Oxygen isotope geochemistry of zircon. Earth and Planetary Science Letters, 126: 187-206.

Valley J W, Lackey J S, Cavosie A J, et al., 2005. 4.4 billion years of crustal maturation: oxygen isotope ratios of magmatic zircon. Contributions to Minerallogy and Petrology, 150: 561-580.

Veizer J, Hoefs J, 1976. The nature of $^{18}O/^{16}O$ and $^{13}C/^{12}C$ secular trends in sedimentary carbonate rocks. Geochimica et Cosmochimica Acta, 40: 1387-1395.

Vernon R H, 1984. Microgranitoid enclaves in granites-globules of hybrid magma quenched in a plutonic environment. Nature, 309: 438-439.

Vernon R H, Etheridge M A, Wall V J, 1988. Shape and microstructure of microgranitoid enclaves: indicators of magma mingling and flow. Lithos, 22: 1-11.

Vervoort J D, Blichert-Toft J, 1999. Evolution of the depleted mantle: Hf isotope evidence from juvenile rocks through time. Geochimica et Cosmochimica Acta, 63: 533-556.

Vidal P, Dupuy C, Maury R, et al., 1989. Mantle metasomatism above subduction zones: trace-element and radiogenic isotope characteristics of peridotite xenoliths from Batan Island (Philippines). Geology, 17 (12): 1115-1118.

Walter M J, 1998. Melting of garnet peridotite and the origin of komatiite and depleted lithosphere. Journal of Petrology, 39 (1): 29-60.

Wang P, Glover L, 1992. A tectonics test of the most commonly used geochemical discriminant diagrams and patterns. Earth Science Reviews, 33: 111-131.

Wang Q, Wyman D A, Xu J F, et al., 2007. Partial melting of thickened or delaminated lower crust in the middle of Eastern China: implications for Cu-Au mineralization. Journal of Geology, 115 (2): 149-161.

Wang X F, Metcalfe I, Jian P, et al., 2000. The Jinshajiang-Ailaoshan Suture Zone, China: tectonostratigraphy, age and evolution. Journal of Asian Earth Sciences, 18: 675-690.

Wang Y J, Zhang A M, Fan W M, et al., 2010. Petrogenesis of late Triassicpost-collisional basaltic rocks of the Lancangjiang tectonic zone, southwest China, and tectonic implications for the evolution of the eastern Paleotethys: geochronological and geochemical constraints. Lithos, 120: 529-546.

Wass S Y, Henderson P, Elliott C J, 1980. The evidence for chemical heterogeneity in the Earth's mantle chemical heterogeneity and metasomatism in the upper mantle: evidence from rare earth and other elements in apatite-rich xenoliths in basaltic rocks from Eastern Australia. Philosophical Transactions of the Royal Society of London, Series A, Mathematical and Physical Sciences: 333-346.

Weaver B L, 1991a. The origin of ocean island basalt end-member compositions: trace element and isotopic constraints. Earth and Planetary Science Letters, 101: 381-397.

Weaver B L, 1991b. Trace element evidence for the origin of ocean-island basalts. Geology, 19 (2): 123-126.

Weyer S, Münker C, Mezger K, 2003. Nb/Ta, Zr/Hf and REE in the depleted mantle: implications for the differentiation history of the crust-mantle system. Earth and Planetary Science Letters, 205: 309-324.

Whalen J B, Currie K L, Chappell B W, 1987. A-type granites: geochemical characteristics, discrimination and petrogenesis. Contribution to Mineralogy and Petrology, 95: 407-419.

White A J R, Chappell B W, 1977. Ultrametamorphism and granitoid genesis. Tectonophysics, 43: 7-22.

Wiebe R A, Smith D, Sturn M, et al., 1997. Enclaves in the Cadillac mountain granite (Coastal Maine): samples of hybrid magma from the base of the chamber. Journal of Petrology, 38: 393-426.

Wiedenbeck M, Alle P, Corfu F, et al., 1995. Three natural zircon standards for U-Th-Pb, Lu-Hf, trace-element and REE analyses. Geostandards Newsletter, 19: 1-23.

Wiedenbeck M, Hanchar J M, Peck W H, et al., 2004. Further characterisation of the 91500 zircon crystal. Geostandards Geoanalytical Research, 28: 9-39.

Williams I S, Claesson S, 1987. Isotopic evidence for the Precambrian provenance and Caledonian metamorphism of high grade paragneisses from the Seve Mappes, Scandinavian Caledonides, II. Ion microprobe zircon U-Th-

Pb. Contributions to Mineralogy Petrology, 97: 205-217.

Williams P J, Barton M D, Fontbote L, et al., 2005. Iron oxide-copper-gold deposits: geology, space-time distribution and possible modes of origin. Economic Geology, 100th Anniversary Volume: 371-405.

Williams-Jones A E, Heinrich C A, 2005. Vapor transport of metals and the formation of magmatic-hydrothermal ore deposits. Economic Geology, 100 (7): 1287-1312.

Wood B, Blundy J, 1997. Apredictive model for rare earth element partitioning between clinopyroxene and anhydrous silicate melt. Contribution to Mineralogy and Petrology, 129: 166-181.

Wood D A, 1980. The application of a Th-Hf-Ta diagram to problems of tectonomagmatic classification and to establishing the nature of crustal contamination of basaltic lavas of the British Tertiary volcanic province. Earth and Planetary Science Letters, 50: 11-13.

Woodhead J, Hergt J, Shelley M, et al., 2004. Zircon Hf-isotope analysis with an excimer laser, depth profiling, ablation of complex geometries, and concomitant age estimation. Chemical Geology, 209: 121-135.

Wu F Y, Jahn B M, Wilde S A, et al., 2003. Highly fractionated I-type granites in NE China (I), geochronology and petrogenesis. Lithos, 66: 241-273.

Wu F Y, Yang Y H, Xie L W, et al., 2006. Hf isotopic compositions of the standard zircons and baddeleyites used in U-Pb geochronology. Chemical Geology, 234 (5): 105-126.

Wyllie P J, 1977. Crustal anatexis, an experimental review. Tectonophysics, 43: 41-71.

Xiao L, Zhang H F, Clemens J D, et al., 2007. Late Triassic granitoids of the eastern margin of the Tibetan Plateau, geochronology, petrogenesis and implications for tectonic evolution. Lithos, 96: 463-452.

Xu J F, Castillo P R, 2004. Geochemical and Nd-Pb isotopic characteristics of the Tethy anasthenosphere: implications for the origin of the Indian Ocean mantle domain. Tectonophysics, 393: 9-27.

Xu J F, Castillo P R, Chen F R, 2002. Geochemistry of late Paleozoic mafic igneous rocks from the Kuerti area, Xinjiang, northwest China: implications for back arc mantle evolution. Chemical Geology, 193: 137-154.

Yang J H, Wu F Y, Wilde S A, et al., 2007. Tracing magma mixing in granite genesis: in situ U-Pb dating and Hf isotope analysis of zircons. Contribution to Mineralogy and Petrology, 153: 177-190.

Yang K, Bodnar R J, 1994. Magmatic hydrothermal evolution in the "bottoms" of porphyry copper systems: evidence from silicate melt and aqueous fluid inclusions in granitoid intrusions in the Gyeongsang basin, South Korea. International Geology Review, 36: 608-628.

Yang K, Scott S D, 1996. Possible contribution of a metal-rich magmatic fluid to a sea-floor hydrothermal system. Nature, 383 (6599): 420-423.

Yang K, Scott S D, 2002. Magmatic degassing of volatiles and ore metals into a hydrothermal system on the modern sea floor of the Eastern Manus Back-Arc Basin, Western Pacifc. Economic Geology, 97: 1079-1100.

Yang K, Scott S D, 2005. Magmatic sources of volatiles and metals for volcanogenic massive sulfide deposits on modern and ancient seafloors: evidence from melt inclusions. Berlin: Springer.

Yang K, Scott S D, 2006. Magmatic fluids as a source of metals in seafloor hydrothermal systems//Christie D M. Back-Arc Spreading Systems—Geological, Biological, Chemical, and Physical Interactions. American Geophysical Union, Geophysical Monograph Series, (166): 163-184.

Yang X A, Liu J J, Cao Y, et al., 2012. Geochemistry and S, Pb isotope of the Yangla copper deposit, western Yunnan, China: implication for ore genesis. Lithos, 144-145: 231-240.

Yang X A, Liu J J, Li D P, et al., 2013. Zircon U-Pb dating and geochemistry of the Linong granitoid and its relationship to Cu mineralization in the Yangla copper deposit, Yunnan, China. Resource Geology, 63 (2): 224-238.

Yang X A, Liu J J, Han S Y, et al., 2014. Isotope geochemistry and its implications in the origin of Yangla copper deposit, western Yunnan, China. Geochemical Journal, 48 (1): 19-28.

Yuan C, Zhou M F, Sun M, et al., 2010. Triassic granitoids in the eastern Songpan Ganzi Fold Belt, SW China: magmatic response to geodynamics of the deep lithosphere. Earth and Planetary Science Letters, 290 (3-4): 481-492.

Zajacz Z, Halter W E, Pettke T, et al., 2008. Determination of fluid/melt partition coefficients by LA-ICPMS analysis of co-existing fluid and silicate melt inclusions: controls on element partitioning. Geochimica et Cosmochimica Acta, 72 (8): 2169-2197.

Zartman R E, Doe B R, 1981. Plumbotectonics—the model. Tectonophysics, 75 (1-2): 135-162.

Zaw K, Singoyi B, 2000. Formation of magnetite-scheelite skarn mineralization at Kara, northwestern Tasmania: evidence from mineral chemistry and stable isotopes. Economic Geology and the Bulletin of the Society of Economic Geologists, 95 (6): 1215-1230.

Zaw K, Peters S G, Cromie P, et al., 2007. Nature, diversity of deposit types and metallogenic relations of South China. Ore Geology Reviews, 31: 3-47.

Zhan M G, Lu Y F, 1999. Genesis of Yangla banded skarn-hosted copper deposit in Tethys orogenic belt of southwestern China. Journal of China University of Geosciences, 10 (1): 58-61.

Zhan M G, Lu Y F, Chen S F, et al., 1999. Formation and enrichment of the Yangla copper deposit and its implications for the evolution of the Jinshajiang suture in the northern margin of Gondwanaland. Gondwana Research, 2: 592-595.

Zhang C H, Gao L Z, Wu Z J, et al., 2007. SHRIMP U-Pb zircon age of tuff from the Kunyang Group in central Yunnan: evidence for Grenvillian orogeny in South China. Chinese Science Bulletin, 52: 1517-1525.

Zhang H F, Zhang L, Harris N, et al., 2006. U-Pb zircon ages, geochemical and isotopic compositions of granitoids in Songpan-Garze fold belt, eastern Tibetan Plateau: constraints on petrogenesis and tectonic evolution of the basement. Contributions to Minerallogy and Petrology, 152: 75-88.

Zhang H F, Parrish R, Zhang L, et al., 2007. A-type granite and adakitic magmatism association in Songpan-Garze fold belt, eastern Tibetan Plateau: implication for lithospheric delamination. Lithos, 97: 323-335.

Zhang H F, Parrish R, Zhang L, et al., 2008. Reply to the comment by Zhang et al. on: "First finding of A-type and adakitic magmatism association in Songpan-Garze fold belt, eastern Tibetan Plateau: implication for lithospheric delamination". Lithos, 103: 565-568.

Zhao J H, Zhou M F, Zheng J P, 2010. Metasomatic mantle source and crustal contamination for the formation of the Neoproterozoic mafic dike swarm in the northern Yangtze Block, South China. Lithos, 115: 177-189.

Zheng Y F, 1990. Carbon-oxygen isotopic covariation in hydrothermal calcite during degassing of CO_2: a quantitative evaluation and application to the Kushikino gold mining area in Japan. Mineralium Deposita, 25: 46-250.

Zheng Y F, Hoefs J, 1993. Carbon-oxygen isotopic covariation in hydrothermal calcite: theoretical modeling on mixing processes and application to Pb-Zn deposits in the Harz Mountain, Germany. Mineralium Deposita, 28: 49-99.

Zhong H, Zhu W G, Hu R Z, et al., 2009. Zircon U-Pb age and Sr-Nd-Hf isotope geochemistry of the Panzhihua A-type syenitic intrusion in the Emeishan large igneous province, southwest China and implications for growth of juvenile crust. Lithos, 110: 109-128.

Zhou M F, Yan D P, Kennedy A K, 2002. SHRIMP U-Pb zircon geochronological and geochemical evidence for Neoproterozoic arc-magmatism along the west margin of the Yangtze Block, South China. Earth and Planetary

Science Letters, 196: 51-67.

Zhou M F, Ma Y X, Yan D P, et al., 2006. The Yanbian Terrane (Southern Sichuan Province, SW China): a Neoproterozoic arc assemblage in the western margin of the Yangtze Block. Precambrian Research, 144: 19-38.

Zhu J J, Hu R Z, Bi X W, et al., 2011. Zircon U-Pb ages, Hf-O isotopes and whole-rock Sr-Nd-Pb isotopic geochemistry of granitoids in the Jinshajiang suture zone, SW China: constraints on petrogenesis and tectonic evolution of the Paleo-Tethys Ocean. Lithos, 126: 248-264.

Zhu J J, Hu R Z, Richards J P, et al., 2015. Genesis and magmatic-hydrothermal evolution of the Yangla skarn Cu deposit, southwest China. Economic Geology, 110 (3): 631-652.

Zierenberg R A, Shanks Ⅲ W C, 1986. Isotopic constraints on the origin of the Atlantis Ⅱ, Suakin and Valdivia brines, Red Sea. Geochimica et Cosmochimica Acta, 50 (10): 2205-2214.

Zurcher L, 2001. Paragenesis, elemental distribution, and stable isotopes at the Pena Colorada Iron Skarn, Colima, Mexico. Economic Geology, 96 (3): 535-557.

图版与说明

图版Ⅰ-A：羊拉矿床里农矿段面貌

图版Ⅰ-B：羊拉矿床路农矿段面貌

图版Ⅰ-C：羊拉矿床江边矿段面貌

图版Ⅰ-D：里农组一段辉绿色致密块状绿帘透辉石夕卡岩，标本编号：3904-b40

图版Ⅰ-E：里农组一段浅灰绿色块状石榴子石、阳起石夕卡岩，标本编号：3904-b43

图版Ⅰ-F：里农组一段浅灰色夕卡岩化变质砂岩、砂质绢云板岩、薄–中层状细晶大理岩，标本编号：3904-b61

图版Ⅰ-G：里农组二段浅灰白色块状细晶大理岩，标本编号：3904-b22

图版Ⅰ-H：里农组二段浅灰白色块状细晶大理岩中的网脉状矿化，野外照片

图版Ⅱ-A：里农组三段灰白色纹层状细粒变质石英砂岩，标本编号：3904-b4

图版Ⅱ-B：里农组三段灰白色细粒变质石英砂岩，标本编号：3904-b12

图版Ⅱ-C：里农组三段深灰色薄层状绢云砂质板岩，标本编号：3904-b13

图版Ⅱ-D：里农组三段灰绿色薄层状绢云砂质板岩，标本编号：3904-b19

图版Ⅱ-E：3590m 中段坑道揭露的 F4 断裂带内的裂面，野外照片

图版Ⅱ-F：路农矿段露采平台揭露的 F4 断裂带的下裂面，野外照片

图版Ⅱ-G：里农组三段内的层间断裂，野外照片

图版Ⅱ-H：里农组一段内的层间断裂，野外照片

图版Ⅲ-A：层间断裂内的红褐色构造碎裂岩，标本编号：3904-b21

图版Ⅲ-B：层间断裂内的灰白色构造碎裂、碎斑岩，标本编号：3904-b30

图版Ⅲ-C：路农岩体内的节理，野外照片

图版Ⅲ-D：江边岩体内的节理，野外照片

图版Ⅲ-E：变质细砂岩，变余砂状结构，标本编号：ZK3102-b1

图版Ⅲ-F：碳酸盐化变质微粒砂岩，碎屑成分为石英，标本编号：ZK3102-b2

图版Ⅲ-G：绢云片岩，粒状鳞片变晶结构，标本编号：ZK3102-b4

图版Ⅲ-H：绿泥绢云石英片岩，鳞片粒状变晶结构，标本编号：ZK18-1-b36

图版Ⅳ-A：里农矿段层状夕卡岩矿体，3175m 中段，野外照片

图版Ⅳ-B：里农矿段层状夕卡岩矿体，3250m 中段，野外照片

图版Ⅳ-C：里农矿段夕卡岩矿体与围岩的接触关系，野外照片

图版Ⅳ-D：KT5 矿体的强褐铁矿化，野外照片

图版Ⅳ-E：路农矿段西侧的氧化矿体，野外照片

图版Ⅳ-F：路农矿段氧化矿体中的孔雀石化，野外照片

图版Ⅳ-G：路农矿段东侧的夕卡岩矿体，野外照片

图版Ⅳ-H：路农矿段夕卡岩矿体内的团块状黄铜矿，野外照片

图版Ⅴ-A：里农矿段的氧化矿体，野外照片
图版Ⅴ-B：里农矿段的KT2块状矿体，野外照片
图版Ⅴ-C：灰绿色致密块状夕卡岩铜矿石，标本编号：3904-b37
图版Ⅴ-D：致密块状夕卡岩型黄铜矿矿石，标本编号：3904-b48
图版Ⅴ-E：块状夕卡岩矿石中的透辉石夕卡岩，标本编号：YK015
图版Ⅴ-F：大理岩型网脉状矿石，标本编号：YK029
图版Ⅴ-G：夕卡岩矿石中的团块状黄铜矿，标本编号：Ln75
图版Ⅴ-H：夕卡岩矿物中的他形粒状黄铜矿，标本编号：YK002-1
图版Ⅵ-A：黄铜矿与磁黄铁矿呈脉状切穿大理岩，标本编号：YK005-1
图版Ⅵ-B：闪锌矿中乳滴状黄铜矿，标本编号：YK017-3-2
图版Ⅵ-C：路农矿段的孔雀石化氧化矿石，野外照片
图版Ⅵ-D：石英裂隙中的孔雀石和蓝铜矿，ZK5103
图版Ⅵ-E：氧化矿石表面的薄膜状蓝铜矿，野外照片
图版Ⅵ-F：自形晶粒状黄铁矿，标本编号：YK007-2
图版Ⅵ-G：黄铁矿、黄铜矿共生分布于夕卡岩中，标本编号：Ln77
图版Ⅵ-H：黄铁矿呈脉状分布，标本编号：4903-b5
图版Ⅶ-A：磁黄铁矿呈浅黄白色他形粒状集合体分布，标本编号：YK002-1-1
图版Ⅶ-B：磁黄铁矿、黄铜矿、黄铁矿呈不规则状分布于夕卡岩矿物中，标本编号：Ln75
图版Ⅶ-C：方铅矿、闪锌矿呈共边结构，另见少量黄铁矿，标本编号：YK007-2
图版Ⅶ-D：磁黄铁矿中的脉状方铅矿，标本编号：YK017-3-1
图版Ⅶ-E：磁黄铁矿中的黄铜矿、方铅矿、闪锌矿，标本编号：YK017-3-1
图版Ⅶ-F：磁铁矿（灰色）、黄铁矿（淡黄色）均呈他形粒状及其集合体分布，黄铁矿具交代磁铁矿现象，使其呈溶蚀结构，标本编号：3175d4-1
图版Ⅶ-G：KT2矿体中块状石英内的片状、鳞片状辉钼矿，3275中段，野外照片
图版Ⅶ-H：KT2矿体中块状石英内的片状、鳞片状辉钼矿，3250中段，野外照片
图版Ⅷ-A：石榴子石夕卡岩，标本编号：YL-3250-42
图版Ⅷ-B：辉石–石榴子石夕卡岩，标本编号：YL-3250-44
图版Ⅷ-C：钙铁辉石夕卡岩，标本编号：YL-3250-62
图版Ⅷ-D：石榴子石夕卡岩和细脉状夕卡岩化大理岩，细脉状夕卡岩中发育细粒硫化物，标本编号：YL-3250-31
图版Ⅷ-E：自形钙铁榴石（单偏光），标本编号：YL-3250-42
图版Ⅷ-F：钙铁辉石和透辉石（正交偏光），标本编号：YL-3250-44
图版Ⅷ-G：钙铁榴石和透辉石共生，黄铜矿充填于颗粒间隙（单偏光），标本编号：YL-3250-43
图版Ⅷ-H：钙铁榴石绿帘石化，黄铜矿和黄铁矿沿裂隙和颗粒间隙发育（单偏光），标本编号：YL-3250-60
图版Ⅸ-A：KT2矿体边部的网脉状方解石，3150中段，野外照片

图版Ⅸ-B：KT2矿体内的脉状方解石-硫化物脉，3250中段，野外照片

图版Ⅸ-C：黄铜矿交代磁黄铁矿，磁黄铁矿呈不规则状残留体，标本编号：YK021-1

图版Ⅸ-D：黄铜矿交代夕卡岩矿物，夕卡岩矿物呈残留体分布，标本编号：Ln62

图版Ⅸ-E：黄铜矿中的黄铁矿残留体，标本编号：Ln74

图版Ⅸ-F：土状褐铁矿化氧化矿石，野外照片

图版Ⅸ-G：致密块状夕卡岩型矿石，标本编号：YK009

图版Ⅸ-H：夕卡岩矿石中的团斑状、团块状黄铁矿、黄铜矿、闪锌矿，标本编号：YK016

图版Ⅹ-A：羊拉铜矿床块状玄武岩，野外照片

图版Ⅹ-B：羊拉铜矿床致密块状玄武岩，野外照片

图版Ⅹ-C：块状玄武岩的斑状结构，斑晶为辉石和斜长石，10×4，正交偏光

图版Ⅹ-D：块状玄武岩的斑状结构，斑晶为辉石，10×10，单偏光

图版Ⅹ-E：块状玄武岩中的绿泥石化辉石斑晶，10×10，单偏光

图版Ⅹ-F：层状玄武岩中的不规则状角闪石、单斜辉石、斜长石（据朱经经，2012）

图版Ⅹ-G：羊拉铜矿床江边矿段花岗闪长岩体，野外照片

图版Ⅹ-H：羊拉铜矿床江边矿段花岗闪长岩体，野外照片

图版Ⅺ-A：羊拉铜矿床江边花岗闪长岩，中粗粒结构块状构造，手标本

图版Ⅺ-B：羊拉铜矿床里农矿段3150中段花岗闪长岩，野外照片

图版Ⅺ-C：羊拉铜矿床加仁矿段花岗闪长岩，野外照片

图版Ⅺ-D：羊拉铜矿床里农花岗闪长岩，灰白色，中粗粒结构，块状构造，手标本

图版Ⅺ-E：羊拉铜矿床辉绿岩岩株，野外照片

图版Ⅺ-F：羊拉铜矿床辉绿岩岩株，具典型辉绿结构，主要矿物为斜长石和单斜辉石，10×10，正交偏光

图版Ⅺ-G：羊拉铜矿床辉绿岩岩株，具典型辉长结构，主要矿物为斜长石和单斜辉石，10×4，正交偏光

图版Ⅺ-H：羊拉铜矿床辉绿岩岩株，具斑状结构，斑晶主要为橄榄石、斜方辉石和单斜辉石，10×4，正交偏光

图版Ⅻ-A：羊拉铜矿床在花岗闪长岩体边部呈脉状侵入的辉绿岩，野外照片

图版Ⅻ-B：羊拉铜矿床辉绿岩岩脉，具典型辉绿结构，主要矿物为斜长石和单斜辉石，10×10，正交偏光

图版Ⅻ-C：羊拉铜矿床辉绿岩岩脉，具典型辉长结构，主要矿物为斜长石和单斜辉石，10×4，正交偏光

图版Ⅻ-D：羊拉铜矿床辉绿岩岩脉，具斑状结构，斑晶主要为橄榄石、斜方辉石和单斜辉石，10×4，正交偏光

图版Ⅻ-E：羊拉铜矿床N13ZK2钻孔揭露辉绿岩岩脉，具辉绿-辉长结构，10×4，正交偏光

图版Ⅻ-F：羊拉铜矿床N13ZK2钻孔揭露辉绿岩岩脉，具斑状结构，10×4，正交偏光

图版Ⅻ-G：羊拉铜矿床N13ZK2钻孔揭露辉绿岩岩脉，具斑状结构，10×10，单偏光

图版XⅢ-H：羊拉铜矿床 N13ZK2 钻孔揭露辉绿岩岩脉中的方解石脉，10×4，单偏光

图版XIII-A：羊拉铜矿床路农采场至喇嘛寺方向简易公路边，辉绿岩岩墙侵位于大面积辉绿色致密块状玄武岩，样品号 Y001，野外照片

图版XIII-B：羊拉铜矿床辉绿岩岩墙，具斑状结构，斑晶主要为斜长石和辉石；基质由斜长石和辉石构成辉绿结构，样品号 Y001，10×4，正交偏光

图版XIII-C：羊拉铜矿床路农采场至喇嘛寺的公路旁辉绿岩脉露头，样品号 Y014，野外照片

图版XIII-D：羊拉铜矿床辉绿岩岩脉，灰绿色，块状构造，样品号 Y014，手标本

图版XIII-E：羊拉铜矿床辉绿岩岩株野外露头，样品号 Y034（D034），野外照片

图版XIII-F：羊拉铜矿床侵入于花岗闪长岩旁侧的辉绿岩岩株，样品号 Y034（D034），手标本

图版XIII-G：羊拉铜矿床侵入于玄武岩中的辉绿岩岩脉露头，样品号 LN12-06，野外照片

图版XIII-H：羊拉铜矿床侵入于玄武岩中的辉绿岩岩脉，岩石相对新鲜，呈灰绿色斑状结构，斑晶为橄榄石、单斜辉石和斜长石，样品号 LN12-06，10×4，正交偏光

图版XIV-A：羊拉铜矿床里农矿段西部花岗斑岩岩株，野外照片

图版XIV-B：羊拉铜矿床里农矿段西部花岗斑岩岩株，灰白色，斑状结构，块状构造，手标本

图版XIV-C：羊拉铜矿床里农矿段西部花岗斑岩岩株，岩石具斑状结构，斑晶由溶蚀粒状石英、板状斜长石、钾长石和片状黑云母组成；基质为隐晶-微晶质结构，正交偏光

图版XIV-D：羊拉铜矿床深部花岗斑岩在 3275 中段露头，野外照片

图版XIV-E：羊拉铜矿床深部 3275 中段花岗斑岩，岩石呈灰白色，斑状结构，块状构造，手标本

图版XIV-F：羊拉铜矿床深部 3275 中段花岗斑岩，斑状结构，石英斑晶常发育溶蚀边，见后期石英脉，单偏光

图版XIV-G：羊拉铜矿床深部 3275 中段花岗斑岩，斑状结构，长石和石英斑晶，单偏光

图版XIV-H：羊拉铜矿床深部 3275 中段花岗斑岩，斑状结构，黑云母和石英斑晶，正交偏光

图版XV-A：羊拉铜矿床深部 3275 中段花岗斑岩，斑状结构，石英斑晶常发育溶蚀边，见后期石英脉，单偏光

图版XV-B：羊拉铜矿床深部 3275 中段花岗斑岩，斑状结构，石英斑晶集合体，见后期方解石脉，单偏光

图版XV-C：羊拉铜矿床深部 3275 中段花岗斑岩，斑状结构，石英斑晶，见后期石英脉，单偏光

图版XV-D：羊拉铜矿床深部 3275 中段花岗斑岩，斑状结构，石英斑晶，见后期石英脉，单偏光

图版XV-E：羊拉铜矿床深部 3275 中段花岗斑岩，斑状结构，石英斑晶单偏光

图版XV-F：羊拉铜矿床地表花岗斑岩，样品Y032，野外照片

图版XV-G：羊拉铜矿床地表花岗斑岩，岩石灰白色，斑状结构，块状构造，样品Y032，手标本

图版XV-H：羊拉铜矿床地表花岗斑岩，样品Y033，野外照片

图版XVI-A：羊拉铜矿床地表花岗斑岩，岩石灰白色，蚀变较强，斑状结构，块状构造，样品Y033，手标本

图版XVI-B：羊拉铜矿床花岗闪长岩与细晶花岗岩分布关系，野外照片

图版XVI-C：羊拉铜矿床花岗闪长岩与细晶花岗岩关系，手标本

图版XVI-D：羊拉铜矿床花岗闪长岩中的暗色微粒包体，与寄主岩石呈锯齿状接触，手标本

图版XVI-E：羊拉铜矿床花岗闪长岩中的暗色微粒包体，见典型岩浆结构，10×4，单偏光

图版XVI-F：羊拉铜矿床花岗闪长岩中的暗色微粒包体，与寄主岩石呈不规则状接触，手标本

图版中代号说明：Po-磁黄铁矿；Cp-黄铜矿；Py-黄铁矿；Ga-方铅矿；Sph-闪锌矿；Grt-石榴子石；Qz或Q-石英；Pl-斜长石；Bi-黑云母；Di-透辉石；Ep-绿帘石；Hed-钙铁辉石；Adr-钙铁榴石；Hb-角闪石；Cpx-单斜辉石

图版 I

A
B
C
D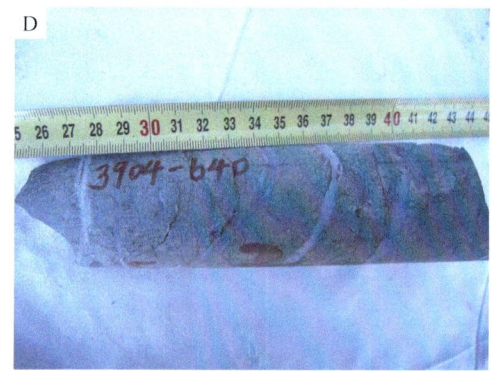
E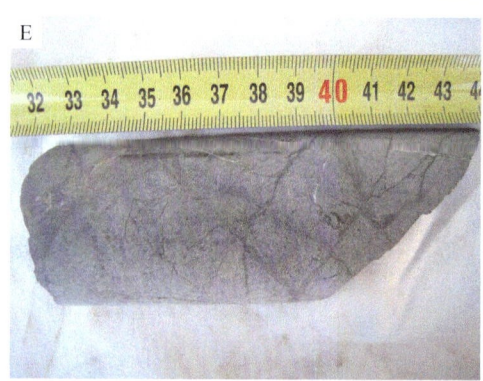
F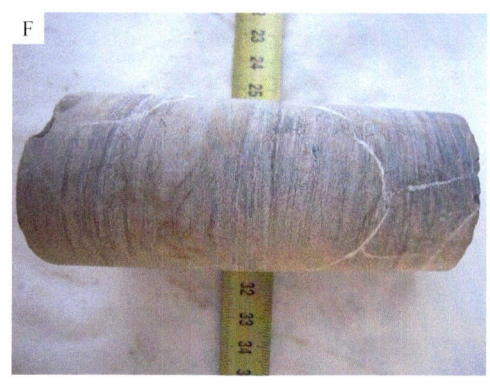
G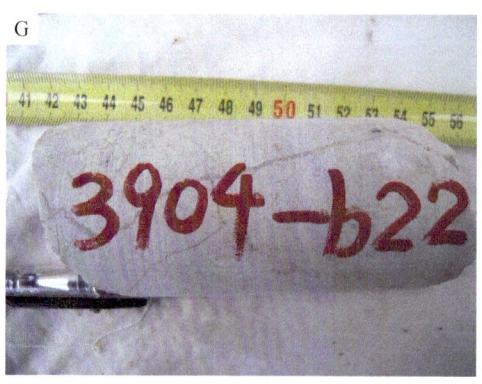
H

图版Ⅱ

图版Ⅲ

图版与说明

图版Ⅳ

图版 V

图版VI

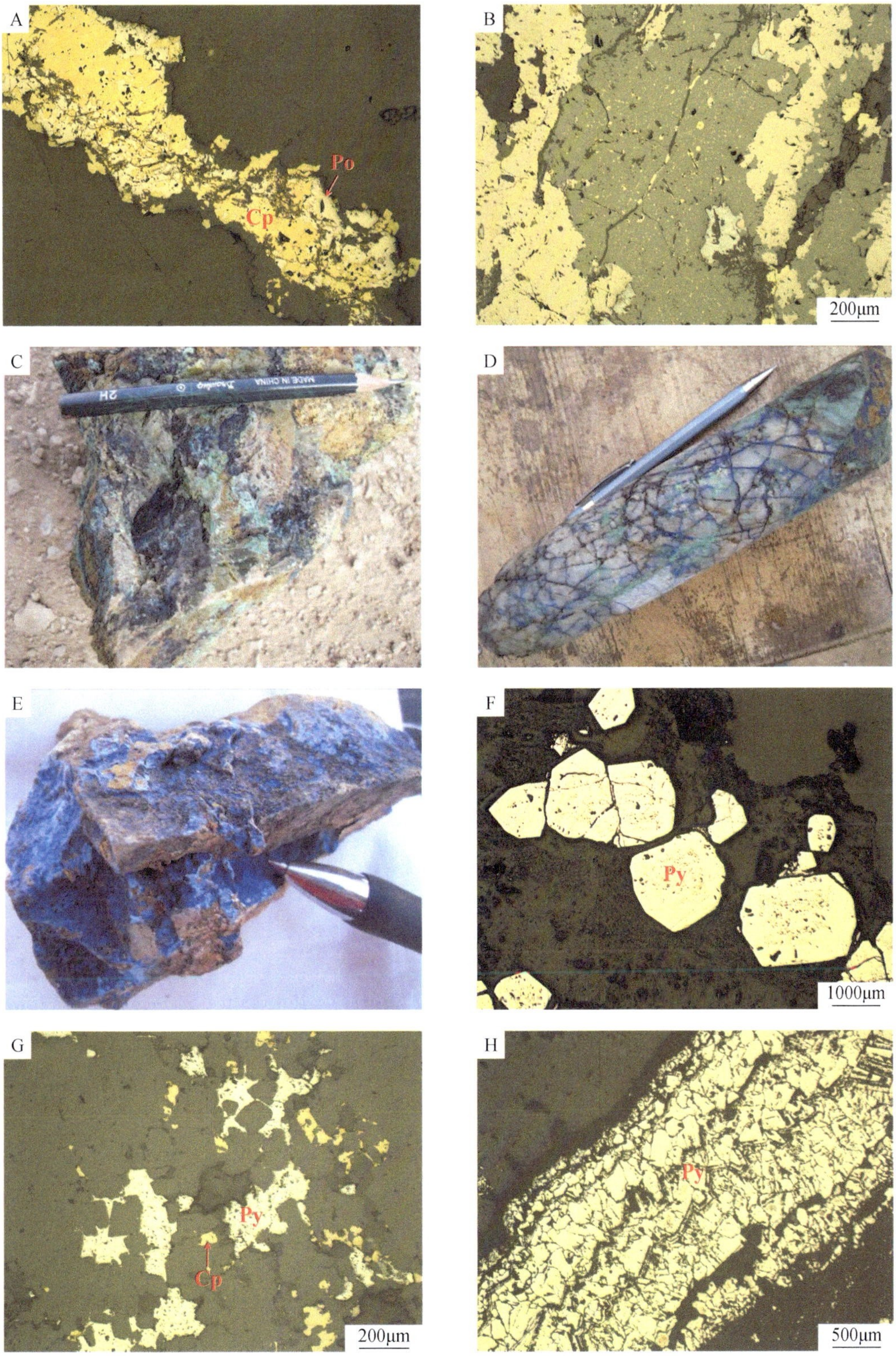
A
Po
Cp
B
200μm
C
2H
MADE IN CHINA
D
E
F
Py
1000μm
G
Py
Cp
200μm
H
Py
500μm

图版Ⅶ

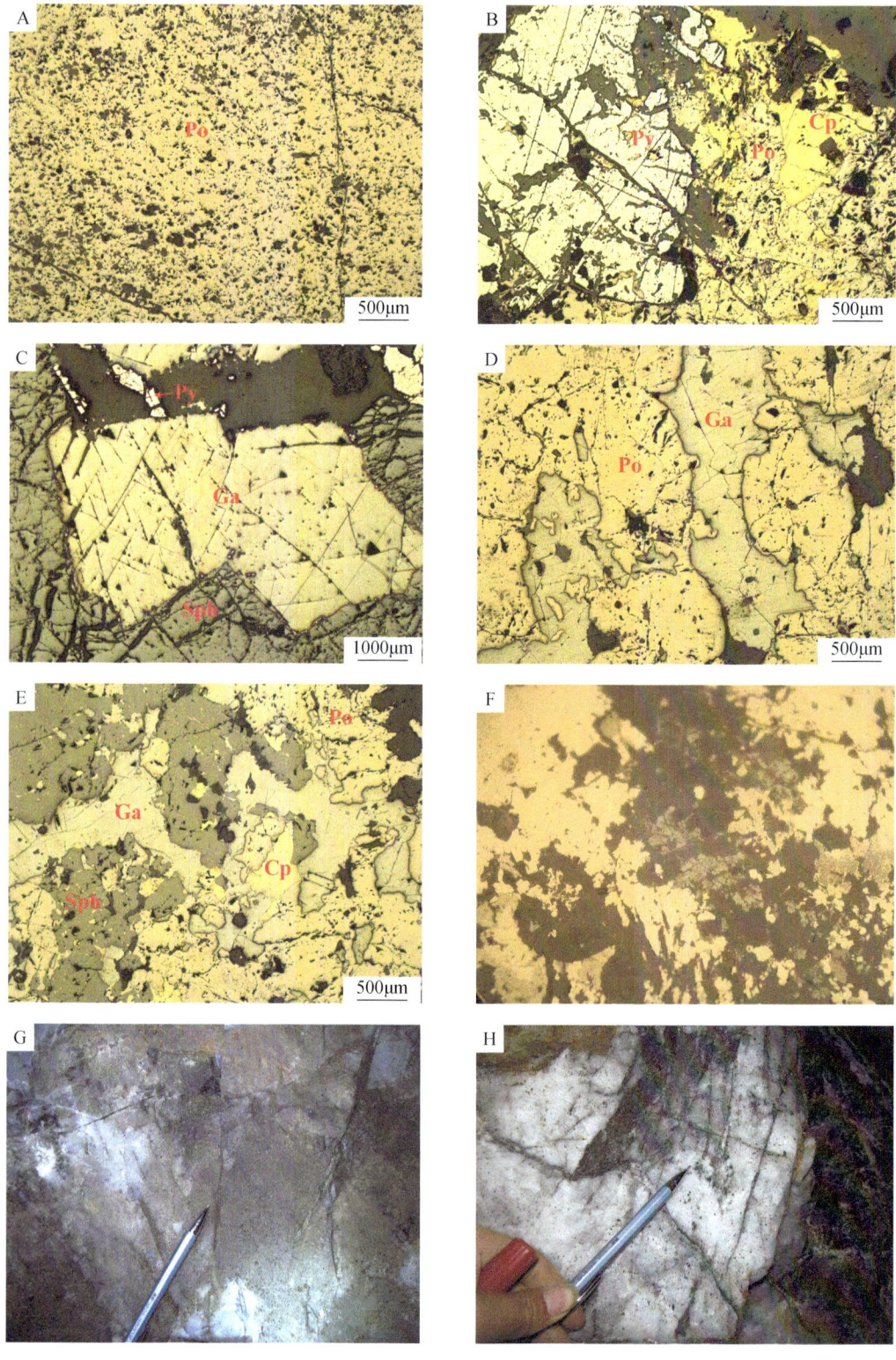

图版 Ⅷ

图版 IX

图版 X

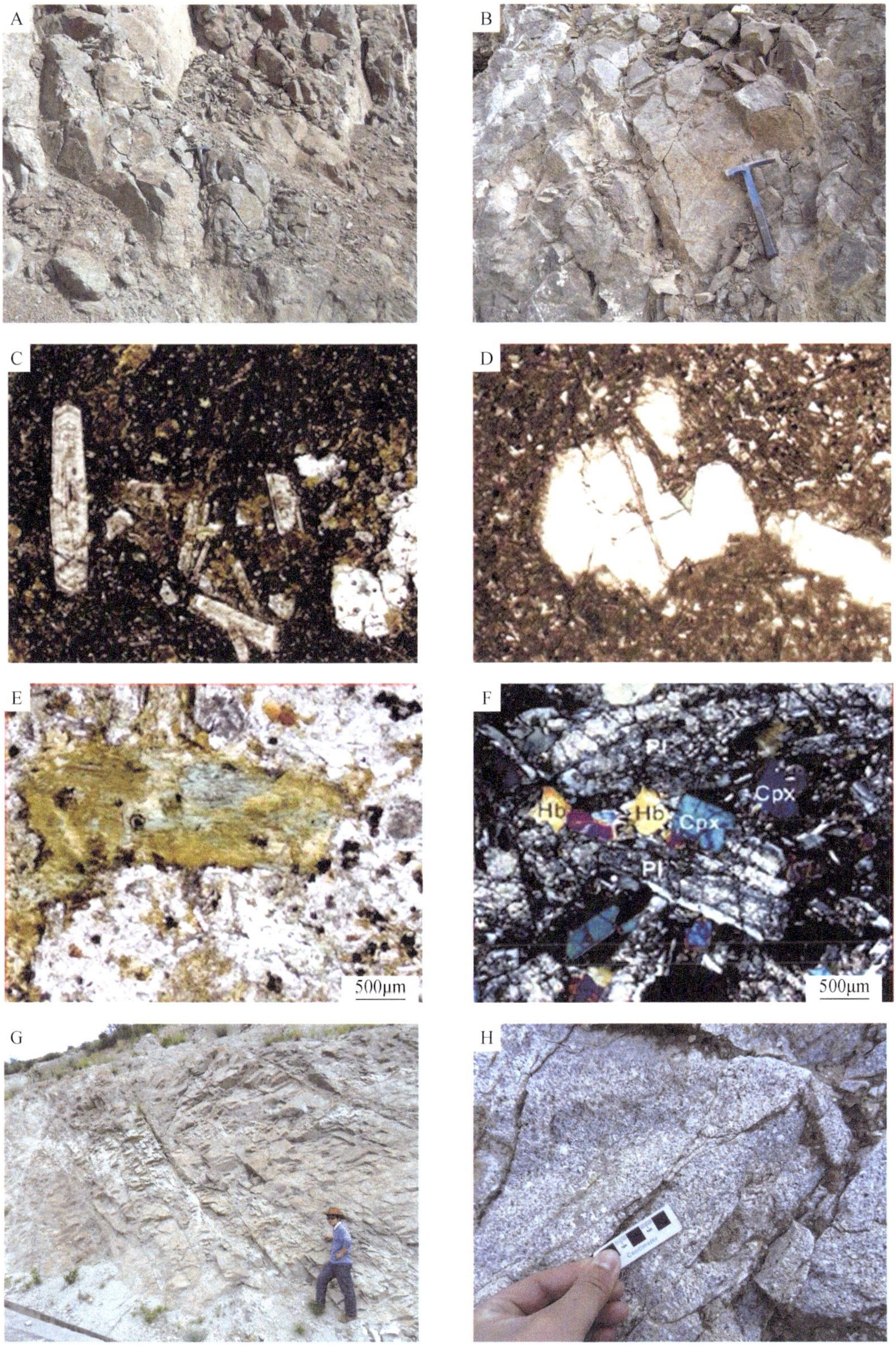

图版 XI

图版 XII

图版XIII

图版 XIV

图版 XV

图版 XVI

附　　表

附表1　羊拉铜矿床玄武岩主量（%）和微量元素（10^{-6}）成分

样号	LN12-07	LN12-09	LN12-12-3	LN12-14	LN12-15	LN12-16	LN12-17	LN12-18	LN12-19	LN12-20-1
SiO_2	48.81	55.13	46.32	45.59	50.52	48.59	50.42	49.54	53.23	52.61
TiO_2	1.90	0.76	0.91	1.36	1.31	1.07	0.96	0.89	1.12	1.20
Al_2O_3	14.30	13.61	17.22	13.79	15.11	16.24	14.53	15.43	14.64	14.82
Fe_2O_3	12.45	7.57	7.98	11.06	9.79	9.59	8.40	7.84	8.81	9.84
MnO	0.17	0.11	0.14	0.17	0.16	0.14	0.13	0.13	0.14	0.15
MgO	5.10	5.32	6.25	7.23	5.40	6.60	5.70	6.57	5.05	5.42
CaO	7.80	6.05	10.17	9.08	6.45	7.99	8.65	9.20	8.75	7.94
Na_2O	3.04	4.04	3.55	3.10	4.80	4.32	3.24	3.50	3.21	2.84
K_2O	0.51	0.21	0.46	0.17	0.20	0.20	0.37	0.22	0.04	0.43
P_2O_5	0.184	0.092	0.079	0.114	0.147	0.089	0.134	0.109	0.151	0.177
LOI	5.03	6.59	6.40	7.84	5.73	5.05	6.96	5.80	4.47	4.41
总计	99.34	99.56	99.55	99.55	99.66	99.95	99.54	99.29	99.64	99.89
Li	10.8	31.0	24.4	14.0	24.1	27.2	25.8	16.4	18.0	11.0
Be	0.532	0.568	0.878	0.663	0.281	0.564	0.400	0.785	0.843	0.510
Sc	36.5	31.7	33.9	36.0	32.2	28.2	29.5	29.2	30.3	32.3
V	305	199	286	253	233	200	180	239	237	229
Cr	34.2	273.8	81.4	86.1	161.4	120.9	215.5	92.2	83.9	82.5
Co	56.9	46.4	42.2	47.4	43.9	38.5	38.3	43.2	39.8	214
Ni	28.6	145.2	46.3	42.2	60.9	56.4	85.5	47.5	43.8	46.1
Cu	83.5	72.2	57.9	69.6	78.2	74.6	73.4	91.0	74.2	73.6
Zn	109	88.8	114	86.6	82.5	76.8	67.4	84.8	91.2	76.0
Ga	18.2	13.2	16.6	13.7	12.9	16.3	14.3	16.9	16.0	14.2
Ge	1.59	1.21	1.17	0.99	1.02	1.16	1.10	1.35	1.19	1.09
As	8.51	8.36	8.42	8.32	5.94	4.92	7.72	8.58	7.37	8.96
Rb	0.45	13.4	11.1	15.2	5.59	34.5	4.96	0.66	15.5	1.63
Sr	62.0	166	189	108	229	150	191	93.0	196	186
Y	39.0	19.7	41.6	27.8	23.4	24.5	24.4	27.4	29.4	27.8
Zr	141	78.0	162	117	76.1	108	105	120	130	119

续表

样号	LN12-07	LN12-09	LN12-12-3	LN12-14	LN12-15	LN12-16	LN12-17	LN12-18	LN12-19	LN12-20-1
Nb	3.31	2.85	3.58	3.46	1.99	3.61	3.20	4.21	4.57	4.21
Mo	0.135	0.385	0.277	0.224	0.187	0.182	0.471	0.204	0.268	0.299
Ag	0.216	0.174	0.212	0.171	0.109	0.178	0.251	0.229	0.282	0.197
Cd	0.141	0.235	0.152	0.230	0.117	0.118	0.115	0.113	0.162	0.097
In	0.084	0.044	0.078	0.059	0.054	0.053	0.069	0.061	0.062	0.059
Sn	1.15	0.642	1.34	0.960	0.720	0.793	0.732	1.04	1.38	0.987
Sb	1.37	1.03	2.89	1.30	1.70	1.97	1.47	1.67	1.12	0.546
Cs	0.908	6.41	4.46	11.1	2.39	12.0	2.69	1.31	3.14	1.02
Ba	15.2	54.4	56.2	31.3	46.9	57.3	39.7	20.0	96.4	47.6
La	6.79	3.96	6.91	5.18	3.49	6.51	6.10	7.34	8.26	7.35
Ce	15.82	9.04	17.08	12.98	8.73	13.49	12.83	15.49	17.15	15.18
Pr	2.49	1.38	2.64	1.98	1.44	1.93	1.81	2.20	2.40	2.13
Nd	12.30	7.15	13.33	9.69	7.23	9.03	8.60	10.17	11.63	9.98
Sm	4.04	2.27	4.36	3.08	2.53	2.81	2.68	3.01	3.36	3.22
Eu	1.46	0.77	1.22	0.94	0.87	1.00	0.92	1.11	1.22	1.04
Gd	4.44	2.25	4.72	3.12	2.68	2.64	2.67	3.12	3.39	3.18
Tb	1.04	0.56	1.15	0.74	0.62	0.66	0.63	0.71	0.79	0.72
Dy	6.64	3.53	7.17	4.98	4.10	4.25	4.11	4.61	5.16	4.77
Ho	1.61	0.85	1.71	1.13	0.93	1.01	1.00	1.11	1.20	1.10
Er	4.23	2.16	4.52	2.95	2.52	2.82	2.58	2.89	3.11	2.98
Tm	0.65	0.32	0.65	0.44	0.37	0.41	0.40	0.43	0.45	0.43
Yb	4.12	2.08	4.29	2.86	2.45	2.53	2.50	2.89	3.03	2.84
Lu	0.62	0.30	0.64	0.44	0.38	0.38	0.40	0.45	0.46	0.41
Hf	4.00	2.19	4.67	3.20	2.12	2.89	2.62	3.22	3.41	3.16
Ta	0.252	0.188	0.276	0.255	0.173	0.266	0.256	0.298	0.330	0.371
W	164	36.1	55.9	98.0	64.1	82.6	62.0	142	98.0	1677
Tl	0.035	0.070	0.146	0.122	0.036	0.340	0.034	0.019	0.177	0.027
Pb	0.709	0.877	1.03	2.06	0.063	1.33	2.06	0.398	1.01	0.563
Bi		0.013	0.006			0.005	0.004	0.005		0.009
Th	0.765	0.475	0.810	0.674	0.338	0.873	0.854	1.01	1.08	0.967
U	0.277	0.232	0.428	1.314	0.305	0.211	0.257	0.229	0.279	0.615

注：本次工作在矿区没有发现层状玄武岩，表中只列出本次工作分析的块状玄武岩分析资料，正文中涉及的朱俊等（2012）和朱经经（2012）的分析资料未列出。

附表2 羊拉铜矿床玄武岩主量（%）和微量元素（10^{-6}）成分统计结果

岩石产状	块状玄武岩						层状玄武岩	
资料来源	本次工作		朱经经（2012）		朱俊等（2011）		朱经经（2012）	
样品数量	10		7		5		11	
数值特征	范围	均值	范围	均值	范围	均值	范围	均值
SiO_2	45.59~55.13	50.08	45.22~52.46	47.61	47.09~51.07	49.04	51.57~55.32	53.55
TiO_2	0.76~1.9	1.15	0.69~1.26	0.92	0.88~1.52	1.14	0.72~1.29	1
Al_2O_3	13.61~17.22	14.97	15.4~19.48	16.53	13.49~16.27	14.5	14.66~16.74	15.86
Fe_2O_3	7.57~12.45	9.33	7.84~9.83	8.79	6.72~10.29	8.56	6.79~11.6	9.42
MnO	0.11~0.17	0.14	0.12~0.15	0.14	0.12~0.18	0.15	0.1~0.21	0.14
MgO	5.05~7.23	5.86	5.6~8.53	7.66	4.55~10.05	6.92	4.54~6.18	5.05
CaO	6.05~10.17	8.21	7.18~12.6	8.85	7.6~11.78	8.96	5.66~8.28	7.38
Na_2O	2.84~4.8	3.56	2.42~3.49	2.96	1.55~7.1	3.85	2.67~3.47	2.94
K_2O	0.04~0.51	0.28	0.26~2.09	0.66	0.04~1.05	0.32	1.03~2.67	1.55
P_2O_5	0.08~0.18	0.13	0.05~0.14	0.08	0.13~0.17	0.14	0.13~0.28	0.2
LOI	4.41~7.84	5.83	2.14~7.77	5.36	2.64~8.51	5.36	1.54~4.45	2.71
ALK	3.25~5	3.85	2.73~4.51	3.63	1.73~7.24	4.17	3.7~5.62	4.49
K_2O/Na_2O	0.01~0.17	0.08	0.08~0.86	0.24	0.02~0.25	0.09	0.32~0.91	0.54
A.R.	1.32~1.6	1.41	1.21~1.4	1.34	1.17~1.93	1.47	1.35~1.6	1.48
$Mg^\#$	0.45~0.62	0.56	0.57~0.68	0.63	0.51~0.71	0.6	0.47~0.57	0.52
V	180~305	236	170~254	214	209~290	246	198~273	230
Cr	34.2~274	123	175~416	291	70.9~549	249	40~208	91.6
Co	38.3~214	61	40.7~69.6	52	30.1~58.4	40	33.3~92.6	51.5
Ni	28.6~145	60.2	55.3~301	157	24.5~311	118	14~60	21
Rb	0.45~34	10.3	6.6~79.3	28.9	0.87~45.8	11.7	42.8~95.9	63.6
Sr	62~229	157	103~342	239	55.5~321	154	268~394	340
Y	19.7~41.6	28.5	17.9~27.6	21.2	22.4~38.6	29.7	16.8~24.5	20.4
Zr	76.1~162	116	64~94	80.1	76.9~191	147	79~94	86.7
Nb	1.99~4.57	3.5	1.93~3.54	2.78	2.45~3.71	3.08	5.3~6.3	5.72
Ba	15.2~96.4	46.5	34.4~299	153	19~307	93.1	184~490	330
La	3.49~8.26	6.19	3.48~5.25	4.45	4.54~6.07	5.38	12.2~15	13.75
Ce	8.73~17.15	13.78	8.23~13	10.62	10.3~13.9	12.42	26~29.6	28.12

续表

岩石产状	块状玄武岩						层状玄武岩	
资料来源	本次工作		朱经经（2012）		朱俊等（2011）		朱经经（2012）	
样品数量	10		7		5		11	
数值特征	范围	均值	范围	均值	范围	均值	范围	均值
Pr	1.38~2.64	2.04	1.27~1.88	1.58	1.59~2.32	1.93	3.18~3.67	3.4
Nd	7.15~13.33	9.91	6~10.1	7.72	7.36~12.5	9.66	13.3~16.2	14.57
Sm	2.27~4.36	3.14	1.89~3.06	2.4	2.2~4.11	3	2.95~3.89	3.35
Eu	0.77~1.46	1.06	0.81~1.11	0.95	0.87~1.57	1.16	0.84~1.29	1.04
Gd	2.25~4.72	3.22	2.24~3.9	2.85	2.46~4.65	3.53	3.15~4.17	3.59
Tb	0.56~1.15	0.76	0.48~0.77	0.58	0.64~1.06	0.83	0.52~0.74	0.62
Dy	3.53~7.17	4.93	3.05~5.1	3.7	3.84~7.45	5.48	3~4.55	3.73
Ho	0.85~1.71	1.17	0.71~1.04	0.84	0.84~1.5	1.13	0.62~0.97	0.78
Er	2.16~4.52	3.08	1.99~3.13	2.33	2.49~4.06	3.2	1.92~2.84	2.34
Tm	0.32~0.65	0.45	0.27~0.45	0.34	0.4~0.59	0.48	0.27~0.41	0.33
Yb	2.08~4.29	2.96	1.98~2.89	2.22	2.43~3.76	2.94	1.8~2.58	2.19
Lu	0.3~0.64	0.45	0.28~0.46	0.33	0.38~0.61	0.46	0.28~0.42	0.34
Hf	2.12~4.67	3.15	1.85~2.8	2.11	2.62~5.1	3.7	2.27~2.7	2.52
Ta	0.173~0.371	0.266	0.148~0.3	0.212	0.187~0.26	0.217	0.407~0.6	0.51
Pb	0.063~2.06	1.01	0.909~5	2.37	1.3~4.3	2.4	5~8.26	5.75
Th	0.338~1.08	0.785	0.401~0.557	0.475	0.346~0.518	0.43	2.97~5.38	4.18
U	0.211~1.31	0.415	0.12~0.651	0.278	0.152~0.74	0.448	0.755~2.07	1.38
ΣREE	36.61~70.4	53.13	32.79~51.79	40.89	40.72~62.71	51.6	74.98~83.75	78.16
LREE	24.27~45.55	36.11	21.68~34.05	27.73	26.88~39.54	33.55	60.62~67.18	64.24
HREE	12.04~24.85	17.02	11.11~17.74	13.17	13.85~23.17	18.05	11.56~16.57	13.92
LREE/HREE	1.73~2.51	2.14	1.92~2.24	2.11	1.57~2.29	1.9	3.9~5.55	4.71
δEu	0.82~1.13	1.02	0.98~1.2	1.12	0.88~1.46	1.1	0.81~1.02	0.91
δCe	0.92~0.98	0.94	0.94~1.03	0.96	0.92~0.94	0.93	0.95~1.01	0.99
$(La/Sm)_N$	0.87~1.55	1.25	1.01~1.36	1.17	0.83~1.53	1.18	2.1~3.1	2.62
$(Gd/Yb)_N$	0.84~0.9	0.88	0.91~1.28	1.03	0.77~1.17	0.97	1.14~1.45	1.33
$(La/Yb)_N$	0.96~1.84	1.43	1.14~1.72	1.36	0.93~1.58	1.27	3.29~5.55	4.38

注：统计过程中去除部分异常样品。

附表3 贝吾、里农和路农岩体SIMS锆石U-Pb年龄

样号	$U/10^{-6}$	$Th/10^{-6}$	Th/U	$f_{206}/\%$	$^{207}Pb/^{206}Pb\pm1\sigma/\%$	$^{207}Pb/^{235}U\pm1\sigma/\%$	$^{206}Pb/^{238}U\pm1\sigma/\%$	$t_{207/235}/Ma\pm1\sigma/Ma$	$t_{206/238}/Ma\pm1\sigma/Ma$
里农岩体(LiN-1, 99°06'10.1"E, 28°55'6.9"N; LiN-2, 99°05'2.8"E, 28°53'22.8"N)									
LiN01@1	456	256	0.561	0.00	0.05059±1.39	0.25572±2.05	0.0367±1.51	231.2±4.3	232.1±3.4
LiN01@2	1222	650	0.532	0.81	0.05055±1.95	0.25165±2.46	0.0361±1.50	227.9±5.0	228.6±3.4
LiN01@3	481	130	0.271	0.04	0.04930±1.99	0.24749±2.50	0.0364±1.50	224.5±5.0	230.5±3.4
LiN01@4	695	169	0.243	1.25	0.05091±2.64	0.25796±3.04	0.0367±1.51	233.0±6.3	232.6±3.4
LiN01@5	655	224	0.341	0.00	0.05158±1.15	0.26527±1.89	0.0373±1.50	238.9±4.0	236.1±3.5
LiN01@6	872	296	0.339	0.08	0.05033±1.65	0.26017±2.23	0.0375±1.50	234.8±4.7	237.2±3.5
LiN01@7	687	217	0.316	0.00	0.04972±1.16	0.25615±1.90	0.0374±1.50	231.6±3.9	236.5±3.5
LiN01@8	736	234	0.318	0.71	0.05043±1.74	0.25315±2.29	0.0364±1.50	229.1±4.7	230.5±3.4
LiN01@9	943	356	0.377	0.10	0.05122±1.13	0.25924±1.88	0.0367±1.51	234.1±3.9	232.4±3.4
LiN01@10	599	192	0.320	0.19	0.05078±1.48	0.25843±2.11	0.0369±1.50	233.4±4.4	233.6±3.5
LiN01@11	728	187	0.257	1.11	0.04920±3.57	0.25267±3.87	0.0372±1.50	228.7±8.0	235.7±3.5
LiN01@12	749	191	0.256	0.00	0.05113±1.08	0.25961±1.85	0.0368±1.51	234.4±3.9	233.1±3.5
LiN01@13	1202	412	0.342	0.03	0.05068±0.90	0.25030±1.75	0.0358±1.50	226.8±3.6	226.9±3.3
LiN01@14	1561	1024	0.656	0.71	0.05072±1.98	0.24210±2.49	0.0346±1.50	220.1±4.9	219.4±3.2
LiN01@15	576	227	0.393	0.00	0.05164±1.23	0.26955±1.94	0.0379±1.50	242.3±4.2	239.5±3.5
LiN02@1	448	190	0.425	0.02	0.05021±1.52	0.25563±2.14	0.0369±1.51	231.1±4.4	233.7±3.5
LiN02@2	741	291	0.393	2.63	0.04885±3.67	0.24547±3.97	0.0364±1.50	222.9±8.0	230.7±3.4
LiN02@3	961	328	0.342	0.01	0.05146±1.26	0.26005±1.96	0.0366±1.50	234.7±4.1	232.0±3.4
LiN02@5	722	312	0.432	0.55	0.05004±1.83	0.25356±2.37	0.0368±1.50	229.5±4.9	232.7±3.4
LiN02@6	433	110	0.254	0.11	0.04934±1.70	0.25075±2.27	0.0369±1.50	227.2±4.6	233.4±3.4

附　表

续表

样号	U/10^{-6}	Th/10^{-6}	Th/U	f_{206}/%	^{207}Pb/^{206}Pb±1σ/%	^{207}Pb/^{235}U±1σ/%	^{206}Pb/^{238}U±1σ/%	$t_{207/235}$/Ma±1σ/Ma	$t_{206/238}$/Ma±1σ/Ma
LiN02@7	429	101	0.236	0.00	0.05020±1.52	0.25630±2.13	0.0370±1.50	231.7±4.4	234.4±3.5
LiN02@8	1021	423	0.414	0.0	0.05148±1.23	0.26324±1.95	0.0371±1.51	237.3±4.1	234.7±3.5
LiN02@9	1010	284	0.281	0.25	0.05151±1.22	0.26284±1.94	0.0370±1.51	237.0±4.1	234.3±3.5
LiN02@10	1150	565	0.491	1.06	0.05126±2.25	0.25512±2.77	0.0361±1.61	230.7±5.7	228.6±3.6
LiN02@11	1296	556	0.429	0.01	0.05140±0.87	0.26299±1.74	0.0371±1.50	237.1±3.7	234.9±3.5
LiN02@12	939	364	0.387	0.02	0.05059±1.22	0.25324±1.93	0.0363±1.50	229.2±4.0	229.9±3.4
LiN02@13	731	180	0.247	0.03	0.05001±1.43	0.25418±2.09	0.0369±1.52	230.0±4.3	233.4±3.5
LiN02@15	739	218	0.295	0.05	0.04999±1.27	0.24985±1.97	0.0362±1.51	226.5±4.0	229.5±3.4
路农岩体（LuN-1, 99°05′8.5″E, 28°53′28.7″N; LuN-2, 99°05′35.3″E, 28°53′57.1″N）									
LuN01@1	665	169	0.254	0.03	0.05085±1.21	0.25708±1.93	0.0367±1.50	232.3±4.0	232.2±3.4
LuN01@2	696	388	0.558	0.02	0.05054±1.22	0.25555±1.95	0.0367±1.52	231.1±4.0	232.2±3.5
LuN01@3	762	205	0.269	0.00	0.05080±1.14	0.25625±1.88	0.0366±1.50	231.6±3.9	231.6±3.4
LuN01@4	969	260	0.268	0.16	0.05062±1.18	0.25649±1.91	0.0367±1.50	231.8±4.0	232.6±3.4
LuN01@5	804	288	0.358	0.15	0.04987±1.77	0.25055±2.32	0.0364±1.50	227.0±4.7	230.7±3.4
LuN01@6	942	330	0.351	0.04	0.05049±1.27	0.25220±1.97	0.0362±1.50	228.4±4.0	229.4±3.4
LuN01@7	713	251	0.353	0.17	0.05109±1.76	0.25715±2.35	0.0365±1.55	232.4±4.9	231.1±3.5
LuN01@8	1200	437	0.365	0.00	0.05227±0.94	0.26182±2.08	0.0363±1.85	236.1±4.4	230.0±4.2
LuN01@9	746	269	0.360	1.09	0.05049±2.56	0.24689±3.20	0.0355±1.92	224.0±6.5	224.7±4.2
LuN01@10	874	630	0.721	0.51	0.05095±1.89	0.23686±2.66	0.0337±1.87	215.8±5.2	213.8±3.9
LuN01@11	1433	675	0.471	2.27	0.04965±3.77	0.21372±4.21	0.0312±1.87	196.7±7.5	198.2±3.7
LuN01@12	1128	378	0.335	0.00	0.05030±1.12	0.25646±2.16	0.0370±1.85	231.8±4.5	234.1±4.3
LuN01@13	1427	657	0.461	0.07	0.05100±1.01	0.25875±2.11	0.0368±1.85	233.7±4.4	232.9±4.2

续表

样号	U/10⁻⁶	Th/10⁻⁶	Th/U	f_{206}/%	^{207}Pb/^{206}Pb±1σ/%	^{207}Pb/^{235}U±1σ/%	^{206}Pb/^{238}U±1σ/%	$t_{207/235}$/Ma±1σ/Ma	$t_{206/238}$/Ma±1σ/Ma
LuN01@14	798	280	0.351	0.34	0.05043±1.96	0.25347±2.69	0.0365±1.85	229.4±5.5	230.8±4.2
LuN02@1	1093	500	0.457	0.01	0.05080±0.98	0.25695±1.89	0.0367±1.61	232.2±3.9	232.3±3.7
LuN02@2	663	223	0.336	0.05	0.05072±1.32	0.25084±2.02	0.0359±1.53	227.3±4.1	227.2±3.4
LuN02@3	713	409	0.573	0.03	0.05183±1.56	0.26259±2.17	0.0367±1.50	236.8±4.6	232.6±3.4
LuN02@4	1016	381	0.375	5.52	0.04876±4.59	0.23186±4.83	0.0345±1.50	211.7±9.3	218.6±3.2
LuN02@5	763	333	0.436	0.10	0.04975±1.40	0.24892±2.07	0.0363±1.52	225.7±4.2	229.8±3.4
LuN02@6	964	440	0.456	6.16	0.04948±6.26	0.19744±6.47	0.0289±1.63	183.0±10.9	183.9±2.9
LuN02@7	727	213	0.293	0.05	0.04904±1.91	0.24584±2.44	0.0364±1.51	223.2±4.9	230.2±3.4
LuN02@8	817	235	0.288	0.03	0.04973±1.24	0.25821±1.89	0.0365±1.50	233.2±3.9	230.8±3.4
LuN02@9	750	185	0.249	0.04	0.05137±1.15	0.25192±1.96	0.0367±1.51	228.1±4.0	232.6±3.5
LuN02@10	992	345	0.347	0.03	0.05207±1.15	0.26172±1.90	0.0365±1.51	236.1±4.0	230.8±3.4
LuN02@11	851	700	0.823	0.90	0.05082±2.89	0.24501±3.25	0.0350±1.50	222.5±6.5	221.6±3.3
LuN02@12	873	240	0.275	0.11	0.05042±1.31	0.25000±2.00	0.0360±1.52	226.6±4.1	227.8±3.4
贝吾岩体（BW-1，99°05′36.9″E，28°57′36.5″N；BW-6，99°05′34.9″E，28°57′35.5″N）									
BW0901@9	1298	356	0.274	0.02	0.05037±0.97	0.25939±1.79	0.0373±1.50	234.2±3.7	236.4±3.5
BW0901@8	626	189	0.302	18.80	0.05129±8.33	0.25770±8.47	0.0364±1.54	232.8±17.8	230.7±3.5
BW0901@7	505	218	0.432	0.02	0.04993±1.26	0.25799±1.96	0.0375±1.50	233.0±4.1	237.2±3.5
BW0901@6	328	96	0.293	0.05	0.05076±1.54	0.26454±2.16	0.0378±1.51	238.3±4.6	239.2±3.5
BW0901@5	985	289	0.294	3.30	0.04863±2.83	0.23870±3.20	0.0356±1.50	217.4±6.3	225.5±3.3
BW0901@4	849	167	0.196	0.01	0.05140±1.50	0.25971±2.24	0.0366±1.67	234.4±4.7	232.0±3.8
BW0901@3	1696	634	0.374	0.02	0.05095±0.81	0.25164±1.70	0.0358±1.50	227.9±3.5	226.9±3.3
BW0901@2	617	197	0.320	0.04	0.05174±1.45	0.26714±2.09	0.0374±1.50	240.4±4.5	237.0±3.5

续表

样号	U/10⁻⁶	Th/10⁻⁶	Th/U	f_{206}/%	$^{207}Pb/^{206}Pb\pm1\sigma$/%	$^{207}Pb/^{235}U\pm1\sigma$/%	$^{206}Pb/^{238}U\pm1\sigma$/%	$t_{207/235}$/Ma$\pm1\sigma$/Ma	$t_{206/238}$/Ma$\pm1\sigma$/Ma
BW0901@15	709	116	0.164	0.00	0.05116±1.12	0.25935±1.88	0.0368±1.51	234.1±3.9	232.8±3.5
BW0901@14	777	322	0.415	0.78	0.05147±1.93	0.25755±2.45	0.0363±1.51	232.7±5.1	229.8±3.4
BW0901@13	223	65	0.292	0.00	0.05089±1.97	0.25762±2.49	0.0367±1.52	232.8±5.2	232.5±3.5
BW0901@12	548	169	0.308	0.00	0.05020±1.23	0.25732±1.94	0.0372±1.51	232.5±4.0	235.3±3.5
BW0901@11	1092	324	0.297	21.49	0.04902±7.61	0.22338±7.76	0.0330±1.52	204.7±14.5	209.6±3.1
BW0901@10	427	123	0.289	0.11	0.05206±1.75	0.26608±2.32	0.0371±1.52	239.6±5.0	234.6±3.5
BW0901@1	239	143	0.596	0.03	0.05014±2.06	0.25506±2.58	0.0369±1.55	230.7±5.3	233.6±3.6
BW0902@9	635	154	0.243	0.00	0.05109±1.25	0.25926±1.96	0.0368±1.50	234.1±4.1	233.0±3.4
BW0902@8	297	126	0.425	0.04	0.05058±1.61	0.25707±2.21	0.0369±1.51	232.3±4.6	233.3±3.5
BW0902@7	926	323	0.349	0.01	0.05073±0.89	0.26137±1.75	0.0374±1.51	235.8±3.7	236.5±3.5
BW0902@6	522	201	0.385	0.57	0.05026±2.00	0.25593±2.51	0.0369±1.52	231.4±5.2	233.8±3.5
BW0902@5	1241	311	0.251	0.02	0.05188±0.78	0.26908±1.69	0.0376±1.50	242.0±3.7	238.1±3.5
BW0902@4	1057	358	0.339	1.99	0.04957±2.20	0.25190±2.66	0.0369±1.50	228.1±5.5	233.3±3.4
BW0902@3	652	161	0.247	0.09	0.05139±1.51	0.26023±2.14	0.0367±1.52	234.9±4.5	232.5±3.5
BW0902@2	1056	374	0.354	0.0	0.05115±0.91	0.26305±1.75	0.0373±1.50	237.1±3.7	236.1±3.5
BW0902@15	309	92	0.299	0.55	0.05109±2.94	0.25543±3.30	0.0363±1.50	231.0±6.8	229.6±3.4
BW0902@14	623	195	0.312	0.08	0.05021±1.50	0.25112±2.12	0.0363±1.50	227.5±4.3	229.7±3.4
BW0902@13	899	228	0.253	0.02	0.05049±1.38	0.25928±2.04	0.0372±1.50	234.1±4.3	235.7±3.5
BW0902@12	404	104	0.258	0.06	0.05039±1.34	0.25300±2.01	0.0364±1.50	229.0±4.1	230.6±3.4
BW0902@11	834	220	0.264	0.02	0.05064±1.09	0.26075±1.86	0.0373±1.51	235.3±3.9	236.4±3.5
BW0902@10	648	145	0.224	0.22	0.05065±1.87	0.25599±2.39	0.0367±1.50	231.4±5.0	232.1±3.4
BW0902@1	1325	490	0.370	0.01	0.05121±0.98	0.26207±2.59	0.0371±2.40	236.3±5.5	234.9±5.5

附表4　贝吾、里农和路农岩体锆石氧同位素分析结果

样号	$\delta^{18}O\pm2\sigma/\%$	样号	$\delta^{18}O\pm2\sigma/\%$	样号	$\delta^{18}O\pm2\sigma/\%$
里农岩体（LiN-1，LiN-2）		路农岩体（LuN-1，LuN-2）		贝吾岩体（BW-1，BW-6）	
LiN01@1	8.0±0.4	LuN02@1	8.6±0.3	BW0902@1	7.8±0.3
LiN01@2	8.1±0.3	LuN02@2	8.1±0.4	BW0902@2	7.6±0.3
LiN01@3	7.6±0.4	LuN02@3	8.3±0.3	BW0902@3	8.0±0.4
LiN01@4	7.9±0.4	LuN02@4	7.8±0.3	BW0902@4	7.3±0.2
LiN01@5	7.8±0.3	LuN02@5	8.6±0.3	BW0902@5	7.9±0.2
LiN01@6	7.9±0.3	LuN02@6	8.0±0.4	BW0902@6	7.9±0.3
LiN01@7	7.8±0.3	LuN02@7	7.7±0.3	BW0902@7	7.8±0.3
LiN01@8	8.2±0.4	LuN02@8	8.4±0.4	BW0902@8	7.8±0.4
LiN01@9	8.3±0.3	LuN02@9	8.1±0.3	BW0902@9	8.9±0.3
LiN01@10	8.1±0.3	LuN02@10	8.0±0.3	BW0902@10	7.7±0.4
LiN01@11	7.6±0.3	LuN02@11	8.3±0.3	BW0902@11	7.5±0.3
LiN01@12	8.6±0.3	LuN02@12	7.9±0.3	BW0902@12	7.7±0.2
LiN01@13	8.2±0.3	LuN02@13	8.0±0.3	BW0902@13	7.5±0.3
LiN01@14	8.0±0.3	LuN02@14	7.5±0.4	BW0902@14	7.9±0.3
LiN01@15	7.8±0.4	LuN02@15	7.6±0.3	BW0902@15	7.9±0.3
LiN01@16	8.0±0.3	LuN02@16	7.9±0.3	BW0902@16	8.4±0.3
LiN01@17	8.9±0.3	LuN02@17	8.0±0.3	BW0902@17	7.9±0.3
LiN01@18	8.4±0.3	LuN02@18	8.2±0.4	BW0902@18	7.3±0.3
LiN01@19	8.3±0.3	LuN02@19	7.9±0.4	BW0902@19	7.3±0.2
LiN01@20	7.3±0.4	LuN02@20	7.9±0.3	BW0902@20	7.4±0.3
LiN02@1	7.6±0.3	LuN01@21	8.9±0.4	BW0901@1	7.7±0.2
LiN02@2	7.8±0.2	LuN01@1	8.2±0.3	BW0901@2	7.4±0.2
LiN02@3	8.0±0.3	LuN01@2	8.3±0.3	BW0901@3	7.5±0.3
LiN02@4	7.9±0.3	LuN01@3	8.0±0.4	BW0901@4	7.6±0.2
LiN02@5	8.3±0.3	LuN01@4	8.3±0.3	BW0901@5	8.2±0.2
LiN02@6	8.5±0.3	LuN01@5	8.4±0.3	BW0901@6	7.6±0.2
LiN02@7	8.8±0.3	LuN01@6	7.6±0.2	BW0901@7	8.2±0.4
LiN02@8	8.3±0.3	LuN01@7	8.2±0.3	BW0901@8	7.9±0.3
LiN02@9	8.3±0.3	LuN01@8	8.2±0.3	BW0901@9	7.9±0.3
LiN02@10	8.5±0.4	LuN01@9	8.2±0.4	BW0901@10	8.1±0.3
LiN02@11	8.2±0.4	LuN01@10	8.4±0.3	BW0901@11	8.3±0.2
LiN02@12	8.1±0.3	LuN01@11	7.7±0.4	BW0901@12	8.7±0.2
LiN02@13	8.5±0.3	LuN01@12	8.4±0.2	BW0901@13	9.3±0.3
LiN02@14	7.3±0.5	LuN01@13	8.3±0.3	BW0901@14	7.8±0.4
LiN02@15	8.0±0.3	LuN01@14	8.2±0.2	BW0901@15	8.3±0.2
LiN02@16	8.4±0.2	LuN01@15	8.5±0.3	BW0901@16	7.9±0.3
LiN02@17	8.1±0.4	LuN01@16	8.7±0.3	BW0901@17	8.0±0.2
LiN02@18	7.7±0.4	LuN01@17	8.3±0.3	BW0901@18	8.0±0.2
LiN02@19	7.6±0.3	LuN01@18	8.4±0.4	BW0901@19	8.1±0.3
LiN02@20	7.4±0.3	LuN01@19	8.4±0.3	BW0901@20	8.4±0.2
		LuN01@20	8.2±0.4		
		LuN02@21	8.3±0.3		

附表 5　贝吾、里农和路农岩体锆石 Hf 同位素组成

点号	$^{176}Yb/^{177}Hf$	$^{176}Lu/^{177}Hf±1\sigma$	$^{176}Hf/^{177}Hf±1\sigma$	$\varepsilon_{Hf}(t)±1\sigma$	$\delta^{18}O$	T_{DM2}
贝吾岩体（BW-6）						
1.1	0.072797	0.001436±0.000065	0.282639±0.000015	0.1±0.5		1252
1.2	0.039406	0.000922±0.000003	0.282581±0.00001	−1.8±0.4		1376
1.3	0.051707	0.00118±0.000044	0.282713±0.000016	2.8±0.6	7.8	1083
1.4	0.044717	0.001075±0.000018	0.28268±0.000013	1.6±0.5	7.9	1156
1.5	0.037745	0.000918±0.000025	0.282574±0.000011	−2.1±0.4	7.9	1392
1.6	0.053157	0.001266±0.000026	0.282681±0.000012	1.6±0.4	7.3	1156
1.7	0.043024	0.001061±0.000012	0.282569±0.000012	−2.3±0.4	8.0	1405
1.8	0.055976	0.001356±0.000038	0.282648±0.000015	0.5±0.5	7.6	1231
1.9	0.036452	0.000911±0.000018	0.282645±0.00001	0.4±0.4	7.8	1233
1.10	0.037939	0.000948±0.00003	0.282547±0.000013	−3.1±0.5	7.7	1453
里农岩体（LiN-2）						
1.1	0.043161	0.000986±0.000011	0.282564±0.000016	−2.5±0.6	8.5	1415
1.2	0.040074	0.001031±0.000011	0.282569±0.00002	−2.3±0.7	8.1	1404
1.3	0.040354	0.001075±0.000014	0.28255±0.000012	−3.0±0.4	8.2	1447
1.4	0.044359	0.001137±0.000033	0.282553±0.000012	−2.9±0.4	8.5	1441
1.5	0.046514	0.00121±0.000045	0.282559±0.000017	−2.7±0.6	8.3	1428
1.6	0.032119	0.000863±0.000011	0.282566±0.000012	−2.4±0.4	8.3	1409
1.7	0.040056	0.001027±0.000017	0.282391±0.000018	−8.6±0.6	8.8	1800
1.8	0.035642	0.000931±0.000016	0.282562±0.000015	−2.5±0.4	8.5	1419
1.9	0.046526	0.0012±0.000013	0.282541±0.000015	−3.3±0.5	8.3	1468
路农岩体（LuN-2）						
1.1	0.038458	0.001057±0.000015	0.282525±0.000009	−3.9±0.3		1503
1.2	0.044069	0.001216±0.000012	0.282520±0.000015	−4.1±0.5		1515
1.3	0.034826	0.000958±0.000019	0.282563±0.000017	−2.5±0.6		1417
1.4	0.039119	0.001051±0.000014	0.282518±0.000014	−4.1±0.6		1518
1.5	0.033784	0.000932±0.000013	0.282552±0.000017	−2.9±0.6		1441
1.6	0.066405	0.001679±0.000120	0.282563±0.000017	−2.6±0.6	8.3	1424
1.7	0.039288	0.001067±0.000011	0.282549±0.000015	−3.0±0.5	7.9	1449
1.8	0.056861	0.001475±0.000048	0.282617±0.000014	−0.7±0.5	7.9	1301
1.9	0.045623	0.001181±0.000016	0.282573±0.000012	−2.2±0.4	8.2	1397
1.10	0.038393	0.001026±0.000027	0.282578±0.000014	−2.0±0.5	8.0	1384

注：锆石氧同位素组成见附表 4。初始 Hf 同位素比值返算到 230Ma，$\varepsilon_{Hf}(t)$ 值计算过程中各参数现代值为：$(^{176}Lu/^{177}Hf)_{CHUR}=0.0332$，$(^{176}Hf/^{177}Hf)_{CHUR}=0.282772$（Blichert-Toft and Albarède，1997）；两阶段模式年龄计算过程中亏损地幔现代值为：$(^{176}Lu/^{177}Hf)_{DM}=0.0.384$ 和 $(^{176}Hf/^{177}Hf)_{DM}=0.28325$（Griffin et al.，2000），$^{176}Lu$ 衰变常数为 $1.865×10^{-11} a^{-1}$（Scherer et al.，2000）；大陆地壳 $^{176}Hf/^{177}Hf$ 平均值为 0.015（Griffin et al.，2002）；空白表示无数据。

附表6 贝吾、里农和路农岩体主量(%)、微量元素(10^{-6})成分

样号	LiN-1	LiN-2	LiN-3	LiN-4	LiN-5	LiN-6	LiN10-1	LiN10-2	LiN10-3	LiN10-4	LiN10-5	LiN10-6	LiN10-7
SiO_2	71.50	68.50	72.11	73.49	66.04	65.20	70.30	70.11	67.00	70.25	71.00	69.34	70.57
Al_2O_3	14.24	15.80	14.58	13.56	16.26	16.35	15.10	15.10	15.78	15.17	15.11	14.34	14.60
Fe_2O_{3T}	2.83	2.25	2.16	1.93	3.19	4.39	2.90	2.91	4.19	2.65	2.58	3.68	2.60
CaO	2.41	4.03	2.34	1.90	5.21	4.16	2.86	2.66	3.76	2.85	2.72	3.49	2.50
MgO	0.84	1.58	0.65	0.52	1.76	1.81	0.79	0.89	1.26	0.77	0.71	1.17	0.74
Na_2O	2.77	3.93	2.97	2.72	3.52	2.87	3.24	3.13	3.05	2.98	3.12	2.69	2.95
K_2O	3.94	1.89	4.05	4.29	2.15	2.99	3.41	3.71	3.25	3.90	3.64	3.40	3.76
TiO_2	0.28	0.39	0.19	0.17	0.47	0.45	0.24	0.26	0.35	0.26	0.24	0.30	0.23
MnO	0.05	0.03	0.03	0.04	0.05	0.06	0.02	0.03	0.07	0.03	0.04	0.05	0.02
P_2O_5	0.063	0.096	0.051	0.041	0.111	0.113	0.082	0.086	0.092	0.083	0.083	0.074	0.08
LOI	0.75	1.19	0.66	0.9	0.92	1.12	1.04	1	0.93	0.85	0.72	1.53	1.18
总计	99.66	99.69	99.8	99.56	99.67	99.52	100	99.9	99.74	99.8	99.96	100.05	99.24
Ga		16.2	13.2	12.5	14.9	17.7	17.2	17.5	17.0	17.3	17.3	15.1	17.0
Rb		73.1	181	167	73.6	112	145	156	127	160	164	143	149
Sr		491	167	146	297	329	287	249	305	255	232	256	242
Zr		86.6	90.2	91.2	104	91.6	115	114	130	121	110	113	114
Nb		9.86	7.14	7.78	11.80	10.80	9.50	10.70	9.20	9.70	9.60	6.90	9.70
Ba		280	551	616	434	771	679	613	644	613	598	609	578
Hf		2.35	2.66	2.88	2.97	2.45	3.50	3.50	3.60	3.70	3.40	3.30	3.60
Ta		0.885	0.972	1.27	1.15	0.81	1.20	1.50	1.00	1.30	1.20	0.9	1.4
Pb		19.8	33.5	34.0	28.8	28.4	30.0	32.0	22.0	36.0	35.0	29.0	38.0
U		4.99	4.96	4.27	3.46	2.57	4.25	3.91	3.18	3.92	3.21	3.22	3.94
Th		22.9	23.0	20.2	13.9	15.4	16.8	15.8	16.7	16.0	14.3	22.1	15.3

里农岩体

续表

样号		LiN-1	LiN-2	LiN-3	LiN-4	LiN-5	LiN-6	LiN10-1	LiN10-2	LiN10-3	LiN10-4	LiN10-5	LiN10-6	LiN10-7
里农岩体	La		25.7	28.1	25.9	21.1	19.0	22.3	25.8	28.9	26.6	24.9	24.4	26.2
	Ce		57.0	59.4	53.5	49.3	45.2	40.3	46.7	50.1	48.8	45.9	42.7	48.4
	Pr		5.07	4.70	4.52	4.86	4.39	4.23	4.89	5.03	5.19	4.77	4.23	5.08
	Nd		17.8	14.6	14.3	18.5	16.7	14.6	16.4	16.8	18.1	16.8	14.3	17.2
	Sm		3.15	2.66	2.32	3.69	3.23	2.85	3.14	2.88	3.41	3.30	2.60	3.48
	Eu		0.822	0.557	0.522	0.760	0.967	0.730	0.700	0.820	0.740	0.760	0.700	0.730
	Gd		2.72	2.41	1.99	3.30	3.03	2.70	2.81	2.77	3.10	2.98	2.42	3.22
	Tb		0.344	0.320	0.270	0.491	0.434	0.380	0.380	0.390	0.430	0.390	0.340	0.450
	Dy		2.09	2.07	1.74	3.18	2.69	1.92	1.91	2.06	2.13	1.94	1.97	2.19
	Ho		0.418	0.404	0.335	0.606	0.548	0.350	0.350	0.410	0.400	0.350	0.380	0.410
	Er		1.13	1.34	1.05	1.73	1.64	1.05	1.05	1.31	1.17	1.06	1.25	1.19
	Tm		0.165	0.202	0.165	0.258	0.227	0.140	0.160	0.190	0.150	0.150	0.180	0.170
	Yb		1.13	1.55	1.30	1.91	1.48	1.01	1.02	1.31	1.06	0.99	1.23	1.18
	Lu		0.163	0.221	0.204	0.281	0.220	0.150	0.160	0.220	0.170	0.150	0.190	0.180
	Y		12.9	13.5	11.8	20.2	16.6	10.3	10.8	11.9	11.4	10.6	10.9	12.2

样号		LuN-1	LuN-2	LuN-3	LuN-4	LuN-5	LuN10-1	LuN10-2	LuN10-3	LuN10-4	LuN10-5	LuN10-6	LuN10-7	LuN10-8
路农岩体	SiO_2		67.00	66.03	66.90	69.00	66.73	67.50	67.86	68.03	68.16	66.79	67.00	68.10
	Al_2O_3		16.03	16.02	15.99	14.65	15.59	15.14	14.83	14.89	15.21	15.60	15.48	15.27
	Fe_2O_{3T}		3.15	3.99	3.40	3.65	4.02	2.98	3.87	3.71	2.09	2.73	2.06	3.06
	CaO		3.61	3.62	3.61	3.27	3.57	4.02	3.21	4.10	5.24	3.97	4.43	3.08
	MgO		1.64	1.58	1.37	1.32	1.48	1.39	1.24	1.30	1.19	1.54	1.23	1.25
	Na_2O		3.03	2.92	3.16	2.78	3.01	3.08	2.70	3.08	3.24	4.22	3.28	3.18
	K_2O		3.62	3.69	3.82	3.57	3.70	3.81	3.84	3.16	3.26	3.20	4.36	3.69

续表

样号	LuN-1	LuN-2	LuN-3	LuN-4	LuN-5	LuN10-1	LuN10-2	LuN10-3	LuN10-4	LuN10-6	LuN10-7	LuN10-8
TiO_2	0.41	0.40	0.35	0.34	0.39	0.36	0.33	0.35	0.36	0.35	0.39	0.30
MnO	0.05	0.07	0.05	0.05	0.06	0.05	0.06	0.05	0.03	0.05	0.04	0.04
P_2O_5	0.101	0.101	0.087	0.086	0.096	0.09	0.08	0.088	0.088	0.087	0.095	0.074
LOI	1.15	1.21	1.24	1.16	1.24	1.28	1.25	1.35	0.75	1.4	1.21	1.95
总计	99.8	99.62	100	99.89	99.89	99.71	99.28	100.11	99.63	99.98	99.59	100
Ga	17.6	15.8	18.0	16.0	17.7	15.9	16.0	17.0	15.4	16.0	15.7	15.6
Rb	120	138	152	145	154	130	152	113	102	121	149	128
Sr	413	286	320	274	300	338	318	277	296	378	374	248
Zr	91.1	75.8	130	114	124	134	128	150	140	146	119	115
Nb	9.00	9.45	9.00	8.90	9.70	8.30	7.60	8.50	8.30	8.10	9.00	7.00
Ba	674	644	665	598	677	655	694	532	484	674	600	634
Hf	2.58	2.15	4.10	3.60	3.90	3.90	3.70	4.40	4.00	4.40	3.50	3.40
Ta	0.899	0.912	1.1	1.00	1.20	1.10	0.9	1.20	1.10	1.10	1.10	1.10
Pb	32.3	29.7	42.0	36.0	39.0	38.0	25.0	28.0	31.0	34.0	32.0	25.0
U	2.79	4.50	4.33	7.37	5.65	3.20	1.92	3.19	3.74	4.01	3.44	2.44
Th	25.6	35.8	28.4	65.2	34.9	17.0	14.7	42.3	20.3	21.7	16.9	16.6
La	64.5	48.9	25.3	25.6	33.9	28.4	24.5	101.0	34.6	36.3	30.4	24.1
Ce	96.3	98.0	45.3	45.8	58.5	49.4	42.6	155.5	56.5	62.0	51.1	42.0
Pr	9.26	8.59	4.77	4.80	5.94	5.05	4.34	13.80	5.54	6.04	5.13	4.31
Nd	28.2	28.2	16.3	16.1	20.0	16.4	14.8	39.5	17.8	19.7	17.1	14.3
Sm	3.95	4.31	2.85	2.88	3.43	2.96	2.59	5.01	3.00	3.14	3.03	2.59
Eu	0.964	0.825	0.790	0.730	0.780	0.710	0.700	0.860	0.750	0.720	0.760	0.660
Gd	3.23	3.68	2.78	2.85	3.21	2.94	2.57	4.93	3.08	3.04	2.94	2.45

路农岩体

续表

样号	LuN-1	LuN-2	LuN-3	LuN-4	LuN-5	LuN10-1	LuN10-2	LuN10-3	LuN10-4	LuN10-6	LuN10-7	LuN10-8
Tb	0.430	0.448	0.410	0.400	0.440	0.430	0.390	0.550	0.420	0.410	0.430	0.360
Dy	2.54	2.63	2.31	2.27	2.51	2.34	1.95	2.74	2.30	2.18	2.46	1.97
Ho	0.498	0.527	0.470	0.470	0.490	0.460	0.400	0.530	0.490	0.450	0.500	0.410
Er	1.53	1.54	1.47	1.38	1.46	1.49	1.34	1.77	1.53	1.46	1.58	1.27
Tm	0.211	0.196	0.210	0.220	0.220	0.220	0.190	0.250	0.220	0.230	0.220	0.200
Yb	1.46	1.42	1.52	1.43	1.53	1.51	1.37	1.79	1.50	1.59	1.58	1.40
Lu	0.229	0.215	0.250	0.240	0.250	0.260	0.210	0.290	0.250	0.270	0.240	0.230
Y	16.3	16.4	13.5	12.8	14.6	13.8	12.1	15.8	13.9	13.4	14.4	12.2

样号	BW-1	BW-2	BW-3	BW-4	BW-5	BW-6	BW10-1	BW10-2	BW10-3	BW10-4	BW10-5	BW10-6
SiO_2	65.65	65.71	66.50	65.00	64.53	67.00	66.00	65.47	65.91	65.00	66.75	66.88
Al_2O_3	14.87	15.56	15.39	15.73	15.98	14.87	15.39	15.46	15.84	15.41	15.12	14.90
Fe_2O_{3T}	3.88	3.42	3.78	4.17	4.19	3.59	4.05	4.04	3.77	4.42	3.72	4.41
CaO	2.90	2.52	1.95	2.41	2.78	2.37	3.27	2.85	3.10	2.63	2.52	1.89
MgO	1.48	1.37	1.51	1.61	1.55	1.43	1.30	1.37	1.23	1.41	1.24	1.39
Na_2O	3.01	4.65	3.66	3.61	3.78	3.59	3.50	3.51	3.63	4.25	3.31	3.30
K_2O	3.44	2.87	3.52	3.58	3.28	3.52	3.10	3.65	3.36	3.10	3.79	3.91
TiO_2	0.41	0.38	0.38	0.42	0.43	0.36	0.35	0.34	0.34	0.41	0.38	0.38
MnO	0.05	0.04	0.06	0.06	0.06	0.06	0.05	0.07	0.06	0.05	0.04	0.05
P_2O_5	0.098	0.096	0.097	0.101	0.102	0.094	0.09	0.088	0.083	0.097	0.082	0.093
LOI	3.4	2.93	2.99	3.03	2.76	2.96	2.83	2.98	2.66	3.32	2.29	2.69
总计	99.18	99.93	99.83	99.72	99.44	99.83	99.94	99.84	100	100.1	99.25	99.91
Ga	15.4	15.1	16.0	15.4	14.2	14.7	16.6	16.9	16.9	16.8	16.4	17.1
Rb	145	112	123	139	103	130	114	150	135	112	147	130
Sr	194	174	190	279	234	182	332	240	325	245	329	282

续表

样号	BW-1	BW-2	BW-3	BW-4	BW-5	BW-6	BW10-1	BW10-2	BW10-3	BW10-4	BW10-5	BW10-6
Zr	90.8	104	119	91.1	104	111	124	118	123	127	118	145
Nb	7.94	8.42	9.97	8.15	8.23	8.19	7.00	7.10	7.00	7.40	7.00	7.60
Ba	759	513	783	690	609	624	648	637	595	622	686	999
Hf	2.48	2.84	3.22	2.61	2.76	2.90	3.60	3.60	3.60	3.70	3.50	4.10
Ta	0.807	0.888	0.943	0.761	0.791	0.789	0.900	0.900	0.900	0.900	0.900	0.900
Pb	20.1	79.0	15.2	13.0	22.4	23.6	19.0	21.0	18.0	14.0	18.0	31.0
U	4.35	4.56	9.32	4.20	4.34	4.28	4.42	4.64	4.93	4.56	4.38	4.35
Th	15.0	15.8	16.8	13.8	13.8	13.0	16.4	18.0	17.8	15.3	18.2	16.0
La	21.7	23.1	27.5	21.7	27.1	21.4	27.3	32.0	30.4	25.3	34.0	30.8
Ce	49.0	51.8	56.8	49.1	62.6	47.2	47.9	55.4	53.9	45.3	59.2	55.4
Pr	4.40	4.61	5.17	4.50	5.55	4.39	4.93	5.52	5.45	4.85	5.89	5.78
Nd	14.6	15.4	17.0	15.2	19.4	15.9	16.6	18.1	17.9	16.6	19.0	20.0
Sm	2.56	2.80	3.22	2.72	3.43	3.02	2.96	3.14	2.98	3.21	3.11	3.73
Eu	0.655	0.713	0.845	0.680	0.813	0.849	0.750	0.780	0.760	0.750	0.760	0.810
Gd	2.30	2.61	2.94	2.57	3.09	2.69	2.79	3.00	3.09	3.24	3.15	3.57
Tb	0.329	0.364	0.390	0.381	0.445	0.360	0.410	0.420	0.430	0.460	0.410	0.510
Dy	2.08	2.29	2.38	2.43	2.59	2.30	2.20	2.41	2.29	2.71	2.25	2.73
Ho	0.419	0.442	0.500	0.488	0.516	0.463	0.450	0.470	0.470	0.550	0.460	0.550
Er	1.17	1.31	1.47	1.34	1.46	1.28	1.47	1.49	1.49	1.75	1.48	1.65
Tm	0.186	0.189	0.207	0.200	0.217	0.199	0.210	0.220	0.230	0.260	0.210	0.250
Yb	1.27	1.31	1.48	1.44	1.57	1.40	1.48	1.51	1.54	1.72	1.54	1.57
Lu	0.194	0.220	0.217	0.224	0.245	0.210	0.230	0.250	0.250	0.280	0.260	0.260
Y	13.6	14.3	16.7	15.1	16.2	14.7	13.3	13.7	13.5	15.6	13.5	15.9

注：空白表示无数据。

附表7 贝吾、里农和路农岩体 Sr-Nd 同位素组成

	样号	$^{87}Rb/^{86}Sr$	$^{87}Sr/^{86}Sr \pm 2\sigma$	$(^{87}Sr/^{86}Sr)_t$	$^{147}Sm/^{144}Nd$	$^{143}Nd/^{144}Nd \pm 2\sigma$	$(^{143}Nd/^{144}Nd)_t$	$\varepsilon_{Nd}(t)$	T_{DM1}/Ma	T_{DM2}/Ma
里农岩体	LiN-2	0.430	0.716178±4	0.7148	0.1068	0.512191±7	0.51203	-6.1	1368	1501
	LiN-3	3.132	0.718022±4	0.7078	0.1099	0.512187±4	0.51202	-6.3	1415	1515
	LiN-4	3.306	0.719900±5	0.7091	0.0980	0.512168±6	0.51202	-6.3	1294	1516
	LiN-5	0.716	0.711487±3	0.7091	0.1204	0.512180±4	0.51200	-6.7	1585	1551
	LiN-6	0.984	0.712358±3	0.7091	0.1166	0.512194±7	0.51202	-6.3	1502	1520
路农岩体	LuN-1	0.840	0.713265±4	0.7105	0.0847	0.512209±5	0.51208	-5.1	1113	1420
	LuN-2	1.394	0.714218±4	0.7097	0.0923	0.512206±6	0.51207	-5.4	1187	1443
贝吾岩体	BW-1	2.160	0.716128±4	0.7091	0.1058	0.512197±4	0.51204	-5.9	1347	1489
	BW-2	1.860	0.715142±3	0.7091	0.1097	0.512188±5	0.51202	-6.2	1410	1513
	BW-3	1.871	0.714817±7	0.708697	0.1147	0.512197±5	0.51202	-6.2	1468	1511
	BW-4	1.440	0.714244±3	0.7095	0.1082	0.512190±6	0.51203	-6.1	1387	1506
	BW-5	1.272	0.712874±4	0.7087	0.1070	0.512200±7	0.51204	-5.9	1358	1487
	BW-6	2.064	0.715819±5	0.7091	0.1151	0.512202±5	0.51203	-6.1	1466	1503

注：初始 Sr-Nd 同位素比值返算到 230Ma，$\varepsilon_{Nd}(t)$ 值计算过程中各参数现代值为：$(^{147}Sm/^{144}Nd)_{CHUR}=0.1967$，$(^{143}Nd/^{144}Nd)_{CHUR}=0.512638$；两阶段模式年龄计算过程中亏损地幔现代值为：$(^{147}Sm/^{144}Nd)_{DM}=0.2137$ 和 $(^{143}Nd/^{144}Nd)_{DM}=0.51315$，Nd 同位素单阶段模式年龄（$T_{DM1}$）及两阶段模式年龄（$T_{DM2}$）计算方法详见 Wu 等 (2006)；$T_{DM2}$ 计算公式引自 Keto 和 Jacobsen (1988)。

附表 8　贝吾、里农和路农岩体的全岩 Pb 同位素组成

	样号	$^{208}Pb/^{204}Pb\pm2\sigma$	$^{207}Pb/^{204}Pb\pm2\sigma$	$^{206}Pb/^{204}Pb\pm2\sigma$	$^{232}Th/^{204}Pb^a$	$^{238}U/^{204}Pb^a$	$(^{208}Pb/^{204}Pb)_t^b$	$(^{207}Pb/^{204}Pb)_t^b$	$(^{206}Pb/^{204}Pb)_t^b$
里农岩体	LiN-2	39.21095±39	15.72484±15	18.86182±18	77.2	16.3	38.323	15.695	18.271
	LiN-3	39.20446±32	15.71817±12	18.87031±14	45.8	9.55	38.678	15.701	18.523
	LiN-4	39.24684±18	15.72828±7	18.89293±8	39.6	8.11	38.791	15.713	18.598
	LiN-5	39.07346±46	15.73707±18	18.71588±22	32.0	7.72	38.704	15.723	18.435
	LiN-6	39.18641±31	15.73414±12	18.71234±15	36.0	5.82	38.772	15.723	18.501
路农岩体	LuN-2	39.37439±17	15.74818±7	18.80041±8	80.6	9.80	38.447	15.730	18.444
贝吾岩体	BW-1	38.96637±43	15.66253±16	18.71580±16	49.3	13.8	38.399	15.637	18.213
	BW-2	38.79326±38	15.68869±14	18.45431±17	13.2	3.68	38.642	15.682	18.320
	BW-4	39.41141±38	15.68486±15	19.19566±19	67.2	21.0	38.638	15.646	18.432
	BW-5	39.03105±22	15.67299±9	18.80011±11	40.9	12.5	38.560	15.650	18.347
	BW-6	39.01241±35	15.67732±14	18.75800±17	36.5	11.6	38.592	15.65	18.335

注：a 计算过程中所用 U、Th 和 Pb 含量来自附表 7 及样品 Pb 同位素测试值；b 初始 Pb 同位素返算到 230Ma。

附表9 辉绿岩样品 LN12-06 锆石 LA-ICP-MS U-Pb 定年分析结果

测点号	U /10^{-6}	Th /10^{-6}	Pb /10^{-6}	Th/U	同位素比值 $^{207}Pb/^{206}Pb\pm1\sigma$	$^{207}Pb/^{235}U\pm1\sigma$	$^{206}Pb/^{238}U\pm1\sigma$	$^{208}Pb/^{232}Th\pm1\sigma$	ρ	年龄/Ma $^{207}Pb/^{206}Pb\pm1\sigma$	$^{207}Pb/^{235}U\pm1\sigma$	$^{206}Pb/^{238}U\pm1\sigma$	$^{208}Pb/^{232}Th\pm1\sigma$	和谐度/%
LN12-01	1091	303	41	0.28	0.05162±0.00088	0.26412±0.00438	0.03685±0.00023	0.01184±0.00024	0.90	269±27	238±4	233±1	238±5	102
LN12-02	369	146	15	0.39	0.05492±0.00170	0.27907±0.00834	0.03678±0.00044	0.01223±0.00041	0.90	409±45	250±7	233±3	246±8	107
LN12-03	1305	443	53	0.34	0.05330±0.00095	0.27400±0.00450	0.03705±0.00023	0.01292±0.00026	0.90	342±26	246±4	234±1	259±5	105
LN12-04	706	180	26	0.25	0.05053±0.00132	0.25551±0.00647	0.03667±0.00024	0.01156±0.00006	0.79	220±62	231±5	232±2	232±1	100
LN12-05	792	206	29	0.26	0.05068±0.00105	0.25696±0.00514	0.03678±0.00021	0.01159±0.00006	0.80	226±49	232±4	233±1	233±1	100
LN12-06	1122	337	42	0.30	0.05134±0.00074	0.26218±0.00381	0.03679±0.00022	0.01178±0.00025	0.90	256±22	236±3	233±1	237±5	101
LN12-07	1413	394	53	0.28	0.05133±0.00072	0.26196±0.00357	0.03681±0.00022	0.01240±0.00023	0.90	256±20	236±3	233±1	249±5	101
LN12-08	649	213	25	0.33	0.05212±0.00106	0.26522±0.00524	0.03684±0.00030	0.01202±0.00030	0.90	291±30	239±4	233±2	242±6	103
LN12-09	1291	406	50	0.31	0.05073±0.00078	0.25876±0.00381	0.03675±0.00021	0.01205±0.00024	0.90	229±23	234±3	233±1	242±5	100
LN12-10	897	244	33	0.27	0.05163±0.00081	0.26395±0.00398	0.03691±0.00024	0.01234±0.00030	0.90	269±23	238±3	234±1	248±6	102
LN12-11	850	243	32	0.29	0.05192±0.00114	0.26379±0.00556	0.03685±0.00023	0.01158±0.00006	0.79	282±51	238±4	233±1	233±1	102
LN12-12	743	175	28	0.24	0.05075±0.00115	0.25569±0.00558	0.03654±0.00021	0.01151±0.00006	0.79	229±53	231±5	231±1	231±1	100
LN12-13	252	72	10	0.29	0.05595±0.00178	0.28237±0.00844	0.03680±0.00033	0.01383±0.00054	0.90	450±50	253±7	233±2	278±11	109
LN12-14	927	316	36	0.34	0.05477±0.00085	0.27951±0.00443	0.03675±0.00024	0.01297±0.00026	0.90	403±24	250±4	233±1	261±5	107
LN12-15	990	328	38	0.33	0.05216±0.00137	0.25204±0.00642	0.03505±0.00023	0.01101±0.00006	0.78	292±61	228±5	222±1	221±1	103
LN12-16	676	221	27	0.33	0.05668±0.00110	0.28981±0.00577	0.03695±0.00028	0.01412±0.00031	0.90	479±30	258±5	234±2	283±6	110
LN12-17	1045	279	42	0.27	0.05150±0.00144	0.25852±0.00700	0.03640±0.00024	0.01145±0.00007	0.81	263±65	233±6	230±1	230±1	101
LN12-18	296	101	12	0.34	0.05387±0.00139	0.27273±0.00680	0.03687±0.00036	0.01194±0.00037	0.90	366±39	245±5	233±2	240±7	105
LN12-19	1049	250	40	0.24	0.05228±0.00117	0.26365±0.00567	0.03658±0.00022	0.01148±0.00006	0.79	298±52	238±5	232±1	231±1	103
LN12-20	1304	448	52	0.34	0.05232±0.00071	0.26729±0.00344	0.03685±0.00018	0.01187±0.00017	0.90	299±20	241±3	233±1	238±3	103
LN12-21	1056	311	40	0.29	0.05141±0.00102	0.25705±0.00490	0.03626±0.00020	0.01141±0.00005	0.80	259±47	232±4	230±1	229±1	101
LN12-22	1138	437	47	0.38	0.05062±0.00217	0.25315±0.01063	0.03627±0.00031	0.01143±0.00008	0.76	224±101	229±9	230±2	230±2	100
LN12-23	779	224	29	0.29	0.05068±0.00132	0.25717±0.00644	0.03680±0.00026	0.01160±0.00007	0.80	226±62	232±5	233±2	233±1	100
LN12-24	1105	379	43	0.34	0.04874±0.00093	0.24933±0.00465	0.03683±0.00026	0.01144±0.00023	0.90	135±30	226±4	233±2	230±5	97

注：中国科学院地球化学研究所矿床地球化学国家重点实验室分析；共分析24个锆石颗粒，所有颗粒和谐度都在90%～110%之间。

附表10 辉绿岩样品 D034 锆石 LA-ICP-MS U-Pb 定年分析结果

测点号	U /10⁻⁶	Th /10⁻⁶	Pb /10⁻⁶	Th/U	同位素比值					年龄/Ma				和谐度/%
					$^{207}Pb/^{206}Pb\pm1\delta$	$^{207}Pb/^{235}U\pm1\delta$	$^{206}Pb/^{238}U\pm1\delta$	$^{208}Pb/^{232}Th\pm1\delta$	ρ	$^{207}Pb/^{206}Pb\pm1\delta$	$^{207}Pb/^{235}U\pm1\delta$	$^{206}Pb/^{238}U\pm1\delta$	$^{208}Pb/^{232}Th\pm1\delta$	
D034-01	31553	9736	299	0.31	0.05399±0.00206	0.26556±0.00985	0.03567±0.00032	0.01116±0.00009	0.41	371±88	239±8	226±2	224±2	106
D034-02	27895	7749	239	0.28	0.05006±0.00105	0.25293±0.00523	0.03610±0.00027	0.01060±0.00026	0.36	198±34	229±4	229±2	213±5	100
D034-03	24820	7434	212	0.30	0.04764±0.00116	0.23993±0.00549	0.03610±0.00029	0.01053±0.00030	0.35	81±39	218±4	229±2	212±6	95
D034-04	21275	7676	187	0.36	0.04962±0.00148	0.24460±0.00715	0.03685±0.00041	0.01075±0.00034	0.40	177±45	230±6	233±3	216±7	99
D034-05	23129	7218	198	0.31	0.04779±0.00108	0.24308±0.00544	0.03646±0.00031	0.01063±0.00026	0.38	89±37	221±4	231±2	214±5	96
D034-06	27368	6628	241	0.24	0.05029±0.00092	0.25964±0.00470	0.03700±0.00028	0.01261±0.00031	0.42	209±28	234±4	234±2	253±6	100
D034-07	21027	4746	176	0.23	0.05032±0.00114	0.25488±0.00570	0.03644±0.00031	0.01122±0.00031	0.37	210±36	231±5	231±2	226±6	100
D034-08	23850	6286	199	0.26	0.04713±0.00116	0.23769±0.00583	0.03615±0.00033	0.01040±0.00031	0.37	56±40	217±5	229±2	209±6	95
D034-09	25704	6607	214	0.26	0.04742±0.00100	0.23854±0.00499	0.03674±0.00029	0.01062±0.00028	0.38	70±35	217±4	228±2	214±6	95
D034-10	29462	10158	249	0.34	0.04611±0.00135	0.23531±0.00700	0.03616±0.00045	0.01144±0.00039	0.41	400±39	215±6	233±3	230±8	92
D034-11	24855	6960	211	0.28	0.04903±0.00100	0.24638±0.00484	0.03602±0.00026	0.01123±0.00027	0.37	149±32	224±4	229±2	226±5	98
D034-12	31525	10124	269	0.32	0.04868±0.00106	0.24329±0.00501	0.03616±0.00028	0.01109±0.00029	0.38	133±34	221±4	228±2	223±6	97
D034-13	23400	6280	196	0.27	0.05174±0.00099	0.25851±0.00491	0.03590±0.00029	0.01227±0.00031	0.42	274±29	233±4	227±2	247±6	103
D034-14	21393	4457	171	0.21	0.05044±0.00144	0.25841±0.00750	0.03675±0.00036	0.01170±0.00045	0.34	215±49	233±6	233±2	235±9	100
D034-15	23896	6857	205	0.29	0.05214±0.00109	0.26245±0.00544	0.03609±0.00028	0.01177±0.00029	0.38	292±33	237±4	229±2	237±6	103
D034-16	25662	6821	221	0.27	0.05195±0.00113	0.26442±0.00556	0.03650±0.00028	0.01235±0.00031	0.36	283±34	238±4	231±2	248±6	103
D034-17	18248	4053	149	0.22	0.05422±0.00190	0.27756±0.00954	0.03683±0.00043	0.01520±0.00071	0.34	380±56	249±8	233±3	305±14	107
D034-19	51472	15724	434	0.31	0.05141±0.00119	0.25869±0.00593	0.03604±0.00033	0.01258±0.00035	0.40	259±36	234±5	228±2	253±7	103
D034-20	21129	9848	195	0.47	0.05510±0.00124	0.27220±0.00608	0.03622±0.00032	0.01237±0.00032	0.34	416±36	244±5	224±2	249±6	109
D034-21	24589	7740	212	0.31	0.05233±0.00109	0.26282±0.00501	0.03622±0.00027	0.01123±0.00027	0.39	300±30	237±4	229±2	226±5	103
D034-22	27438	7748	230	0.28	0.05005±0.00097	0.24838±0.00501	0.03566±0.00025	0.01109±0.00028	0.38	197±30	225±4	226±2	223±6	100
D034-23	7828	3129	71	0.40	0.05365±0.00275	0.26785±0.01334	0.03621±0.00043	0.01133±0.00010	0.35	356±119	241±11	229±3	228±2	105
D034-24	30196	9231	268	0.31	0.05357±0.00116	0.27402±0.00607	0.03653±0.00031	0.01307±0.00037	0.38	353±35	246±5	231±2	262±7	106

注：中国科学院地球化学研究所矿床地球化学国家重点实验室分析；共分析24个锆石颗粒，表中只列出23个和谐度在90%～110%之间的分析数据。

附表 11 辉绿岩样品 Y034 锆石 LA-ICP-MS U-Pb 定年分析结果

测点号	U /10⁻⁶	Th /10⁻⁶	Pb /10⁻⁶	Th/U	同位素比值 ²⁰⁷Pb/²⁰⁶Pb±1σ	²⁰⁷Pb/²³⁵U±1σ	²⁰⁶Pb/²³⁸U±1σ	²⁰⁸Pb/²³²Th±1σ	ρ	年龄/Ma ²⁰⁷Pb/²⁰⁶Pb±1σ	²⁰⁷Pb/²³⁵U±1σ	²⁰⁶Pb/²³⁸U±1σ	²⁰⁸Pb/²³²Th±1σ	和谐度/%
Y34-01	804549	240669	22022	0.30	0.05072±0.00063	0.26314±0.00396	0.03763±0.00053	0.00455±0.00011	0.64	228±29	237±3	238±3	92±2	100
Y34-02	345065	143136	9667	0.41	0.05351±0.00101	0.26745±0.00532	0.03626±0.00050	0.01080±0.00066	0.42	350±44	241±4	230±3	217±13	105
Y34-03	736504	323825	21715	0.44	0.05630±0.00081	0.29771±0.00480	0.03802±0.00051	0.01138±0.00074	0.55	484±32	265±4	241±3	229±15	110
Y34-04	273617	58041	7650	0.21	0.05030±0.00126	0.25748±0.00664	0.03713±0.00055	0.01079±0.00080	0.34	209±59	233±5	235±3	217±16	99
Y34-05	1093345	339392	30827	0.31	0.05336±0.00129	0.27691±0.00687	0.03764±0.00057	0.01228±0.00147	0.35	344±56	248±5	238±4	247±29	104
Y34-06	669054	149390	16860	0.22	0.05286±0.00080	0.26561±0.00465	0.03644±0.00055	0.00388±0.00013	0.58	323±35	239±4	231±3	78±3	103
Y34-07	837939	313186	22373	0.37	0.05252±0.00069	0.26484±0.00413	0.03673±0.00052	0.00463±0.00017	0.61	299±31	239±3	233±3	93±3	103
Y34-08	738966	220663	18212	0.30	0.05061±0.00097	0.26321±0.00558	0.03770±0.00061	0.00402±0.00019	0.50	223±45	237±4	239±4	81±4	99
Y34-09	727950	174132	18314	0.24	0.05219±0.00087	0.26293±0.00500	0.03653±0.00055	0.00604±0.00031	0.54	294±39	237±4	231±3	122±6	103
Y34-10	858380	246282	23227	0.29	0.05072±0.00109	0.25832±0.00586	0.03695±0.00055	0.01118±0.00123	0.41	228±51	233±5	234±3	225±25	100
Y34-11	619148	233327	17375	0.38	0.05664±0.00075	0.29203±0.00463	0.03773±0.00052	0.01110±0.00057	0.60	458±30	260±4	239±3	223±11	109
Y34-12	975508	281658	24682	0.29	0.05574±0.00092	0.28801±0.00551	0.03746±0.00058	0.00858±0.00042	0.56	442±38	257±4	237±4	173±8	108
Y34-13	555994	195911	16544	0.35	0.04625±0.00362	0.23484±0.01815	0.03699±0.00053	0.01194±0.00099	0.44	155±172	214±15	234±3	240±20	91
Y34-18	156162	73181	4718	0.47	0.05177±0.00139	0.26358±0.00702	0.03693±0.00053	0.01272±0.00146	0.25	275±63	238±6	234±3	255±29	102
Y34-19	841683	294455	23649	0.35	0.05143±0.00076	0.26561±0.00443	0.03748±0.00052	0.01032±0.00075	0.54	259±35	239±4	237±3	208±15	101
Y34-20	502588	114905	14379	0.23	0.05033±0.00086	0.25470±0.00467	0.03672±0.00050	0.01255±0.00109	0.46	209±41	230±4	232±3	252±22	99

注：南京大学内生金属矿床成矿机制研究国家重点实验室分析；共分析 20 个锆石颗粒，表中只列出 16 个和谐度在 90%～110%之间的分析数据。

附表 12　辉绿岩样品 Y001 锆石 LA-ICP-MS U-Pb 定年分析结果

测点号	U /10^{-6}	Th /10^{-6}	Pb /10^{-6}	Th/U	同位素比值					年龄/Ma			和谐度 /%
					^{207}Pb/^{206}Pb±1δ	^{207}Pb/^{235}U±1δ	^{206}Pb/^{238}U±1δ	^{208}Pb/^{232}Th±1δ	ρ	^{207}Pb/^{206}Pb±1δ	^{207}Pb/^{235}U±1δ	^{206}Pb/^{238}U±1δ	^{208}Pb/^{232}Th±1δ	
Y001-1	627004	145670	16550	0.23	0.04961±0.00073	0.24458±0.00414	0.03576±0.00050	0.00948±0.00050	0.56	177±35	222±3	226±3	191±10	98
Y001-01	844882	234049	23473	0.28	0.05140±0.00084	0.25560±0.00456	0.03607±0.00049	0.01171±0.00095	0.49	259±38	231±4	228±3	235±19	101
Y001-03	668842	183299	17548	0.27	0.05134±0.00078	0.25392±0.00439	0.03587±0.00051	0.00921±0.00049	0.55	256±36	230±4	227±3	185±10	101
Y001-04	551421	132342	14843	0.24	0.05181±0.00082	0.25832±0.00456	0.03616±0.00051	0.01024±0.00065	0.52	277±37	233±4	229±3	206±13	102
Y001-07	331374	145522	9932	0.44	0.05282±0.00086	0.30809±0.00563	0.04231±0.00062	0.00506±0.00017	0.53	321±38	273±4	267±4	102±3	102
Y001-08	660849	253751	16763	0.38	0.05184±0.00088	0.25645±0.00486	0.03588±0.00053	0.00636±0.00032	0.52	278±40	232±4	227±3	128±6	102
Y001-09	84308	38549	1838	0.46	0.05062±0.00276	0.25141±0.01330	0.03600±0.00086	0.00111±0.00007	0.16	224±127	228±11	228±5	22±1	100
Y001-10	884417	264800	23265	0.30	0.05297±0.00079	0.26370±0.00450	0.03611±0.00051	0.00700±0.00039	0.56	328±35	238±4	229±3	141±8	104
Y001-11	601354	198575	17177	0.33	0.05260±0.00098	0.26396±0.00521	0.03639±0.00050	0.00983±0.00075	0.43	312±43	238±4	230±3	198±15	103
Y001-12	178833	46006	4980	0.26	0.05370±0.00141	0.26914±0.00714	0.03635±0.00055	0.01038±0.00070	0.3	358±61	242±6	230±3	209±14	105
Y001-13	797689	234985	19124	0.30	0.04891±0.00099	0.24438±0.00539	0.03625±0.00059	0.00432±0.00019	0.48	144±49	222±4	230±4	87±4	97
Y001-15	1009145	372920	22780	0.37	0.05169±0.00111	0.25570±0.00591	0.03588±0.00062	0.00290±0.00012	0.47	272±50	231±5	227±4	59±2	102
Y001-16	775858	238707	20282	0.31	0.05078±0.00076	0.25238±0.00436	0.03605±0.00051	0.00808±0.00043	0.56	231±35	229±4	228±3	163±9	100
Y001-17	741337	228179	19583	0.31	0.05138±0.00085	0.25585±0.00471	0.03612±0.00052	0.00969±0.00065	0.51	258±39	231±4	229±3	195±13	101
Y001-18	204842	81225	5250	0.40	0.04925±0.00112	0.24766±0.00596	0.03647±0.00057	0.00611±0.00032	0.41	160±54	225±5	231±4	123±6	97
Y001-19	665167	164969	16561	0.25	0.04955±0.00102	0.24807±0.00554	0.03631±0.00057	0.00650±0.00042	0.46	174±49	225±5	230±4	131±8	98
Y001-20	852397	260300	21338	0.31	0.05073±0.00077	0.25366±0.00446	0.03627±0.00055	0.00398±0.00015	0.58	229±36	230±4	230±3	80±3	100

注：南京大学内生金属矿床成矿机制研究国家重点实验室分析；共分析 21 个锆石颗粒，表中只列出 17 个和谐度在 90%～110% 之间的分析数据。

附表 13 辉绿岩样品 Y014 锆石 LA-ICP-MS U-Pb 定年分析结果

测点号	U /10⁻⁶	Th /10⁻⁶	Pb /10⁻⁶	Th/U	同位素比值 ²⁰⁷Pb/²⁰⁶Pb±1δ	²⁰⁷Pb/²³⁵U±1δ	²⁰⁶Pb/²³⁸U±1δ	²⁰⁸Pb/²³²Th±1δ	ρ	年龄/Ma ²⁰⁷Pb/²⁰⁶Pb±1δ	²⁰⁷Pb/²³⁵U±1δ	²⁰⁶Pb/²³⁸U±1δ	²⁰⁸Pb/²³²Th±1δ	和谐度/%
Y014-1	1286768	304092	71999	0.24	0.05452±0.00065	0.57122±0.00848	0.07598±0.00105	0.01180±0.00045	0.66	393±27	459±5	472±6	237±9	97
Y014-4	1420214	1015378	37478	0.71	0.05180±0.00093	0.24234±0.00462	0.03395±0.00047	0.00737±0.00070	0.44	277±42	220±4	215±3	148±14	102
Y014-5	117446	43525	12278	0.37	0.06667±0.00106	1.28311±0.02276	0.13959±0.00196	0.03322±0.00188	0.52	827±34	838±10	842±11	661±37	100
Y014-6	624281	382369	22911	0.61	0.05257±0.00071	0.36149±0.00577	0.04987±0.00069	0.00891±0.00038	0.6	310±31	313±4	314±4	179±8	100
Y014-7	1185544	347255	27763	0.29	0.05058±0.00082	0.24053±0.00452	0.03450±0.00053	0.00423±0.00018	0.57	222±38	219±4	219±3	85±4	100
Y014-8	156356	240704	4608	1.54	0.05476±0.00112	0.30131±0.00656	0.03991±0.00058	0.00744±0.00037	0.42	402±47	267±5	252±4	150±7	106
Y014-9	73276	35078	7290	0.48	0.06658±0.00128	1.21846±0.02499	0.13273±0.00192	0.03279±0.00228	0.44	825±41	809±11	803±11	652±45	101
Y014-10	214189	73541	6068	0.34	0.05275±0.00152	0.25336±0.00726	0.03483±0.00051	0.01189±0.00163	0.24	318±67	229±6	221±3	239±33	104
Y014-11	276311	32217	56174	0.12	0.09124±0.00120	3.47503±0.05443	0.27626±0.00385	0.04899±0.00286	0.61	1452±26	1522±12	1572±19	967±55	97
Y014-17	748414	240692	19574	0.32	0.05236±0.00080	0.24832±0.00426	0.03440±0.00047	0.00963±0.00067	0.53	301±36	225±3	218±3	194±13	103
Y014-19	177314	60588	13837	0.34	0.06413±0.00109	0.92218±0.01721	0.10431±0.00148	0.03529±0.00268	0.49	746±37	664±9	640±9	701±52	104
Y014-20	534904	136865	15327	0.26	0.05082±0.00117	0.24741±0.00578	0.03531±0.00049	0.01051±0.00144	0.32	233±54	224±5	224±3	211±29	100

注：南京大学内生金属矿床成矿机制研究国家重点实验室分析；共分析 22 个锆石颗粒，表中只列出 12 个和谐度在 90%～110% 之间的分析数据。

附表14 羊拉铜矿床辉绿岩脉主量（%）和微量元素（10^{-6}）成分

样号	4903-24	4903-25	4903-26	4903-27	4903-28	4903-29	4903-30	N13ZK2-02	N13ZK2-03	N13ZK2-04	N13ZK2-05	LP1-25	LP1-26
特征	较强蚀变	较强蚀变	强蚀变	强蚀变	强蚀变	较强蚀变	强蚀变	较强蚀变	较强蚀变	较强蚀变	较强蚀变	强蚀变	较强蚀变
SiO_2	50.08	49.76	49.53	49.05	50.02	51.04	48.04	53.86	53.45	52.02	53.57	56.34	50.67
TiO_2	0.77	0.80	0.79	0.83	0.75	0.77	0.78	0.55	0.56	0.54	0.54	0.57	0.59
Al_2O_3	17.01	17.10	17.43	17.19	16.90	16.89	16.65	15.03	15.03	14.63	14.85	15.80	14.01
Fe_2O_3	8.36	8.45	6.50	6.61	8.05	8.00	8.47	6.69	6.54	6.61	6.61	1.37	1.62
FeO	—	—	—	—	—	—	—	—	—	—	—	0.78	5.74
MnO	0.12	0.11	0.12	0.12	0.12	0.13	0.14	0.10	0.10	0.11	0.11	0.10	1.20
MgO	3.75	3.70	2.87	2.93	3.30	3.34	3.26	6.10	6.18	6.15	6.08	1.38	4.57
CaO	6.19	6.41	7.60	7.80	6.32	7.62	7.43	4.53	4.70	5.20	5.06	9.10	6.57
Na_2O	2.17	2.03	0.66	1.49	2.05	2.27	1.35	3.13	2.31	2.31	3.68	0.50	3.22
K_2O	1.83	1.90	1.88	1.47	1.15	0.96	2.03	2.56	3.08	2.87	1.99	3.79	0.86
P_2O_5	0.118	0.114	0.127	0.127	0.123	0.128	0.125	0.13	0.13	0.13	0.13	0.14	0.14
LOI	9.04	9.64	12.30	11.70	10.50	8.38	11.55	7.21	7.78	8.17	7.39	10.12	8.70
总计	99.44	100.01	99.81	99.32	99.30	99.53	99.83	99.89	99.86	98.74	100.01	99.99	97.89
Li	32.7	34.8	73.6	81.2	50.1	35.5	70.9	27.7	54.3	48.5	47.3	—	—
Be	1.21	1.29	1.50	1.04	1.21	1.43	1.94	4.79	6.95	4.13	3.90	—	—
Sc	22.8	22.8	21.8	22.7	23.1	23.3	22.8	11.7	26.4	24.6	25.2	3.27	2.95
V	161	162	157	153	152	151	157	65.2	133	128	128	176	158
Cr	15.2	13.0	10.9	11.7	12.2	12.0	10.6	13.9	339	294	296	649	514
Co	37.6	32.2	29.1	32.3	27.7	35.7	25.1	75.9	36.9	35.8	36.3	39.8	33.8
Ni	14.1	12.4	14.1	15.5	14.0	14.0	13.5	5.23	80.1	75.0	75.3	99.9	111
Cu	7.60	6.40	6.77	9.14	8.00	7.70	29.9	6.25	45.1	47.1	48.0	—	—

续表

样号	4903-24	4903-25	4903-26	4903-27	4903-28	4903-29	4903-30	N13ZK2-02	N13ZK2-03	N13ZK2-04	N13ZK2-05	LP1-25	LP1-26
特征	较强蚀变	较强蚀变	强蚀变	强蚀变	强蚀变	较强蚀变	强蚀变	较强蚀变	较强蚀变	较强蚀变	较强蚀变	强蚀变	较强蚀变
Zn	94.1	76.6	74.6	88.6	82.4	77.6	73.0	32.9	83.8	82.9	83.0	—	—
Ga	16.6	16.1	16.5	16.5	16.1	16.0	15.7	16.0	16.7	16.8	16.9	12.7	11.8
Ge	1.17	1.17	1.14	1.12	1.22	1.24	1.03	1.17	1.44	1.67	1.69	—	—
As	6.91	6.60	7.12	6.88	6.93	8.75	8.91	14.4	20.1	19.0	19.0	—	—
Rb	79.6	83.5	95.0	82.5	60.9	45.8	113	86.7	141	143	143	176	38.1
Sr	152	156	82.8	113	184	282	93.3	392	262	217	214	62.5	396
Y	19.0	18.4	19.0	21.0	20.3	19.8	20.6	15.7	23.1	22.6	22.4	13.9	19.3
Zr	80.3	79.4	88.5	89.1	88.6	85.8	86.4	157	135	128	131	200	195
Nb	5.02	4.88	5.50	5.40	5.31	5.24	5.34	10.0	13.1	12.4	12.6	8.71	8.11
Mo	0.724	0.803	0.784	0.822	0.493	0.867	0.943	0.56	0.82	0.56	0.50	—	—
Ag	0.250	0.238	0.280	0.298	0.223	0.275	0.252	0.29	1.08	1.13	1.22	—	—
Cd	0.070	0.043	0.039	0.073	0.005	0.068	0.030	0.15	0.12	0.12	0.13	—	—
In	0.054	0.050	0.045	0.049	0.043	0.050	0.044	0.049	0.065	0.061	0.064	—	—
Sn	0.411	0.367	0.513	0.868	0.445	0.598	0.115	5.87	6.11	5.64	5.65	—	—
Sb	1.40	1.53	3.01	2.75	1.64	1.79	3.86	0.98	2.31	2.18	2.33	—	—
Cs	30.8	34.0	31.2	24.5	25.4	17.4	34.2	10.7	8.86	12.2	12.3	32.8	15.8
Ba	348	475	246	269	360	405	123	224	486	519	520	241	258
La	12.06	11.54	12.21	13.12	12.75	12.37	12.80	37.80	26.70	24.20	24.70	17.4	20
Ce	23.55	22.02	23.94	25.97	24.61	23.94	24.78	60.90	53.00	50.30	50.80	26.6	35.4
Pr	3.03	2.93	3.03	3.32	3.17	3.10	3.26	6.44	5.59	5.48	5.35	3.01	4.27
Nd	12.43	11.76	12.63	13.86	12.97	12.63	13.56	20.90	20.40	19.70	19.70	11.1	16.9

续表

样号 特征	4903-24 较强蚀变	4903-25 较强蚀变	4903-26 强蚀变	4903-27 强蚀变	4903-28 强蚀变	4903-29 较强蚀变	4903-30 强蚀变	N13ZK2-02 较强蚀变	N13ZK2-03 较强蚀变	N13ZK2-04 较强蚀变	N13ZK2-05 较强蚀变	LP1-25 强蚀变	LP1-26 较强蚀变
Sm	2.80	2.77	2.91	3.14	2.93	2.97	3.16	3.18	3.98	3.89	4.06	1.96	3.38
Eu	0.82	0.68	0.79	0.85	0.84	0.85	0.79	0.73	0.80	1.01	1.04	0.38	1.17
Gd	2.29	2.27	2.32	2.41	2.42	2.30	2.42	2.90	3.73	3.85	4.06	2.55	3.27
Tb	0.49	0.49	0.51	0.52	0.53	0.51	0.54	0.48	0.67	0.67	0.66	0.394	0.504
Dy	3.19	3.03	3.24	3.36	3.25	3.22	3.44	2.57	3.96	3.83	3.86	2.51	3.28
Ho	0.75	0.75	0.75	0.79	0.76	0.80	0.80	0.56	0.84	0.83	0.79	0.486	0.615
Er	2.02	1.91	2.05	2.12	2.09	2.12	2.09	1.56	2.38	2.38	2.37	1.49	1.88
Tm	0.29	0.29	0.31	0.32	0.32	0.30	0.31	0.25	0.38	0.38	0.37	0.258	0.322
Yb	1.93	1.88	2.10	2.14	2.04	2.12	2.09	1.55	2.29	2.22	2.24	1.67	1.97
Lu	0.30	0.27	0.30	0.31	0.30	0.29	0.31	0.25	0.36	0.35	0.36	0.294	0.257
Hf	2.18	2.21	2.31	2.35	2.24	2.29	2.30	3.92	3.71	3.83	3.80	4.58	4.53
Ta	0.377	0.361	0.381	0.404	0.376	0.370	0.361	0.97	1.91	1.88	1.91	1.17	1.11
W	87.2	45.4	42.2	45.5	36.2	75.2	27.5	270	74.3	78.1	77.8	—	—
Tl	0.542	0.556	0.693	0.625	0.423	0.336	0.837	0.65	1.11	1.16	1.22	—	—
Pb	2.94	2.76	3.44	4.15	3.37	3.76	2.05	18.5	93.3	104	104	16.9	64.4
Bi	0.015	0.024	0.016	0.019	0.025	0.020	0.069	0.09	1.43	1.47	1.51	—	—
Th	2.89	2.76	3.09	3.02	3.00	2.92	3.04	17.1	17.3	17.0	17.4	8.47	9.81
U	0.989	0.956	1.06	1.07	1.05	1.01	1.05	4.62	8.63	8.05	8.13	4.75	5.12
来源	①	①	①	①	①	①	①	①	①	①	①	②	②

续表

样号	LPI-27	LiN-01	LiN-02	LiN-03	LiN-05	LiN-06	LiN-08	LiN-09	LiN-10	LiN-11	LiN-12	BW-9
特征	较强蚀变	新鲜	新鲜	新鲜	新鲜	新鲜	新鲜	新鲜	新鲜	新鲜	新鲜	新鲜
SiO_2	49.22	54.70	54.91	54.95	54.71	55.30	51.46	54.66	54.27	54.53	54.50	51.91
TiO_2	0.59	0.74	0.75	0.76	0.75	0.76	0.96	0.74	0.74	0.73	0.73	0.73
Al_2O_3	14.35	16.61	16.62	17.32	16.72	17.52	18.04	16.71	16.76	16.62	16.81	19.83
Fe_2O_3	2.21	8.21	8.47	8.11	8.41	8.19	9.54	8.40	8.46	8.10	8.31	1.70
FeO	5.15	—	—	—	—	—	—	—	—	—	—	6.25
MnO	0.14	0.12	0.12	0.12	0.13	0.13	0.12	0.12	0.13	0.10	0.10	0.15
MgO	7.77	4.54	4.62	4.49	4.58	4.39	3.88	4.95	4.80	4.92	4.71	3.69
CaO	7.84	7.57	7.39	6.43	7.26	6.85	7.78	7.08	7.08	7.75	7.55	7.80
Na_2O	3.28	2.66	2.41	2.54	2.66	2.31	2.52	2.58	2.71	2.86	2.88	2.97
K_2O	2.57	2.10	1.66	2.35	1.55	1.68	2.14	1.91	1.87	1.86	1.76	1.91
P_2O_5	0.14	0.14	0.14	0.14	0.14	0.14	0.18	0.14	0.14	0.13	0.14	0.18
LOI	6.84	2.23	2.28	2.17	2.54	2.53	2.43	1.78	1.70	1.71	1.50	2.57
总计	100.10	99.62	99.37	99.38	99.45	99.80	99.05	99.07	98.66	99.31	98.99	99.69
Li	—	41.8	47.8	42.2	50.4	49.6	31.3	31.4	29.2	20.4	24.8	—
Be	—	2.37	2.38	2.60	2.86	2.75	1.63	2.31	3.01	2.22	2.16	—
Sc	3.03	28.3	27.8	26.0	27.5	26.2	24.4	28.7	28.6	29.4	28.5	2.26
V	166	188	187	188	188	187	138	192	193	187	194	114
Cr	521	38.3	39.2	30.9	37.8	29.7	8.6	41.2	37.7	42.0	36.9	12.3
Co	35.9	47.4	50.9	52.1	42.9	47.1	36.4	50.8	53.3	65.9	49.8	20
Ni	130	15.9	16.7	14.7	15.3	14.0	5.10	16.9	16.4	17.0	16.5	4.4
Cu	—	26.3	29.7	63.9	28.3	28.2	8.0	12.1	16.4	10.0	21.9	—

续表

样号	LP1-27	LiN-01	LiN-02	LiN-03	LiN-05	LiN-06	LiN-08	LiN-09	LiN-10	LiN-11	LiN-12	BW-9
特征	较强蚀变	新鲜	新鲜	新鲜	新鲜	新鲜	新鲜	新鲜	新鲜	新鲜	新鲜	新鲜
Zn	—	104	147	94.6	100	97.9	97.4	91.9	86.2	80.8	77.0	—
Ga	12.3	18.2	17.4	17.3	17.3	17.7	19.2	17.0	17.7	17.9	17.4	17.7
Ge	—	1.93	1.64	1.55	1.55	1.34	1.61	1.55	1.49	1.46	1.60	—
As	—	16.6	14.4	14.1	15.5	14.8	13.9	14.3	15.8	15.3	16.0	—
Rb	115	91.2	67.2	104	61.9	77.6	93.4	87.8	90.2	90.8	88.4	104
Sr	396	550	540	518	550	509	346	383	422	397	401	404
Y	19.6	19.9	19.8	19.6	19.3	19.3	25.5	19.2	19.6	19.3	19.6	16.5
Zr	198	107	106	107	107	105	112	103	105	103	104	47.4
Nb	8.8	6.67	6.70	6.56	6.46	6.35	8.96	6.36	6.38	6.32	6.51	7.44
Mo	—	0.86	0.62	1.19	1.08	0.92	1.61	0.45	0.53	0.42	0.37	—
Ag	—	0.24	0.23	0.33	0.24	0.25	0.23	0.25	0.22	0.19	0.17	—
Cd	—	0.11	0.06	0.14	0.09	0.09	0.12	0.08	0.06	0.12	0.14	—
In	—	0.066	0.037	0.051	0.054	0.061	0.064	0.037	0.040	0.040	0.048	—
Sn	—	3.21	1.38	2.60	1.67	2.00	0.91	1.22	1.89	2.42	2.58	—
Sb	—	1.73	1.13	1.56	1.01	1.20	0.95	0.86	2.63	0.64	0.57	—
Cs	20.7	5.72	4.41	7.74	7.21	7.72	21.30	9.80	9.31	7.63	6.79	5.92
Ba	615	525	443	518	376	396	377	423	461	372	420	274
La	20.6	17.80	17.80	17.10	17.90	17.10	18.30	16.50	16.90	16.50	16.60	15.8
Ce	36.3	35.90	36.00	35.10	36.10	35.20	37.00	34.50	34.90	34.40	34.40	26.6
Pr	4.31	4.07	4.05	3.96	4.05	3.89	4.39	3.85	3.89	3.94	3.82	3.17
Nd	17.6	15.90	15.50	15.20	15.80	15.10	17.90	15.20	15.60	14.70	15.90	12.8

续表

样号	LPI-27	LiN-01	LiN-02	LiN-03	LiN-05	LiN-06	LiN-08	LiN-09	LiN-10	LiN-11	LiN-12	BW-9
特征	较强蚀变	新鲜	新鲜	新鲜	新鲜	新鲜	新鲜	新鲜	新鲜	新鲜	新鲜	新鲜
Sm	3.39	3.49	3.44	3.13	3.30	3.23	3.94	3.21	3.31	3.08	3.35	2.76
Eu	1.08	1.02	0.94	1.00	0.94	0.97	1.19	0.88	0.89	0.87	0.87	1.35
Gd	3.45	3.54	3.40	3.28	3.62	3.34	4.31	3.22	3.43	3.19	3.31	2.28
Tb	0.554	0.57	0.59	0.57	0.56	0.59	0.73	0.54	0.57	0.55	0.57	0.434
Dy	3.66	3.50	3.35	3.46	3.32	3.38	4.43	3.35	3.35	3.23	3.37	2.71
Ho	0.664	0.74	0.77	0.74	0.73	0.73	0.97	0.74	0.73	0.72	0.74	0.532
Er	2.1	2.10	2.11	2.03	2.02	2.01	2.70	2.00	2.08	2.07	2.02	1.53
Tm	0.299	0.34	0.32	0.31	0.32	0.30	0.42	0.32	0.31	0.30	0.31	0.244
Yb	2.05	2.03	2.07	1.93	1.99	1.86	2.71	1.97	1.94	1.89	1.80	1.6
Lu	0.312	0.32	0.31	0.31	0.29	0.31	0.44	0.30	0.31	0.30	0.30	0.268
Hf	4.89	2.72	2.92	2.71	2.87	2.66	2.98	2.66	2.70	2.66	2.61	1.56
Ta	1.19	0.52	0.54	0.54	0.49	0.50	0.58	0.49	0.49	0.50	0.52	0.538
W	—	164	176	180	123	188	108	186	205	283	204	—
Tl	—	0.64	0.40	0.71	0.34	0.58	1.06	0.68	0.73	0.79	0.76	—
Pb	79.1	8.36	9.76	9.50	10.4	7.19	6.40	9.07	8.82	8.16	6.92	16.5
Bi	—	0.30	0.21	1.77	0.14	0.21	0.04	0.04	0.05	0.05	0.23	—
Th	9.66	5.88	5.79	5.65	5.77	5.67	5.11	5.44	5.54	5.54	5.37	3.98
U	5.11	2.35	2.24	2.14	2.24	2.04	1.34	2.09	2.10	2.11	2.02	0.664
来源	②	①	①	①	①	①	①	①	①	①	①	②

注:"—"表示低于检测限,没有给出FeO含量,Fe_2O_3为全铁;由于磨样原因,W受污染,含量不可用;LOI为烧失量。

资料来源:①为本次工作,②据朱俊等(2011)。

附表 15 羊拉铜矿床浅绿岩主量（%）和微量元素（10^{-6}）成分统计结果

采样位置	里农矿段，钻孔4903			江边矿段，钻孔N13ZK2			地表，江边组			地表，里农组			地表，花岗闪长岩岩边部			地表，贝吾组
产状	脉岩			脉岩			脉岩			岩株			脉岩			脉岩
样品数	7 (ZK4903)			4 (N13ZK2)			3 (LP)			6 (LiN-S)			4 (LiN-V)			1 (BW)
数据特征	最小	最大	平均	最小	最大	平均	最小	最大	平均	最小	最大	平均	最小	最大	平均	
SiO_2	48.04	51.04	49.65	52.02	53.86	53.23	49.22	56.34	52.08	51.46	55.32	54.48	54.27	54.66	54.49	51.91
TiO_2	0.75	0.83	0.78	0.54	0.56	0.55	0.57	0.59	0.58	0.74	0.96	0.78	0.73	0.74	0.74	0.73
Al_2O_3	16.65	17.43	17.02	14.63	15.03	14.39	14.01	15.80	14.72	16.61	18.04	17.08	16.62	16.81	16.73	19.83
Fe_2O_3	6.50	8.47	7.78	6.54	6.69	6.61	2.01	7.20	5.45	8.11	9.54	8.48	8.10	8.46	8.32	7.78
MnO	0.11	0.14	0.12	0.10	0.11	0.11	0.10	1.20	0.48	0.12	0.13	0.12	0.10	0.13	0.11	0.15
MgO	2.87	3.75	3.31	6.08	6.18	6.13	1.38	7.77	4.57	3.88	4.93	4.49	4.71	4.95	4.85	3.69
CaO	6.19	7.80	7.05	4.53	5.20	4.87	6.57	9.10	7.84	6.43	7.78	7.22	7.08	7.75	7.37	7.80
Na_2O	0.66	2.27	1.72	2.31	3.68	2.86	0.50	3.28	2.33	2.29	2.66	2.48	2.58	2.88	2.76	2.97
K_2O	0.96	2.03	1.60	1.99	3.08	2.63	0.86	3.79	2.41	1.55	2.35	1.94	1.76	1.91	1.85	1.91
P_2O_5	0.11	0.13	0.12	0.13	0.13	0.13	0.14	0.14	0.14	0.14	0.18	0.15	0.13	0.14	0.13	0.18
LOI	8.38	12.30	10.44	7.21	8.17	7.64	6.84	10.12	8.55	1.73	2.54	2.27	1.50	1.78	1.67	2.57
σ	0.99	2.28	1.72	2.78	3.04	2.94	1.38	5.50	3.02	1.29	2.57	1.75	1.73	1.93	1.85	2.67
K_2O+Na_2O	2.54	4.00	3.32	5.18	5.69	5.48	4.08	5.85	4.74	3.99	4.89	4.43	4.49	4.72	4.61	4.88
K_2O/Na_2O	0.42	2.85	1.16	0.54	1.33	0.98	0.27	7.58	2.88	0.58	0.93	0.78	0.61	0.74	0.67	0.64
A.R.	1.23	1.42	1.32	1.71	1.82	1.77	1.42	1.72	1.54	1.39	1.52	1.45	1.47	1.48	1.47	1.43
$Mg^{\#}$	0.43	0.47	0.46	0.64	0.65	0.65	0.53	0.66	0.58	0.45	0.54	0.51	0.53	0.55	0.54	0.46
Sc	21.8	23.3	22.8	24.6	26.4	25.4	2.95	3.27	3.08	24.4	28.3	26.8	28.5	29.4	28.8	2.26
V	151	162	156	128	133	130	158	176	167	138	188	180	187	194	192	114

续表

采样位置	里农矿段，钻孔4903			江边矿段，钻孔N13ZK2			地表，江边组			地表，岩株			地表，里农组			地表，花岗闪长岩边部			地表，贝吾组
产状	脉岩			脉岩			脉岩			岩株						脉岩			脉岩
样品数	7 (ZK4903)			4 (N13ZK2)			3 (LP)			6 (LiN-S)						4 (LiN-V)			1 (BW)
数据特征	最小	最大	平均	最小	最大	平均	最小	最大	平均	最小	最大	平均				最小	最大	平均	
Cr	10.6	15.2	12.2	294	339	310	514	649	561	29.7	40.6	36.1				36.9	42.0	39.5	12.3
Co	25.1	37.6	31.4	35.8	75.9	36.3	33.8	39.8	36.5	36.4	52.2	47.0				49.8	65.9	55.0	20.0
Ni	12.4	15.5	13.9	75.0	80.1	76.8	99.9	130	114	14.0	16.8	15.6				16.4	17.0	16.7	4.40
Cu	6.40	29.9	10.8	45.1	48.0	46.7	—	—	—	26.3	30.0	28.5				9.98	21.9	15.1	—
Zn	73.0	94.1	81.0	82.9	83.8	83.2	—	—	—	94.6	147.0	106.3				77.0	91.9	84.0	—
Ga	15.7	16.6	16.2	16.7	16.9	16.8	11.8	12.7	12.3	17.2	19.2	17.8				17.0	17.9	17.5	17.7
Ge	1.03	1.24	1.15	1.44	1.69	1.60	—	—	—	1.34	1.93	1.62				1.46	1.60	1.53	—
As	6.60	8.91	7.44	19.0	20.1	19.4	—	—	—	13.9	16.6	14.8				14.3	16.0	15.4	—
Rb	45.8	113	80.1	141	143	142	38.10	176	110	61.9	104	81.8				87.8	90.8	89.3	104
Sr	82.8	282	152	214	392	231	62.5	396	285	346	560	503				383	422	401	404
Y	18.4	21.0	19.7	22.4	23.1	22.7	13.9	19.6	17.6	19.3	25.5	20.4				19.2	19.6	19.4	16.5
Zr	79.4	89.1	85.4	128	157	131	195	200	198	104	112	107				103	105	104	47.4
Nb	4.88	5.50	5.24	12.4	13.1	12.7	8.11	8.80	8.54	6.35	8.96	6.87				6.32	6.51	6.39	7.44
Mo	0.493	0.943	0.777	0.499	0.819	0.627	—	—	—	0.620	1.61	1.01				0.366	0.531	0.440	—
Ag	0.223	0.298	0.259	1.08	1.22	1.14	—	—	—	0.232	0.325	0.256				0.166	0.254	0.209	—
Cd	0.005	0.073	0.047	0.120	0.152	0.125	—	—	—	0.064	0.135	0.096				0.064	0.139	0.102	—
In	0.043	0.054	0.048	0.061	0.065	0.063	—	—	—	0.037	0.066	0.054				0.037	0.048	0.041	—
Sn	0.115	0.868	0.474	5.64	6.11	5.80	—	—	—	0.910	3.21	1.86				1.22	2.58	2.03	—

续表

采样位置	里农矿段，钻孔4903			江边矿段，钻孔 N13ZK2			地表，江边组			地表，里农组			地表，花岗闪长岩边部			地表，贝吾组
产状	脉岩			脉岩			脉岩			岩株			脉岩			脉岩
样品数	7 (ZK4903)			4 (N13ZK2)			3 (LP)			6 (LiN-S)			4 (LiN-V)			1 (BW)
数据特征	最小	最大	平均	最小	最大	平均	最小	最大	平均	最小	最大	平均	最小	最大	平均	
Sb	1.40	3.86	2.28	2.18	2.33	2.28	—	—	—	0.954	1.73	1.29	0.57	2.63	1.17	
Cs	17.4	34.2	28.2	8.9	12.3	11.1	15.8	32.8	23.1	4.4	21.3	9.02	6.79	9.80	8.38	5.92
Ba	123	475	318	486	520	508	241	615	371	376	525	450	372	461	419	274
La	11.54	13.12	12.41	24.20	37.80	25.20	17.40	20.60	19.33	17.10	18.30	17.60	16.50	16.90	16.63	15.8
Ce	22.02	25.97	24.11	50.30	60.90	51.37	26.60	36.30	32.77	34.70	37.00	35.71	34.40	34.90	34.55	26.6
Pr	2.93	3.32	3.12	5.35	6.44	5.67	3.01	4.31	3.86	3.89	4.39	4.05	3.82	3.94	3.88	3.17
Nd	11.76	13.86	12.83	19.70	20.90	19.93	11.10	17.60	15.20	15.10	17.90	15.84	14.70	15.90	15.35	12.8
Sm	2.77	3.16	2.96	3.89	4.06	3.98	1.96	3.39	2.91	3.13	3.94	3.42	3.08	3.35	3.24	2.76
Eu	0.68	0.85	0.80	0.80	1.04	0.95	0.38	1.17	0.88	0.94	1.19	1.00	0.87	0.89	0.88	1.35
Gd	2.27	2.42	2.35	3.73	4.06	3.88	2.55	3.45	3.09	3.28	4.31	3.56	3.19	3.43	3.28	2.28
Tb	0.49	0.54	0.51	0.66	0.67	0.66	0.39	0.55	0.48	0.56	0.73	0.60	0.54	0.57	0.56	0.434
Dy	3.03	3.44	3.25	3.83	3.96	3.88	2.51	3.66	3.15	3.26	4.43	3.53	3.23	3.37	3.33	2.71
Ho	0.75	0.80	0.77	0.79	0.84	0.82	0.49	0.66	0.59	0.72	0.97	0.77	0.72	0.74	0.73	0.532
Er	1.91	2.12	2.06	2.37	2.38	2.38	1.49	2.10	1.82	1.96	2.70	2.13	2.00	2.08	2.04	1.53
Tm	0.29	0.32	0.31	0.37	0.38	0.38	0.26	0.32	0.29	0.30	0.42	0.33	0.30	0.32	0.31	0.244
Yb	1.88	2.14	2.04	2.22	2.29	2.25	1.67	2.05	1.90	1.86	2.71	2.07	1.80	1.97	1.90	1.60
Lu	0.27	0.31	0.30	0.35	0.36	0.36	0.26	0.31	0.29	0.29	0.44	0.33	0.30	0.31	0.30	0.268
Hf	2.18	2.35	2.27	3.71	3.92	3.78	4.53	4.89	4.67	2.55	2.98	2.77	2.61	2.70	2.66	1.56

续表

采样位置	里农矿段，钻孔4903			江边矿段，钻孔N13ZK2			地表，江边组			地表，里农组			地表，花岗闪长岩边部			地表，贝吾组
产状	脉岩			脉岩			脉岩			岩株			脉岩			脉岩
样品数	7 (ZK4903)			4 (N13ZK2)			3 (LP)			6 (LiN-S)			4 (LiN-V)			1 (BW)
数据特征	最小	最大	平均	最小	最大	平均	最小	最大	平均	最小	最大	平均	最小	最大	平均	
Ta	0.36	0.40	0.38	1.88	1.91	1.90	1.11	1.19	1.16	0.49	0.58	0.53	0.49	0.52	0.50	0.538
W	27.5	87.2	51.3	74.3	270	76.7	—	—	—	108	193	162	186	283	220	
Tl	0.336	0.837	0.573	1.11	1.22	1.16	—	—	—	0.337	1.06	0.603	0.681	0.791	0.739	
Pb	2.05	4.15	3.21	93.3	104	100	16.9	79.1	53.5	6.40	10.36	8.79	6.92	9.07	8.24	16.5
Bi	0.015	0.069	0.027	1.43	1.51	1.47	—	—	—	0.044	1.770	0.408	0.040	0.234	0.093	
Th	2.76	3.09	2.96	17.0	17.4	17.2	8.47	9.81	9.31	5.11	5.88	5.65	5.37	5.54	5.47	3.98
U	0.956	1.07	1.03	8.05	8.63	8.27	4.75	5.12	4.99	1.34	2.35	2.07	2.02	2.11	2.08	0.664
ΣREE	62.59	72.21	67.81	119.08	140.06	121.51	70.10	96.37	86.56	88.01	99.43	90.95	85.75	88.21	86.97	72.08
LREE	51.70	60.25	56.23	104.58	129.95	106.90	60.45	83.28	74.95	75.49	82.72	77.63	73.49	75.49	74.52	62.48
HREE	10.89	12.01	11.58	14.50	14.71	14.61	9.65	13.09	11.61	12.48	16.72	13.32	12.25	12.72	12.45	9.60
LREE/HREE	4.75	5.04	4.85	7.18	12.85	7.32	6.26	6.71	6.44	4.95	6.07	5.87	5.94	6.04	5.98	6.51
δEu	0.82	0.99	0.93	0.63	0.80	0.74	0.52	1.08	0.85	0.83	0.95	0.88	0.80	0.85	0.82	1.65
δCe	0.91	0.95	0.93	1.04	1.06	1.05	0.88	0.93	0.91	0.99	1.04	1.02	1.03	1.04	1.04	0.90
$(La/Sm)_N$	2.55	2.73	2.64	3.83	7.48	3.99	3.72	5.58	4.38	2.92	3.44	3.24	3.12	3.37	3.23	3.60
$(Gd/Yb)_N$	0.88	0.98	0.93	1.31	1.51	1.39	1.23	1.36	1.31	1.28	1.47	1.39	1.32	1.48	1.40	1.15
$(La/Yb)_N$	3.92	4.22	4.10	7.35	16.44	7.55	6.77	7.02	6.88	4.55	6.20	5.79	5.65	6.22	5.91	6.66

注：统计过程中去除少量异常值；组合指数$(\sigma) = (Na_2O+K_2O)^2/(SiO_2-43)$，碱度率$(A.R.) = [Al_2O_3+CaO+(Na_2O+K_2O)]/[Al_2O_3+CaO-(Na_2O+K_2O)]$，$Mg^\# = MgO/(MgO+FeOt)$（原子数）；"—"表示低于检测限。

附表 16 样品 3275 锆石 LA-ICP-MS U-Pb 定年分析结果

测点号	U /10⁻⁶	Th /10⁻⁶	Pb /10⁻⁶	Th/U	同位素比值 $^{207}Pb/^{206}Pb\pm1\delta$	$^{207}Pb/^{235}U\pm1\delta$	$^{206}Pb/^{238}U\pm1\delta$	$^{208}Pb/^{232}Th\pm1\delta$	ρ	年龄/Ma $^{207}Pb/^{206}Pb\pm1\delta$	$^{207}Pb/^{235}U\pm1\delta$	$^{206}Pb/^{238}U\pm1\delta$	$^{208}Pb/^{232}Th\pm1\delta$	和谐度 /%
A3275-02	159	70	116	0.44	0.11177±0.00865	4.10832±0.31250	0.266659±0.00377	0.07697±0.00293	0.86	1828±145	1656±62	1523±19	1499±55	109
A3275-05	1429	268	59	0.19	0.05267±0.00122	0.26339±0.00590	0.03627±0.00021	0.01138±0.00011	0.75	314±54	237±5	230±1	229±2	103
A3275-06	1621	377	57	0.23	0.05508±0.00072	0.26842±0.00340	0.03526±0.00020	0.01105±0.00020	0.90	416±18	241±3	223±1	222±4	108
A3275-07	454	133	18	0.29	0.05063±0.00096	0.25801±0.00475	0.03707±0.00028	0.01219±0.00027	0.90	224±29	233±4	235±2	245±5	99
A3275-11	2030	337	71	0.17	0.05083±0.00108	0.23162±0.00466	0.03305±0.00023	0.01041±0.00010	0.74	233±50	212±4	210±1	209±2	101
A3275-13	113	139	131	1.23	0.13749±0.01379	7.29858±0.72229	0.38500±0.00632	0.10887±0.00154	0.96	2196±181	2149±88	2100±29	2089±28	102
A3275-14	339	77	19	0.23	0.05993±0.00109	0.54108±0.01659	0.06431±0.00147	0.03097±0.00095	0.90	601±31	439±11	402±9	617±19	109
A3275-15	1435	260	99	0.18	0.05056±0.00360	0.25000±0.01771	0.03586±0.00024	0.01130±0.00058	0.76	221±163	227±14	227±1	227±12	100
A3275-16	320	122	153	0.38	0.11789±0.00352	4.69115±0.12850	0.28860±0.00346	0.08287±0.00153	0.78	1924±55	1766±23	1635±17	1609±29	108
A3275-17	2099	472	83	0.22	0.05049±0.00161	0.22402±0.00701	0.03218±0.00018	0.01014±0.00011	0.73	218±75	205±6	204±1	204±2	100
A3275-19	1661	345	71	0.21	0.05298±0.00189	0.25839±0.00912	0.03537±0.00021	0.01109±0.00012	0.76	328±83	233±7	224±1	223±2	104
A3275-22	350	119	15	0.34	0.05627±0.00119	0.29690±0.00603	0.03837±0.00030	0.01424±0.00031	0.90	463±31	264±5	243±2	286±6	109
A3275-23	1647	427	61	0.26	0.05497±0.00077	0.28038±0.00401	0.03668±0.00018	0.01174±0.00019	0.90	411±23	251±3	232±1	236±4	108

注：中国科学院地球化学研究所矿床地球化学国家重点实验室分析；共分析 24 个锆石颗粒，表中只列出 13 个和谐度在 90% ~ 110% 之间的分析数据。

附表 17　样品 Y027 锆石 LA-ICP-MS U-Pb 定年分析结果

测点号	U /10^{-6}	Th /10^{-6}	Pb /10^{-6}	Th/U	同位素比值						年龄/Ma				和谐度 /%
					^{207}Pb/^{206}Pb±1δ	^{207}Pb/^{235}U±1δ	^{206}Pb/^{238}U±1δ	^{208}Pb/^{232}Th±1δ	ρ	^{207}Pb/^{206}Pb±1δ	^{207}Pb/^{235}U±1δ	^{206}Pb/^{238}U±1δ	^{208}Pb/^{232}Th±1δ		
Y027-01	3862	3589	373	0.93	0.08898±0.00158	3.47587±0.05940	0.27906±0.00238	0.07669±0.00165	0.90	1404±20	1522±13	1587±12	1494±31	96
Y027-02	10859	7381	939	0.68	0.09023±0.00167	3.53292±0.06261	0.27989±0.00248	0.07954±0.00177	0.90	1431±20	1535±14	1591±13	1547±33	96
Y027-03	7748	8725	237	1.13	0.08935±0.00203	3.59512±0.07864	0.28678±0.00317	0.08250±0.00244	0.90	1412±25	1548±17	1625±16	1602±46	95
Y027-05	12107	2264	705	0.19	0.08632±0.00135	2.95520±0.04586	0.24488±0.00197	0.07633±0.00191	0.90	1345±18	1396±12	1412±10	1487±36	99
Y027-06	8511	3696	395	0.43	0.07640±0.00127	1.77146±0.03133	0.16530±0.00148	0.05942±0.00136	0.90	1105±21	1035±11	986±8	1167±26	105
Y027-08	14061	2872	1116	0.20	0.10522±0.00174	4.90159±0.08056	0.33266±0.00266	0.09090±0.00217	0.90	1718±19	1803±14	1851±13	1758±40	97
Y027-09	3100	2290	292	0.74	0.09732±0.00250	3.96858±0.09327	0.29382±0.00344	0.08320±0.00251	0.90	1573±27	1628±19	1661±17	1615±47	98
Y027-10	19363	2093	1017	0.11	0.07771±0.00105	2.53698±0.03339	0.23271±0.00146	0.06315±0.00139	0.90	1139±16	1283±10	1349±8	1238±27	95
Y027-11	4949	3147	431	0.64	0.08907±0.00129	3.59759±0.05284	0.28833±0.00220	0.07346±0.00138	0.90	1406±17	1549±12	1633±11	1433±26	95
Y027-12	11431	5054	213	0.44	0.04903±0.00096	0.46419±0.00878	0.06794±0.00055	0.01859±0.00039	0.90	149±29	387±6	424±3	372±8	91
Y027-13	6875	2675	122	0.39	0.04814±0.00117	0.45645±0.01108	0.06819±0.00062	0.01845±0.00048	0.90	106±40	382±8	425±4	370±10	90
Y027-14	6364	4596	192	0.72	0.05373±0.00120	0.72863±0.01538	0.09778±0.00080	0.02547±0.00053	0.90	360±33	556±9	601±5	508±11	93
Y027-15	5268	1628	240	0.31	0.07001±0.00140	1.76719±0.03483	0.18150±0.00164	0.04829±0.00140	0.90	929±26	1033±13	1075±9	953±27	96
Y027-17	6940	3324	592	0.48	0.09162±0.00150	3.93433±0.06314	0.30767±0.00243	0.07212±0.00153	0.90	1459±19	1621±13	1729±12	1408±29	94
Y027-18	2887	4458	699	1.54	0.18224±0.00271	14.41182±0.20857	0.56652±0.00454	0.12341±0.00226	0.90	2673±14	2777±14	2894±19	2352±41	96
Y027-19	27652	6480	286	0.23	0.05224±0.00150	0.34416±0.00955	0.04746±0.00048	0.01214±0.00039	0.90	296±45	300±7	299±3	244±8	100
Y027-20	39369	17225	363	0.44	0.05103±0.00117	0.25287±0.00566	0.03559±0.00029	0.01052±0.00026	0.90	242±36	229±5	225±2	211±5	102
Y027-22	7822	4670	135	0.60	0.04842±0.00131	0.38420±0.01010	0.05715±0.00052	0.01576±0.00039	0.90	120±45	330±7	358±3	316±8	92
Y027-23	10444	4427	785	0.42	0.09401±0.00206	3.48494±0.08385	0.26479±0.00325	0.07474±0.00221	0.90	1508±27	1524±19	1514±17	1457±41	101
Y027-24	20510	6342	188	0.31	0.05553±0.00237	0.26925±0.01115	0.03517±0.00036	0.01096±0.00009	0.80	434±97	242±9	223±2	220±2	109

注：中国科学院地球化学研究所矿床地球化学国家重点实验室分析；共分析 24 个锆石颗粒，表中只列出 20 个和谐度在 90%～110% 之间的分析数据。

附表 18 样品 Y032 锆石 LA-ICP-MS U-Pb 定年分析结果

测点号	U /10⁻⁶	Th /10⁻⁶	Pb /10⁻⁶	Th/U	同位素比值 $^{207}Pb/^{206}Pb\pm1\delta$	$^{207}Pb/^{235}U\pm1\delta$	$^{206}Pb/^{238}U\pm1\delta$	$^{208}Pb/^{232}Th\pm1\delta$	ρ	年龄/Ma $^{207}Pb/^{206}Pb\pm1\delta$	$^{207}Pb/^{235}U\pm1\delta$	$^{206}Pb/^{238}U\pm1\delta$	$^{208}Pb/^{232}Th\pm1\delta$	和谐度/%
Y032-01	962827	188012	8368	0.20	0.05033±0.00112	0.25489±0.00560	0.03637±0.00034	0.01079±0.00031	0.90	210±34	231±5	230±2	217±6	100
Y032-03	1473362	274739	12745	0.19	0.05135±0.00171	0.26005±0.00807	0.03673±0.00045	0.01156±0.00013	0.82	256±78	235±7	233±3	232±3	101
Y032-04	1878141	393493	16495	0.21	0.05392±0.00120	0.27396±0.00602	0.03662±0.00038	0.00961±0.00028	0.90	368±31	246±5	232±2	193±6	106
Y032-05	1157613	197039	10054	0.17	0.05094±0.00092	0.26028±0.00474	0.03669±0.00031	0.01133±0.00030	0.90	238±26	235±4	232±2	228±6	101
Y032-06	1227943	406076	11808	0.33	0.05431±0.00098	0.28150±0.00530	0.03716±0.00035	0.01132±0.00025	0.90	384±25	252±4	235±2	227±5	107
Y032-07	1340038	172647	10951	0.13	0.05014±0.00109	0.25772±0.00555	0.03695±0.00040	0.01153±0.00036	0.90	201±30	233±4	234±2	232±7	100
Y032-10	94792	51445	12413	0.54	0.16204±0.00259	10.03275±0.16901	0.44501±0.00493	0.12362±0.00264	0.74	2477±15	2438±16	2373±22	2356±47	103
Y032-11	8486434	4166017	30583	0.49	0.05109±0.00454	0.05630±0.00494	0.00799±0.00011	0.00252±0.00005	0.81	245±203	56±5	51±1	51±1	109
Y032-14	913685	212437	9182	0.23	0.05223±0.00248	0.26916±0.01212	0.03737±0.00056	0.01173±0.00015	0.80	296±111	242±10	237±4	236±3	102
Y032-15	1615510	246630	14738	0.15	0.05323±0.00206	0.26236±0.00964	0.03575±0.00043	0.01120±0.00015	0.81	339±90	237±8	226±3	225±3	105
Y032-20	1566535	264609	13688	0.17	0.05445±0.00140	0.26733±0.00650	0.03561±0.00029	0.01112±0.00009	0.90	390±59	241±5	226±2	224±2	107
Y032-21	1283870	195524	10677	0.15	0.05000±0.00107	0.25770±0.00544	0.03691±0.00038	0.01145±0.00036	0.90	195±30	233±4	234±2	230±7	100
Y032-22	1574728	406906	14111	0.26	0.05577±0.00107	0.28565±0.00530	0.03685±0.00036	0.01053±0.00030	0.90	443±24	255±4	233±2	212±6	109
Y032-24	1233567	387988	11627	0.31	0.04682±0.00094	0.24697±0.00497	0.03766±0.00036	0.01129±0.00029	0.90	40±30	224±4	238±2	227±6	94

注：中国科学院地球化学研究所矿床地球化学国家重点实验室分析；共分析 24 个锆石颗粒，表中只列出 14 个和谐度在 90% ~ 110% 之间的分析数据。

附表 19 样品 Y033 锆石 LA-ICP-MS U-Pb 定年分析结果

测点号	U /10⁻⁶	Th /10⁻⁶	Pb /10⁻⁶	Th/U	同位素比值 $^{207}Pb/^{206}Pb\pm1\delta$	$^{207}Pb/^{235}U\pm1\delta$	$^{206}Pb/^{238}U\pm1\delta$	$^{208}Pb/^{232}Th\pm1\delta$	ρ	年龄/Ma $^{207}Pb/^{206}Pb\pm1\delta$	$^{207}Pb/^{235}U\pm1\delta$	$^{206}Pb/^{238}U\pm1\delta$	$^{208}Pb/^{232}Th\pm1\delta$	和谐度/%
Y33-01	10419	5151	1376	0.49	0.15945±0.00241	10.41832±0.15904	0.46616±0.00449	0.12976±0.00259	0.90	2450±14	2473±14	2467±20	2466±46	100
Y33-03	58503	11420	473	0.20	0.05203±0.00153	0.21379±0.00600	0.02980±0.00025	0.00936±0.00009	0.79	287±69	197±5	189±2	188±2	104
Y33-04	58080	28633	801	0.49	0.05473±0.00359	0.25788±0.01673	0.03417±0.00033	0.01067±0.00013	0.78	401±151	233±14	217±2	214±3	107
Y33-07	37809	7494	337	0.20	0.05284±0.00108	0.26988±0.00523	0.03659±0.00037	0.01311±0.00035	0.90	322±26	243±4	232±2	263±7	105
Y33-10	39405	5428	352	0.14	0.05039±0.00139	0.25748±0.00671	0.03706±0.00035	0.01169±0.00010	0.82	213±66	233±5	235±2	235±2	99
Y33-12	30470	6667	293	0.22	0.05433±0.00123	0.27907±0.00607	0.03678±0.00036	0.01414±0.00041	0.90	385±31	250±5	233±2	284±8	107
Y33-13	43033	7010	383	0.16	0.05175±0.00131	0.25740±0.00607	0.03608±0.00032	0.01134±0.00009	0.83	274±59	233±5	228±2	228±2	102
Y33-14	61839	17636	450	0.29	0.05417±0.00135	0.19427±0.00463	0.02562±0.00028	0.00630±0.00018	0.90	378±34	180±4	163±2	127±4	110
Y33-15	57278	14397	506	0.25	0.05415±0.00197	0.24134±0.00841	0.03232±0.00033	0.01010±0.00010	0.77	377±84	220±7	205±2	203±2	107
Y33-16	57711	10582	563	0.18	0.05084±0.00268	0.23001±0.01191	0.03281±0.00034	0.01034±0.00019	0.75	233±123	210±10	208±2	208±4	101
Y33-17	46610	8458	437	0.18	0.05069±0.00214	0.24979±0.01007	0.03574±0.00044	0.01126±0.00012	0.78	227±99	226±8	226±3	226±2	100
Y33-18	52891	8402	472	0.16	0.05097±0.00148	0.25484±0.00696	0.03626±0.00036	0.01142±0.00010	0.82	240±69	231±6	230±2	229±2	100
Y33-19	38109	5744	360	0.15	0.05336±0.00117	0.26866±0.00560	0.03624±0.00036	0.01475±0.00042	0.90	344±29	242±4	229±2	296±8	106
Y33-20	47350	7419	401	0.16	0.05085±0.00130	0.25012±0.00600	0.03567±0.00031	0.01124±0.00008	0.82	234±60	227±5	226±2	226±2	100
Y33-21	57330	11502	516	0.20	0.05124±0.00125	0.25703±0.00588	0.03638±0.00030	0.01145±0.00008	0.82	252±57	232±5	230±2	230±2	101
Y33-22	45333	8437	390	0.19	0.04978±0.00091	0.25330±0.00443	0.03653±0.00030	0.01151±0.00024	0.90	185±26	229±4	231±2	231±5	99
Y33-23	47842	7268	411	0.15	0.04950±0.00101	0.25926±0.00538	0.03744±0.00036	0.01175±0.00032	0.90	171±31	234±4	237±2	236±6	99
Y33-24	40680	16092	470	0.40	0.05051±0.00237	0.25948±0.01167	0.03726±0.00050	0.01175±0.00013	0.79	219±110	234±9	236±3	236±3	99

注: 中国科学院地球化学研究所矿床地球化学国家重点实验室分析; 共分析 24 个锆石颗粒, 表中只列出 18 个和谐度在 90%~110% 之间的分析数据。

附表20 羊拉铜矿床石英斑岩主量元素组成 （单位:%）

	产地	里农矿段3275中段斑岩			里农西侧斑岩					
	样品号	3275-1-2	3275-1-3	3275-1-4	Y027	Y029	D307	D304	Ch146-1	Ch146-3
	特征	强蚀变	弱蚀变	弱蚀变	新鲜	弱蚀变	新鲜	新鲜	弱蚀变	弱蚀变
原始数据	SiO_2	63.73	66.60	65.86	66.37	70.18	70.69	70.99	67.52	67.95
	TiO_2	0.24	0.20	0.24	0.23	0.23	0.19	0.19	0.22	0.21
	Al_2O_3	11.69	12.48	13.50	12.44	13.80	13.53	13.60	12.98	13.08
	FeOt	0.82	0.92	1.74	1.58	1.13	1.32	1.08	1.984	1.634
	MnO	0.09	0.11	0.12	0.12	0.04	0.06	0.04	0.041	0.073
	MgO	0.70	0.70	1.39	1.05	1.05	0.92	0.94	0.71	0.55
	CaO	8.46	5.61	4.68	5.38	2.61	2.38	2.34	1.65	4.29
	Na_2O	0.04	0.11	0.06	0.44	1.24	3.01	2.81	3.06	0.67
	K_2O	2.20	5.16	3.17	9.58	5.64	5.71	6.19	6.33	5.69
	P_2O_5	0.05	0.05	0.06	0.06	0.06	0.05	0.05	0.06	0.07
	LOI	10.65	7.55	8.79	2.50	3.93	1.16	1.35	5.52	5.04
	总计	98.67	99.49	99.61	99.75	99.91	99.02	99.58	100.1	99.29
	资料来源	本书	本书	本书	本书	本书	本书	本书	①	①
调整后数据（调整方法：去LOI再换算成100%）	SiO_2	72.41	72.44	72.52	68.25	73.12	72.24	72.27	71.39	72.10
	TiO_2	0.27	0.22	0.26	0.24	0.24	0.19	0.19	0.23	0.22
	Al_2O_3	13.28	13.57	14.86	12.79	14.38	13.83	13.85	13.72	13.88
	FeOt	0.93	1.00	1.92	1.62	1.18	1.35	1.10	2.10	1.73
	MnO	0.10	0.12	0.13	0.12	0.04	0.06	0.04	0.04	0.08
	MgO	0.80	0.76	1.53	1.08	1.09	0.94	0.96	0.75	0.58
	CaO	9.61	6.10	5.15	5.53	2.72	2.43	2.38	1.74	4.55
	Na_2O	0.05	0.12	0.07	0.45	1.29	3.08	2.86	3.24	0.71
	K_2O	2.50	5.61	3.49	9.85	5.88	5.83	6.30	6.69	6.04
	P_2O_5	0.052	0.053	0.064	0.057	0.060	0.050	0.051	0.063	0.074
主要元素参数	K_2O+Na_2O	2.54	5.73	3.56	10.30	7.17	8.91	9.16	9.93	6.75
	K_2O/Na_2O	55.00	46.91	52.83	21.77	4.55	1.90	2.20	2.07	8.49
	σ	0.22	1.12	0.43	4.20	1.71	2.72	2.87	3.47	1.57
	A.R.	1.25	1.82	1.43	3.57	2.44	3.43	3.59	4.58	2.16
	$Mg^\#$	60	58	59	54	62	55	61	39	38

注：①为陈开旭等（1999）；主要元素参数利用调整后的数据计算。

附表21 羊拉铜矿床石英斑岩微量和稀土元素组成

产地	里农矿段3275中段斑岩			里农西侧斑岩			
样品号	3275-1-2	3275-1-3	3275-1-4	Y027	Y029	D307	D304
岩石特征	强蚀变	弱蚀变	弱蚀变	新鲜	弱蚀变	新鲜	新鲜
Sc	3.85	4.08	4.25	—	—	—	—
V	13.7	15.3	21.0	44	27	22	26
Cr	5.33	7.85	8.38	20	10	10	10
Co	36.6	34.1	30.9	—	—	—	—
Ni	15.1	13.7	10.0	—	—	—	—
Cu	4.96	5.70	3.35	—	—	—	—
Zn	68.0	53.8	57.7	—	—	—	—
Sr	92.5	95.3	47.0	110	127	349	272
Rb	110	185	159	281	231	190.5	214
Ba	62.1	728	94.4	909	740	790	757
Nb	8.32	8.26	9.55	9.1	10.1	9.7	9.7
Ta	1.57	1.55	1.71	1.7	1.9	1.9	1.9
Zr	81.7	90.8	97.8	114	125	104	106
Hf	2.93	2.98	3.14	3.7	4.1	3.5	3.7
U	6.31	8.01	6.93	6.8	8	11.05	9.9
Th	16.8	17.5	18.3	19.65	22.6	22.6	24.4
Pb	52.4	56.8	163	—	—	—	—
Ga	11.7	11.9	13.1	8.6	16.6	14.5	15.1
La	16.11	9.11	10.63	10.1	21.3	18.6	25.8
Ce	31.18	20.16	24.45	21.2	40.5	36.8	48.6
Pr	3.64	2.55	3.18	2.69	4.55	4.2	5.26
Nd	13.33	9.80	12.11	10.3	15.9	14.4	17.5
Sm	2.85	2.41	2.88	2.43	3.37	3.15	3.5
Eu	0.36	0.24	0.36	0.53	0.65	0.59	0.68
Gd	1.87	1.71	1.94	2.23	2.9	2.73	2.88
Tb	0.40	0.36	0.46	0.37	0.49	0.46	0.47
Dy	2.33	2.23	2.76	2.17	2.86	2.74	2.75
Ho	0.54	0.52	0.63	0.47	0.62	0.58	0.6
Er	1.55	1.46	1.79	1.33	1.72	1.62	1.71
Tm	0.23	0.23	0.28	0.21	0.28	0.27	0.27
Yb	1.67	1.62	2.02	1.49	1.99	1.85	1.94
Lu	0.26	0.26	0.32	0.25	0.33	0.32	0.32
Y	15.3	15.0	17.5	14.6	18.4	18.3	18.5
ΣREE	91.58	67.68	81.34	70.37	115.86	106.61	130.78
LREE	67.47	44.26	53.61	47.25	86.27	77.74	101.34
HREE	8.86	8.40	10.19	8.52	11.19	10.57	10.94
LREE/HREE	7.62	5.27	5.26	5.55	7.71	7.35	9.26
δEu	0.47	0.36	0.47	0.70	0.64	0.62	0.65
δCe	0.98	1.01	1.01	0.98	0.99	1.00	1.00
$(La/Sm)_N$	3.56	2.38	2.32	2.61	3.98	3.71	4.64
$(Gd/Yb)_N$	0.90	0.85	0.77	1.21	1.18	1.19	1.20
$(La/Yb)_N$	6.49	3.79	3.55	4.57	7.22	6.78	8.97

注：微量和稀土元素数据数量级为10^{-6}；里农矿段3275中段斑岩由中国科学院地球化学研究所矿床地球化学国家重点实验室分析，里农西侧斑岩由南京大学现代分析测试中心分析；"—"表示低于检测限。

附表22 三江成矿带典型铜矿区斑岩和花岗岩主量元素统计结果

(单位:%)

矿床名称	普朗铜矿			普朗铜矿			玉龙铜矿			羊拉铜矿		
岩石特征	矿化斑岩			非矿化斑岩			斑岩(未分矿化和非矿化)			花岗闪长岩		
样品数	16			67			44			57		
数据特征	最小	最大	均值	最小	最大	均值	最小	最大	均值	最小	最大	均值
原始数据 SiO$_2$	60.96	72.99	65.75	57.01	68.17	64.04	63.04	70.54	67.30	59.36	76.37	68.80
TiO$_2$	0.45	0.81	0.61	0.40	0.99	0.66	0.22	0.41	0.34	0.03	0.47	0.30
Al$_2$O$_3$	11.08	15.97	14.13	13.01	17.49	14.85	13.84	18.00	15.89	12.14	17.18	14.87
FeOt	2.46	6.74	4.35	0.19	7.11	3.86	1.38	3.62	2.36	0.43	4.42	2.98
MnO	0.02	3.48	0.72	0.01	3.74	0.18	0.01	0.11	0.04	0.02	0.18	0.05
MgO	0.01	5.90	2.23	0.03	5.45	2.86	0.79	1.95	1.21	0.13	1.81	1.11
CaO	0.76	4.90	2.34	0.41	6.47	3.58	0.77	3.13	2.06	0.38	5.24	2.84
Na$_2$O	1.24	5.56	3.21	2.18	6.89	3.61	2.59	4.66	3.71	0.48	4.65	3.05
K$_2$O	2.77	8.05	4.68	0.23	7.18	3.81	4.17	6.98	5.07	1.89	7.49	3.81
P$_2$O$_5$	0.13	0.69	0.34	0.09	1.03	0.39	0.02	0.40	0.20	0.00	0.11	0.07
LOI	0.19	3.66	1.09	0.20	5.42	1.57	1.02	2.04	1.49	0.52	4.24	1.58
调整后数据 SiO$_2$	61.25	74.55	66.86	58.85	69.62	65.46	64.33	71.46	68.54	61.95	77.50	70.15
TiO$_2$	0.46	0.81	0.62	0.41	1.02	0.68	0.22	0.42	0.34	0.03	0.48	0.31
Al$_2$O$_3$	11.58	16.10	14.36	13.30	18.05	15.18	14.10	18.35	16.18	12.38	17.93	15.17
FeOt	2.51	6.72	4.42	0.19	7.44	3.95	1.41	3.63	2.41	0.44	4.57	3.04

续表

矿床名称	普朗铜矿						玉龙铜矿			羊拉铜矿		
岩石特征	矿化斑岩			非矿化斑岩			斑岩（未分矿化和非矿化）			花岗闪长岩		
样品数	16			67			44			57		
数据特征	最小	最大	均值	最小	最大	均值	最小	最大	均值	最小	最大	均值
MnO	0.02	3.55	0.74	0.01	3.80	0.18	0.01	0.11	0.04	0.02	0.18	0.05
MgO	0.01	5.88	2.26	0.03	5.56	2.93	0.80	2.02	1.23	0.13	1.84	1.14
CaO	0.78	5.00	2.38	0.42	6.62	3.66	0.79	3.21	2.10	0.39	5.30	2.89
Na_2O	1.30	5.65	3.26	2.22	7.11	3.68	2.65	4.72	3.78	0.50	4.79	3.11
K_2O	2.77	8.18	4.77	0.24	7.33	3.89	4.28	7.05	5.17	1.92	13.44	4.05
P_2O_5	0.13	0.69	0.34	0.09	1.05	0.39	0.02	0.41	0.21	0.00	0.11	0.08
K_2O+Na_2O	5.77	12.66	8.03	5.39	10.93	7.57	7.96	10.29	8.95	6.73	6.98	7.17
K_2O/Na_2O	0.70	5.33	1.85	0.04	3.29	1.20	1.02	2.66	1.40	0.48	26.83	1.75
调整后数据 σ	1.34	6.59	2.85	1.33	6.13	2.65	2.45	4.59	3.16	1.11	10.26	1.98
A.R.	1.92	28.67	4.57	1.65	4.36	2.45	2.46	4.61	2.99	1.72	5.08	2.46
相关参数 $Mg^\#$	0.00	61	39	2	94	55	38	62	48	27	56	40

资料来源：普朗铜矿矿化斑岩据普胜等（2006）、李文昌等（2011）、任江波等（2011）和刘学龙等（2012）；普朗铜矿非矿化斑岩据普胜等（2006）、冷成彪等（2007b）、曹殿华等（2009）、李青（2009）、庞振山等（2009）、任江波等（2011）、刘学龙等（2012）；芮宗瑶等（1984）、张玉泉等（1998）和Jiang等（2006）；羊拉铜矿花岗闪长岩据Zhu等（2011）和本次工作分析。

附表23 三江成矿带典型铜矿区斑岩和花岗岩微量和稀土元素统计结果

矿床名称	普朗铜矿						玉龙铜矿			羊拉铜矿			羊拉铜矿		
岩石特征	矿化斑岩			非矿化斑岩			斑岩（未分矿化和非矿化）			花岗闪长岩			斑岩		
数据特征	范围	均值	样数	范围	均值	样数	范围	均值	样数	范围	均值	样数	范围	均值	样数
Cr	16.7~60.0	39.2	9	17.5~67.2	43.6	11	12~27	17.7	18	1.81~19.6	9.18	29	5.33~20.0	10.2	7
Co	9.00~14.5	11.2	6	5.69~16.2	10.5	8	1.4~8.1	4.82	18	43.3~223	153	29	30.9~36.6	33.8	3
Ni	4.60~56.0	24.3	21	8.40~37.8	18.3	15	—	—	—	1.85~21.2	6.81	29	10.0~15.1	13.0	3
Cu	243~17600	2895	21	7.76~163.0	62.5	18	—	—	—	1.40~41.0	10.4	24	3.35~5.70	4.67	3
Zn	27.0~103	69.2	15	27.6~131	59.0	15	—	—	—	9.63~58.1	36.2	22	53.8~68.0	59.8	3
Sr	389~1098	737	18	372~1390	797	55	612~1024	859	18	90.4~503	273	62	47.0~349	156	7
Rb	83.0~263	155	15	48.1~193	124	47	170~245	197	18	73.1~480	157	65	110~281	196	7
Ba	782~2634	1692	18	370~2261	1299	49	780~1241	1004	18	249~1942	674	63	62.1~909	583	7
Nb	9.84~18.5	13.6	15	8.69~20.7	12.9	54	7.9~10	9.02	18	2.68~11.8	8.17	65	8.26~10.1	9.25	7
Ta	0.77~1.40	1.01	15	0.55~1.50	0.94	54	0.75~0.95	0.83	18	0.77~2.47	1.16	65	1.55~1.90	1.75	7
Zr	162~419	251	15	74.0~318	180	54	238~371	286	18	57.5~150	114	65	81.7~125	103	7
Hf	4.63~8.00	6.02	15	2.40~8.08	5.12	54	5.5~8.4	6.56	18	2.15~4.50	3.44	65	2.93~4.10	3.44	7
U	1.60~4.88	3.46	10	2.88~4.30	3.52	11	3.6~7.4	5.95	18	1.92~11.8	4.9	65	6.31~11.1	8.14	7
Th	9.60~19.2	14.3	15	8.08~20.1	14.6	51	15~25	21.5	18	10.3~35.8	20.2	63	16.8~24.4	20.3	7
Pb	9.28~65.0	26.4	19	2.90~32.0	12.5	16	19~62	29.17	18	13.0~79.0	36.2	62	52.4~163	90.8	3
Ga	12.0~23.0	15.9	11	13.0~20.0	17.3	10	—	—	—	10.2~19.9	15.2	65	8.6~16.6	13.1	7
La	9.60~50.90	31.25	23	14.40~96.74	36.14	62	31~78	54.83	18	8.97~38.97	25.66	62	9.11~25.80	15.95	7
Ce	20.26~88.90	59.01	23	30.20~149.56	65.88	62	59~142	109	18	16.02~62.60	45.91	62	20.16~48.60	31.84	7
Pr	2.57~11.00	7.26	23	4.50~14.70	7.66	62	6.8~15	11.3	18	1.73~6.04	4.67	62	2.55~5.26	3.72	7
Nd	10.64~40.70	28.50	23	17.30~48.70	27.71	62	24~54	40.7	18	5.59~20.00	15.61	62	9.80~17.50	13.33	7
Sm	2.30~9.20	5.83	23	3.60~9.10	5.75	62	3.2~8.7	6.38	18	1.29~3.73	2.84	62	2.41~3.50	2.94	7

续表

矿床名称	普朗铜矿						玉龙铜矿			羊拉铜矿			羊拉铜矿		
岩石特征	矿化斑岩			非矿化斑岩			斑岩（未分矿化和非矿化）			花岗闪长岩			斑岩		
数据特征	范围	均值	样数	范围	均值	样数	范围	均值	样数	范围	均值	样数	范围	均值	样数
Eu	0.41~3.00	1.72	23	0.92~2.80	1.50	62	0.91~2	1.52	18	0.11~0.97	0.62	62	0.24~0.68	0.49	7
Gd	1.91~7.60	5.00	23	2.85~6.90	4.62	62	2.2~6.2	4.47	18	0.94~3.57	2.32	62	1.71~2.90	2.32	7
Tb	0.27~1.10	0.69	23	0.34~1.30	0.64	62	0.23~0.74	0.53	18	0.21~0.51	0.39	62	0.36~0.49	0.43	7
Dy	1.48~6.10	3.72	23	1.94~8.50	3.47	62	1.1~3.4	2.44	18	0.84~3.18	2.18	62	2.17~2.86	2.55	7
Ho	0.28~1.30	0.72	23	0.37~1.60	0.66	62	0.2~0.6	0.44	18	0.18~0.67	0.46	62	0.47~0.63	0.57	7
Er	0.75~3.80	1.94	23	1.10~4.90	1.83	62	0.58~1.6	1.20	18	0.53~1.86	1.37	62	1.33~1.79	1.60	7
Tm	0.10~0.50	0.28	23	0.15~0.70	0.26	62	0.1~0.24	0.17	18	0.08~0.29	0.21	62	0.21~0.28	0.25	7
Yb	0.73~3.20	1.72	23	0.98~4.20	1.68	62	0.53~1.4	1.02	18	0.57~1.95	1.43	62	1.49~2.02	1.80	7
Lu	0.12~0.50	0.26	23	0.15~0.60	0.26	62	0.09~0.19	0.16	18	0.10~0.31	0.23	62	0.25~0.33	0.29	7
Y	8.32~37.00	18.72	23	9.01~41.90	17.08	62	5.1~16	11.7	18	5.05~20.20	13.41	62	14.60~18.50	16.80	7
ΣREE	59.74~237.5	166.63	23	110.3~341.3	175.13	62	135.0~319.1	245.47	18	50.60~150.9	117.32	62	67.68~130.78	94.89	7
LREE	45.78~200.7	133.58	23	76.00~309.6	144.63	62	124.9~292.1	223.38	18	33.70~127.9	95.32	62	44.26~101.34	68.28	7
HREE	5.64~23.00	14.33	23	7.88~28.70	13.42	62	5.03~14.37	10.42	18	3.58~11.76	8.59	62	8.40~11.19	9.81	7
LREE/HREE	4.15~13.38	9.63	23	3.26~21.25	11.22	62	18.88~24.83	21.45	18	5.60~24.95	11.28	62	5.26~9.26	6.86	7
δEu	0.59~1.16	0.93	23	0.67~1.27	0.89	62	0.82~1.05	0.88	18	0.29~1.02	0.73	62	0.36~0.70	0.56	7
δCe	0.87~1.00	0.94	23	0.89~1.04	0.96	62	0.98~1.11	1.05	18	0.91~1.24	1.01	62	0.98~1.01	1.00	7
(La/Sm)$_N$	1.77~4.99	3.42	23	1.41~8.81	4.06	62	4.67~6.63	5.41	18	3.60~8.92	5.72	62	2.32~4.64	3.32	7
(Gd/Yb)$_N$	1.48~3.14	2.38	23	1.32~3.53	2.26	62	2.42~4.11	3.53	18	0.47~2.43	1.34	62	0.77~1.21	1.04	7
(La/Yb)$_N$	3.85~19.38	12.75	23	2.86~37.48	15.51	62	28.99~47.81	36.32	18	4.37~31.64	12.49	62	3.55~8.97	5.91	7

注：表中稀土元素数据数量级为 10^{-6}。

资料来源：普朗铜矿化斑岩据普胜等（2006），李文昌等（2011），任江波等（2011）和刘学龙等（2012）；普朗铜矿非矿化斑岩据普胜等（2006），冷成彪等（2007b），曹殿华等（2009），李青（2009），庞振山等（2009），李文昌等（2011），任江波等（2011），刘学龙等（2012）；玉龙铜矿斑岩据 Jiang 等（2006），羊拉铜矿花岗闪长岩据 Zhu 等（2011）和本次工作分析；羊拉铜矿斑岩据本次工作分析；统计过程中去除元素的异常值；"—"表示低于检测限。

附表24 羊拉铜矿床金属硫化物硫同位素组成

序号	样号	采样位置	分析对象	$\delta^{34}S_{CDT}/‰$	2σ	资料来源
1	LNK-3	路农露天采场	黄铁矿	-1.43	0.02	本次工作
2	LNK-13	路农露天采场	黄铁矿	-0.28	0.18	本次工作
3	LN-26	路农矿段，3590m 中段	黄铜矿	-1.83	0.06	本次工作
4	LN-31	路农矿段，3590m 中段	黄铁矿	-7.25	0.04	本次工作
5	LN-38	路农矿段，3590m 中段	黄铁矿	-0.73	0.11	本次工作
6	LN-62	路农矿段，3590m 中段	黄铁矿	-1.97	0.03	本次工作
7	LN-62	路农矿段，3590m 中段	黄铜矿	-2.48	0.06	本次工作
8	LN-68	路农矿段，3590m 中段	黄铁矿	-1.82	0.09	本次工作
9	LN-68	路农矿段，3590m 中段	磁黄铁矿	-1.72	0.04	本次工作
10	LN-74	路农矿段，3590m 中段	黄铁矿	0.66	0.13	本次工作
11	LN-74	路农矿段，3590m 中段	黄铜矿	-1.94	0.01	本次工作
12	LN-75	路农矿段，3590m 中段	磁黄铁矿	-1.93	0.03	本次工作
13	LN-75	路农矿段，3590m 中段	黄铜矿	-1.76	0.04	本次工作
14	LN-78	路农矿段，3590m 中段	磁黄铁矿	-1.67	0.08	本次工作
15	3450-1-2	里农-路农接合部，3450 中段	黄铁矿	-0.23	0.04	本次工作
16	3450-2-2	里农-路农接合部，3450 中段	黄铁矿	-0.48	0.31	本次工作
17	3450-3-1	里农-路农接合部，3450 中段	黄铁矿	0.6	0.06	本次工作
18	3450-5-1	里农-路农接合部，3450 中段	黄铁矿	0.22	0.38	本次工作
19	3250KT2-7	里农矿段，3250 中段 KT2 矿体	黄铁矿	-31.91	0.18	本次工作
20	3250KT2-13	里农矿段，3250 中段 KT2 矿体	黄铁矿	1.04	0.11	本次工作
21	3250KT2-15-2	里农矿段，3250 中段 KT2 矿体	黄铁矿	-40.38	2.16	本次工作
22	3250KT2-19	里农矿段，3250 中段 KT2 矿体	黄铁矿	-31.03	0.06	本次工作
23	YK001	里农矿段，3216m 分层 2-1 采场	黄铁矿	-0.56	0.06	本次工作
24	YK002-2	里农矿段，3216m 分层 1-1 采场	磁黄铁矿	-0.65	0.06	本次工作
25	YK003	里农矿段，3216m 分层 1-2 采场	黄铁矿	-0.8	0.02	本次工作
26	YK003	里农矿段，3216m 分层 1-2 采场	磁黄铁矿	-0.98	0.11	本次工作
27	YK004-1	里农矿段，3200m 中段 9#穿脉	黄铁矿	-0.85	0.15	本次工作
28	YK004-1	里农矿段，3200m 中段 9#穿脉	磁黄铁矿	-0.91	0.08	本次工作
29	YK007-1	里农矿段，3175m 中段	黄铁矿	2.61	0.04	本次工作
30	YK007-1	里农矿段，3175m 中段	方铅矿	-0.18	0.31	本次工作
31	YK007-1	里农矿段，3175m 中段	闪锌矿	1.55	0.03	本次工作
32	YK009	里农矿段，3175m 中段	黄铁矿	-2.54	1.67	本次工作
33	YK015-1	里农矿段，3175m 中段 5-3 采场	黄铁矿	0.34	0.01	本次工作

续表

序号	样号	采样位置	分析对象	$\delta^{34}S_{CDT}$/‰	2σ	资料来源
34	YK015-1	里农矿段，3175m 中段 5-3 采场	黄铜矿	−1.07	2.79	本次工作
35	YK015-2	里农矿段，3175m 中段 5-3 采场	黄铁矿	2	0.01	本次工作
36	YK015-2	里农矿段，3175m 中段 5-3 采场	方铅矿	−0.78	0.01	本次工作
37	YK016-1	里农矿段，3175m 中段 5-3 采场	黄铁矿	−19.32	1.58	本次工作
38	YK016-1	里农矿段，3175m 中段 5-3 采场	闪锌矿	1.11	0.04	本次工作
39	YK017-1	里农矿段，3075m 中段 45 采场	黄铁矿	−8.4	0.1	本次工作
40	YK017-1	里农矿段，3075m 中段 45 采场	辉铜矿	0.48	0.21	本次工作
41	YK018-1	里农矿段，3075m 中段 55-2 采场	黄铁矿	−21.85	1.07	本次工作
42	YK020-1	里农矿段，3075m 中段 43-3 采场	黄铁矿	−0.67	0.5	本次工作
43	YK021-2	里农矿段，3075m 中段 42-2 采场	黄铁矿	−21.11	0.15	本次工作
44	YK021-1	里农矿段，3075m 中段 42-2 采场	磁黄铁矿	−0.76	0.04	本次工作
45	YK021-2	里农矿段，3075m 中段 42-2 采场	磁黄铁矿	−1.11	0.05	本次工作
46	YK017-3	里农矿段，3075m 中段 45 采场	磁黄铁矿	0.74	0.06	本次工作
47	YK017-3	里农矿段，3075m 中段 45 采场	方铅矿	0.31	0.02	本次工作
48	YK017-3	里农矿段，3075m 中段 45 采场	闪锌矿	1.7	0.05	本次工作
49	YL-12-12-2	里农矿段，3075 中段 5 号矿体	黄铁矿	−3.23	0.07	本次工作
50	YL-12-14	里农矿段，3075 中段 5 号矿体	黄铁矿	−19.72	0.09	本次工作
51	YL-12-17	里农矿段，3075 中段 5 号矿体	黄铁矿	−32.32	0.03	本次工作
52	3075-1-2	里农矿段，3075 中段	黄铁矿	−0.18	0.08	本次工作
53	3075-1-2	里农矿段，3075 中段	黄铁矿	−28	0.55	本次工作
54	YL-12-9-2	里农矿段，岩心	黄铁矿	−18.38	0.65	本次工作
55	YL-12-6	里农矿段，岩心	黄铁矿	−0.81	0.21	本次工作
56	CK 上-1-4	里农矿段，钻孔 CK0 上-1	黄铁矿	−0.55	0.1	本次工作
57	CK0 上-1-5	里农矿段，钻孔 CK0 上-1	黄铁矿	−33.9	0.43	本次工作
58	CK0 上-1-11	里农矿段，钻孔 CK0 上-1	黄铁矿	0.26	0.02	本次工作
59	CK0 上-1-13	里农矿段，钻孔 CK0 上-1	黄铁矿	−10.4	0.38	本次工作
60	L33	里农矿段，KT2 矿体	黄铁矿	1.2		战明国等，1998
61	L33	里农矿段，KT2 矿体	黄铜矿	0.97		战明国等，1998
62	L81	里农矿段，KT2 矿体	磁黄铁矿	0.08		战明国等，1998
63	L81	里农矿段，KT2 矿体	黄铜矿	−0.69		战明国等，1998
64	L128	里农矿段，KT2 矿体	黄铜矿	0.03		战明国等，1998
65	L135	里农矿段，KT2 矿体	黄铜矿	−0.82		战明国等，1998
66	L184	里农矿段，KT2 矿体	黄铁矿	−0.6		战明国等，1998

续表

序号	样号	采样位置	分析对象	$\delta^{34}S_{CDT}$/‰	2σ	资料来源
67	L203	里农矿段，KT2 矿体	磁黄铁矿	-0.42		战明国等，1998
68	L203	里农矿段，KT2 矿体	黄铁矿	0.12		战明国等，1998
69	L266	里农矿段，KT2 矿体	黄铁矿	2.46		战明国等，1998
70	L57	路农矿段，KT4 矿体	黄铜矿	-3.15		战明国等，1998
71	L230	路农矿段，KT4 矿体	黄铁矿	-1.61		战明国等，1998
72	yn-126	成矿早期（Ⅰ）	黄铁矿	0.27		潘家永等，2001
73	yn-60	成矿早期（Ⅰ）	黄铁矿	-0.68		潘家永等，2001
74	yn-19	成矿早期（Ⅰ）	黄铁矿	-0.9		潘家永等，2001
75	yn-47	成矿中期（Ⅱ）	黄铁矿	1.82		潘家永等，2001
76	yn-37	成矿中期（Ⅱ）	黄铜矿	-1.98		潘家永等，2001
77	yn-71	成矿中期（Ⅱ）	黄铜矿	0.94		潘家永等，2001
78	yn-58b	成矿中期（Ⅱ）	黄铜矿	-0.9		潘家永等，2001
79	yn-65	成矿中期（Ⅱ）	黄铜矿	-3.14		潘家永等，2001
80	yn-56a	成矿晚期（Ⅲ）	黄铁矿	-0.72		潘家永等，2001
81	yn-108	成矿晚期（Ⅲ）	黄铁矿	1.53		潘家永等，2001
82	yn-20	成矿晚期（Ⅲ）	黄铁矿	-2.21		潘家永等，2001
83	yn-29	成矿晚期（Ⅲ）	黄铁矿	-0.89		潘家永等，2001
84	S1	里农矿段，KT4 矿体	黄铁矿	-1.9		李石磊等，2008
85	S1	里农矿段，KT4 矿体	磁黄铁矿	-1.9		李石磊等，2008
86	S2	里农矿段，KT4 矿体	黄铁矿	-1		李石磊等，2008
87	S2	里农矿段，KT4 矿体	黄铜矿	-0.8		李石磊等，2008
88	S3	里农矿段，PD1301 中段	黄铁矿	1		李石磊等，2008
89	S3	里农矿段，PD1301 中段	方铅矿	0.3		李石磊等，2008
90	S3	里农矿段，PD1301 中段	黄铜矿	1.2		李石磊等，2008
91	S4	里农矿段，KT2 矿体	黄铁矿	-28.9		李石磊等，2008
92	S5	里农矿段，KT2 矿体	黄铁矿	-1.9		李石磊等，2008
93	S5	里农矿段，KT2 矿体	黄铜矿	-2.6		李石磊等，2008
94	YL-13	路农矿段，主成矿期	黄铁矿	-0.9		杨喜安等，2012
95	YL-34	里农矿段，主成矿期	磁黄铁矿	-1.7		杨喜安等，2012
96	YL-35	里农矿段，主成矿期	磁黄铁矿	-2.6		杨喜安等，2012
97	YL-36	里农矿段，主成矿期	磁黄铁矿	-2		杨喜安等，2012
98	YL-45	里农矿段，主成矿期	磁黄铁矿	-2.6		杨喜安等，2012
99	YL-49	里农矿段，主成矿期	磁黄铁矿	-1.2		杨喜安等，2012

续表

序号	样号	采样位置	分析对象	$\delta^{34}S_{CDT}/‰$	2σ	资料来源
100	YL-50	里农矿段，主成矿期	黄铜矿	-4.2		杨喜安等，2012
101	YL-53	里农矿段，主成矿期	黄铜矿	-2.7		杨喜安等，2012
102	YL-56	里农矿段，主成晚期	黄铁矿	-9.8		杨喜安等，2012
103	Y-1-1	里农矿段，3200，方铅黄铁矿石	方铅矿	2.11		赵江南，2012
104	Y-1-2	里农矿段，3200，方铅黄铁矿石	黄铁矿	1.64		赵江南，2012
105	Y-2	里农矿段，3075，方解石脉状矿	黄铁矿	-24.73		赵江南，2012
106	Y-3	里农矿段，3250，石英砂岩矿	黄铁矿	-1.62		赵江南，2012
107	Y-4	里农矿段，3050，含矿花岗岩	黄铜矿	2.29		赵江南，2012
108	Y-5	里农矿段，3250，夕卡岩矿石	黄铜矿	-1.07		赵江南，2012
109	Y-6	里农矿段，3250，大理岩矿石	黄铁矿	-0.17		赵江南，2012
110	Y-7	里农矿段，3250，大理岩矿石	黄铁矿	-0.24		赵江南，2012
111	Y-8	里农矿段，3250，石英砂岩矿	黄铁矿	-1.25		赵江南，2012
112	Y-9	里农矿段，3250，石英砂岩矿	黄铁矿	-0.91		赵江南，2012
113	083075-3	里农矿段，夕卡岩型矿石	辉钼矿	0.6		朱经经，2012
114	083075-4	里农矿段，夕卡岩型矿石	辉钼矿	0.7		朱经经，2012
115	083075-5	里农矿段，夕卡岩型矿石	辉钼矿	0.9		朱经经，2012
116	083075-6	里农矿段，夕卡岩型矿石	辉钼矿	0.6		朱经经，2012
117	083075-7	里农矿段，夕卡岩型矿石	辉钼矿	0.7		朱经经，2012
118	083075-8	里农矿段，夕卡岩型矿石	辉钼矿	0.8		朱经经，2012
119	083250-12	里农矿段，夕卡岩型矿石	黄铁矿	1.2		朱经经，2012
120	093200-17	里农矿段，夕卡岩型矿石	黄铁矿	2.1		朱经经，2012
121	093200-24	里农矿段，夕卡岩型矿石	黄铜矿	1.8		朱经经，2012
122	083250-60	里农矿段，夕卡岩型矿石	磁黄铁矿	-0.8		朱经经，2012
123	103200-2-1	里农矿段，变质石英砂岩型矿石	黄铁矿	-0.9		朱经经，2012
124	103200-2-2	里农矿段，变质石英砂岩型矿石	黄铁矿	-0.8		朱经经，2012
125	093200-23	里农矿段，变质石英砂岩型矿石	黄铁矿	2.6		朱经经，2012
126	093200-7	里农矿段，大理岩型矿石	黄铁矿	1.5		朱经经，2012
127	083250-13	里农矿段，大理岩型矿石	黄铁矿	1.3		朱经经，2012
128	093175-1-1	里农矿段，石英-硫化物型矿石	黄铁矿	0.4		朱经经，2012
129	093200-4	里农矿段，石英-硫化物型矿石	黄铁矿	2.2		朱经经，2012
130	093200-5	里农矿段，石英-硫化物型矿石	黄铁矿	1.8		朱经经，2012
131	093200-6	里农矿段，石英-硫化物型矿石	黄铁矿	1.8		朱经经，2012
132	093200-8	里农矿段，石英-硫化物型矿石	黄铁矿	1.6		朱经经，2012

续表

序号	样号	采样位置	分析对象	$\delta^{34}S_{CDT}/‰$	2σ	资料来源
133	093200-9	里农矿段,石英-硫化物型矿石	黄铁矿	2.2		朱经经,2012
134	093200-9-0	里农矿段,石英-硫化物型矿石	黄铁矿	2		朱经经,2012
135	103175-1	里农矿段,石英-硫化物型矿石	黄铁矿	1.2		朱经经,2012
136	LuN-1	路农矿段,夕卡岩型矿石	黄铁矿	-1.8		朱经经,2012
137	LuN-2	路农矿段,夕卡岩型矿石	黄铜矿	-1.7		朱经经,2012
138	LuN-4	路农矿段,夕卡岩型矿石	黄铜矿	-1.7		朱经经,2012
139	LuN-5	路农矿段,夕卡岩型矿石	磁黄铁矿	-1.9		朱经经,2012
140	LuN-6	路农矿段,夕卡岩型矿石	磁黄铁矿	-1.9		朱经经,2012
141	LuN-7	路农矿段,夕卡岩型矿石	磁黄铁矿	-1.8		朱经经,2012
142	LuN-8	路农矿段,夕卡岩型矿石	磁黄铁矿	-1.9		朱经经,2012
143	LuN-9	路农矿段,夕卡岩型矿石	黄铁矿	-1.8		朱经经,2012

注:空白表示无数据。

附表25 羊拉铜矿床金属硫化物硫同位素组成统计表

矿物名称	样数	变化范围/‰	均值/‰	极差/‰	矿物名称	样数	变化范围/‰	均值/‰	极差/‰
羊拉铜矿床					雪鸡坪铜矿床				
磁黄铁矿	22	-2.60~0.70	-1.25	3.30	全岩	2	-1.5~-1.4	1.45	0.1
方铅矿	5	-0.78~2.11	0.35	2.89	黄铁矿	12	-1.8~0.7	-0.54	2.5
黄铁矿(Ⅰ)	65	-3.23~2.60	-0.26	5.84	黄铜矿	14	-2.2~0.0	-0.96	2.2
黄铁矿(Ⅱ)	4	-10.40~7.25	-8.96	3.15	方铅矿	6	-3.1~-1.3	-2.37	1.8
黄铁矿(Ⅲ)	13	-40.38~-18.38	-27.04	22.00	闪锌矿	1		-0.40	0.4
黄铜矿	24	-4.20~2.29	-1.14	6.49	浪都铜矿床				
辉钼矿	6	0.60~0.90	0.72	0.30	磁黄铁矿(Ⅰ)	6	0.1~0.7	0.40	0.6
闪锌矿	3	1.11~1.70	1.45	0.59	磁黄铁矿(Ⅱ)	3	-1~-0.7	-0.87	1.7
普朗铜矿床					黄铜矿(Ⅰ)	6	-1.1~0.7	0.30	1.8
黄铜矿	10	-2.2~3.8	1.20	6.00	黄铜矿(Ⅱ)	5	-5.3~-4.6	-5.00	0.7
黄铁矿	3	2.0~2.3	2.13	0.30	北衙金矿床				
辉钼矿	2	2.1~2.3	2.20	0.20	黄铁矿	24	-1.6~4.5	1.81	6.08
春都铜矿床					方铅矿	13	-2.4~1.8	0.10	4.20
黄铁矿	7	-2.1~-0.1	-0.73	1.92					
黄铜矿	5	-6.5~-2.1	-3.24	4.43					
方铅矿	4	-5.0~-3.0	-3.80	2.00					

资料来源:羊拉铜矿床原始资料据附表28,其中黄铁矿(Ⅰ)、黄铁矿(Ⅱ)和黄铁矿(Ⅲ)为按硫同位素组成划分的不同期次黄铁矿;普朗铜矿床据王守旭(2008);雪鸡坪铜矿床据冷成彪(2009);春都铜矿床据邹国富(2011);浪都铜矿床据任涛(2011),其中磁黄铁矿(Ⅰ)和磁黄铁矿(Ⅱ)分别为成矿早期和成矿晚期磁黄铁矿,黄铜矿(Ⅰ)和黄铜矿(Ⅱ)分别为成矿早期和成矿晚期黄铜矿,北衙金矿床据叶庆同等(1992)、刘秉光等(1999)、吴开兴(2005)、徐受民(2007)和肖晓牛等(2011)。

附表26 羊拉铜矿床矿物对硫同位素组成（$\delta^{34}S$）及体系平衡状态

样号	矿物对	$\delta^{34}S/‰$	$\delta^{34}S$富集顺序	平衡状态
LN-62	黄铁矿	-1.97	黄铁矿>黄铜矿	平衡
	黄铜矿	-2.48		
LN-68	黄铁矿	-1.82	黄铁矿>磁黄铁矿	平衡
	磁黄铁矿	-1.72		
LN-74	黄铁矿	0.66	黄铁矿>黄铜矿	平衡
	黄铜矿	-1.94		
LN-75	磁黄铁矿	-1.93	黄铜矿>磁黄铁矿	未平衡
	黄铜矿	-1.76		
YK003	黄铁矿	-0.8	黄铁矿>磁黄铁矿	平衡
	磁黄铁矿	-0.98		
YK004-1	黄铁矿	-0.85	黄铁矿>磁黄铁矿	平衡
	磁黄铁矿	-0.91		
YK007-1	黄铁矿	2.61	黄铁矿>闪锌矿>方铅矿	平衡
	方铅矿	-0.18		
	闪锌矿	1.55		
YK015-1	黄铁矿	0.34	黄铁矿>黄铜矿	平衡
	黄铜矿	-1.07		
YK015-2	黄铁矿	2	黄铁矿>方铅矿	平衡
	方铅矿	-0.78		
YK017-3	磁黄铁矿	0.74	闪锌矿>磁黄铁矿>方铅矿	平衡
	方铅矿	0.31		
	闪锌矿	1.7		
L33	黄铁矿	1.2	黄铁矿>黄铜矿	平衡
	黄铜矿	0.97		
L81	磁黄铁矿	0.08	磁黄铁矿>黄铜矿	平衡
	黄铜矿	-0.69		
L203	磁黄铁矿	-0.42	黄铁矿>磁黄铁矿	平衡
	黄铁矿	0.12		
S1	黄铁矿	-1.9	黄铁矿=磁黄铁矿	未平衡
	磁黄铁矿	-1.9		
S2	黄铁矿	-1	黄铜矿>黄铁矿	未平衡
	黄铜矿	-0.8		
S3	黄铁矿	1	黄铜矿>黄铁矿>方铅矿	未平衡
	方铅矿	0.3		
	黄铜矿	1.2		

续表

样号	矿物对	$\delta^{34}S/‰$	$\delta^{34}S$ 富集顺序	平衡状态
S5	黄铁矿	-1.9	黄铁矿>黄铜矿	平衡
	黄铜矿	-2.6		

附表27 羊拉铜矿床硫化物对硫同位素成矿温度计算结果

样品号	矿石类型	矿物对	分馏方程及文献	成矿温度/℃
YK007-1	夕卡岩型	黄铁矿-闪锌矿	$1000\ln\alpha=0.3\times10^6/T^2$（Ohmoto and Rye，1979）	259
		黄铁矿-方铅矿	$1000\ln\alpha=1.03\times10^6/T^2$（Ohmoto and Rye，1979）	334
		闪锌矿-方铅矿	$1000\ln\alpha=0.7\times10^6/T^2$（Kajiwara and Krouse，1971）	363
YK015-1	夕卡岩型	黄铁矿-黄铜矿	$1000\ln\alpha=0.45\times10^6/T^2$（Kajiwara and Krouse，1971）	292
YK015-2	夕卡岩型	黄铁矿-方铅矿	$1000\ln\alpha=1.03\times10^6/T^2$（Ohmoto and Rye，1979）	336
YK017-3	夕卡岩型	闪锌矿-方铅矿	$1000\ln\alpha=0.7\times10^6/T^2$（Kajiwara and Krouse，1971）	436
L203	夕卡岩型	黄铁矿-磁黄铁矿	$1000\ln\alpha=0.3\times10^6/T^2$（Kajiwara and Krouse，1971）	472
S3	夕卡岩型	黄铜矿-方铅矿	$1000\ln\alpha=0.58\times10^6/T^2$（Ohmoto and Rye，1979）	530
S5	夕卡岩型	黄铁矿-黄铜矿	$1000\ln\alpha=0.45\times10^6/T^2$（Kajiwara and Krouse，1971）	529

附表28 羊拉铜矿低 $\delta^{34}S$ 黄铁矿硫同位素组成

样品号	采样位置	分析对象	$\delta^{34}S_{CDT}/‰$	2σ	资料来源
LN-31	路农矿段，3590m中段	黄铁矿	-7.25	0.04	本次工作
3250KT2-7	里农矿段，3250中段KT2矿体	黄铁矿	-31.91	0.18	本次工作
3250KT2-15-2	里农矿段，3250中段KT2矿体	黄铁矿	-40.38	2.16	本次工作
3250KT2-19	里农矿段，3250中段KT2矿体	黄铁矿	-31.03	0.06	本次工作
YK016-1	里农矿段，3175m中段5-3采场	黄铁矿	-19.32	1.58	本次工作
YK017-1	里农矿段，3075m中段45采场	黄铁矿	-8.40	0.10	本次工作
YK018-1	里农矿段，3075m中段55-2采场	黄铁矿	-21.85	1.07	本次工作
YK021-2	里农矿段，3075m中段42-2采场	黄铁矿	-21.11	0.15	本次工作
YL-12-14	里农矿段，3075中段5号矿体	黄铁矿	-19.72	0.09	本次工作
YL-12-17	里农矿段，3075中段5号矿体	黄铁矿	-32.32	0.03	本次工作
3075-1-2	里农矿段，3075中段	黄铁矿	-28.00	0.55	本次工作
YL-12-9-2	里农矿段，岩心	黄铁矿	-18.38	0.65	本次工作
CK0上-1-5	里农矿段，钻孔CK0上-1	黄铁矿	-33.90	0.43	本次工作
CK0上-1-13	里农矿段，钻孔CK0上-1	黄铁矿	-10.40	0.38	本次工作
S4	里农矿段，KT2矿体	黄铁矿	-28.9		李石磊等，2008
YL-56	里农矿段，成矿晚期	黄铁矿	-9.8		杨喜安等，2012
Y-2	里农矿段，3075，方解石脉状矿	黄铁矿	-24.73		赵江南，2012

注：空白表示无数据。

附表29 羊拉铜矿床碳、氧同位素组成

	样品编号	样品位置	分析对象	$\delta^{13}C_{PDB}/‰$	$\delta^{18}O_{PDB}/‰$	$\delta^{18}O_{SMOW}/‰$	资料来源
成矿早期	Ln62	路农矿段，3590中段	方解石	-6.854	-19.332	10.98	本次工作
	Ln74	路农矿段，3590中段	方解石	-6.986	-19.184	11.13	本次工作
	L54	里农岩体北接触带	方解石	-6.1	-21.4	8.85	路远发等，2002
	083075-29	夕卡岩型矿石	方解石	-5.9	-22.996	7.20	朱经经，2012
	083250-15	夕卡岩型矿石	方解石	-5.5	-18.340	12.00	朱经经，2012
	083075-18	夕卡岩型矿石	方解石	-5.3	-17.661	12.70	朱经经，2012
	093075-1	方解石含矿大脉	方解石	-5.6	-12.520	18.00	朱经经，2012
	093200-7	矿化大理岩	方解石	-7.0	-21.056	9.20	朱经经，2012
	083250-4	矿化大理岩	方解石	-5.0	-20.086	10.20	朱经经，2012
成矿晚期	YK009	里农矿段，3175中段	方解石	-4.270	-16.863	13.53	本次工作
	YK016-1	里农矿段，3175中段	方解石	-2.333	-12.950	17.56	本次工作
	YK021-2	里农矿段，3075中段	方解石	-4.489	-11.138	19.43	本次工作
	YL-12-17-2	里农矿段，3075中段	方解石	-3.709	-15.756	14.67	本次工作
	YL-12-14	里农矿段，3075中段	方解石	-3.200	-12.026	18.51	本次工作
	YL-12-9-1	里农矿段，岩心	方解石	-3.796	-15.882	14.54	本次工作
	YL-12-1	里农矿段，岩心	方解石	-3.094	-14.009	16.47	本次工作
	YL-12-12-1	里农矿段，3075中段	方解石	-3.046	-13.794	16.69	本次工作
	Ln26	路农矿段，3590中段	方解石	-3.314	-17.455	12.92	本次工作
	Ln75	路农矿段，3590中段	方解石	-3.987	-18.407	11.93	本次工作
	Yn-20	里农矿段，矿石	方解石	-3.27	-18.94	11.38	潘家永，2000a
	Yn-56	里农矿段，矿石	方解石	-2.89	-19.63	10.67	潘家永，2000a
	083225-4	细脉状方解石	方解石	-3.7	-12.714	17.80	朱经经，2012
	093250-3	细脉状方解石	方解石	-3.6	-14.751	15.70	朱经经，2012
	83050	细脉状方解石	方解石	-3.5	-12.520	18.00	朱经经，2012
	093075-11	方解石含矿大脉	方解石	-3.4	-13.878	16.60	朱经经，2012
	083250-18	细脉状方解石	方解石	-3.4	-13.781	16.70	朱经经，2012
	103175-3	石英-硫化物型矿石	方解石	-3.2	-15.527	14.90	朱经经，2012
	L-3	里农矿段，3075中段	方解石	-3.8	-12.1	18.44	赵江南，2012
	L-4	里农矿段，3250中段	方解石	-3.0	-13.2	17.30	赵江南，2012
	L-5	里农矿段，3275中段	方解石	-3.1	-13	17.51	赵江南，2012
赋矿地层	Ln31	路农矿段，3590中段	方解石	4.422	-14.116	16.36	本次工作
	L6	TC21	大理岩	3.87	-8.26	22.39	路远发等，2002
	L94	里农，C-Pgjc	大理岩	-0.34	-15.16	15.28	路远发等，2002
	L95	里农，C-Pgjc	大理岩	3.42	-9.81	20.80	路远发等，2002
	L101	里农，C-Pgjc	大理岩	2.36	-13.72	16.77	路远发等，2002

续表

样品编号		样品位置	分析对象	$\delta^{13}C_{PDB}/‰$	$\delta^{18}O_{PDB}/‰$	$\delta^{18}O_{SMOW}/‰$	资料来源
	L136	里农，PD9，C-Pgjb	大理岩	2.06	-8.54	22.11	路远发等，2002
	L1240	里农，PD9，C-Pgjb	大理岩	1.27	-11.27	19.29	路远发等，2002
	L152	里农-贝吾路上	方解石	4.83	-7.49	23.19	路远发等，2002
	L155	路农，TC201	大理岩	1.73	-20.13	10.16	路远发等，2002
	L193	里农，TC21	大理岩	4.07	-10.85	19.72	路远发等，2002
	L195	里农，TC22	大理岩	3.07	-9.34	21.28	路远发等，2002
	L217	路农，MPDI	大理岩	4.40	-12.35	18.18	路远发等，2002
赋矿地层	L32	C-Pgjc，I矿体顶板	大理岩	3.06	-9.17	21.46	路远发等，2002
	L35	里农，C-Pgjc	大理岩	1.07	-16.36	14.04	路远发等，2002
	Yn-12	赋矿地层	大理岩	4.205	-11.026	19.54	潘家永，2000a
	Yn-122	赋矿地层	大理岩	3.602	-11.010	19.56	潘家永，2000a
	B002	条带状大理岩	大理岩	2.0	-9.028	21.60	朱经经，2012
	B005-3	条带状大理岩	大理岩	4.0	-11.744	18.80	朱经经，2012
	083075-1	灰色大理岩	大理岩	4.3	-6.797	23.90	朱经经，2012
	B043	灰色大理岩	大理岩	1.2	-19.504	10.80	朱经经，2012

附表30 羊拉铜矿床碳、氧同位素组成统计结果

统计矿床	统计对象	$\delta^{13}C_{PDB}/‰$		$\delta^{18}O_{SMOW}/‰$	
		范围	均值	范围	均值
羊拉铜矿	成矿早期方解石	-7.0~-5.0	-6.0	7.2~18.0	11.1
	成矿晚期方解石	-4.5~-2.3	-3.4	10.7~19.4	15.8
	赋矿地层（大理岩）	-0.3~4.8	2.9	10.1~23.9	18.7
普朗铜矿	脉石矿物方解石	-6.2~-3.0	-4.8	10.8~16.8	13.8
雪鸡坪铜矿	脉石矿物方解石	-4.8~-3.4	-4.1	15.6~21.4	18.2
浪都铜矿	I类方解石（成矿早期）	-8.4~-7.2	-7.9	11.8~12.3	11.1
	II类方解石（成矿晚期）	-6.3~-5.6	-6.1	12.0~13.0	12.4
	III类方解石（成矿期后）	-2.1~0.2	-1.0	12.5~16.3	14.3
	赋矿地层（大理岩）	2.0~2.8	2.3	24.9~25.4	25.1
北衙金矿	I类方解石（成矿早期）	-8.1~-5.1	-5.9	11.6~15.2	13.9
	II类方解石（成矿晚期）	-4.8~-2.9	-3.8	13.0~15.9	14.1
	III类方解石（成矿期后）	-1.1~0.1	-0.7	14.7~18.7	17.3
	赋矿地层（大理岩）	-0.8~0.7	0.3	23.8~28.4	26.6

资料来源：羊拉铜矿床原始资料据附表34；普朗铜矿床据王守旭（2008）；雪鸡坪铜矿床据冷成彪（2009）；浪都铜矿床据任涛（2011）；北衙金矿床据刘秉光等（1999）、吴开兴（2005）、徐受民（2007）和肖晓牛等（2011）。

附表31 羊拉铜矿床氢、氧同位素组成

矿床	样号	矿物	温度/℃	$\delta^{18}O_{SMOW}/‰$	$\delta D_{SMOW}/‰$	$\delta^{18}O_{H_2O}/‰$	资料来源
羊拉	YK017-1	石英	236	11.5	-111	1.87	本次工作
	YK018-1	石英	267	12.9	-101	4.68	
	YK019-1	石英	210	10.9	-118	-0.11	
	Y4903-62	石英	210	19.1	-128	8.07	
	LC4	石英	234	13.3	-137	3.60	
	3904-654	石英	199	12.2	-128	0.52	
	3250-KT2-04	石英		13.7	-135	-1.76	
	3250-KT2-05	石英		12.7	-124	1.06	
	3250-KT2-15-01	石英		12.2	-123	0.56	
	3250CM-02	石英		12.6	-134	-2.86	
	3250CM-08	石英		12.3	-134	-3.16	
	3250-8-1-03	石英		11.6	-117	2.64	
	3275	石英		11.9	-131	-3.56	
	Feb-75	石英		12.3	-133	-3.16	
	L-1	石英	230	10.7	-103.1	0.75	赵江南,2012
	L-2	石英	250	11.1	-78.1	2.15	
	L-6	石英	250	11.6	-76.2	2.65	
	YL-8	石英	233.2	11.6	-104	1.82	杨喜安等,2012
	YL-24	石英	249	11.5	-100	2.5	
	YL-39	石英	240	10.6	-105	1.16	
	YL-40	石英	222.5	11.9	-115	1.54	
	YL-41	石英	211.5	11.7	-109	0.71	
	YL-57	石英	164.5	11.2	-120	-3.05	
普朗	PL04	黑云母		5.6	-91.3	4.5	王守旭等,2007
	PL05-13	黑云母		10.8	-100.6	9.7	
	PL05-24	黑云母		7.1	-108.4	6.0	
	PL05-08	绿帘石		10.6	-68.9	6.7	
	PL05-09	绿帘石		9.9	-76.6	6.0	
	PL05-15	绿帘石		9.7	-47	5.8	
	PL07-14	绿泥石		3.7	-55	2.5	
鲁春	LC-4-1	石英	185.9	10.1	-123	-2.44	杨喜安等,2012
	LC-4-2	石英	160.9	11.8	-115	-2.74	
	LC-4-3	石英	184.3	11.4	-107	-1.25	
	LC-13	石英	180.1	11.1	-121	-1.85	
春都	L-2	石英		13.9	-98	3.6	邹国富,2011
	B-23	石英		13.2	-100	2.9	
	N-1-1	石英		13.4	-73.1	3.1	

注:$\delta^{18}O_{H_2O}$为利用郑永飞和陈江峰(2000)提供的氧同位素分馏方程重新计算,计算过程中,羊拉铜矿床和鲁春铜矿床按杨喜安等(2012)提供的均一温度;普朗铜矿床和春都铜矿床根据王守旭等(2007)的流体包裹体测温数据,均取300℃;空白表示无数据。

附表12 羊拉铜矿床铅同位素组成分析结果

产状	样品号	分析对象	$^{206}Pb/^{204}Pb$	$^{207}Pb/^{204}Pb$	$^{208}Pb/^{204}Pb$	t/Ma	μ	ω	V_1	V_2	$\Delta\alpha$	$\Delta\beta$	$\Delta\gamma$	资料来源
地层	4903-13	砂板岩	19.454	15.699	39.230	−482	9.57	35.18	126.14	111.87	154.15	25.65	64.85	本次工作
	4903-12	砂板岩	19.403	15.695	39.169	−448	9.57	35.17	123.32	109.92	151.12	25.39	63.20	本次工作
	yn-120	砂板岩	19.014	15.754	39.348	−77	9.71	38.34	117.51	89.81	128.05	29.25	68.05	潘家永等,2001
	yn-124	砂板岩	18.911	15.625	39.149	−172	9.47	36.90	109.97	83.98	121.93	20.82	62.65	潘家永等,2001
	B036-1	砂板岩	18.519	15.726	38.608	243	9.70	37.80	86.54	72.76	98.68	27.42	47.97	朱经经,2012
	4903-31	大理岩	18.555	15.654	38.592	129	9.55	36.86	87.09	73.10	100.81	22.71	47.53	本次工作
	4903-32	大理岩	18.316	15.662	38.562	311	9.60	38.14	80.11	61.68	86.64	23.23	46.72	本次工作
	4903-33	大理岩	18.484	15.667	38.634	197	9.59	37.54	86.26	69.38	96.60	23.56	48.67	本次工作
	4903-34	大理岩	18.540	15.679	38.690	171	9.61	37.58	89.09	71.82	99.92	24.35	50.19	本次工作
	4903-35	大理岩	18.638	15.695	38.755	120	9.63	37.46	93.24	76.35	105.74	25.39	51.96	本次工作
	YL-15	大理岩	19.405	15.714	38.773	−423	9.60	33.88	113.73	114.89	151.24	26.63	52.45	赵江南,2012
	yn-122	大理岩	18.423	15.554	38.255	99	9.37	35.29	75.43	68.03	92.98	16.18	38.39	潘家永等,2001
	B005-3	大理岩	18.300	15.648	38.512	305	9.57	37.89	78.48	61.13	85.69	22.32	45.36	朱经经,2012
	YL-44	硅质岩	18.352	15.697	38.701	327	9.66	38.86	80.6	60.08	84.64	25.25	48.23	赵江南,2012
	yn-26	硅质岩	18.297	15.575	38.302	219	9.43	36.35	69.46	59.05	81.39	17.28	37.43	潘家永等,2001
	B026	硅质岩	18.310	15.653	38.511	304	9.58	37.88	74.88	59.12	82.16	22.38	43.09	朱经经,2012
	B019	硅质岩	18.873	15.692	38.982	−54	9.60	37.08	101.00	82.75	115.44	24.92	55.84	朱经经,2012
	YL-13	夕卡岩	18.521	15.681	38.635	187	9.61	37.48	73.55	62.17	84.10	23.56	40.65	赵江南,2012
	YL-31	夕卡岩	18.388	15.634	38.403	225	9.53	36.81	64.51	57.14	76.31	20.50	34.40	赵江南,2012
	YL-32	夕卡岩	18.473	15.652	38.463	186	9.56	36.76	68.15	61.06	81.29	21.67	36.02	赵江南,2012
	YL-40	夕卡岩	20.009	15.774	38.925	−803	9.68	32.29	118.95	134.38	171.20	29.64	48.46	赵江南,2012
岩浆岩	A17	长石	18.368	15.673	38.712	287	9.61	38.58	71.47	53.59	75.14	23.04	42.73	战明国等,1998
	A52	长石	18.393	15.651	38.652	242	9.57	37.97	70.66	54.99	76.61	21.61	41.11	战明国等,1998
	yn-140	长石	18.461	15.610	38.889	143	9.48	38.17	78.14	54.78	80.59	18.93	47.49	潘家永等,2001

续表

产状	样品号	分析对象	$^{206}Pb/^{204}Pb$	$^{207}Pb/^{204}Pb$	$^{208}Pb/^{204}Pb$	t/Ma	μ	ω	V_1	V_2	Δα	Δβ	Δγ	资料来源
岩浆岩	LN-1-01	花岗闪长岩	18.822	15.710	38.780	6	9.64	36.72	85.58	76.56	102.53	25.50	45.00	本次工作
	LN-1-04-2	花岗闪长岩	18.693	15.663	38.883	40	9.56	37.37	84.74	67.99	94.97	22.44	47.78	本次工作
	LN-1-05	花岗闪长岩	18.616	15.666	38.855	100	9.57	37.71	82.07	64.57	90.46	22.63	47.02	本次工作
	LN-1-08-1	花岗闪长岩	18.806	15.671	38.907	-32	9.56	36.94	88.23	73.47	101.59	22.96	48.42	本次工作
	LN-1-08-2	花岗闪长岩	18.405	15.720	38.798	317	9.70	39.18	75.25	56.02	78.10	26.16	45.49	本次工作
	JR-01	花岗闪长岩	18.356	15.559	38.877	155	9.39	38.22	75.89	49.08	75.23	15.65	47.61	本次工作
	JR-07	花岗闪长岩	18.273	15.554	38.481	210	9.39	37.02	64.17	49.29	70.37	15.32	36.94	本次工作
	JR-08	花岗闪长岩	18.427	15.546	38.453	86	9.36	35.99	67.47	57.01	79.39	14.80	36.19	本次工作
	JB-03-1	花岗闪长岩	18.527	15.670	38.776	169	9.59	37.91	77.86	61.15	85.25	22.89	44.89	本次工作
	JB-05	花岗闪长岩	18.487	15.698	38.832	232	9.65	38.64	78.19	59.19	82.9	24.72	46.40	本次工作
	JB-09	花岗闪长岩	18.470	15.669	38.688	209	9.59	37.86	74.26	59.3	81.91	22.83	42.52	本次工作
	JB-13	花岗闪长岩	18.650	15.668	38.850	78	9.57	37.52	82.83	66.35	92.45	22.76	46.89	本次工作
	YL-27	花岗岩	18.393	15.611	38.658	193	9.49	37.62	70.80	54.02	76.61	19.00	41.27	赵江南,2012
	BW-1	贝吾岩体	18.213	15.637	38.399	354	9.56	37.81	59.90	48.62	66.07	20.69	34.29	朱经经,2012
	BW-2	贝吾岩体	18.320	15.682	38.642	332	9.64	38.65	68.53	52.21	72.33	23.63	40.84	朱经经,2012
	BW-4	贝吾岩体	18.432	15.646	38.638	208	9.55	37.65	71.33	56.96	78.89	21.28	40.73	朱经经,2012
	BW-5	贝吾岩体	18.347	15.650	38.560	274	9.57	37.84	67.25	53.73	73.91	21.54	38.63	朱经经,2012
	LiN-2	里农岩体	18.271	15.695	38.323	381	9.67	37.7	59.56	53.64	69.47	24.48	32.25	朱经经,2012
	LiN-3	里农岩体	18.523	15.701	38.678	210	9.65	37.83	74.64	62.24	84.22	24.87	41.81	朱经经,2012
	LiN-4	里农岩体	18.598	15.713	38.791	171	9.67	37.99	79.31	64.95	88.61	25.65	44.85	朱经经,2012
	LiN-5	里农岩体	18.435	15.723	38.704	299	9.70	38.64	73.00	58.11	79.06	26.31	42.51	朱经经,2012
	LiN-6	里农岩体	18.501	15.723	38.772	252	9.70	38.55	76.35	60.61	82.93	26.31	44.34	朱经经,2012
	LuN-2	路农岩体	18.444	15.730	38.447	301	9.72	37.58	67.02	61.58	79.59	26.76	35.59	朱经经,2012
	LN12-07	玄武岩	18.937	15.582	38.790	-251	9.38	35.01	98.00	85.59	119.22	17.74	50.64	本次工作

续表

产状	样品号	分析对象	$^{206}Pb/^{204}Pb$	$^{207}Pb/^{204}Pb$	$^{208}Pb/^{204}Pb$	t/Ma	μ	ω	V_1	V_2	$\Delta\alpha$	$\Delta\beta$	$\Delta\gamma$	资料来源
	LN12-09	玄武岩	18.791	15.595	38.946	-122	9.42	36.46	97.99	76.87	110.59	18.59	54.87	本次工作
	LN12-11	玄武岩	18.561	15.579	38.465	29	9.41	35.63	80.30	70.45	97	17.54	41.84	本次工作
	LN12-12-1	玄武岩	18.555	15.657	38.790	133	9.56	37.69	88.05	68.28	96.64	22.64	50.64	本次工作
	LN12-12-3	玄武岩	18.807	15.626	38.528	-92	9.48	35.05	88.24	83.05	111.54	20.61	43.55	本次工作
	N-1	玄武岩	17.681	15.588	38.074	673	9.54	39.11	47.88	31.24	44.99	18.13	31.25	朱经经, 2012
	N-2	玄武岩	17.727	15.588	38.022	641	9.53	38.58	47.81	34.11	47.71	18.13	29.84	朱经经, 2012
	N-3	玄武岩	18.032	15.582	38.309	418	9.47	37.94	62.73	45.94	65.73	17.74	37.62	朱经经, 2012
	N-4	玄武岩	18.106	15.530	38.063	302	9.36	35.98	58.68	51.20	70.11	14.34	30.95	朱经经, 2012
	N-5	玄武岩	17.173	15.588	38.510	1023	9.64	44.76	45.24	1.08	14.96	18.13	43.06	朱经经, 2012
	N-6	玄武岩	18.909	15.603	38.480	-200	9.43	34.16	89.73	88.15	117.56	19.11	42.25	朱经经, 2012
	N-7	玄武岩	18.215	15.613	38.376	324	9.51	37.47	69.13	55.00	76.55	19.76	39.43	朱经经, 2012
	S-1	玄武岩	18.455	15.642	38.416	187	9.54	36.58	76.35	67.15	90.73	21.66	40.51	朱经经, 2012
岩浆岩	4903-24	辉绿岩	19.135	15.669	39.266	-281	9.54	36.60	105.41	85.66	120.86	22.83	58.10	本次工作
	4903-29	辉绿岩	18.925	15.647	39.072	-153	9.51	36.74	95.30	76.96	108.56	21.39	52.87	本次工作
	4903-30	辉绿岩	19.438	15.689	39.562	-484	9.55	36.37	120.39	97.76	138.61	24.13	66.07	本次工作
	Y027	石英斑岩	18.376	15.716	38.743	332	9.70	39.08	73.17	55.11	76.40	25.90	44.00	本次工作
	Y029	石英斑岩	18.720	15.700	38.862	68	9.63	37.49	84.93	70.39	96.55	24.85	47.21	本次工作
	Y031-3	石英斑岩	18.992	15.719	39.003	-107	9.64	36.79	95.36	82.66	112.48	26.09	51.01	本次工作
	Y032	石英斑岩	19.061	15.708	39.059	-172	9.61	36.55	98.49	85.19	116.53	25.37	52.52	本次工作
	Y033	石英斑岩	18.410	15.691	38.690	279	9.64	38.42	72.76	56.81	78.39	24.26	42.58	本次工作
	Y034-1	石英斑岩	18.400	15.798	39.005	410	9.86	40.86	80.12	55.23	77.81	31.25	51.06	本次工作
	Y034-2	石英斑岩	18.374	15.707	38.741	323	9.68	39.00	73.07	54.83	76.28	25.31	43.95	本次工作
	Y034-3	石英斑岩	18.446	15.851	39.177	439	9.96	41.86	85.47	56.78	80.50	34.71	55.70	本次工作
	Y035	石英斑岩	18.587	15.691	38.786	152	9.62	37.82	79.65	64.47	88.76	24.26	45.16	本次工作

续表

产状	样品号	分析对象	$^{206}Pb/^{204}Pb$	$^{207}Pb/^{204}Pb$	$^{208}Pb/^{204}Pb$	t/Ma	μ	ω	V_1	V_2	$\Delta\alpha$	$\Delta\beta$	$\Delta\gamma$	资料来源
岩浆岩	3275-1-2	石英斑岩	18.678	15.709	38.862	109	9.65	37.8	83.84	68.52	94.09	25.44	47.21	本次工作
	3275-1-3	石英斑岩	18.641	15.699	38.819	123	9.63	37.74	81.85	66.95	91.92	24.79	46.05	本次工作
	3275-1-4	石英斑岩	18.669	15.756	39.014	173	9.74	38.92	87.29	67.45	93.56	28.51	51.31	本次工作
	YK002-2	磁黄铁矿	18.376	15.683	38.632	293	9.63	38.29	70.48	55.6	76.4	23.74	41.01	本次工作
	YK003	磁黄铁矿	18.357	15.701	38.700	328	9.67	38.86	71.64	54.31	75.29	24.92	42.84	本次工作
	YK017-3	磁黄铁矿	18.392	15.774	38.936	388	9.81	40.38	78.25	55.06	77.34	29.68	49.20	本次工作
	Ln75	磁黄铁矿	18.319	15.656	38.516	301	9.58	37.88	66.2	53.47	73.06	21.98	37.89	本次工作
	LN-1	磁黄铁矿	18.341	15.676	38.518	310	9.62	37.95	66.08	54.49	73.56	23.24	37.50	赵江南, 2012
	LN-5	磁黄铁矿	18.331	15.678	38.599	319	9.63	38.37	67.78	53.14	72.98	23.37	39.68	赵江南, 2012
	L81-1	磁黄铁矿	18.273	15.628	38.466	301	9.53	37.66	63.07	50.63	69.58	20.11	36.10	战明国等, 1998
	L203-1	磁黄铁矿	18.315	15.668	38.597	319	9.61	38.35	67.32	52.15	72.04	22.72	39.63	战明国等, 1998
	yn47-2	磁黄铁矿	18.113	15.498	38.037	258	9.30	35.54	48.57	44.58	60.22	11.62	24.54	潘家永等, 2001
	YL-34	磁黄铁矿	18.496	15.720	38.732	253	9.69	38.39	75.24	60.72	82.61	26.12	43.27	杨喜安等, 2012
	YL-35	磁黄铁矿	18.965	15.735	38.711	−65	9.68	35.94	86.83	84.44	110.08	27.12	42.69	杨喜安等, 2012
	YL-36	磁黄铁矿	18.507	15.705	38.673	227	9.66	37.94	74.11	61.60	83.28	25.13	41.68	杨喜安等, 2012
	YL-45	磁黄铁矿	18.814	15.727	38.716	34	9.67	36.66	83.06	76.76	101.25	26.59	42.83	杨喜安等, 2012
	YL-49	磁黄铁矿	19.039	15.728	38.655	−129	9.65	35.30	87.39	88.51	114.39	26.62	41.20	杨喜安等, 2012
矿石	3250-KT2-13	黄铁矿	18.324	15.704	38.690	355	9.68	39.04	70.54	52.86	73.35	25.11	42.58	本次工作
	3250-KT2-19	黄铁矿	18.381	15.712	38.741	324	9.69	39.00	73.25	55.29	76.69	25.63	43.95	本次工作
	3250-KT2-7	黄铁矿	18.383	15.707	38.726	317	9.68	38.88	72.94	55.44	76.81	25.31	43.55	本次工作
	ZK3450-5-1	黄铁矿	18.340	15.676	38.605	310	9.62	38.32	68.9	53.97	74.29	23.28	40.28	本次工作
	ZK3450-2-2	黄铁矿	18.344	15.664	38.550	293	9.60	37.95	67.67	54.51	74.53	22.50	38.8	本次工作
	ZK3450-3-1	黄铁矿	18.349	15.672	38.593	299	9.61	38.18	68.84	54.45	74.82	23.02	39.96	本次工作
	ZK3075-1-2	黄铁矿	18.369	15.693	38.691	310	9.65	38.68	71.73	54.82	75.99	24.39	42.6	本次工作

续表

产状	样品号	分析对象	$^{206}Pb/^{204}Pb$	$^{207}Pb/^{204}Pb$	$^{208}Pb/^{204}Pb$	t/Ma	μ	ω	V_1	V_2	Δα	Δβ	Δγ	资料来源
	ZK3075-2-2	黄铁矿	18.322	15.672	38.586	318	9.62	38.31	67.98	53.2	73.24	23.02	39.77	本次工作
	LNK-3	黄铁矿	18.515	15.682	38.621	193	9.61	37.46	73.80	62.56	84.54	23.68	40.72	本次工作
	LNK-13	黄铁矿	19.083	15.710	38.642	−186	9.62	34.87	88.97	90.97	117.81	25.50	41.28	本次工作
	CK上-1-5	黄铁矿	18.438	15.766	38.921	347	9.79	39.96	79.07	57.32	80.03	29.16	48.80	本次工作
	CK上-1-11	黄铁矿	18.493	15.656	38.592	177	9.57	37.22	72.53	61.21	83.25	21.98	39.93	本次工作
	CK上-1-4	黄铁矿	18.400	15.717	38.753	317	9.70	38.99	74.03	56.21	77.81	25.96	44.27	本次工作
	YL-12-12-2	黄铁矿	18.279	15.697	38.575	378	9.67	38.75	66.6	51.77	70.72	24.66	39.48	本次工作
	YL-12-17	黄铁矿	18.379	15.696	38.701	307	9.66	38.69	72.23	55.27	76.58	24.59	42.87	本次工作
	YK007-1	黄铁矿	18.389	15.741	38.846	352	9.75	39.68	75.99	55.17	77.16	27.53	46.78	本次工作
	YK015-1	黄铁矿	18.421	15.782	38.977	378	9.82	40.46	79.99	56.22	79.04	30.20	50.31	本次工作
	YK021-2	黄铁矿	18.369	15.738	38.811	363	9.74	39.62	74.63	54.51	75.99	27.33	45.84	本次工作
	Ln38	黄铁矿	18.478	15.645	38.538	174	9.54	36.98	70.84	60.82	82.38	21.26	38.48	本次工作
	Ln62	黄铁矿	18.335	15.712	38.716	356	9.69	39.17	71.46	53.30	74.00	25.63	43.28	本次工作
	Ln74	黄铁矿	18.353	15.725	38.759	359	9.72	39.37	72.96	54.00	75.05	26.48	44.43	本次工作
矿石	L203-2	黄铁矿	18.312	15.659	38.561	310	9.59	38.13	66.37	52.20	71.87	22.13	38.66	战明国等, 1998
	L266	黄铁矿	18.280	15.629	38.469	297	9.54	37.64	63.32	50.96	69.99	20.17	36.18	战明国等, 1998
	L230	黄铁矿	18.291	15.659	38.543	325	9.59	38.18	65.39	51.36	70.64	22.13	38.17	战明国等, 1998
	yn-19	黄铁矿	18.249	15.622	38.435	311	9.53	37.61	61.70	49.66	68.18	19.71	35.26	潘家永等, 2001
	yn20	黄铁矿	18.256	15.590	38.334	267	9.46	36.84	59.44	50.40	68.59	17.62	32.54	潘家永等, 2001
	yn71	黄铁矿	18.221	15.519	38.190	204	9.32	35.78	55.05	48.68	66.54	12.99	28.66	潘家永等, 2001
	yn56-a	黄铁矿	18.023	15.436	37.833	246	9.18	34.61	41.31	41.02	54.95	7.57	19.05	潘家永等, 2001
	YL-13	黄铁矿	18.326	15.716	38.714	367	9.70	39.24	70.42	52.47	72.69	25.82	42.77	杨喜安等, 2012
	YL-56	黄铁矿	18.349	15.703	38.691	336	9.67	38.89	70.46	53.55	74.01	25.01	42.16	杨喜安等, 2012
	Ln26	黄铜矿	18.327	15.647	38.517	285	9.57	37.75	66.44	53.65	73.53	21.39	37.91	本次工作
	Ln62	黄铜矿	18.363	15.737	38.799	366	9.74	39.6	74.19	54.32	75.64	27.27	45.51	本次工作
	LN-2	黄铁矿	18.323	15.682	38.616	330	9.64	38.52	67.98	52.65	72.51	23.63	40.14	赵江南, 2012
	LN-3	黄铁矿	18.343	15.681	38.622	314	9.63	38.42	68.64	53.54	73.68	23.56	40.30	赵江南, 2012

续表

产状	样品号	分析对象	$^{206}Pb/^{204}Pb$	$^{207}Pb/^{204}Pb$	$^{208}Pb/^{204}Pb$	t/Ma	μ	ω	V_1	V_2	Δα	Δβ	Δγ	资料来源
	LN-4	黄铜矿	18.321	15.651	38.641	294	9.57	38.34	68.54	51.57	72.39	21.61	40.81	赵江南, 2012
	l33	黄铜矿	18.277	15.627	38.454	297	9.53	37.58	62.88	50.94	69.82	20.04	35.78	戚明国等, 1998
	L81-2	黄铜矿	18.301	15.634	38.474	288	9.54	37.59	63.98	52.06	71.22	20.50	36.31	戚明国等, 1998
	L128	黄铜矿	18.369	15.680	38.611	295	9.63	38.22	69.05	54.92	75.20	23.50	40.00	戚明国等, 1998
	L135	黄铜矿	18.316	15.657	38.674	305	9.59	38.56	69.21	51.09	72.10	22.00	41.70	戚明国等, 1998
	L184	黄铜矿	18.308	15.630	38.445	278	9.53	37.39	63.46	52.63	71.63	20.24	35.53	戚明国等, 1998
	l57	黄铜矿	18.313	15.677	38.602	331	9.63	38.47	67.39	52.2	71.92	23.30	39.76	戚明国等, 1998
	yn-60	黄铜矿	18.300	15.638	38.459	293	9.55	37.57	63.59	52.27	71.16	20.76	35.91	潘家永等, 2001
	yn58	黄铜矿	18.205	15.541	38.178	244	9.37	36.02	54.35	48.52	65.6	14.43	28.34	潘家永等, 2001
	yn37	黄铜矿	18.112	15.450	37.998	198	9.20	34.94	47.60	43.88	60.16	8.49	23.49	潘家永等, 2001
	yn47-1	黄铜矿	18.150	15.506	39.177	240	9.31	40.13	77.08	33.89	62.38	12.14	55.25	潘家永等, 2001
	yn65	黄铜矿	17.985	15.434	38.358	272	9.18	36.99	53.03	33.25	52.72	7.44	33.19	潘家永等, 2001
矿石	1'	黄铜矿	18.277	15.627	38.454	297	9.53	37.58	62.88	50.94	69.82	20.04	35.78	云南地质三大队
	2'	黄铜矿	18.313	15.672	38.602	325	9.62	38.42	67.39	52.08	71.92	22.98	39.76	云南省地质矿产勘查开发局第三地质大队
	3'	黄铜矿	18.369	15.680	38.611	295	9.63	38.22	69.05	54.92	75.2	23.5	40.00	云南省地质矿产勘查开发局第三地质大队
	4'	黄铜矿	18.316	15.675	38.574	326	9.62	38.32	66.79	52.61	72.1	23.17	39.01	云南省地质矿产勘查开发局第三地质大队
	YL-50	黄铜矿	18.346	15.716	38.721	353	9.70	39.16	71.11	53.35	73.84	25.82	42.96	杨喜安等, 2012
	YL-53	黄铜矿	18.346	15.711	38.720	348	9.69	39.11	71.08	53.26	73.83	25.54	42.94	杨喜安等, 2012
	YK007-1	方铅矿	18.381	15.734	38.812	350	9.73	39.52	74.96	55.00	76.69	27.07	45.86	本次工作
	YK015-2	方铅矿	18.363	15.711	38.740	336	9.69	39.09	72.76	54.39	75.64	25.57	43.92	本次工作
	YK017-3	方铅矿	18.330	15.699	38.689	345	9.67	38.95	70.67	53.06	73.71	24.79	42.55	本次工作
	YK017-3	闪锌矿	18.384	15.758	38.870	376	9.78	39.98	76.45	55.04	76.87	28.64	47.43	本次工作
	YL-43	脉状矿	18.589	15.711	38.656	175	9.66	37.47	75.81	65.97	88.08	25.52	41.22	赵江南, 2012

注: 参数由 GeoKit 软件计算 (路远发等, 2004), 计算过程中砂板岩和大理岩地层 T 为 400Ma, 硅质岩和夕卡岩为 230Ma, 岩浆岩除玄武岩为 350Ma, 其余均为 230Ma, 矿石均为 230Ma。

附表33 羊拉铜矿床和用于对比矿床按不同分析对象铅同位素组成统计结果

统计对象		样数	$^{206}Pb/^{204}Pb$ 范围	均值	$^{207}Pb/^{204}Pb$ 范围	均值	$^{208}Pb/^{204}Pb$ 范围	均值	μ 范围	均值	ω 范围	均值	Δα 范围	均值	Δβ 范围	均值	Δγ 范围	均值
羊拉铜矿床	砂板岩	5	18.519~19.454	19.060	15.625~15.754	15.700	38.608~39.348	39.101	9.47~9.71	9.60	35.17~38.34	36.68	98.68~154.15	130.79	20.82~29.25	25.71	47.97~68.05	61.3
	大理岩	7	18.300~18.638	18.465	15.554~15.695	15.651	38.255~38.755	38.571	9.37~9.63	9.56	35.29~38.14	37.25	85.69~105.74	95.48	16.18~25.39	22.53	38.39~51.96	47.0
	硅质岩	4	18.297~18.873	18.458	15.575~15.697	15.654	38.302~38.982	38.624	9.43~9.66	9.57	36.35~38.86	37.54	81.40~115.4	90.91	17.30~25.30	22.46	37.40~55.80	46.1
	夕卡岩	3	18.388~18.521	18.461	15.634~15.681	15.656	38.403~38.635	38.500	9.53~9.61	9.57	36.76~37.48	37.02	76.31~84.10	80.57	20.50~23.56	21.91	34.40~40.65	37.0
	长石	3	18.368~18.461	18.407	15.610~15.673	15.645	38.652~38.889	38.751	9.48~9.61	9.55	37.97~38.58	38.24	75.10~80.6	77.45	18.90~23.00	21.19	41.10~47.50	43.8
	花岗闪长岩	23	18.213~18.806	18.457	15.546~15.723	15.662	38.323~38.883	38.673	9.36~9.7	9.58	35.99~38.65	37.73	66.07~101.59	80.76	14.80~26.31	22.35	32.25~47.78	41.9
	玄武岩	13	17.173~18.937	18.304	15.530~15.657	15.598	38.022~38.946	38.444	9.36~9.64	9.48	34.16~44.76	37.26	14.96~119.22	81.79	14.34~22.64	18.78	29.84~54.87	41.3
	辉绿石	3	18.925~19.438	19.166	15.647~15.689	15.668	39.072~39.562	39.300	9.51~9.55	9.53	36.37~36.74	36.57	108.56~138.61	122.68	21.39~24.13	22.78	52.87~66.07	59.0
	石英或岩	12	18.374~19.051	18.613	15.691~15.851	15.729	38.690~39.177	38.897	9.61~9.96	9.70	36.55~41.86	38.53	76.28~116.53	90.27	24.26~34.71	26.73	42.58~55.70	48.1
	盛黄铁矿	10	18.273~18.537	18.371	15.628~15.774	15.689	38.466~38.936	38.637	9.53~9.81	9.64	37.66~40.38	38.41	69.58~83.28	75.61	20.11~29.68	24.10	36.10~49.20	40.9
	黄铁矿	28	18.221~18.515	18.355	15.519~15.782	15.684	38.190~38.977	38.640	9.32~9.82	9.64	35.78~40.46	38.47	66.54~84.54	74.96	12.99~30.20	23.80	28.66~50.31	41.1
	黄铜矿	18	18.277~18.359	18.324	15.627~15.737	15.668	38.445~38.799	38.589	9.53~9.74	9.61	37.39~39.60	38.27	69.82~75.64	72.64	20.04~27.27	22.71	35.53~45.65	39.5
	方铅矿	3	18.330~18.381	18.358	15.699~15.734	15.715	38.689~38.812	38.747	9.67~9.73	9.70	38.95~39.52	39.19	73.71~76.69	75.35	24.79~27.07	25.81	42.55~45.86	44.1
	闪锌矿	1		18.384		15.758		38.870		9.78		39.98		76.87		28.64		47.4
普朗铜矿床	黄铁矿	5	17.680~18.152	18.001	15.453~15.569	15.533	37.730~38.258	38.077	9.26~9.43	9.38	36.26~36.91	36.66	34.9~62.5	53.7	8.7~16.3	13.9	16.3~30.5	25.6
	黄铜矿	12	18.004~19.165	18.331	15.544~15.773	15.594	38.160~39.654	38.610	9.34~9.77	9.46	35.47~41.11	37.62	53.8~121.8	73.0	14.6~29.6	17.9	27.9~68.1	40.0
雪鸡坪铜矿床	黄铜矿	9	17.929~18.042	17.978	15.528~15.593	15.556	37.917~38.190	38.044	9.38~9.49	9.43	36.34~37.48	36.87	49.5~56.1	52.3	13.6~17.8	15.4	21.3~28.7	24.7
	方铅矿	5	17.965~17.987	17.973	15.575~15.614	15.588	38.058~38.168	38.092	9.47~9.54	9.49	37.17~37.91	37.41	51.6~52.8	52.0	16.7~19.2	17.5	25.1~28.1	26.0
北衙金矿床	黄铁矿	16	17.192~18.775	18.464	15.432~15.832	15.646	37.360~35.504	38.748	9.30~9.88	9.55	34.91~41.05	37.93	-6.6~84.9	66.9	6.6~32.6	20.5	-1.3~56.6	35.8
	方铅矿	29	18.381~18.668	18.577	15.457~15.703	15.606	38.422~35.039	38.789	9.19~9.64	9.46	35.29~38.29	37.09	62.1~78.7	73.4	8.2~24.3	17.9	27.1~43.6	36.9
	赤铁矿	5	18.614~18.732	18.670	15.631~15.780	15.701	38.900~35.316	39.054	9.50~9.78	9.63	37.56~40.02	38.54	75.6~82.4	78.8	19.5~29.3	24.1	39.9~51.0	44.0
	褐铁矿	3	18.646~18.737	18.696	15.690~15.768	15.739	39.025~35.264	39.175	9.62~9.76	9.71	38.45~39.74	39.25	77.4~82.7	80.3	23.4~28.5	26.6	43.2~49.6	47.2
	矿石	13	18.434~18.787	18.664	15.445~15.915	15.696	38.359~35.894	39.067	9.16~10.04	9.62	34.66~43.45	38.61	65.1~85.6	78.4	7.4~38.1	23.8	25.4~66.5	44.3

统计过程中去除个别异常值。资料来源：羊拉铜矿床据明国等（1998）、潘家永等（2001）、杨喜安等（2012）、赵江南（2012）、朱经经（2012）和本次工作；普朗铜矿床据王守旭等（2007）；雪鸡坪铜矿床据冷成彪（2009）；北衙金矿据吴开兴（2005）、徐爱民（2007）和肖晓牛等（2011）。

附表34 羊拉铜矿床3590m中段最大方差旋转因子载荷矩阵

元素	主因子				
	Fa_1	Fa_2	Fa_3	Fa_4	Fa_5
Zn	0.0814796	−0.166953	0.821998	0.35869	−0.015245
Ba	0.6842144	−0.027054	0.1605437	−0.027498	0.2058977
Cr	0.4454436	−0.266504	0.1264155	0.3635965	0.5337925
Ni	0.0418712	0.1208171	0.104681	0.7262159	0.1930155
Cu	−0.309365	0.8783665	0.1522436	0.1139281	−0.097412
Pb	0.1607764	0.1201821	0.8156315	−0.124734	−0.119907
Sr	−0.012662	−0.219169	−0.237364	0.068097	0.6937924
V	0.6617017	−0.0056	−0.056051	0.3814392	0.4976676
Li	0.7046881	−0.149448	0.0022267	0.3292582	0.1317926
Be	0.7079495	0.1303411	−0.257874	−0.092595	0.0932481
Sc	0.6382079	0.0305954	−0.280709	0.3980662	0.3231532
Co	−0.336188	0.5235833	0.1389912	0.5604359	−0.127181
Ga	0.8813427	0.1981206	−0.139941	0.0940722	0.1883729
Ge	0.0093167	0.743714	0.2024553	0.3511915	−0.095655
Rb	0.8756735	−0.119675	0.0014962	−0.25634	0.0752056
Zr	0.231684	0.1224653	−0.031324	0.0355105	0.7781529
Nb	0.2530395	−0.023381	0.6216433	−0.093335	0.5319432
Mo	−0.161241	0.3664022	0.607853	0.0753287	−0.011534
Ag	−0.269265	0.4495625	0.6749287	−0.007936	−0.005643
Cd	−0.177544	0.1731364	0.8158639	0.0656987	−0.03915
In	−0.114191	0.9220079	0.2093534	−0.104389	−0.025404
Sn	0.1848177	0.7897005	−0.031648	−0.416764	0.1139214
Cs	0.8526684	−0.148232	−0.016363	0.0360458	−0.077667
ΣREE	0.5909241	−0.040022	0.1857054	−0.027338	0.6050603
Hf	0.6162023	−0.361784	0.2092258	0.0819103	0.4866753
Ta	0.6873514	−0.103037	−0.082957	0.1168578	0.577153
W	0.1695506	0.5003752	−0.074809	0.2006496	−0.088964
Tl	0.5884703	0.0626695	0.5150875	0.0126759	−0.020902
Bi	−0.411527	0.7098307	0.2656492	0.1235419	−0.332313
Th	0.8153603	−0.103112	0.0216897	−0.231604	0.18713
U	0.460265	0.5732866	0.2086574	−0.173259	0.2740811
解释方差	7.9406668	4.9874812	4.095305	2.1214729	3.3894775
总百分比/%	0.2561505	0.1608865	0.1321066	0.0684346	0.109338

附表 35 羊拉铜矿床 3450m 中段最大方差旋转因子载荷矩阵

元素	因子			
	Fa_1	Fa_2	Fa_3	Fa_4
Li	0.854392147	0.312462888	0.109017992	0.117436718
Be	0.866093559	0.356813914	0.063228355	0.097309937
Sc	0.911576006	0.121992601	−0.27719539	−0.09865582
V	0.915029821	0.286396135	0.034023967	0.125436869
Cr	0.785995098	0.367883407	0.001971848	0.119887685
Co	0.650360955	0.463561457	0.112310697	0.040965873
Ni	0.212258855	−0.35158498	−0.70457139	−0.0803277
Cu	0.441897971	0.758226131	0.21602672	0.033671262
Zn	0.395911761	0.752129047	0.0060522	0.40620949
Ga	0.864160794	0.426872994	0.096122249	0.12159143
Ge	0.615682307	0.665059839	0.305574785	0.077209857
As	0.174433033	0.789704398	0.16888509	0.002454404
Rb	0.915188027	0.23790916	0.105322396	0.026393169
Sr	0.01944272	−0.26304537	−0.06560278	−0.66665404
Zr	0.932579546	0.283467158	−0.03233289	−0.03690472
Nb	0.962723576	0.146349884	−0.03647211	0.025429051
Mo	0.323096319	0.558151258	−0.06969322	0.279524577
Ag	0.477426434	0.797554012	−0.02817992	0.028110757
Cd	0.035143123	0.835894644	−0.06584482	0.23236255
In	0.473329266	0.783994001	0.160430729	0.017426549
Sn	0.455543206	0.786561582	0.204061148	0.040877293
Sb	0.349378589	0.778355809	0.187675111	0.201886989
Cs	0.89048159	0.28478478	0.088688345	−0.00416971
Ba	0.815125727	0.189128945	0.021872261	0.148981407
ΣREE	0.822762052	0.334920117	−0.19949935	−0.07629073
Hf	0.940524959	0.253061152	−0.07553897	−0.02568388
Ta	0.93926674	0.088753093	−0.1341418	−0.03433463
Tl	0.634619341	0.623511214	0.130484673	0.159112724
Pb	0.071240921	0.825309478	−0.15502269	0.155006884
Bi	0.221435604	0.82473906	0.272530468	−0.17346578
Th	0.900246283	0.221962753	−0.01305624	−0.02612266
U	0.749832366	0.509782384	0.028614512	0.064480051
解释方差	14.99480425	9.257733562	1.099282297	0.995051995
总百分比/%	0.468587633	0.289304174	0.034352572	0.031095375

附表36 羊拉铜矿床49#勘探线最大方差旋转因子载荷矩阵

元素	因子				
	Fa_1	Fa_2	Fa_3	Fa_4	Fa_5
Li	0.882272	0.199014	0.203308	-0.001600	0.009871
Be	0.791747	0.339379	0.114807	0.047219	0.098781
Sc	0.882508	0.215921	-0.086076	-0.216903	0.025833
V	0.912390	0.288306	0.128024	0.056858	-0.030458
Cr	0.762348	0.323836	0.144856	0.267380	-0.239401
Co	0.546992	0.138930	0.705921	0.130121	-0.033186
Ni	-0.401337	0.174618	-0.592958	0.091535	-0.188898
Cu	0.310790	0.815564	0.230260	0.082386	-0.108293
Zn	0.291752	0.734647	0.011968	0.094486	0.124339
Ga	0.880108	0.368653	0.226742	0.007764	0.008983
Ge	0.726711	0.414606	0.469324	0.054586	-0.027442
As	-0.121441	0.545618	0.075367	0.600918	0.213746
Rb	0.914075	0.117408	0.251360	-0.068666	0.170710
Sr	-0.207216	-0.205082	-0.804121	-0.049346	0.098761
Zr	0.889390	0.058117	0.370277	0.083301	-0.094182
Nb	0.894792	0.271737	0.239279	-0.144405	-0.043131
Mo	-0.030395	0.521636	0.018103	0.621324	-0.060711
Ag	0.408084	0.733677	0.224217	0.196043	0.185600
Cd	0.020911	0.812797	-0.189191	-0.095616	0.036974
In	0.393518	0.839597	0.180924	0.075786	-0.119253
Sn	0.322394	0.840920	0.062170	0.090723	-0.048656
Sb	0.131701	0.640410	-0.022386	0.248842	0.391865
Cs	0.872446	0.333997	0.141280	-0.025521	0.156813
Ba	0.820983	0.015492	-0.057186	0.135808	0.159488
ΣREE	0.910079	0.133535	0.108179	0.028858	0.022803
Hf	0.891570	0.056008	0.384401	0.052090	-0.078871
Ta	0.873581	0.247565	0.303844	-0.191989	-0.035268
Tl	0.686610	0.447566	0.120664	0.075977	0.357579
Pb	0.130484	0.583342	-0.062122	0.043724	0.509454
Bi	0.195722	0.781635	0.208526	0.139893	-0.026281
Th	0.875726	0.073486	0.373808	-0.134374	0.046684
U	0.746016	0.354536	0.089886	0.135061	0.106971
解释方差	14.142983	7.152525	2.792119	1.196682	0.898259
总百分比/%	0.441968	0.223516	0.087254	0.037396	0.028071

附表 37 羊拉铜矿床 51# 勘探线最大方差旋转因子载荷矩阵

元素	因子			
	Fa$_1$	Fa$_2$	Fa$_3$	Fa$_4$
Li	0.831084049	0.144757095	0.15901596	0.248245067
Be	0.843952586	0.395261369	−0.00762127	0.022470104
Sc	0.831226161	0.27859722	−0.24070819	0.019287041
V	0.907108685	0.29554144	0.135442416	0.03320534
Cr	0.641758568	0.37444481	−0.12595784	−0.33487832
Co	0.472395419	−0.05121665	0.751261828	0.08767673
Ni	−0.1854331	0.145676854	−0.67269303	−0.0467731
Cu	0.281055389	0.895339081	0.013977334	−0.11981601
Zn	0.446686012	0.674026539	−0.07155739	0.274891124
Ga	0.880767643	0.365808334	0.216998859	−0.02868631
Ge	0.656783607	0.441251865	0.523158773	0.038884433
As	0.017065047	0.662648872	−0.09723136	0.285980683
Rb	0.904394662	0.008878821	0.309476298	0.18236412
Sr	−0.07306646	−0.07370357	−0.83216364	0.125475743
Zr	0.885232273	−0.00584889	0.401859727	−0.08409329
Nb	0.918887746	0.234325341	0.200877159	−0.037846
Mo	−0.13303686	0.809107661	0.009001547	−0.07770791
Ag	0.40230393	0.830944338	0.103473395	0.030477745
Cd	0.097831693	0.834202363	−0.20875773	0.259333195
In	0.342523454	0.896143404	0.050398422	−0.02920658
Sn	0.342752382	0.881404111	0.011726094	0.111730813
Sb	0.200214404	0.69853864	0.071588553	0.433488284
Cs	0.876117608	0.328765028	0.150540911	0.204930361
Ba	0.861377131	0.157255926	0.091119895	0.196571864
ΣREE	0.868951952	0.045364182	−0.06893191	0.2372992
Hf	0.888014964	−0.02404085	0.393710508	−0.1081345
Ta	0.912077805	0.207762848	0.196339084	−0.06242892
Tl	0.62410152	0.568654281	−0.01115257	0.260809196
Pb	0.234955469	0.489307397	−0.06525768	0.611457013
Bi	0.050322407	0.941461162	0.047996836	−0.1860767
Th	0.877396868	−0.02376182	0.370323086	0.044758734
U	0.716929511	0.497491734	0.071823071	0.015975671
解释方差	13.6034686	8.574959125	2.900501395	1.323961752
总百分比/%	0.425108394	0.267967473	0.090640669	0.041373805

附表 38　羊拉铜矿床里农-路农接合部地球化学样品最大方差旋转因子载荷矩阵

元素	因子		
	Fa_1	Fa_2	Fa_3
Li	0.839558685	0.271805999	0.134361301
Be	0.820668498	0.359833815	0.121007069
Sc	0.88358017	0.204395835	−0.18577826
V	0.900169252	0.321094894	0.098755211
Cr	0.699907477	0.309019382	0.183121375
Co	0.531307066	0.096147353	0.720908153
Ni	−0.15390948	0.089765012	−0.6976831
Cu	0.32235003	0.821483619	0.122114236
Zn	0.333930219	0.782737519	−0.0977027
Ga	0.867615472	0.394039609	0.204083953
Ge	0.65121605	0.505847292	0.479739692
As	0.029241772	0.744592047	0.137996561
Rb	0.918290055	0.137932917	0.216823897
Sr	−0.12673648	−0.0930944	−0.7232481
Zr	0.900072355	0.091995235	0.343195104
Nb	0.935516375	0.206475114	0.10903839
Mo	0.039063029	0.660187728	0.029494991
Ag	0.429162627	0.78896121	0.173010699
Cd	0.035700039	0.824634108	−0.28729421
In	0.402563116	0.79426924	0.201460881
Sn	0.378310984	0.790004208	0.172195917
Sb	0.187163214	0.788063678	−0.09281318
Cs	0.861956247	0.375902096	0.027784521
Ba	0.805457249	0.124794308	0.081637513
ΣREE	0.871059931	0.175254492	0.071690382
Hf	0.905278091	0.062903815	0.334314873
Ta	0.921158583	0.15937894	0.096884808
Tl	0.636878719	0.609999897	0.065267643
Pb	0.128246006	0.720633593	−0.14871263
Bi	0.154990403	0.811965276	0.235170988
Th	0.87742837	0.014937354	0.359557087
U	0.721250331	0.476770198	0.111942643
解释方差	13.78486319	8.402425598	2.681454647
总百分比/%	0.430776975	0.2625758	0.083795458

附表39 羊拉铜矿床3590m中段夕卡岩型矿石成矿元素含量统计表

样品编号	成矿元素含量/10^{-6}															
	Cu	Pb	Zn	Au	Ag	Mo	W	Sn	Bi	V	Ni	Cr	Co	Ge	Ga	Cd	In
3590 坑道 H1#	4818	25	120	0.8	5.0	2.2	2.4	8.9	701	6.0	29	3.9	124	0.5	4.5	0.7	0.7
3590 坑道 H2#	10460	33	201	0.1	10.0	0.9	5.7	32	73	46	18	9.0	47	2.2	14	1.4	1.6
3590 坑道 H3#	1273	28	118	0.1	2.0	3.4	2.2	41	12	95	20	56	27	2.4	14	0.4	0.7
3590 坑道 H4#	6175	14	187	0.1	6.0	1.0	214	30	71	102	77	57	67	2.6	13	0.9	0.9
3590 坑道 H5#	6382	36	112	2.81	4.0	1.6	626	12	2673	21	180	32	396	2.1	7.1	0.4	0.9
3590 坑道 H6#	4745	17	119	3.5	4.0	1.6	1050	16	2921	28	17	6.2	188	3.1	8.6	0.3	0.7
3590 坑道 H7#	2587	32	151	0.1	2.0	1.2	9.2	13	43	7.9	31	13	108	3.8	7.7	0.6	0.6
3590 坑道 H8#	2740	44	172	0.1	4.0	1.0	7.8	9.8	20	12	35	22	69	4.5	7.6	0.7	0.6
3590 坑道 H9#	1722	15	143	0.48	2.0	1.6	99	12	413	29	21	14	27	4.0	7.7	0.5	0.6
3590 坑道 H10#	2069	79	189	0.13	2.0	2.7	19	43	261	36	33	12	116	3.1	10	1.1	0.9
3590 坑道 H11#	1258	60	132	0.1	3.0	22	7.3	62	32	40	17	16	22	3.3	12	0.2	1.0
3590 坑道 H12#	1252	39	162	0.1	2.0	1.2	4.1	17	9.3	28	16	15	18	3.3	8.6	0.6	0.6
3590 坑道 H13#	4148	28	126	0.1	7.0	1.0	4.8	144	6.8	127	139	143	61	2.0	18	0.8	1.4
3590 坑道 H14#	973	18	99	0.1	2.0	30	300	28	21	58	22	11	11	2.2	11	0.3	0.5

注：测试单位为西安西北有色地质研究院有限公司，2013。

附表40 羊拉铜矿床3250m中段石英斑岩及围岩中成矿元素含量统计表

样品编号	成矿元素含量/10^{-6}											
	Cu	Pb	Zn	Au	Ag	Mo	W	Sn	Bi	Ge	Ga	Cd
3250 中段 41#穿脉-1#	8409	114	190	0.24	3.0	22	351	33	170	3.1	14	0.8
3250 中段 41#穿脉-2#	5045	63	131	0.12	2.0	16	566	31	104	1.9	14	0.7
3250 中段 41#穿脉-3#	5209	242	174	0.32	6.0	17	1103	23	375	1.9	12	1.0
3250 中段 41#穿脉-4#	12170	57	241	0.12	6.0	3.3	295	14	61	2.1	13	1.6
3250 中段 41#穿脉-5#	2019	66	86	0.1	2.0	10	79	14	27	1.5	14	0.8
3250 中段 41#穿脉-6#	4508	138	199	0.31	4.0	8.7	85	25	178	1.8	12	1.2

附表41 羊拉铜矿床新增资源储量估算表

时间	矿体号	工业类型	矿石类型	资源储量类型	矿石量/万t	金属量/t	平均品位 Cu/%
2009~2010 年	KT2（上）、KT6	工业矿	硫化矿+氧化矿	332	48.45	5762	1.19
				333	422.29	37887	0.90
				332+333	470.74	43649	0.93

续表

时间	矿体号	工业类型	矿石类型	资源储量类型	矿石量/万t	金属量/t	平均品位Cu/%
2009~2013年	KT2（上）(22-43线)	工业矿	硫化矿	331	49.09	6606	1.35
				332	270.23	30078	1.11
				333	281.87	28908	1.03
				331+332+333	601.19	65592	1.09
	KT6(47-53线)	工业矿	氧化矿	332	77.19	10409	1.35
				333	144.06	17726	1.23
				332+333	221.25	28135	1.27
	合计	工业矿	硫化矿+氧化矿	331	49.09	6606	1.35
				332	347.42	40487	1.17
				333	425.93	46634	1.09
				331+332	396.51	47093	1.19
				331+332+333	822.44	93727	1.14
2011~2013年共新增	总计	工业矿	硫化矿+氧化矿	331	49.09	6606	1.35
				332	298.97	34725	1.16
				333	3.64	8747	-
				331+332	348.06	41331	1.19
				331+332+333	351.70	50078	1.19

注："-"表示未单独计算。